注册建筑师考试丛书

一级注册建筑师考试教材

·6·

建筑方案 技术与场地设计(作图)

（第十七版）

《注册建筑师考试教材》编委会　编

曹纬浚　主编

中国建筑工业出版社

图书在版编目（CIP）数据

一级注册建筑师考试教材. 6，建筑方案 技术与场
地设计（作图）/《注册建筑师考试教材》编委会编；
曹纬浚主编. — 17 版. — 北京：中国建筑工业出版社，
2021.12

（注册建筑师考试丛书）

ISBN 978-7-112-26818-4

Ⅰ. ①一… Ⅱ. ①注… ②曹… Ⅲ. ①建筑方案－建
筑设计－资格考试－自学参考资料②场地－建筑设计－资
格考试－自学参考资料 Ⅳ. ①TU

中国版本图书馆 CIP 数据核字（2021）第 231358 号

责任编辑：张　建
责任校对：焦　乐

注册建筑师考试丛书
一级注册建筑师考试教材
· 6 ·
建筑方案　技术与场地设计（作图）
（第十七版）
《注册建筑师考试教材》编委会　编
曹纬浚　主编

*

中国建筑工业出版社出版、发行（北京海淀三里河路9号）
各地新华书店、建筑书店经销
北京红光制版公司制版
天津翔远印刷有限公司印刷

*

开本：787 毫米×1092 毫米　1/16　印张：45　字数：1092 千字
2021 年 12 月第十七版　　2021 年 12 月第一次印刷
定价：**128.00** 元
ISBN 978-7-112-26818-4
（38482）

序

赵春山

（住房和城乡建设部执业资格注册中心原主任）

我国正在实行注册建筑师执业资格制度，从接受系统建筑教育到成为执业建筑师之前，首先要得到社会的认可，这种社会的认可在当前表现为取得注册建筑师执业注册证书，而建筑师在未来怎样行使执业权力，怎样在社会上进行再塑造和被再评价从而建立良好的社会资源，则是另一个角度对建筑师的要求。因此在如何培养一名合格的注册建筑师的问题上有许多需要思考的地方。

一、正确理解注册建筑师的准入标准

我们实行注册建筑师制度始终坚持教育标准、职业实践标准、考试标准并举，三者之间相辅相成、缺一不可。所谓教育标准就是大学专业建筑教育。建筑教育是培养专业建筑师必备的前提。一个建筑师首先必须经过大学的建筑学专业教育，这是基础。职业实践标准是指经过学校专门教育后又经过一段有特定要求的职业实践训练积累。只有这两个前提条件具备后才可报名参加考试。考试实际就是对大学建筑教育的结果和职业实践经验积累结果的综合测试。注册建筑师的产生都要经过建筑教育、实践、综合考试三个过程，而不能用其中任何一个去代替另外两个过程，专业教育是建筑师的基础，实践则是在步入社会以后通过经验积累提高自身能力的必经之路。从本质上说，注册建筑师考试只是一个评价手段，真正要成为一名合格的注册建筑师还必须在教育培养和实践训练上下功夫。

二、关注建筑专业教育对职业建筑师的影响

应当看到，我国的建筑教育与现在的人才培养、市场需求尚有脱节的地方，比如在人才知识结构与能力方面的实践性和技术性还有欠缺。目前在建筑教育领域实行了专业教育评估制度，一个很重要的目的是想以评估作为指挥棒，指挥或者引导现在的教育向市场靠拢，围绕着市场需求培养人才。专业教育评估在国际上已成为了一种通行的做法，是一种通过社会或市场评价教育并引导教育围绕市场需求培养合格人才的良好机制。

当然，大学教育本身与社会的具体应用需要之间有所区别，大学教育更侧重于专业理论基础的培养，所以我们就从衡量注册建筑师第二个标准——实践标准上来解决这个问题。注册建筑师考试前要强调专业教育和三年以上的职业实践。现在专门为报考注册建筑师提供一个职业实践手册，包括设计实践、施工配合、项目管理、学术交流四个方面共十项具体实践内容，并要求申请考试人员在一名注册建筑师指导下完成。

理论和实践是相辅相成的关系，大学的建筑教育是基础理论与专业理论教育，但必须

要给学生一定的时间使其把理论知识应用到实践中去，把所学和实践结合起来，提高自身的业务能力和专业水平。

大学专业教育是作为专门人才的必备条件，在国外也是如此。发达国家对一个建筑师的要求是：没有经过专门的建筑学教育是不能称之为建筑师的，而且不能进入该领域从事与其相关的职业。企业招聘人才也首先要看他们是否具备扎实的基本知识和专业本领，所以大学的本科建筑教育是必备条件。

三、注意发挥在职教育对注册建筑师培养的补充作用

在职教育在我国有两个含义：一种是后补充学历教育，即本不具备专业学历，但工作后经过在职教育通过社会自学考试，取得从事现职业岗位要求的相应学历；还有一种是继续教育，即原来学的本专业和其他专业学历，随着科技发展和自身业务领域的拓宽，原有的知识结构已不适应了，于是通过在职教育去补充相关知识。由于我国建筑教育在过去一段时期底子薄，培养数量与社会需求差距很大。改革开放以后为了满足快速发展的建筑市场需求，一批没有经过规范的建筑教育的人员进入了建筑师队伍。而要解决好这一历史问题，提高建筑师队伍整体职业素质，在职教育有着重要的补充作用。

继续教育是在职教育的一种行之有效的教育形式，它特指具有专业学历背景的在职人员从业后，因社会的发展使得原有知识需要更新，要通过参加新知识、新技术的学习以调整原有知识结构、拓宽知识范围。它在性质上与在职培训相同，但又不能完全画等号。继续教育是有计划性、目标性、提高性的，从整体人才队伍和个人知识总体结构上作调整和补充。当前，社会在职教育在制度上和措施上还不够完善，质量很难保证。有一些人把在职读学历作为"镀金"，把继续教育当作"过关"。虽然最后证明拿到了，但实际的本领和水平并没有相应提高。为此需要我们做两方面的工作，一是要让我们的建筑师充分认识到在职教育是我们执业发展的第一需求；二是我们的教育培训机构要完善制度、改进措施、提高质量，使参加培训的人员有所收获。

四、为建筑师创造一个良好的职业环境

要向社会提供高水平、高质量的设计产品，关键还是要靠注册建筑师的自身素质，但也不可忽视社会环境的影响。大众审美的提高可以让建筑师感受到社会的关注，增强自省意识，努力创造出一个经受得住大众评价的作品。但目前实际上建筑师的很多设计思想受开发商与业主方面很大的影响，有时建筑水平并不完全取决于建筑师，而是取决于开发商与业主的喜好。有的业主审美水平不高，很多想法往往只是自己的意愿，这就很难做出与社会文化、科技、时代融合的建筑产品。要改善这种状态，首先要努力创造尊重知识、尊重人才的社会环境。建筑师要维护自己的职业权力，大众要尊重建筑师的创作成果，业主不要把个人喜好强加于建筑师。同时建筑师自身也要提高自己的素质和修养，增强社会责任感，建立良好的社会信誉。要让创造出的作品得到大众的尊重，首先自己要尊重自己的劳动成果。

五、认清差距，提高自身能力，迎接挑战

目前中国的建筑师与国际水平还存在着一定差距，而面对信息化时代，如何缩小差距

以适应时代变革和技术进步，及时调整并制定新的对策，成为建筑教育需要探讨解决的问题。

我们现在的建筑教育不同程度地存在重艺术、轻技术的倾向。在注册建筑师资格考试中明显感觉到建筑师们在相关的技术知识包括结构、设备、材料方面的把握上有所欠缺，这与教育有一定的关系。学校往往比较注重表现能力方面的培养，而技术方面的教育则相对不足。尽管这些年有的学校进行了一些课程调整，加强了技术方面的教育，但从整体来看，现在的建筑师在知识结构上还是存在缺欠。

建筑是时代发展的历史见证，它凝固了一个时期科技、文化发展的印记，建筑师如果不能与时代发展相适应，努力学习和掌握当代社会发展的科学技术与人文知识，提高建筑的科技、文化内涵，就很难创造出高水平的作品。

当前，我们的建筑教育可以利用互联网加强与国外信息的交流，了解和掌握国外在建筑方面的新思路、新理念、新技术。这里想强调的是，我们的建筑教育还是应该注重与社会发展相适应。当今，社会进步速度很快，建筑所蕴含的深厚文化底蕴也在不断地丰富、发展。现代建筑创作不能单一强调传统文化，要充分运用现代科技发展成果，使建筑在经济、安全、健康、适用和美观方面得到全面体现。在人才培养上也要与时俱进。加强建筑师科技能力的培养，让他们学会适应和运用新技术、新材料去进行建筑创作。

一个好的建筑要实现它的内在和外表的统一，必须要做到：建筑的表现、材料的选用、结构的布置以及设备的安装融为一体。但这些在很多建筑中还做不到，这说明我们一些建筑师在对新结构、新设备、新材料的掌握和运用上能力不够，还需要加大学习的力度。只有充分掌握新的结构技术、设备技术和新材料的性能，建筑师才能够更好地发挥创造水平，把技术与艺术很好地融合起来。

中国加入 WTO 以后面临国外建筑师的大量进入，这对中国建筑设计市场将会有很大的冲击，我们不能期望通过政府设立各种约束限制国外建筑师的进入而自保，关键是要使国内建筑师自身具备与国外建筑师竞争的能力，充分迎接挑战、参与竞争，通过实践提高我们的设计水平，为社会提供更好的建筑作品。

前　言

一、本套书编写的依据、目的及组织构架

原建设部和人事部自 1995 年起开始实施注册建筑师执业资格考试制度。

本套书以考试大纲为依据，结合考试参考书目和现行规范、标准进行编写，并结合历年真实考题的知识点作出修改补充。由于多年不断对内容的精益求精，本套书是目前市面上同类书中，出版较早、流传较广、内容严谨、口碑销量俱佳的一套注册建筑师考试用书。

本套书的编写目的是指导复习，因此在保证内容综合全面、考点覆盖面广的基础上，力求重点突出、详略得当；并着重对工程经验的总结、规范的解读和原理、概念的辨析。

为了帮助考生准备注册考试，本书的编写教师自 1995 年起就先后参加了全国一、二级注册建筑师考试辅导班的教学工作。他们都是在本专业领域具有较深造诣的教授、一级注册建筑师、一级注册结构工程师和具有丰富考试培训经验的名师、专家。

本套《注册建筑师考试丛书》自 2001 年出版至今，除 2002、2015、2016 三年停考之外，每年均对教材内容作出修订完善。现全套书包含：《一级注册建筑师考试教材》（简称《一级教材》，共 6 个分册）、《一级注册建筑师考试历年真题与解析》（简称《一级真题与解析》，知识题科目，共 5 个分册）；《二级注册建筑师考试教材》（共 3 个分册）、《二级注册建筑师考试历年真题与解析》（知识题科目，共 2 个分册）。

二、本书（本版）修订说明

（1）第二十八章"建筑方案设计（作图）"增补了 2021 年文体活动中心方案设计试题及解析。

（2）第二十九章"建筑技术设计（作图）"，用原《一级注册建筑师考试建筑技术设计（作图）应试指南》（第十四版）的内容完整替换了原二十九章的内容。在此基础上，增补了 2020 年"建筑技术设计（作图）"的全部 4 道考题、参考答案及解析；增补了 2021 年"建筑技术设计（作图）"的建筑设备考题。此外，还根据相关规范的更新情况，修订了"第三节　建筑结构"和"第五节　建筑电气"中部分试题作图选择题的解析和答案。

（3）第三十章"场地设计（作图）"增补了 2021 年场地设计作图的全套考题，并附参考答案及提示。

三、本套书配套使用说明

考生在学习《一级教材》时，除应阅读相应的标准、规范外，还应多做试题，以便巩固知识，加深理解和记忆。《一级真题与解析》是《一级教材》的配套试题集，收录了 2003 年以来知识题的多年真实试题并附详细的解答提示和参考答案。其 5 个分册分别对应《一级教材》的前 5 个分册。《一级真题与解析》的每个分册均包含两个部分，即按照《一级教材》章节设置的分散试题和近几年的整套试题。考生可以在考前做几次自测练习。

《一级教材》的第 6 分册收录了一级注册建筑师资格考试的"建筑方案设计""建筑技术设计"和"场地设计"3 个作图考试科目的多年真实试题，并提供了参考答卷，部分试题还附有评分标准；对作图科目考试的复习大有好处。

四、《一级教材》各分册作者

《第 1 分册　设计前期 场地与建筑设计（知识）》——第一、二章王昕禾；第三、七章晁军、尹桔；第四章何力；第五章王又佳；第六章荣玥芳。

《第 2 分册　建筑结构》——第八章钱民刚；第九、十章黄莉、王昕禾；第十一章黄莉、冯东；第十二～十四章冯东；第十五、十六章黄莉、叶飞。

《第 3 分册　建筑物理与建筑设备》——第十七章汪琪美；第十八章刘博；第十九章李英；第二十章许萍；第二十一章贾昭凯、贾岩；第二十二章冯玲。

《第 4 分册　建筑材料与构造》——第二十三章侯云芬；第二十四章陈岚。

《第 5 分册　建筑经济 施工与设计业务管理》——第二十五章陈向东；第二十六章穆静波；第二十七章李魁元。

《第 6 分册　建筑方案 技术与场地设计（作图）》——第二十八、三十章张思浩；第二十九章建筑剖面及构造部分姜忆南，建筑结构部分冯东，建筑设备、电气部分贾昭凯、冯玲。

除上述编写者之外，多年来曾参与或协助本套书编写、修订的人员有：王其明、姜中光、翁如璧、耿长孚、任朝钧、曾俊、林焕枢、张文革、李德富、吕鉴、朋改非、杨金铎、周慧珍、刘宝生、张英、陶维华、郝昱、赵欣然、霍新民、何玉章、颜志敏、曹一兰、周庄、陈庆年、周迎旭、阮广青、张炳珍、杨守俊、王志刚、何承奎、孙国樑、张翠兰、毛元钰、曹欣、楼香林、李广秋、李平、邓华、翟平、曹铎、栾彩虹、徐华萍、樊星。

在此预祝各位考生取得好成绩，考试顺利过关！

《注册建筑师考试教材》编委会
2021 年 9 月

目　　录

第二十八章　建筑方案设计（作图）

2002 年公布的全国一级注册建筑师资格考试大纲将过去的"建筑设计与表达"长达 12 小时的作图考试，分为建筑方案设计（6 小时）和建筑技术设计（6 小时）两项考试；把应试者从超常繁重的劳动中解放出来。同时把建筑方案设计能力和建筑技术设计能力分别进行考核，可以更准确地测试出应试者是否在某一方面有薄弱环节。应该说这是考试方法上的一个改进。

第一节　建筑方案设计（作图）考试大纲及考生注意事项

一、2002 年考试大纲

2002 年考试大纲中写明：

> 七、建筑方案设计（作图）
> 检验应试者的建筑方案设计构思能力和实践能力，对试题能做出符合要求的答案，包括：总平面布置、平面功能组合、合理的空间构成等，并符合法规规范。

从 1995～2001 年，逐年考试中测试这部分能力的试题主要有两种：一种是根据设计任务书做快速设计（包括总平面、单体建筑平面等）；另一种是给出功能关系图（气泡图）及说明，要求应试者按"气泡图"上的功能关系做出总平面图和单体平面图。自 2002 年至今，建筑方案设计（作图）就是一道快速设计作图题，其考试题型可参阅本章第二节中的例题。

这门考试的目的是检验应试者的建筑方案设计构思能力和实践能力。在考试大纲中明确提出 4 方面考核点，大致包括以下内容：

（一）总平面布置

包括城市道路连接，场地道路、停车的考虑，绿化景观环境的合理安排和消防、日照、开口位置等各项规范的掌握。

（二）平面功能组合

需考虑功能分区、出入口布置的合理性；人流、物流等各种流线的通顺便捷性；垂直交通楼、电梯设置的科学性；厅、堂、走道、公厕等公用设施安排的妥善性；朝向、采光、通风等室内环境安排的合理性以及建筑面积和房间面积的准确性。

（三）合理的空间构成

包括楼层的合理布局；垂直交通安排；不同大小、不同高度空间的合理组织；结构安排的合理性以及室内外空间的综合考虑。

（四）符合法规规范

包括各项防火规范，有关无障碍设计的规范，《民用建筑设计通则》等，特别是各项强制性条文的掌握。

以上四个考核点是对于一个应试者能否成为一级注册建筑师的一项十分必要的基本能力综合考核。

二、考试注意事项

（一）考试不是设计竞赛

注册资格的考试，主要是考查应试者的设计能力和基本功，而不是考设计"灵感"，所以考试中千万不要"标新立异"，不要追求奇特的趣味性，更不要画蛇添足。应试者在思想上必须明确：考试不是设计竞赛。

例如：某设计院的一位建筑师，平日设计水平较高，项目设计中能经常有不同凡响的创意，在考试中由于追求方案的奇特，想表现自己的"设计能力"，在快速设计题中采用60°斜柱网的平面布局，浪费了很多时间，考题没有答完。由于追求形式和表现，追求构图和绘画的技巧，设计中不免带来一些问题，不符合题目要求，建筑面积超出，面积分配不合乎要求，不但没有加分（注册考试是不加分数的），反而减分不少，结果没有及格。所以不要在考试中着意地玩什么创意，否则适得其反。

（二）一定要好好审题

要快速地正确理解题意，可以说看清题目是最重要的，因为作图题考试的全部要求都明确地写在卷子上。

应试者在拿到试卷后，首先应浏览题目，正确把握题目的设计条件——任务书，有的题目除文字外，还有设计条件图（表），可能有若干个图或表，要准确理解题意，特别是对成果的要求，抓住要点，然后再动手设计。

项目名称往往表明了建筑的性质和类型。项目的规模一般有三层含义：使用量（人次、床、辆、座……）、建筑面积和用地面积。项目概述是题目的进一步补充说明：建造地点的特征，包括地理位置、气候条件（如建筑在北方寒冷地带，需考虑基础在冰冻线以下等）、地质水文条件以及建筑耐久、耐火等级等，都是应试者应了解的。但由于作图题要在有限的规定时间里完成，方方面面的问题又很多，这就要求我们准确理解题意抓重点。

设计任务书中一般会具体给出建筑的总面积要求，特别是建筑面积的允许波动幅度，以及建筑各组成部分、各部分的面积分配和使用功能上的具体要求等。这是对建筑方案设计的具体条件和限制。有时还会详细给出建筑材料的要求，设备配置情况等。根据上述条件，应试者可分析得出建筑的平面与空间组织方式、建筑层数、结构形式……这些都是设计的关键因素，应试者必须详细理解，认真分析。

对于答卷最后成果的要求，如表现方式，设计深度及平面、立面和剖面图的比例和数量（有时不要求作立面或剖面），都会给予明确的指示。

应试者应特别注意任务书后的一般附带说明，它往往告诉应试者上述各项目中未包含而又特别重要的要求，如：是否允许加注文字说明，建筑面积可否按轴线计算，图纸和文字表达的工具与材料等，应特别留意。

应当指出，对设计任务和条件图的认识和理解，是应试者此后全面展开设计工作的前提和重要基础，只有正确理解和运用这些条件，才有可能取得满意的成绩。

举几个审题不清的例子：

（1）题目上明明有古树，写明要保留古树，有的应试者硬是把古树给刮掉了，在古树的位置上盖了房，这样不仅要扣分，而且给看卷人留下坏的印象。

（2）有个题目上要求残疾人坡道扶手要长出 30cm，已写得明明白白，而个别应试者硬是画成扶手与坡道一般齐。有的题目写明走道宽 1.8m，而应试者画成 1.5m。

（3）某年总图考题是画 4 个班幼儿园，总图要求每个班都能看到东侧公园，有的应试者做成一字形平面，画完后想起来要求每班都能看到公园，赶忙改做八角窗，这样只有第一班能看见公园，其他八角窗只能看到东面八角窗，还是不能满足要求。

（4）有一题给了两个 1∶100 的平面，要求画 1∶50 的剖面，一位应试者拿起来就在平面图上画投影线，画成 1∶100 的剖面，画到一半才发现错了，又用刀片刮，耽误了时间。

作为一个注册建筑师如果连题目都看不清，就等于连设计任务书都吃不透，是不可能做好设计的。所以审题能力也是考核的一个方面。

（三）图纸表达要清楚、正确

反映一个设计作品的图纸，其内容交代得是否准确和清楚，反映了建筑师的方案构思能力和设计实践能力，也反映了一定的绘图技巧。图是建筑师的语言，绘图技巧在清晰表达方面是起相当作用的。因此应特别注意线条的运用，图例的正确，尺寸的注法，轴线的清晰，必要的文字说明，图名、比例、指北针、剖切线、标高等，都不要漏项，而且要表达清楚和正确。

作图不准许用铅笔画，要求用墨线作图，而且要符合比例尺的要求。当允许徒手画图时必然会有明确的说明，否则也不宜用徒手画。

拿图例来说，有的题目要求按照试卷上给出的图例来画，这样就不要自己选图例。

有的建筑师从毕业参加工作起就用计算机画图，使用尺规手工绘图的速度非常慢，这样的考生在考试前应多多练习手工绘图。

（四）合理分配答题时间

答题时间的分配要结合自己的情况，决定审题约用多少时间，画构思草图约用多少时间，画在正式卷子上用多少时间。其中构思草图是最重要的，因为决定方案的优劣，主要看草图是否合理。但也不能给正式作图留的时间过短，以至成品图潦草，丢三落四，错误太多，给判卷人留下不好的印象，这也会影响得分。

第二节　2002 年考试大纲方案作图试题解析

建筑方案设计作图考试的具体做法是，按照试题给定的设计条件和要求，做一项较大型民用建筑的方案设计。设计图要求用尺规和黑色墨水笔按比例直接绘制在试题纸上，一般只需要画两个主要楼层的平面图和总平面布置图。图纸表达应达到概念性方案设计的深度，重在完整、清晰，图面的表现效果则并不讲究。

从 2003 年以来 14 年实际试题的建筑类型和规模，我们可以大致了解到建筑方案设计作图考试的难度：

2003 年　小型航站楼　2 层　14000m²±10%

2004 年　医院病房楼　8 层中的 2 层（内科病房及手术部）2200m² ±10％
2005 年　法院审判楼　2 层　6300m² ±10％
2006 年　中高层住宅楼　9 层　14200m²（每套建筑面积允许 ±5m²）
2007 年　厂房改造（体育俱乐部）2 层　改造 4070m²　扩建 2330m² ±10％
2008 年　公路汽车客运站　2 层　8165m² ±10％
2009 年　中国驻某国大使馆　2 层　4700m² ±10％
2010 年　门急诊楼改扩建　2 层　6355m² ±10％
2011 年　图书馆　2 层　9000m² ±10％
2012 年　博物馆　2 层　10000m² ±10％
2013 年　超级市场　2 层　12500m² ±10％
2014 年　老年养护院　2 层　7000m² ±5％
2017 年　旅馆扩建　9 层中的 2 层（一、二层）　7900m² ±5％
2018 年　公交客运枢纽站　2 层　6200m² ±5％
2019 年　多厅电影院　3 层中的底部 2 层　5900m² ±5％
2020 年　遗址博物馆　地下 1 层、地上 1 层　5000m² ±5％
2021 年　学生文体活动中心　2 层　6700m² ±5％

就建筑类型而言，实际试题涉及面并无限制，不少试题类型超出了常见的范围，有些类型我国目前尚无专用的建筑设计规范。好在考试中一旦出现不常见的建筑类型，或功能、流线要求复杂的建筑设计题目，一般都附有功能分析图和详细功能要求说明。因此，我们不主张大家从建筑类型入手准备考试，死记硬背各种类型建筑的功能关系或者猜测即将面临的考题类型，甚至花工夫去背一些典型建筑的平面实例；而建议大家把准备工作的重点放在看懂建筑功能关系图，进而掌握从功能关系图转化为建筑平面组合图的方法。

了解了考试大纲、作图考试要求和近年试题的类型与规模后，如果不知道建筑方案设计作图考核的重点所在，不能在很短时间内解决设计的关键问题，考试也难以顺利通过。这门考试历年通过率较低的主要原因恐怕就在这里。我们下面将针对历年建筑方案设计作图的试题进行解析，应试者应特别注意了解具体的评分标准，掌握每道试题考核点的设置和重点所在，从中归纳出建筑方案作图考试带有规律性的东西，从而能够在考试时做到成竹在胸，有的放矢，最终直击要害，顺利过关。

一、2005 年　法院审判楼设计

（一）试题要求

1. 任务描述

某法院根据发展需要，在法院办公楼南面拆除的旧审判楼原址上，新建 2 层审判楼，保留法院办公楼（图 28-2-1）。

2. 任务要求

设计新建审判楼审判区的大、中、小法庭与相关用房以及信访立案区。

（1）审判区应以法庭为中心，合理划分公众区、法庭区及犯罪嫌疑人羁押区，各种流线应互不干扰，严格分开。

（2）犯罪嫌疑人羁押区应与大法庭、中法庭联系方便，法官进出法庭应与法院办公楼联系便捷，详见审判楼主要功能关系图（图28-2-2）。

（3）各房间名称、面积、间数、内容要求详见表28-2-1、表28-2-2。

一层用房及要求　　　　　　　　　　　　表28-2-1

功能	房间名称		单间面积（m²）	间数	面积小计（m²）	备　注
审判区	中法庭	*中法庭	160	2	320	
		合议室	50	2	100	
		庭长室	25	1	25	
		审判员室	25	1	25	
		公诉人（原告）室	30	1	30	
		被告人室	30	1	30	
		辩护人室	30	2	60	
	小法庭	*小法庭	90	3	270	
		合议室	25	3	75	
		审判员室	25	1	25	
		原告人室	15	1	15	
		被告人室	15	1	15	
		辩护人室	15	2	30	
	证据存放室		25	2	50	
	证人室		15	2	30	
	*犯罪嫌疑人羁押区		110		110	划分羁押室10间，卫生间1间（共11间，每间6m²）及监视廊
	法警看守室		45	1	45	
信访立案区	信访接待室		25	5	125	
	立案接待室		50	2	100	
	*信访立案接待厅		150	1	150	含咨询服务台
	档案室		25	4	100	
其他	*公众门庭		450	1	450	含咨询服务台
	公用卫生间		30	3	90	信访立案区1间（分设男女），公众区男女各1间
	法官专用卫生间		25	3	75	各间均分设男女
	收发室		25	1	25	
	值班室		20	1	20	
	交通面积		780		780	含过厅、走廊、楼梯、电梯等

本层建筑面积小计：3170m²

允许层建筑面积：±10%　2853～3487m²

功能	房间名称		单间面积（m²）	间数	面积小计（m²）	备 注
审判区	大法庭	＊大法庭	550	1	550	
		合议室	90	1	90	
		庭长室	45	1	45	
		审判员室	45	1	45	
		公诉人（原告）室	35	1	35	
		被告人室	35	1	35	
		辩护人室	35	2	70	
		犯罪嫌疑人候审区（室）	20	1	20	
	小法庭	＊小法庭	90	6	540	
		合议室	25	6	150	
		审判员室	25	2	50	
		原告人室	15	2	30	
		被告人室	15	2	30	
		辩护人室	15	4	60	
		证人室	15	4	60	
		证据存放室	35	2	70	
		档案室	45	1	45	
其他		新闻发布室	150	1	150	
		医疗抢救室	80	1	80	
		公用卫生间	30	2	60	男女各1间
		法官专用卫生间	25	3	75	每间均分设男女
		交通面积	880		880	含过厅、走廊、楼梯、电梯等

本层建筑面积小计：3170m²

允许层建筑面积：±10% 2853～3487m²

(4) 层高：大法庭 7.20m，其余均为 4.2m。

(5) 结构：采用钢筋混凝土框架结构。

3. 场地条件

(1) 场地平面见总平面图（图 28-2-1），场地平坦。

(2) 应考虑新建审判楼与法院办公楼交通厅的联系，应至少有一处相通。

(3) 东、南、西三面道路均可考虑出入口，审判楼公众出入口应与犯罪嫌疑人出入口分开。

4. 制图要求

(1) 在总平面图上画出新建审判楼，画出审判楼与法院办公楼相连关系，注明不同人流的出入口，完成道路、停车场、绿化等布置。

(2) 画出一层、二层平面图，并应表示出框架柱、墙、门（表示开启方向）、窗、卫生间布置及其他建筑部件。

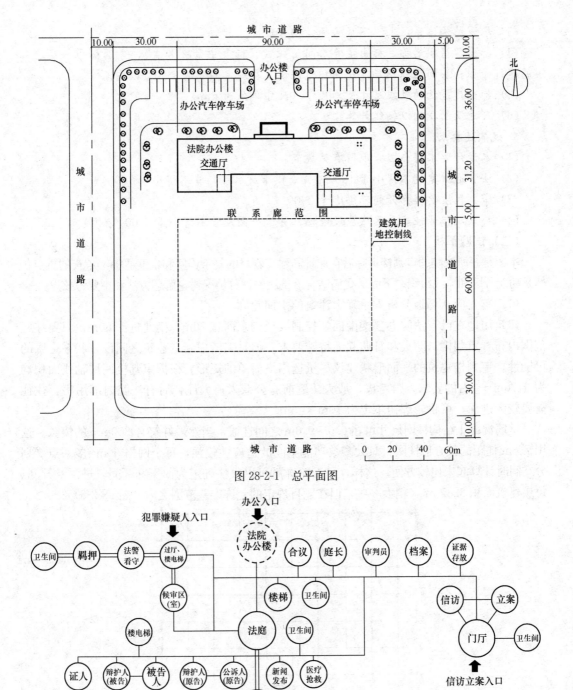

图 28-2-1　总平面图

图 28-2-2　审判楼主要功能关系图

注：1. 功能关系图并非简单交通图。其中双线表示两者之间要紧邻或相通；

　　2. 候审区（室）是犯罪嫌疑人的候审区，仅为大法庭设置。

（3）承重结构体系，上、下层必须结构合理。

（4）标出各房间名称，标出主要房间面积（只标表中带＊号者），分别标出一层、二层的建筑面积。房间面积及层建筑面积允许误差在规定面积的±10％以内。

（5）标出建筑物的轴线尺寸及总尺寸（尺寸单位为 mm）。

（6）尺寸及面积均以轴线计算。

5. 规范及要求

（1）本设计要求符合国家现行有关规范。

（2）法官通道宽度不得小于1800，公众候审廊（厅）宽不得小于3600。

（3）审判楼主要楼梯开间不得小于3900。

（4）公众及犯罪嫌疑人区域应设电梯，井道平面尺寸不得小于2400×2400。

（二）试题解析

本题是一所法院的审判楼拆除后在原址新建。题目的复杂程度和难度适中，考查的重点仍然是功能分区和流线组织。下面，我们结合该试题的评分情况讨论解题方法和主要考核点。

（1）首先应从场地分析入手确定建筑的平面轮廓。

建筑用地在已有法院办公楼南面，控制线范围东西宽90m，南北进深60m，只要在此范围内布置审判楼，防火和日照并无特殊要求。但是需考虑新老建筑之间设置联系走廊的可能性。审判楼建筑的平面形状建议尽量选用最简单的矩形。根据审判楼两层轴线面积均为3170m² 左右的要求，再考虑一般大法庭前有公众入口大厅，后有法院内部用房，往往需要较大进深，可将轮廓初步定为70m×45m。

钢筋混凝土结构柱网尺寸可在6.0～9.0m之间选取，当然最好符合300mm的模数。选用7.8m柱距的正方形柱网，对大多数功能空间的适应性较强，每个网格60m² 多一点，划分空间时计算起来比较方便。这样，平面轮廓就可以很快确定为面宽9开间，进深6开间。每层建筑面积3285 m²，稍大一些，但在题目规定的允许误差范围之内（图28-2-3）。

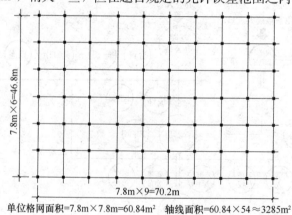

单位格网面积=7.8m×7.8m=60.84m²　　轴线面积=60.84×54≈3285m²

图 28-2-3　柱网布置图

进深较大的建筑平面会造成比较多的"黑房间"。本题中为数众多的大小法庭使用功能类似于带舞台的观众厅，可以没有外窗。所以不必把平面做得凸出凹进或者开天井，使设计复杂化。

（2）平面轮廓和柱网尺寸确定了，就可以及时地在总图中把建筑布置出来；同时建筑面积控制也没有问题了，接下来要做的就是功能分区。

功能分区是最重要的环节，分区搞好了，考试就成功了一半。即使来不及深入细分空间，来不及完整表达设计细节，你也有希望及格。

一层平面包括中、小法庭、法庭前面的公众候审区、法庭后面的法官活动区、犯罪嫌疑人临时羁押区和信访立案区5个功能区，这5部分必须相互独立又可以有必要的联系。法庭应位于中间，公众区在前，法官区在后（与办公楼靠近），羁押区和信访区分置左右的安排是合理的（图28-2-4），相应的对外出入口也就可以分布于东、南、西三个方向。

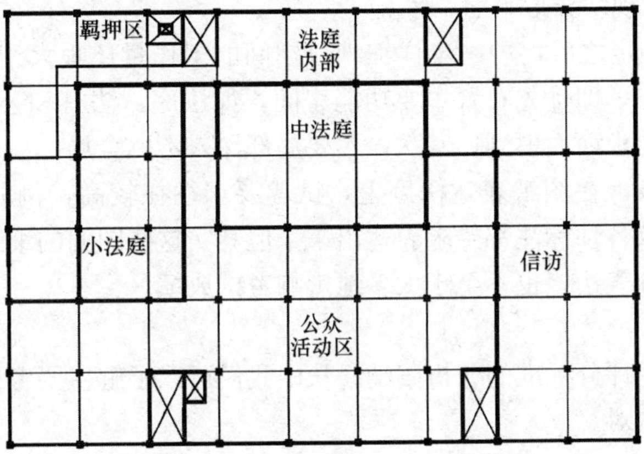

图 28-2-4　审判楼一层功能分区图

楼梯考虑安全疏散需要，公众活动区和法庭内部应各设两部，均匀布置。羁押区再按气泡图的提示单独设置一组楼电梯。考虑无障碍设计要求，在公众活动区设无障碍电梯和厕所。

二层分区和一层对应，南侧为公众活动区，北侧为法庭内部区，中部为大小法庭。羁押区的布置要求尽量独立，从入口到羁押室，再到大、中法庭，流线要避开公众场所，也不宜与法庭内部有太多穿插。但犯罪嫌疑人进入法庭的路线与法庭内部人流的交叉可能难以避免，应试时不必花太多时间去琢磨最佳的流线组织方案，以免耽误了整体方案的按时完成，得不偿失（图28-2-5）。

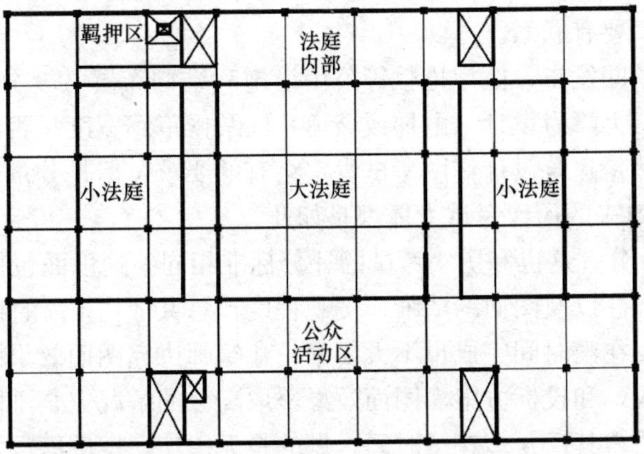

图 28-2-5　审判楼二层功能分区图

功能分区要按功能关系图所示，把原告、被告、辩护、证人等纳入公众活动区。同时要注意，无论大、中、小法庭布置时都要按前有公众区、后有法官区这样的模式处理，因而从总体上看，法庭在中间，法官区在外面包围，公众候审廊插入法庭区这样的格局就自然产生了。

在主要功能用房的大小和形状的确定方面，考试时往往没有充足时间仔细推敲，首先要解决有无的问题，然后是保证主要的大房间不是"一眼看上去就太小"就可以了。房间面积不必准确控制，其实评分时没有人给你仔细核算。主要房间形状要尽量避免长宽比大于2，当然更不要出现"异形平面"了。

（3）功能分区确定之后，进一步详细划分空间的工作量还很大。考试时要注意两点：首先，一定要抓重点，即优先布置主要功能房间，如法庭、法官和公众使用的主要房间，不必完全按照试题要求面面俱到；其次，不要局部深入不顾全局，一层和二层平面都要照顾到，不可顾此失彼。在图纸表达深度上，试题要求往往较高，例如卫生间洁具、楼电梯、外窗等细节以及各种标注都要求表达出来，但其实这些图面的细致表达所占分数却并不多；没有时间充分表达，也不至于太多地影响考试成绩。

（三）评分标准

以下是对本试题评分标准的分析归纳。从中我们可以了解主要考核点在哪里，以便做到心中有数，从容应对。

（1）总图10分。和历年一样，分值不高，不必花很多时间深入去做。只要将建筑轮廓放进建筑控制线以内，按题意画出和已有办公楼连接的示意，标出建筑入口，连接原有道路即可。此题评分时明确规定，没做总图的考卷也可以评分，扣掉10分而已。

（2）审判区布置46分，显然是最重要的。

其中，功能分区和流线20分，是重中之重。主要考核点是法庭内部和公众活动分区要明确，流线切勿交叉混杂。按题目的要求划分各功能房间也很重要，重点房间如法庭的数量、面积、形状以及法庭和法官、原告和被告用房的位置关系要尽量和提示的功能关系图相符合。

（3）羁押区是本题的一个特殊功能区，实际上属于审判区的一个独立部分，其布置有12分。最主要的要求是设置独立入口和尽可能在流线上不与其他活动相接触。

（4）信访区布置16分，重点考查的也是功能分区和流线组织。要设置独立入口，要与审判区分离，但又要有联系。

门厅、厕所、新闻发布、医疗抢救等公用设施和结构布置共6分。规范及规定5分，主要考查防火疏散、无障碍设计（电梯或坡道）以及候审廊宽度是否满足要求。可见符合规范规定的问题虽然是建筑设计作图考试肯定会有的要求，但是分量却并不重，并不是考核的重点。2003年以来的历次考试大体都是如此。

（5）图面表达5分。这也和历年考试的评分标准相同。这里面包括房间名称和面积的标注，柱网尺寸的标注以及图面的清晰、美观程度，总共才占5%的权重。所以这些工作可以放在后面做，实在没时间完成也不大要紧。建筑师讲究图面效果的职业习惯在注册考试作图中应该放一放，和投标方案靠图面效果争取高分的情况完全不同，在图面表达上多下功夫，其结果将适得其反：多花了时间，做的是无用功，反倒耽误了关键问题的解答。

归纳起来，本道试题能否及格的关键在于法院内外功能的明确分区、不同性质人流的恰当组织以及审判区主要功能房间按照题目要求的合理布置。还是那句老话，功能分区和流线组织是最重要的。

(四) 参考答案

1. 总平面布置图（图 28-2-6）

2. 一层平面图（图 28-2-7）

3. 二层平面图（图 28-2-8）

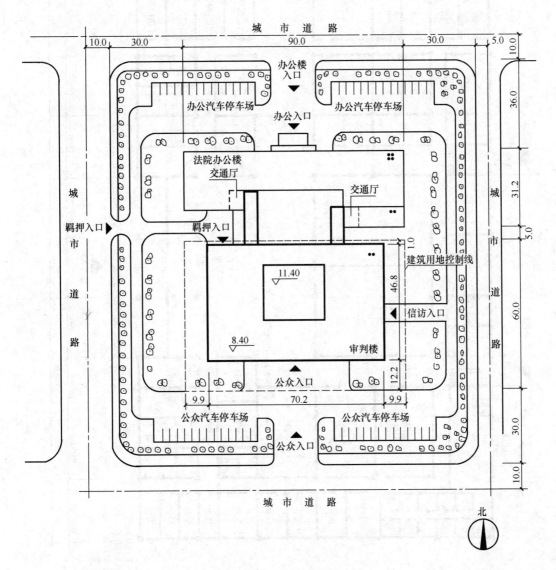

图 28-2-6　总平面布置图

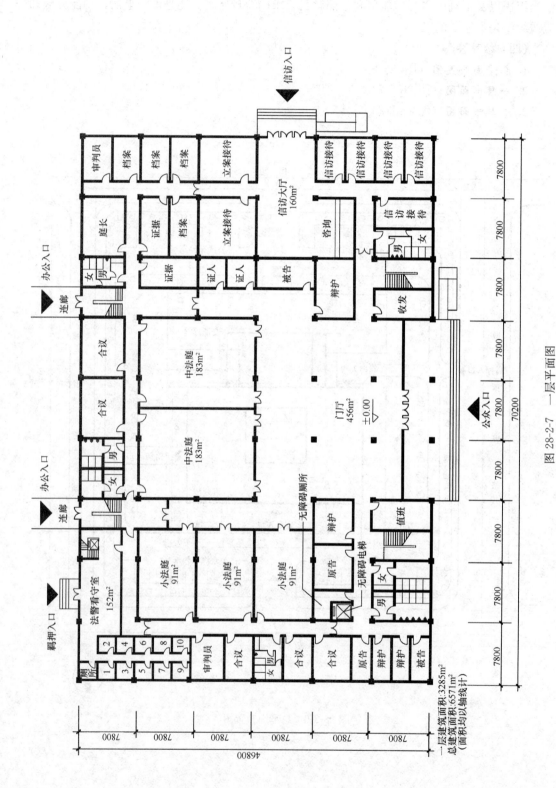

图 28-2-7 一层平面图

信访入口

7800

审判员 档案 档案 档案 立案接待 信访接待 信访接待 信访接待 信访接待

7800

庭长 证据 档案 立案接待 信访大厅 160m² 咨询 信访接待 女

办公入口 连廊

女 男 证据 证人 证人 被告 辩护 男 信访接待

7800

7800

合议 中法庭 183m²

办公入口 连廊

合议 中法庭 183m² 门厅 456m² ±0.00

无障碍厕所

公众入口

7800

辩护 原告 收发

无障碍电梯

羁押入口

法警看守室 152m² 小法庭 91m² 小法庭 91m² 小法庭 91m² 原告 值班 女 男

厕所 1 2 3 4 5 6 7 8 9 10 审判员 合议 女 男 合议 合议 原告 辩护 辩护 被告

7800 7800 7800 7800 7800 7800

46800

70200

一层建筑面积:3285m²
总建筑面积:6571m²
(面积均以轴线计)

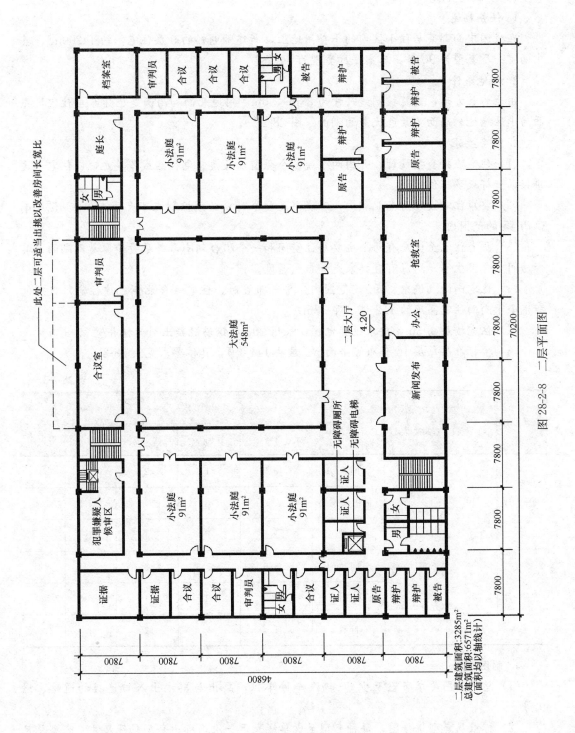

此处二层可适当出挑以改善房间长宽比

| 7800 | 7800 | 7800 | 7800 | 7800 | 7800 |

46800

二层建筑面积:3285m²
总建筑面积:6571m²
(面积均以轴线计)

| 7800 | 7800 | 7800 | 7800 | 7800 | 7800 | 7800 | 7800 | 7800 |

70200

图 28-2-8 二层平面图

档案室 / 审判员 / 合议 / 合议 / 合议 / 男 女 / 被告 / 辩护 / 辩护 / 被告

庭长 / 女 男 / 审判员 / 辩护 / 原告

小法庭 91m² / 小法庭 91m² / 小法庭 91m²

辩护 / 原告

合议室

大法庭 548m²

抢救室

二层大厅 4.20

办公

新闻发布

无障碍厕所 / 无障碍电梯

犯罪嫌疑人候审区

小法庭 91m² / 小法庭 91m² / 小法庭 91m²

证人 / 证人 / 证人

女 / 男

证据 / 证据 / 合议 / 合议 / 审判员 / 女 男 / 合议 / 证人 / 证人 / 原告 / 辩护 / 辩护 / 被告

13

二、2006 年 住宅方案设计

(一) 试题要求

1. 任务描述

在我国中南部某居住小区内的平整用地上，新建带电梯的 9 层住宅，约 14200m²。其中两室一厅套型为 90 套，三室一厅套型为 54 套。

2. 场地条件

用地为长方形，建筑控制线尺寸为 88m×50m。用地北面和西面是已建 6 层住宅，东面为小区绿地，南面为景色优美的湖面（图 28-2-9）。

3. 任务要求

(1) 住宅应按套型设计，并由两个或多个套型以及楼、电梯组成各单元，以住宅单元拼接成一栋或多栋住宅楼。

(2) 要求住宅设计为南北朝向，不能满足要求时，必须控制在不大于南偏东 45°或南偏西 45°的范围内。

(3) 每套住宅至少应有两个主要居住空间和一个阳台朝南，并尽量争取看到湖面；其余房间（含卫生间）均应有直接采光和自然通风。

(4) 住宅南向（偏东、西 45°范围内）平行布置时，住宅（含北侧已建住宅）日照间距不小于南面住宅高度的 1.2 倍（即 33m）。

(5) 住宅楼层高 3m，要求设置电梯，采用 200 厚钢筋混凝土筒为梯井壁。

(6) 按标准层每层 16 套布置平面（9 层共 144 套），具体要求见表 28-2-3。

表 28-2-3

套型	套数（标准层）	套内面积（轴线面积）	套型要求					
			名称	厅（含餐厅）	主卧室	次卧室	厨房	卫生间
两室一厅	10	75（允许±5m²）	开间（m）	≥3.6	≥3.3	≥2.7		
			面积（m²）	≥18	≥12	≥8	≥4.5	≥4
			间数	1	1	1	1	1
三室一厅	8	95（允许±5m²）	开间（m）	≥3.6	≥3.3	≥2.7		
			面积（m²）	≥25	≥14	≥8	≥5.5	≥4
			间数	1	1	2	1	2

4. 制图要求

(1) 总平面图要求布置至少 30 辆汽车停车位，画出与单元出入口连接的道路、绿化等。

(2) 标准层套型拼接图，每种套型至少单线表示一次，标出套型轴线尺寸、套型总尺寸、套型名称；相同套型可以用单线表示轮廓。

(3) 套型布置：

1) 用双线画出套型组合平面图中所有不同的套型平面图;

2) 在套型平面图中，画出墙、门窗，标注主要开间及进深轴线尺寸、总尺寸;标注套型编号并填写两室套型和三室套型面积表，附在套型平面图下方。

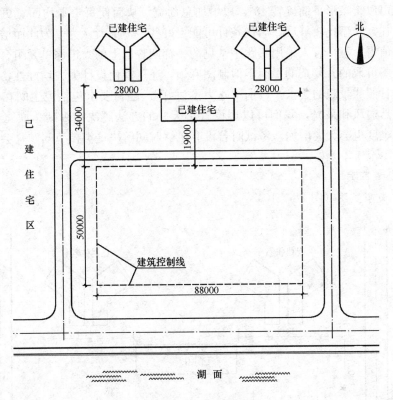

图 28-2-9 总平面图

(二) 试题解析

以单元式住宅为题，这在历年的注册考试中是没有过的。应该说，题目的复杂程度和难度不大。下面，我们结合该试题的评分情况讨论解题方法和主要考核点。

(1) 任务要求全部住宅套型朝向与景观均好。经过场地分析，显然布置一栋一梯二户单元组合、南北通透的板式住宅楼的方案成为首选。关键在于 88m 的总面宽能否放下 16套合乎要求的住宅。稍有一些住宅设计经验的人应当知道，平均每套住宅面宽 5.5m 是完全能够做下来的，只是住宅平面进深较大，居住的舒适度可能不太高，方案不太理想而已;但是只要设计在大的方面符合题目要求，考试应该能够确保及格。

按照每层 16 套住宅的总建筑面积为 1580m² 计算，88m 长的单元组合平面，进深约为 17.9m。为使所有房间均有自然通风和采光，平面中可能要开凹槽或布置小天井，建筑进深还会再大一些。这样，住宅的组合平面大致可确定为 88m×18m。

(2) 接下来做单元平面。可以根据计算确定三室套和两室套的平均理论面宽。假设两室套面宽为 X，三室套面宽即为 $(95 \div 75)X = 1.27X$。

列算式：$10X + 6 \times 1.27X = 88m$，解方程，$X = 5m$。

由此可知，在进深相同的前提下，两室套面宽可为 5m，三室套面宽可为 6.35m。采用最简单的矩形一梯两户单元平面，2-3 套型组合和 2-2 套型组合的单元可以很容易布置

15

出来。题目要求每套住宅至少应有两个主要居住空间朝南，对于两室套而言，两个主要居住空间的宽度至少是 2.7m＋3.3m＝6m，而实际面宽限制为 5m，只能用加大进深，适当重叠的办法解决了。

此题也可以将条形平面旋转 45°，以增加总面宽，从而使每户平均面宽更大一些，进深减小些，住宅套型比较舒展，居住条件可能更好些。但笔者认为，为此而增加设计制图的难度并不值得。至于有人采用实践中常见的一梯四户以上的大进深单元组合，使设计复杂化，也是不可取的。复杂的平面不但制图麻烦，还可能使设计失去均好性，造成部分套型满足不了日照或景观的要求，可谓"吃力不讨好"。题目要求包括卫生间在内的所有房间都要有自然通风和采光，我们可以用设置小天井的办法解决；否则总面宽还要加大不少，解题的难度也会大大增加。考试时若没有足够时间解决这类枝节问题，会被扣去一些分数，但也不至于不及格。

（三）参考答案

1. 总平面布置图（图 28-2-10）

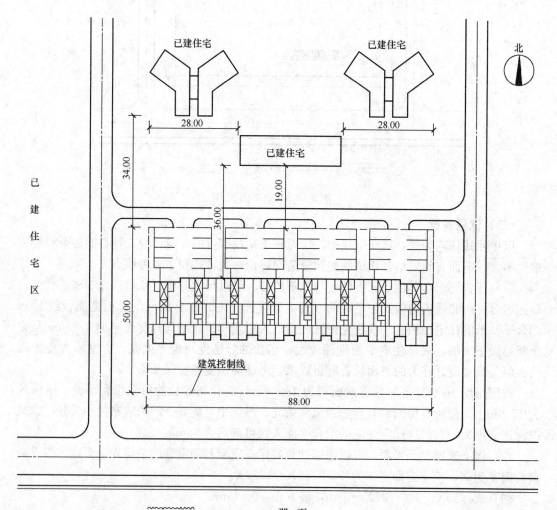

图 28-2-10　总平面布置图

2. 单元平面图及套型指标表（图 28-2-11、图 28-2-12 及表 28-2-4）

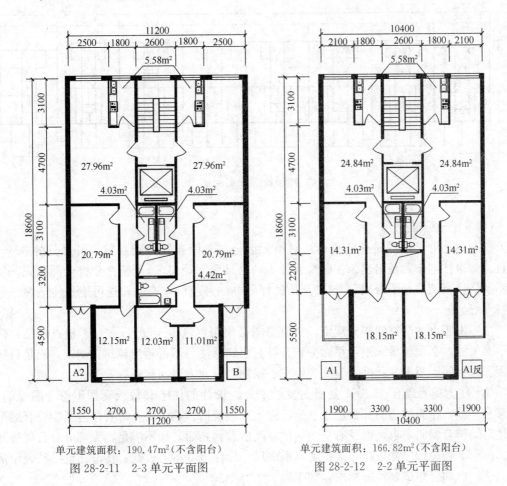

单元建筑面积：190.47m²(不含阳台)

图 28-2-11　2-3 单元平面图

单元建筑面积：166.82m²(不含阳台)

图 28-2-12　2-2 单元平面图

套型指标表　　　　　　　　　　表 28-2-4

套型	编号	套数	套内面积(m²)	套 型 指 标						
				名称	厅	主卧	次卧	厨房	主卫	次卫
两室一厅	A1 A1 反	4	73.27	开间(m)	3.90	3.30	2.70			
				面积(m²)	24.84	18.15	14.31	5.58	4.03	
				间数	1	1	1	1	1	
两室一厅	A2	6	76.81	开间(m)	4.30	3.30	2.70			
				面积(m²)	27.96	20.79	12.15	5.58	4.03	
				间数	1	1	1	1	1	
三室一厅	B	6	93.38	开间(m)	4.30	3.30	2.70			
				面积(m²)	27.96	20.79	12.03 11.01	5.58	4.42	4.03
				间数	1	1	2	1	1	1

17

3. 单元组合平面图（图 28-2-13）

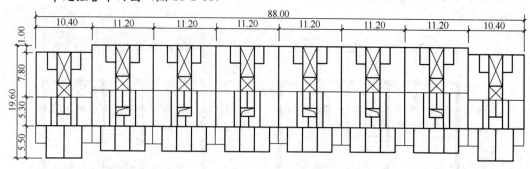

每层建筑面积 1476.46m²

图 28-2-13　单元组合平面图

（四）评分标准

（1）本题由于做的是住宅设计，对单元组合与总图布置特别看重，占总分的 60%。而且，如果住宅布置超出建筑控制线或者不满足日照间距要求，这 60 分将全部扣完，肯定不及格，可谓"一票否决"。这种严厉的评分办法是前所未有的，这可能是住宅题评分的特点吧。

（2）由于上述严格的扣分规定，所以总图必须布置，占 15 分。主要考核点包括：住宅平面尺寸，必须与单元组合平面一致，并有明确标注，不得超出建筑控制线，满足日照间距和防火间距要求。此外，道路、停车、绿地、单元入口布置还有 5 分。

（3）住宅单元组合 45 分，是最重要的部分。设计的住宅套数或套型不符合题意的，此部分 0 分，相应的总图部分也是 0 分，肯定不能及格。具体讲，每套住宅至少要有两个居住空间符合朝向要求，以及有一个居住空间能看到湖面，如不满足，大部分分数将被扣除。由于本题设计尺寸控制至关重要，平面尺寸标注也就不可或缺；楼电梯也必须表示清楚，这一点和公建试题评分标准差别很大。

（4）住宅套型设计 35 分。要画出所有套型的详细平面图，空间布局要大体合理，房间数量、开间大小、采光通风等应符合题目要求，并表示阳台、门窗，标明房间名称，标注尺寸和面积。

（5）结构布置和图面表达 5 分，这和历年考试的评分标准差不多，只是尺寸、面积和房间名称的标注不包括在里面。

归纳起来，本题能否及格的关键在于按照题目要求合理布置住宅套型，拼接成套型数量、面积符合要求，并与场地条件相适应的住宅组合平面。至于住宅的功能、流线问题，当属建筑师应知应会，题目没有给出提示，也不是考核的重点，只要做到大体合理即可。

从以上评分标准看，简化设计，减少套型种类不但可以减少设计制图工作量，加快设计进度，更可以减少被扣分的危险。这是本题解答的一个诀窍。

三、2007 年 厂房改造（体育俱乐部）设计

（一）试题要求

1. 任务描述

我国中南部某城市中，拟将某工厂搬迁后遗留下的厂房改建并适当扩建成为区域级体

育俱乐部。

2. 场地描述

(1) 场地平坦，厂房室内外高差为 150mm；场地及周边关系见总平面图（图 28-2-14）。

(2) 扩建的建筑物应布置在建筑控制线内；厂房周边为高大水杉树，树冠直径 5m 左右。在扩建中应尽量少动树，最多不宜超过 4 棵。

3. 厂房描述

(1) 厂房为 T 形 24m 跨单层车间，建筑面积 3082m²。

(2) 厂房为钢筋混凝土结构，柱距 6m，柱间墙体为砖砌墙体，其中窗宽 3.6m，窗高 6.0m（窗台离地面 1.0m），屋架为钢筋混凝土梯形桁架，屋架下缘标高 8.4m，无天窗。

4. 厂房改建要求

(1) 厂房改建部分按表 28-2-5 提出的要求布置。根据需要应部分设置二层；采用钢筋混凝土框架结构，除增设的支承柱外亦可利用原有厂房柱作为支承与梁相连接；作图时只需表明结构支承体系。

(2) 厂房内地面有足够的承载力，可以在其上设置游泳池（不得下挖地坪），并可在其上砌筑隔墙。

(3) 厂房门窗可以改变，外墙可以拆除，但不得外移。

5. 扩建部分要求

(1) 扩建部分为二层，按表 28-2-6 提出的要求布置。

(2) 采用钢筋混凝土框架结构。

6. 其他要求

(1) 总平面布置中内部道路边缘距建筑不小于 6m。机动车停车位：社会车辆 30 个、内部车辆 10 个；自行车位 50 个。

(2) 除库房外，其他用房均应有天然采光和自然通风。

(3) 公共走道轴线宽度不得小于 3m。

(4) 除游泳馆外其余部分均应按无障碍要求设计。

(5) 设计应符合国家现行的有关规范。

(6) 男女淋浴更衣室中应各设有不少于 8 个淋浴位及不少于总长 30m 的更衣柜。

7. 制图要求

(1) 总平面布置：

1) 画出扩建部分；

2) 画出道路、出入口、绿化、机动车位及自行车位。

(2) 一、二层平面布置

1) 按要求布置出各部分房间，标出名称，有运动场的房间应按图 28-2-15 提供的平面布置资料画出运动场地及界线，其场地界线必须能布置在房间内。

2) 画出承重结构体系及轴线尺寸、总尺寸。注出 ＊ 号房间（表 28-2-5、表 28-2-6）面积，房间面积允许±10% 的误差。填写图 28-2-16 及图 28-2-17 图名下边的共 6 个建筑面积。厂房改建后的建筑面积及扩建部分建筑面积允许有±5% 的误差（本题面积均以轴线计算）。

3）画出门（表示开启方向）、窗，注明不同的地面标高。

4）厕浴部分需布置厕位、淋浴隔间及更衣柜。

厂房改建部分设置要求 表 28-2-5

房间名称	单间面积 （m²）	房间数	场地数	相关用房 （m²）	备　注
游泳馆	800	1	1	另附 水处理 50 水泵房 50	泳池深 1.4~1.8m
篮球馆	800	1	1	另附库房 18	馆内至少有 4 排看台（排距 750mm）
羽毛球馆	420	1	2	另附库房 18	二层设观看廊
乒乓球馆	360	1	3	另附库房 18	
*体操馆	270	1		另附库房 18	净高≥4m，馆内有≥15m 长的镜面墙
*健身房	270	1		另附库房 18	
急救室	36	1			
*更衣淋浴	95	2			男女各 1 间，与泳池紧邻相通，与其他运动兼用
厕所	25	2			男女各 1 间
资料室	36	1			
楼梯、走廊					
厂房内改建后建筑面积	4050				含增设的二层建筑，面积允许误差±5%

厂房扩建部分设置要求 表 28-2-6

房间名称		单间面积 （m²）	房间数	相关用房 （m²）	备　注
俱乐部餐厅	*大餐厅	250	1		对内、对外均设出入口
	小餐厅	30	2		
	厨房	180	1	内含男女卫生间 18	需设置库房、备餐间
*体育用品商店		200	1	内含库房 30	对内、对外均设出入口
保龄球馆		500	1	内含咖啡吧 36	6 道球场 1 个
办公部分	大办公室	30	4		
	小办公室	18	2	另附小库房一间	
	会议室	75	1		
	厕所	9	2		男女各 1 间
公用部分	门厅	180		内含前台、值班室共 18	
	接待厅	36			
	厕所	18	4	内含无障碍厕位	男女均分设一、二层
	陈列廊	45	1		
	楼电梯、走廊				
扩建部分建筑面积		2330			面积允许误差±5%

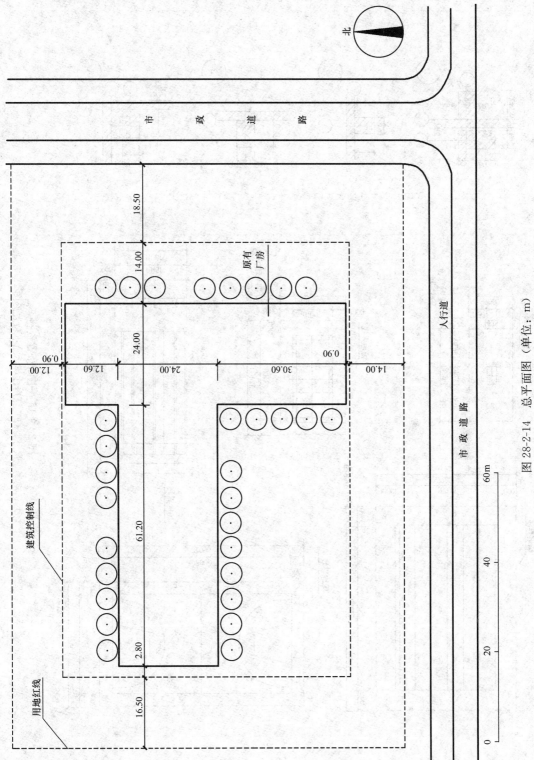

图 28-2-14 总平面图（单位：m）

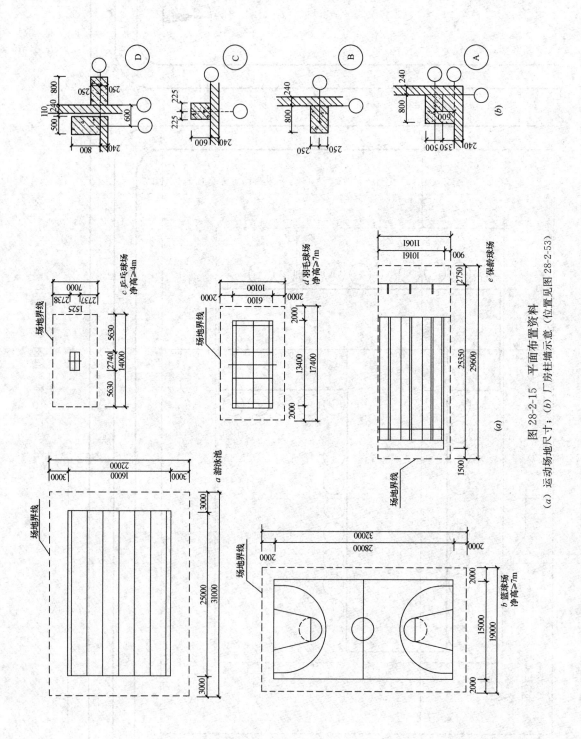

图 28-2-15 平面布置资料 (位置见图 28-2-53)

(a) 运动场地尺寸; (b) 厂房柱墙示意

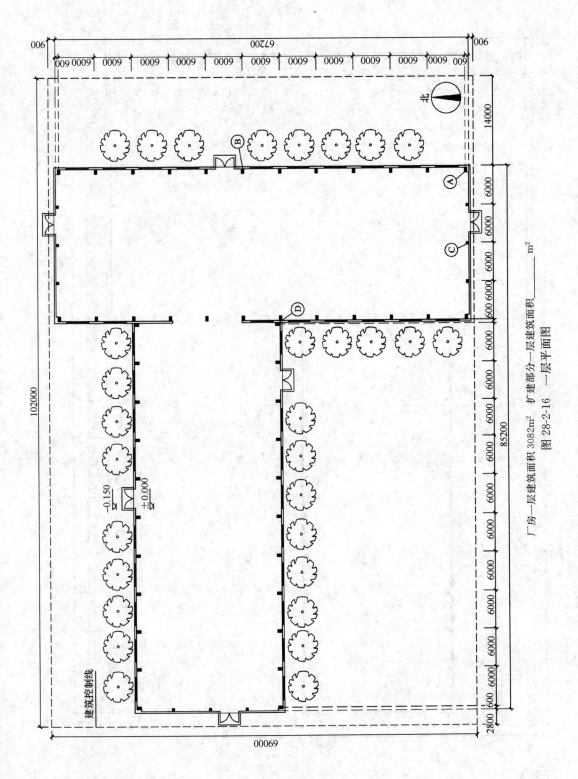

厂房一层建筑面积 3082m² 扩建部分一层建筑面积 ____ m²

图 28-2-16　一层平面图

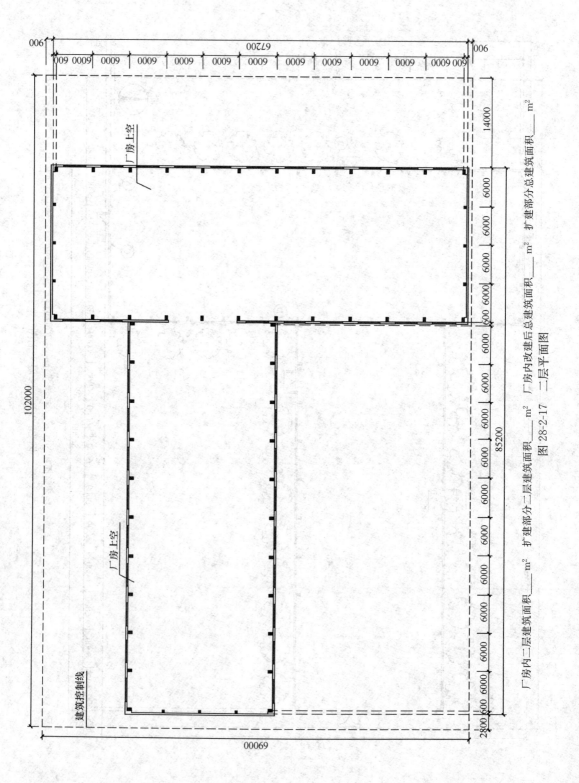

厂房内二层建筑面积____m² 扩建部分二层建筑面积____m² 厂房内改建后建筑面积____m² 厂房内改建后总建筑面积____m² 扩建部分总建筑面积____m²

二层平面图

图 28-2-17

24

（二）试题解析

本题是利用旧厂房改、扩建为体育俱乐部的方案设计，题目的难度不是太大。下面，我们结合该试题的评分情况讨论解题方法和主要考核点。

（1）从场地分析入手，先确定扩建部分的用地及建筑平面形态，并考虑新、旧建筑的入口位置和二者之间的交通联系等总体布局关系，是做好本设计的前提。

扩建部分 2330m² 分两层，每层 1165m²。为了和旧厂房结构相协调，柱网可用 6m×6m，并与旧厂房柱网对位。在用地选择的问题上，考虑旧厂房东侧地块过于狭长，不好用；北侧地块面积太小也无法用；而选择旧厂房西南一块地进行扩建最为合理可行（图 28-2-18）。扩建部分入口开向南侧，可作为俱乐部的主入口；改建部分可向东、北开口，以满足紧急疏散和后勤管理的需要。

（2）旧厂房改造是本题考核的重点。首先确定要求面积大、空间高度需占用旧厂房全部高度的篮球、游泳和羽毛球三个馆的位置。篮球、游泳各 800m² 的面积，宜占用 24m 跨度厂房端头 5.5 个柱距，以免阻隔内部交通联系。羽毛球则可占第三个端头。余下相对集中的部分可作夹层处理，便于组织交通。

游泳部分的布置比较复杂，不注意容易出问题。试题提示泳池深 1.4～1.8m，并且

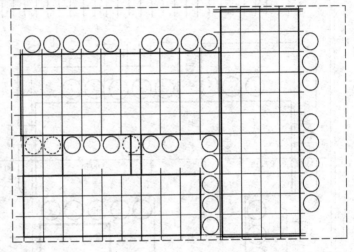

扩建部分建筑面积：2304m²

图 28-2-18　柱网布置图

不得下挖地坪，所以泳池剖面应当从±0.000 往上提升，池岸及水面至少提高到 2.1m 以上。为简化竖向结构空间关系以及便于交通联系考虑，游泳池宜布置在改建后的二层。泳池下部空间大部分被泳池结构构造所占，可以不利用，也只计算一层面积。

扩建部分功能以小型办公空间为主，为保证良好的采光通风条件，平面进深不宜大于18m，故其基本平面形态可以是一个 54m×18m 的矩形，并与旧厂房柱网对位，尽量靠西南布置；面积不足可以用与旧厂房之间的联系体补上。

（3）扩建部分在确定位置和平面形态之后，内部空间的布置应注意合理的功能分区。考虑到餐厅和商店有对城市公众开放的要求，故应放在一层，并且直接对前庭院开门。保龄球和管理办公只好放在二楼。同时还应将内部管理办公和公共活动尽量分开，扩建部分做成L形，与旧厂房相接，保龄球球道采用纵向布置，正好充分利用 30m 宽的场地地形，并与旧厂房围合出一块室外庭院，在内部空间关系上处于二层平面的尽端，是个不错的选择。

（三）参考答案

1. **总图布置**（图 28-2-19）

2. **一层平面图**（图 28-2-20）

3. **二层平面图**（图 28-2-21）

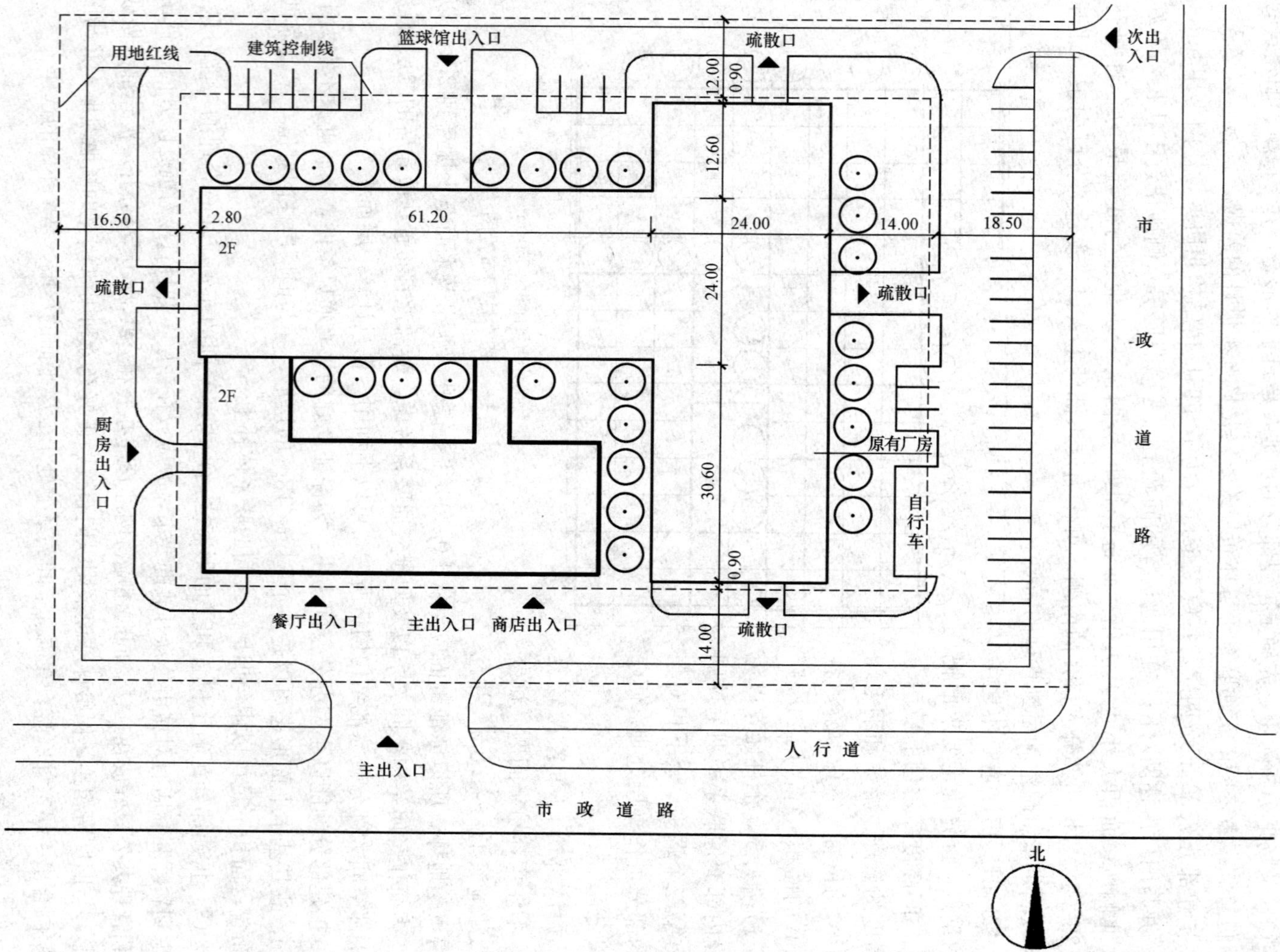

图 28-2-19　总平面图

26

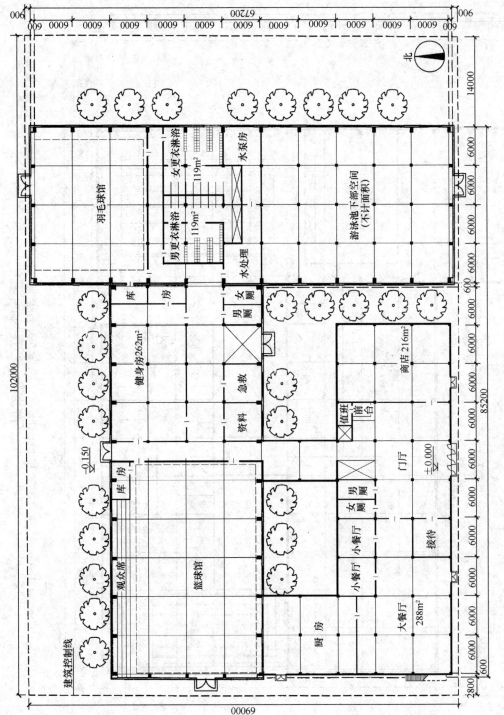

厂房一层建筑面积：2282m²，扩建部分一层建筑面积：1188m²　图 28-2-20　一层平面图

北

建筑控制线

羽毛球馆

女更衣淋浴 119m²

男更衣淋浴 119m²

水泵房

水处理

游泳池下部空间
（不计面积）

库　房

健身房262m²

女厕

男厕

急救

资料

库房

值班

前台

商店 216m²

门厅

±0.000

观众席

篮球馆

厨房

小餐厅

小餐厅

女厕

男厕

接待

大餐厅 288m²

900　900

67200

600　6000　6000　6000　6000　6000　6000　6000　6000　6000　6000　6000　600

14000

6000

6000

6000

6000

102000

85200

6000　6000　6000　6000　6000　6000　6000　6000　6000　6000　6000　6000

600

2800

69000

-0.150

27

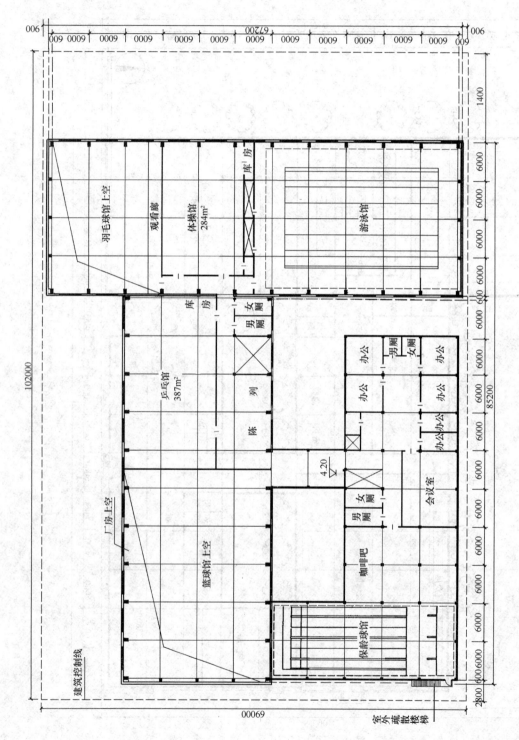

厂房内一层建筑面积：1056m²，扩建部分二层建筑面积：1088m²，厂房内改建后总建筑面积：4138m²，扩建部分总建筑面积：2176m²

图 28-2-21 二层平面图

(四) 评分标准

(1) 总图部分8分，不是很重要。主要考点在于建筑不出控制线，砍树不要超过4棵，内部道路要和城市道路相接，满足停车要求，主要入口和餐厅、厨房、商店直接对外等等。按题目要求去做，这部分并不困难。

(2) 旧厂房改造部分占50分，这是最重要的。其中几个运动场馆的布置占35分。首先场馆数和场地数一个都不能少，少一个就会扣掉20～35分，可能导致不及格。因为这是最基本的功能要求。其次是空间高度问题，篮球、游泳、羽毛球要求7m以上，因而不能和其他空间作上下层布置，这也涉及最基本的功能问题，占25分。

运动场附属空间，如更衣、淋浴、厕所、库房、水泵房、水处理间的布置以及流线组织还有15分。

(3) 扩建部分32分，也较为重要。这部分又分为餐厅、商店、保龄球和办公4部分。遗漏了其中任何一部分扣20分，所以先要解决有无的问题。然后是这部分的功能分区和流线组织，包括新、旧建筑之间的交通联系，有12分。这部分只要按照题意进行深入细致的安排，就能大体上解决。时间不够，一些细节照顾不到，只要大关系不错，就不至于不及格。在这里还是要提醒大家，作图考试不要追求方案的尽善尽美，只要大关系做对了，题目要求的主要功能房间都放进去了，其余细节大可不必拘泥。

(4) 本题和其他试题相同，规范规定共占5分。规范考核主要包括防火和无障碍。例如，所有大房间（包括各运动场馆和大餐厅、商店）都应有两个安全出口，少一个出口扣2分，最多扣5分；无障碍设计要求设无障碍电梯或坡道。题目规定的公共走道宽度不够，以及出现黑房间（库房、水处理除外）也要扣分。这些问题都属于"小节"，全部加起来也只有5分，因此不必多虑。

(5) 最后是结构和图面表达共5分，每年试题都大致如此。结构布置只要上下层对应关系正确即可。图面表达包括房间名称和尺寸、面积标注，分数没有多少，没来得及做也关系不大。题目要求浴室、厕所要布置隔间和卫生设备，要画门窗，门还要画出开启方向等，而评分时都没有考虑，说明此类细节并不影响评分，为了能按时完成图纸，考试作图时可以相对粗放一些。

四、2008 年 公路汽车客运站设计

(一) 试题要求

1. 任务描述

在我国某城市拟建一座两层的公路汽车客运站，客运站为三级车站，用地情况及建筑用地控制线见总平面图（图28-2-22）。

2. 场地条件

地面平坦，客车进站口设于东侧中山北路，出站口架高设于北侧并与环城北路高架桥相连。北侧客车坡道、客车停车场及车辆维修区已给定，见总平面图。到达站台与发车站台位置见一、二层平面图（图28-2-23、图28-2-24）。

3. 场地设计要求

在站前广场及东、西广场用地红线范围内布置以下内容：

(1) 西侧的出租车接客停车场（停车排队线路长度≥150m）。

(2) 西侧的社会小汽车停车场（车位≥26个）。

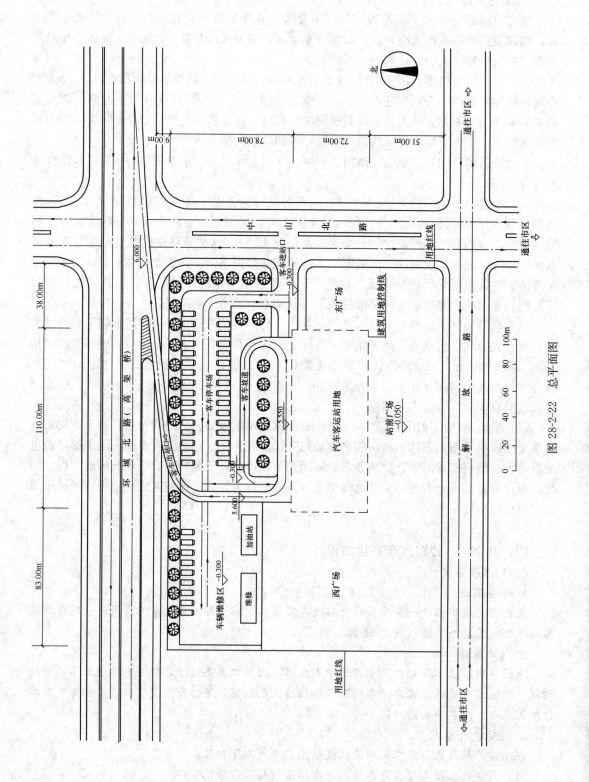

图 28-2-2-22　总平面图

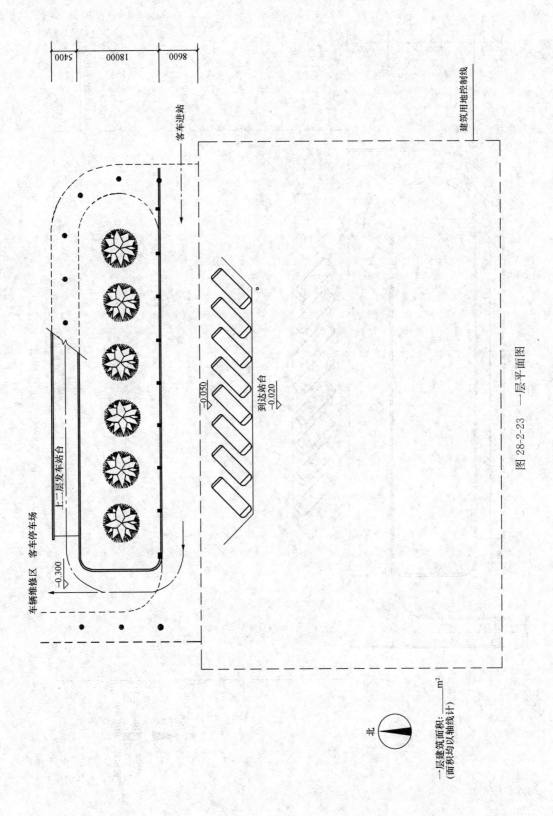

图 28-2-23 一层平面图

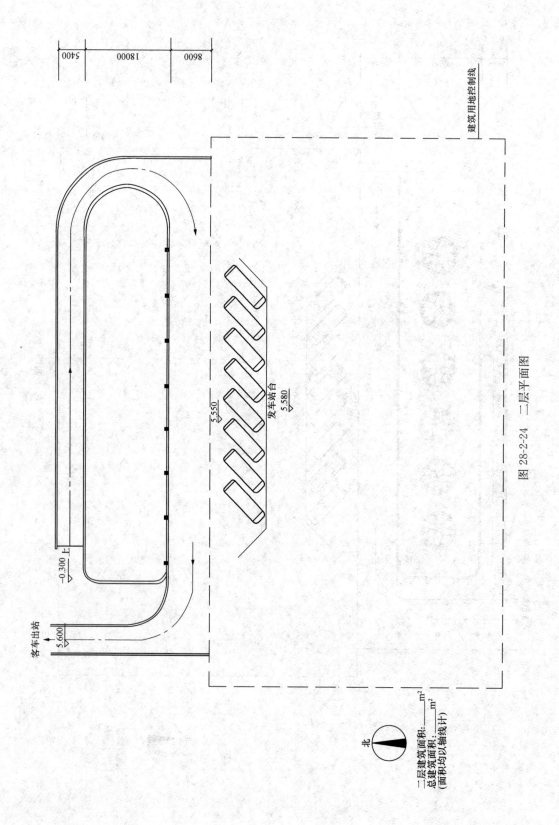

图 28-2-24 二层平面图

5400
18000
9800

建筑用地控制线

5.550
发车站台 5.580

客车出站
5.600
−0.300 上

北

二层建筑面积：_____m²
总建筑面积：_____m²
(面积均以轴线计)

(3) 沿解放路西侧的抵达机动车下客站台（用弯入式布置，站台长度≥48m）。

(4) 自行车停车场（面积≥300m²）。

(5) 适当的绿化与景观。人车路线应顺畅，尽量减少混流与交叉。

4. 客运站设计要求

(1) 一、二层用房及建筑面积要求见表28-2-7及表28-2-8。

(2) 一、二层主要功能关系要求见图28-2-25。

(3) 客运站用房应分区明确，各种进出口及楼梯位置合理，使用与管理方便，采光通风良好，尽量避免暗房间。

(4) 层高：一层5.6m（进站大厅应适当提高）；二层≥5.6m。

(5) 一层大厅应有两台自动扶梯及一部开敞楼梯直通二层候车厅。

(6) 小件行李托运附近应设置一台小货梯直通二层发车站台。

(7) 主体建筑采用钢筋混凝土框架结构，屋盖可采用钢结构，不考虑抗震要求。

(8) 建筑面积均以轴线计，其值允许在规定建筑面积的±10%以内。

(9) 应符合有关设计规范要求，应考虑无障碍设计要求。

5. 制图要求

(1) 在总平面图（图28-2-22）上按设计要求绘制客运站屋顶平面；表示各通道及进出口位置；绘出各类车辆停车位置及车辆流线；适当布置绿化与景观；标注主要的室外场地相对标高。

(2) 在图28-2-23及图28-2-24上分别绘制一、二层平面图，内容包括：

• 承重柱与墙体，标注轴线尺寸与总尺寸。

• 布置用房，画出门的开启方向，不用画窗；注明房间名称及带＊号房间的轴线面积。厕所器具可徒手简单布置。

• 表示安检口一组、检票口、出站验票口各两组，见图例（图28-2-26）、自动扶梯、各种楼梯、电梯、小货梯及二层候车座席（座宽500mm，座位数≥400座）。

• 在图28-2-23及图28-2-24左下角填写一、二层建筑面积及总建筑面积。

• 标出地面、楼面及站台的相对标高。

一层用房及建筑面积表 表28-2-7

功能区	房间名称	建筑面积(m²)	房间数	备 注
	＊进站大厅	1400	1	
售票	售票室	60	1	面向进站大厅总宽度≥14m
	票务	50	1	
	票据库	25	1	
对外服务 站务用房	＊快餐厅	300	1	
	快餐厅辅助用房	200	4	含厨房、备餐、库房、厕所
	商店	150	1	
	小件托运	40	1	其中库房25m²
	小件寄存	40	1	其中库房25m²
	问讯	15	1	

功能区	房间名称	建筑面积（m²）	房间数	备注
对外服务站务用房	邮电	15	1	
	值班	15	1	
	公安	40	1	其中公安办公25m²
	男、女厕所各1	80	2	
内部站务用房	站长	25	1	
	＊电脑机房	75	1	
	调度室	70	1	
	＊职工餐厅	150	1	
	职工餐厅辅助用房	110	4	含厨房、备餐、库房、厕所
	司机休息	25×3	3	
	站务	25×3	3	
	男、女厕所各1	40	2	
到达区	＊到达站台	450	1	不含客车停靠车位面积
	验票补票室	25	1	
	出站厅	220	1	（含验票口两组）
	问讯	20	1	
	男、女厕所各1	40	2	
其他	消防控制室	30	1	
	设备用房	80	1	
	走廊、过厅、楼梯等	750		合理、适量布置

一层建筑面积：4665m²

注：上列建筑面积均以轴线计，允许范围±10%。

二层用房及建筑面积表 表28-2-8

功能区	房间名称	建筑面积（m²）	房间数	备注
候车	＊候车大厅	1400	1	含安检口一组及检票口两组
	＊母婴候车室及女厕所各1	90	2	靠站台可不经检票口单独检票
对外服务站务用房	广播	15	1	
	问讯	15	1	
	商店	70	1	
	医务	20	1	
	男、女厕所各1	80	2	
内部站务用房	调度	40	1	
	办公室	50×6	6	
	＊会议室	130	1	
	接待	80	1	
	男、女厕所各1	40	2	

功能区	房间名称	建筑面积（m²）	房间数	备 注
发车区	发车站台	450	1	不含客车停靠车位面积
	司机休息	80	1	
	检票员室	30	1	
其 他	设备用房	40	1	
	走廊、过厅、楼梯等	620		合理、适量布置
	二层建筑面积：3500m²			

注：1. 一、二层合计总建筑面积 8165m²。

2. 上列建筑面积均以轴线计，允许范围±10%。

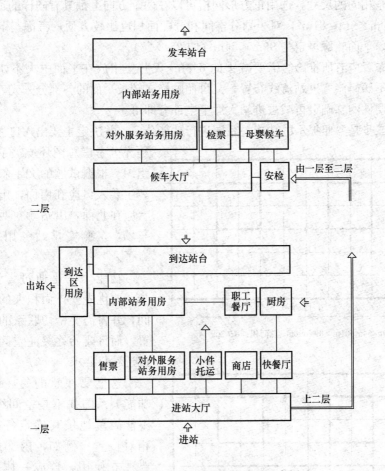

图 28-2-25 一、二层主要功能关系示意图

图 28-2-26 图例

(二)试题解析

(1)按照先总体后局部的原则,第一步是确定建筑的平面形态和柱网。根据试题给定的总图条件,建筑控制线范围是一个东西长110m,南北宽72m的矩形。但是,看清两张平面图(图28-2-23、图28-2-24)所提供的场地条件可以发现,拟建房屋的进深只能做到60m左右。如果考虑建筑外墙面到车道边的必要距离,进深还要再减小一些。按照一层建筑面积4665m²的要求,宜采用最简约的矩形平面,我们可以用一块约90m×50m的图形来解决问题。在确定具体结构柱网时,由于题目要求充分利用自然通风和采光,尽量避免黑房间,可考虑在平面中插入天井,因而平面轮廓可尽量放大以获取最好的采光、通风条件。至于柱网尺寸,只要符合我国建筑技术的发展趋势,大一点小一点本无所谓;但最好先留意一下平面图,图上给出了架空车道的支柱柱距是9m,因而不必多加考虑,直接采用与之完全相同的尺寸。选用正方形网格可以在两个方向上都具有同样的适应性,所以是可取的。9m×9m=81m²,对于划分空间和分配面积也比较方便;考虑与既有车道支柱的对位关系,平面轮廓可定为99m×54m(图28-2-27)。

天井的布置应有所推敲。需要减去的648m²天井集中放在平面中央不如一分为二置于两侧,既不妨碍旅客进站流线布置,又可照顾横向较长平面的各部分采光。二层平面柱网则是在一层柱网基础上再减去进站大厅上空部分即可。

(2)第二步是参照提示的功能关系图进行功能分区,并决定主要出入口方位。此时必须充分考虑总图环境关系和城市交通组织。根据试题的文字叙述,显然乘客主要入口应在南面,出发和到达站台应在北面,出站厅在西侧以接近停车场,东侧安排站务用房便顺理成章了。

功能分区是通过考试的重要一步。要优先安排面积大的主要功能空间,并将需要密切联系的空间集中布置,而且要始终关注空间大小,尽量接近题目要求。

这里要注意的是,试题给出的功能关系图并不是空间组合示意图,不能简单地按其确定各功能部分的相对位置。例如,内部站务用房需要独立使用,自成一体,其中还包含较多的小办公室,不能按图示那样被其他公共空间包围,而应尽量靠边布置以利于自然采光通风。此外,在极短的考试时间里,不要追求最佳方案,也不大可能照顾好设计要求的每个方面。抓紧解决最主

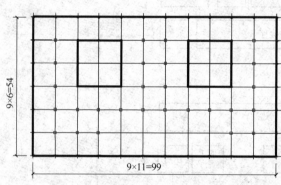

99m×54m-81m²×8=4698m²,总面积:8262m²

(a)

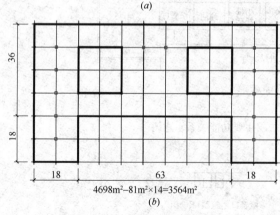

4698m²-81m²×14=3564m²

(b)

图28-2-27 柱网布置图

(a)一层柱网;(b)二层柱网

要的功能问题，枝节问题可以放弃，形式问题则完全不需要考虑。至于本方案采用大致对称的构成关系，只是习惯做法使然，并非刻意追求（图28-2-28）。

功能分区大体完成后，还有空间的细致划分、交通流线的布置，以及表示门洞位置、标注房间名称和面积等大量工作要做。这一步要注意两点：一是全面同步地推进设计，避免一层平面用时太多而丢下了二层，那样将会前功尽弃；二是分清主次，集中精力解决主要矛盾，也就是把主要功能空间，即建筑面积表里标有 * 号的空间布置好，先将主要得分点拿下，次要问题来不及解决也不会影响考试的通过。

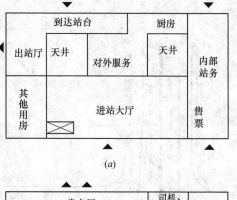

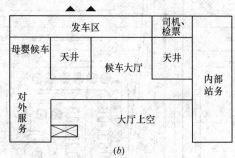

图 28-2-28　功能分区图
(a) 一层分区；(b) 二层分区

（三）参考答案

图 28-2-29～图 28-2-31 为参考答案。从中我们可以发现设计及表达并未做到完善的程度，例如，厨房空间没有进一步划分，厕所没有布置卫生洁具，楼梯也没有细画。但这样的答卷至少及格是没有问题的。

顺便说一点，对试题中的制图要求不必太较真，因为图面表达问题从来不是考查重点。本题要求二层平面图布置 400 个候车座椅，画图工作量很大，而评分时却根本没有考虑。门的开启方向每年试题都要求表示，实际评分时却都没有设置扣分点。

（四）评分标准

此题总图布置占 15 分，要求布置车辆流线、停车场、绿化景观等。时间不够而没有完成也不是没有通过的希望。只要简单地将建筑平面轮廓放进建筑控制线以内，总图的主要工作就可告一段落，留待最后有时间再深入去做。

这道题的评分分值分配比例如下：

总图	15 分
一层平面	40 分
二层平面	30 分
规范	7 分
结构与表达	8 分

由此可见，与往年的考试一样，总图、规范、结构、图面表达都不是要紧的地方，即使全都不符合要求，只要两层平面功能布局符合题目要求，也是能及格的。

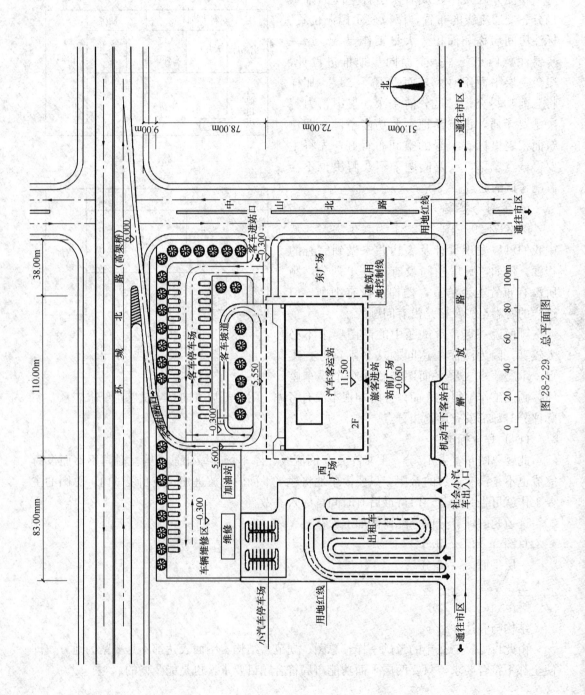

图 28-2-29 总平面图

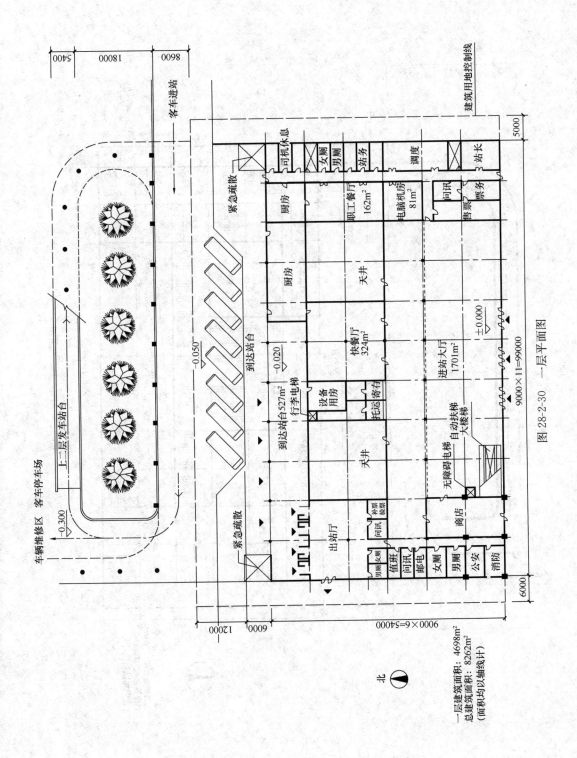

图 28-2-30 一层平面图

一层建筑面积：4698m²
总建筑面积：8262m²
（面积均以轴线计）

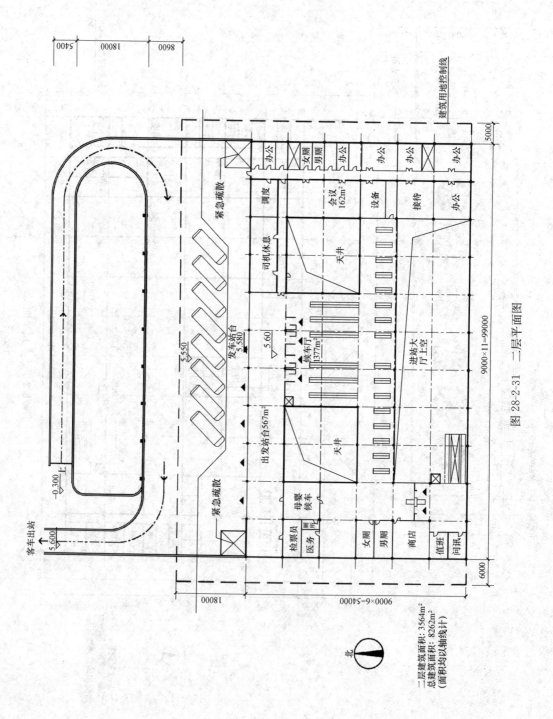

图 28-2-31 二层平面图

二层建筑面积：3564m²
总建筑面积：8262m²
(面积均以轴线计)

北

五、2009 年 中国驻某国大使馆设计

(一)试题要求

1. 任务描述

我国拟在北半球某国修建一座大使馆,当地气候类似于我国华东地区。建筑层数为 2 层。用地情况及建筑控制线见总平面图(图 28-2-32)。

2. 场地条件

用地南侧为城市干道,东侧为次干道,北侧为城市绿地,西侧为相邻使馆用地。建筑用地范围 90m×70m,内有保留大树 1 棵,位置见总平面图。

3. 场地设计要求

(1)主入口开向南侧城市干道,签证入口开向东侧次干道。主入口处设警卫室和安检室各(3×5)m^2,附近设 20 个小汽车停车位(可分散布置);签证入口处设警卫兼安检室 1 个(3×5)m^2。

(2)接待、签证、办公、大使府邸、办公区厨房应有独立的出入口,各入口之间又宜有联系。签证入口前设室外活动场地 200~350m^2 并与其他区域用活动铁栅分隔。

4. 建筑设计要求

(1)建筑功能关系见图 28-2-33,图中双线表示紧密联系。

(2)大使馆分为接待、签证、办公及大使官邸四个区域,各区域均应设单独出入口,每区域内使用相对独立但内部又有一定联系。

(3)办公区厨房有单独出入口,应隐蔽方便。

(4)采用框架剪力墙结构体系,结构应合理。

(5)签证、办公及大使官邸三个区域层高 3.9m,接待区门厅、多功能厅、接待室、会议室层高≥5m,其余用房层高为 3.9m 或 5m。

(6)除备餐、库房、厨房内的更衣室及卫生间、服务间、档案室、机要室外,其余用房应为直接采光。一、二层用房及建筑面积要求见表 28-2-9 及表 28-2-10。

5. 制图要求

(1)总图要求表示道路、绿地、停车位,并标出与道路连接的出入口。

(2)绘制一层及二层平面图,应表达:

1)承重柱与墙体,标注轴线尺寸及总尺寸;

2)布置房间,表示门的位置,不必画窗;标注房间名称及带 * 号房间的轴线面积,标注每层的建筑面积和总建筑面积。

(3)主要线条用尺规绘制,卫生洁具等可徒手绘制。布置用房,画出门的开启方向,不用画窗;注明房间名称及带 * 号房间的轴线面积。

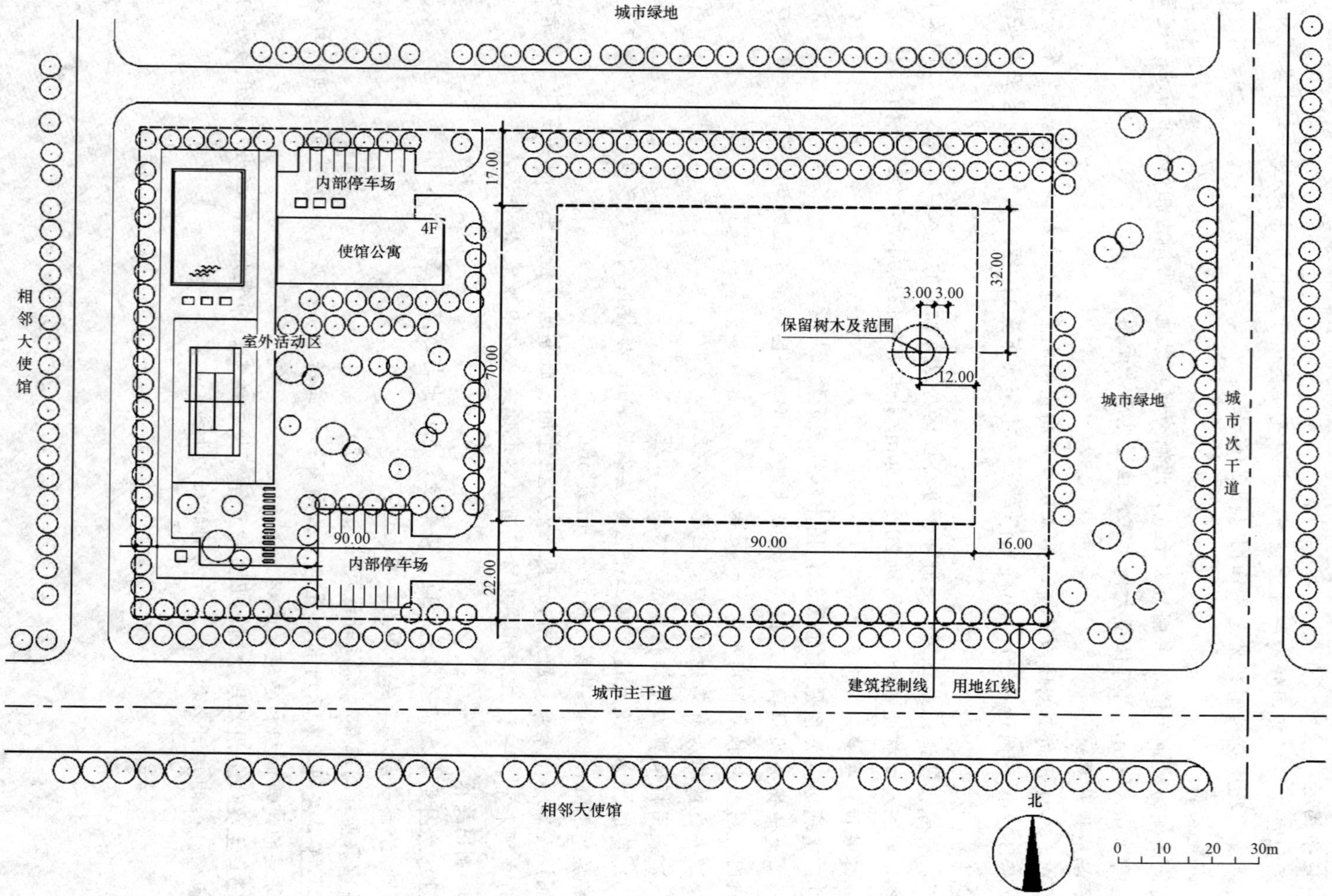

图 28-2-32 总平面图

城市次干道

城市绿地

城市绿地

保留树木及范围

32.00

3.00 3.00

12.00

16.00

90.00

用地红线

建筑控制线

城市主干道

相邻大使馆

17.00

70.00

22.00

90.00

内部停车场

使馆公寓

4F

室外活动区

内部停车场

相邻大使馆

北

0 10 20 30m

42

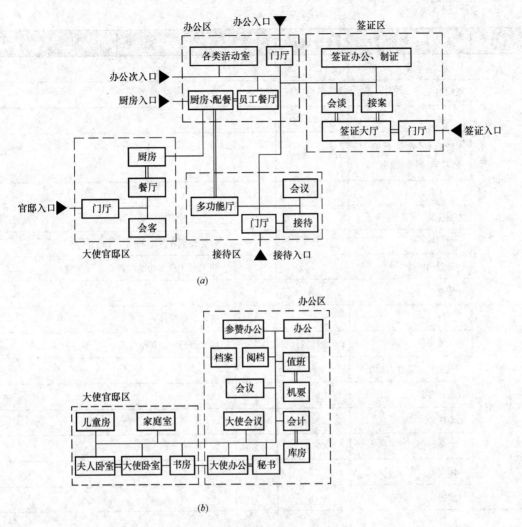

图 28-2-33 主要功能关系示意图

(a) 使馆一层主要功能关系图；(b) 使馆二层主要功能关系图

一层房间功能及要求

功能区	房间名称	建筑面积(m²)	房间数	备 注
接待区	＊门厅	150	1	
	＊多功能厅	240	1	兼作宴会厅
	休息室	80	1	
	＊接待室	145	1	
	会议室	120	1	
	卫生间	2×40	男女各1	应考虑残疾人厕位
	衣帽间	48	1	
	值班和服务	2×12	2	值班、服务各1间
	小计	887		

43

功能区	房间名称	建筑面积(m²)	房间数	备 注
办公区	门厅	25	1	
	门卫	16	1	
	会客	24	1	
	活动室(健身、跳操、乒乓、桌球、棋牌、图书)	6×48＝288	6	
	职工餐厅	90	1	
	卫生间	2×24	2	男、女各1间
	大厨房	150	1	含男女更衣各16m²
	备餐间两个	2×60	2	职工餐厅和多功能厅各设1间备餐
	配电	24	1	
签证区	门厅	80	1	进入大厅须经过安检
	*签证厅	220 含接案台60	1	接案台长度≥10m
	卫生间(签证人员用)	2×8	2	
	制证办公	2×16	2	
	会谈	2×16	2	
	签证办公	4×16	4	
	保安	16	1	
	库房	16	1	
官邸区	门厅	50	1	
	会客	60	1	
	值班	12	1	
	衣帽间	7	1	
	厨房	27	1	
	餐厅	55	1	
	客房	35	1	带卫生间
	卫生间	16	1	
	以上面积合计：			2410m²
	走廊、楼梯等面积：			740m²
	一层建筑面积：			3150m²
	允许一层建筑面积（±10%以内）：			2835～3465m²

44

功能区	房间名称	建筑面积（m²）	房间数	备　注
官邸区	*大使卧室	70	1	均带卫生间
	夫人卧室	54	1	
	儿童卧室	40	1	
	家庭室	40	1	
	书房	28	1	
	储藏	28	1	
办公区	大使办公	56	1	
	*大使会议	75	1	
	普通会议	80	1	
	秘书	20	1	
	参赞办公	3×48＝144	3	
	普通办公室	8×24＝192	8	
	机要室	140	4	其中机要室 3 间共 116m²，值班室 1 间24m²
	档案室	80	2	含 32m² 阅档室
	财务室	72	2	含 27m² 库房
	卫生间	2×24	2	男、女各 1 间
以上面积合计：				1167m²
走廊、楼梯等面积：				383m²
二层建筑面积总计：				1550m²
允许二层建筑面积（±10%以内）：				1395～1705m²

（二）试题解析

（1）按照先总体后局部的原则，第一步是确定建筑的平面形态和柱网。根据试题给定的总图条件，建筑控制线范围是一个东西长 90m，南北宽 70m 的矩形。由于场地要求保留原有大树，可以只利用大树以西 72m 宽的地块布置。按照一层建筑面积 3150m² 的要求，采用最简单的矩形轮廓和 8m×8m 柱网，并考虑到绝大多数功能房间均需要自然通风和采光，可以用一个周边建筑进深不太大的、带内院的 64m×64m 口字形平面来解决问题（图 28-2-34）。在这里要提醒大家注意的是：按历来的考试规定，建筑尺寸和定位一律按轴线，所以建筑与建筑控制线的关系，以建筑边轴线不超越控制线为原则，故压线布置是允许的。

（2）第二步是参照提示的功能关系图进行功能分区，并决定各个出入口的方位。根据

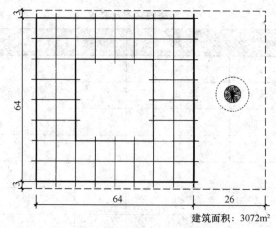

建筑面积：3072m²

图 28-2-34　柱网设置图

试题要求，主入口开向南侧城市干道，签证入口开向东侧次干道，因而可以将接待区设于建筑南段，将签证区设于东段。北段和西段就是办公和官邸了（图 28-2-35）。

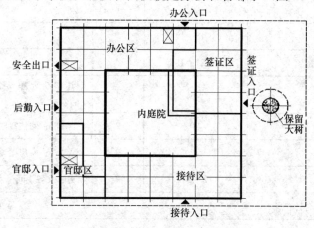

图 28-2-35　一层功能分区图

具体划分功能分区时要注意控制各分区的面积大小。可按照各分区要求的面积统计数，加上按比例分配的交通面积数，除以 64，便得出各分区大体上应占有的网格数量（图 28-2-36）。

试题分层给出功能关系图，一层各分区的相互关系可以直接用于平面布置，二层分区应与一层功能区相对应，并注意楼梯及厕所在上下层之间的对位关系。具体分区时还要注意相邻的两个功能区之间的联系通道，例如图 28-2-35 一层平面中接待区和办公区之间的联系需要通过签证区，显得不够直接。考虑到该联系属于使馆内部的办公流线，所以还是能够接受的。当然，最好在庭院里添加一条连廊。而办公区的厨房、备餐需要直接为接待区的多功能厅服务，其间的交通联系就不能被官邸区所阻隔，因而一层官邸区的形状就必须适当调整，如图做成"L"形。

（3）分区妥当后就要抓紧时间落实各分区的平面组合关系。这部分工作量比较大，我们还是应当从大关系入手。大关理顺，即使细节来不及一一敲定，及格也应该是没有问题的。所谓"大关系"，就是主要功能房间和面积大、数量多的房间的恰当定位，并将与

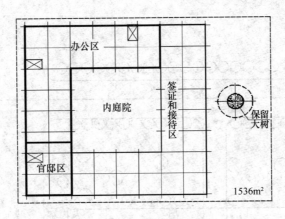

图 28-2-36　二层功能分区图

其关系密切的房间尽量贴邻布置。和往年的方案作图考试一样，我们不要把目标定在做出尽善尽美的方案上，因为这往往是不可能达到的。一定要在最短的时间里争取拿出大体可行，又能让阅卷人看得明白的方案来。绘图与表达则不必过多考虑。例如，墙体就用一条粗实线表示，窗户不必画，门也不必表示开启方向；楼梯和厕所来不及细画也不要紧，只要让阅卷人能看清楚是楼梯、厕所便可以了。

　　关于图面表达深度，尽管通常题目要求很高，如表示墙、柱，墙还要画双线；要画门、窗，还要表示门的开启方向，厕所要布置卫生洁具，要布置家具等。但笔者根据历年评分标准认定，这些属于图面表达的内容，统统加在一起不过 5 分左右，不值得多花时间去做。

　　（三）参考答案

　　1. 总平面图（图 28-2-37）

　　总图其实不一定画得这样深入。主要是把建筑布置在建筑红线之内，让开保留大树，作环行车道连接建筑各个出入口并与城市道路相接就可以了。

　　2. 一层平面图（图 28-2-38）

　　3. 二层平面图（图 28-2-39）

　　仔细看，平面图表达得也不完善。例如，厕所没有布置卫生洁具，楼梯只是位置示意，也没有做无障碍设计，有些房间的面积不一定完全符合题目要求。墙体用一根粗实线表示，窗线一律不画，门留出洞口再加上一条短竖线，对于只求及格的图纸，画到这种平面组合图的深度就足够了。在考试时间不够用的情况下，要根据自己的能力，注意适可而止，切不可追求完美。要知道，题目中的制图要求是按满分的标准设定的，而应试者的目标只是及格，所以一定不要把太多的时间花在只占 5 分的图面表达上。

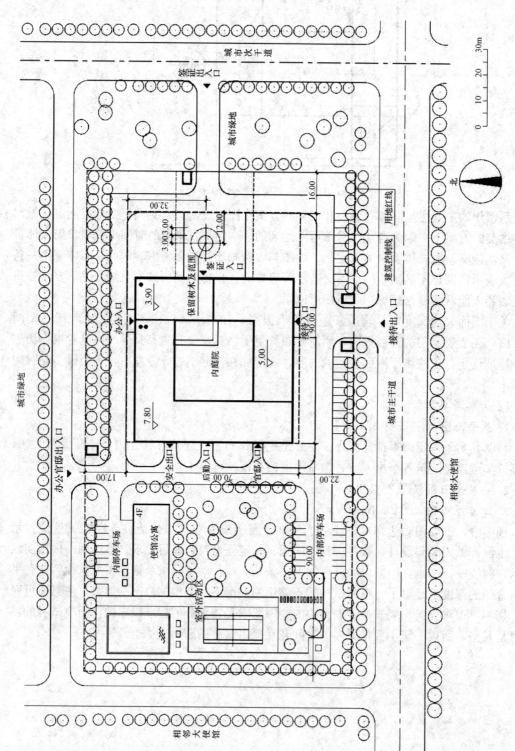

图 28-2-37　总平面图

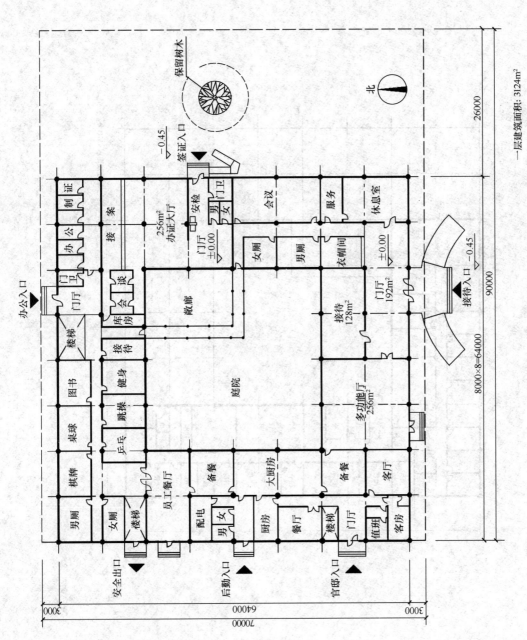

图 28-2-38 一层平面图

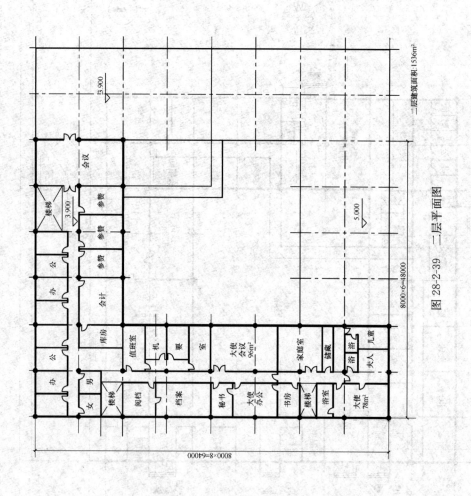

图 28-2-39　二层平面图

二层建筑面积:1536m²

8000×6=48000

8000×8=64000

(四）评分标准（表 28-2-11）

表 28-2-11

序号	项目		考核内容	分值	扣分范围	扣分	扣分小计	得分
1	总平面 (15分)		建筑物超红线扣 10 分，古树未保留扣 5 分	15	5~10			
			总平面与单体不符每处扣 1 分		1~5			
			接待区、签证区未能分别通往主次干道，每处扣 2 分；办公、官邸区未通城市道路扣 1 分		1~3			
			对城市的出入口（最少 3 处）未设警卫安检房每处扣 1 分		1~3			
			未表示建筑物的 5 个出入口（4 大区及厨房），少 1 个扣 1 分		1~3			
			签证区入口处没布置 200~350m² 场地，该入口场地未设活动铁栅与各区分隔的各扣 1 分		1~2			
			场地内道路布置不当或未布置扣 1~2 分，20 个车位每缺 3 个扣 1 分。未布置绿化扣 2 分		1~3			
2	一层平面 (47分)	功能分区	4 大区分区不清，交通混乱交叉	12	2~6			
			办公区与其余 3 区内部不通（允许经楼梯与二层官邸相通）或无门相隔，每处扣 2 分		2~4			
			厨房未设单独出入口；厨房备餐未与员工餐厅、多功能厅紧密相连，每处扣 2 分		2~4			
			房间比例不当（>1:2），每处扣 2 分（厕所、库房除外）		1~2			
		接待	平面布置功能关系明显不良	10	1~5			
			缺门厅、多功能厅、接待，每缺 1 间扣 3 分；缺会议、休息、卫生间，每缺 1 间扣 1 分		1~5			
			面积不符：门厅（150±15m²）、多功能厅（240±24m²）、接待室（145±15m²）每处扣 2 分；其他明显不符每处扣 1 分		1~3			
			门厅、多功能厅、接待室、会议室层高不足 5m，每处扣 1 分		1~2			
			除服务间、衣帽间外，每间暗房间扣 1 分		1~2			
		办公区	平面布置功能关系明显不良	8	1~4			
			缺门厅、会客、活动室（6 间）、卫生间、员工餐厅、备餐、厨房，每缺 1 间扣 1 分		1~4			
			面积明显不符的房间，每间扣 1 分		1~3			
			厨房内部无男女更衣、厕所，每项扣 1 分		1~2			
			除备餐、厨房内更衣、厕所外，每间暗房间扣 1 分		1~2			

51

序号	项目		考 核 内 容	分值	扣分范围	扣分	扣分小计	得分
2	一层平面（47分）	签证区	平面布置功能关系明显不良，扣1～5分；内外人流交叉混乱或内外不通，扣2分	10	1～5			
			缺门厅、签证大厅、会谈室（2间）、办公（4间）、制证室（2间）、保安及供签证者用的卫生间，每缺1间扣1分		1～6			
			面积不符：签证大厅（220±22m²）扣2分，其他明显不符每处扣1分		1～3			
			会议室未开两个门分别通向内外区域的，每处扣1分		1～2			
			大厅未设60m²的接案，接案柜台长度＜10m的每处扣1分		1～2			
			除库房外，每间暗房间扣1分		1～2			
		大使官邸	平面布置功能关系明显不良	7	1～4			
			缺门厅、值班、会客厅、餐厅、厨房、客房、卫生间每间扣1分		1～4			
			除衣帽间外，每间暗房间扣1分		1～2			
3	二层平面（26分）	功能交通	功能分区及平面布置明显不当，交通混乱交叉	8	2～6			
			办公区与大使馆官邸不通或无门相隔		2～4			
			房间比例不当（＞1：2），每处扣1分（厕所、库房除外）		1～3			
		办公区	平面布置功能关系明显不良	10	2～6			
			缺大使办公、大使会议、秘书室、机要室（3间）、值班室、会议室、参赞办公室（3间）、办公室（8间）、会计、档案室、阅档室、卫生间，每缺1间扣1分		1～5			
			面积明显不符，每处扣1分		1～3			
			未经值班而进入机要室		1			
			未经阅档室进入档案室		1			
			秘书、大使办公未相邻并未与官邸紧密靠近，每处扣1分		1～2			
			除档案室、机要室外，每间暗房间扣1分		1～2			
		大使官邸	平面功能关系明显不良	8	2～4			
			缺大使卧室、夫人卧室、家庭、书房、儿童房、卫生间，每缺一间扣1分		1～4			
			面积明显不符，每处扣1分		1～2			
			大使卧室与夫人卧室未内部相通		1			
			未布置至少1个卧室朝南，扣1分		1			

序号	项目	考核内容	分值	扣分范围	扣分	扣分小计	得分
4	规范规定 (4分)	未按规范合理布置疏散楼梯，安全疏散距离不满足的扣4分	4	4			
		接待门厅、签证门厅入口处未设轮椅坡道扣2分；接待区未设残疾人厕位扣1分		1~4			
5	结构 (3分)	未表示承重结构体系，结构柱网不合理的扣2分	3	2			
		一、二层结构体系不吻合，有结构柱影响房间使用的每处扣1分		1~3			
6	图面 (5分)	未注房间名称以及带＊号房间的面积和每层面积的，每处扣1分	5	1~4			
		未按要求标注轴线尺寸及总尺寸的，每处扣1分		1~3			
		图面粗糙潦草不清的，酌情扣1~5分		1~5			
		墙体为单线，未表示承重柱与门的开启方向的，酌情扣1~5分		1~5			

通过此题来看方案作图考试的评分标准，可以看出，考核的重点和往年一样，依然是两层平面布置对于功能要求的满足，占73分；总图15分，比往年的多数情况增加5分；规范、结构和图面合计12分，也比往年的多数情况略高。图面表达和往年一样总共只占5分，显然是不重要的。本试题的功能要求不太复杂，流线、流程也比较简单，重点在于合理分区和各功能房间数量和面积大小的满足。本试题评分对主要功能房间的采光、通风要求和气泡图中对某些功能关系的规定是否满足也设置了较多的评分点；因此不少应试方案虽然大的功能关系不错，但细节上疏漏较多，还是不能及格；这是近几年试题评分的一个特点，即大的功能关系不复杂的试题，往往会看重功能细节要求的满足与否。

六、2010 年 门急诊楼改扩建

(一) 试题要求

1. 任务描述

某医院根据发展需要，拟对原有门急诊楼进行改建并扩建约3000m² 二层用房；改扩建后形成新的门急诊楼。

2. 场地条件

场地平整，内部环境和城市道路关系见总平面图（图28-2-40），医院主要人、车流由东面城市道路进出，建筑控制用地为72m×78.5m。

3. 原门急诊楼条件

原门急诊楼为二层钢筋混凝土框架结构，柱截面尺寸为500mm×500mm，层高4m，

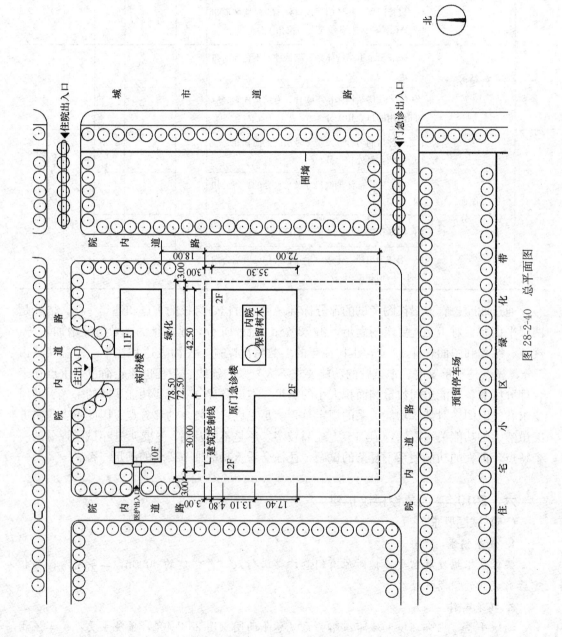

图 28-2-40 总平面图

建筑面积 3300m²，室内外高差 300mm；改建时保留原放射科和内科部分，柱网及楼梯间不可改动，墙体可按改扩建需要进行局部调整。

4. 总图设计要求

(1) 组织好扩建部分与原门急诊楼的关系。

(2) 改扩建后门急诊楼一、二层均应有连廊与病房楼相连。

(3) 布置 30 辆小型机动车及 200m² 自行车的停车场。

(4) 布置各出入口、道路与绿化景观。

(5) 台阶、踏步及连廊允许超出建筑控制线。

5. 门急诊楼设计要求

(1) 门急诊主要用房及要求见表 28-2-12 及表 28-2-13，主要功能关系见图 28-2-41。

(2) 改建部分除保留的放射科、内科外，其他部分应在保持结构不变的前提下按题目要求完成改建后的平面布置。

(3) 除改建部分外，按题目要求尚需完成约 3000m² 的扩建部分平面布置，设计中应充分考虑改扩建后门急诊楼的完整性。

(4) 扩建部分为二层钢筋混凝土框架结构（无抗震设防要求），柱网尺寸宜与原有建筑模数相对应，层高 4m。

(5) 病人候诊路线与医护人员路线必须分流；除急诊外，相关科室应采用集中候诊和二次候诊廊相结合的布置方式。

(6) 除暗室、手术室等特殊用房外。其他用房均应有自然采光和通风（允许有采光廊相隔）；公共走廊轴线宽度不小于 4.8m，候诊廊不小于 2.4m. 医护走廊不小于 1.5m。

(7) 应符合无障碍设计要求及现行相关设计规范要求。

6. 制图要求

(1) 绘制改扩建后的屋顶平面图（含病房楼连廊），绘制并标明各出入口、道路、机动车和自行车停车位置，适当布置绿化景观。

(2) 在给出的原建筑一、二层框架平面图（图 28-2-42、图 28-2-43）上，分别画出改扩建后的一、二层平面图，内容包括：

1) 绘制框架柱、墙体（要求双线表示），布置所有用房，注明房间名称，表示门的开启方向。窗、卫生间器具等不必画。电梯及自动扶梯图例见图 28-2-44。

2) 标注建筑物的轴线尺寸及总尺寸、地面和楼面相对标高。在试卷右下角指定位置填写一、二层建筑面积和总建筑面积。

7. 提示

(1) 尺寸及面积均以轴线计算，各房间面积及层建筑面积允许在规定面积的 ±10% 以内。

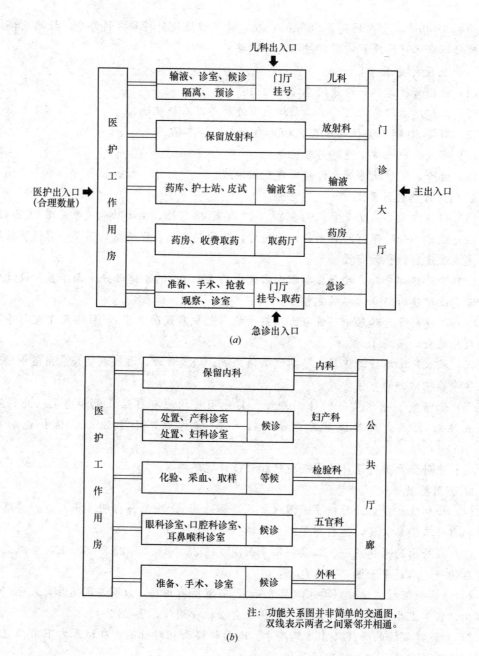

图 28-2-41　主要功能关系示意图

（a）一层主要功能关系图；（b）二层主要功能关系图

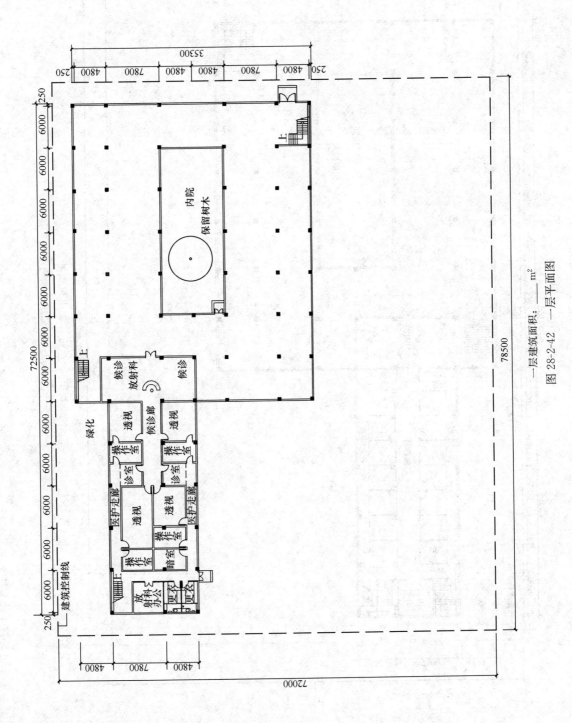

北

一层建筑面积：_____m²
图 28-2-42 一层平面图

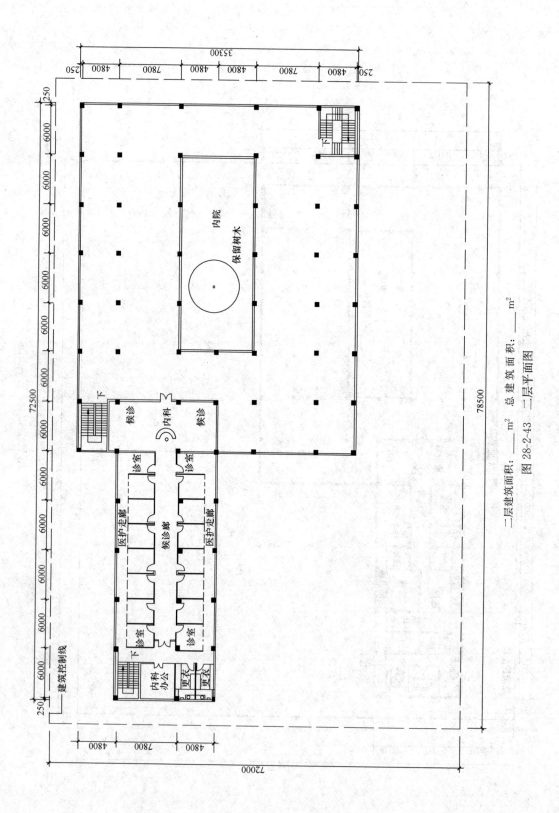

二层建筑面积: ——— m² 总建筑面积: ——— m²

图 28-2-43 二层平面图

58

区域	房间名称	房间面积 m²	间数	说　　明
门诊大厅	大厅	300	1	含自动扶梯、导医位置
	挂号厅	90	1	深度不小于 7m
	挂号收费	46	1	窗口宽度不小于 6m
药房	取药厅	150	1	深度不小于 10m
	收费取药	40	1	窗口宽度不小于 10m
	药房	190	1	
	药房办公	18	1	
急诊	门厅	80	3	门厅 48m²，挂号 10m²，收费取药 22m²
	候诊	50		
	诊室	50	5	每间 10m²
	抢救、手术、准备	140	3	抢救、手术各 55m²，手术准备间 30m²
	观察间	45	1	
	医办、护办	36	2	每间 18m²
儿科	门厅	120	3	门厅 90m²，挂号、收费、取药、药房各 15m²
	预诊、隔离	46	3	预诊 1 间 20m²；隔离 2 间，每间 13m²
	输液	18	1	
	候诊	80		包括候诊厅、候诊廊
	诊室	60	6	每间 10m²
	厕所	30	2	男女各 1 间，每间 15m²
输液	输液室	220	1	
	护士站、皮试、药库	78	3	每间 26m²
放射科	（保留原有平面）	480		
其他	公共厕所	80		
	医护人员更衣、厕所	100		成套布置，可按各科室分别或共用设置
	交通面积	790		含公共走廊、医护走廊、楼梯、医用电梯等

一层建筑面积合计：3337m²

允许一层建筑面积（±10%）：3003～3671m²

区域	房间名称	房间面积 m²	间数	说　　明
外科	候诊	160		包括候诊厅、候诊廊
	诊室	170	17	每间 10m²
	病人更衣	28	1	
	手术室、准备间	60	2	手术室、准备间各 30m²
	医办、护办、研究	60	3	每间 20m²
五官科	候诊	160		包括候诊厅、候诊廊
	眼科诊室	60	6	每间 10m²，其中包括暗室
	耳鼻喉科诊室	60	6	每间 10m²，其中包括测听室
	口腔科诊室	45	2	口腔诊室 35m²、石膏室 10m²
	办公	45	3	眼科、耳鼻喉科、口腔科各一间，每间 15m²

区域	房间名称	房间面积 m²	间数	说　　明
妇产科	候诊	160		妇科与产科的候诊厅、候诊廊应分设
	妇科诊室	60	6	每间 10m²
	妇科处置	40	3	含病人更衣厕所 10m²，医护更衣洗手 10m²
	产科诊室	60	6	每间 10m²
	产科处置	40	3	含病人更衣厕所 10m²，医护更衣洗手 10m²
	办公	40	2	妇科、产科各一间，每间 20m²
检验科	检验等候	110	1	
	采血、取样	40	1	柜台长度不少于 10m
	化验、办公	120	4	化验三间、办公一间，每间 30m²
内科	(保留原有平面)	480		
其他	公共厕所	80		
	医护更衣、厕所	80		成套布置，可按各科室分别或共用设置
	交通面积	860		含公共走廊、医护走廊、楼梯、医用电梯等

二层建筑面积合计：3018m²

允许二层建筑面积（±10％以内）：2716～3320m²

（2）使用图例

医用电梯

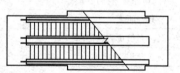
自动扶梯

图 28-2-44

（二）试题解析

（1）按题作答是顺利通过方案作图考试的重要原则。因而，认真仔细的审题是拿到考卷后必须首先做好的工作。在这里用不着先入为主、自以为是的所谓"知识积累"。其实，通观最近 8 年来的一级注册建筑师执业资格考试方案作图的试题，我们就不难发现：应试者不必要，也不可能事先在各种类型的建筑设计原理和方法上下功夫，因为你碰上的试题完全可能是绝大多数应试者完全陌生的建筑类型，这样才能体现公平、公正的原则。所以通过考试的关键在于读懂题意，并按照出题人对设计的功能要求去做。这道题看上去功能要求相当复杂：需要布置 8 个门、急诊科室的平面，大小房间数量非常多；还有一般应试者搞不清楚的医患分离、分流以及患者二次候诊的特殊要求。只有充分利用试题给出的保留科室和原有建筑的平面组合模式这些已知条件，才可能迅速而正确地解决问题。

（2）读懂题意之后，应从场地分析入手开始解题。在建筑控制线范围内，建议用最简单的矩形来确定扩建的建筑轮廓。我们只需沿用保留建筑的柱网和宽度尺寸向南扩展到接近南边建筑控制线为止。为了解决自然通风采光问题，可参照保留建筑的内院形式，布置新的内院。扩建部分的平面形态完全模仿原有格局，并控制好扩建部分的建筑面积。注意原有建筑的空间组合关系中包含了三个南北朝向，适合布置门、急诊科室的实体，向南扩建只需再增加三个南北朝向的实体，就可以满足总数为十个科室另加一个门诊大厅的空间需要。平面图形的中间东西朝向部分将六个实体串联起来，适于布置患者就诊大通道，东西两侧部分布置医护人员用房及出入口也比较恰当（图28-2-45）。

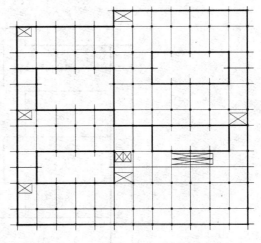

图 28-2-45　利用原有柱网确定矩形轮廓

（3）参照提示的功能关系图进行功能分区，并决定各个出入口方位。一层分区：门诊大厅布置在东南角，靠近总图上既定的医院门急诊场地出入口，门诊部大门以向东开为宜，这样可充分保证建筑入口的可识别性。急诊和儿科需要独立出入口，可分别位于西南和东北；急诊在西南，大门向南开，既方便救护车通达，又可尽量避开普通就医者的视线，以免对他们造成不利的心理影响。余下药房和输液不需要直接对外开口，可放在平面中部（图28-2-46）。二层分区：外科需要面积最大，适合放在急诊楼上；检验科所需面积最小，放在输液楼上正好；剩下的妇产科与五官科位置可以互换（图28-2-47）。

图 28-2-46　一层功能分区图

（4）分区妥当后就要抓紧时间落实各分区的平面组合关系。本题各部分功能房间数量大，流线关系复杂，如果不充分利用已知条件，参照两个保留的科室平面进行推演，设计难度很大，一般不大可能快速而正确地完成。这里面，医患分离、分流和患者二次候诊是题目的明确要求，所有诊室可以利用"采光廊"采光也是题目允许的。参照两个保留科室的平面布置就可以很快安排好新增科室的平面，从而迅速解决问题。至于防火疏散，保留原有楼梯和走道布局不动，新建部分照搬保留部分的布局和形式，就没有问题。

这一步工作量极大，考试时一般不可能做到尽善尽美。只要将主要功能房间安排好，并符合题目要求的流线、流程就行，图面表达不妨简练些。

（5）关于本题的结构布置和无障碍设计考虑。虽然结构布置和无障碍设计在方案作图考试中并不重要，但本题中有些问题最好能搞清楚。

本题目给出了原有建筑的结构布置和墙、柱的尺寸关系，扩建时最好能考虑到新旧建

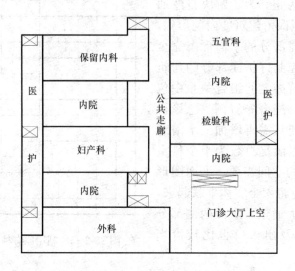

图 28-2-47　二层功能分区图

筑间平面的相互关系。一般做法是在新旧建筑衔接处做双柱变形缝。缝宽可按柱宽加 100 考虑，也就是定为 600 即可。这样做，如果在新旧建筑之间留出采光天井，天井的最小宽度采用一个 7800 柱距，再加 600 变形缝宽，轴线尺寸大于 8000。据说此题评分时明确采光天井宽度不得小于 8000，大约就是如此设定的。

关于执行无障碍规范问题。现行规范要求医疗建筑要做无障碍出入口，即主要出入口室内外不能有高差。然而题目给定原有门诊楼室内地坪高于室外地面 300。如果新建部分执行规范，新旧建筑一层地面间有高差，需用坡道联系，平面图表达有些复杂。考虑到改扩建方便，笔者认为此题不做无障碍出入口也不应扣分。

（三）参考答案

1. 总平面图（图 28-2-48）

总图布置，除了把建筑布置在建筑红线以内之外，还要注意把门诊、急诊、儿科和医护人员的两个出入口标明，并在门急诊楼和病房楼之间画上连廊。关于出入口的无障碍设计问题，现行规范要求医疗建筑门内外无高差的所谓"无障碍出入口"，新建的门诊大厅和急诊入口门前不应出现轮椅坡道。然而原有建筑室内外高差有 300mm，出入口应有坡道。到底做不做坡道，在一层平面图上应有交代。

2. 一层平面图（图 28-2-49）

两层平面图深入表达的工作量极大，考试时一般不可能达到完满的程度。此题功能要求复杂，房间数量很大，只有充分利用试题给出的已知条件，尽量参照两个保留科室的平面布局，才有可能快速而正确地完成设计。特别是"医患分离"和"二次候诊"的概念，不了解我国当前医院门诊部设计的人，只有看清试题纸上的特别提示，才能正确解答。其实考前并不需要专门研究医院建筑设计的专门问题。重要的问题在于认真审题，善于找出并利用提示。

3. 二层平面图（图 28-2-50）

以上两层平面图表达得并不完善。例如，厕所没有布置卫生洁具，楼电梯只是位置示

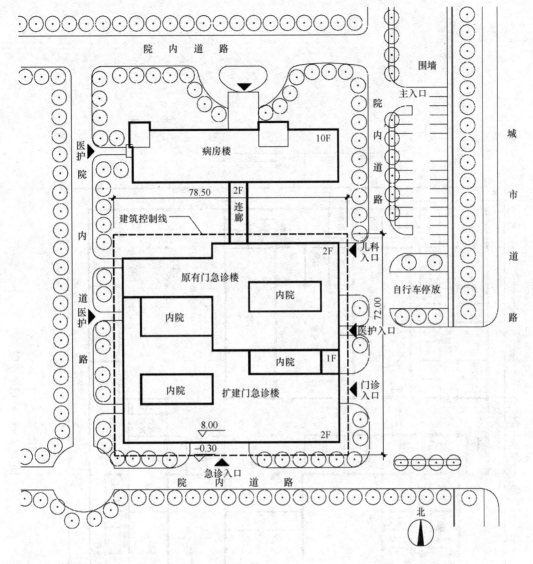

图 28-2-48 总平面图

意，有些房间的面积不一定完全符合题目要求（请读者注意：原题楼梯间均开敞，不符合
现行规范规定；笔者建议快速解题时只需按题目要求保留的平面布置方式，同样做成开敞
楼梯间，旧题旧做，不必按新规范改题新做了）。墙体用一根粗实线表示，窗线一律不画，
对于只求及格的图纸，画到这种平面组合图的深度就够了。关于墙体的平面图画法，本试
题确实"要求双线表示"，但评分时结构与图面表达一共只有 6 分，不值得在画双线墙上
多花工夫。应试者的目标应当是及格，考试时把太多的时间花在图面表达上是不明
智的。

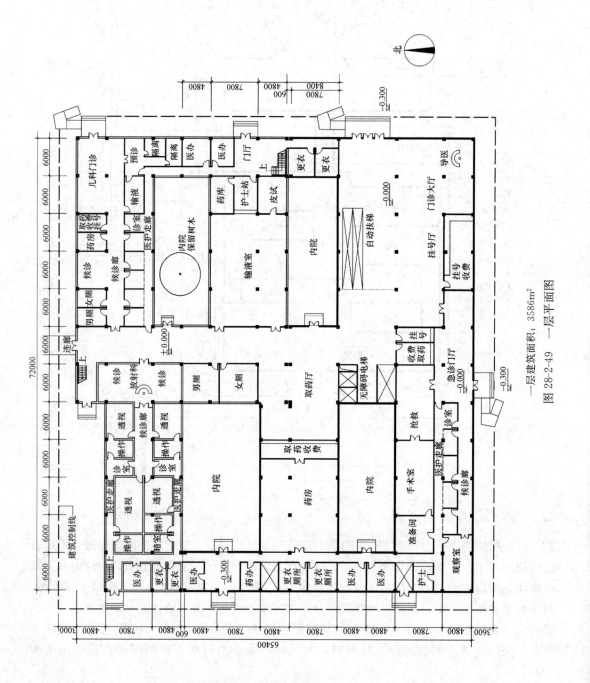

北

一层建筑面积：3586m²

图 28-2-49 一层平面图

64

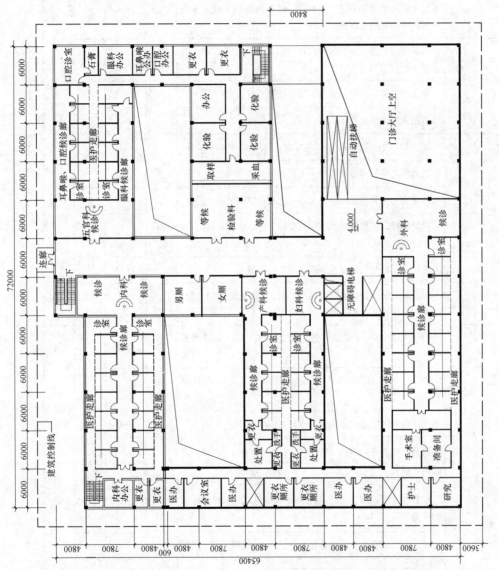

二层建筑面积：3002m²　总建筑面积：6588m²

图 28-2-50　二层平面图

（四）评分标准（表 28-2-14）

表 28-2-14

序号	项 目		考 核 内 容	分值	扣分范围	扣分	扣分小计	得分
1	总平面（10）	用地布局	主体建筑超红线扣 6 分	10	6			
			总平面与单体不符扣 1～3 分，树未保留扣 3 分，未表示与病房楼之间有联廊扣 1 分		1～5			
		出入口	未标明门、急、儿、医护入口，门、急、儿入口处无临时停车处每项扣 1 分		1～3			
		道路车位	停车位不足扣 1 分，未布置停车场扣 2 分		1～2			
			道路未完善或缺扣 1～2 分		1～2			
2	功能布局（12）	功能流线	除放射、内科保留外，改扩建应有 8 个科室，缺一扣 5 分	12	5～10			
			交通混乱交叉或患者与医护工作区无分隔，每处扣 1 分		1～5			
			各科室与公共走道联系不当，或互相串联每处扣 1 分		1～3			
		交通	自动扶梯、电梯各 2 部，少一部扣 2 分；主通道<4.8m 扣 2 分		2～6			
			急诊、儿科与门诊完全不通，每处扣 1 分		1～2			
		其他	内天井间距<8m 扣 2 分；公用厕所无采光通风扣 2 分，缺扣 5 分；诊室、医办暗房间，每间扣 1 分		1～8			
3	一层平面（36）	门诊大厅	门诊大厅（300m²）面积明显不符扣 1～2 分，缺挂号扣 4 分	6	1～5			
			挂号厅深度（除去走道）<7m 或窗口宽<6m，每项扣 1 分		1～2			
			大厅内未能看见自动扶梯、电梯，每项扣 1 分		1～2			
		药房	缺药房扣 3 分，面积（190m²）明显不符扣 1～2 分，无进药入口扣 2 分	6	1～4			
			取药厅深度（除去走道）<10m 或窗口宽<10m，每项扣 1 分		1～4			
			缺取药、药房办公，每处扣 2 分		1～2			
			无内部更衣厕所（可合用）扣 1～2 分		2～4			
		输液	医患流线交叉扣 2～3 分，无医护人员入口扣 1 分	6	1～4			
			缺输液室扣 3 分，面积（220m²）明显不符扣 1～2 分		1～3			
			护士站、皮试、药库各 1，缺一扣 1 分		1～3			
			无内部更衣厕所（可合用）扣 1～2 分		1～2			

序号	项目		考核内容	分值	扣分范围	扣分	扣分小计	得分
3	一层平面(36)	急诊	医患流线交叉扣2～3分，无医护人员入口扣1分	9	1～3			
			无急诊出入口扣3分		3			
			抢救未紧邻门厅，且未直通手术室扣1～2分		1～2			
			诊室5，观察、抢救、手术、准备、挂号、收费取药、医办、护办各1，缺一扣1分		1～6			
			无内部更衣厕所（可合用）扣1～2分		1～2			
		儿科	医患流线交叉扣2～3分，无医护人员入口扣1分	9	1～3			
			无儿科入口扣3分		3			
			隔离室未经预诊扣2分，缺二次候诊扣1分		1～3			
			诊室6，预隔3，输液、挂号收费、药房各1，缺一扣1分		1～6			
			无患者厕所、无内部更衣厕所（可合用），各扣1～2分		1～3			
4	二层平面(30)	外科	医患流线交叉扣2～3分，无医护人员入口扣1分	8	1～3			
			缺二次候诊扣1分		1			
			患者→更衣→手术←准备←医护，流线不符各扣1～2分		1～2			
			诊室17，更衣、手术、准备、医办、护办、研究各1，缺一扣1分		1～6			
			无内部更衣厕所（可合用）扣1～2分		1～2			
		五官科	医患流线交叉扣2～3分，无医护人员入口扣1分	8	1～3			
			缺二次候诊扣1分		1			
			眼6，耳鼻喉6，口腔2，办公3，缺一间扣1分		1～6			
			无内部更衣厕所（可合用）扣1～2分		1～2			
		妇产科	医患流线交叉扣2～3分；无医护人员入口扣1分	8	1～3			
			妇产候诊未分扣1分，缺二次候诊扣1分		1～2			
			患者→更衣（厕所）→处置←更衣（洗手）←医护，流线不符各扣1分		1～2			
			妇科、产科诊室各6，更衣（厕所）、处置、更衣（洗手）、办公各1，缺一扣1分		1～6			
			无内部更衣厕所（可合用）扣1～2分		1～2			
		检验科	医患流线交叉扣2～3分，无医护人员入口扣1分	6	1～3			
			等候厅（110m²）面积明显不符扣1～2分，柜台窗口<10m，扣1分		1～2			
			化验3，采血取样、办公各1，缺一扣1分		1～4			
			无内部更衣厕所（可合用）扣1～2分		1～2			

序号	项 目		考 核 内 容	分值	扣分范围	扣分	扣分小计	得分
5	规范规定(6)	安全疏散	袋形走道>20m，楼梯间距离>70m，各扣3分	6	3～6			
			楼梯尺寸明显不够，每处扣1分		1～2			
			未设残障坡道扣1分		1			
6	图面表达(6)	结构图面	结构布置不合理扣2～3分，未画柱扣2分，改变原有承重结构布局扣2分	6	2～6			
			尺寸标注不全或未标注扣1～2分		1～2			
			每层面积未标或不符，房间名称未注扣1～4分		1～4			
			图面粗糙不清扣2～4分		2～4			
			单线作图扣2～6分		2～6			

注意事项：

1. 总平面、一层、二层未画（含基本未画），该项为0分；其中一层或二层未画时，考核项目5、6也为0分。

2. 每项考核内容扣分小计不得超过该项分值。

从本题的评分标准可以看出，考核的重点依然是两层平面布置对于功能要求的满足，占78分；总图10分，规范、结构和图面合计12分。平面布置的考核重点设定在各个主要功能房间的数量和质量（采光）是否满足方面，所以解题时如果总体布局不错，而功能房间缺漏较多也是不能及格的。

七、2011年 图书馆方案设计

(一) 试题要求

1. 任务描述

我国华中地区某县级市拟建一座两层、建筑面积约9000m²、藏书量为60万册的中型图书馆。

2. 用地条件

用地条件见总平面图（图28-2-51）。该用地地势平坦；北侧临城市主干道，东侧临城市次干道，南侧、西侧为相邻用地。用地西侧有一座保留行政办公楼。图书馆的建筑控制线范围为68m×107m。

3. 总平面设计要求

(1) 在建筑控制线内布置图书馆建筑（台阶、踏步可超出）。

(2) 在用地内预留4000m²图书馆发展用地，设置400m²少儿室外活动场地。

(3) 在用地内合理组织交通流线，设置主、次入口（主入口要求设在城市次干道一侧），建筑各出入口和环境有良好关系。布置社会小汽车停车位30个、大客车停车位3个、自行车停车场300m²；布置内部小汽车停车位8个，货车停车位2个，自行车停车场80m²。

(4) 在用地内合理布置绿化景观，用地界限内北侧的绿化用地宽度不小于15m，东侧、南侧、西侧的绿化用地宽度不小于5m。应避免城市主干道对阅览室的噪声干扰。

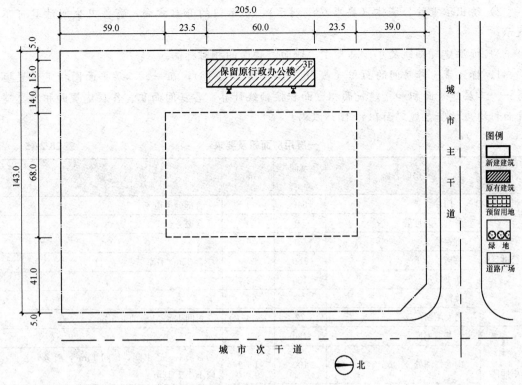

图 28-2-51　总平面图

4. 建筑设计要求

(1) 各用房及要求见表 28-2-15 及表 28-2-16，功能关系见主要功能关系图（图 28-2-52）。

(2) 图书馆布置应功能关系明确，交通组织合理，读者流线与内部业务流线必须避免交叉。

(3) 主要阅览室应为南北向采光，单面采光的阅览室进深不大于 12m，双面采光不大于 24m。当建筑物遮挡阅览室采光面时，其间距应不小于该建筑物的高度。

(4) 除书库区、集体视听室及各类库房外，所有用房均应有自然通风、采光。

(5) 观众厅应能独立使用并与图书馆一层连通。少儿阅览室应有独立对外出入口。

(6) 图书馆一、二层层高均为 4.5m，报告厅层高为 6.6m。

(7) 图书馆结构体系采用钢筋混凝土框架结构。

(8) 应符合现行国家有关规范和标准要求。

5. 制图要求

(1) 总平面图：

1) 绘制图书馆建筑屋顶平面图并标注层数和相对标高。

2) 布置用地的主、次出入口、建筑各出入口及道路、绿地。标注社会及内部机动车停车位、自行车停车场。

3) 布置图书馆发展用地范围，室外少儿活动场地范围并标注其名称和面积。

(2) 平面图：

1) 按要求分别绘制图书馆一层平面图和二层平面图。标注各用房名称。

2）绘出承重柱、墙体（要求双线表示），表示门的开启方向，窗、卫生间洁具可不表示。

3）标注建筑轴线尺寸、总尺寸，地面、楼面的相对标高。

4）标注带＊号房间的面积（表28-2-15、表28-2-16），在一、二层平面图指定位置填写一、二层建筑面积和总建筑面积（面积按轴线计算，各房间面积、各层建筑面积及总建筑面积均应控制在规定面积的10％以内）。

一层用房面积及要求   表 28-2-15

功能分区	房间名称		建筑面积（m²）	房间数	设 计 要 求
公共区	＊门厅		540	1	含部分走道
	咨询、办证处		50	1	含服务台
	寄存处		70	1	
	书店		180	1+1	含 35m² 书库
	新书展示		130		
	接待室		35	1	
	男女厕所		72	4	每间 18m²，分两处布置
书库区	＊基本书库		480	1	
	中心借阅处		100	1+2	含借书、还书间，每间 15m²，服务台长度应不小于 12m
	目录检索		40	1	应靠近中心借阅处
	管理室		35	1	
阅览区	＊报刊阅览室		420	1+1	含 70m² 辅助书库
	＊少儿阅览室		420	1+1	应靠近室外少儿活动场地，含 70m² 辅助书库
报告厅	＊观众厅		350	1+1	设讲台，含 24m² 放映室
	门厅与休息处		180		
	男女厕所		40	2	每间 20m²
	贵宾休息室		50	1	应设独立出入口，含厕所
	管理室		20	1	应连通内部服务区
内部业务区	编目	拆包室	50	1	按照拆→分→编流程布置（靠近货物出入口）
		分类室	50	1	
		编目室	100	1	
	典藏、美工、装帧室		150	3	每间 50m²
	男女厕所		24	2	每间 12m²
	库房		40	1	
	空调机房		30	1	不宜与阅览室相邻
	消防控制室		30	1	
交通	交通面积		1214		含全部走道、楼梯、电梯等

一层建筑面积：4900m²（允许±10%：4410～5390m²）

功能分区	房间名称		建筑面积（m²）	房间数	设 计 要 求
公共区	*大厅		360	1	
	咖啡茶座		280	1	也可开敞式布置，含供应柜台
	售品部		120	1	也可开敞式布置，含服务柜台
	读者活动室		120	1	
	男女厕所		72	4	每间 18m²，分两处设置
阅览区	*开架阅览室		580	1+1	含 70m² 辅助书库
	*半开架阅览室		520	1+1	含 250m² 书库
	缩微阅览	缩微阅览室	200	1	朝向应北向，含出纳台
		资料库	100	1	
	音像视听	个人视听室	200	1	含出纳台
		集体视听室	160	1+2	含控制 24m²、库房 10m²
		资料库	100	1	
		休息厅	60	1	
内部业务区	影像	摄影室	50	1	有门头
		拷贝室	50	1	有门头 ｝ 按照摄→拷→冲流程布置
		冲洗室、暗室	50	1+1	
	缩微室		25	1	
	复印室		25	1	
	办公室		100	4	每间 25m²
	会议室		70	1	
	管理室		40	1	
	男女厕所		24	2	每间 12m²
	空调机房		30	1	
交通	交通面积		764		含全部走道、楼梯、电梯等

二层建筑面积：4100m²（允许±10%：3690~4510m²）

注：以上面积均以轴线计算，房间面积与总建筑面积允许±10%的误差。

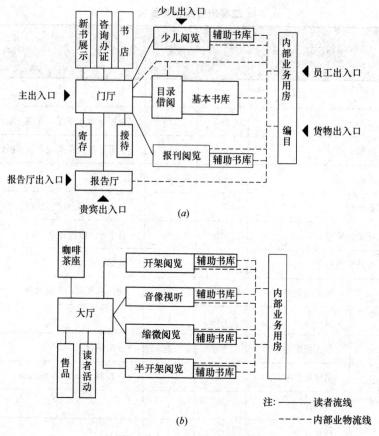

图 28-2-52　主要功能关系图

(a) 一层主要功能关系图；(b) 二层主要功能关系图

（二）试题解析

（1）图书馆是一种常见的建筑类型，功能关系也不太复杂。应试时只要仔细审题，认真按题作答，考及格并不困难。此题的考核重点，除了所要求的面积和房间数量外，主要是内外功能分区和分流。这是所有公共建筑设计都要考虑的问题，只是图书馆建筑应该对此格外重视罢了。要多花些时间读题，作草图的过程中还要反复对照题目的功能关系和具体要求，尽量争取做出符合题意的答案。

（2）解题还是应从场地分析入手。首先注意场地的环境关系和朝向。试题提供的总平面图又一次把指北针放倒画，使一些读题不仔细的人吃了大亏。题目要求阅览室南北向布置，你按上北下南的常规考虑，房间朝向就全错了。仅就这一点就会扣去 12 分。场地出入口，题目明确要求主要出入口开向城市次干道（东侧），这一点没有悬念；那么次要出入口就应开向城市主干道（北侧）。主要出入口为读者用，次要出入口为内部办公和物流用。用地西部有一栋保留的行政办公楼，这对图书馆平面布局有影响。显然应将业务管理放在新建建筑的西侧，以方便内部使用。用地南部建筑控制线以外的场地比较宽，正好布置预留发展用地。

进行了简单的场地分析后，就可以确定建筑平面的轮廓了。由于建筑控制线范围是一个矩形，因而建筑轮廓没有理由不是矩形。考试时完全没有必要在建筑平面形态处理上花工夫。试题要求尽量避免黑房间，各个阅览室又要求南北向，我们便可以在充分利用地形的基础上，做一个带内院的大矩形。把书库放在中央有利于向各个阅览室提供服务，内院便一分为二，建筑平面形态就成为一个南北面宽稍小的"日"字（图28-2-53）。

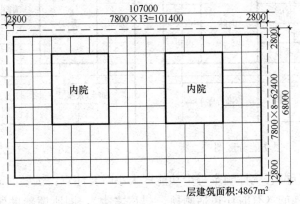

一层建筑面积：4867m²

图28-2-53　确定平面轮廓和柱网

下面我们要确定结构柱网。对于大型公共建筑，我们推荐采用柱距较大的正方形柱网，而且一定不要让结构跟着建筑空间划分走。整齐划一的大柱网为平面布置提供了足够的灵活性。应试时这样做将大大简化设计，加快设计和作图进度，肯定是明智之举。用最常见的7.8m柱距，南北宽8开间，东西宽13开间，基本充满控制线范围。为了控制面积，同时解决采光通风问题，平面内部留出两个大院子。这样就构成了前述的"日"字形平面。这个平面里包含80个面积为60.84m²的方格，一层总面积为4867m²，与试题要求非常接近。二层应减去报告厅所占的8个方格，面积为4380m²，符合要求。从这里就可以看出采用正方形柱网作图的便捷。画草图时只需在草图纸上徒手打方格网，根本不需用比例尺。只要你自己对每个方格的面积大小心中有数，无论控制总面积，还是分配每一功能区的大小，以至划分每个功能房间的范围，只要按方格计数就可以了。

（3）接下来进行功能分区，这是解题的重点之一。图书馆功能分区的首要问题是把读者公共活动和内部办公管理严格区分开来。这一点和法院审判楼、医院门诊部相同。不但分区要明确，流线也必须分开且不应交叉。通常是把两种功能各放在平面的一端，两种人流相对而行，最终进入他们共同的活动场所阅览室。

一层功能分区：两个内院偏西布置，是因为业务办公区宜在西部以便和原有行政办公楼接近，其面积规模只需一个柱距的进深，做成单面走廊的办公空间正合适；而东部布置大厅空间，需要三个柱距。南北朝向部分的三个建筑实体，书库在中央，占三个柱距，两个阅览室一南一北各占两个柱距，如此布局可谓各得其所。至于少儿阅览和报刊阅览孰南孰北，可考虑三个因素：其一，南部日照条件好些，宜让给少儿；其二，少儿阅览室外需要布置活动场地400m²，而南部用地较宽，条件较好。其三，图书馆北面室外场地靠近城市主干道，应以交通功能为主，不宜布置少儿活动场地；而把报刊阅览放在北部，也便于休息日单独对外开放（图28-2-54）。

二层功能分区：功能和交通尽可能与一层平面上下对位，这是理性设计的原则之一，也是快速设计的重要手段。业务办公部分上下两层对齐；两个普通阅览室还是一南一北布置，缩微和音像阅览可布置在中央一层书库楼上；东部还是布置大空间，只是报告厅为单层高大空间而已（图28-2-55）。

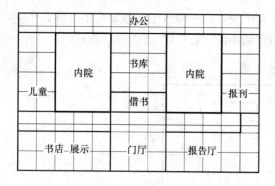

图 28-2-54　一层功能分区图

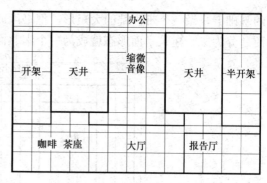

图 28-2-55　二层功能分区图

按试题的面积分配表统计确定每个功能区大小时要注意：试题的面积分配表里，交通面积一般是单列一项的（有时还包括厕所、机房之类），即所谓辅助面积。应当先计算出辅助面积占总面积的比例，即辅助面积系数。本题一层的辅助面积系数约为 25%，二层约为 18%。统计出每个功能区所需的使用面积后还要按此系数增加辅助面积，这才是应分配给该区的建筑面积数。这个数被每方格面积数除，就是你应分配给该区的方格数。功能分区草图只要按方格数划分就可以了。建议大家考前练习一下这种快速绘制草图的方法。这种方法不但考试好用，平时做工程也同样适用。

（4）分区妥当后就要抓紧时间落实各分区的平面组合关系。本题各部分功能房间数量大，需要用较多时间安排。重点在于控制面积和主要功能用房一个都不要少。根据历年评分现场传来的信息，方案作图考试中的面积控制并不需要太严格，因为评分时不可能仔细给你测算，只要那些重要功能房间看上去不是明显的小就行了。

这一步还要注意试题给出的功能关系图里的一些细节。如本试题要求一层平面的业务区要和门厅、目录、报告厅有联系，你就得在书库区一侧设一条专用走道；还要求业务区可以直接通达各个阅览室及其附设的辅助书库，那你就要让各阅览室及其辅助书库分别与业务区走道贴邻。此外，在一层功能关系图中明确要求至少设置 6 个出入口，深化平面组合图时最好不要遗漏。

这一步工作量极大，考试时一般不可能做到尽善尽美。只要将主要功能房间安排好，具有符合题目要求的流线、流程就行，图面表达不妨简约一些。

（5）关于规范问题的考核，通常会考到防火疏散和无障碍设计。不过这在方案作图考试中其实并不太重要。本题涉及的防火问题主要是疏散距离和疏散口个数。平面布置时，各个楼梯要分布均匀，同时避免过长的袋形走道，给每个房间尽量提供双向疏散的可能。再就是超过 120m² 的大房间至少开两个门。楼梯多些，门开多些不要紧，不犯规就好。无障碍设计要求为下肢残疾的读者提供上二层的电梯以及在主要出入口设轮椅坡道。至于图书馆专用设计规范的执行，本题只要求设一套书刊提升设备，在业务区布置一台货物电梯即可。

（三）参考答案

1. 总平面图（图 28-2-56）

2. 一层平面图（图 28-2-57）

3. 二层平面图（图 28-2-58）

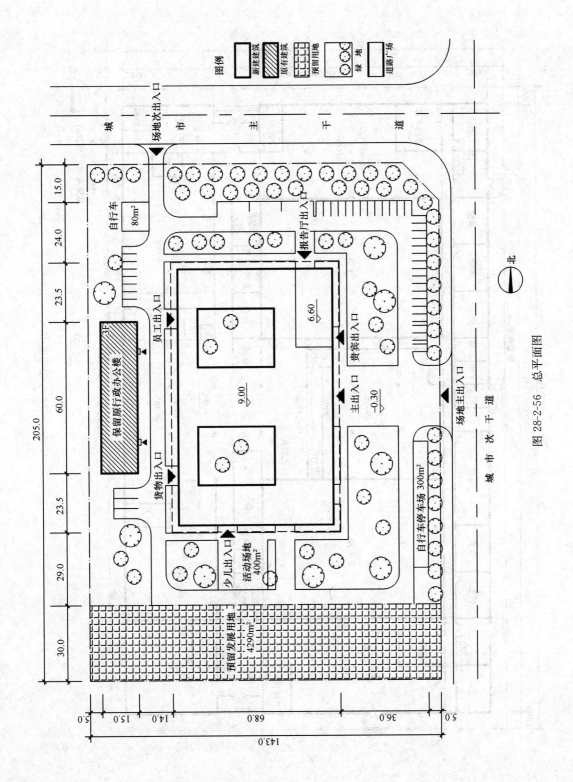

图 28-2-56 总平面图

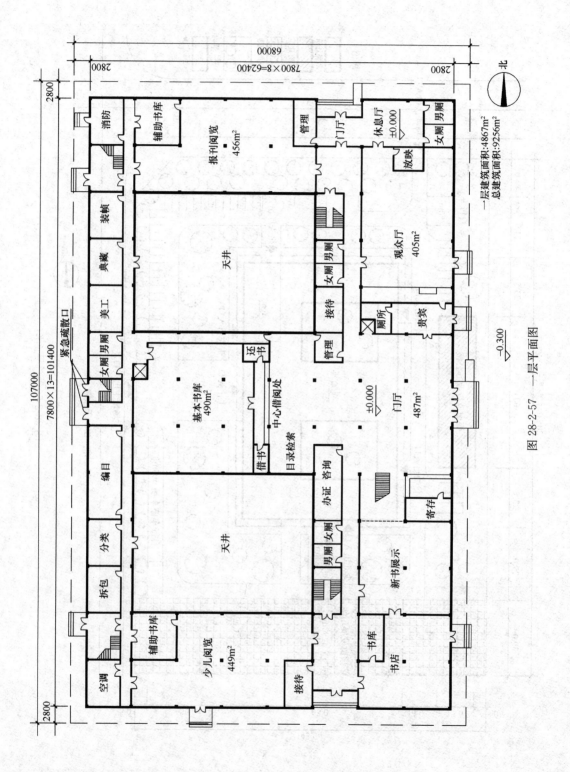

图 28-2-57 一层平面图

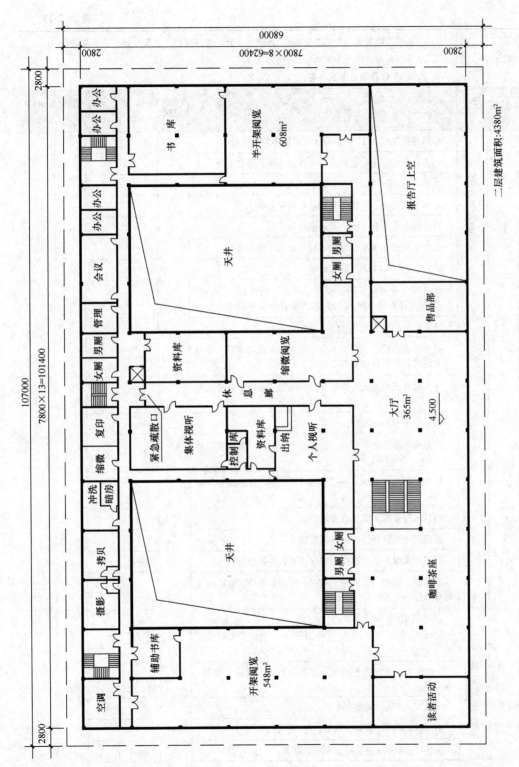

图 28-2-58 二层平面图

（四）评分标准（表 28-2-17）

表 28-2-17

提示	1. 一层或二层未画（含基本未画），该项为 0 分，考核项目 4 也为 0 分，为不及格卷。 2. 总平面未画（含基本未画），该项为 0 分。 3. 扣除 45 分后即为不及格卷。						
序号	考核项目		分项考核内容	分值	扣分范围	分项扣分	扣分小计	项目得分
1	总平面（15）	功能布局及交通流线	建筑超控制线扣 15 分、总体与单体不符扣 5 分	15	5~15			
			出入口只设一个、主出入口不在次干道，各扣 5 分		5~10			
			北侧未退 15m、东、南、西侧未退 5m，各扣 4 分		4~12			
			未留发展用地、未留少儿活动场地，各扣 1 分		1~2			
			道路系统不全扣 1 分、未画道路扣 2 分		1~2			
			车位不足或布置不合理扣 1 分、未画车位扣 2 分		1~2			
			6 个建筑出入口缺一个扣 1 分		1~2			
2	一层平面（43）	功能布局	读者区与业务区不分、流线交叉，轻微者扣 5 分；有 2~3 处布置不良者扣 12 分；较严重者扣 15~20 分	28	5~20			
			业务区与门厅无直接联系		5			
			报告厅无单独出入口扣 5 分，位置不合理扣 3 分，未与读者区或业务区连通各扣 2 分		2~5			
			少儿阅览无单独出入口扣 3 分，未与读者区或业务区连通各扣 2 分		2~5			
			阅览室东西向，每间扣 3 分		3~6			
			阅览室单面采光>12m，双面采光>24m，阅览室天井宽<9m，每处扣 3 分		3~6			
			报告厅层高<6.6m、一层层高<4.5m，各扣 3 分，未标各扣 1 分		1~6			
			编目区与基本书库无直接联系		3			
			编目用房不符合拆→分→编流程		1			
			门厅旁未设办证、寄存、展示、书店，各扣 1 分		1~2			
			除书库、库房、放映室、机房、咨询办证处，暗房间每间扣 1 分		1~3			
		缺房间或面积	缺少儿阅览（420m²）、报刊（420m²）、基本书库（480m²）观众厅（350m²），各扣 10 分，面积严重不符扣 5 分	15	5~15			
			公共区：9 间（男女厕 4、寄存、书店、展示、接待、办证）		1~5			
			阅览区：2 间（辅助书库）		1~2			
			书库区：4 间（借阅、借书、还书、目录）		1~3			
			报告厅：4 间（男女厕、贵宾、管理）		1~3			
			业务区：11 间（男女厕、拆包、分类、编目、典藏、美工、装裱、库房、空调、消防）		1~5			

序号	考核项目		分项考核内容	分值	扣分范围	分项扣分	扣分小计	项目得分
3	二层平面(30)	功能布局	读者区与业务区不分、流线交叉，轻微者扣 5 分；有 2～3 处布置不良者扣 12 分；较严重者扣 12～15 分	18	5～15			
			业务区与阅览室、视听室无直接联系，每处扣 2 分		2～4			
			阅览室东西向，每间扣 3 分		3～6			
			阅览室单面采光＞12m，双面采光＞24m，阅览室天井宽＜9m，每处扣 3 分		3～6			
			二层层高＜4.5m 扣 3 分，未标扣 1 分		1～2			
			除资料库、书库、集体视听、控制、库房外，暗房间每间扣 1 分		1～3			
			影像用房不符摄→拷→冲流程		1			
		缺房间或面积	缺开架阅览（580m²）、半开架（520m²）、缩微、个人视听、集体视听，各扣 10 分；面积严重不符，各扣 5 分	12	5～12			
			公共区：7 间（男女厕 4、咖啡、售品、读者活动）		1～4			
			阅览区：4 间（资料库 2、辅助书库、书库）		1～2			
			业务区：14 间（男女厕 2、摄影、拷贝、冲洗、缩微、复印、办公 4、会议、管理、空调）		1～6			
4	规范图面(12)		袋形走廊＞20m，楼梯间距＞70m	12	10			
			公共区未设电梯扣 2 分，办公区未设电梯扣 2 分		2～4			
			未标房间名、未标尺寸、未标面积，每处扣 2 分		2～6			
			单线作图、未画门，各扣 2 分		2～4			
			未考虑无障碍设施扣 1 分，楼梯间尺寸明显不够，每处扣 2 分		1～3			
			结构布置不合理		2			
			图面潦草，辨认不清		1～3			

注意事项：1. 方案作图题的及格分数为 60 分。

2. 扣分小计不得超过该项分值；当考核扣分已达到该项分值时，其余内容即忽略不看。

本年度考试评分情况归纳如下：

总图 15 分属于较高标准，但仍不算是重点。总图未画可以参加评分，扣 15 分而已。总图考核重点是建筑布置不超越建筑控制线、符合规划退线要求和场地通路出入口布置。

考核重点和往年一样，还是两张平面图是否满足功能要求，共 73 分。显然是重中之重。而功能要求包括功能布局和房间的数量、面积两部分，大约各占一半的分数。所谓功能布局，主要是功能分区和交通流线组织，要符合试题功能关系图要求，此外还包括采光、朝向等物理环境质量要求。

最后剩下 12 分给了规范和图面表达，也比往年稍有加重。其中突出的一点是防火疏散距离超标，扣 10 分，是以往从未有过的情况。另外明确规定"单线作图、未画门，各扣 2 分"。不过，不管怎么扣，只能在 12 分之内。所以这部分也还是不太重要。应试时不必在这方面多下功夫。

八、2012 年 博物馆方案设计

(一) 试题要求

1. 任务描述

在我国中南地段某地级市拟建一座两层、总建筑面积约为 10000m² 的博物馆。

2. 用地条件

用地范围见总平面图（图 28-2-59），该用地地势平坦，用地西侧为城市主干道，南侧为城市次干道，东侧北侧为城市公园，用地内有湖面以及预留扩建用地，建筑控制线范围为 105m×72m。

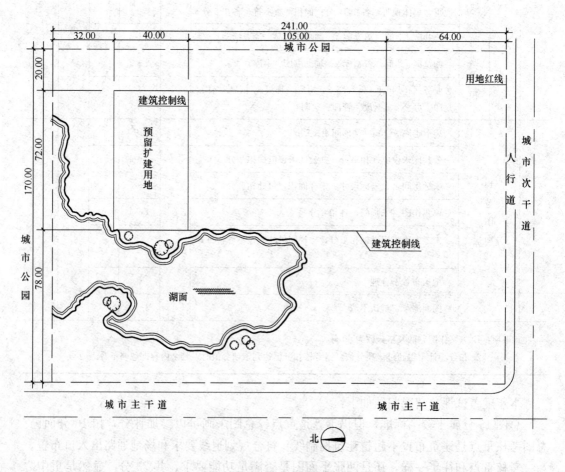

图 28-2-59　总平面图

3. 总平面设计要求

(1) 在建筑控制线内布置博物馆建筑。

(2) 在城市次干道上设车辆出入口，主干道上设人行出入口，在用地内布置社会小汽车位 20 个，大客车停车位 4 个，自行车停车场 200m²，布置内部与贵宾小汽车停车位 12 个，内部自行车停车场 50m²，在用地内合理组织交通流线。

(3) 布置绿化与景观，沿城市主次干道布置 15m 的绿化隔离带。

4. 建筑设计要求

(1) 博物馆布置应分区明确，交通组织合理，避免观众与内部业务流线交叉，其主要功能关系图见图 28-2-60、图 28-2-61。

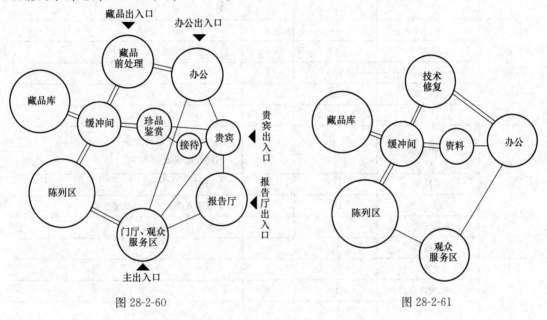

图 28-2-60   图 28-2-61

(2) 博物馆由陈列区、报告厅、观众服务区、藏品库区、技术与办公区五部分组成，各房间及要求见表 28-2-18、表 28-2-19。

一层用房及要求   表 28-2-18

功能区		房间名称	建筑面积 m²	间　数	备　注
陈列区	陈列	*陈列室	1245	3	每间 415m²
		*通廊	600	1	兼休息，布置自动扶梯
		男女厕所	50	3	男女各 22m²，无障碍 6m²
	贵宾	贵宾接待室	100	1	含服务间、卫生间
		门厅	36	1	与报告厅贵宾共用
		值班室	25	1	与报告厅贵宾共用

功能区	房间名称	建筑面积 m²	间 数	备 注
报告厅	门厅	80	1	
	*报告厅	310	1	
	休息厅	150	1	
	男女厕所	50	3	男女各22m²，无障碍6m²
	音响控制室	36	1	
	贵宾休息室	75	1	含服务间、卫生间，与陈列区贵宾共用门厅、值班室
观众服务区	*门厅	400	1	
	问询服务	36	1	
	售品部	100	1	
	接待室	36	1	
	寄存	50	1	
藏品库区	*藏品库	375	2	2间藏品库，每间110m² 四周设巡视走廊
	缓冲间	110	1	含值班，专用货梯
	藏品通道	100	1	紧密联系陈列室，珍品鉴赏室
	珍品鉴赏室	130	2	贵宾使用，每间65m²
	管理室	18	1	
技术与办公区	藏品前处理 门厅	36	1	
	卸货清点	36	1	
	值班室	18	1	
	登录	18	1	
	蒸熏消毒	36	1	应与卸货清点紧密联系
	鉴定	18	1	
	修复	36	1	
	摄影	36	1	
	标本	36	1	
	档案	54	1	
	办公 门厅	72	1	
	值班室	18	1	
	会客室	36	1	
	管理室	72	2	
	监控室	18	1	
	消防控制室	36	1	
	男女厕所	25	2	与藏品前处理共用

功能区	房间名称	建筑面积 m²	间 数	备 注
	其他交通面积	583m²		含全部走道、过厅、楼梯、电梯等

一层建筑面积：5300m²

一层允许建筑面积：4770～5830m²（允许±10%）

二层用房及要求　　　　　　　　　　　　　　　表 28-2-19

功能区		房间名称	建筑面积 m²	间 数	备 注
技术与办公区	藏品前处理	书画修复	54	1	含库房 18m²，室内连通
		织物修复	54	1	含库房 18m²，室内连通
		金石修复	54	1	含库房 18m²，室内连通
		瓷器修复	54	1	含库房 18m²，室内连通
		档案	36	1	
		实验室	54	1	
		复制室	36	1	
	办公	研究室	180	5	每间 36m²
		会议室	54	1	
		馆长室	36	1	
		办公室	72	4	每间 18m²
		文印室	25	1	
		管理室	108	3	每间 36m²
		库房	36	1	
		男女厕所	25	2	
	其他交通面积		798m²		含走道、楼电梯等
陈列区		*陈列室	1245	3	每间 415m²
		*通廊	600	1	兼休息，布置自动扶梯
		男女厕所	50	3	男女各 22m²，无障碍 6m²
观众服务区		咖啡茶室	150	1	含操作间、库房
		书画商店	150	1	
		售品部	100	1	
		男女厕所	50	3	男女各 22m²，无障碍 6m²

功能区	房间名称	建筑面积 m²	间 数	备 注
藏品库区	*藏品库	375	2	2间藏品库，每间110m² 四周设巡视走廊
	缓冲间	110	1	含值班，专用货梯
	藏品通道	100	1	
	阅览室	54	1	供研究工作人员用
	资料室	72	1	
	管理室	18	1	

二层建筑面积：4750m²

二层允许建筑面积：4275～5225m²（±10％）

（3）陈列区每层设三间陈列室，其中至少两间能天然采光，陈列室应每间能独立使用互不干扰。陈列室跨度不小于12m。陈列区贵宾与报告厅贵宾共用门厅，贵宾参观珍品可经接待室，贵宾可经厅廊参观陈列室。

（4）报告厅应能独立使用。

（5）观众服务区门厅应朝主干道，馆内观众休息活动应能欣赏到湖面景观。

（6）藏品库区接收技术用房的藏品先经缓冲间（含值班、专用货梯）进入藏品库；藏品库四周应设巡视走廊；藏品出库至陈列室、珍品鉴赏室应经缓冲间通过专用的藏品通道送达（详见功能关系图）；藏品库区出入口需设门禁；缓冲间、藏品通道、藏品库不需要天然采光。

（7）技术与办公用房应相应独立布置且有独立的门厅及出入口，并与公共区域相通；技术用房包括藏品前处理和技术修复两部分，与其他区域进出须经门禁，库房不需天然采光。

（8）适当布置电梯与自动扶梯。

（9）根据主要功能关系图布置主要五个出入口及必要的疏散出口。

（10）预留扩建用地，主要考虑今后陈列区及藏品库区扩建使用。

（11）博物馆采用钢筋混凝土框架结构，报告厅层高不小于6m，其他用房层高4.8m。

（12）设备机房布置在地下室，本设计不必考虑。

5. 规范要求

本设计应符合现行国家有关规范和标准要求。

6. 制图要求

（1）在总平面图上绘制博物馆建筑屋顶平面图并标注层数、相对标高和建筑物各主要出入口。

（2）布置用地内绿化、景观，布置用地内道路与各出入口并完成与城市道路的连接，布置停车场并标注各类机动停车位数量、自行车停车场面积。

（3）按要求绘制一层平面图与二层平面图，标注各用房名称及表28-2-18、表28-2-19

中带 * 号房间的面积。

(4) 画出承重柱、墙体（双线表示），表示门的开启方向，窗、卫生洁具可不表示。

(5) 标志建筑轴线尺寸、总尺寸，地面、楼面的相对标高。

(6) 在指定位置填写一、二层建筑面积（面积均按轴线计算，各房间面积、各层建筑面积允许控制在规定建筑面积的 10% 以内）。

(二) 试题解析

(1) 场地条件分析。总图用地和建筑用地均为规整的矩形。指北针不按常规，逆时针转了 90°。要注意不要把陈列室采光面的朝向搞错。用地西侧是城市主干道，题目要求博物馆主入口开向主干道，省得自己捉摸。次入口显然开向南侧次干道。用地西北角有一片水面，西侧建筑控制线紧邻水边。显然建筑主入口及入口前广场应躲开水面，适当南移。建筑用地北侧标出约 40m 宽的发展用地，设计时要考虑向北发展的可能。无非今后可以向北接建陈列室和藏品库。建筑东侧和南侧的室外场地可以用于道路、停车和绿化。这道题的场地问题比较简单。总图布置有两个问题需要考虑：①用地位于中等城市的干道交叉口，两个通路出口距道路红线交点不应小于 70m；②建筑控制线西北段临水，建筑是否应进一步退线并无强条规定。笔者认为环行消防车道在本题中并非必须，按规划设计条件和考试惯例，博物馆西侧外墙可以压红线。

(2) 确定平面轮廓和柱网。用最简单的平面轮廓解题几乎可以是"以不变应万变"的考试作图手法，因为没有必要在图形上作任何多余的文章。矩形轮廓正方形柱网可以不假思索地确定下来。题目要求除少数库房和两间陈列室外，都要天然采光。所以接下来的策略就是充分利用地形，把建筑外轮廓尽量做大些，以便留出大内院采光。柱距大小无关紧要，因为柱网问题从来不是考核重点。不过如果柱距定得合适，排平面方便些。可以依据大房间的形状、尺寸控制确定合适的柱距，同时兼顾大量小房间的划分，尽量做到墙柱结合。那些不能有柱子的大房间，把柱子拔掉就是。本题选 7.5m 方柱网，看来还比较合适。

这样，矩形轮廓的尺寸就是横向 13 开间 97.5m，纵向 9 开间 67.5m，共 6581.25m²，由 117 个 56.25m² 的方格构成。按题目要求面积的上限，要挖去约 23 个方格。从图形上看，内院的形状可以是 25 个方格的正方形，也可以是 24 个方格的长方形。

(3) 功能分区和内院定位（图 28-2-62、图 28-2-63）。此题功能分区和流线组织的原则和大多数公共建筑一样，就是内外分离，各行其道。

1) 主入口门厅肯定在西侧，面向城市主干道；相应的观众服务区就在西侧。

2) 陈列区和藏品库区要考虑向北发展，所以只能放在南侧。

3) 东侧一个柱距用做技术与办公比较合适。

4) 剩下南侧就布置报告厅和贵宾出入口。

(4) 公共建筑设计中，处理功能问题的两项重要工作是功能分区和流线组织。功能分区问题前面已有讨论，下面再对博物馆流线作简单分析。

博物馆流线组织的重要原则是内外流线必须明确分开，特别是藏品流线一定要完全独立而不与无关人员有任何不必要的接触。题目要求"避免观众与内部业务流线交叉"，当然就更不应混流。这也是所有公共建筑设计都要妥善解决的重要功能问题。博物馆试题比一般公共建筑更复杂的问题在于文物防盗和贵宾接待两方面。

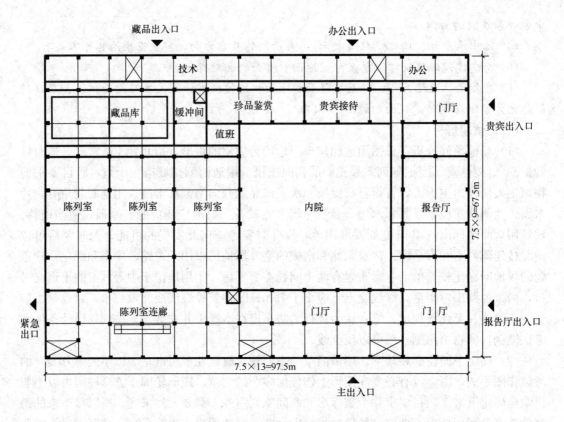

图 28-2-62　一层功能分区图

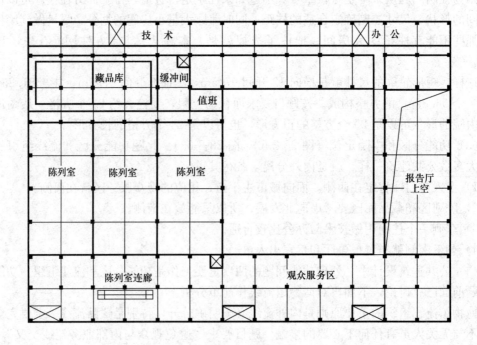

图 28-2-63　二层功能分区图

博物馆设计的流线组织，首先应从总体上明确区分内外两类流线。

外部流线主要是观众进出服务区、陈列区和报告厅这三条流线。其中最重要的流线是观众从主出入口门厅进入后，经服务区、陈列区通廊进入陈列厅；同时也可进入报告厅。这一流线要力求短捷便利。此外报告厅应能独立使用，要为观众设直接对外的门厅和出入口。

博物馆还有一条特殊的外部流线——贵宾流线，而贵宾活动又分散在陈列区的贵宾接待室、藏品库区的珍品鉴赏室和报告厅的贵宾休息室三处，流线比较复杂，处理起来比较麻烦，做好了不太容易。贵宾活动要与公共活动分区、分流，应设专用出入口。由于贵宾需要和内部管理办公有较多接触，故贵宾活动部分应和内部区靠近。贵宾参观珍品以及普通陈列的路径能独立设置最好，但这种流线很少发生，如设置贵宾专用廊道，其利用率将会很低。所以题目允许贵宾经接待室进出珍品鉴赏室；贵宾参观普通陈列室可经过公共厅廊，与群众"打成一片"。实在需要与群众分开，则可在闭馆期间参观。另外，贵宾还要进入报告厅，主要是登台演讲，可从后台方向进出。

博物馆的内部流线也很复杂。大部分内部管理办公和技术工作人员从办公或技术出入口进出内部区域，其流线与公共活动分离很好办。但还有少量内部人员要进入公共活动区管理服务，要与公众直接接触，故完全可以穿越公共空间进入工作岗位，不必为此设置专用廊道。很多公共建筑的公众活动区都有一些内部用房，如公共大厅里的管理、接待、问询、寄存、售票、挂号，乃至清洁、保安等，在功能关系图上往往用一条单线表示与内部区的联系，这种联系并不密切，通常不必专设走道，在平面上能走得通就行。不少设计者往往把这条连线看得过重，为此特别设置一些专用走道，把平面搞得很复杂，甚至影响了主要使用功能。这种做法不足取。

博物馆里特殊而重要的流线是藏品物流流线。由于藏品的价值不可估量，这一流线必须与外界严密隔离。藏品送进博物馆，经藏品前处理和技术修复后，再经缓冲间进入藏品库区收藏；需要时再经缓冲间和藏品专用通道送到陈列室或珍品鉴赏室供公众或贵宾观赏。这必须是一条完全独立、封闭的路径。藏品出入藏品库都要经过缓冲间这一中介空间，以保证环境温、湿度的平缓过渡。藏品库区进出口必须设门禁；藏品前处理和技术修复部分因临时存放藏品，也必须与其他内部空间隔离，出入也须经过门禁；藏品库周围与银行金库相同，须设保安专用的环行巡视走道。

(5) 功能分区后，深化图纸的工作是考试中最费时费事的，一般都不可能在6小时里做到完善的程度。根据历年评分情况，这一步不可在房间面积上过于纠结。房间数量尽量不要少，多出来并不要紧。主要功能房间只要不要让阅卷人一眼看去明显很小，就不成问题。一般每份试卷评阅时间最多十几分钟，阅卷人不可能对应试者的平面房间仔细核算，建议大家作图时不要过分在意那±10%的允许值。

(6) 小时快速设计作图难免有缺漏和不当，考试时不必要也不可能追求最佳答案。这是每位应试者都应注意的问题。

(三) 参考答案

1. **总平面图** (图 28-2-64)

2. **一层平面图** (图 28-2-65)

3. **二层平面图** (图 28-2-66)

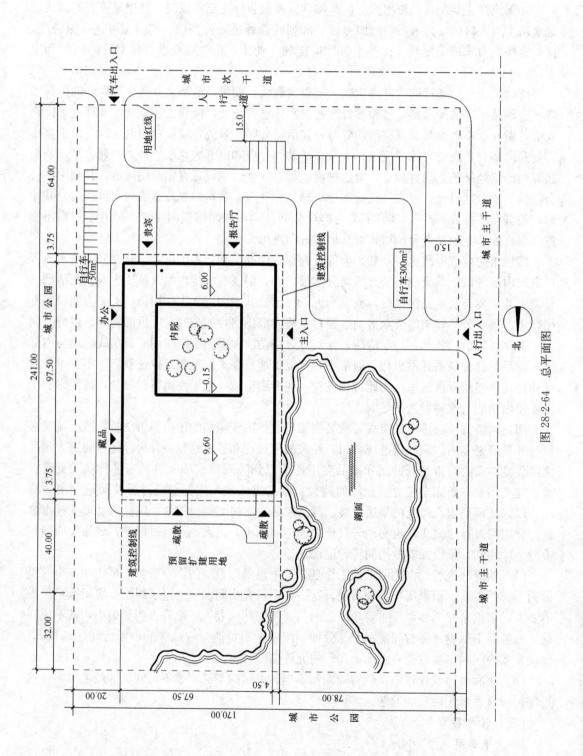

图 28-2-64 总平面图

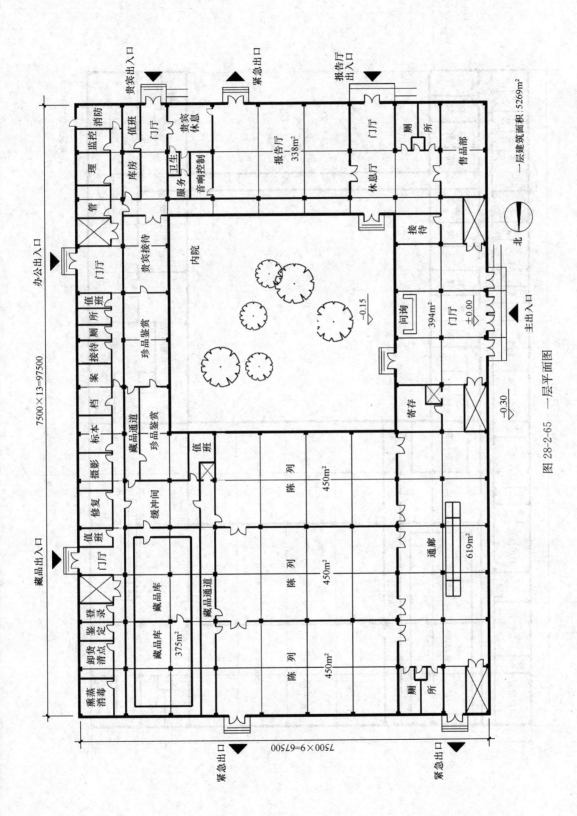

图 28-2-65 一层平面图

一层建筑面积: 5269m²

贵宾出入口

紧急出口

报告厅出入口

办公出入口

7500×13=97500

藏品出入口

北

主出入口

7500×9=67500

紧急出口

紧急出口

监控 消防

管理

门厅 值班

库房

服务

卫生

音响控制

贵宾休息

门厅

报告厅 338m²

休息厅

厕所

售品部

门厅

贵宾接待

内院

接待

珍品鉴赏

问询 394m²

-0.15

门厅

±0.00

接待

案 档标

珍品鉴赏 藏品通道

值班

陈列 450m²

寄存

-0.30

标本

摄影

缓冲间

陈列 450m²

通廊 619m²

修复

值班

门厅

登录 鉴定

藏品库

藏品通道

陈列 450m²

售货 清点

藏品库 375m²

厕所

熏蒸消毒

89

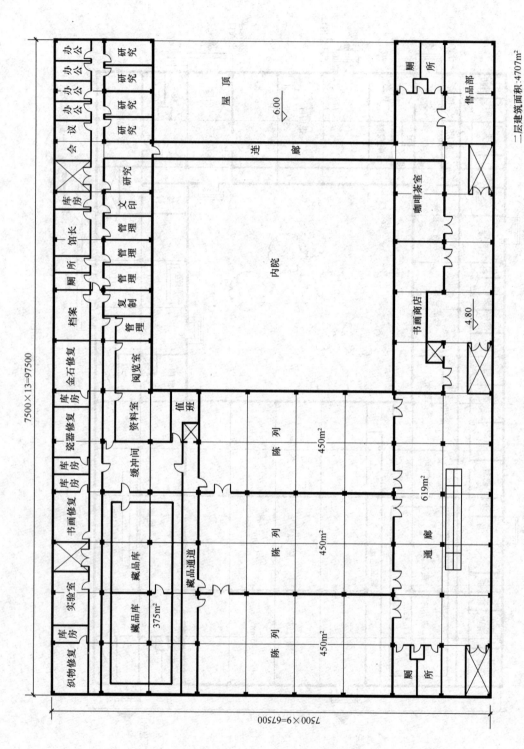

二层建筑面积:4707m²

图 28-2-66 二层平面图

（四）评分标准（表28-2-20）

表 28-2-20

提 示	1. 一层或二层未画（含基本未画）该项为0分，序号4项也为0分，为不及格卷。 2. 总平面未画（含基本未画），该项为0分。 3. 扣到45分后即为不及格卷。

序号	考核项目		分项考核内容	分值	扣分范围	分项扣分	扣分小计
1	总平面 （15）	整体布局及交通绿化	建筑超出控制线扣15分	15	15		
			总体与单体不符扣5分，未表示层数或标高各扣1分		1～5		
			次干道未设车辆出入口，主干道未设人行出入口，各扣3分，未注明各扣1分		1～6		
			道路系统未表示扣3分，表示不全或组织不合理扣1分		1～3		
			停车场未布置扣3分，布置不全或不合理扣1分 内外不分扣2分，未标注自行车停车场面积扣2分		1～5		
			未布置绿化隔离带扣2分，未注15m或表示不明确扣1分		1～2		
			五个建筑出入口缺一个扣1分		1～5		
2	一层平面 （43）	功能布局	公众观展与内部业务分区不明或流线交叉扣20分	43	20		
			藏品入库流程未按：藏品前处理—缓冲间—藏品库，扣4分 藏品出库流程未按：藏品库—缓冲间—藏品通道—陈列室及精品鉴赏室，扣4分		4～8		
			缓冲间未设值班、专用货梯，各扣1分 藏品库四周未设巡视走道或设置不合理，扣2分		1～4		
			藏品前处理与办公流线交叉，扣4分 未设门禁（无门相隔），扣2分；未分设独立门厅，扣2分		2～6		
			办公区与观众服务区门厅无直接联系，扣2分		2		
			观众服务区门厅未朝主干道，休息活动区看不到湖景，未布置电梯、自动扶梯，各扣2分		2～6		
			陈列室应有3间且独立使用、至少2间自然采光、每间跨度不小于12m，每违反一项，各扣2分		2～6		
			贵宾无独立出入口，扣2分；未与珍品鉴赏、报告厅、办公、观众服务厅连通，各扣1分		1～4		
			报告厅不能独立使用，扣4分；未与观众服务区连通或联系不当，扣3分		2～4		
			暗房间（除藏品库区、库房、音控外），每间扣1分（陈列室另按上述条文）		1～4		
		缺房间或面积	缺：陈列室3（每间415m²）、通廊（600m²）、报告厅（310m²）、观众服务区门厅（400m²）、藏品库2（每间110m²），各扣10分 面积严重不符，各扣2分；未标注面积，各扣1分		1～15		
			陈列区6间：贵宾接待、贵宾门厅、值班、厕3 报告厅7间：门厅、休息厅、音控、贵宾休息、厕3 观服区4间：问询服务、售品部、接待室、寄存 藏品库5间：缓冲间、藏品通道、精品鉴赏2、管理 前处理10间：门厅、卸货清点、值班、登录、蒸熏消毒、鉴定、修复、摄影、标本、档案 办公9间：门厅、值班、会客、管理2、监控、消防、厕2	缺1间扣1分	1～6		

序号	考核项目		分项考核内容	分值	扣分范围	分项扣分	扣分小计
3	二层平面(30)	功能布局	公众观展与内部业务分区不明或流线交叉扣15分	30	15		
			藏品入库流程未按:藏品前处理—缓冲间—藏品库,扣4分 藏品出库流程未按:藏品库—缓冲间—藏品通道—陈列室及精品鉴赏室,扣4分		4～8		
			缓冲间未设值班、专用货梯,各扣1分 藏品库四周未设巡视走道或设置不合理,扣2分		1～4		
			技术修复与办公流线交叉,扣4分;未设门禁(无门相隔),扣2分		2～4		
			办公区与观众服务区门厅无直接联系,扣2分		2		
			休息活动区看不到湖景,扣2分		2		
			陈列室应有3间且独立使用、至少2间自然采光、每间跨度不小于12m,每违反一项,各扣2分		2～6		
			报告厅层高<6.0m,其余房间层高≠4.8m或无法判断,各扣1分		1～2		
			暗房间(除藏品库区、库房外),每间扣1分(陈列室另按上述条文)		1～4		
		缺房间或面积	缺:陈列室3(每间415m²)、通廊(600m²)、藏品库2(每间110m²),各扣10分;面积严重不符,各扣2分;未标注面积,各扣1分		1～10		
			陈列区3间:厕3 观服区7间:咖啡茶室、书画、售品、厕3 藏品库5间:缓冲间、藏品通道、阅览、资料、管理 修复区11间:修复8、档案、实验、复制 办公区18间:研究5、会议、馆长、办公4、文印、管理3、库房、厕2		缺1间扣1分	1～6	
4	规范图面(12)		楼梯间开敞(封闭)时,房间疏散门至最近安全出口:袋形走道>20m(22m),两出口之间>35m(40m);首层楼梯距室外出口>15m,各扣5分	12	5～10		
			入口未考虑无障碍每处扣1分,楼梯间尺寸明显不足扣2分		1～3		
			未标房间名、未标尺寸、未标楼层建筑面积每处扣2分		2～6		
			单线作图扣5分,未画门扣1～3分		1～5		
			结构布置不合理		3		
			图面潦草,辨认不清		1～3		

注意事项:1. 方案作图的及格分数为60分;
2. 扣分小计不得超过该项分值;当考核扣分已达到该项分值时,其余内容即忽略不看。

以上评分标准完全符合历年规律。

总图 15 分，是最近几年的水平，也是十年来的最高分值。首先，总图考核重点是建筑布置，不能超越建筑控制线，一旦超出，15 分全部扣去。而"压线"一向都是允许的。其次考核基地通路两个出入口和建筑物五个出入口的设置与表达。至于场地东北角大片湖面对基地及建筑物主入口定位的影响，则在总体与单体是否相符方面考虑，建筑主入口如果开到水里去，扣分也很严重。道路和停车场布置相对次要，简单表示即可，布置不合理、不规范也不是大问题；景观、绿化布置，题目虽有要求，评分却没有怎么考虑，这也和往年一样。总图来不及做，扣掉 15 分，也还有可能及格。

考核的重点依然是两层平面图功能要求的满足，有 73 分。主要考查功能布局和流线组织是否符合题意；当然还有主要功能房间在量、形、质上的满足程度。要想通过考试，这一部分几处重点一定不能有过多缺失。如：公众观展与内部业务分区不明或流线交叉，两层扣掉 35 分，肯定不及格；最主要的功能房间缺少一间扣 10 分，两层加起来缺多了会扣掉 25 分，及格也基本无望。可见，对这些关键性的功能问题，考试时要敏感，紧紧抓住，并尽量解决好。其他大量次要问题，如办公、贵宾、报告厅等的布局和流线，有些毛病并不致命。

最后 12 分给了规范、结构和图面表达，又一次说明，这三项内容不是考核重点。考不及格不要在这些方面找原因。同样，考试时也不必在这些方面下大功夫。这里面有些小项扣分挺狠，如防火疏散问题扣 10 分，单线作图扣 5 分，但通通加起来，充其量只能扣 12 分，大可不必过虑。

九、2013 年 超级市场方案设计

(一) 试题要求

1. 任务描述

在我国某中型城市拟建一座两层高、总建筑面积约 12500m² 的超级市场（即自选商场），按下列各项要求完成超级市场的方案设计。

2. 用地条件

用地地势平坦；用地西侧临城市主干道，南侧为城市次干道，北侧为居住区，东侧为商业区。用地红线、建筑控制线、出租车停靠站及用地情况详见总平面图（图28-2-67）。

3. 总平面设计要求

(1) 在建筑控制线内布置超级市场建筑。

(2) 在用地红线内布置人行、车行流线，布置道路及行人、车辆出入口。在城市主干道上设一处客车出入口，次干道上分设客、货车出入口各一处。出入口允许穿越绿化带。

(3) 在用地红线内布置顾客小汽车停车位 120 个，每 10 个小汽车停车位附设 1 个超市手推车停放点；购物班车停车位 3 个，顾客自行车停车场 200m²；布置货车停车位 8 个，职工小汽车停车场 300m²，职工自行车停车场 150m²，相关停车位见总平面图（图 28-2-67）所附图示。

(4) 在用地红线内布置绿化。

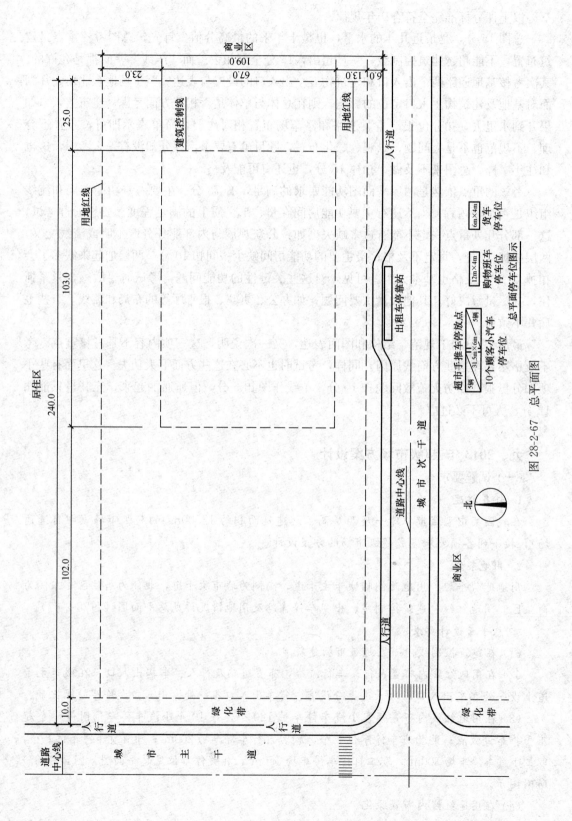

图 28-2-67 总平面图

4. 建筑设计要求

超级市场由顾客服务、卖场、进货储货、内务办公和外租用房5个功能区组成，用房、面积及要求见表28-2-21及表28-2-22。功能关系见示意图（图28-2-68）。选用的设施见图例（图28-2-69），相关要求如下：

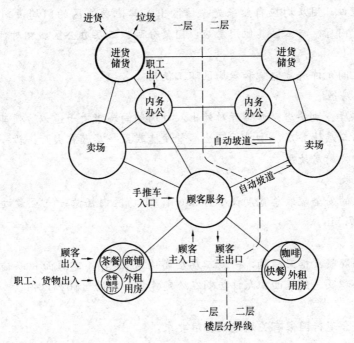

图 28-2-68　一、二层主要功能关系示意图

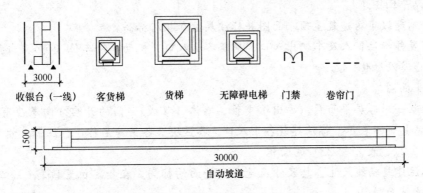

图 28-2-69　平面图用设施图示及图例

（1）顾客服务区

建筑主出、入口朝向城市主干道，在一层分别设置。宽度均不小于6m。设一部上行自动坡道供顾客直达二层卖场区，部分顾客亦可直接进入一层卖场区。

（2）卖场区

区内设上、下自动坡道及无障碍电梯各一部。卖场由若干区块和销售间组成，区块间由通道分隔，通道宽度不小于3m且中间不得有柱。收银等候区域兼作通道使用。等候长度自收银台边缘计不小于4m。

（3）进货储货区

分设普通进货处和生鲜进货处。普通进货处设两部货梯。走廊宽度不小于 3m。每层设 2 个补货口为卖场补货，宽度均不小于 2.1m。

（4）内务办公区

设独立出入口，用房均应自然采光。该区出入其他功能区的门均设门禁。一层接待室、洽谈室连通门厅。与本区其他用房应以门禁分隔；二层办公区域相对独立，与内务区域以门禁分隔。

本区内卫生间允许进货储货和卖场区职工使用。

（5）外租用房区

商铺、茶餐厅、快餐店、咖啡厅对外出入口均朝向城市次干道以方便其对外使用，同时一层茶餐厅与二层快餐店、咖啡厅还应尽量便捷联系一层顾客大厅。设一部客货梯通往二层快餐店以方便厨房使用。

（6）安全疏散

二层卖场区的安全疏散总宽度最小为 9.6m，卖场区内任意一点至最近安全出口的直线距离最大为 37.5m。

（7）其他

建筑为钢筋混凝土框架结构，一、二层层高均为 5.4m，建筑面积以轴线计算，各房间面积、各层面积及总建筑面积允许控制在给定建筑面积的 ±10% 以内。

5. 规范要求

本设计应符合现行国家有关规范及标准要求。

6. 制图要求

（1）总平面图

1）绘制超级市场建筑屋顶平面图并标注层数和相对标高。

2）布置并标注行人及车辆出入口、建筑各出入口、机动车停车位（场）、自行车停车场，布置道路及绿化。

（2）平面图

1）绘制一、二层平面图。画出承重柱、墙体（双线）、门的开启方向及应有的门禁、窗、卫生洁具可不表示。标注建筑各出入口、各区块及各用房名称，标注带＊号房间或区块（表 28-2-21、表 28-2-22）的面积。

2）标注建筑轴线尺寸、总尺寸及地面、楼面的标高。在指定位置填写一、二层建筑面积和总建筑面积。

一层用房面积及要求表　　　　　　　　　　　　表 28-2-21

功能区	房间或区块名称	建筑面积（m²）	间数	要求及备注
顾客服务区	＊顾客大厅	640		分设建筑主出、入口，宽度均不小于 6m
	手推车停放	80		设独立对外出入口，便于室外手推车回收
	存包处	60		面向顾客大厅开口
	客服中心	80		含总服务台、售卡、广播、货物退换各一间 20m²

功能区	房间或区块名称		建筑面积（m²）	间数	要求及备注
顾客服务区	休息室		30	1	紧邻顾客大厅
	卫生间		80	4	男女各 25m²，残卫、清洁间单独设置
卖场区	收银处		320		布置收银台不少于 10 组，设一处宽度为 2.4m 的无购物出口
	* 包装食品区块		360		紧邻收银处，均分二块且相邻布置
	* 散装食品区块		180		
	* 蔬菜水果区块		180		
	* 杂粮干货区块		180		
	* 冷冻食品区块		180		通过补货口连接食品冷冻库
	* 冷藏食品区块		150		通过补货口连接食品冷藏库
	* 豆制品禽蛋区块		150		
	* 酒水区块		80		
	生鲜加工销售间		54	2	销售 18m²，加工间 36m² 连接进货储货区
	熟食加工销售间		54	2	销售 18m²，加工间 36m² 连接进货储货区
	面包加工销售间		54	2	销售 18m²，加工间 36m² 连接进货储货区
	交通		1000		含自动坡道、无障碍电梯、通道等
进货储货区	普通	* 普通进货处	210		含收货间 12m²，有独立对外出口的垃圾间 18m²，货梯 2 部
		普通卸货停车间	54	1	设 4m×6m 车位 2 个，内接普通进货处，设卷帘门
		食品常温库	80	1	
	生鲜	* 生鲜进货处	144		含收货间 12m²，有独立对外出口的垃圾间 18m²
		生鲜卸货停车间	54	1	设 4m×6m 车位 2 个，内接生鲜进货处，设卷帘门
		食品冷藏库	80	1	
		食品冷冻库	80	1	
	辅助用房		72	2	每间 36m²

功能区	房间或区块名称	建筑面积（m²）	间数	要求及备注
内务办公区	门厅	30	1	
	接待室	30	1	连通门厅
	洽谈室	60	1	连通门厅
	更衣室	60	2	男、女各30m²
	职工餐厅	90	1	不考虑厨房布置
	卫生间	30	3	男、女卫生间及清洁间各1间
外租用房区	商铺	480	12	每间40m²，均独立对外经营，设独立对外出入口
	茶餐厅	140	1	连通顾客大厅，设独立对外出入口
	快餐店、咖啡厅、门厅	30	1	联系顾客大厅
	卫生间	24	3	男、女卫生间及清洁间各1间。供茶餐厅、二层快餐店与咖啡厅使用，亦可设在二层
交通	走廊、过厅、楼梯、电梯等	540		不含顾客大厅和卖场内交通

一层建筑面积：6200m²（允许±10%：5580～6820m²）

二层用房面积及要求表

表28-2-22

功能区	房间或区块名称		建筑面积（m²）	间数	要求及备注
卖场区服务区	*特卖区块		300		靠墙设置
	*办公体育用品区块		300		靠墙设置
	*日用百货区块		460		均分2间且相邻布置
	*服装区块		460		均分2间且相邻布置
	*家电用品区块		460		均分2间且相邻布置
	*家用清洁区块		50		
	*数码用品区块		120		含20m²体验间2间
	*图书音像区块		120		含20m²音像、视听各1间
	交通		1210		含自动坡道、无障碍电梯、通道等
进货储货区	库房		640	4	每间160m²
内务办公区	内务	业务室	90	1	
		会议室	90	1	
		职工活动室	90	1	
		职工休息室	90	1	
		卫生间	30	3	男、女卫生间及清洁间各1间

功能区		房间或区块名称	建筑面积（m²）	间数	要求及备注
内务办公区	办公	安全监控室	30	1	
		办公室	90	3	每间 30m²
		收银室	60	2	30m² 收银、金库各 1 间，金库为套间
		财务室	30	1	
		店长室	90	3	每间 30m²
		卫生间	30	3	男、女卫生间及清洁间各 1 间
	快餐店		400	2	含 330m² 餐厅，内含服务台 30m²、厨房 70m²、客货梯 1 部
	咖啡厅		140	1	内含服务台 15m²
交通	走廊、过厅、楼梯、电梯等		860		不含卖场内交通

二层建筑面积：6240m²（允许±10%；5616～6864m²）

注：一、二层总建筑面积为 12440m²（允许±10%：11196～13684m²）。

（二）试题解析

1. 解题从总图场地分析入手

根据题目给出的总图场地条件，设计用地位于城市主次干道交叉口的一角，西侧是主干道，南侧是次干道。用地东侧与商业区相邻，北侧是居住区。题目规定，超市建筑的主出入口朝向西侧主干道，给出的建筑控制线范围处于用地偏东的位置，让出大片场地显然是为顾客停车场准备的。可见出题人是把驾车购物者当作主要顾客考虑的。同时题目还规定，外租用房区的大量商铺与餐饮朝向南侧次干道。次干道边有出租车站，因而超市南侧的室外场地作为组织顾客流线的步行广场是合宜的。基地的车流出入口至少应设两个，并且尽量离干道交叉口远一些，由城市道路引入的车道可以置于超市建筑的北侧和东侧，与城市道路共同形成围绕建筑的环路，以满足消防车通行的需要。用地东侧是商业区，可以作为超市进货方向；用地北侧是居住区，作为超市内部管理办公人员的进出方向也比较合理。

2. 确定平面轮廓和柱网

题目给定的控制线范围比一层建筑面积大得有限，因而建筑采用矩形轮廓，且不能挖天井，是确定无疑的。矩形轮廓、正方形柱网，不在图形上作任何多余的文章，是应试方案的最佳选择。因为注册考试没有造型要求，大可不必在建筑形式处理上耽误时间，做一个方盒子是最理性的选择。较大柱距的框架结构为各种大型公共建筑的平面组合提供了充分的灵活性。选用 9m×9m 方形柱网，每个网格 81m²，与题目中 80m² 的面积模数，以及超市收银口宽度 3m 的要求比较协调。做一个横向 11 间，纵向 7 间的矩形平面，是合乎理性的答案。

3. 功能关系的总体布局 (图 28-2-70)

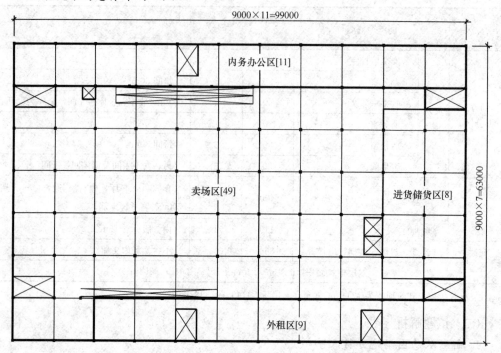

二层建筑面积:77×81m²=6237m²

二层分区

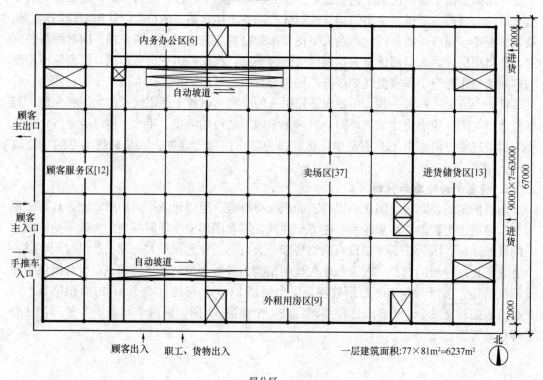

一层建筑面积:77×81m²=6237m²

一层分区

图 28-2-70 功能分区图

卖场是核心功能区，占据最大的面积，且不需自然采光，显然应居于中心地带。周边靠外墙的位置尽量让给需要自然采光的功能房间。依据前述场地分析的结果，顾客出入口和顾客服务区在西侧，进货区在东侧，出租房在南侧，管理办公区在北侧。我们只要根据各分区面积要求的统计结果，注意将单列的交通面积大致按比例分配到每个区域，就可以控制住各分区的范围大小。这里应注意不同空间组织模式的交通面积比例不同。走道式布置，交通面积比例可达 25%，而大厅式的交通空间已经融入大厅里了。用 9m 方格柱网，画草图甚至可以不用比例尺，一个方格 81m²，只需数方格分配面积，就可以快速确定总体功能区划。这一步草图工作一定要上下两层同时兼顾，尽量上下层之间对位布置。不但结构柱网和交通空间要尽量对位，功能内容也对位布置是既便捷又符合理性的做法。两层平面草图一起做最大的好处在于，可以使两层设计深度一致，从而保证出图的完整性；避免完成了一层而没有时间做第二层的尴尬结果。

4. 落实功能分区

　　接下去具体落实每个功能区的平面组合细节，这是工作量最大的一个环节。一般不可能做到完满，也不必追求方案的优秀。抓大放小，尽量符合题意，不犯大错误就好。面积大小控制不要太拘谨，主要的、大的功能房间不是"一眼看上去明显的小"就可以了。图面表达宜简约；对大多数应试者而言，在表达上多花时间很不值得的。

5. 关于安全疏散

　　商业建筑的营业厅是典型的"无标定人数的建筑"，解决安全疏散问题是建筑师的法律责任。不过大型公共建筑的防火问题比较复杂，方案阶段的设计不可能也不必要完全解决好。如防火分区问题，方案作图考试时不可能深入考虑。解题时只要考虑好疏散宽度和疏散距离就可以了。本题目根据现行防火规范规定，二层卖场区总面积 3480m²，乘以最小面积折算值（50%）和疏散人数换算系数（0.85 人/m²）得出需要紧急疏散的人数为 1479 人，然后再按每 100 人的疏散净宽度 0.65m，算得总疏散宽度应不小于 9.6m。因而需要设 5～6 个较宽大的楼梯。这些楼梯最好为营业厅专用，火灾发生时就近借用相邻分区的内部楼梯实行紧急疏散也是可以的。至于疏散距离，二层卖场区内任何一点至最近安全出口的直线距离不应大于 30m，考虑设置自动喷水灭火系统，安全疏散距离可再增加 25%，因而以不超过 37.5m 为限。题目既然对疏散问题作了如此精确、详细的规定，很显然这是个重要考核点。按近几年的评分规律，一份卷子安全疏散不满足要求，可能被扣掉 10 分之多。

　　6 小时快速设计作图难免有缺漏和不当，考试时不可能，也不必要追求最佳答案。抓住大的功能问题解决好，才是应试者的成功之道。

（三）参考答案

1. **总平面图**（图 28-2-71）
2. **一层平面图**（图 28-2-72）
3. **二层平面图**（图 28-2-73）

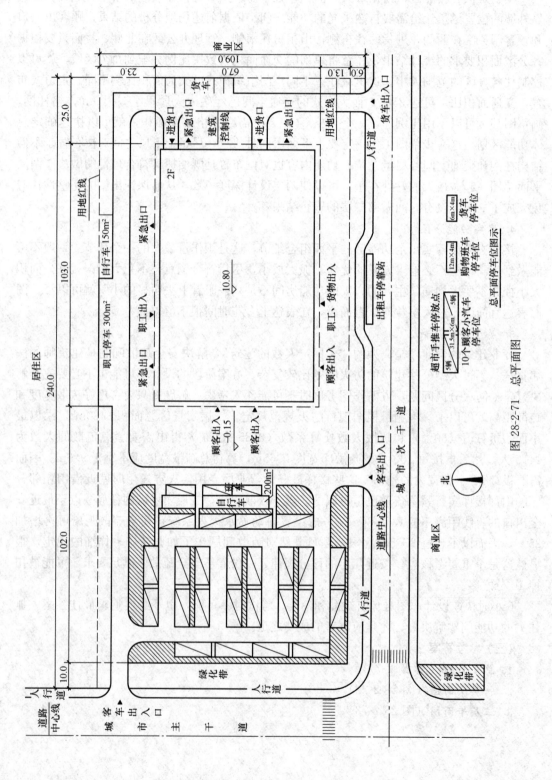

图 28-2-71 总平面图

商业区

109.0

23.0 67.0 13.0

6.0 13.0

25.0

货车

进货口 紧急出口

建筑控制线

进货口 紧急出口

用地红线

货车出入口

人行道

用地红线

自行车 150m²

紧急出口

2F

职工停车 300m²

职工出入

职工、货物出入

103.0

居住区

240.0

紧急出口

10.80

出租车停靠站

顾客出入

顾客出入 −0.15

顾客出入

客车出入口

102.0

自行车 200m²

城市次干道

道路中心线

10.0

绿化带

人行道

人行道

道路中心线

人行道

客车出入口

城市主干道

超市手推车停放点

5辆 31.5m×6m

5辆 12m×4m 购物班车停车位

6m×4m 货车停车位

10个顾客小汽车停车位

总平面停车位图示

北

商业区

绿化带

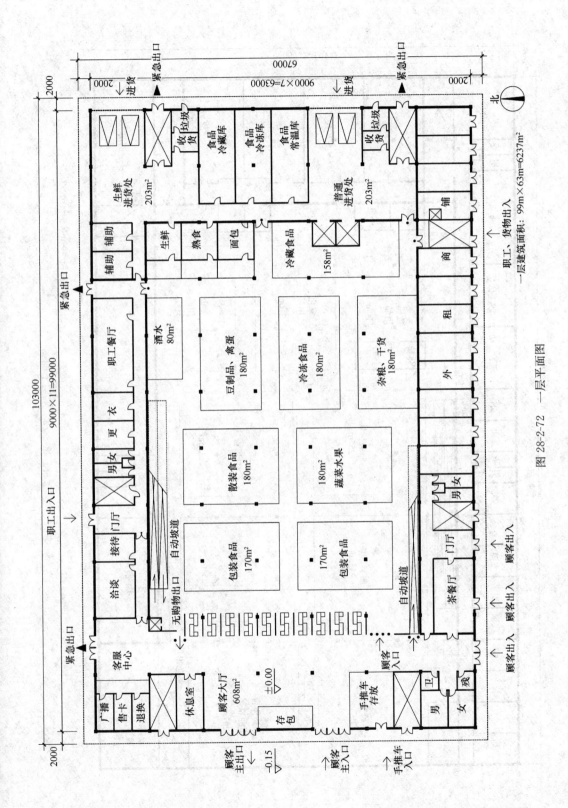

图 28-2-72　一层平面图

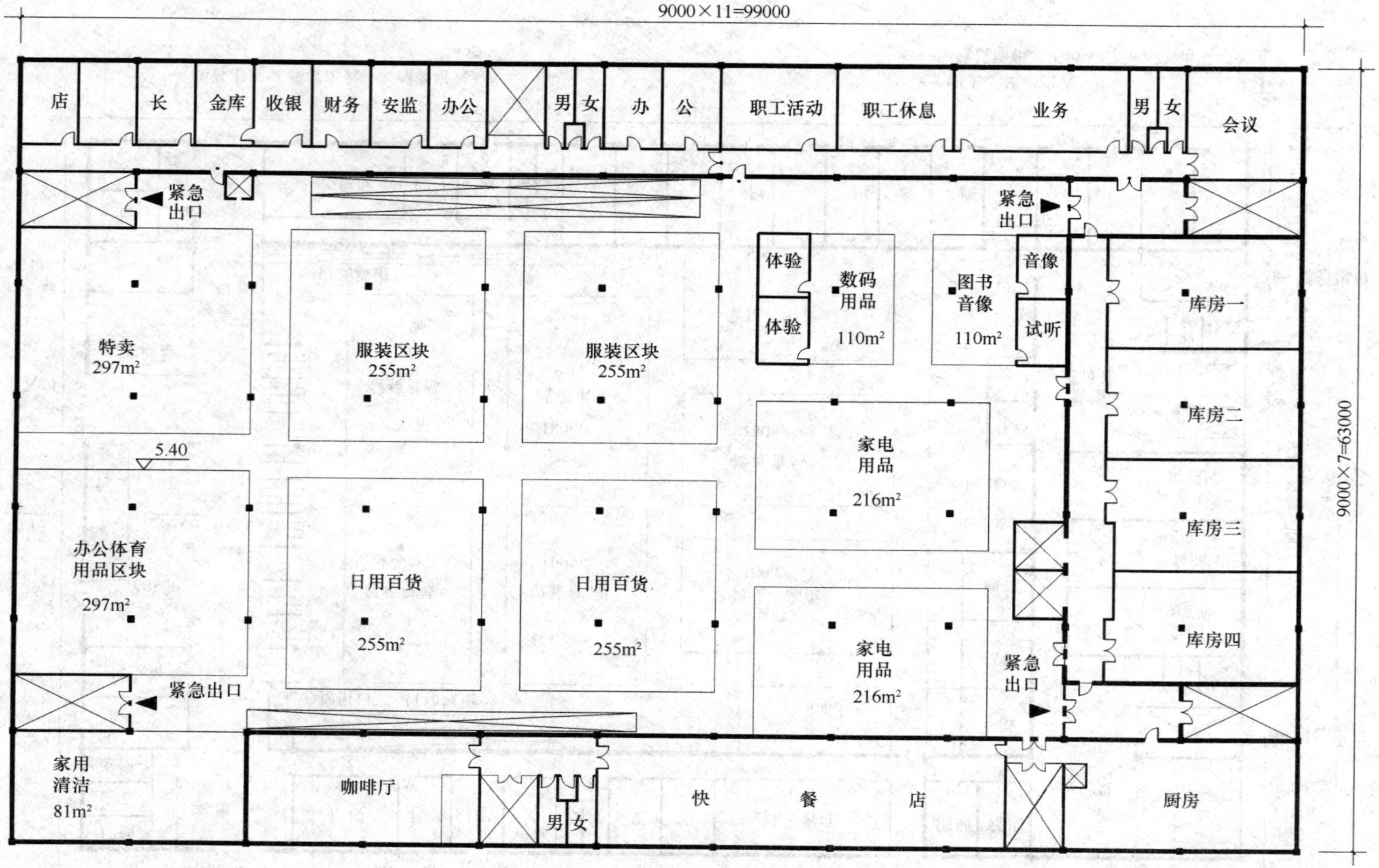

图 28-2-73 二层平面图

二层建筑面积：99m×63m=6237m²

（四）评分标准（表 28-2-23）

表 28-2-23

提 示	1. 一层或二层未画（含基本未画），该项为 0 分且为不及格卷。 2. 总平面未画（含基本未画），该项为 0 分。 3. 扣到 45 分后即为不及格卷。				

序号	考核项目		分项考核内容	分值	扣分范围
1	总平面（15）	整体布局及交通绿化	建筑超出控制线或单体未画（不包括台阶、坡道、雨篷等）	15	15
			总体与单体不符扣 3 分，未表示层数、标高或表示错误各扣 1 分		1～3
			场地机动车出入口缺 1 处扣 2 分，未按要求设置或开口距路口＜70m 各扣 2 分		2～6
			道路未表示扣 3 分，表示不全或组织不合理各扣 1～2 分，未做绿化设计扣 1 分		1～3
			机动车：顾客停车场未画扣 4 分；职工、货车、班车停车场未画、布置不当、未分区设置各扣 2 分；职工停车场未标注面积扣 1 分		1～8
			自行车：停车场未画各扣 2 分；未标注面积各扣 1 分		
			建筑出入口：顾客 2、货物 2、手推车、办公，标注缺各扣 1 分		1～3
2	一层平面（40）	功能布局	卖场区、办公区、进货储货区、外租商铺之间，分区不明或流线交叉扣 20 分 （功能分区明确但未按要求连通，按下述条款扣分）	40	20
		服务区	• 未布置由服务区直达二层卖场区的自动扶梯扣 5 分 • 超市出、入口未朝向主干道或未分别设置各扣 1 分 • 手推车停放未设置或设置不当扣 2 分 • 未设置卖场入口扣 1 分；未设置无购物出口扣 1 分		1～8
		卖场区	• 未分设 9 个独立区块，不同区块间主通道小于 3m 或中间有柱各扣 2 分 • 面包、熟食、生鲜销售与其加工间未布置在一起各扣 1 分 • 上述 3 个加工间与库区未相连或联系不当各扣 1 分 • 包装食品区块未紧邻收银处扣 2 分 • 收银处未画扣 4 分；排队等候距离小于 4m 扣 2 分；数量、宽度不足各扣 1 分 • 无障碍电梯未设在卖场区、卖场区内设卫生间各扣 2 分		1～14
		库区	• 货物未按卸货停车间—进货处—库房（加工间）—卖场区布置扣 4 分 • 普通、生鲜进货区未分别设置扣 2 分 • 2 个补货口，每缺 1 个扣 3 分；补货口未直通库区走廊或未直通卖场区通道各扣 3 分 • 库区内未设走廊扣 2 分，宽度小于 3m 扣 1 分 • 货梯设于库房内扣 2 分		1～10
		办公区	• 与服务、卖场、库区之间未连通各扣 2 分；未设门禁各扣 1 分 • 对外洽谈和接待未连通门厅或未与其他用房分隔各扣 1 分 • 办公用房（不含卫生间）无自然采光，每间扣 1 分		1～8
		外租区	• 咖啡厅及快餐店、茶餐厅、外租商铺、快餐货物未设独立出入口，各出入口未朝向城市次干道各扣 1 分 • 茶餐厅未与顾客大厅直接联系扣 1 分 • 快餐、咖啡、门厅未与顾客大厅直接联系扣 1 分		1～5
		垂直交通	未布置自动扶梯 2（卖场内）、快餐客货梯 1、库区货梯 2（需位于普通进货处）、无障碍电梯 1（需位于卖场内）各扣 2 分		2～6

序号	考核项目		分项考核内容		分值	扣分范围
2	一层平面（40）	缺房间或面积	售货区块9、顾客大厅（640m²）、进货处2（210m²＋144m²），缺1扣3分；面积严重不符（±10％）各扣2分；未标注面积各扣1分		40	1～10
			服务区8间：手推车停放、存包处、客服中心4、休息室、卫生间	缺1间扣1分		1～5
			卖场区6间：生鲜加工销售间2、熟食加工销售间2、面包加工销售间2			
			库区7间：普通卸货停车间、食品常温库、食品冷藏库、食品冷冻库、生鲜卸货停车间、辅助用房2			
			内务区7间：门厅、接待、洽谈、更衣2、职工餐厅、卫生间			
			外租区15间：商铺12，茶餐厅、咖啡、快餐、门厅、卫生间			
	二层平面（30）	功能布局	卖场区、办公区、进货储货区、外租商铺区之间：分区不明确或流线交叉扣15分（功能分区明确，但未按要求连通，按下述条款扣分）		30	15
			卖场区	• 顾客流线未按卖场区—收银处（一层）—顾客服务区设置扣4分 • 未分11个区块：不同区块间主通道小于3m或中间有柱各扣2分 • 特卖区块与办公体育用品区块未靠墙布置各扣1分 • 百货、服装、家电区块未按要求均分且相邻布置各扣1分		1～10
			库区	• 货物流线未按库房—卖场区设置扣4分 • 2个补货口缺1扣3分，补货口未直通库区走廊或未直通卖场区通道各扣3分 • 库区内未设走廊扣2分，宽度小于3m扣1分 • 货梯设于库房内扣2分		2～8
			办公区	• 与卖场、库区之间未连通各扣2分，未设门禁各扣1分 • 办公区域与内务区域未设门禁扣1分 • 办公用房（不含卫生间）无自然采光，每间扣1分		1～6
			外租区	• 外租区直接连通二层卖场区扣5分 • 快餐店客货梯未与厨房相邻扣2分		2～7
			垂直交通	梯、电梯位置与一层不符，每处扣2分		2～6
		缺房间或面积	售货区块11、快餐店、咖啡厅、缺1扣3分；面积严重不符（±10％）各扣2分；未标注面积各扣1分			1～10
			卖场区4间：影像、试听、体验间2	缺1间扣1分		1～6
			库区4间：库房4			
			内务区5间：业务、会议、职工活动、职工休息、卫生间			
			办公区11间：安全监控、办公3、收银2、财务、店长3、卫生间			
			外租区1间：快餐店厨房			

序号	考核项目	分项考核内容	分值	扣分范围
3	规范图面（15）	卖场总疏散宽度小于9.6m，卖场内任意一点距最近安全出口距离＞37.5m各扣4分；房间门至最近安全出口：袋形走廊＞20m（开敞）/22m（封闭），首层楼梯距室外出口＞15m，各扣4分	15	4~12
		一、二层平面墙体单线作图各扣4分		4~8
		顾客主出入口未考虑无障碍，每处扣1分；自动扶梯、楼梯间尺寸明显不足，每处扣2分		1~5
		二层快餐店未设两个疏散口扣1分		1
		未标房间名、尺寸、标高、楼层建筑面积，每处扣1分		1~5
		未画门，缺1个扣1分		1~3
		结构体系未布置扣8分，仅单层布置或布置不合理，扣3分		3~8
		房间或卖场区块比例不当各扣1分		1~5
		画图潦草、辨认不清		1~3

注意事项：1. 方案作图题的及格分数为60分；

2. 扣分小计不得超过该项分值；当考核扣分已达到该项分值时，其余内容即忽略不看。

从以上评分表可以看出，2013年的考核标准从总体上讲，和近几年相比并无明显变化。总图15分，一层平面40分，二层平面30分，规范、结构与图面15分。两层平面图的功能问题，包括平面布局和主要房间数量、面积符合题目要求仍然是绝对重点。只有抓紧做好这一部分，方案才有通过的可能。而总图、规范、结构与图面表达显然次要得多，不可能是造成不及格的主要原因。

如果对这个评分表作深入分析，可以发现今年明显加重了对作图细节的考核。例如，对图面的标注和其他属于图面表达的问题设置了很重的扣分。究其原因，可能是试题功能分区和流线相对简单，关键之处都有明确提示，因而考核重点便向"量、形、质"方面转移了，而"量、形、质"的考核，只有明确的标注才便于评分吧。

具体看一下：

总图15分。关键在于正确画出建筑平面轮廓，要与单体一致，并不能越界（建筑控制线）。

两层平面图，功能问题70分。其中分区和流线组织约占40分，房间数量与面积约30分。这一部分考核又明显偏重于主要功能（卖场和仓储）要求的满足。评分表里还有一处与往年不同，就是两层平面图中共19个房间或区块要求标注面积，对于漏标的试卷扣分严格。按照以往的评分办法，所有标注缺漏，包括文字、尺寸、面积、标高等，都在"图画表达"项目里，总共扣2~3分。而2013年评分表将房间面积标注放到平面功能项目里，和20多个房间、区块的数量、面积缺漏一起扣分，并且"各扣1分"。从字面理解，似乎全部面积都没标注，可能会被扣掉20分。如此评分过于严格，具体评分操作如何尚不得而知。

规范与图面 15 分。疏散宽度和疏散距离不合规范要求，最多可能被扣 12 分。此外，与往年一样，2013 年方案作图考试坚持要求用双线表示墙体，并且加大了对"单线作图"的扣分力度。用单线画墙可能被扣掉 8 分。这本来是平面图清晰表达的要求，全部用一种细实线绘图，分不清墙体和其他，当然不行。笔者建议，时间不够用的话，用一根粗实线表达墙体，与其他线条明确区别还是必要的。当然，为了避免丢失这 8 分，能用双线画墙体更好。结构布置可能被扣掉 8 分，也比往年要求严格不少。这些方面要求尽管比往年提高很多，总算还控制在 15 分之内，所以和总图一样，算不上考核的重点。应试者对此应有清醒认识。

十、2014 年 老年养护院方案设计

(一) 试题要求

根据《老年养护院建设标准》和《养老设施建筑设计规范》的定义，老年养护院是为失能（介护）、半失能（介助）老年人提供生活照料、健康护理、康复娱乐、社会工作等服务的专业照料机构。

1. 任务描述

在我国南方某城市，拟新建二层、96 张床位的小型老年养护院。总建筑面积约 7000m²。

2. 用地条件

用地地势平坦，东侧为城市主干道，南侧为城市公园，西侧为居住区，北侧为城市次干道。用地情况详见总平面图（图 28-2-74）。

3. 总平面设计要求

(1) 在建筑控制线内布置老年养护院建筑。

(2) 在用地红线内组织交通流线，布置基地出入口及道路。在城市次干道上设主、次入口各一个。

(3) 在用地红线内布置 40 个小汽车停车位（内含残疾人停车位，可不表示）、1 个救护车停车位、2 个货车停车位。布置职工及访客自行车停车场各 50m²。

(4) 在用地红线内合理布置绿化及场地。设一个不小于 400m² 的衣物晾晒场（要求临近洗衣房）和 1 个不小于 800m² 的老年人室外集中活动场地（要求临近城市公园）。

4. 建筑设计要求

(1) 老年养护院建筑由 5 个功能区组成，包括：入住服务区、卫生保健区、生活养护区、公共活动区、办公与附属用房区。各区域分区明确、相对独立。用房及要求详见表 28-2-24、表 28-2-25。主要功能关系见图 28-2-75，选用的图例见图 28-2-76。

(2) 入住服务区

结合建筑主出入口布置，与各区联系方便，与办公、卫生保健、公共活动区的交往厅（廊）联系紧密。

(3) 卫生保健区

是老年养护院的必要医疗用房，需方便老年人就医和急救。其中临终关怀室应靠近抢救室，相对独立布置且有独立对外出入口。

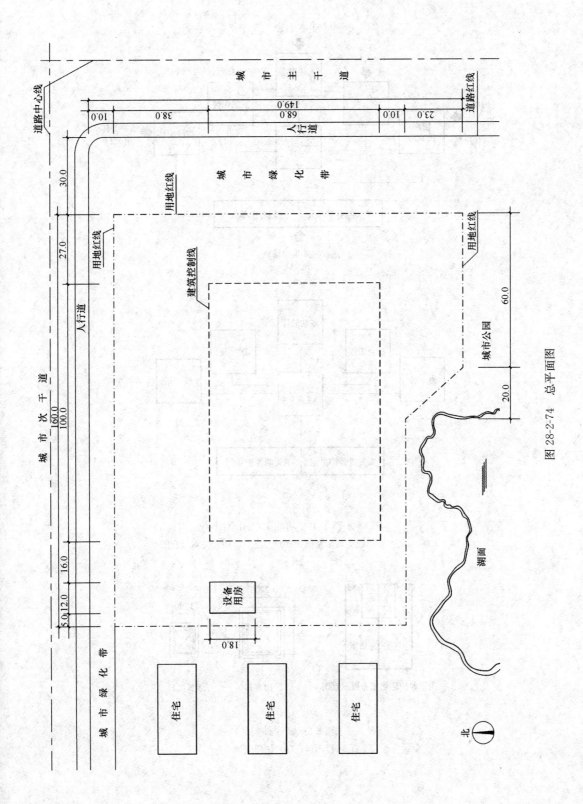

图 28-2-74　总平面图

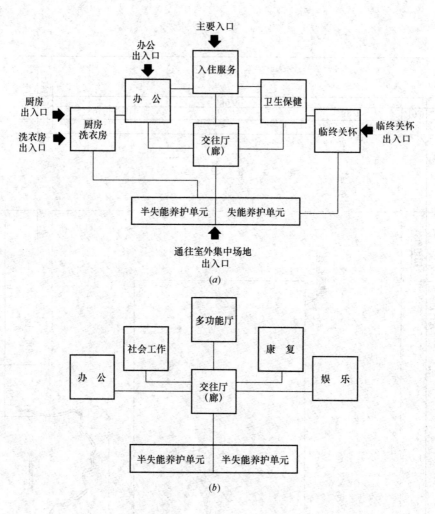

图 28-2-75 主要功能关系示意图

(a) 一层主要功能关系示意图；(b) 二层主要功能关系示意图

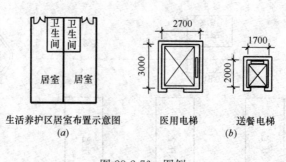

图 28-2-76 图例

(a) 示意图例；(b) 使用图例

（4）生活养护区

是老年人的生活起居场所，由失能养护单元和半失能养护单元组成。一层设置1个失能养护单元和1个半失能养护单元；二层设置2个半失能养护单元。养护单元内除亲情居室外，所有居室均需南向布置，居住环境安静，并直接面向城市花园景观。其中失能养护单元应设专用廊道直通临终关怀室。

（5）公共活动区

包括交往厅（廊）、多功能厅、娱乐、康复、社会工作用房5部分，交往厅（廊）应与生活养护区、入住服务区联系紧密；社会工作用房应与办公用房联系紧密。

（6）办公与附属用房区

办公用房、厨房和洗衣房应相对独立，并分别设置专用出入口。办公用房应与其他各区联系方便，便于管理。厨房、洗衣房应布置合理，流线清晰，并设一条送餐和洁衣的专用服务廊道直通生活养护区。

（7）本建筑内须设2台医用电梯、2台送餐电梯和1条连接一、二层的无障碍坡道（坡道坡度≤1∶12，坡道净宽≥1.8m，平台深度≥1.8m）。

（8）本建筑内除生活养护区的走廊净宽不小于2.4m外，其他区域的走廊净宽不小于1.8m。

（9）根据主要功能关系图布置6个主要出入口及必要的疏散口。

（10）本建筑为钢筋混凝土框架结构（不考虑设置变形缝），建筑层高：一层为4.2m；二层为3.9m。

（11）本建筑内房间除药房、消毒室、库房、抢救室中的器械室和居室中的卫生间外，均应天然采光和自然通风。

5. 规范及要求

本设计应符合国家的有关规范和标准要求。

6. 制图要求

（1）总平面图

1）绘制老年养护院建筑屋顶平面图并标注层数和相对标高，注明建筑各主要出入口。

2）绘制并标注基地主次出入口、道路和绿化、机动车停车位和自行车停车场、衣物晾晒场和老年人室外集中活动场地。

（2）平面图

1）绘制一、二层平面图。画出承重柱、墙（双线）、门（表示开启方向）、窗，卫生洁具可不表示。

2）标注建筑轴线尺寸、总尺寸，标注室内楼、地面及室外地面相对标高。

3）注明房间或空间名称，标注带＊号房间（表28-2-24、表28-2-25）的面积。各房间面积允许误差在规定面积的±10％以内。在一、二层平面图中指定位置填写一、二层建筑面积，允许误差在规定面积的±5％以内。

注：房间及各层建筑面积均以轴线计算。

	房间及空间名称		建筑面积 （m²）	间数	备　注
入住服务区		*门厅	170	1	含总服务台、轮椅停放处
		总值班兼监控室	18	1	靠近建筑主出入口
		入住登记室	18	1	
		接待室	36	2	每间 18m²
		健康评估室	36	2	
		商店	45	1	
		理发室	15	1	
		公共卫生间	36	1（套）	男女各 13m²，无障碍 5m²，污洗 5m²
卫生保健区		护士站	36	1	
		诊疗室	108	6	每间 18m²
		检查室	36	2	每间 18m²
		药房	26	1	
		医护办公室	36	2	每间 18m²
		*抢救室	45	1（套）	含 18m² 器械室 1 间
		隔离观察室	36	1	有相对独立的区域和出入口，含卫生间 1 间
		消毒室	15	1	
		库房	15	1	
		*临终关怀室	104	1（套）	含 18m² 病房 2 间，5m² 卫生间 2 间，58m² 家属休息
		公共卫生间	15	1（套）	含 5m² 独立卫生间 3 间
生活养护区	半失能养护单元（24 床）	居室	324	12	每间 2 张床位，面积 27m²，布置见示意图例
		*餐厅兼活动厅	54	1	
		备餐间	26	1	内含或靠近送餐电梯
		护理站	18	1	
		护理值班室	15	1	含卫生间 1 间
		助浴间	21	1	
		亲情居室	36	1	
		污洗间	10	2	设独立出口
		库房	5	1	
		公共卫生间	5	1	
	失能养护单元（24 床）	居室	324	12	每间 2 张床位，面积 27m²，布置见示意图例
		备餐间	26	1	内含或靠近送餐电梯
		检查室	18	1	
		治疗室	18	1	
		护理站	36	1	
		护理值班室	15	1	含卫生间 1 间
		助浴间	42	2	每间 21m
		污洗间	10	1	设独立出口
		库房	5	1	
		公共卫生间	5	1	
		专用廊道			直通临终关怀室

	房间及空间名称	建筑面积（m²）	间数	备　注
公共活动区	*交往厅（廊）	145	1	
办公与附属用房区	办公　办公门厅	26	1	
	办公　值班室	18	1	
	办公　公共卫生间	30	1（套）	男、女各15m²
	附属用房　*职工餐厅	52	1	
	附属用房　*厨房	260	1（套）	含门厅12m²，收货10m²，男、女更衣各10m²，库房2间各10m²，加工区168m²，备餐间30m²
	附属用房　*洗衣房	120	1（套）	合理分设接收与发放出入口，内含更衣10m²
	配餐与洁衣的专用廊道			直通生活养护区，靠近厨房与洗衣房，合理布置配送车停放处
其他	交通面积（走道、无障碍坡道、楼梯、电梯等）约1240m²			
	一层建筑面积：3750m²			

二层用房面积及要求　　　　　　　　　　　　　　　　表28-2-25

	房间及空间名称	建筑面积（m²）	间数	备　注
生活养护区	本区设2个半失能养护单元，每个单元的用房及要求与表28-2-1"半失能养护单元"相同			
公共活动区	*交往厅（廊）	160	1	
	*多功能厅	84	1	
	康复　*物理康复室	72	1	
	康复　*作业康复室	36	1	
	康复　语言康复室	26	1	
	康复　库房	26	1	
	娱乐　*阅览室	52	1	
	娱乐　书画室	36	1	
	娱乐　亲情网络室	36	1	
	娱乐　棋牌室	72	2	每间36m²
	娱乐　库房	10	1	
	社会工作　心理咨询室	72	4	每间18m²
	社会工作　社会工作室	36	2	每间18m²
	公共卫生间	36	1（套）	男女各13m²，无障碍5m²，污洗5m²
公共及附属用房区	办公室	90	5	每间18m²
	档案室	26	1	
	会议室	36	1	
	培训室	52	1	
	公共卫生间	30	1（套）	男女各15m²
其他	交通面积（走道、无障碍坡道、楼梯、电梯等）约1160m²			
	二层建筑面积：3176m²			

（二）试题解析

（1）总图场地分析

老年养护院设计用地位于城市主次干道交叉口的西南角，北侧是次干道，东侧是主干道，西侧是居住区，南侧是公园绿地。试题规定，基地的主、次出入口均朝向北侧次干道。矩形建筑控制线范围处于用地中部，北面留出大片场地显然应为建筑主入口广场及停车场所用。建筑南面场地紧邻公园，日照及其他环境条件均好，其切入公园的一块用地正好可以用作老人户外活动场地。建筑西侧场地内既有设备用房一座，提示该用地当以后勤使用为主。题目没有明确定义建筑东侧场地的使用性质，可考虑作为环境绿化隔离带。这样的场地分析结果将决定养护院建筑平面合理的功能分区关系：主入口及入住服务在北，居住单元在南，后勤办公在西，医疗与公共活动在东。

（2）确定平面轮廓和柱网

从使用功能和用地条件看，老年养护院建筑采用低层、低密度、小体量分散的园林式布置无疑是比较合适的。但作为考试对策，矩形轮廓、正方形柱网的集中式布置、在图形上不做任何多余的文章，则是最佳选择。此外，集中式布置还方便使用与管理，容易满足建筑各种功能空间之间的联系要求。因为注册考试没有造型要求，大可不必在建筑形式处理上耽误时间。

整齐划一、较大柱距的框架结构为各种现代大型公共建筑的平面组合提供了充分的灵活性。至于具体柱距的确定，就应试而言本不是要害问题，考试时不必过于纠结。当然，你选择的柱距如果恰好与出题人的考虑一致，排房间时会比较顺畅。但一般应试者在紧张的考试中不大可能做到这一点，故笔者不主张在柱距问题上花太多时间去反复琢磨，相信这不是设计成败的关键。不过此题大量养护居室的开间宽度最好能把握住，考虑无障碍住房空间尺寸满足轮椅使用者的通行、停留与回转需要，居室开间宽度不宜小于医院病房的最小宽度 3.60m，柱距大于 7.2m 恐怕是必要的。因此，结合用地宽度，采用 7.5m 柱距，把轮廓尽量作大些，以便利用大天井更好地解决建筑采光通风问题，做一个横向 13 个柱距，纵向 8 个柱距的矩形平面，按建筑面积控制要求，挖去超出的面积做天井，是合乎理性又简单的应试答案。

（3）老年养护院属于"新生事物"，如何进行正确设计，建筑师应事先对其进行使用功能的具体分析（图 28-2-77）。

老年养护院的基本使用功能与常见的疗养院、托儿所相近。本试题要求设计一所只为失能和半失能老人服务的小型机构，其主要功能是半失能老人的居住养护、交往与康乐，如同普通疗养院的休闲活动区，而失能老人养护部分的功能又接近医院住院部。处理养护院的功能关系，应强调的不是分隔和分离，而是亲和与融合。这和法院的内外隔离完全不同，甚至和门诊部要求的"医患分离、分流"也很不一样。其中没有金库、羁押那种需要"严防死守"的区域，倒更像一个和谐的大家庭。

采用整体集中布局时，多种使用功能分区安排是必要的，如同住宅设计的内外、动静分区一样，特别要保证老年人居住部分环境的安静、舒适，当然应与后勤、娱乐部分尽量远离。像多数疗养院建筑那样采用单走道布置居室，保证其良好的阳光、通风和景观条件应是首选，这一点和医院病房是不大一样的。卫生保健区可看作一所极小型医院，应与居住区适当隔离，尤其是其中的隔离、抢救、临终部分，要避免对老年人生理、心理产生不良影响。

交往厅（廊）和二楼公共活动区相当于住宅的起居室，和半失能养护单元之间直接相通是必要的，但和疗养院一样，联系路线稍长并无妨碍。

管理办公部分与多数公共建筑要求的内外分隔也不同，倒是和小型俱乐部一样，管理人员与公众活动分而不离，"打成一片"甚至更为可取。后勤部分相当于住宅的厨房、洗衣间，免不了脏乱嘈杂，又当别论。由于后勤与居室相对远离，供应流线较长，是不得已。送餐和收发衣物流线穿越养护区走廊，联系每一间居室是功能之必要，无须顾虑路线长短和干扰居住。

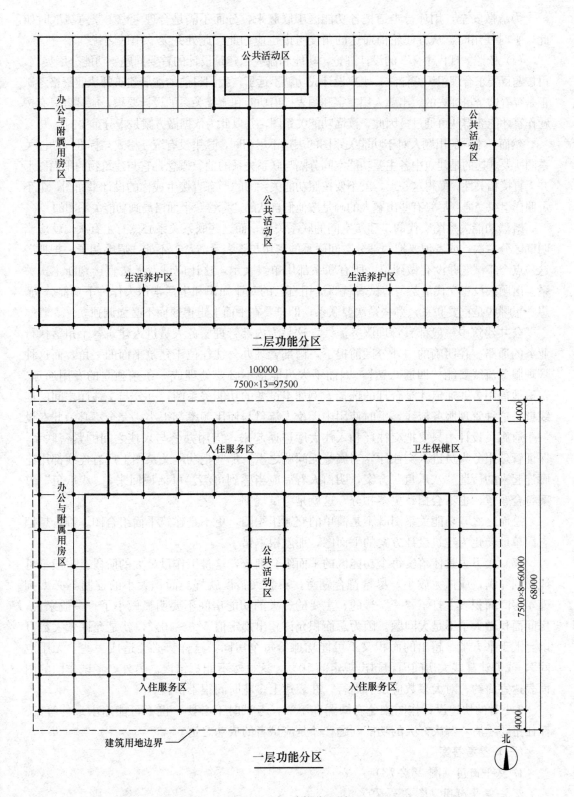

二层功能分区

一层功能分区

图 28-2-77 功能分区图

为疏散安全，用环行走道把各功能区串联起来，分而不隔是合理考虑。紧急疏散时如此，平时使用时，从方便轮椅通达的角度考虑也应如此，此处并无"串区之忧"。

(4) 依照"现代主义"的设计理论，功能和流线是建筑设计的首要问题。功能分区妥当，再按题目要求合理组织好流线，距离设计成功就不远了。我国目前的注册建筑师执业资格考试正是奔着这个目标去的。出题人用文字和图表提出功能和流线关系的设计要求，应试者只有按题作答才能获得认可通过。因此，读懂功能关系图，并以此为依据做方案是十分重要的。

然而，不同的出题人对于功能关系图的表达不尽相同，这里没有统一格式与标准。功能关系图所要表达的是建筑中各主要功能空间分隔与联系关系的抽象概念，它与建筑物的平面图形并无直接相关性。懂得这一点，就不要按照功能关系图的形态直接生成你的设计平面图，也不可照样组织交通（尽管有些出题人的确是按他们自认的"标答"平面格局画功能关系图的）。

既然功能关系图交代的是建筑空间的联系关系，而这些联系关系必然有主有次，就应当明确区分主次，或者说要把两部分空间联系的密切与否表示清楚。不能"眉毛胡子一把抓"。这一点今年试题并没有做到位，所有联系都用单线表示，这让应试者无法直接判断主次关系。出题人没有交代清楚，应试者就要运用自己的专业知识和生活常识去作一下功能分析，想一想哪些是重要联系，哪些是次要联系，即只要在平面上走得通而不必强调独立。

公共建筑中一般都有管理服务流线，这是为内部管理服务人员进入建筑各个角落执行业务的通路。在明确的内外分区前提下，内部管理办公往往位于建筑平面的一角，而这种管理服务流线要能"四通八达"，因而不大可能也不必要处理成一条条独立的专用通道。普遍地借用公共通道才是合理的选择。例如本试题的功能关系图，办公与交往厅之间的连线就是这种管理服务流线，平时使用中无论人流量与使用频率都很小，完全不必为此专设一条通廊。设计中只要把交往厅和入住大厅连通起来，借用办公与入住之间的紧密联系，保证管理服务人员进入交往厅，当属毫无问题之事。那些把功能关系图上所有连线都用连廊连起来的所谓"八爪鱼"方案，明白人看后应当感到可笑。可话说回来，"八爪鱼"方案符合题意，也不会招致更多扣分，这就是考试规则。

总而言之，功能关系图既不是简单的交通组织图，更不是建筑平面组合图。谁若想把它简单地转化为建筑设计方案的平面图，那就根本错了。

(5) 接下去具体落实每个功能区的平面组合细节，这是工作量最大的阶段。一般不可能做到完满，应抓大放小，尽量符合题意，不犯大错误就好。面积大小的控制不必太拘谨，房间面积表上打了"*"号的、主要的、大的功能房间不要明显做小了。一般来说，房间面积做大了不是大问题。因为总面积允许超出规定值5%～10%，就是允许做大数百以至上千平方米，超出的面积又不可能均摊给每个房间，这样势必会造成一些"无用空间"，或者让某些大房间面积超出规定的10%，这显然不能算错误。另外，考试作图的图面表达宜简约，对大多数应试者而言，在表达上多花时间很不值得。

6小时的快速设计作图难免有缺漏和不当，考试时不必要，也不可能追求最佳答案。抓住主要矛盾，解决好大的功能问题，才是应试者的成功之道。

(三) 参考答案

1. **总平面图**（图 28-2-78）

2. **一层平面图**（图 28-2-79）

3. **二层平面图**（图 28-2-80）

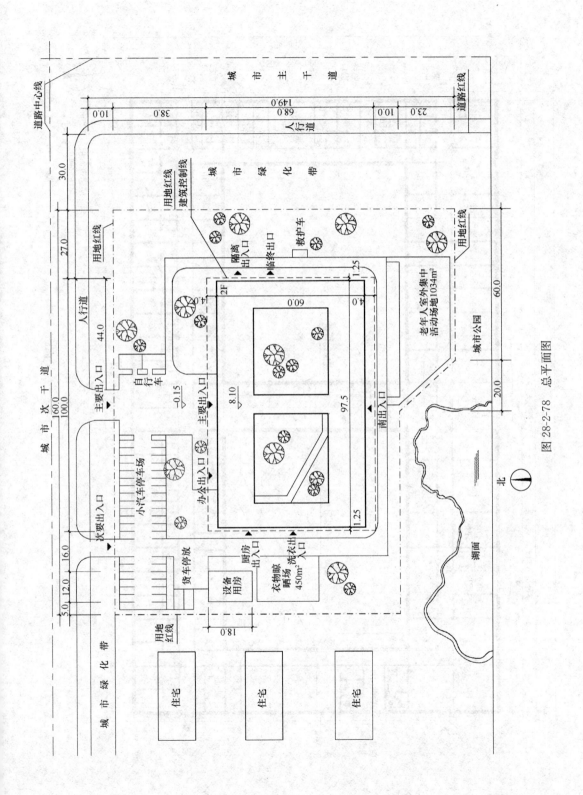

图 28-2-78　总平面图

117

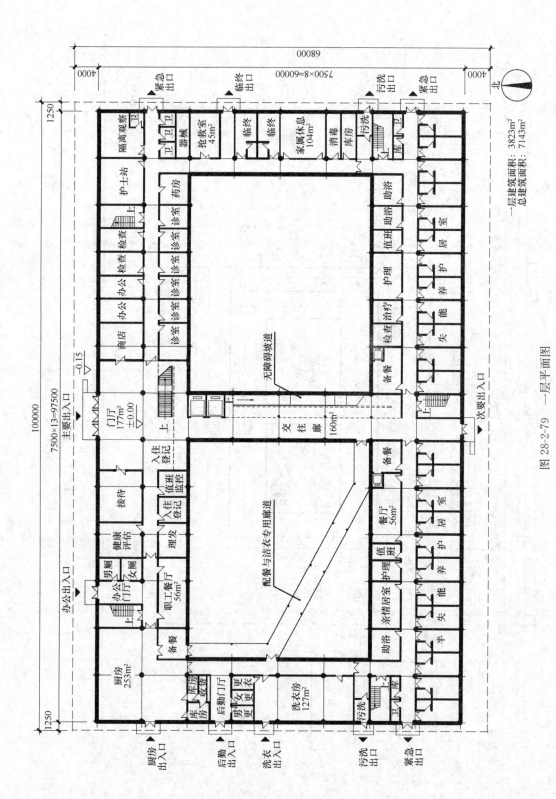

图 28-2-79 一层平面图

一层建筑面积：3823m²
总建筑面积：7143m²

118

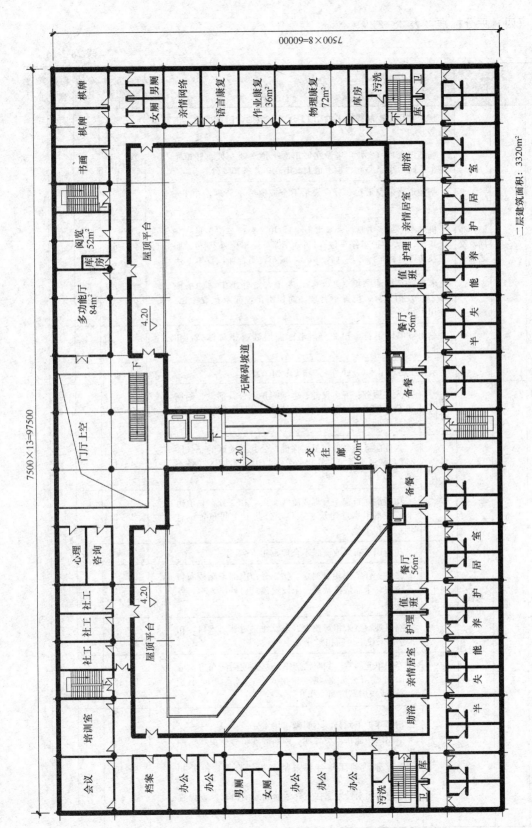

7500×8=60000

7500×13=97500

棋牌
棋牌
书画
阅览 52m²
库房
多功能厅 84m²
心理咨询
社工
社工
社工
培训室
会议
档案
办公
办公
男厕
女厕
办公
办公
办公
污洗

门厅上空
屋顶平台
4.20
下
4.20
屋顶平台
4.20

女厕
男厕
亲情网络
语言康复
作业康复 36m²
物理康复 72m²
库房
污洗
卫
卫

无障碍坡道

交往廊 160m²

助浴
亲情居室
护理
值班
餐厅 56m²
备餐
备餐
餐厅 56m²
值班
护理
亲情居室
助浴

养能失半
养能失半
养能失半
养能失半

卫
卫

居室
居室
居室

卫
卫

二层建筑面积：3320m²

图 28-2-80 二层平面图

119

（四）评分标准（表 28-2-26）

表 28-2-26

序号	考核项目		分项考核内容	分值	扣分范围	分项扣分	扣分小计	项目得分
1	总平面（15）	整体布局及交通绿化	建筑物超出控制线或未画扣 15 分（不包括台阶、坡道、雨篷等）	15	15			
			场地出入口（2 处）未设在城市次干道，缺一处、开口距主干道路口小于 70m、主干道上设出入口，各扣 3 分		3~6			
			基地道路未表示扣 3 分，表示不全或流线不合理，扣 1~2 分		1~3			
			机动车停车场未画（含基本未画），扣 3 分；车位不足（40 个）、未布置救护车停车位（1 个）、货车停车位（2 个）、职工及访客自行车停车场（各一处），或布置不合理，各扣 1 分		1~6			
			未布置衣物晾晒场（400m²）、老年人室外集中活动场地（800m²）扣 2 分；位置不合理、面积不足，或未布置绿化，各扣 1 分		1~5			
			总图与单体不符，扣 2 分；未标注层数或相对标高，扣 1 分		1~3			
			未标注建筑出入口（6 个），缺 1 个扣 1 分		1~3			
2	一层平面（43）	功能布局 功能分区	入住服务、卫生保健、生活养护、公共活动、附属办公区域未相对独立设置，缺区、分区不明确或不合理，每处扣 5 分	30	5~20			
		入住服务	入住服务与办公、卫生保健、公共活动区的交往厅（廊）联系不紧密，各扣 2 分；与生活养护区联系不便，扣 1 分		1~4			
			功能房间布置不合理或流线交叉，扣 3 分；总值班兼监控室未靠近建筑主入口，公共卫生间布置不合理，各扣 1 分		1~4			
		卫生保健	功能用房布局或流线不合理，扣 1~4 分		1~4			
			临终关怀室未相对独立，扣 5 分；内部未画或布置不合理、未靠近抢救室、未设置独立对外出入口，各扣 3 分		3~8			
			隔离观察室未相对独立、未设独立对外出入口，扣 3 分；未设卫生间扣 1 分		1~4			
		生活养护	养护单元居室（除亲情居室外）未朝南向布置，或未面向城市公园景观，各扣 6 分；居室开间小于 3.3m 或缺居室房间，扣 6 分		6~12			
			相邻养护单元分区不明确，扣 4 分；单元内功能布局不合理，例如护理站与居室联系不当，扣 2~5 分；餐厅兼活动厅与备餐未紧密相邻设置，每处扣 1 分；养护单元未设置通往室外活动场地的出口，或设置不合理，扣 1 分		1~10			

序号	考核项目	分项考核内容		分值	扣分范围	分项扣分	扣分小计	项目得分
2	一层平面 (43)	功能布局	生活养护	失能养护单元未设专用廊道直通临终关怀室，扣5分	30	5		
				配餐间未设（靠近）送餐电梯或布置不合理，污洗间位置不合理或未设置独立的出入口，各扣2分		2~6		
			公共活动	交往厅（廊）与生活养护区联系不紧密、尺度或设计不合理，各扣3分		3~6		
			附属办公	办公用房、厨房未相对独立布置，未分别设置专用出入口，各扣3分		3~6		
				厨房（含门厅、收货、男女更衣、库房2间、加工区、备餐间）布置不合理，洗衣房（含更衣）未合理分设接收与发放出入口，各扣3分		3~6		
				未设置专用的送餐与洁衣专用服务廊道，扣6分；设置不合理、洁污不分或穿越养护单元，扣4分		3~6		
		缺房间或面积		未在指定位置标注一层建筑面积（3750m²）或误差面积大于±5%以上，扣1分	13	3~6		
				缺带＊号房间：门厅(170m²)、抢救室(45m²)、临终关怀室(104m²)、餐厅兼活动厅(54m²)、交往厅（廊)(145m²)、职工餐厅(52m²)、厨房(260m²)、洗衣房(120m²)，每间扣2分		1~6		
				未标注带＊号房间面积，或面积严重不符，每间扣1分				
				缺其他房间，每间扣1分				
3	二层平面 (30)	功能分区		生活养护、公共活动、附属办公区域未相对独立设置，缺区、分区不明确或不合理，每处扣5分	30	5~15		
		功能布局	生活养护	养护单元居室（除亲情居室外）未朝南向布置，或未面向城市公园景观，各扣6分；居室开间小于3.3m或缺居室房间，扣6分		6~12		
				相邻养护单元分区不明确，扣2分；单元内功能布局不合理，例如护理站与居室联系不当，扣2~5分；餐厅兼活动厅与备餐未紧密相邻设置，每处扣1分		1~6		
				配餐间未设（靠近）送餐电梯或布置不合理，污洗间位置不合理，各扣2分		2~4		

121

序号	考核项目	分项考核内容			分值	扣分范围	分项扣分	扣分小计	项目得分
3	二层平面(30)	功能布局	公共活动	交往厅（廊）与生活养护区联系不紧密、尺度或设计不合理，各扣3分	30	3～6			
				康复、娱乐、社会工作各区域未相对独立，或流线不合理，各扣3分；社会工作用房和办公用房联系不紧密、未设公共卫生间或功能房间布置不合理，各扣1分		1～6			
			附属办公	办公用房未相对独立，与各区联系不方便，或穿越其他功能区，各扣2分		2～4			
			缺房间或面积	未在指定位置标注二层建筑面积（3176m²）或误差面积大于±5%以上，扣1分		1			
				缺带 ＊ 号房间：交往厅（160m²）、多功能厅（84m²）、物理康复室（72m²）、作业康复室（36m²）、餐厅兼活动厅（54m²），每间扣2分。未标注带＊号房间面积，或面积严重不符，每间扣1分；缺其他房间，每间扣1分		1～6			
4	规范和图面(12)	房间疏散门至最近安全出口：袋形走道＞20m，两出口之间＞35m，首层楼梯距室外出口＞15m，各扣5分			12	5			
		未设置电梯或连接一、二层的无障碍坡道，各扣4分；设置不合理，各扣2分；疏散楼梯未封闭或设计不合理，扣2分				1～6			
		主出入口、生活养护区通往室外场地出入口未设无障碍坡道，生活养护区的走廊净宽小于2.4m，或其他区域的走廊净宽小于1.8m，各扣1分				1～2			
		除商店、消毒室、库房、抢救室中的器械室和居室中的卫生间外，无天然采光的房间，每个扣1分				1～3			
		一、二层平面单线表示墙线，各扣2分；未画门或开启方向有误，每个扣1分；未标注轴线尺寸、总尺寸，或未标注楼地面或室外地面相对标高，每项扣1分				1～5			
		结构布置不合理，或未布置，图面潦草、辨认不清，扣1～3分				1～3			
注意事项	1. 方案作图的及格分数为60分； 2. 扣分小计不得超过该项分值；当考核扣分已达到该项分值时，其余内容忽略不看								

（1）从总体上看，2014年方案作图试题的评分标准与往年的评分标准基本一致，考核重点仍然是两层平面图的功能组合，分值合计73%；总图15%；规范与表达12%。这完全符合2003年以来的评分规律。

（2）题目开篇即提到作为命题依据的《老年养护院建设标准》和《养老设施建筑设计规范》，都是绝大多数应试者所不熟悉的。后者实施日期明文规定为2014年5月1日，也就是考前不久。应当承认，这样做不符合注册考试对规范、标准的考核原则，即："以上一年度12月底以前公布实施者为限"。

（3）失能、半失能老人的专门养护院，在我国目前尚属少见。按以往注册考试的规律，对于非常见类型的建筑功能问题，应试者只需按题目要求执行。但遗憾的是本试题的题目要求并不够明确，导致多种不同解读，孰是孰非，众说纷纭。首先，对养护院各功能区"相对独立"的理解很不一致。主要是相关区域之间的隔离程度如何，隔离与无障碍通行要求的矛盾如何协调的问题。其次，老年养护院的特殊功能包含养老、医疗、临终三项内容，试题用"相对独立""设置专用出入口""设置专用廊道""流线清晰""布置合理"等措辞，语言表达不够清楚。同时，题目功能关系图中的功能连线一律为单线，不能区分重要密切联系和一般次要联系。这些都使应试者感到迷惑不解。

（4）另外，附属用房的布置和服务流线的组织，也是重点扣分之处。2014年《评分标准》说，"未设置专用送餐和洁衣廊道，扣6分；设置不合理、洁污不分或穿越养护单元，扣4分"，可见问题相当严重。而题目仅要求"厨房、洗衣房应布置合理，流线清晰，并设一条送餐和洁衣的专用服务廊道直通生活养护区"，并在功能关系图上标明了这一联系关系。但问题在于，何谓"专用送餐和洁衣廊道"，怎样布置就算"洁污不分"和"穿越养护单元"，不容易搞清楚。关于污物处理，规范对建筑设计的要求只有"养老设施建筑内宜每层设置或集中设置污物间，且污物间应靠近污物运输通道，并应有污物处理及消毒设施。"以及"洗衣房平面布置应洁污分区"两条，且均非强制性条文。从设计原理分析，送餐和洁衣流线是联系厨房配餐间、洗衣房洁衣发放口和各养护单元的重要而密切的联系。这种流线既然必须通往4个养护单元的每间居室，就很难避免与居室里产生的污物清除流线相接触或交叉，"穿越"更是难免。经深入分析，笔者理解出题人的意思可能是，养护单元要像医院病房布局那样考虑洁污分离、各在一端：送餐和洁衣从后勤区出来，设一条专用的清洁走廊直通与一层两个养护单元相衔接的平面中部，也就是养护单元的清洁入口处（请大家注意，题目的功能关系图中并没有把那条流线连到平面中部，而是连到半失能区的中部）；而将污物间置于平面的东西两端。这样才能大体做到洁污分开而不穿越。笔者所做的"试题解析"和"参考答案"确实没有注意这一点。而要做到这一点，养护单元只能做成中间走廊，把备餐和老人餐厅放在护理单元北侧居中的位置，那里是送餐和洁衣的合理进入处，这样才能做到洁污较好地分离、分流。厨房和洗衣房送出的食物、衣物通过一条清洁的专用廊道，穿过庭院直达此处。很可能如此处理才符合题意吧。我们姑且把它看作是题中的难点，没有解决好并不至于不及格。

（5）总图评分还有个问题，就是主次两个出入口只能都开向次干道，主干道上开口扣3分。老人养护院主入口不宜开向城市主干道，这是规范规定，可以理解。次入口也开向次干道，是题目要求，也没问题。可是应试者为偶尔使用的殡葬车向主干道多开一个出口，如非城市规划管理上的特别禁忌，就不应算错而扣分，且总图在东侧开殡葬车出口，避免其在场地内绕行，似乎更加合理。

十一、2017年 旅馆扩建项目方案设计

（一）试题要求

1. 任务描述

因旅馆发展需要，拟扩建一座九层高的旅馆建筑（其中旅馆客房布置在二～九层），按下列要求设计并绘制总平面图和一、二层平面图，其中一层建筑面积4100m²，二层建筑面积3800m²。

2. 用地条件

基地东侧、北侧为城市道路，西侧为住宅区，南侧临城市公园。基地内地势平坦，有保留的既有旅馆建筑一座和保留大树若干，具体情况详见总平面图（图28-2-81）。

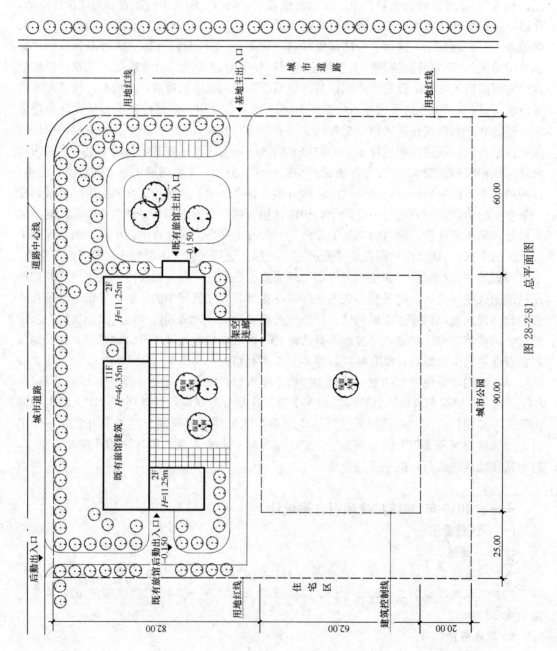

图 28-2-81 总平面图

124

3. 总平面设计要求

根据给定的基地主出入口、后勤出入口、道路、既有旅馆建筑、保留大树等条件，进行如下设计：

（1）在用地红线内完善基地内部道路系统，布置绿地及停车场地（新增：小轿车停车位20个，货车停车位2个，非机动车停车场一处100m²）。

（2）在建筑控制线内布置扩建旅馆建筑（雨篷、台阶允许突出建筑控制线）。

（3）扩建旅馆建筑通过给定的架空连廊与既有旅馆建筑相连接。

（4）扩建旅馆建筑应设主出入口、次出入口、货物出入口、员工出入口、垃圾出口及必要的疏散口。扩建旅馆建筑的主出入口设于东侧，次出入口设于给定的架空连廊下，主要为宴会（会议）区客人服务，同时便于与既有旅馆建筑联系。

4. 建筑设计要求

扩建旅馆建筑主要由公共部分、客房部分、辅助部分三部分组成，各部分应分区明确、相对独立。用房、面积及要求详见表28-2-27、表28-2-28，主要功能关系见示意图28-2-82，选用的图例见图28-2-83。

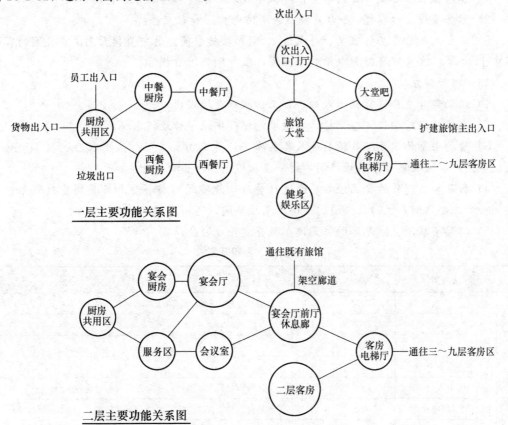

图 28-2-82 主要功能关系示意图

（1）公共部分

1）扩建旅馆大堂与餐饮区、宴会（会议）区、健身娱乐及客房区联系方便。大堂总服务台位置应明显，视野良好。

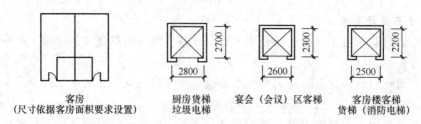

| 客房
(尺寸依据客房面积要求设置) | 厨房货梯
垃圾电梯
2800 2700 | 宴会（会议）区客梯
2600 2300 | 客房楼客梯
货梯（消防电梯）
2500 2200 |

图 28-2-83　示意图例

2）次出入口门厅设 2 台客梯和楼梯与二层宴会（会议）区联系；二层宴会厅前厅与宴会厅、给定的架空连廊联系紧密。

3）一层中餐厅、西餐厅、健身娱乐用房的布局应相对独立，并直接面向城市公园或基地内保留大树的景观。

4）健身娱乐区的客人经专用休息厅进入健身房与台球室。

（2）客房部分

1）客房楼应临近城市公园布置，按城市规划要求，客房楼东西宽度不大于 60m。

2）客房楼设 2 台客梯、1 台货梯（兼消防电梯）和相应楼梯。

3）二～九层为客房标准层，每层设 23 间客房标准间。其中直接面向城市公园的客房不少于 14 间。客房不得贴邻电梯井道布置，服务间临近货梯厅。

（3）辅助部分

1）辅助部分应分设货物出入口、员工出入口及垃圾出口。

2）在货物门厅中设 1 台货梯，在垃圾电梯厅中设一台垃圾电梯。

3）货物由货物门厅经收验后进入各层库房。员工由员工门厅经更衣后进入各厨房区或服务区；垃圾收集至各层垃圾间，经一层垃圾电梯厅出口运出。

4）厨房加工制作的食品经备餐间送往餐厅，洗碗间需与餐厅和备餐间直接联系；洗碗间和加工制作间产生的垃圾通过走道运至垃圾间，不得穿越其他用房。

5）二层茶水间、家具库的位置便于服务宴会厅和会议室。

一层用房、面积及要求　表 28-2-27

	房间及空间名称	建筑面积	间数	备　注
公共部分				
	*大堂	400	1	含前台办公 40m²，行李间 20m²，库房 10m²
旅馆大堂区	*大堂吧	260	1	
	商店	90	1	
	商务中心	45	1	
	次出入口门厅	130	1	含 2 台客梯、1 部楼梯，通向二层宴会（会议）区
	客房电梯厅	70	1	含 2 台客梯、1 部楼梯；可结合大堂布置适当扩大面积
	客房货梯厅	40	1	含 1 台货梯（兼消防电梯）、1 部楼梯
	公共卫生间	55	3	男、女各 25m²、无障碍卫生间 5m²
餐饮区	*中餐厅	600	1	
	*西餐厅	260	1	
	公共卫生间	85	4	男、女各 35m²、无障碍卫生间 5m²、清洁间 10m²

126

房间及空间名称			建筑面积	间数	备　注
公共部分	健身娱乐区	休息厅	80	1	含接待服务台
		*健身房	260	1	含男女更衣各 30m²（含卫生间）
		台球室	130	1	
辅助部分	厨房共用区	货物门厅	55	1	含 1 台货梯
		收验间	25	1	
		垃圾电梯厅	20	1	含 1 台垃圾电梯，并直接对外开门
		垃圾间	15	1	与垃圾电梯厅相邻
		员工门厅	30	1	含 1 部专用楼梯
		员工更衣室	90	1	含男女更衣各 45m²（含卫生间）
	中餐厨房区	*加工制作间	180	1	
		备餐间	40	1	
		洗碗间	30	1	
		库房	80	2	每间 40m²，与加工制作间相邻
	西餐厨房区	*加工制作间	120	1	
		备餐间	30	1	
		洗碗间	30	1	
		库房	50	2	每间 25m²，与加工制作间相邻

其他交通面积（走道、楼梯等）约 800m²

一层建筑面积：4100m²（允许±5%　3895～4305m²）

二层用房、面积及要求　　　　　　　　表 28-2-28

房间及空间名称			建筑面积	间数	备　注
公共部分	宴会（会议）区	*宴会厅	660	1	含声光控制室 15m²
		*宴会厅前厅	390	1	含通向一层次出入口的 1 台电梯和 1 部楼梯
		休息廊	260	1	服务于宴会厅与会议室
		公共卫生间（前厅）	55	1	男、女各 25m²、无障碍卫生间 5m²　服务于宴会厅前厅
		休息室	130	2	每间 65m²
		*会议室	390	3	每间 130m²
		公共卫生间（会议）	85	1	男、女各 35m²、无障碍卫生间 5m²，清洁间 10m²　服务于宴会厅与会议室
辅助部分	厨房共用区	货物电梯厅	55	1	含 1 台货梯
		总厨办公室	30	1	
		垃圾电梯厅	20	1	含 1 台垃圾电梯
		垃圾间	15	1	与垃圾电梯相邻

房间及空间名称		建筑面积	间数	备 注
辅助部分	宴会厨房区	*加工制作间 260	1	
		备餐间 50	1	
		洗碗间 30	1	
	服务区	库房 75	3	每间25m²，与加工制作间相邻
		茶水间 30	1	方便服务宴会厅、会议室
		家具库 45	1	
客房部分	客房区	客房电梯厅 70	1	含2台客梯，1部楼梯
		客房标准间 736	23	每间32m²，客房标准间可参照提供的图例设计
		服务间 14	1	
		消毒间 20	1	
		客房货梯厅 40	1	含1台货梯（兼消防电梯），1部楼梯

其他交通面积（走道、楼梯等）约340m²

二层建筑面积3800m²（允许±5%　3610～3991m²）

5. 其他

（1）本建筑为钢筋混凝土框架结构，不考虑设置变形缝。

（2）建筑层高：一层层高6m，二层宴会厅层高6m，客房层高3.9m，其余用房层高5.1m；三～九层客房层高3.9m，建筑室内外高差150mm，给定的架空连廊与二层室内楼面同高。

（3）除更衣室、库房、收验间、洗碗间、茶水间、家具库、公共卫生间、行李间、声光控制室、客房卫生间、客房服务间、消毒间外，其余用房均应天然采光与自然通风。

（4）本题目不要求布置地下停车库与出入口、消防控制室等设备用房和附属设施。

（5）本题目不要求设置设备转换层及同层排水设施。

6. 规范要求

本设计应符合国家相关规范的规定。

7. 制图要求

（1）总平面图

1）绘制扩建旅馆的建筑屋顶平面图（包括与既有建筑架空连廊的连接部分），并标注层数和相对标高。

2）绘制道路、绿化及新增的小轿车停车位、货车停车位及非机动车停车场，并标注停车位数量和非机动车停车场面积。

3）标注扩建旅馆建筑的主出入口、次出入口、货物出入口、员工出入口、垃圾出口。

（2）平面图

1）绘制一、二层平面图，表示出墙（双线）、门（表示开启方向），窗、卫生洁具可不表示。

2）标注建筑轴线尺寸，总尺寸，标注室内楼、地面即使外地面相对标高。

3）标注房间或空间名称；标注带＊号房间（表28-2-27、表28-2-28）的面积，各房间面积允许误差在10％以内。

4）填写一、二层建筑面积，允许误差在规定面积的5％以内。

注：房间及各层建筑面积均以轴线计算。

（二）试题解析

（1）总图场地分析

本设计任务是既有旅馆的扩建。建筑用地在既有建筑南侧且与之紧邻，相互间有明显的对位关系。场地南侧是城市公园，东侧临城市道路，西侧是居住区。建筑控制线范围内有保留大树一株；用地北侧既有旅馆庭院中也有保留大树可做景观资源考虑。整个旅馆场地出入口为既定的，无须本次设计考虑。主出入口在场地东侧，次出入口即后勤出入口位于场地西北角。据此可以决定，扩建建筑主出入口应在建筑东侧，后勤出入口应向西开。

（2）看清题意并做简单的场地分析后，确定一层平面轮廓和柱网。

本题决定结构柱网尺寸的主要因素是旅馆客房。按题目每套客房32m²的要求，8m左右开间，每开间2套，比较合适；为简化设计柱网取8.0m。

按极简的方式应试——矩形轮廓、正方形柱网，以不变应万变。轮廓在建筑控制线内尽量做大，横向11开间，纵向7开间可以。轮廓面积为$11×7×64m²＝4928m²$。为让出保留大树的位置，同时解决自然采光、通风，平面中部开一个大天井。天井位置偏南1个柱距，以适应北部餐饮区需要，南部留出2个柱距放客房标准层，北边缘向北推出1个走道宽度（1/4柱距），以满足客房标准层空间的需要。一层建筑面积控制为4144m²。

（3）二层轮廓与一层对位。二层面积比一层小300m²，可减去4个网格面积，作为屋顶平台（图28-2-84）。

（4）按"分区明确且相对集中"原则进行大的功能分区布置（图28-2-85）。

（5）下一步将大分区细化，并组织交通、安排楼梯间位置。草图做到这一步，距离成功就不远了（图28-2-86）。

（6）最后把各个分区的大小房间一一划分落实，工作量很大。6小时考试时间内一般不可能做到完美，抓大放小是明智的做法。首先把标有星号的主要房间和大房间布置好，时间不够用，众多小房间来不及落实也问题不大。千万不要因小失大。图面表达也宜尽量简约，以免不能按时交卷。

（7）上述工作先在草图纸上完成。可以用铅笔徒手画1/500小草图，以便擦改。大体定案后再用草图纸按题目要求的比例画正式草图。正式草图完成后再蒙上试卷纸，用墨线、尺规描绘答案图纸；切不可直接在试卷纸上打稿、修改，把卷子弄得一塌糊涂，还很可能犯规（考试规定答卷上不得留有墨线以外的任何其他痕迹）。建议用3~4小时完成正式草图，描图和检查时间不宜少于2小时。

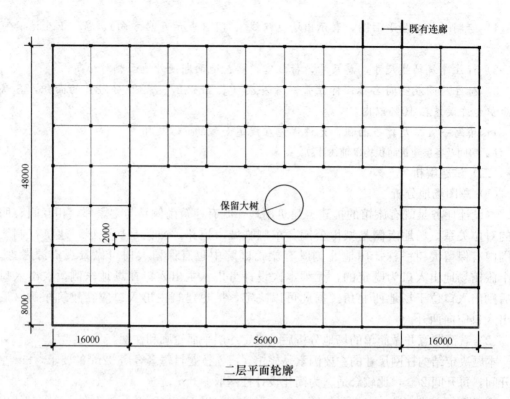

既有连廊

保留大树

48000

2000

8000

16000　　　56000　　　16000

二层平面轮廓

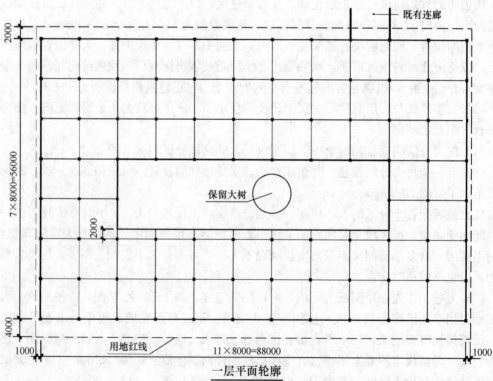

既有连廊

保留大树

2000

7×8000=56000

2000

4000

1000　　　用地红线　　　11×8000=88000　　　1000

一层平面轮廓

图 28-2-84　确定平面轮廓和柱网

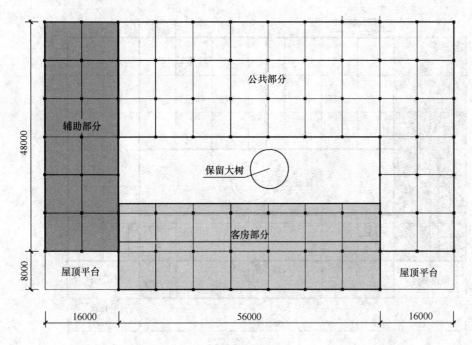

二层分区示意

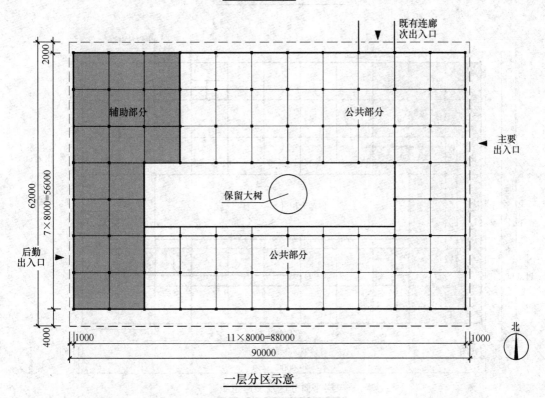

一层分区示意

图 28-2-85 平面功能分区图

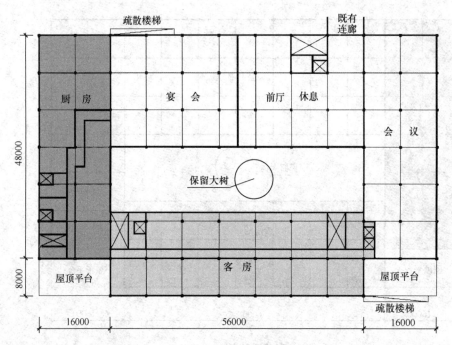

疏散楼梯　　　　　　　　　　　　既有连廊

厨　房　　宴　会　　前厅　休息

会　议

保留大树

48000

客　房

屋顶平台　　　　　　　　　　　屋顶平台

疏散楼梯

16000　　　　　　56000　　　　　16000

二层平面分区及交通组织

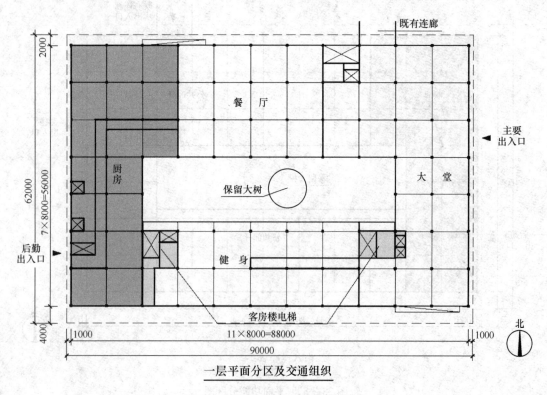

既有连廊

2000

餐　厅

主要
出入口

厨房

保留大树

大　堂

62000　7×8000=56000

后勤
出入口

健　身

客房楼电梯

4000

1000　　　　　11×8000=88000　　　　1000

90000

北

一层平面分区及交通组织

图 28-2-86　平面分区及交通组织图

132

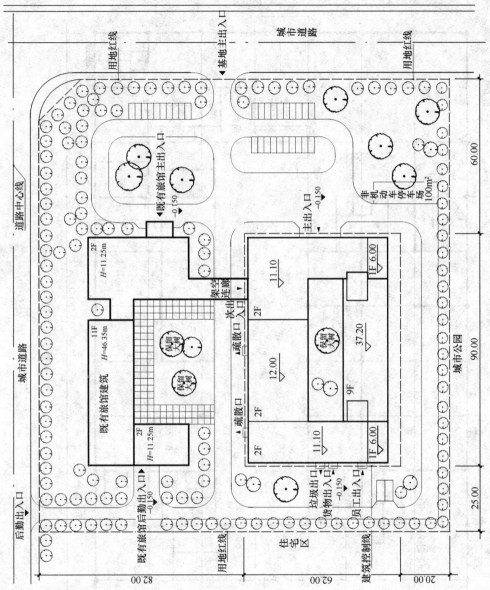

図 28-2-87　総平面図

（三）参考答案
1. 総平面図
　　総図布置最重要緊的
是把確定的建築軛郭放
到建築控制線之内、其
次是標注建築各出入口
位置和画道路及停車。
可以仿照題目給出的原
有場地布置去做、至于
緑化和景観、完全不必
過于深入細致、簡単示
意一下即可（図 28-2-
87）。

2. 一层平面图 (图 28-2-88)

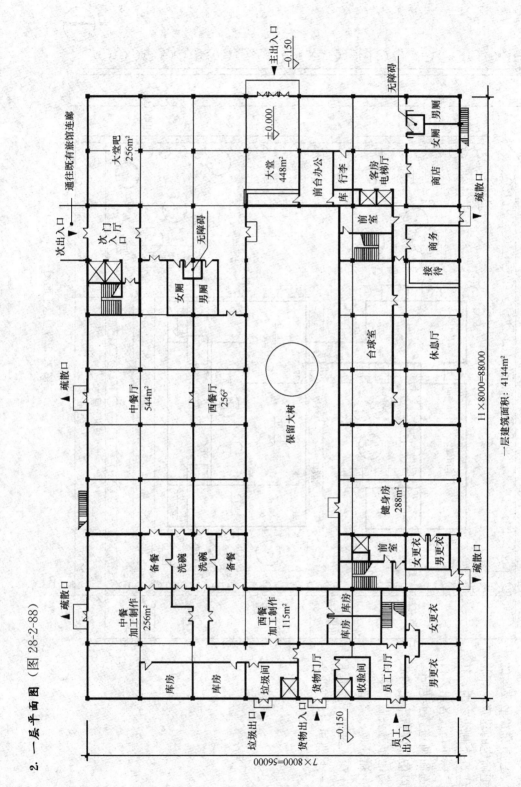

图 28-2-88 一层平面图

一层建筑面积：4144m²

主要房间名称：

大堂吧 256m²
大堂 448m²
前台办公
行李
客房电梯厅
商店
次门厅入口
女厕
男厕
前室
商务
接待
中餐厅 544m²
西餐厅 256²
台球室
休息厅
保留大树
健身房 288m²
前室
女更衣
男更衣
备餐
洗碗
洗碗
备餐
中餐加工制作 256m²
西餐加工制作 115m²
库房
库房
库房
女更衣
男更衣
库房
垃圾间
货物门厅
收验间
员工门厅

主出入口 -0.150
±0.000
无障碍
疏散口
次出入口
通往既有旅馆连廊
疏散口
无障碍
疏散口
疏散口
垃圾出口
货物出入口 -0.150
员工出入口

7×8000=56000
11×8000=88000

134

3. 二层平面图（图 28-2-89）

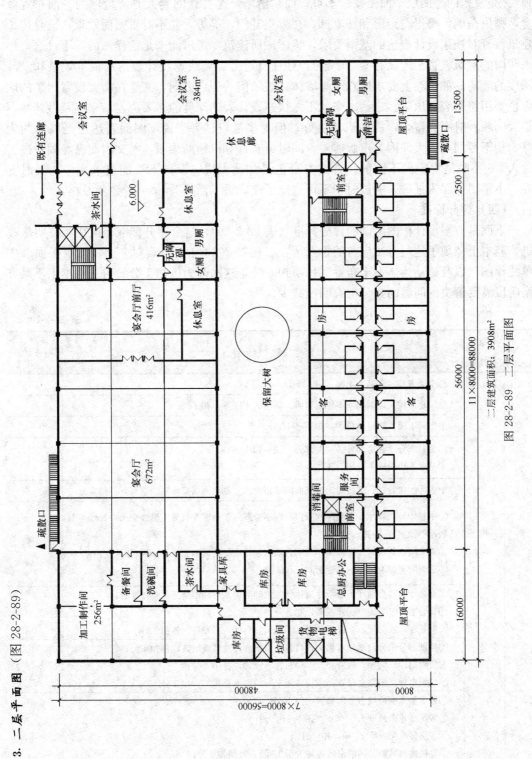

图 28-2-89 二层平面图

二层建筑面积：3908m²

会议室

会议室
384m²

会议室

既有连廊

茶水间

6.000

休息室

休息廊

无障碍

女厕

男厕

屋顶平台

疏散口

无障碍

女厕

男厕

宴会厅前厅
416m²

休息室

保留大树

房

房

客

客

前室

宴会厅
672m²

加工制作间
256m²

备餐间

洗碗间

茶水间

家具库

库房

库房

总厨办公

库房

垃圾间

货物电梯

消毒间

服务间

前室

屋顶平台

疏散口

13500

2500

56000

11×8000=88000

16000

48000

8000

7×8000=56000

135

两层平面图的图面表达一向不是考核重点所在，考试大纲要求的目标是"完整、清晰"。完整指的是两层平面图缺一不可，而"清晰"是要让阅卷人看清楚你的平面布置概念，哪里是墙，哪里是走道和楼电梯，在哪里开门，等等。并不看重图面效果，这是传统建筑教育对快速设计表达的基本要求，美国注册建筑师考试向来是这样做的。不过这些年来我国的建筑教育和考试有些"走偏"，往往有过分强调快速设计表达的视觉效果和设计深度的倾向。如试卷上要求用双线画墙体、表示门的开启方向，甚至在需要设置门禁的地方也要用符号表示出来。这些本来就不是快速设计表达深度的必要内容，来不及做到并不是大问题。时间有富余，能做当然更好；但对多数应试者来说，图面表达还是以简约为好，切不可因小失大。因为出版需要，同时又有计算机辅助绘图，本文附图已经画得过于深入，6小时是肯定做不到的。方案本身也是如此，快速设计不可能追求完美，到时交卷，由不得你深入推敲。考试时切不可"捡了芝麻丢了西瓜"，最终导致不及格。

(四) 评分标准

下面是方案设计作图考试的评分标准（表28-2-29），这个评分标准相比往年有明显改进，基本上体现了这门考试应有的重点所在。例如2013年评分表对"一、二层平面墙体单线作图"以及"结构体系未布置"每项扣8分，这次改为仅扣1分。对一些本来不是方案阶段需要解决的问题的扣分也有明显减少。

评分标准 表 28-2-29

序号	考核项及分值	分项考核内容	扣分范围
1	重点考核项（65分）	总平面未画（含基本未画），扣15分	15
		建筑超出建筑控制线，不包括台阶、坡道、雨篷等，扣15分	15
		卫生间下设置厨房及餐厅，扣10～15分	10～15
		①公共部分、客房部分、辅助部分，缺一扣15分； ②分区不明确或不合理，各扣5分	5～15
		中餐厅、西餐厅、健身房未直接面向城市公园或基地内保留大树的景观，各扣5分	5～15
		①中餐厅、西餐厅、宴会厅的厨房布置不合理（包括客人与员工流线交叉，餐厅与厨房联系不紧密），各扣5分； ②加工间、备餐间、洗碗间布置不合理（包括出菜、回碗流线不分），扣3分； ③洗碗间至垃圾间穿越其他房间，扣3分	3～15
		①宴会厅与宴会前厅、宴会厅与休息廊之间的关系布局不合理，各扣2分； ②宴会前厅未与架空连廊联系，扣2分； ③中餐厅、宴会厅、会议室的尺度不当，宴会厅内部设柱，各扣2分	2～6
		①辅助部分未分设单独货物出入口、员工出入口及垃圾出口，各扣1分； ②货物门厅、货梯、收验间、库房布置不合理，各扣2分； ③垃圾电梯厅未独立设置，或垃圾间未与垃圾电梯相邻，扣3分	2～6
		①客房楼未临近城市公园布置，扣10分； ②客房楼东西长度大于60m，扣5～10分； ③客房标准间少于23间，扣5分； ④直接面向城市公园的南向客房少于14间，每间扣2分； ⑤存在暗客房，每间扣2分	2～15

序号	考核项及分值		分项考核内容	扣分范围
1	重点考核项 (65分)		缺次入口门厅楼、电梯，客房区楼、电梯（含客梯、货梯兼消防电梯），厨房区楼、电梯（含货梯、垃圾梯、厨房员工专用楼梯），每处扣2分	2~6
			①客房楼未布置防烟楼梯间、消防前室，扣2~4分； ②房间疏散门至最近安全出口：袋形走廊＞18.75m，两出口之间＞37.5m，各扣2分； ③客房楼的首层楼梯间未直通室外或未做扩大前室，裙房的楼梯距室外出口＞15m，各扣2分	2~6
			每层建筑面积严重不符，扣5分	5
2	总平面 (10分)		①增加基地机动车对外出口，扣1分； ②基地内道路未表示、表示不全或不合理，扣1~2分	1~3
			①小轿车停车场未画（含基本未画）扣2分，车位不足20个扣2分； ②货车停车位未画或不足2个，扣1分； ③非机动车停车场不足100m² 或位置不当，扣1分； ④未布置绿地，扣1分	1~3
			①总图与单体不符扣2分； ②未与给定的架空连廊连接扣1分； ③未标注层数、相对标高，各扣1分	1~3
			①未标注建筑出入口（5个，包括主出入口、次出入口、货物出入口、员工出入口、垃圾出口），缺1个扣1分； ②扩建建筑主出入口未设置于东侧、次出入口未设定于架空连廊下，或布局不合理，各扣2分	1~3
3	一层平面 (10分)	公共部分	①大堂总服务台、前台办公、行李间、库房布置不合理，各扣1分； ②大堂区、餐饮区未设置公共卫生间或布置不合理，各扣1分	1~3
			①健身娱乐区未独立成区，扣2分； ②健身娱乐区客人未经专用休息厅进入健身房与台球室，健身房未设男、女更衣室，各扣1分	1~3
		辅助部分	员工更衣室未相对独立，扣2分	2
		缺房间或面积	未在指定位置标注一层建筑面积（3895~4305m²），扣1分	
			①缺 * 号房间：大堂400m²、大堂吧260m²、中餐厅600m²、西餐厅260m²、健身房260m²、中餐加工制作间180m²、西餐加工制作间120m²，每间扣2分； ②缺其他房间，每间扣1分	1~6
4	二层平面 (8分)	公共部分	①宴会区休息室未设或位置不当，扣2分； ②宴会前厅、会议区未设公共卫生间或位置不合理，各扣1分	1~4
		辅助部分	茶水间、家具库的布置不便于服务宴会厅与会议室，各扣1分	1~2
		客房部分	①客房贴邻电梯井道布置，服务间未邻近货梯厅，各扣2分； ②客房开间小于3.3m，扣2分	2~4
		缺房间或面积	未在指定位置标注二层建筑面积（3610~3990m²），扣1分	
			①缺 * 号房间：宴会厅660m²、宴会厅前厅390m²、会议室390m²（3间）、宴会厅加工制作间260m²，每间扣2分； ②缺其他房间，每间扣1分	1~6

序号	考核项 及分值	分项考核内容	扣分范围
5	其他 (7分)	结构不合理、未布柱，图面潦草、表达不清，扣1~5分	1~5
		除更衣、库房、收验、备餐、洗碗、茶水、家具库、公共卫生间、行李间、声控室、客房卫生间、客房服务间、消毒间外，未天然采光的房间，每间扣1分	1~3
		一、二层平面用单线表示，未画门或开启方向有误，未标注轴线尺寸、总尺寸，各层层高未按规定设计或未标注楼层标高，各扣1分	1~4

2017年的考试评分表的格式较以往有明显改变，单列出综合的"重点考核项"内容，权重值65%。余下的为35%，其中总图占10分，与重点考核部分的总图扣分有重复，这样实际上就明显加大了总平面图部分的分值，相应降低了两层平面图的重要性，显得不合理。具体评分时如何把握不是很清楚。此外，对于标准规范中的强制性条文，如卫生间布置于厨房、用餐区域的直接上层和防火疏散问题的扣分也加重不少，这对于快速方案作图考试要求也略显过重。

总之，从以上评分标准看，方案作图考试要求的重点仍然是平面功能问题，总图、规范、结构和图面表达相对次要得多，这和以往考试要求是一致的。抓住重点总是成功的关键。

十二、2018年 公交客运枢纽站方案设计

(一) 试题要求

1. 任务描述

在南方某市城郊拟建一座总建筑面积约6200m²的两层公交客运枢纽站（以下简称客运站），客运站站房应接驳已建成的高架轻轨站（以下简称轻轨站）和公共换乘停车楼（以下简称停车楼）。

2. 用地条件

基地地势平坦，西侧为城市主干道辅路和轻轨站，东侧为停车楼和城市次干道，南侧为城市次干道和住宅区，北侧为城市次干道和商业区，用地情况与环境详见总平面图（图28-2-90）。

3. 总平面设计要求

在用地红线范围内布置客运站站房、基地各出入口、广场、道路、停车场和绿地，合理组织人流、车流，各流线互不干扰，方便换乘与集散。

(1) 基地南部布置大客车营运停车场，设出、入口各1个；布置到达车位1个，发车车位3个及连接站房的站台；另设过夜车位8个、洗车车位1个。

(2) 基地北部布置小型汽车停车场，设出、入口各1个；布置车位40个（包括2个无障碍车位）及接送旅客的站台。

(3) 基地西部布置面积约2500m²的人行广场（含面积不小于300m²的非机动车停车场）。

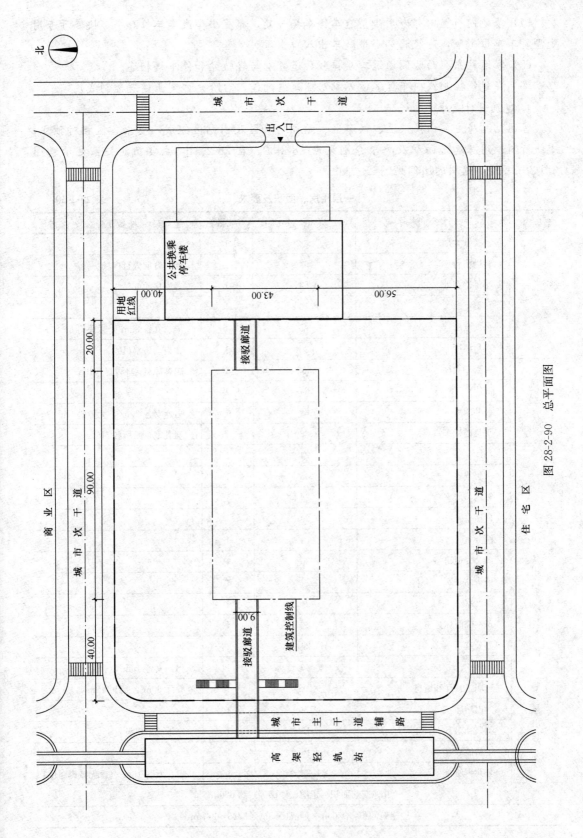

北

城 市 次 干 道

出入口

公共换乘停车楼

用地红线

40.00

43.00

56.00

接驳廊道

20.00

90.00

40.00

商 业 区

城 市 次 干 道

住 宅 区

城 市 次 干 道

接驳廊道

9.00

建筑控制线

城 市 主 干 道 辅 路

高 架 轻 轨 站

图 28-2-90 总平面图

139

（4）基地内布置内部专用小型汽车停车场一处，布置小型汽车车位 6 个，快餐厅专用小型货车车位 1 个，可经北部小型汽车出入口出入。

（5）客运站东、西两侧通过二层接驳廊道分别与轻轨站和停车楼相连。

（6）在建筑控制线内布置客运站站房建筑（雨篷、台阶允许突出建筑控制线）。

4. 建筑设计要求

客运站站房主要由换乘区、候车区、站务用房区及出站区组成，要求各区相对独立，流线清晰；用房建筑面积及要求分别见表 28-2-30、表 28-2-31，主要功能关系见示意图（图 28-2-91），选用的图例见图 28-2-92。

一层用房、面积及要求 表 28-2-30

功能区	房间及空间名称	建筑面积（m²）	数量	备注
换乘区	＊换乘大厅	800	1	
	自助银行	64	1	同时开向人行广场
	小件寄存处	64	1	含库房 40m²
	母婴室	10	1	
	公共厕所	70	1	男、女各 32m²，无障碍 6m²
	＊售票厅	80	1	含自动售票机
候车区	＊候车大厅	960	1	旅客休息区不小于 640m²
	商店	64	1	
	公共厕所	64	1	男、女各 29m²，无障碍 6m²
	＊母婴候车室	32	1	哺乳室，厕所各 5m²
站务用房区	门厅	24	1	
	＊售票室	48	1	
	客运值班室	24	1	
	广播室	24	1	
	医务室	24	1	
	＊公安值班室	30	1	
	值班站长室	24	1	
	调度室	24	1	
	司乘临时休息室	24	1	
	办公室	24	2	
	厕所	30	1	男、女各 15m²（含更衣）
	＊职工餐厅和厨房	108	1	餐厅 60m²，厨房 48m²
出站区	＊出站厅	130	1	
	验票补票室	12	1	靠近验票口设置
	出站值班室	16	1	
	公共厕所	32	1	男、女各 16m²（含无障碍厕位）
其他交通面积（走道、楼梯等）约 670m²				
一层建筑面积：3500m²（允许±5%，3325～3675m²）				

功能区	房间及空间名称	建筑面积（m²）	数量	备 注
换乘区	＊换乘大厅	800	1	面积不含接驳廊道
	商业	580	1	合理布置约 50～70m² 的商铺 9 间
	母婴室	10	1	
	公共厕所	70	1	男、女各 32m²。无障碍 6m²
	＊快餐厅	200	1	
	＊快餐厅厨房	154	1	含备餐 24m²，洗碗间 10m²，库房 18m²，男、女更衣室各 10m²
站务用房区	＊交通卡办理处	48	1	
	办公室	24	8	
	会议室	48	1	
	活动室	48	1	
	监控室	32	1	
	值班宿舍	24	2	各含 4m² 卫生间
	厕所	30	1	男、女各 15m²（含更衣）

其他交通面积（走道、楼梯等）约 440m²

二层建筑面积：2700m²（允许±5%，2565～2835m²）

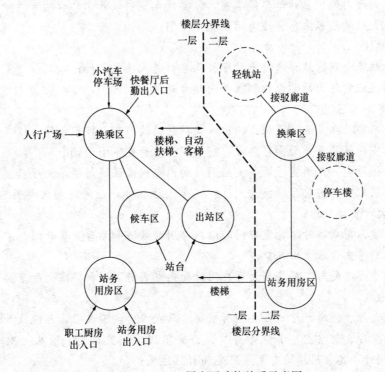

图 28-2-91 一、二层主要功能关系示意图

（1）换乘区

1）换乘大厅设置两台自动扶梯、两台客梯（兼无障碍）和一部梯段宽度不小于 3m

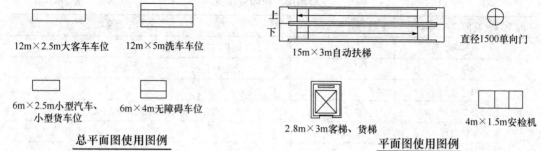

12m×2.5m大客车车位　　12m×5m洗车车位　　15m×3m自动扶梯　　直径1500单向门

上
下

6m×2.5m小型汽车、　　6m×4m无障碍车位　　2.8m×3m客梯、货梯　　4m×1.5m安检机
小型货车位

总平面图使用图例　　　　　　　　　　**平面图使用图例**

图 28-2-92　示意图例

的开敞楼梯（不作为消防疏散楼梯）；

2）一层换乘大厅西侧设出入口 1 个，面向人行广场；北侧设出入口 2 个，面向小型汽车停车场；二层换乘大厅东西两端与接驳廊道相连；

3）快餐厅设置独立的后勤出入口，配置货梯一台，出入口与内部专用小型汽车停车场联系便捷；

4）售票厅相对独立，购票人流不影响换乘大厅人流通行。、

（2）候车区

1）旅客通过换乘大厅经安检通道（配置 2 台安检机）进入候车大厅，候车大厅另设开向换乘大厅的单向出口 1 个，开向站台的检票口 2 个；

2）候车大厅内设独立的母婴候车室，母婴候车室内设开向站台的专用检票口；

3）候车大厅的旅客休息区域为两层通高空间。

（3）出站区

1）到站旅客由到达站台通过出站厅经检票口进入换乘大厅；

2）出站值班室与出站站台相邻，并向站台开门。

（4）站务用房区

1）站务用房独立成区，设独立的出入口，并通过门禁与换乘大厅、候车大厅连通；

2）售票室的售票窗口面向售票厅，窗口柜台总长度不小于 8m；

3）客运值班室、广播室、医务室应同时向内部用房区域与候车大厅直接开门；

4）公安值班室与售票厅、换乘大厅和候车大厅相邻，应同时向内部用房区域、换乘大厅和候车大厅直接开门；

5）调度室、司乘临时休息室应同时向内部用房区域和站台直接开门；

6）职工厨房需设独立出入口；

7）交通卡办理处与二层换乘大厅应同时向内部用房区域和换乘大厅直接开门。

（5）其他

1）换乘大厅、候车大厅的公共厕所采用迷路式入口，不设门，无视线干扰；

2）除售票厅、售票室、小件寄存处、公安值班室、监控室、商店、厕所、母婴室、库房、洗碗间外，其余用房均有天然采光和自然通风；

3）客运站站房采用钢筋混凝土框架结构；一层层高为 6m，二层层高为 5m，站台与停车场高差 0.15m；

4）本设计应符合国家相关规范、标准的规定；

5）本题目不要求布置地下车库及其出入口、消防控制室等设备用房。

5. 制图要求

（1）总平面图

1）绘制广场、道路、停车场、绿化，标注各机动车出入口、停车位数量及人行广场和非机动车停车场面积；

2）绘制建筑的屋顶平面图，并标注层数和相对标高；标注建筑各出入口。

（2）平面图

1）绘制一、二层平面图，表示出柱、墙体（双线或单粗线）、门（表示开启方向）、窗，卫生洁具可不表示；

2）标注建筑轴线尺寸、总尺寸，标注室内楼、地面及室外地面相对标高；

3）标注房间及空间名称，标注带＊号房间及空间（表28-2-30、表28-2-31）的面积，允许误差为±10％；

4）填写一、二层建筑面积，允许误差为规定面积的±5％，房间及各层建筑面积均以轴线计算。

（二）试题解析

1. 场地功能分析

根据用地条件、总平面图和试题文字对总图布置的要求，本公交枢纽建筑用地以外的东、西、南、北4块室外场地的功能定位应当是：西侧为步行人流的集散广场，这是大型公共建筑面向城市方向的前广场；南侧为内部长途客车营运停车场；北侧为公共小汽车停车场；东侧较窄的场地显然应以内部使用为主。场地功能的合理分区是建筑内部功能分区的前提。

2. 确定建筑轮廓与柱网

试题给定的建筑控制线范围90m×43m，面积3870m²，与一层的建筑面积（3500m²）相差无多，拟建建筑基本上占满整个用地。大型公共建筑的平面轮廓和框架结构柱网没有必要搞得复杂多变，特别是做快速设计，宜简单采用矩形轮廓、正方形柱网，可选8m左右柱距，东西方向11开间，南北方向5跨，可以充分利用场地，并满足建筑面积需要。考虑到题目对大多数房间明确提出自然采光通风要求，可采用公共建筑常用的8m柱网，再挖掉两个柱网网格，作为天井；一层建筑面积就基本上满足要求了。如果注意到题目总图给出东西两端的接驳廊道宽度是9m，不妨将与站房对应的一排柱距局部加宽到9m，以便使站房和两侧既有建筑尺寸一致。这样一层建筑面积就是3480m²，符合题意。

3. 建筑功能分区

结合室外场地的功能要求，建筑内部功能按内外分区明确的要求，首先将内部两层站务用房上、下对位布置在建筑东端，以此保证内部站务用房充分独立，不受外部公共活动人群的干扰，这是大多数大型公共建筑的普遍做法。

一层出站区则应放在西端与人行广场相衔接，以方便到达旅客出站进城，人们穿过步行广场可以乘出租车、轻轨、公交车或私家车，也可骑自行车或步行离站；部分旅客出站后可以上到二层换乘区，换乘轻轨或去公共换乘停车楼离开。也有部分中转旅客，出站后直接在站内换乘大厅购票进站候车；对于这部分人流而言，出站厅在东、在西都无所谓。

从题目给定东、西两端的接驳廊道位置看，建筑平面北部至少两个柱距宜为东西贯通的换乘空间；内部站务用房和一层出站厅也应该让出换乘通道，布置在平面的东南角和西南角。候车空间（包括二层挑空部分）只能放在平面南部。如此分区布置方能做到各功能区相对独立、各得其所。

4. 建筑内的人流组织

（1）交通枢纽内的人员流线比较复杂，但题目所给的功能关系图却相对简单，主要是站台与出站区、候车区、换乘区之间的直接密切联系。紧邻布置并无困难，只需处理好出发和到达（包括换乘部分）的大量集中人流问题，使流线尽量便捷，并避免相互交叉干扰就可以了。至于到达和出发人流有时可能逆向相遇，则是在所难免的，只能通过加强管理来解决。在大型交通建筑中旅客人流复杂多样，完全避免人流交叉往往是不可能的。至于内部管理人员进入公共活动区域则是必需的，完全不必将其流线与公众（旅客）活动相隔离。内部管理人流较少，曲折迂回不成问题，与旅客人流交叉或逆行更是不可避免，故不必特意单独考虑。

（2）关于人流组织的一些细节考虑

1）售票厅和售票窗口

依据题意，售票厅和售票窗口在一层换乘大厅里，而窗口内又属内部站务用房，故内、外分区在此衔接。布置时宜将售票厅切入内部站务区，以避开密集的换乘人流。

2）出站区布置

有些考生以大客车在停车场内的流线应该东进西出为由，认为客车到达站台应在东边，因而将出站厅布置在东面，显然是本末倒置了。就大量换乘人流而言，出站厅在东还是在西都没太大关系。

5. 功能分区概念图（图 28-2-93）

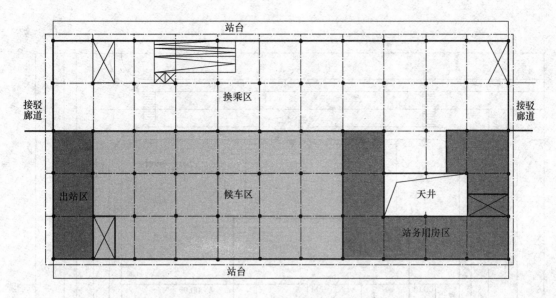

一层分区概念图

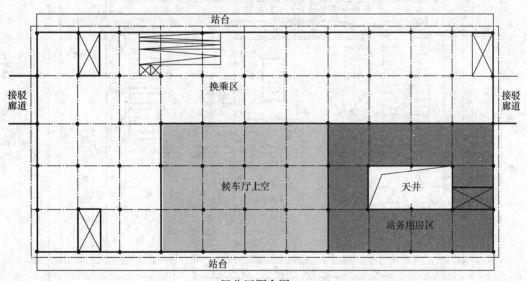

二层分区概念图

图 28-2-93　平面功能分区图

（三）参考答案

1. 总平面图（图 28-2-94）

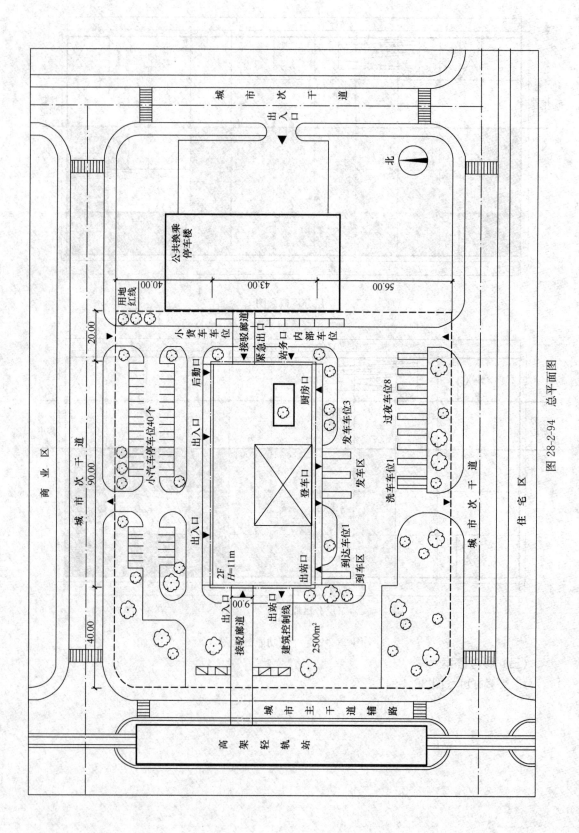

图 28-2-94 总平面图

这道题的总平面设计要求比较复杂，没有一定交通建筑总图设计经验的考生不容易做好。不过笔者认为，按历年考试评分情况看，这部分的分值权重不会太高，一般不超过15分。考试时不必花太多时间和精力去追求完美答案，重要的是把建筑轮廓控制好并放进建筑控制线以内。把建筑的主要出入口位置标注出来，道路简单布置，广场、停车场大致控制好面积，绿地简单示意即可。部分线条徒手表达都没有太大问题。

2. 一层平面图（图 28-2-95）

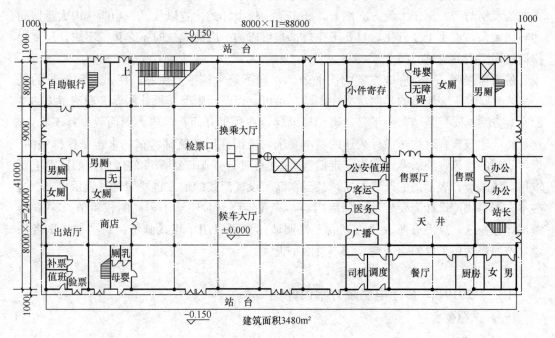

图 28-2-95 一层平面图

3. 二层平面图（图 28-2-96）

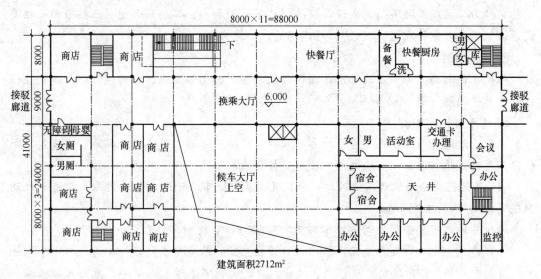

图 28-2-96 二层平面图

必须说明，这个针对注册考试快速设计的示例肯定不是优秀答案，只是争取及格而已。6 小时能设计出一个如此复杂的方案，想要面面俱到、毫无缺漏是不大可能的。即使所谓"标准答案"也不可能完美。建筑设计考试和高考作文一样，完全是主观性的考试，任意两个人做出来的方案必然不一样，不可能存在唯一正确的"标准答案"。我们平时做设计，哪怕时间再怎么充裕，要想做到完美大概也不容易。生活中不少问题的决策往往是两可的，如这道题的出站区放在东头还是西头，答案并不唯一，作图考试更不能以此判断方案的及格与否。至于大量方案细节，如走道、楼电梯的位置以及某一功能区内大量房间的布局关系，更是千变万化，只要不违规都是可以的。因此应试时不必犹豫不决，反复捉摸而耽误宝贵的应试时间。

最后再强调一点：应试方案的图面表达一向不是考核重点所在，考试大纲要求的是"完整、清晰"。完整指的是两层平面图缺一不可，而"清晰"是要让阅卷人看清楚你的平面布置方案，哪里是墙，哪里是走道和楼电梯，在哪里开门，等等。图面效果并不看重，这是传统建筑教育对快速设计表达的基本要求，美国注册建筑师考试向来也是这样做的。近年我国的建筑师注册考试有点"走偏"，往往有过分强调设计深度的倾向。如试卷上要求用双线画墙、表示门的开启方向，甚至在需要设置门禁的地方也要用符号表示出来。这些本来不是快速设计需要表达的深度内容，有几年评分时还给了很高的权重值。2018 年考试评分在这一点上有所改进，试卷上注明墙体也可以用单粗线画了。对多数应试者来说，图面表达还是以简约为要，切不可因小失大。

十三、2019 年 多厅电影院方案设计

(一) 试题要求

1. 任务描述

在我国南方某城市设计多厅电影院一座，电影院为三层建筑，包括大观众厅 1 个（350 座）、中观众厅 2 个（每个 150 座）、小观众厅 1 个（50 座），及其他功能用房。部分功能用房为二层或三层通高，本设计仅绘制总平面图和一、二层平面图（三层平面及相关设备设施不做考虑和表达）。一、二层建筑面积合计为 5900m²。

2. 用地条件

基地东侧与南侧为城市次干道，西侧邻住宅区，北侧邻商业区。用地红线、建筑控制线详见总平面图（图 28-2-97）。

3. 总平面设计要求

在用地红线范围内合理布置基地各出入口、广场、道路、停车场和绿地。在建筑控制线内布置建筑物（雨篷、台阶允许突出建筑控制线）。

(1) 基地设置两个机动车出入口，分别开向两条城市次干道，基地内人车分道，机动车道宽 7m，人行道宽 4m。

(2) 基地内布置小型机动车停车位 40 个，300m² 非机动车停车场一处。

(3) 建筑主出入口设在南面，次出入口设在东面。基地东南角设一个进深不小于 12m 的人员集散广场（L 形转角）连接主、次出入口，面积不小于 900m²；其他出入口根据功能要求设置。

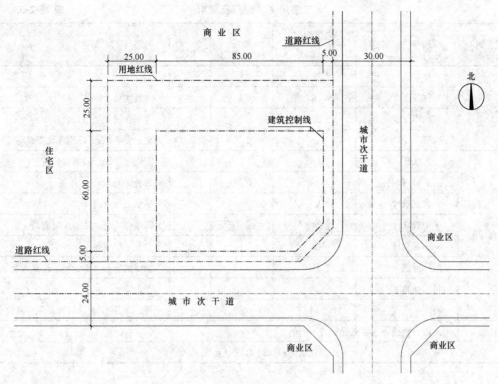

图 28-2-97　总平面图

4. 建筑设计要求

电影院一、二层为观众厅区和公共区，两区之间应分区明确、流线合理。各功能房间面积及要求详见表 28-2-32、表 28-2-33。功能关系见示意图（图 28-2-98）。建议平面采用 9m×9m 柱网，三层为放映机房及办公区，不要求设计和表达。

一层用房、面积及要求 表 28-2-32

功能区	房间及空间名称	建筑面积（m²）	数量	采光通风	备 注
观众厅区	＊大观众厅	486	1		一至三层通高
公共区	＊入口大厅	800	1	＃	局部二层通高，约 450m²，含自动扶梯、售票处 50m²（服务台长度不小于 12m）
	＊VR 体验厅	400	1	＃	
	儿童活动室	400	1	＃	
	展示厅	160	1		
	＊快餐厅	180	1	＃	含备餐 20m²，厨房 50m²
	＊专卖店	290	1	＃	
	厕所	54	2 处		每处 54m²，男、女各 27m²，均为无障碍厕所，两处厕所之间的间距大于 40m
	母婴室	27	1		
	消防控制室	27	1	＃	设疏散门直通室外
	专用门厅	80	1	＃	含一部至三层的疏散楼梯
其他	走道、楼梯、乘客电梯等约 442m²				
一层建筑面积：3400m²（允许±5%）					

二层用房、面积及要求 表 28-2-33

功能区	房间及空间名称	建筑面积 (m²)	数量	采光通风	备 注
公共区	＊候场区	320	1		
	＊休息厅	290	1	♯	含售卖处 40m²
	＊咖啡厅	290	1	♯	含制作间和吧台，合计 60m²
	厕所	54	1 处		男、女各 27m²，均含无障碍厕位
观众厅区	＊入场厅	270	1		需用文字示意验票口位置
	入场口声闸	14	5 处		每处 14m²
	＊大观众厅	计入一层			一至三层通高
	＊中观众厅	243	2 个		每个 243m²，二至三层通高
	＊小观众厅	135	1		二至三层通高
	散场通道	310	1	♯	轴线宽度不小于 3m²，连通入场厅
	员工休息室	20	2 个		每个 20m²
	厕所	54	1 处		男、女各 27m²，均含无障碍厕位
其他	走道、楼梯、乘客电梯等约 181m²				

二层建筑面积：2500m²（允许±5%）

（1）观众厅区

1）观众厅相对集中设置，入场、出场流线不交叉。各观众厅入场口均设在二层入场厅内，入场厅和候场厅之间设验票口一处。所有观众厅入场口均设声闸。

2）大观众厅的入场口和出场口各设两个；两个出场口均设在一层，一个直通室外，另一个直通入口大厅。

3）中观众厅和小观众厅的入场口和出场口各设一个，出场口通向二层散场通道。观众经散场通道内的疏散楼梯或乘客电梯到达一层后，既可直通室外，也可不经室外直接返回一层公共区。

4）乘轮椅的观众均由二层出入（大观众厅乘轮椅的观众利用二层入场口出场）。

5）大、中、小观众厅平面的长×宽尺寸分别为 27m×18m、18m×13.5m、15m×9m。前述尺寸均不包括声闸，平面见示意图（图 28-2-99）。

（2）公共区

1）一层入口大厅局部两层通高，售票处服务台面向大厅，可看见主出入口。专卖店、快餐厅、VR 体验厅邻城市道路设置，可兼顾内外经营。

2）二层休息厅、咖啡厅分别与候场厅相邻。

3）大观众厅座席升起的下部空间（观众厅长度三分之一范围内）需利用。

4）在一层设专用门厅为三层放映机房与办公区服务。

（3）其他

1）本设计应符合国家现行规范、标准及规定。

2）在入口大厅设自动扶梯 2 部，连通二层候场厅。在公共区设乘客电梯 1 部，服务进场观众；在观众厅区散场通道内设乘客电梯一部，服务散场观众。

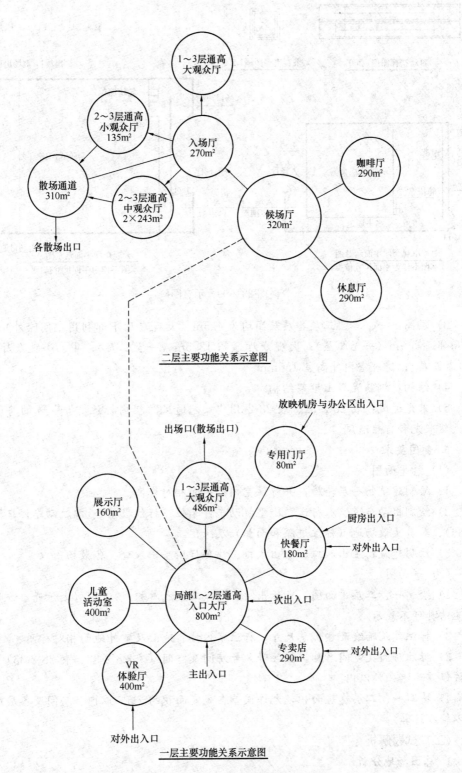

图 28-2-98　一、二层主要功能关系示意图

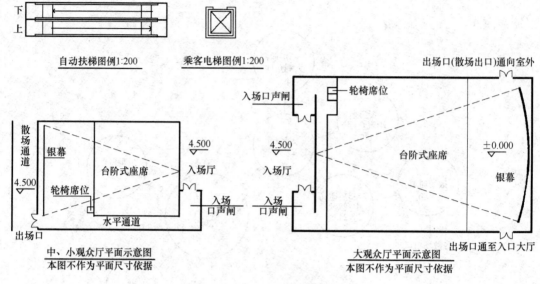

図28-2-99　示意图例

自动扶梯图例1:200　　乘客电梯图例1:200

中、小观众厅平面示意图
本图不作为平面尺寸依据

大观众厅平面示意图
本图不作为平面尺寸依据

3）层高：一、二、三层各层层高均为4.5m（大观众厅下部利用空间除外）。入口大厅局部通高9m（一至二层）；大观众厅通高13.5m（一至三层）；中、小观众厅通高9m（二至三层）；建筑室内外高差150mm。

4）结构：钢筋混凝土框架结构。

5）采光通风：表28-2-32、表28-2-33"采光通风"栏内标注"#"号的房间，要求有天然采光和自然通风。

5. 制图要求

（1）总平面图

1）绘制建筑物一层轮廓，并标注室内外地面相对标高。

2）绘制机动车道、人行道、小型机动车停车位（标注数量）、非机动车停车场（标注面积）、人员集散场地（标注进深和面积）及绿化。

3）注明建筑物主出入口、次出入口、快餐厅厨房出入口、各散场出口。

（2）平面图

1）绘制一、二层平面图，表示出柱、墙（双线或单粗线）、门（表示开启方向）、窗、卫生洁具可不表示。

2）标注建筑轴线尺寸、总尺寸，标注室内楼、地面及室外地面相对标高。

3）标注房间及空间名称，标注带＊号房间及空间（表28-2-32、表28-2-33）的面积，允许误差为±10％以内。

4）填写一、二层建筑面积，允许误差在规定面积的±5％以内。房间及各层建筑面积均以轴线计算。

（二）试题解析

1. 总图场地分析

根据设计用地总平面图，这座多厅电影院建筑用地位于两条城市次干道交叉口，显然东、南两面都是《民用建筑设计统一标准》所规定的"至少两个通路出口"的开设方向；

同时作为场地机动车出入口与城市干道交叉口的距离，按规范自道路红线交叉点量起不应小于70m；故本题场地内道路毫无疑义地应沿用地北、西两侧靠边布置。建筑控制线东、南两侧的室外场地可按步行区设计，场地东南角正是电影院必需的入口前人员集散场地。应该说，本题总图布置没有悬念。

2. 确定建筑轮廓与柱网

试题明确建议平面结构采用9m×9m柱网，矩形轮廓应是首选，如非功能需要不必凸出凹进。注意到题目对东南角集散场地宽度不小于12m的要求，建筑轮廓南北纵向只能做5个9m柱距，东西面宽8个9m柱距，建筑面积就是3240m²，比题目要求少不到5%，这样的矩形轮廓当属可行。具体布置平面时，还可以在适当位置外挂紧急疏散楼梯，则首层平面轮廓满足题目要求完全不成问题。此外，由于电影院主要大量功能房间不需要自然采光通风，平面内部不需要开天井。

3. 建筑功能分区与流线组织（图28-2-100）

公共建筑的内外分区问题在本试题中并不突出。独立使用的内部管理用房仅在一层有专用门厅和消防控制室，可以简单布置在平面的西侧或北侧。

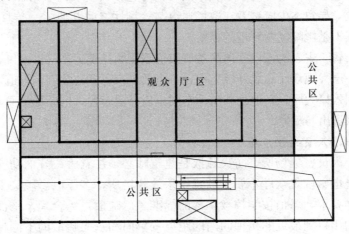

二层功能分区

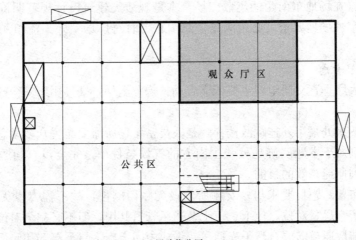

一层功能分区

图28-2-100　平面功能分区图

试题要求，公共活动空间可分为观众厅区和其他公共活动区两大部分。因为除大观众厅占3层空间，一层可安排散场口外，大、中、小4个观众厅入场口都在二层，并且中、小观众厅散场口也都在二层，所以二层平面布局对整体空间关系有着决定性的作用，故此题平面功能布局应从二层入手。注意题目要求一层入口大厅要向两条城市次干道开口，局部约450m²二层通高，故大厅及其上空应布置在建筑东南部。相应地观众厅区就只能靠西北布置。同时，4个观众厅宜尽量集中，以便入场厅与散场通道都能集中统一使用（除大观众厅散场口在一层外）。其他公共空间，除候场厅应紧邻入场厅外，休息厅和咖啡厅可以灵活安排。

按气泡图的功能关系示意，二层人流组织是以候场厅为中心，分别联系入场厅和休息厅、咖啡厅，这个要求不难做到。问题在于观众厅区的入场厅和散场通道之间的联系如何处理。根据《建筑设计资料集》（第三版）关于多厅电影院人流特点的说明："电影院散场观众回流至影院门厅内再进行其他的休息娱乐活动，或看另一场电影"，因此散场通道与入场厅之间并不需要有直接、密切的联系。即使有观众需要看下一场电影，也应通过候场厅再入场。本题功能关系图的联系关系没有区分直接而密切的联系和一般非直接联系，表达得不够到位，导致不少应试者在散场通道与入场厅之间开通了一条直接联系的通道。笔者认为这显然不是影院经营管理的需要。

一层平面布置，主、次入口开向两条城市道路是题目规定；所以入口大厅显然应放在平面东南部，一层大观众厅靠北外墙定位，一个散场口可开向北侧人行道，返场观众可从室内散场口回到入口大厅。其他公共活动空间可以灵活布置，但应尽量面向东、南方向开门，以利于公众进出与疏散。

4. 安全疏散和人员集散广场

电影院属于人员密集场所，防火疏散是建筑师必须注意解决好的功能问题。按现行防火规范说明，电影院观众厅不属于歌舞娱乐放映场所，多厅电影院又不能像普通影院的紧急疏散那样要求，恐怕按学校教学楼的标准考虑疏散更为合理。平面布置时要注意使每个观众厅的出口到最近的楼梯间门的距离按单向和双向疏散的不同标准控制。因此解题时封闭楼梯间的个数不能太少，而且宜尽量靠外墙布置，以保证快速疏散。至于题目明确要求布置在场地东南角的集散广场，本是观演类建筑设计规范明确要求的每座不少于0.2m²的室外场地要求，必须满足。总图布置时对广场室外人流组织则大可不必刻意琢磨。

5. 其他细节考虑

一层入口大厅垂直交通组织主要依靠自动扶梯和电梯，楼梯用于安全疏散则应封闭并靠外墙。

本试作方案多处采用外挂疏散楼梯，是人员密集场所需要布置众多紧急疏散出口时的常用办法。特别对于本题明确地处我国南方的气候条件下，完全没有问题；用于应对考试，更可以达到便捷高效的目的。

关于厕所布置。题目要求男、女厕所均设无障碍厕位，故不需专设无障碍厕所。楼上、楼下的厕所宜尽量对位，使上、下水及通风管道共用，但不必完全对位且同形。

题目要求疏散通道需要自然采光通风，做成中间走廊，只需端部和侧面局部对外开窗就行，不一定整条走廊都靠外墙布置。

（三）参考答案

1. 总平面图（图 28-2-101）

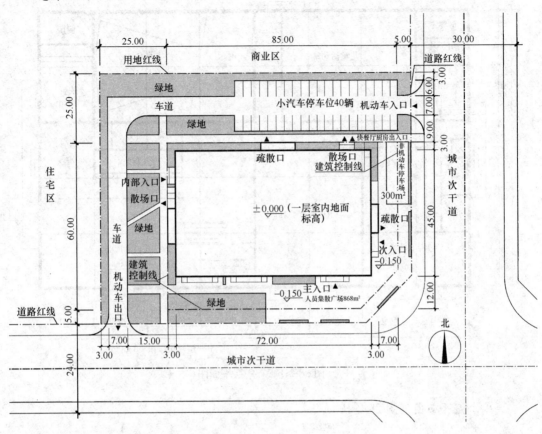

图 28-2-101　总平面图

这道题的总平面设计要求比较简单，基本上没有什么悬念。

人车分流是室外人流密集场所交通组织的普遍要求，解题时这一点应当注意。其实，按《民用建筑设计统一标准》对建筑场地设计的要求，人行道是不需要布置的，人员密集场所可在车道旁做宽度不小于 1.5m 的人行道，庭院里的步道可以不布置。另外，在道路画法上需要注意，车行道路面一般低于两侧的场地地面，路边设 100mm 以上高度的路缘石。转弯处内侧需按照车辆转弯半径的需要抹圆，而人行道无此需要。

关于室内外设计高差，按建筑出入口无障碍设计要求，电影院最好做成室内外无高差的平坡出入口，室外场地标高也标注为±0.000，入口处设带透水盖板的截水沟即可。不少新建筑就是这样做的。但是为防止被误判错误，我的试作图是按一般规定的室内外最小高差 150mm 做的。

自行车停放位置不是重要问题。目前我国城市道路中自行车有时走慢车道，但不能走人行道。因此试作总图中自行车是从东北角车道口进入的，所谓"人车分道"不宜把自行车道归入人行道考虑。

2. 一层平面图（图 28-2-102）

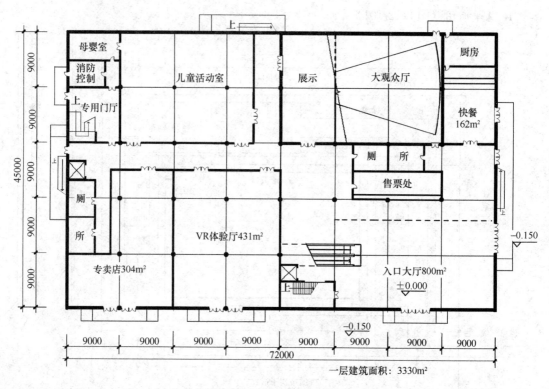

图 28-2-102　一层平面图

3. 二层平面图（图 28-2-103）

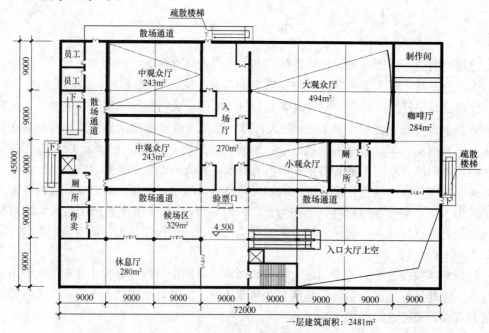

图 28-2-103　二层平面图

156

需要说明的是：建筑设计中的大量细节，如走道、楼电梯的位置，以及众多房间的布局关系，是千变万化的，不应该存在唯一的正确解答。同时，我的试作答案是针对注册建筑师考试建筑方案快题设计的解答示范，既非"标答"，更称不上是优秀的设计，肯定存在不尽完善的地方；我为其设定的目标只是用最短的时间争取及格而已。

（四）关于 2019 年试题评分标准

由于考试中心对阅卷情况的严密封锁，2019 年的评分标准与 2018 年一样，始终没有公开说明，笔者无法对其作深入分析。不过从最后的评分结果看，确实存在一些令人费解的地方。根据应试者反映的情况，解题难度似乎明显下降，作图工作量也比往年减小了，但有些现象难以理解。据传，不少卷子简单地被评为 30 分；还有人考后复盘自我感觉良好，最终也只得到 30 分；据说还有复盘结果大致相同的两份卷子，一份被评为 80 分，另一份只有 30 分。这反映出目前作图考试可能存在不正常、不合理的现象，考试组织者应该认真反思，在此不做过多讨论。

近年考试评分标准也有重点转移现象；如总图表达过去长期定为 10 分，前几年增加到 15 分，2018 年传说高达 20 分。此外，规范及结构布置考核的权重也有明显增加；如安全疏散、食品卫生、洁污分流、无障碍设计、结构柱网布置的分值均有所提高，在此提醒各位考生加以注意。

十四、2020 年 遗址博物馆方案设计

（一）试题要求

1. 任务描述

华北某地区，依据当地遗址保护规划，结合遗址新建博物馆一座（限高 8m，地上一层、地下一层），总建筑面积 5000m²。

2. 用地条件

基地西、南侧临公路，东、北侧毗邻农田，详见总平面图（图 28-2-104）。

3. 总平面设计要求

（1）在用地红线范围内布置出入口、道路、停车场、集散广场和绿地；在建筑控制线范围内布置建筑物。

（2）在基地南侧设观众机动车出入口一个，人行出入口一个，在基地西侧设内部机动车出入口一个；在用地红线范围内合理组织交通流线，须人车分流；道路宽 7m，人行道宽 3m。

（3）在基地内分设观众停车场和员工停车场。观众停车场设小客车停车位 30 个，大客车停车位 3 个（每车位 13m×4m），非机动车停车场 200m²；员工停车场设小客车停车位 10 个，非机动车停车场 50m²。

（4）在基地内结合人行出入口设观众集散广场一处，面积不小于 900m²，进深不小于 20m；设集中绿地一处，面积不小于 500m²。

4. 建筑设计要求

博物馆由公众区域（包括陈列展览区、教育与服务设施区）、业务行政区域（包括业务区、行政区）组成，各分区明确，联系方便。各功能房间面积及要求详见表 28-2-34、表 28-2-35，主要功能关系及图例见图 28-2-105。本建筑采用钢筋混凝土框架结构（建议

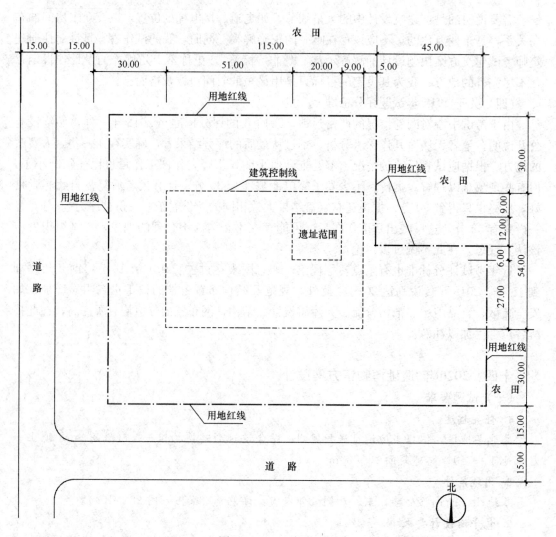

图 28-2-104　总平面图

平面柱网以 8m×8m 为主)，各层层高均为 6m，室内外高差 300mm。

（1）公众区域

观众参观主要流线：入馆→门厅→序厅→多媒体厅→遗址展厅→陈列厅→文物修复参观廊→纪念品商店→门厅→出馆。

1）一层

① 门厅与遗址展厅（上空）、序厅（上空）相邻，观众可俯视参观两厅；门厅设开敞楼梯和无障碍电梯各一部，通达地下一层序厅；服务台与讲解员室、寄存处联系紧密；寄存处设置的位置须方便观众存、取物品。

② 报告厅的位置须方便观众和内部工作人员分别使用，且可直接对外服务。

2）地下一层

① 遗址展厅、序厅（部分）为两层通高；陈列厅任一边长不小于16m；文物修复参观廊长度不小于16m，宽度不小于4m。

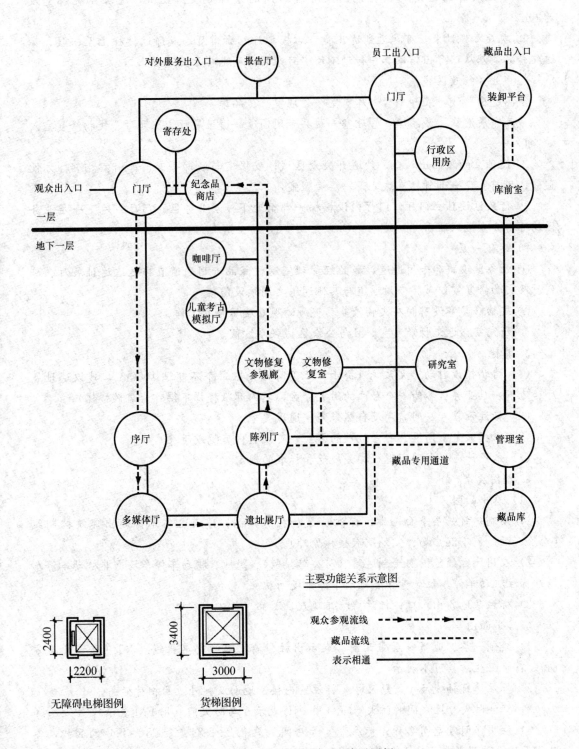

対外服务出入口 　报告厅

员工出入口

藏品出入口

寄存处

门厅

装卸平台

行政区用房

观众出入口　门厅　纪念品商店

库前室

一层

地下一层

咖啡厅

儿童考古模拟厅

文物修复参观廊　文物修复室　研究室

序厅　陈列厅　管理室

藏品专用通道

多媒体厅　遗址展厅

藏品库

主要功能关系示意图

2400

2200

无障碍电梯图例

3400

3000

货梯图例

观众参观流线 ------►

藏品流线 --------

表示相通 ————

图 28-2-105　主要功能关系示意及图例

159

② 遗址展厅由给定的遗址范围及环绕四周的遗址参观廊组成，遗址参观廊宽度为 6m。

③ 观众参观结束，可就近到达儿童考古模拟厅和咖啡厅，或通过楼梯上至一层，穿过纪念品商店从门厅出馆，其中行动不便者可乘无障碍电梯上至一层出馆。

（2）业务行政区域

藏品进出路线：装卸平台—库前室—管理室—藏品库。

藏品布展流线：藏品库—管理室—藏品专用通道—遗址展厅、陈列厅、文物修复室。

1）一层

① 设独立的藏品出入口，须避开公众区域；安保室与装卸平台、库前室相邻，方便监管；库前室设一部货梯直达地下一层管理室。

② 行政区设独立门厅，门厅内设楼梯一部至地下一层业务区；门厅、地下一层业务区均可与公众区域联系。

2）地下一层

① 业务区设藏品专用通道，藏品经管理室通过藏品专用通道直接送达遗址展厅、陈列厅及文物修复室；藏品专用通道与其他通道之间须设门禁。

② 文物修复室设窗向在文物修复参观廊的观众展示修复工作。

③ 研究室临近文物修复室，且与公众区域联系方便。

5. 其他

（1）博物馆设自动灭火系统（提示：地下防火分区每个不超过 $1000m^2$，建议遗址展厅、地下一层业务区各为一个独立的防火分区，室内开敞楼梯不得作为疏散楼梯）。

（2）标注带√号房间需满足自然采光、通风要求。

（3）根据采光、通风、安全疏散的需要，可设置内庭院或下沉广场。

（4）本设计应符合国家现行相关规范和标准的规定。

6. 制图要求

（1）总平面图

1）绘制建筑一层平面轮廓，标注层数和相对标高；建筑主体不得超出建筑控制线（台阶、雨篷、下沉广场、室外疏散楼梯除外）。

2）在用地红线范围内绘制道路（与公路接驳）、绿地、机动车停车场、非机动车停车场；标注机动车停车位数量和非机动车停车场面积。

3）标注基地各出入口；标注博物馆观众、藏品、员工出入口。

（2）平面图

1）绘制一层、地下一层平面图；表示出柱、墙（双线或单粗线）、门（表示开启方向）。窗、卫生洁具可不表示。

2）标注建筑轴线尺寸、总尺寸，标注室内楼、地面及室外地面相对标高。

3）标注防火分区之间的防火卷帘（用 FJL 表示）与防火门（用 FM 表示）。

4）注明房间或空间名称；标注带 * 号房间（见表 28-2-34、表 28-2-35）的面积，各房间面积允许误差在规定面积的 $\pm 10\%$ 以内。

5）分别填写一层、地下一层建筑面积，允许误差在规定面积的 $\pm 5\%$ 以内，房间及各层建筑面积均以轴线计算。

功能区		房间及空间名称	建筑面积(m²)	数量	采光通风	备注
公众区域	教育与服务设施区	*门厅	256	1	✓	
		服务台	18	1		
		寄存处	30	1		观众自助存取
		讲解员室	30	1		
		*纪念品商店	104	1	✓	
		*报告厅	208	1		尺寸：16m×13m
		无性别厕所	14	1		兼无障碍厕所
		厕所	64	1	✓	男 26m²、女 38m²
业务行政区域	行政区	*门厅	80	1	✓	与业务区共用
		值班室	20	1	✓	
		接待室	32	1	✓	
		*会议室	56	1	✓	
		办公室	82	1	✓	
		厕所	44	1		男、女各 16m²，茶水间 12 m²
	业务区	安保室	12	1		
		装卸平台	20	1		
		*库前室	160	1		内设货梯
其他		走廊、楼梯、电梯等约 470m²				

一层建筑面积：1700m²（允许误差在±5%以内）

功能区		房间及空间名称	建筑面积(m²)	数量	采光通风	备注
公众区域	陈列展览区	*序厅	384	1	✓	
		*多媒体厅	80			
		*遗址展厅	960	1		包括遗址范围和遗址参观廊，遗址参观廊的宽度为 6m
		*陈列厅	400			
		*文物修复参观廊	88	1		长度不小于 16m，宽度不小于 4m
	教育与服务设施区	*儿童考古模拟厅	80	1	✓	
		*咖啡厅	80	1	✓	
		无性别厕所	14	1		兼无障碍厕所
		厕所	64	1	✓	男 26m²、女 38m²
业务行政区域	业务区	管理室	64	1		内设货梯
		*藏品库	166	1		
		*藏品专用通道	90			直接与管理室、遗址展厅、陈列厅、文物修复室相通
		*文物修复室	185	1		面向文物修复参观廊开窗
		*研究室	176	2	✓	每间 88 m²
		厕所	44	1		男、女各 16m²，茶水间 12 m²
其他		走廊、楼梯、电梯等约 425m²				

地下一层建筑面积：3300m²（允许误差在±5%以内）

（二）试题解析

1. 总图场地分析

根据试题提供的总图与规划要求，建筑控制线范围的面积尺寸与建筑轮廓面积所差无几，在控制线范围内布置博物馆建筑平面几乎没有灵活余地。特别是题目给定的遗址范围距离东侧建筑控制线仅有 20m，同时要求建筑外墙与遗址范围之间必须留出 6m 的参观通道；因此，建筑物定位没有灵活余地。

题目要求观众（人、车）从用地南侧进出，西侧设内部机动车出入口。因而建筑外部场地功能划分就很明确了，即南部为主入口广场和观众停车场，其余均作为内部场地。

总图布置消防车道的问题需要琢磨一下。笔者以为，按照消防安全要求，建筑占地面积大于 3000m² 的博物馆建筑应在建筑周边设置环行消防车道。然而按题目给定的场地条件和建筑布置要求，建筑东侧距离用地界线只剩 14m。这个尺寸仅能勉强放下一条 4m 宽的消防车道。按规定车道边与围墙之间留出 1.5m 后，与建筑外墙就只剩下 2.5m 了，故建筑东侧外墙不能开门（少了 0.5m）。当然规范规定，在场地条件不允许时，可以仅沿建筑物前后两条长边设消防车道；但那是不得已而为之，虚拟题目不宜这样做。

2. 确定建筑轮廓与柱网

按照题目给定的 8m 正方形柱网和地下一层建筑面积限值，采用横向 9 开间，纵向 6 开间似乎是唯一正确的解答。一层建筑面积 3456m²，超过规定面积 156m²，在 5％以内。一层平面建筑面积比地下一层少 1600m²，因博物馆入口序厅和遗址大厅是两层通高，一层不计面积；另外还可以在平面西侧留出 24m×32m 的内庭院，正好符合要求。

场地内的遗址范围是建筑定位的重要依据。宜将结构柱网与遗址范围正对，构成一个两层通高、32m 见方的无柱空间。这也正好符合题目要求在遗址周边留出不小于 6m 宽的参观廊的要求。

3. 建筑功能分区与流线组织

内外分区必须明确。内部管理用房大多需要自然采光通风，可以沿西、北外墙布置在一层一个柱距内，而且应尽量做到上下层功能空间对位。藏品库和大部分展室不需要自然采光通风，可以布置在地下一层或一层平面核心地段。

展览空间宜采用串联式组合，参观流线应按题目要求合理组织。但有一点需要说明，要求"观众不走回头路"是展览建筑设计必须考虑到的，但题目提供的气泡图示意观众进出展区的路线要分开，并要求参观结束后的观众必须通过纪念品商店出去。为此在门厅旁就要设一进一出两部楼梯。笔者只为观众做了一部主要楼梯上下，认为没有必要把纪念品商店放在观众必须通过的流线上。作为应试答案，部分观众也可以通过东端的疏散楼梯上到一层，购买纪念品后离开，以此回应气泡图的要求。

4. 防火与安全疏散（图 28-2-106）

由于博物馆大部分空间布置在地下，消防安全问题需要妥善解决，首先是防火分区。按规范规定，地下一层每个防火分区面积不得大于 1000m²，所以设 4 个分区为宜。遗址展厅约 1000m² 可为一个区，其余宜按库藏区、公共活动区和业务、行政区，用防火墙分隔，必要处设防火门；平时连通开敞处设防火卷帘，火灾发生时放下。所有楼梯间均应封闭并设防火门，门厅的开敞楼梯在火灾发生时不可通行。

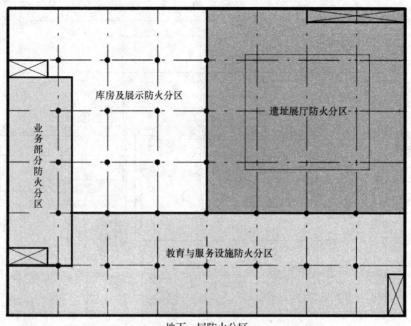

地下一层防火分区

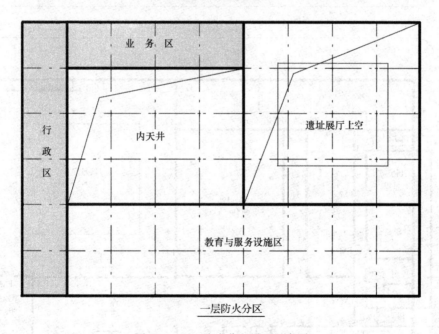

一层防火分区

图 28-2-106 防火分区平面示意图

(三) 参考答案

1. **总平面图** (图 28-2-107)

2. **地下一层平面图** (图 28-2-108)

3. **一层平面图** (图 28-2-109)

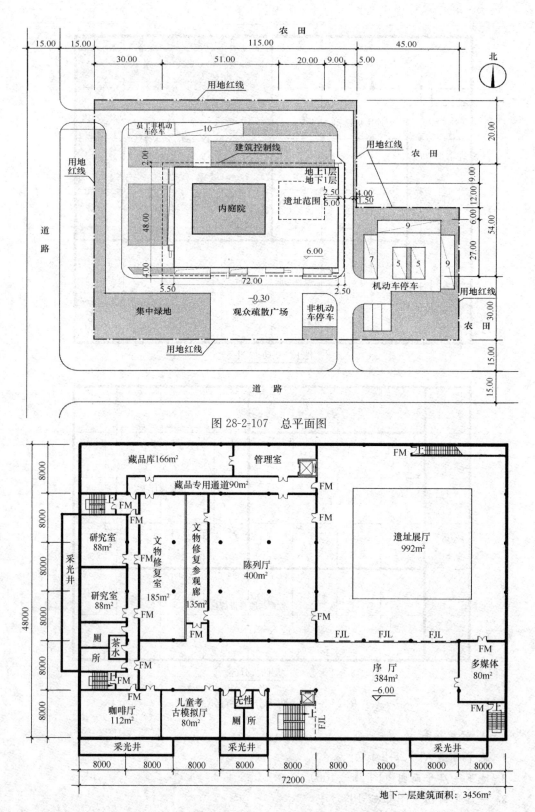

図 28-2-107 总平面图

图 28-2-108 地下一层平面图

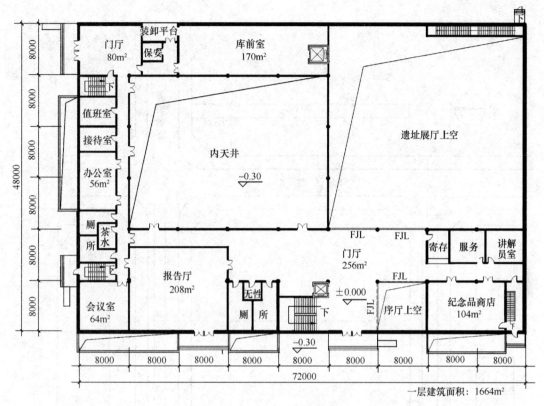

图 28-2-109　一层平面图

一层建筑面积：1664m²

十五、2021 年 学生文体活动中心方案设计

(一) 试题要求

1. 任务描述

我国华南地区某大学拟在校园内新建一座两层高的学生文体活动中心，总建筑面积约 6700m²。

2. 用地条件

建设用地东侧、南侧均为教学区，北侧为宿舍区，西侧为室外运动场，用地内地势平坦，用地及周边条件详见总平面图（图 28-2-110）。

3. 总平面设计要求

在用地红线范围内，合理布置建筑（建筑物不得超出建筑控制线）、露天剧场、道路、广场、停车场及绿化。

（1）露天剧场包括露天舞台和观演区。露天舞台结合建筑外墙设置，面积 210m²、进深 10m；观演区结合场地布置，面积 600m²。

（2）在建筑南、北侧均设 400m² 人员疏散广场和 200m² 非机动车停车场。

（3）设 100m² 室外装卸场地（结合建筑的舞台货物装卸口设置）。

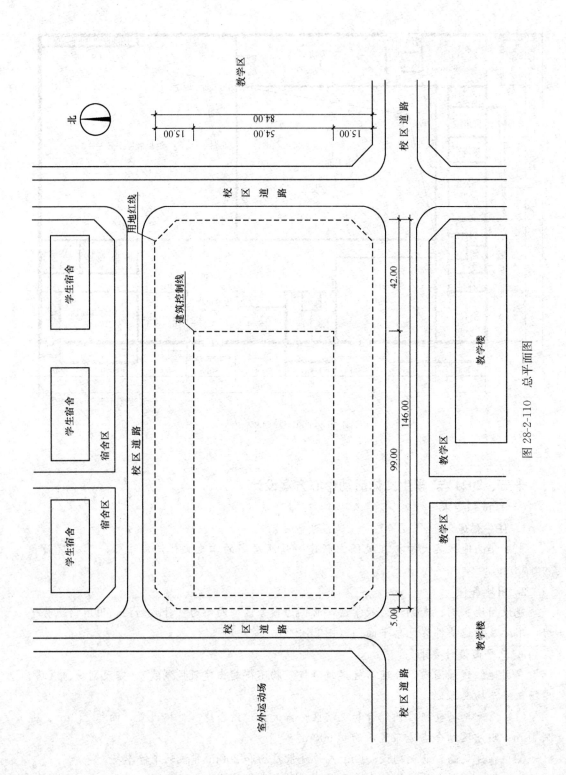

图 28-2-110　总平面图

4. 建筑设计要求

学生文体活动中心由文艺区、运动区和穿越建筑的步行通道组成，要求分区明确，流线合理，联系便捷。各功能用房、面积及要求详见表28-2-36、表28-2-37，主要功能关系见示意图（图28-2-111）。

一层用房、面积及要求   表 28-2-36

功能区	房间及空间名称		建筑面积（m²）	数 量	采光通风	备 注
步行通道	步行通道		—			9m 宽，不计入建筑面积
文艺区	＊文艺区大厅		320	1	♯	含服务台及服务间共 60m²
	＊多功能厅		324	1	♯	两层通高
	＊观众厅舞台		567	1		平面尺寸 27m×21m
	声闸（出场口）		24	1		2 处，各 12m²
	厕所（临近大厅）		80	1	♯	男、女厕及无障碍卫生间
	后台	后台门厅	40	1	♯	
		剧场管理室	40	1	♯	
		＊拆装间	80	1	♯	设装卸口
		＊舞美制作间	80	1	♯	
		＊化妆间	126	1	♯	7 间，每间 18m²
		更衣室	36	1		男、女各 18m²
		厕所	54	1	♯	男、女各 27m²
		跑场通道	—			面积计入"其他"
运动区	＊运动区门厅		160	1	♯	含服务台及服务间各 18m²
	＊羽毛球厅		567	1	♯	平面尺寸 27m×21m，可采用高侧窗采光通风
	＊健身房		324	1	♯	
	医务室		54	1	♯	
	器材室		80	1		
	更衣室		126	1	♯	男、女（含淋浴间）各 63m²
	厕所		70	1	♯	男、女厕各 35m²
其 他	楼电梯间、走道、跑场通道等约 848m²					

一层建筑面积 4000m²（允许±5%）

二层用房、面积及要求   表 28-2-37

功能区	房间及空间名称	建筑面积（m²）	数 量	采光通风	备 注
文艺区	＊交流大厅	450	1	♯	可观看羽毛球厅活动
	观众厅及舞台	—			面积计入一层
	声光控制室	40	1		
	声闸（进场口）	24	1		2 处，各 12m²
	多功能厅（上空）	—			通过走廊或交流大厅观看本厅活动

续表

功能区	房间及空间名称	建筑面积（m²）	数量	采光通风	备注
文艺区	* 大排练室	160	1	#	
	* 小排练室	80	1	#	
	* 练琴室	126	1	#	7间，每间18m²
	厕所（服务交流大厅）	80	1	#	男、女厕及无障碍卫生间
	更衣室	36	1		男、女各18m²
	厕所（服务排练用房）	54	1	#	男、女各27m²
运动区	羽毛球厅（上空）	—			通过交流大厅观看本厅活动
	* 乒乓球室	243	1	#	
	* 健美操室	324	1	#	
	* 台球室	126	1	#	
	教练室	54	1	#	
	厕所	70	1		男、女厕各35m²
其他	楼电梯、走道等约833m²				

二层建筑面积2700m²（允许±5%）

（1）步行通道

步行通道穿越建筑一层，宽度为9m，方便用地南、北两侧学生通行，并作为本建筑文艺区和运动区主要出入口的通道。

（2）文艺区

主要由文艺区大厅、交流大厅、室内剧场、多功能厅、排练室、练琴室等组成，各功能用房应布置合理、互不干扰。

1）一层文艺大厅主要出入口临步行通道一侧设置，大厅内设1部楼梯和2部电梯，大厅外建筑南侧设一部宽度不小于3m的室外大楼梯，联系二层交流大厅。多功能厅南向布置，两层通高，与文艺区大厅联系紧密，且兼顾合成排练使用。通过二层走廊或交流大厅可观看多功能厅活动。

2）二层交流大厅为文艺区和运动区的共享交流空间，兼作剧场前厅及休息厅；二层交流大厅应合理利用步行通道上部空间，与运动区联系紧密，可直接观看羽毛球厅活动。

3）室内剧场的观众厅及舞台平面尺寸为27m×21m，观众席250座，逐排升起；观众席1/3的下部空间需利用。

观众由二层交流大厅进场，经一层文艺区大厅出场，观众厅进出口处设声闸；

舞台上、下场口设门与后台相通，舞台及后台设计标高为0.600，观众厅及舞台平面布置见示意图（图28-2-112）。

4）后台设独立的人员出入口，拆装间设独立对外的舞台货物装卸口，拆装间与舞台相通，且与舞美制作间相邻；

化妆间及跑场通道兼顾露天舞台使用，跑场通道设置上、下场口连通露天舞台。

（3）运动区

主要由羽毛球厅、乒乓球室、台球室、健身房、健美操室等组成，各功能用房应布置

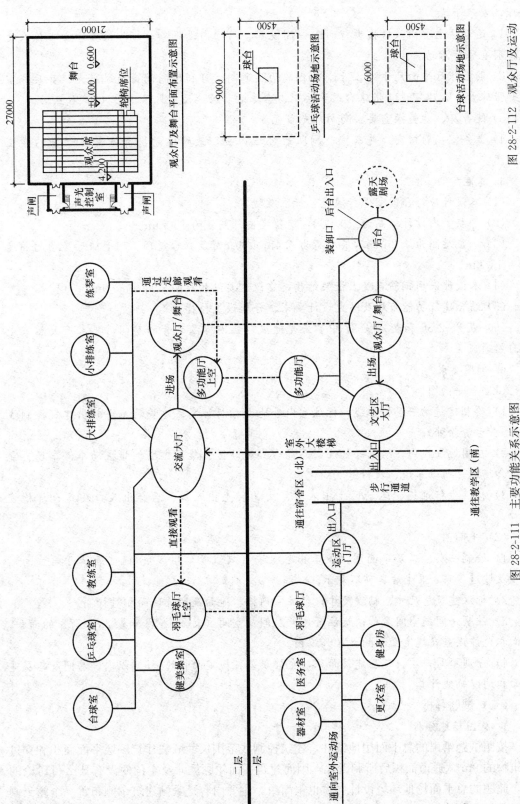

图 28-2-112 观众厅及运动场地示意图

图 28-2-111 主要功能关系示意图

169

合理，互不干扰。

1）运动区主要出入口临步行通道一侧设置。门厅内设服务台，其位置方便工作人员观察羽毛球厅活动。

2）羽毛球厅平面尺寸为 27 m×21m，两层通高，可利用高侧窗通风采光；乒乓球室设 6 张球台，台球室设 4 张球台；乒乓球、台球运动场地尺寸见示意图（图 28-2-112）。

3）健身房、健美操室要求南向采光布置。

4）医务室、器材室、更衣室、厕所应合理布置，兼顾运动区和室外运动场的学生使用。

5. 其他

（1）本设计应符合国家现行规范、标准及规定。

（2）一层室内设计标高为±0.000，建筑室内外高差为 150mm。

（3）一层层高为 4.2m，二层层高为 5.4m（观众厅及舞台屋顶、羽毛球厅屋顶的高度均为 13.8m）。

（4）本设计采用钢筋混凝土框架结构，建议主要结构柱网采用 9m×9m。

（5）结合建筑功能布局及防火设计要求，合理设置楼梯。

（6）表 28-2-36 和表 28-2-37 中"采光通风"栏内标注♯号的房间，要求有天然采光和自然通风。

6. 制图要求

（1）总平面图

1）绘制建筑物一层轮廓线，标注室内外地面相对标高；建筑物不得超出建筑控制线（雨篷、台阶除外）。

2）在用地红线内，绘制并标注露天舞台和观演区、集散广场、非机动车停车场、室外装卸场地、机动车道、人行道及绿化。

3）标注步行通道、运动区主出入口、文艺区主出入口、后台出入口及舞台货物装卸口。

（2）平面图

1）绘制一层、二层平面图，表示出柱、墙（双线或单粗线）、门（表示开启方向）、踏步及坡道。窗、卫生洁具可不表示。

2）标注建筑总尺寸、轴线尺寸，标注室内楼、地面及室外地面相对标高。

3）注明房间或空间名称；标注带＊号房间及空间（表 28-2-36 和表 28-2-37）的面积，其面积允许误差在规定面积的±10％以内。

4）分别填写一层、二层建筑面积，允许误差在规定面积的±5％以内，房间及各层建筑面积均以轴线计算。

（二）试题解析

1. 总图场地分析

按照试题给出的总平面用地条件，建筑控制线范围尺寸减去建筑一层平面面积和穿过建筑物的 9m 宽通道面积后所剩无几，因而建筑平面轮廓尺寸及定位便没有什么可讨论的了。此题的总平面场地环境设计要求也很简单，主要内容是紧贴建筑东侧布置一个露天剧场以及相应的非机动车停放场地，其余也就是在场地内适当布置室外装卸场地、步行通道和绿化。

2. 确定建筑轮廓与柱网

笔者一向认为矩形轮廓正方形柱网是处理大型公共建筑平面布局的首选方案。不过出题者要求在主要采用9m×9m柱网的前提下，提示室内剧场平面尺寸为21m×27m，并且羽毛球厅也是相同尺寸、无柱、两层通高的高大空间，因而在平面柱网中插入一个21m的大跨来布置这两个空间，是比较合理的。而与21m大跨度空间对应的其余部分小空间柱距则宜采用7m。结合总平面图建筑控制线范围尺寸，东西方向（横向）10×9m，南北方向（纵向）3×9m+3×7m是比较合适的。一层平面基本轮廓为90m×48m，去掉中部纵向贯通的9m宽步行通道，其面积与题目要求接近。

二层平面的面积控制需要注意，在90m×48m的轮廓中，去掉观众厅、羽毛球厅和多功能厅三个高大空间的面积（已计入一层建筑面积）后，建筑面积仍然超过规定太多。可以考虑在中央步行通道上空适当去掉一些。笔者以为，这个问题的解决办法以结合题目要求的3m宽室外大楼梯的布置，在建筑南侧进行处理比较合适。

3. 建筑功能分区及流线组织

本题文艺与运动两大功能区，在平面上一东一西，一大一小，两功能区在一层平面中部被步行通道明确分开，总体布局无需多加琢磨。题中文艺区和运动区的所有空间都是学生公共活动场所，因而动静和内外关系处理也比较简单，唯有剧场后台部分应与观众活动空间明确分离。再有就是要适当考虑露天剧场舞台要与建筑紧邻，以便利用后台设施。至于题目要求适当考虑在室外运动场活动的学生可以利用室内服务设施的问题，因为二者紧邻布置，故问题不大。

关于文艺区和运动区两大部分的流线组织，主要功能关系示意图（图28-2-111）作出了明确表达，也无需过多琢磨。

文艺区就是一个常见的"三进式"小剧场。观众进入前厅后需经楼电梯上到二层，再经过声闸进入观众厅后排通道；散场观众则从前排通道分两侧返回一层前厅，经过声闸离场。演职人员活动的后台部分，考虑到与露天演出兼顾，只能布置在舞台的东南北三侧，通过跑场通道连成一体。

运动区空间全部属于公共活动性质，不存在内外、动静分区的问题，可采用以公共大厅为核心的放射状布局。

4. 防火分区与安全疏散

一层部分的文艺与运动两个防火分区被室外步行通道明确分开；二层部分可被当作一个防火分区处理，将所有室内楼电梯按防火疏散要求封闭处理，并控制好安全疏散距离即可；本方案沿外墙尽量均匀布置6部封闭楼梯即可满足安全疏散要求。

（三）参考答案

1. 总平面图 （图28-2-113）

2. 一层平面图 （图28-2-114）

3. 二层平面图 （图28-2-115）

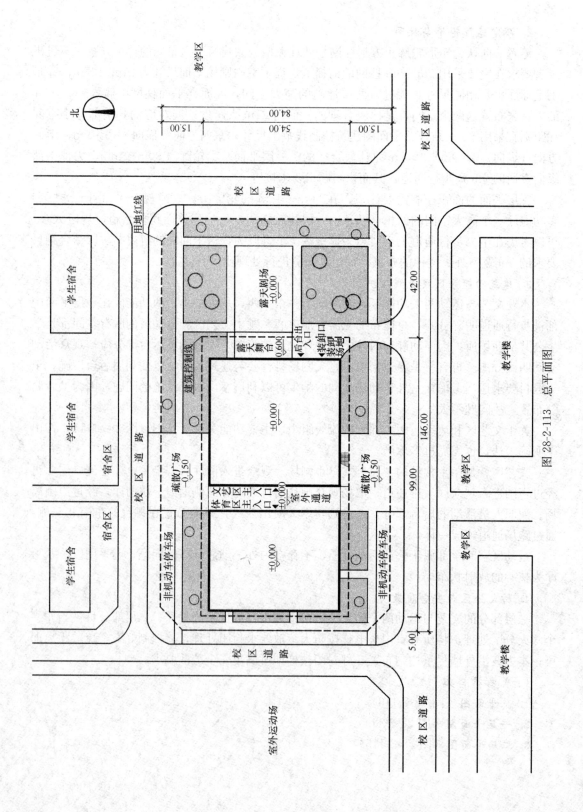

图 28-2-113　总平面图

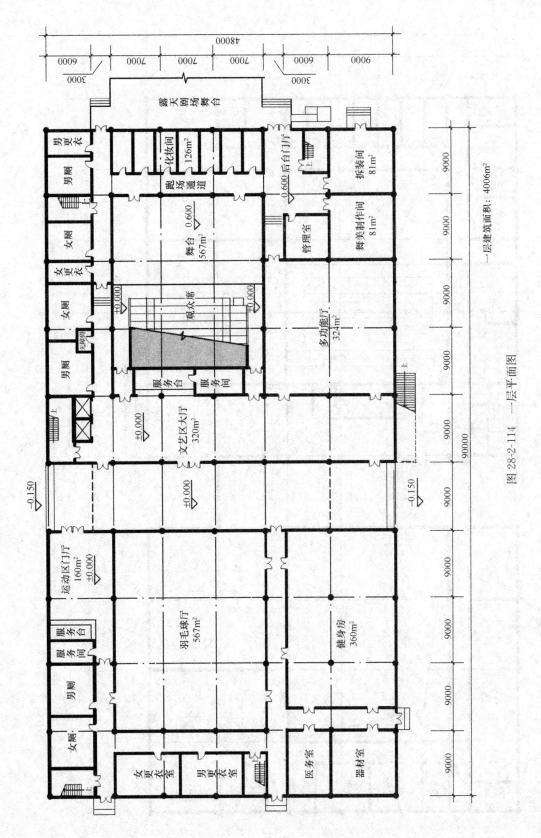

图 28-2-114 一层平面图

一层建筑面积：4006m²

男更衣

男厕

女厕

女更衣

女厕

男厕

化妆间
126m²

跑场通道

舞台
567m²
0.600

0.600 后台门厅

±0.000

±0.000

观众席

服务台

服务间

文艺区大厅
320m²
±0.000

±0.000

运动区门厅
160m²
±0.000

服务台

服务间

男厕

女厕

羽毛球厅
567m²

女更衣室

男更衣室

医务室

器材室

露天剧场舞台

拆装间
81m²

舞美制作间
81m²

管理室

多功能厅
324m²

健身房
360m²

−0.150

−0.150

3000

6000

7000

7000

7000

6000

9000

48000

9000

9000

9000

9000

9000

9000

9000

9000

9000

9000

90000

173

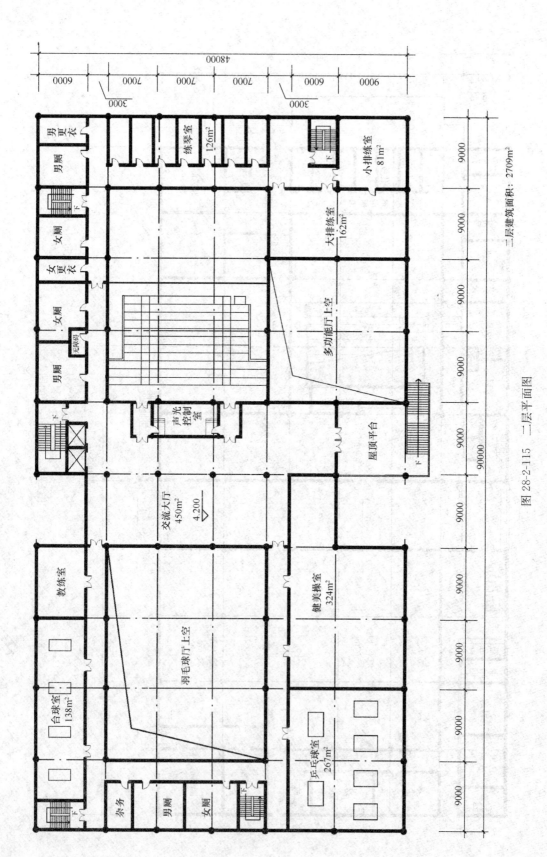

图 28-2-115　二层平面图

174

第三节　建筑方案设计（作图）考试应试方法和技巧

如前言所述，本书编写的目的是帮助应试者顺利通过注册资格考试，也就是告诉大家怎样在 6 小时的规定考试时间内，拿出合格的建筑方案图来，而不是教大家如何做好建筑设计方案。以下是本教材提供给大家的主要应试方法和技巧的归纳：

(一) 仔细审题，抓住关键

考试时间虽紧，但一定要仔细看清题意，抓住设计问题的关键所在。不同功能类型的建筑设计都有其特有的关键性问题。例如，航站楼设计的关键在于进出港人流、物流的流线和流程安排；病房楼设计的关键在于洁污分流以及病房朝向；法院审判楼设计一定要把公众活动和法院内部活动在空间上加以严格区分，特别是犯罪嫌疑人羁押区的独立和隔离很重要；住宅设计成败的关键则在于必须满足用地控制、日照间距等规划要求和住宅套型、套数、主要房间的量、形、质标准；体育俱乐部设计和住宅设计相似，并没有复杂的功能、流线关系，因而看重的是各项体育设施的空间和场地在量、形、质方面的满足程度；公交客运站设计同航站楼类似，功能分区和流线组织是关键；大使馆 4 个功能区的分隔与联系则是应当首先安排好的主要问题；公交客运站、图书馆和博物馆更看重内外分区和流线组织；超级市场的功能分区和安全疏散则是需要着重解决的问题。审题时不妨在"建筑设计要求"上多花些时间，争取对题意有尽量准确的理解，抓住关键，重点解决。对于比较复杂的题目，还要在解题过程中反复仔细核对自己的答案是否符合题目要求，而切忌急于动手画图。

(二) 满足功能要求是注册建筑师考试建筑方案作图考核的基本目标

注册考试的目的是检验应试者是否具备一个建筑师最基本的能力和素质。反映在建筑方案作图考试上，就是看应试者能否合理解决建筑的使用功能问题；至于建筑艺术问题，则基本不在考核范围之内。应试者在解决建筑功能问题方面的能力和水平，主要并不表现在对于各种建筑类型的了解和熟悉程度。因为一个合格的建筑师并不需要全面掌握各种类型建筑的设计原理和方法，而只要能够按照设计任务书提出的功能要求，合理、顺畅地组织空间与流线即可。考试时，大凡题目提出较为复杂的功能、流线要求的，题目一定附有明确的功能说明和分析图示。合格的建筑师应能看懂这些图示，并据以组织出合格的建筑平面关系图。所以，考前复习不需要从不同的建筑功能类型入手，去掌握各种类型民用建筑的设计原理和方法。重要的是学会从功能关系图到建筑平面组合图转化的本领。

(三) 采用简单的几何形建筑平面，切忌把问题复杂化

合理解决建筑平面的功能关系并不依靠图形的复杂程度。为了省时省事地做出合格的建筑方案，平面图应当越简单明确、直截了当越好。笔者强烈建议采用正方形柱网和矩形轮廓去应对所有框架结构的公共建筑设计题目，流线组织也要尽量简捷为好。即使是住宅建筑，也建议采用最简单的套型平面进行组合。注册考试时一切形式上的文章都是多余的，其结果必定是画蛇添足，吃力不讨好。这一点正是注册资格考试和平时做方案的最大不同之处。平时做方案要讲究创意，求新求变，并且也有时间反复推敲，把方案尽可能做到尽善尽美；而作图考试时就不必要，也不可能这么干。此外，建筑方案作图考试评卷也不同于优秀设计评选，在这么短的时间里，只要求能够及格，并不追求方案的完美。不少

方案设计的高手不能顺利通过方案作图考试，究其原因，大概正在于他们把平时做设计的一套办法太多地用到考试里去了。

（四）注意评分标准，分清答题主次

题目上的设计作图要求是按照满分的目标设定的，应试者完全没有必要去一一满足。根据历年考试评分标准，重点在于两层建筑平面图的功能分区、流程流线和房间数量、形状和物理环境质量的满足要求，其权重往往是 70%～80%。总图一般为 10 分，最多时 15 分，没有做也可以评分，所以不是重点。最后 10～15 分给了结构、规范和图面表达与标注，这些同样也不是重点。答题时间的分配应当考虑主次关系，甚至在时间不够用的情况下可以舍弃次要，以确保主要部分的完成。例如航站楼、客运站试题总平面场地布置的工作量很大，分值并不高，就不值得花时间深入解答，只要把确定的建筑平面轮廓放进建筑控制线范围之内，简单表示一下道路交通组织就可以了。同样，结构布置、符合规范方面做得不好，也在 15 分上限之内扣分，考试时用不着为此反复推敲。大量次要功能房间的面积把握同样不值得仔细琢磨，阅卷时根本不可能一一核对那±10%的误差。许多应试者感觉时间不够用，大概就是在不重要的枝节问题上花时间太多的缘故。

（五）图面表达深度适可而止

我国建筑专业的传统职业习惯是注重图面表达，然而在历年的建筑方案作图考试评分标准中，图面表达包括文字标注只占 5 分。一个设计方案图的完整而充分表达的工作量和它的分值不成比例。考试时间不够用，就不必完全按照题目要求的深度去做。例如，墙体可以用一道粗实线表示，窗完全可以不画；门留洞并徒手勾出门扇和开启线，开启方向不必细琢磨；家具布置不是方案阶段考虑的问题；卫生间来不及布置，楼梯没有功夫细画，楼地面标高和房间名称、面积漏了标注等问题，统统加在一起扣分都在这 5 分之内，并不足以造成答卷不及格。

总之，顺利通过建筑设计作图考试如果说有什么诀窍的话，大致可以归纳为：

认真审题，抓住关键。重中之重，功能流线。

建筑类型，无须多虑。要害之处，注意提示。

形式问题，不需顾及。艺术效果，完全不必。

矩形轮廓，正方柱网。变形旋转，有害无益。

整体把握，逐步深入。布局搞定，细节丢弃。

不求最好，只需合格。原则不错，其余不计。

何谓原则，安全功利。按题作答，平铺直叙。

结构规范，皆属枝节。图面表达，适当简约。

掌握时间，全面推进。局部深入，全无意义。

考试之前，做点练习。猜题背图，白费力气。

知己知彼，百战不殆。功夫到家，过关无疑。

通过对 2005 年以来注册建筑师执业资格考试建筑方案设计作图试题的解析，相信大家对于即将到来的考试实战已经有了一定把握。为了获得更好的应试效果，建议大家抽点时间把这些试题亲自做一做，再对照评分标准，看看能否抓住重点，分配好时间，估计一下自己能不能及格。包括绘图工具的使用，对于习惯于用电脑画图的人来说，也是需要花点时间做做练习的。

第二十九章　建筑技术设计（作图）

第一节　建　筑　剖　面

一、考试大纲的基本要求

在 2002 年全国注册建筑师管理委员会重新调整和修订的《全国一级注册建筑师资格考试大纲》（以下简称《考试大纲》）中，将原大纲中的"建筑设计与表达"科目改为两个互相独立的考试科目，即"建筑方案设计"和"建筑技术设计"。这种考试方法的改革的最大特点是能够分别对应试者的建筑方案设计能力与建筑技术设计能力进行考核，更准确地反映出应试者的能力和水平。

（一）《考试大纲》的宗旨

《全国一级注册建筑师资格考试大纲》针对建筑技术设计（作图题）的要求是："检验应试者在建筑技术方面的实践能力，对试题能做出符合要求的答案，包括：建筑剖面、结构选型与布置、机电设备及管道系统、建筑配件与构造等，并符合法规规范。"

在所涉及的专业领域方面，《考试大纲》写明了四点，即包括"建筑剖面、结构选型与布置、机电设备及管道系统、建筑配件与构造"等，其中，除了"结构选型与布置""机电设备及管道系统"属于建筑师也应该了解掌握的相关专业的内容外，"建筑剖面""建筑配件与构造"本身就是建筑学专业应熟练掌握的内容。

在 2003 年的实际考题中，以上四个方面的考核内容各自以一道独立的题目出现，形式上是互不相关的。但是，房屋建筑的设计是一个涉及多专业、多工种的综合性工作，尤其是有关建筑技术方面的设计更是如此。单就涉及建筑学专业的两个方面的内容"建筑剖面"和"建筑配件与构造"来看，它们也不是孤立的内容。例如，"建筑剖面"的设计就要求应试者具有对建筑空间关系的解读和处理，对建筑结构的体系和材料及做法的了解和掌握，对建筑各个细部节点的构造做法的熟悉和精通等全面的综合能力。

从《考试大纲》的要求中我们看到，大纲的主旨是强调应试者在建筑技术方面的"实践能力"。也就是说，要求应试者在全面掌握以上提到的各个专业领域的相关原理和内容的基础上，具有合理地、完善地解决实际问题的能力。

（二）《考试大纲》的考核点

1. 从整体上把握建筑空间关系的能力

实际上，调整和修订《考试大纲》之前和之后的"建筑剖面"部分的考核点基本上是一样的，其中主要的一点就是考查应试者从整体上把握建筑空间关系的能力。即要求应试者根据题目所给出的某一建筑的平面图（一般为一座独立的两层建筑的各层平面图及屋顶平面图或示意图，也可能是某一多层建筑或者高层建筑的顶部两层范围内的各层平面图及屋顶平面图或示意图）按照指定的剖切线位置画出剖面图，要求剖面图必须正确反映出平面图中所示的尺寸及空间关系。

如何正确地解读建筑的空间关系，如何合理地表达建筑的空间关系，显然考查的是应试者的综合能力。具体来讲，应试者应该在搞清楚以下几个方面问题的同时，要在头脑中建立起一个清晰的建筑空间的形象来，并最后把这个建筑空间形象准确、迅速地用建筑剖面图的形式表达出来。

（1）建筑的类型（是什么用途的建筑物）；

（2）建筑周围的地形（是否为坡地，室外设计地坪间的高差是多少，各个室外设计地坪之间的关系是如何处理的）；

（3）建筑的室内外高差；

（4）建筑的层高及总高度；

（5）是否有错层及室内地坪是否有高差；

（6）房间的布局及尺寸；

（7）入口的位置及门窗布置；

（8）楼梯的位置、形式及走向；

（9）各层平面的上下间定位关系。

2. 对建筑结构体系及其材料和做法的掌握能力

实际上，建筑空间关系的形成是建立在建筑结构方案的基础之上的。应试者在建筑结构方面的修养会直接影响到"建筑剖面"这个部分试题的解答。试题考查的范围有以下几个方面：

（1）建筑结构的类型（是墙承载结构体系还是柱承载结构体系）；

（2）建筑结构的材料类型（是砌体结构、钢筋混凝土结构还是钢结构或者木结构）；

（3）建筑结构水平分系统（包括楼板结构层、屋顶结构层、楼梯结构构件等的结构类型，是板式结构还是梁板式结构，或者其他结构类型）；

（4）门窗洞口过梁；

（5）基础及地下结构的类型（是条形基础、独立基础还是其他特殊基础形式，是否有地下室、管沟等）；

（6）屋顶形式及其结构类型（是平屋顶、坡屋顶还是其他屋顶形式，采用的是什么结构类型）；

（7）檐口的类型（是女儿墙还是挑檐，或者其他檐口形式）；

（8）挡土墙等结构；

（9）悬挑结构（是否有悬挑阳台、悬挑雨篷，或者其他悬挑结构）；

（10）圈梁、构造柱（芯柱）等抗震加固措施。

3. 对建筑物各个部位建筑构造做法的了解和熟练掌握的能力

建筑构造设计是建筑设计的组成部分，是建筑设计的深入和延续，是建筑师应该掌握的基本功。建筑构造做法的含义应包括材料的选择、构件的截面形式及尺寸、合理的构造顺序及连接方法等。

（1）基础及地下结构（地下室、管沟等）构造做法；

（2）地坪层构造做法；

（3）楼板层构造做法；

（4）屋顶构造做法；

（5）外墙构造做法；

（6）内墙构造做法；

（7）门窗构造做法；

（8）楼梯及其栏杆（板）构造做法；

（9）建筑防潮（包括墙身、地坪、地下室等部位）构造做法；

（10）台阶、坡道、勒脚、散水等部位构造做法。

在《考试大纲》对建筑技术设计（作图题）简明扼要的要求中，特别强调了"符合法规规范"这一点。当然，试题中并没有直接考查法规规范的条文，而是要求应试者在全面熟悉有关的建筑设计法规规范条文的基础上，正确地进行设计，把法规规范的条文要求正确地反映到设计图纸上。这种能力的养成不是一朝一夕之功，也不是仅靠突击背诵就能全面解决的问题，它需要大量的工程实践，也靠日积月累对法规规范条文的思考、钻研和理解，毕竟在理解的基础上，才能更好地掌握庞杂的各种建筑法规规范要求。

二、应试准备

"建筑剖面"设计的应试准备与其他知识类科目的应试准备不一样，仅靠死记硬背是无法应付的，指望"临时抱佛脚"突击、强化也不会产生明显的效果。从前一节"试题特点分析"中我们看到，"建筑剖面"设计涉及的知识内容非常广泛，而且更需要的是应试者的能力水平，包括空间想象能力和综合处理问题的能力等。空间想象能力就是要求应试者对考题所给平面图的信息解读能力以及在此基础上完成剖面图设计的图面表达能力。综合处理问题的能力则是要求应试者在熟悉和掌握建筑设计、建筑结构和建筑构造等相关知识的基础上，全面、迅速、准确地解决和处理各种问题的能力。这种能力是通过在长期建筑设计实践中不断积累经验才能逐渐养成的。另一个比较突出的问题是，考试限定采用工具手工绘制图纸，而对于相当多的应试者来说，早已适应和依赖电脑来进行建筑设计了，手上的功夫也生疏了。面对考试，除了在平时的设计实践中有意识地积累经验，"临阵磨枪"，有针对性地做一些准备，也可以助自己增加考试通过的机会。应试准备应该包括以下几个方面。

（一）能力的训练

1. 建筑剖面设计能力的训练

如果从建筑设计的角度来看，建筑剖面的设计要确定建筑物的使用空间和层高，要确定建筑物各个部位的高度，要处理建筑物各个部位上下的空间关系，以满足建筑的各种功能要求。而实际上，全国一级注册建筑师资格考试中的"建筑剖面"考题，已经把问题大大地简化了，大部分涉及空间关系的内容都是题目已经确定的，只要求应试者能把题目限定的内容正确地表达出来就可以了。在这种情况下，关于建筑剖面设计能力方面的应试准备，主要应该训练对建筑平面图的空间解读能力，也就是要根据题目给出的各层平面图以及各个部位的高度尺寸等条件，在头脑中建立起一个清晰的建筑空间形态的能力；以及将这种空间形态准确地用建筑剖面图的形式表达出来的能力。这种对建筑图纸的空间解读能力以及空间表达能力，是人的空间想象力的一种体现，需要后天努力培养，也就是要通过大量的设计实践逐步提高。

因此，提前做好准备，尽可能多做一些针对性的训练，通过训练掌握和提高建筑图的解读和表达能力，以从容地应对考试。

2. 建筑剖面绘图能力的训练

绘图能力是建筑师的看家本事，对于至少经过了五年的学院里的科班训练和培养，以及具有一定程度的执业经历的应试者来说，本不应该是什么问题了。但是，现状并不是这么回事儿。没有经过严格的徒手绘图能力的培养，过多、过早地依赖电脑绘图的辅助，使一些应试者在考题要求手工绘制的限制下感到很不习惯，对正确地完成图纸的内容及其深度要求也不清楚，造成考试时图面丢三落四，不能正确地使用图面语言，甚至在考试规定的时间内无法完成作答。

在考前的绘图能力训练中，首先要认真学习和掌握建筑剖面图的图面表达内容和其深度要求，例如，材料图例、轴线、尺寸、标高等的正确标注，另外对于各种线型的掌握和正确的表达也应作为训练的内容，通过训练达到正确、清晰、快速、熟练的效果。

（二）知识的准备

1. 建筑法规规范知识的准备

建筑设计必须依照各种建筑法规规范进行，以确保设计出来的建筑适用、安全、经济、美观。所以，建筑师必须熟练掌握各种建筑法规规范的要求，并且能够在建筑设计的实践中，熟练地运用建筑法规规范的条文，特别是各种强制性条文更是要牢牢地掌握，并且能够熟练地运用。具体到"建筑剖面"设计这部分的考试中，更多地涉及建筑各个细部的技术处理，建筑法规规范的内容和要求也是分散地体现在这些具体的细部做法的环节当中了。因此，要求应试者必须对建筑法规规范的条文内容做到熟悉、精通。当然，一个人的知识积累是长期的过程，要在平时的设计实践中注意不断地积累。在考试前的知识准备中，主要应该做一些复习强化的工作。

2. 建筑剖面设计相关知识的准备

在"建筑剖面"设计相关知识当中，最主要的是建筑结构的相关知识和建筑构造的相关知识两部分内容。这两部分内容一直以来都是许多建筑师比较缺乏，或者说掌握得比较差的一部分内容。虽然说考题当中把大部分做法都做出了具体的限定，但也不是简单地照搬到试卷上就可以解决的问题。比如说，以 2003 年全国一级注册建筑师资格考试中"建筑剖面"的考题为例，试题中具体给出了"梁"的材料为钢筋混凝土，截面尺寸也给出了具体的宽和高，但是，哪些部位应该设置梁，题目却没有给出。又比如，试题中明确地要求"防潮层"采用水泥砂浆（应为防水砂浆），但是，防潮层都在哪些部位设置，防潮层在墙体中具体的标高位置，题目也不会给出。实际上还有很多类似的问题。显然，这些问题正是试题要考查应试者的重点内容，而对这些问题的判断和确定能否正确，需要的正是应试者在建筑结构和建筑构造相关知识方面深厚的功底。

大家都知道，对于一个建筑师来说，建筑结构的相关知识（不是建筑结构的具体设计计算，而是有关建筑结构的体系、类型、布置要求、构造及尺寸关系等）以及建筑构造的相关知识是非常重要的，也是最难掌握的。难掌握的原因是多方面的，既有建筑师（从作为建筑学专业的学生开始）不重视的因素，也有这部分内容枯燥繁杂，且涉及的面非常广阔，确实不易掌握的原因。还有一点不利的因素是，有关这部分相关知识的复习准备比起其他科目的复习准备来说难度更大。原因是，你想临时抱佛脚，无奈"佛脚"太多（内容庞杂、涉及面广），真是无从下手。

（三）应试心理准备

应试心理是一个老生常谈的问题，从小学生入学后的第一次考试开始，每个人一生中会经历无数次的考试，应试心理的作用的确不可忽视。应该说，"在战略上藐视困难，在战术上重视困难"这句话虽然有些"官话"的味道，但确实就是如此。只不过对"建筑剖面"的考试来说，"在战术上重视困难"更多地应该体现在平时的积累和准备，而"在战略上藐视困难"更多的是考试时应该具有的一种心态，已经走上考场了，紧张不紧张都要经历这几个小时，能放松心态地把平时积累的东西都发挥出来就无愧于自己了。

三、建筑剖面设计的评价

"建筑剖面"设计这一部分的试卷评分由两部分组成：选择题部分通过机读卡由计算机阅卷，另一部分则由阅卷人通过手工操作进行。考题限定条件明确，为的是使所有考生的答案都趋向唯一解，以便于评价时减少人为因素的干扰，使评分更公平。其实，无论哪种评分方式，对考生来说影响都不大，因为不管哪一种方式，其对试卷的打分和评价都是比较客观的，关键还是要看考生设计作答的正确性。那么，如何来评价一份考卷的成绩和水平呢？一般而言，一个好的"建筑剖面"设计应该满足以下的要求：

（一）满足题目的设计条件

"建筑剖面"设计的考题，题目往往给定许多限定的条件，例如，规定建筑的结构类型、层高、建筑的空间关系、建筑各部位的具体构造做法，甚至建筑材料的图例都会给出。这样多的限定条件一方面对应试者来说可以减少需要由自己来确定的内容，另一方面也恰恰要求考生在设计作图中一一满足这些限定条件；否则，就会由于不符合题目给定的要求而被扣掉分数。

1. 建筑的空间关系

建筑空间关系表达的正确与否，是"建筑剖面"设计作图题中重点考查评价的一个内容。例如，建筑的剖面形式是否正确？建筑的立面形式是否正确（剖面图中应表达的沿投影方向的可视立面部分）？是平屋顶还是坡屋顶？屋顶的形式（结合屋顶平面形式）如何？是几坡顶？各部分屋顶是否有高差？屋脊的形式，檐口的形式是否正确？室内高差或错层是否正确地表达？室内外高差是否正确地表达？楼梯的形式是否正确？门窗的数量和位置是否正确？……以及各部位之间的空间投影关系是否正确等。

以上内容虽然很多，但基本上都是题目给定的，从文字资料到各层平面图和屋顶平面示意图，题目中都有完整的交代。对考生来说，要做的就是全面、完整、准确、熟练地将它们表达出来。如果整个建筑的空间关系完全混乱，以至无法完成剖面图绘制的话，则正好反映出应试者的建筑设计功底和基本能力的欠缺。

2. 图面的正确表达

建筑剖面图的图面表达，除了基本的建筑制图规范的表达要求（例如，线型要求、材料图例要求等）以外，试题题目中也给出了明确的要求，如哪些部位需要标注定位轴线、尺寸和标高等，都有具体的规定。例如，基础底面（埋深）标高、室外地坪标高（可能不止一个标高）、室内地坪标高（同样可能不止一个标高）、各楼层面标高、檐口及屋脊处的标高，以及题目所给的其他部位的标高，外墙外沿尺寸、轴线间的定位尺寸以及其他给定的有关尺寸等，都要完整准确地标注清楚。有些需要通过考生的设计计算推导出来的标高和尺寸，则除了要按要求标注出来以外，设计计算的正确与否也就显得十分重要了。设计计算的失误和漏标基本的尺寸和标高，都会直接影响考试的成绩。

（二）采用合理的技术方案和技术措施

前面我们提到，虽然考试的题目中会给出很具体的结构构件和细部构造做法的要求，但是，有关结构的布置形式、建筑细部构造做法的合理的位置等内容，还是必须由考生来回答的。如果不能做出正确合理的回答，则很难得到理想的分数。

1. 建筑结构方案设计

考试题目一般都会给出整个建筑的结构类型，明确地告诉你采用的是砌体结构还是框架结构等。但是，建筑具体部位的结构类型就要由考生自己来决定了。例如，屋顶层的结构类型如何选取，如果是坡屋顶的话，采用檩式结构、椽式结构还是板式结构，如何进行结构布置？楼板层采用什么样的结构类型，是板式结构还是梁板式结构，梁板式结构是如何布置的，应该布置多少根梁，具体的位置在哪？哪些位置应该设置过梁，哪些位置应该设置圈梁，圈梁与过梁是否需要合并设置？楼板层上的隔墙位置是否需要设置承托隔墙的梁？挡土墙的形式及构造如何，是否应该考虑侧向土压力的影响而需要相应采取一些合理的结构措施？这些问题都需要考生给出正确的解答，也是阅卷评分的主要关注点。

2. 建筑构造方案及构造设计

建筑构造方案及构造设计在"建筑剖面"设计中同样不可忽视。考试题目已经给出了大部分的细部构造做法，而且由于建筑剖面图纸比例（1：50）的限制，大部分的构造做法已经被简化成一条投影线了，或者说，建筑构造方案及构造设计能力的考查，主要是在"建筑配件与构造"的考题部分进行。但是，仍然有一些建筑构造的内容是作为"建筑剖面"设计这部分题目考查的重点。例如，台阶、坡道、散水、明沟等的构造做法（组成、构造顺序、材料选择等）是否合理；基础放脚的形式是否正确；室内地坪的做法是否符合要求；墙身防潮层在剖面图中应该显示的数量和具体的平面位置和标高位置等，都是阅卷评分时考查的重点。

还有一些内容是题目没有明确规定的，但仍然需要考生能够正确、合理地在作图中表达出来，而且也会直接影响考生的卷面成绩。例如，在建筑剖面图中绘制楼梯部分时，除了要求正确地设计表达出楼梯的结构形式（板式楼梯还是梁板式楼梯）、楼梯段的合理结构关系和截面尺寸及构造做法外，还要设计和表达出梯段上栏杆扶手的形式及做法（虽然考试题目中并没有明确给出这一要求）。对于有经验的建筑师来说这个要求不成问题，但对于经验不足或功底不够扎实的应试者来说就可能是一个问题，需要引起足够的重视。类似这样的情况还有踢脚线的表达、阳台和雨篷泄水管的绘制等，都不应该遗漏。这些内容可能都是一些小问题，甚至有些问题可能会小到在阅卷评分标准中无法一一提及的程度；但是，对于有着丰富经验的阅卷专家来说，这些小问题一眼就可以看出，而且会给他们留下很深的印象，不可避免地会在整体印象分上反映出来，这一点也应该引起考生的足够注意。况且，作为一个合格的建筑师，这些问题本身反映的就是其自身的素质和设计功底，远不应该仅仅是为了获得注册建筑师资格考试通过这样一个简单的目的而为之的问题。

四、建筑剖面设计的相关知识

"建筑剖面"设计的考试虽然也属于作图题的考试类型，但是，它是属于建筑技术设计的范畴，明显的不同于"建筑方案设计"对应试者的要求。比起建筑方案设计来，建筑技术设计需要更多的理性，更科学严谨的思考，考生应该紧紧抓住这个特点，做好考试前的能力训练和知识准备。

（一）建筑空间关系的把握及绘图要求

在已经确定的空间关系状态（例如"建筑剖面"的考题形式）下，建筑空间关系的把握主要是对题目所给出的平面图及其他相关信息的解读能力，也就是要会识图，读懂图。在掌握了建筑图的图示方法和要求之后，读懂图的前提条件就是要有良好的空间想象力，这种能力需要平时的实践积累，也是需要不断地训练才会熟练和提高的。

在读懂图的基础上，按照建筑图的规范的表达方法，正确地绘制出建筑剖面图。一方面，应试者要熟悉建筑制图规范的条文要求；另一方面，则要能够熟练准确地运用。下面将建筑剖面图绘制中的主要要求做一些简单的介绍。

1. 按照题目规定的图纸比例绘制

实际上，不同的图纸内容有不同的比例要求，目的是要准确、清晰、简洁地表达出设计的意图。

2. 线型要正确

在建筑剖面图中的线型要求是：

（1）"看线（未剖切部位的轮廓线）"均为细线；

（2）"剖线（剖切部位的轮廓线）"则分为两种：结构构件的剖线为粗线，建筑的装修做法线为细线；

（3）定位轴线、尺寸线、标高符号线等其他部分均为细线。

3. 建筑材料图例要正确

除了熟悉建筑制图规范中建筑材料图例的规定以外，考试题目中多数情况下也会直接给出有关的建筑材料图例，按照题目的要求绘制即可。

4. 尺寸的标注要完整、正确

（1）尺寸线、尺寸界限用细线，尺寸起止线用45°斜向短粗线，倾斜方向（以尺寸数字的方向为基准）为右上至左下。

（2）尺寸数字标注在尺寸线的上方（竖向延伸的尺寸线则应将尺寸数字标注在尺寸线的左侧），尺寸数字的字头方向必须朝向上方或朝向左侧。

（3）尺寸数字的单位为毫米，但符号"mm"省略。

（4）一般情况下，至少应该在如下部位标注尺寸线：

1）一道水平方向（沿建筑剖面图从左至右）的定位尺寸线；

2）两道竖直方向（沿建筑前、后檐各标注一道）的尺寸线；

3）其他各细部的尺寸，例如，基础放脚的外形尺寸、挡土墙的定位尺寸、悬挑部位的定位尺寸等；

4）考试题目规定的应该标注的其他尺寸。

以上尺寸的标注方法要求如图 29-1-1 所示。

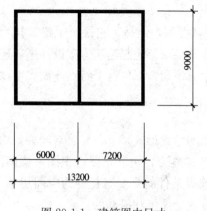

9000

6000 | 7200

13200

图 29-1-1　建筑图中尺寸
的标注方法及要求

5. 标高的标注要完整、正确

（1）注意标高符号的正确绘制，标高符号中三角形的顶点要指在所要标定的标高平面的投影线（或者其延长线）上。

（2）标高的数字单位为米，取小数点后三位数，但符号"m"省略。标高的原点（即室内地坪）处应标注"±0.000"，负标高应标注符号"－"，但正标高符号"＋"应省略。

（3）一般情况下，至少应该在如下部位标注标高：

基础（各处）底面；室外（各处）地坪；室内（各处）地坪；（各层及各处）楼面；檐口、屋脊等处的定位面；门、窗洞口的上、下表面等。

6. 注意投影关系的正确

正确、熟练地表达清楚建筑剖面图中的投影关系，需要应试者有着清醒的思路，表现在图纸上就是既不能漏画、错画，也不能多画，或者将投影的前后、左右、上下关系完全搞乱。

（二）建筑结构系统的设计要求

在"建筑剖面"部分的考题中，限于建筑物的规模，涉及的建筑结构应该都是比较简单的结构类型，例如砌体结构、剪力墙结构或框架结构等。但是，这不等于说在"建筑剖面"绘图部分的作答中建筑结构的问题就非常简单了，实际上，要顺利地正确处理这一部分的结构问题，仍然需要全面的、扎实的建筑结构基本知识，才能够确保不出现会影响考试成绩的图面错误和问题。

针对"建筑剖面"这部分考试内容来说，考生主要应该搞清楚以下有关的结构问题。

1. 建筑结构水平分系统

建筑结构水平分系统是整个建筑承载系统的重要组成部分，包括楼板结构层、屋顶结构层、楼梯结构构件（楼梯段、休息平台）等，实际上还应该包括挑檐、雨篷、阳台等部位的结构构件。为什么这么多的部位都划分到一个"建筑结构水平分系统"当中去了呢？实际上道理很简单：在建筑物自重以及人、家具设备等可变荷载这些竖向荷载的作用下，建筑结构水平分系统中的构件主要都承受弯矩和剪力（有时还有扭矩），也就是说，虽然以上列举的结构构件布置在建筑物的不同部位（楼板层、屋盖、楼梯、檐口、阳台、雨篷等处），但是，它们的受力特征却是完全一样的，也因此，它们的结构类型也是完全一样的，主要的类型就是板式结构和梁板式结构两大类。根据建筑结构水平分系统的结构构件的支承情况来看，又可以区分为两端支承的形式和一端固定另一段自由的悬挑形式。下面，分别对上述各种情况下的结构设计要求作一个简单的介绍。

（1）板式结构

板式结构在墙承载结构中得到广泛的应用，它具有外形简单、制作方便的优点，但由于受其自身刚度要求的限制，其经济跨度不可能太大，多适用于跨度较小的房间顶板、楼梯段和悬挑阳台及雨篷板等，如图 29-1-2 所示。

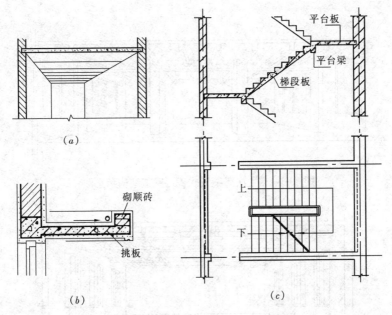

图 29-1-2　建筑结构水平分系统中的板式结构举例

(a) 楼板；(b) 挑板式雨篷；(c) 楼梯段板

　　结构板的厚度取值，需要根据板的承载情况、支座情况、刚度要求，以及施工方法等的不同来综合确定。一般情况下，结构的刚度要求和支座情况是重点考虑的因素，可参照下列要求确定（最终取值应为 10mm 的整数倍数）：

　　1）简支板时，板厚一般取其主跨（即短跨）的 1/30～1/35，并且不小于 60mm；

　　2）多跨连续板时，板厚一般取其主跨的 1/35～1/40，并且不小于 60mm；

　　3）悬臂板时，板厚一般取其跨度（悬臂伸出方向）的 1/10～1/12，此厚度值为悬臂板固定支座处的要求，为减轻构件自重，悬臂板可按变截面处理，但板自由端最薄处仍不应小于 60mm。

　　（2）梁板式结构

　　当需要较大的建筑空间时，为使水平分系统结构承受和传递荷载更为经济合理，常在板下设梁，以增加板的支承点，从而减小板的跨度和厚度；这样，就形成了梁板式结构。梁板式结构中，荷载由板（单向板或双向板）传给梁（梁有时又分为次梁和主梁，次梁把荷载传给主梁），再由梁传给墙或者柱。梁可单向布置，也可双向或多向交叉布置从而形成梁格。合理布置梁格对建筑的使用、造价和美观等有很大影响。梁格布置得越整齐规则，越能体现建筑的适用、经济、美观，也更符合施工方便的要求。

　　下列一组图（图 29-1-3～图 29-1-10）中，分别给出了在房屋的各个部位采用梁板式结构的示意图。

　　下面，对以上图示的各种建筑结构水平分系统的结构类型及构件尺寸等在设计要求方面做一些介绍。

　　1）单向梁梁板式的楼、屋盖结构

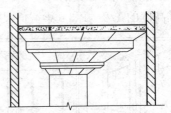

图 29-1-3　单向梁梁板式楼、屋盖结构示意图

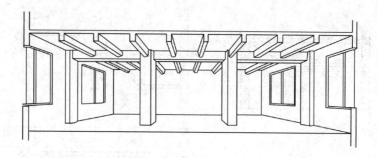

图 29-1-4 主次梁梁板式楼、屋盖结构示意图

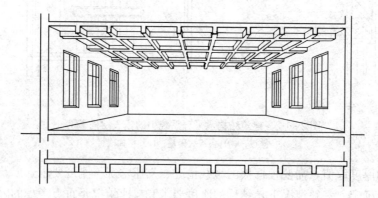

图 29-1-5 井字梁梁板式楼、屋盖结构示意图

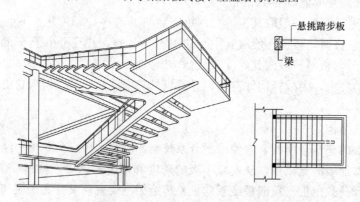

图 29-1-6 悬臂梁板式楼梯结构示意图

一般情况下，梁的跨度可取 5～8m，梁的高度可取跨度的 1/10～1/12，梁的宽度可取其高度的 1/2～1/3（梁截面尺寸的取值一般应符合 50mm 的整数倍数的要求）；板的跨度可取 2.5～3.5m，板的厚度取值，可参照前述板式结构相应的情况确定。

2）主次梁梁板式的楼、屋盖结构

根据工程经验，主梁跨度一般为 5～9m，主梁高度为其跨度的 1/8～1/14；次梁跨度即主梁的间距，一般为 4～

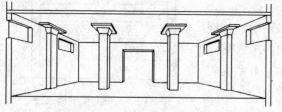

图 29-1-7 无梁式（暗梁式）楼、屋盖结构示意图

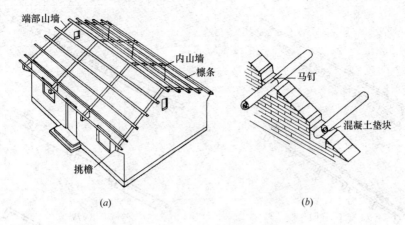

图 29-1-8 檩式坡屋顶（山墙承檩）结构示意图

（a）山墙承檩屋顶；（b）檩条在山墙上的搁置形式

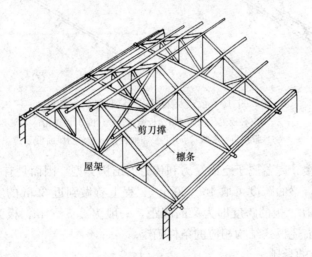

图 29-1-9 檩式坡屋顶（屋架承檩）结构示意图

6m，次梁高度为其跨度的 1/12～1/18。梁的宽度与高度之比，一般仍按 1/2～1/3 取值。板的跨度即次梁的间距，一般为 1.7～2.5m，板的厚度取值，仍可参照前述板式结构相应的条件来确定。一般情况下，按上述要求布置形成主次梁梁格后，每一梁格围合形成的板单元都是一个单向板，这种情况下，荷载由板传给次梁，次梁传给主梁，主梁再传给墙或柱。

　　3）井字梁梁板式楼、屋盖结构

　　井字梁梁板式结构是主次梁梁板式结构的一种特殊形式。当需要的建筑空间较大，并且其平面形状为正方形或接近正方形（长短边之比一般不能大于 1.5）时，常沿两个方向等距离布置梁格，两个方向梁的截面高度相等，不分主次梁，从而形成了井字梁梁板式结构。井字梁梁板式结构的梁格布置，一般采用正交正放的形式，也可以采用正交斜放、斜交斜放等方式。当平面形状为正三角形或正六边形等特殊形状时，还可以采用三向交叉（互成 120°）的井字梁梁板式结构。井字梁梁板式结构的外观比主次梁梁板式结构更为规则整齐，即使不做吊顶棚处理，其结构外观也能自然构成美观的图案。

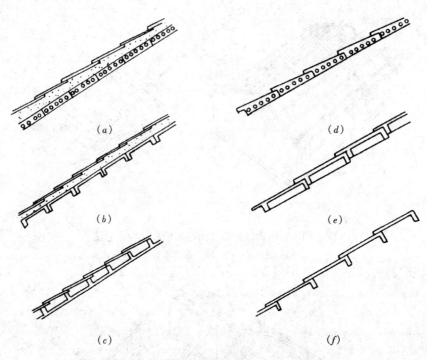

图 29-1-10　板式及梁板式坡屋顶结构示意图

(*a*) 空心板盖瓦；(*b*) 槽形板盖瓦；(*c*) 倒 T 板盖瓦；

(*d*) 带挑口空心板；(*e*) F 形屋面板；(*f*) 单肋屋面板

井字梁梁板式楼、屋盖属于空间受力和传力的结构类型，因而具有很突出的结构上的优势。一般情况下，梁的跨度可取 10～20m，工程上有做到近 30m 的实例。梁的高度取其跨度的 1/10～1/18；板的跨度即为梁的间距，一般为 2.5～4m，板为双向板，板的厚度取值，仍可参照前述板式结构相应的条件确定。

4）梁板式结构的悬挑

悬臂梁的高度一般取其跨度（即悬臂梁伸出的方向）的 1/6 左右。板的厚度取值，仍可参照前述板式结构相应的情况来确定。

5）梁板式结构的楼梯

梁板式结构的楼梯，其各构件的合理跨度以及截面尺寸的取值，均可参照前述有关单向梁梁板式结构以及悬臂结构等的相应要求来确定。

6）无梁式楼、屋盖结构

无梁式结构（实际为暗梁式结构）也称为板柱结构，它是一种特殊的框架结构体系。无梁式结构是将板直接支承在柱上，不设主梁、次梁或井字梁，由于无梁式楼、屋盖结构是将板直接支承在柱上，所以，柱顶附近的板将受到较大的冲切力作用。为了提高钢筋混凝土板对冲切荷载的承受能力，应适当地增加板的厚度，并在柱顶设置柱帽。板的厚度一般可取其跨度的 1/25～1/30，并且不应小于 150mm；柱距的大小应根据建筑设计的要求综合确定，一般在 6～10m 比较经济合理。无梁式楼、屋盖结构的柱网网格一般采用正方形的形式，即柱网平面中两个方向的柱距相等，这样做更为经济。

7）坡屋顶的结构类型

一般情况下，平屋顶的结构形式与楼板层的结构形式是完全一样的，这在前边已经作了具体的介绍。而对于坡屋顶的结构层来说，不仅与楼板层的结构形式完全不同，而且其结构组成及构造也较为复杂。不过，这种形式上的复杂和变化，仅仅是由于坡屋顶的外形及其较大的坡度造成的，如果从作为水平分系统所具有的结构特征上来看，坡屋顶的结构形式与平屋顶的结构形式并不存在本质上的不同。

坡屋顶的结构系统一般可分为三种不同的结构体系，即檩式坡屋顶结构、椽式坡屋顶结构和板式坡屋顶结构。其中以檩式坡屋顶结构的应用最为广泛，现代建筑中，板式坡屋顶结构也得到了广泛的应用。从图 29-1-8 及图 29-1-9 中可以看出，檩式坡屋顶中的檩条，实际上就是梁板式结构中的梁，也就是说，檩式坡屋顶实际上就是梁板式结构在坡屋顶中的具体运用，而在板式坡屋顶结构中（图 29-1-10），既有纯板式的结构，也有设置梁的梁板式结构。

坡屋顶各种结构类型中各构件的截面尺寸要求，读者可以对照平屋顶的各种结构类型中的构件尺寸取值方法相应地确定。

2. 建筑结构竖向分系统

建筑结构竖向分系统主要包括所有结构墙体（不含隔墙、填充墙、幕墙、隔断等）及柱（不含纯装饰性的柱）。在所有竖向荷载作用下，建筑结构竖向分系统中的所有构件的共同受力特征是，主要承受压力（轴心受压及偏心受压）。

在设计竖向分系统的结构时，要保证其具有足够的承载能力和良好的稳定性，以利结构的安全。建筑结构的承载能力与其所用材料的强度大小、构件截面尺寸的大小和截面形状有关；建筑结构的稳定性则与其高度、长度、截面厚度、形状和边长尺寸等空间比例相关，也就是说，应控制结构墙体的高厚比和柱的长细比，并采取合理的构造措施，来增强其稳定性。

（1）柱

对结构柱来说，其截面形状没有什么限制，从常见的方形、矩形、圆形，到多边形、工字形、十字形等，都可以采用。在多层和低层建筑中，柱的长细比一般取 10 左右，柱的截面边长一般不少于 400mm，一般高层建筑底层的柱子截面边长会比较大。

（2）结构墙体

目前，结构墙体采用的材料主要有黏土砖砌体、混凝土承重砌块砌体、钢筋混凝土结构等做法，而在"建筑剖面"科目的考题中，结构墙体采用的主要是前两者，即砌体结构，这是由题目所给定的建筑高度和层数决定的。

砌体结构墙体的厚度取值必须符合块体规格的模数尺寸，例如：黏土砖墙常取240mm 厚或 360mm 厚，混凝土承重砌块墙一般取 200mm 厚等。这样的墙体厚度已经完全可以满足建筑结构的承载和稳定性的要求了，其他有关保温隔热等热工方面的要求宜采用内贴或外贴苯板等材料保温层的方式解决。

对于墙体的稳定性问题，一般情况下没有太大的问题，但是，当墙体的高度或长度较大而稳定性不足时，可以考虑采用加设壁柱的方式解决，既构造简单，又效果明显。所要注意的是，壁柱的平面尺寸仍应符合块体规格的模数关系。

3. 建筑结构的基础类型和设计要求

一般情况下，建筑剖面的设计中是不包括基础部分的设计的，基础设计主要由结构专业来完成。但是，在全国一级注册建筑师资格考试"建筑剖面"部分的考题中，则把基础作为一个主要的组成部分进行考核。

（1）按构造形式划分的基础类型

建筑物的基础按构造形式基本上可以分为三种类型，即条形基础、独立基础、整体式基础（满堂基础）。图 29-1-11～图 29-1-14 所示为常见的三种基础类型的示意图。

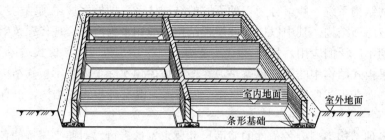

图 29-1-11　主要用于墙下的条形基础

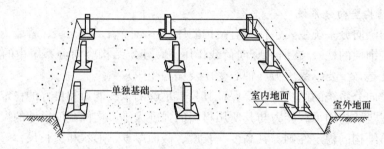

图 29-1-12　主要用于柱下的独立基础

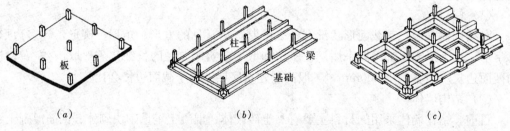

图 29-1-13　整体式基础（筏式基础）
(a) 板式；(b)、(c) 肋梁式

（2）按基础材料的力学特点划分的基础类型

常见的基础材料有砖、石材、灰土、素混凝土、钢筋混凝土等，其中，除钢筋混凝土基础属于柔性基础外，其他材料的基础都属于刚性基础，如图 29-1-15 和图 29-1-16 所示。

对于刚性基础来说，其共同特点是，它们的抗压强度很好，但抗拉、抗弯、抗剪等强度却远不如它们的抗压强度。由于地基承载力在一般情况下低于结构墙体或柱等上部结构的抗压强度，故基础底面宽度要大于墙或柱的宽度，如图 29-1-15 所示，地基承载力越小，基础底面宽度越大。当 B 很大时，往往挑出部分（即大放脚）也将很大。从基础受力方面分析，挑出的基础相当于一个悬臂构件，它的底面将受拉。当拉应力超过材料的抗拉强度时，基础底面将出现裂缝以至破坏。用砖、石、灰土、混凝土等刚性材料建造基础时，为保证基础不被拉应力和冲切应力破坏，基础就必须具有足够的高度。也就是说，对基础大放脚的挑出宽度与高度之比（称基础放脚宽高比）要进行限制，以保证基础的可靠和安全。无筋扩展基础放脚台阶的宽高比允许值，详见表29-1-1。

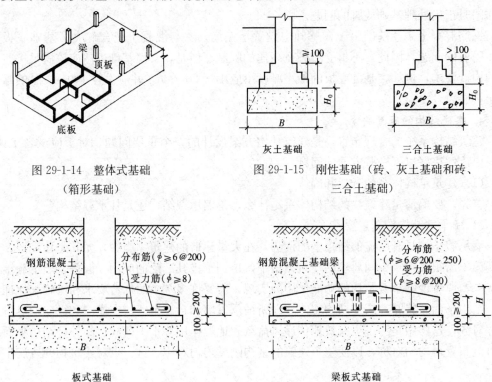

图 29-1-14　整体式基础　　　　图 29-1-15　刚性基础（砖、灰土基础和砖、
　　　　　　（箱形基础）　　　　　　　　　　　　　　　　　三合土基础）

图 29-1-16　钢筋混凝土柔性基础

无筋扩展基础（刚性基础）放脚台阶宽高比的允许值　　　　　　表 29-1-1

基础材料	质 量 要 求	台阶宽高比的允许值		
		$p_k \leqslant 100$	$100 < p_k \leqslant 200$	$200 < p_k \leqslant 300$
混凝土基础	C15 混凝土	1：1.00	1：1.00	1：1.25
毛石混凝土基础	C15 混凝土	1：1.00	1：1.25	1：1.50
砖基础	砖不低于 MU10，砂浆不低于 M5	1：1.50	1：1.50	1：1.50
毛石基础	砂浆不低于 M5	1：1.25	1：50	—
灰土基础	体积比为 3：7 或 2：8 的灰土，其最小干密度： 粉土 1.55t/m³； 粉质黏土 1.50t/m³； 黏土 1.45t/m³	1：1.25	1：1.50	—
三合土基础	体积比 1：2：4～1：3：6（石灰：砂：骨料），每层约虚铺 220mm，夯至 150mm	1：1.50	1：2.00	—

注：1. p_k 为荷载效应标准组合时基础底面处的平均压力值（kPa）；

　　2. 阶梯形毛石基础的每阶伸出宽度不宜大于 200mm；

　　3. 当基础由不同材料叠合组成时，应对接触部分作抗压验算；

　　4. 基础底面的平均压力值超过 300kPa 的混凝土基础，尚应进行抗剪验算。

对表 29-1-1 中的数据应该有一个整体规律上的把握，即把主要的基础放脚宽高比的最小值记住，例如，砖石、灰土材料基础的常用宽高比最小限值是 1：1.5，素混凝土材料基础的常用宽高比最小限值是 1：1。记住这几个基本的数据，以便在"建筑剖面"考试作图时正确处理基础放脚的问题。

钢筋混凝土柔性基础由于在基础中设置了钢筋，并与混凝土配合解决了基础底板受弯、受剪的问题，因此，不再受放脚宽高比的限制。但是，柔性基础仍然应该满足一些基本的构造要求，例如，基础底板的最小厚度不应小于 200mm，并应设置 100mm 厚的素混凝土垫层。

4. 建筑结构的布置要求

建筑结构系统的合理布置，是建筑结构方案设计的一个重要问题。对于应试者来说，主要应该解决好以下一些方面的问题。

（1）建筑结构体系的选择和确认

首先，要搞清楚建筑物的结构体系是什么，是墙承载结构还是柱承载结构？

1）墙承载结构的布置要求

墙承载结构具有明显的结构上的优势，在大量建造的建筑物当中，尤其是住宅楼、办公楼等不需很大建筑空间要求的建筑类型中，得到了极其广泛的应用。但是，墙承载结构的优势，或者说墙承载结构的功能作用的实现，需要许多基本的构造要求和措施来保证。

结构平面布置时，应使结构墙体（即所谓承重墙和自承重墙）在横向和纵向均尽量连续并对齐，这样做是为了更有效地传递风荷载和地震作用等水平荷载；此外，结构平面应尽可能布置得均匀对称，以使整个建筑的结构刚度均匀对称，这一点对建筑物的抗震十分重要。

结构剖面布置时，应使结构墙体在各楼层之间上下连续并对齐，当需要某些较大的建筑空间而造成一部分墙体不能上下连续时，较好的解决办法是，将需要大空间的房间设置在建筑物的顶层，以避免结构墙体在竖直方向的间断。这样要求是为了保证结构墙体更有效地承受和传递竖向荷载。对于主要采用轻质材料的非结构墙体（隔墙、隔断等），则应注意其对楼板结构层的影响，一般情况下，应在楼板层隔墙、隔断的部位设置托墙的梁，以有利于楼板层更好地承受荷载。

在建筑设计时，结构墙体上不可避免地要设置一些门窗洞口，设计的要求是，洞口位置宜上下对齐，洞口尺寸不宜过大，并应避免在洞口上部直接设置集中荷载。对于门窗洞口位置及尺寸的限制，有利于保证窗间墙的结构功能，在多层砌体房屋的设计时，是通过限制房屋的局部尺寸，来体现这种要求的，具体要求如表 29-1-2 所示。

房屋的局部尺寸限值（m） 表 29-1-2

部　　　位	烈　　　　度			
	6	7	8	9
承重窗间墙最小宽度	1.0	1.0	1.2	1.5
承重外墙尽端至门窗洞边的最小距离	1.0	1.0	1.2	1.5
非承重外墙尽端至门窗洞边的最小距离	1.0	1.0	1.0	1.0
内墙阳角至门窗洞边的最小距离	1.0	1.0	1.5	2.0
无锚固女儿墙（非出入口处）的最大高度	0.5	0.5	0.5	0.0

多层砌体结构的房屋，由于组成其结构墙体的黏土砖或各类空心承重砌块的规格比较小，以及当结构水平分系统的楼板结构层和屋顶结构层等采用预制装配式钢筋混凝土结构时，造成结构墙体以致整个房屋的结构系统的整体性都比较差，难以满足建筑物的抗震基本要求。解决的办法，就是在砌体结构房屋中，按一定的要求设置圈梁和构造柱（或芯柱）。

2）柱承载结构的布置要求

柱承载结构（含框架-剪力墙结构）的一个突出特点，就是比墙承载结构更容易形成连续通畅的建筑空间，这可以说是柱承载结构在建筑设计方面的一个优势。但是，这一优势的取得是有"代价"的，"代价"就是柱承载结构比墙承载结构的空间整体刚度要小，因而，抵御地震作用等水平荷载作用的能力也相对要弱。

结构平面布置时，柱网（即由纵向、横向或任意方向的定位轴线交叉形成的、用以确定每个柱子平面位置的网格）平面应尽量做到规则、均匀、对称，柱在平面同一方向应尽量对齐，横向与纵向剪力墙宜相连，以形成较稳定的平面形状。这些要求对结构基本功能的实现是十分重要的。

结构剖面布置时，应使柱以及剪力墙分别在各楼层之间上下连续贯通并对齐，柱底部以及剪力墙底部必须伸入地下以形成牢固的基础，当需要无柱和无墙的大空间时，应将其布置在顶层，以避免柱和剪力墙在竖直方向的间断。

框架结构和框架-剪力墙结构中，框架或剪力墙均宜双向布置，梁与柱或柱与剪力墙的中线宜重合，框架的梁与柱中线之间偏心距不宜大于柱宽的 1/4，以避免在水平荷载的作用下建筑结构发生不利的扭转。

（2）建筑结构水平分系统的结构布置

在建筑方案设计的同时，建筑结构水平分系统的结构布置也应同时进行。是应该采用板式结构还是梁板式结构，梁板式结构中到底应该采用哪一种具体的形式，如何来分析和确定这些问题？

1）结构方案的简单合理

这里，把"简单"与"合理"作为选择建筑结构水平分系统结构方案的一个标准，这也应该成为一切结构方案选择和评价的标准。能用简单的结构形式解决的问题，就不采用复杂的结构形式，这就是一个最合理的原则。如果把建筑结构水平分系统的结构类型排一下队以便作为一种选择顺序的话，那么，可以这样进行：板式结构—单向梁梁板式结构—双向梁梁板式结构。

2）结构方案的经济性

经济性是建筑设计的另一个重要的原则，不论是在建筑结构方案的选择时还是在整个建筑的设计和建造时都是如此。对建筑结构方案的选择来说，不是简单地使结构材料消耗得越少就越好，而是要看结构材料消耗以及构造和施工建造的简单方便两个方面的综合效果，来评价其经济性。这里主要应考虑建筑结构水平分系统中各种结构类型的经济跨度，作为选择的主要标准。

① 板式结构，跨度以 3～5m 为宜。

② 单向梁梁板式结构，梁的跨度以 5～8m 为宜，板的跨度同板式结构。

③ 主次梁梁板式结构，适用于建筑平面长、短边之比大于 1.5 的情况采用。主梁的

跨度以 5~9m 为宜，次梁的跨度以 4~6m 为宜，板的跨度以 1.7~2.5m 为宜。

④ 井字梁梁板式结构，适用于建筑平面为正方形或者长、短边之比小于 1.5 的情况采用。双向梁的跨度以 10~25m 为宜，板的跨度以 3m 左右为宜。

（3）其他应注意的结构问题

1）门窗洞口过梁的设置要求

对于墙承载结构来说，门窗洞口上部必须设置过梁（也可以与圈梁合并设置），以承担上部墙体及楼板层的荷载。过梁的截面高度一般取其洞口净跨度的 1/10~1/12 为宜。

对于柱承载结构而言，门窗洞口上部一般不单独设置过梁，主要以骨架结构中的梁来兼做门窗洞口的过梁使用。梁的截面高度则主要取决于骨架结构中梁的刚度（梁的高跨比）条件。

2）圈梁、构造柱（芯柱）的设置要求

在抗震设防地区，对于砌体结构来说，圈梁与构造柱（芯柱）是必须设置的，如果建筑结构的水平分系统采用预制装配式的方法建造时尤其如此。

① 圈梁的设置

顶层屋盖处必须设置圈梁；楼层结构板处则按抗震设防等级确定，6 度、7 度设防等级为隔层设置，8 度及以上设防等级为每层设置。圈梁截面的高度应不小于 120mm，如果基础附近也须设置圈梁（以满足基础整体刚度要求）的话，基础圈梁的截面高度应不小于 180mm。

② 构造柱（芯柱）的设置

对于建筑剖面图来说，涉及不到构造柱（芯柱）的设置问题，这里就不作介绍了。

3）挡土墙的设置要求

挡土墙的设计主要应考虑侧向土压力引起墙体稳定的问题，一般可采取增大墙厚或者增设壁柱的方法予以解决。

4）尽量避免结构墙体（尤其是大面积的结构墙体）的悬挑。

5）隔墙（或隔断）下应设置托墙的梁。

（三）建筑构造的设计要求

对于"建筑剖面"部分的考题来说，建筑构造的问题并不是考查的重点。关于建筑构造的基本原理和做法，我们将在"建筑配件与构造"部分作重点的介绍，这里，只着重介绍与建筑剖面有关的建筑构造内容。

1. 建筑防潮构造

一般说来，建筑防潮构造所要防的潮主要指的是地潮，也就是存在于地下水位以上的透水土层中的毛细水。土层中的这种毛细水会沿着所有与土壤接触的建筑物的部位（基础、墙身、室内地坪、地下室等）进入建筑物，使墙体结构受到不利的影响，使墙面和地面的装修受到破坏，使建筑物的室内环境变得非常潮湿，无法满足人们对室内舒适、卫生、健康的要求。因此，必须对建筑物进行合理的防潮设计。

建筑防潮常用的材料与建筑防水的材料是基本相同或相近的。由于土壤中的毛细水是无压水，相对地下水、屋面雨水等而言，其施加在建筑各部位的作用程度要小一些，一般的建筑防水材料基本上都具有防潮的功能。具体而言，建筑防潮的材料可以分为柔性材料和刚性材料两大类，柔性材料主要有沥青涂料、油毡卷材以及各类新型防水卷材，刚性材料主要有防水砂浆、配筋密实混凝土等。

（1）地坪防潮构造

地坪的构造组成一般都是在夯实的地基土上做垫层（常见垫层做法有：100mm 厚的 3：7 灰土，或 150mm 厚卵石灌 M2.5 混合砂浆，或 100mm 厚的碎砖三合土等），垫层上做不小于 50mm 厚的 C10 混凝土结构层，有时也称混凝土垫层，最后再做各种不同材料的地面面层。在这类常见的地坪做法中的混凝土结构层，同时也是良好的地坪防潮层。混凝土结构层之下的卵石层也有切断毛细水的通路的作用。

（2）墙身防潮构造

墙身的防潮包括水平防潮和垂直防潮两种情况的防潮处理。

1）墙身水平防潮

墙身水平防潮是对建筑物所有的内、外结构墙体（即所有设置基础的墙体）在墙身一定的高度位置设置的水平方向的防潮层，以隔绝地下潮气对墙身的不利影响。

墙身水平防潮层的位置必须保证其与地坪防潮层相连。当地坪的结构垫层采用混凝土等不透水材料时，墙身水平防潮层的位置应设在室内地坪混凝土垫层上、下表面之间的墙身灰缝中；当地坪的结构垫层为碎石等透水材料时，墙身水平防潮层的位置应平齐或高于室内地坪面 60mm 左右（即具有一定防潮防渗作用的地面及踢脚的高度位置内）。

墙身水平防潮层一般有油毡防潮层、防水砂浆防潮层、防水砂浆砌砖防潮层和配筋细石混凝土防潮层等。

2）墙身垂直防潮

当建筑物内墙两侧的室内地坪存在高差，或室内地坪低于室外地坪时，不仅要求按地坪高差的不同在墙身设两道水平防潮层，而且为了避免高地坪房间（或室外地坪）填土中的潮气侵入墙身，还必须对有高差部分的墙体表面采取垂直防潮措施。其具体做法是，在高地坪房间（或室外地坪）填土前，于两道墙身水平防潮层之间的垂直墙面上，先用 20mm 厚水泥砂浆做找平层，再涂冷底子油一道、热沥青两道（或采用防水砂浆抹灰的防潮处理），而在低地坪房间一边的垂直墙面上，则在做墙面装修时以采用水泥砂浆打底的做法为宜。

（3）地下室防潮构造

当设计最高地下水位低于地下室地坪标高，又无形成上层滞水可能时，地下水不会直接侵入室内，地下室的侧墙和地坪仅受到土壤中潮气（如毛细水和地表水下渗而造成的无压水）的影响，这时地下室需要做防潮处理。

地下室的防潮处理包括地下室地坪的防潮、地下室侧墙的墙身水平防潮（地下室地坪处）和墙身垂直防潮（从地下室地坪处一直向上做至室外散水处），在首层房间地板结构层处的墙体中还应再设置一道墙身水平防潮层。

地下室防潮构造的原理与前述地坪防潮构造及墙身防潮构造的原理完全一样，读者可以自己分析并做出具体的防潮构造，或者参见"建筑配件与构造"部分的重点介绍。

2. 楼梯及阳台等处的栏杆扶手构造

在建筑物中，为了避免人员在行走或者活动时跌落，在楼梯段、休息平台、阳台等处应设置栏杆扶手。栏杆扶手的形式除了要考虑坚固、安全、美观的要求外，主要的一点就是要有足够的高度。

（1）在楼梯段上，栏杆扶手的高度（从踏步前沿至扶手顶面之间的垂直距离）不应低于 900mm。

（2）在楼梯休息平台上，超过 500mm 长的水平栏杆处，其扶手的顶面高度不应低于 1050mm。

（3）阳台的栏杆扶手高度不应小于 1050mm。

（4）对住宅、托幼建筑等有幼儿活动的建筑中的栏杆扶手，其栏杆的净距离不应大于 110mm，且栏杆不应采用易于攀爬的形式。

五、试题 1-1 某两层建筑剖面

（一）任务说明

按所示平面图（图 29-1-17）中的剖切线，绘出建筑剖面图。必须正确反映尺寸及空间关系，并符合任务和构造要求。

（二）构造要求

结构类型：砖墙承重，现浇钢筋混凝土楼梯，现浇钢筋混凝土坡屋顶。室内外高差见图注。

基础：立于褐黄亚黏土上，道砟 100mm 厚，C20 素混凝土基础 200mm 厚，宽 600mm，基础埋深 1400mm。

地面：20mm 厚木地板；

　　　50mm×50mm 木龙骨、中距 400mm；

　　　1:3 水泥砂浆找平层，上做防水层涂料；

　　　100mm 厚 C10 混凝土做垫层；

　　　100mm 厚道渣；

　　　素土夯实。

楼面：结合层及地砖厚 30mm；

　　　20mm 厚水泥砂浆找平层；

　　　120mm 厚现浇钢筋混凝土板。

屋面：1:2 水泥砂浆上贴彩色屋面砖，总厚 20mm，屋面坡度 1:2.5，挑檐宽 400mm，天沟净宽 300mm，深 200mm，有组织排水；

　　　40mm 厚 C20 细石混凝土刚性整浇层（内配钢筋 $\phi4@200$）；

　　　50mm 厚保温层；

　　　100mm 厚 C20 现浇钢筋混凝土，板底粉刷厚 20mm。

外墙：240mm 砖墙，找平层 15mm，结合层及面砖 15mm，总厚 30mm。

内墙：承重墙 240mm 砖墙，非承重墙 120mm 砖墙，内墙粉刷厚 25mm。

梁、楼梯：现浇钢筋混凝土。

门窗高度：门厅窗高 1200mm，起居室窗高 2000mm，雨篷上部窗高 900mm，高侧窗高 900mm，门高均 2100mm。

窗台高：一层 900mm，二层高侧窗距斜屋面泛水至少 250mm。

层高：在①轴的墙中轴线与屋面板面的交点处标高为 3.900m，③轴处为 5.000m，其余见图注。

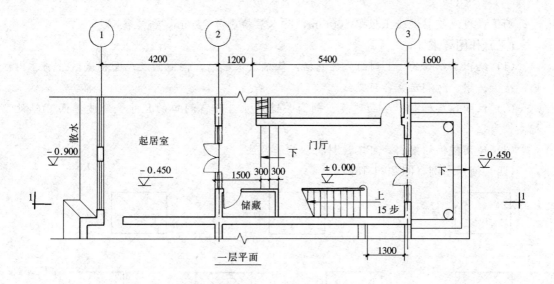

一层平面

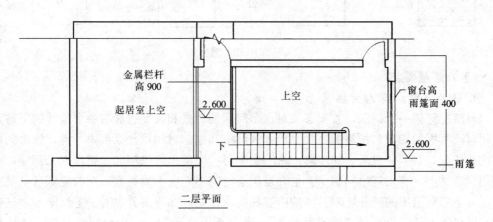

二层平面

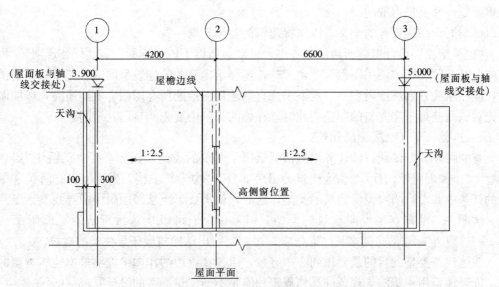

屋面平面

图 29-1-17 各层平面图

雨篷：现浇钢筋混凝土板厚100mm，防水层粉刷厚25mm，板底粉刷。

（三）作图要求

（1）绘出1：50的1-1剖面。应包括：基础及基础墙，楼地面及屋面构造，外墙、内墙、楼板、梁、防潮层及各可见线。

（2）注明各层标高、屋面坡度、剖面关键尺寸、门窗洞口的尺寸、斜坡屋面②轴处标高。

（3）使用提供的图例，可不注材料、构造做法。

（四）使用图例（图29-1-18）

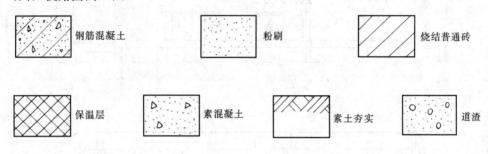

图 29-1-18　图例

（五）解题要点

1. 认真审题，掌握方法

要解决任何一个问题，首先必须对这个问题的背景和来龙去脉有一个清楚的了解，再运用自己掌握的知识和积累的经验去想办法解决问题。对问题什么都不了解，解决问题也就无从谈起；对问题只是一知半解，自然也不可能圆满地解决问题。道理人人都懂，可真正用到考试上，有人就出问题了。也许是担心时间不够完不成答卷，有的应试者只是大概看了一下考题给出的任务，对具体的内容和要求还是一知半解就急着下笔绘图了，这样做的结果可想而知，肯定是"欲速则不达"。磨刀不误砍柴工，运用合理的方法、认认真真地审好题，才是最可取的。

（1）通读一遍任务的全文，以掌握建筑的整体轮廓

"建筑剖面"设计考题所给的任务中，一般包括以下四个方面，有"任务说明""构造要求""作图要求""使用图例"等，另外，还会给出有关的建筑平面图。考生在拿到试卷后，应该从头开始逐项内容一一看下来，直到题目所给的所有附图，不能遗漏，以便做到首先对试题获得一个完整的印象。此时，在你的头脑中要先问自己几个问题：

1）这是一个什么类型的建筑？

有的时候，考试题目的任务中直接就给出了建筑的类型，例如，有"跃层住宅""小别墅""小型展览馆门厅""商业建筑的裙房部分""中学教学楼"等，但也有时候考试题目的任务中并没有明确说明建筑的类型，这时，就需要考生从考题附图中寻找答案了。例如，试题1-1没有直接说明建筑的类型，但是，我们可以从题目所给的平面附图（见图29-1-17）上标注的房间名称"起居室"中，判断出**该建筑属于居住类的建筑**。

明确建筑类型的目的是要做到心中有数，以便在后面的作图中能够根据建筑类型的不同，准确地运用建筑法规规范的具体规定和满足不同建筑类型的设计要求。

2）这个建筑的结构类型是什么？

这个问题在考试题目中一般都会有"结构类型"的直接交代,注意搞清楚就可以了。例如,"砖混结构,现浇钢筋混凝土楼板""承重空心砖砌体结构""现浇钢筋混凝土框架结构"等。从题目所给的资料中可以看出,**本例的建筑结构类型是"砖墙承重,现浇钢筋混凝土楼梯,现浇钢筋混凝土坡屋顶"。**

显然,明确建筑的结构类型,是为了在建筑剖面设计中正确地处理有关建筑结构方面的问题。

3)这个建筑的环境条件如何?

这里所说的建筑环境条件主要是指建筑所在的基地地形如何,是平坦地形还是坡地,这一点可能在"任务说明"中有所交代,也可能要从题目所附建筑平面图中的标高标注中寻找答案。本例中,从题目所给的"一层平面"图中可以看到,**该建筑是建在一个室外地坪有 450mm 高差的基地环境之上的。**

4)这个建筑的空间组合形式如何?

明确建筑大致的规模和层数、室内地坪是否有变化、是否采用错层的空间形式、层高是多少、屋顶形式等。**本例的基本情况是:居住(别墅)建筑的入口、门厅、直跑楼梯、起居室等组合的局部空间,建筑层数为两层,室内地坪有高差,起居室上空,高低错落的双坡屋顶等。**

搞清楚建筑的环境条件和空间组合的形式如何,目的是要对将要完成的建筑剖面的大致轮廓先有一个初步的印象。

5)这个建筑的各部位构造做法是什么?

这一点通过浏览"构造要求"基本上都可以找到答案。本例中,对基础、地面、楼面、屋面、外墙、内墙、梁、楼梯、门窗高度、窗台高度、层高、雨篷等都做出了非常具体的规定。

6)试题要我做什么?

通过浏览"作图要求"可以搞清楚这个问题。一般都是要求按指定的剖切位置绘制1:50的剖面图,题目还给出了具体的绘图要求。

对"作图要求"中规定的内容,一定要认真地看清楚,内容、任务、条件、要求等,都要一一地看仔细,并按照试题的要求去做。有的考生不认真审题,匆忙作答,往往出现问题。例如,试题所给的各层平面图一般都是按照 1:100 的比例尺绘制的,而要求应试者作答的建筑剖面图一般都是规定按照 1:50 的比例尺来绘制。有的考生匆匆忙忙地看一眼考题,就急着下笔,直接从 1:100 的平面图上拉平行线就开始画建筑剖面图,结果画了一大半了,才发现把比例尺搞错了,再从头按照 1:50 的比例尺绘制,时间已经完全来不及了。还有的考生,对于试题题目给出的条件不在意,明明任务要求屋面挑檐沟出挑400mm,他却画出挑 500mm(也许平时做过一个工程是按照出挑 500mm 的挑檐沟设计,或者就是从教科书或者标准构造图集上记住了出挑 500mm 的挑檐沟的一个实例);明明任务要求屋面檐口做挑檐沟设计,他却画了一个自己熟悉的女儿墙檐口构造。类似这样不按照题目要求作图,而出现答题错误,被扣掉分数的情况,每年都有发生,希望应试者注意,避免这样的"低级"错误发生在你的身上。

以上对任务全文的浏览应该是一个快速、全面、轮廓性的浏览,也就是要先对建筑剖面的设计任务有一个整体的了解和把握,主要目的是做到"心中有数"。

（2）认真仔细地深入审图，完整准确地把握建筑的空间关系

在对任务做了一个全面的浏览之后，还不能马上下笔画图，下一步要做的是对考试题目所给的所有图纸进行认真仔细地审阅，因为在这些图纸中有大量的有用信息，也是其他文字信息中没有给出的一些重要信息，显然，对题目所给的平面图等图纸只是粗略地浏览一遍还是远远不够的。要通过仔细认真地读图，抓住这些有用的信息，才能够准确、完整地对设计任务做出满意的回答。

针对本例的3个平面图（一层平面、二层平面、屋面平面），我们如何来审图，如何来把握好建筑的空间关系呢？

首先看"一层平面"。我们先来看室外的情况，①轴外墙外侧的地坪标高为－0.900，③轴外墙外侧的地坪标高为－0.450，也就是说，**该居住建筑是建在一个室外地坪有450mm高差的基地环境之上的**。再来看看室内的空间关系处理，从③轴上的建筑入口处开始，由标高为－0.450的室外上三步台阶进入标高为±0.000的门厅，然后下三步台阶进入标高为－0.450的起居室，由此看出，**该建筑的室内首层地坪也有450mm的高差**。

再看"二层平面"。从首层门厅通过一个直跑楼梯直接上到标高为2.600的二层过道（注意过道处对应的首层地坪标高为－0.450，**即过道处的局部层高为3.050m**），过道两侧分别为起居室上空和门厅上空，结合"一层平面"中的剖切线位置再看一下，**此题目要求绘制的建筑剖面图中的大部分空间都是上、下两层连通的上空空间**。

最后看一下"屋面平面"。首先我们看到，此建筑为分别向前、后檐各形成1：2.5坡度的两坡屋顶，①轴和③轴的前、后檐处分别设置了总挑出宽度为400mm的天沟，①轴檐口（屋面板面与墙中轴线交点）处的标高为3.900，③轴檐口（屋面板面与墙中轴线交点）处的标高为5.000，②轴为前、后两坡面上点的交会处，在②轴偏向①轴的一侧有屋面挑檐，屋面下②轴的墙体（图上虚线表示）上设置了高侧窗。综合以上"屋面平面"图中的全部信息，我们可以得出这样的结论：**该建筑的屋顶为一个两坡屋顶，两个坡面坡度相等，①轴和②轴之间的坡屋面高度较低，②轴和③轴之间的坡屋面高度较高，并形成了三道（①轴、②轴、③轴上各一道）挑檐，在高、低两个坡屋面交会的②轴封墙上设置了一个高侧窗**。

通过以上对试题所给的3个平面图的认真仔细地深入审读，我们已经很清晰地掌握了该建筑的空间关系。这个时候再开始落笔画图的话，对整个建筑空间关系的把握就能做到胸有成竹了。否则的话，没有这种深入的审图过程，对建筑空间的关系还不能完全把握就开始下笔画图，那么，后果也就可想而知了，不是丢三落四，就是建筑空间关系错误百出，很可能最后在图上根本无法使建筑的各部分"交圈"，那就真的是"欲速不达"了。

2. 把握整个建筑的空间关系 "框架"，落笔画图

（1）把握好建筑空间的"大"关系

至此，可以开始落笔画图了。在以上审题的两个步骤的基础之上，可以先把整个建筑大的空间关系"框架"描绘出来了。图29-1-19为本例建筑剖面图的试答卷，该份试答卷中并未完全正确地表达出任务当中提出的要求，所以，本图只能作为一份参考答卷。图中有很多的做法和画法的错误之处，而且很多建筑结构关系的处理和建筑构造的细部做法到这一步还没有全部解决，应该再作进一步研究和分析（后面将会再作详细的介绍）的基础上才能完整地设计出来。但是，图29-1-19已经给出了一个清晰、准确的建筑空间关系

"框架"，前面在审题阶段分析得出的结论（前面论述中黑体字的部分），使我们对建筑空间关系的准确把握起到了至关重要的作用。

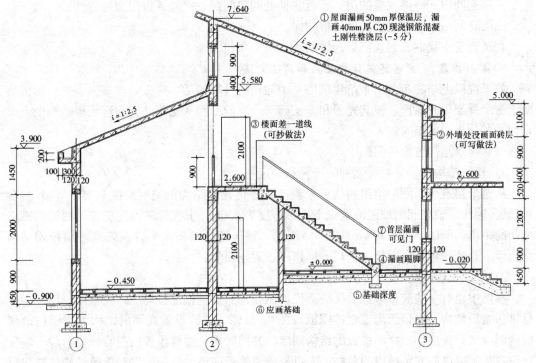

图 29-1-19　参考答案

（2）搞清楚试题规定的建筑剖面图的剖切线位置

除了把握住整个建筑空间关系的"框架"以外，还有一点在落笔画图的时候也要十分注意，就是要仔细地搞清楚试题所要求的建筑剖面图的剖切线位置，以确保所画出的建筑剖面图的图面表达的正确性。建筑剖面图有剖切面投影线和未剖切到的看线之分，下面将分别叙述。

1）剖切面投影线

本例所规定的剖切线位置是：

一层空间内——从①轴一侧的室外散水开始，经过①轴墙体上的窗、起居室与储藏室之间②轴上的墙体、储藏室设在楼梯段下的隔墙、楼梯段、③轴墙体上的窗（注意不是门），最后经过③轴入口处的台阶结束。

二层空间内——从①轴的实墙开始，经过②轴（过道起居室上空一侧）的临空栏杆、过道楼面、③轴墙体上的窗，最后经过③轴入口上的雨篷结束。

屋面檐口以上空间内——从①轴檐口天沟开始，经过①轴和②轴之间的坡屋面、②轴檐口挑檐和②轴封墙上的高侧窗、②轴和③轴之间的坡屋面，最后经过③轴檐口天沟结束。

以上是该建筑剖面图剖切到的部位。

2）未剖切到的看线

从试题所给的三个平面图（很遗憾的是，这三个平面图中都存在着一些错误之处：一层平面图中③轴入口外门应该外开；二层平面图中靠近③轴处不应该有房间门，金属栏杆高应该为 1050mm，而不是 900mm；屋面平面图中③轴外侧不应该再次出现雨篷的投影线）中我们可以看出，建筑剖面图中未剖切到的看线应该包括以下一些内容：

一层空间内——储藏室的门、靠近③轴处的房间门、室外入口门廊处的柱。

二层空间内——靠近②轴处的房间门。

在试答卷中我们看到，靠近③轴处的首层房间门漏画了。

3. 深入推敲，完善建筑结构关系和构造做法

如果说以上第二步做法是给建筑搭一个健全的骨架的话，那么，这第三步的目的就是要给这个骨架填充血肉，使其完善和丰满起来。我们分别从建筑结构和建筑构造两个方面来做一些分析和推敲。

（1）建筑结构方面的问题

1）建筑结构水平分系统类型的选择和确定

从整个建筑平面图中给出的信息来看，各部位建筑结构的空间跨度只有 4~5m 左右（虽然②轴和③轴之间的坡屋面的水平投影跨度为 6.6m，其实际的跨度应该是两道内横墙之间的距离，所以，也只有 4m 左右），因此，整个建筑结构水平分系统宜采用板式结构更为经济合理，包括屋面板、楼板、楼梯段、雨篷板等。

2）梁的设置问题

本例中也有一些应该考虑设梁的部位，例如：三处挑檐部位均应该设置梁，以便**平衡悬挑的檐口结构（檐口天沟或者挑檐板）**；②轴封墙下应该设置**托墙**的结构大梁；过道楼板两侧应该设置边梁以**提高楼板的结构刚度，并同时承托楼梯段板的荷载**；楼梯段下端应该设置基础梁以便**支承梯段的荷载**；入口悬挑雨篷板应该设置梁，以利**雨篷结构的抗扭以及兼做入口门洞口过梁的抗弯**等。另外，作为**砖砌体结构**来说所有**窗洞口处均应该设置过梁**。门洞口处也应该设置过梁，但是，由于该建筑剖面图中未剖切到门洞口的位置，因此，不必考虑这个问题。以上黑体字的文字是强调了本例中作为所有这些梁构件选择的原理和依据，考生应该在考前的应试准备以及平时的设计实践中注意培养这种思考问题的方法。平时做习惯了，考试时就容易做到心里不慌、应付自如。以下出现黑体字的部分，一般都是这样的出发点，请读者注意。

3）基础的问题

①轴、②轴、③轴的墙均为**结构墙体，所以必须设置基础**；楼梯段下端为了**承载的需要也必须设置基础**。储藏室的隔墙作为非结构墙体，**一般是不需要设置基础的**，只需把隔墙砌筑在地坪混凝土垫层（实际为地坪的结构层）之上即可。但是，本例的特殊性在于，该隔墙的两侧地坪存在高差，为了施工的方便，采用设置基础的做法更为合理。

本例中实际应该（从建筑剖面图的角度看）有 5 处设置基础，而试答卷中隔墙下漏画了基础。

（2）建筑构造方面的问题

上一部分有关建筑结构的问题，更多地需要应试者根据自己掌握的建筑结构的相关知识进行分析处理，而有关建筑构造的这一部分内容，则大多在试题任务中作了具体的规定，相对来说，对考生的要求要低一些。那么，考生应该做的就是要认真细致、没有遗漏地把试题要求的建筑构造做法逐条看懂，并正确地表达在建筑剖面图中。例如，本例中我们可以按照一定的顺序（最好按试题中"构造要求"一项的顺序进行，以避免遗漏）逐

一解决这些问题:

    1) 基础构造

明确地基土、垫层、基础放脚等的材料和尺寸,基础埋深。

    2) 地坪层、楼板层、屋盖、内墙、外墙、楼梯、雨篷等的构造

明确以上所述各部位的分层材料做法。

    3) 门窗构造

明确门窗的高度及窗台的高度、门窗的材料、窗台等的构造做法。

    4) 其他必要的细部构造

①题目明确要求的构造做法

试题中还会具体提出一些细部做法要求,应试者要十分留意,不可遗漏。例如在本例中,题目给出了挑檐沟的宽度和深度等的具体尺寸,②轴封墙高侧窗下斜屋面泛水的高度尺寸等,都需要正确地绘制在图纸上。

②题目未明确要求或者只做了一些提示的构造做法

另外还有一些基本的建筑构造做法,试题中只作一些简单的提示,更需要引起应试者的注意,也必须正确地设计和绘制出来。例如,本例在"作图要求"中提示要画出"防潮层及各可见线"。关于"防潮层"应该注意3点:第一,在所有设置基础的墙体中做墙身水平防潮层;第二,在内墙两侧地坪有高差的高地坪一侧做墙身垂直防潮层;第三,正确地画出墙身水平防潮层的标高位置,即必须与地坪混凝土垫层高度一致,以形成连续不间断的整体防潮屏障。关于"各可见线"一般应该包括踢脚线、栏杆(板)扶手投影线、阳台或者雨篷的泄水管的投影线等。

"建筑剖面"设计的试题一般都会给出绘图中的"使用图例",一般要求是,能分层标注出材料图例的部位可以不再使用引出线标注分层材料做法,反之,因受比例尺限制而只能画出一条投影线、无法标注出材料图例时,则应该采用引出线标注分层材料做法。

建筑构造的问题琐碎而复杂,最容易出现问题和失误。本例的试答卷中就有多处错误都是在建筑构造设计上出了问题:

①题目规定的屋面做法是:水泥砂浆上贴彩色屋面砖,总厚20mm;40mm厚C20细石混凝土刚性整浇层(内配钢筋$\phi 4@200$);50mm厚保温层;100mm厚C20现浇钢筋混凝土,板底粉刷厚20mm。而试答卷上对现浇钢筋混凝土结构板以上的总厚度达110mm的建筑保温、防水等构造做法都没有作明确的表达。

②题目规定的楼面做法是:结合层及地砖厚30mm;20mm厚水泥砂浆找平层;120mm厚现浇钢筋混凝土板。规定的外墙做法是:240mm砖墙,找平层15mm,结合层及面砖15mm,总厚30mm。其中,楼面做法的装修层厚度为50mm,外墙做法的装修层厚度只有30mm,在比例尺为1:50的建筑剖面图中已经无法按照分层投影的方式表达,整个装修层只能简化为一条投影线了,但是,应该在图上用引出线标注出分层材料做法,而在试答卷上也没有进行标注。

③试答卷上漏画的踢脚线也是属于"各可见线"范围的内容。

④试答卷上二层走廊靠起居室一侧的栏杆高度和另一侧楼梯的水平栏杆高度均应为1050mm,这是《住宅设计规范》GB 50096—2011中的强制性条文,而图上标注的尺寸是900mm。

4. 图面表达应符合任务要求

在前三步中，我们已经解决了建筑的空间关系、建筑的结构关系和建筑的构造做法等问题，在建筑图纸中还有一个图面"定量、定位"的问题，也就是要正确地标注建筑的定位轴线、各部位的尺寸、标高、坡度等。

5. 最后的检查——查遗补缺

如果有良好的专业基础，做了充分的考前准备，并且认真地按照上述应试解题技巧做下来，就应该可以"宣布"大功告成了。但是，为了稳妥可靠起见，还是应该进行一次认真的检查，以做到查遗补缺，不留遗憾。

2003年以后的试题中还有"建筑技术设计作图选择题"的内容，关于这一部分的应试技巧，将在下面的试题中作介绍。

六、试题 1-2 某两层住宅剖面

(一) 任务说明

根据图 29-1-20 所示某坡地住宅一、二层平面（含屋面平面示意图），按指定的 1-1 剖切线位置画出剖面图。剖面图必须能正确反映出平面图中所示的尺寸及空间关系，并符合构造要求。

(二) 构造要求

结构类型：砖砌体承重，现浇钢筋混凝土楼板。

层高：一层 3000mm，二层 2400mm（楼面至外墙中轴线与屋面结构板面的交点）。

基础：240mm 砖砌体放脚，C10 混凝土 680mm 宽×340mm 高条形基础。基础埋深：1200mm（室内地面下）。

地面：素土分层夯实，100mm 厚 C10 混凝土，20mm 厚水泥砂浆找平，上贴地砖。（平台做法同地面）

楼面：20mm 厚水泥砂浆找平，上铺 8mm 厚复合木地板；卫生间铺贴地砖。

屋面：二坡顶，坡度为 1:3。100mm 厚现浇钢筋混凝土斜屋面板，25mm 厚水泥砂浆找平层，2mm 厚防水涂膜，粘贴防水卷材，上贴 25mm 厚聚苯乙烯保温隔热板，40mm 厚细石混凝土找平层，内配 $\phi6@500mm×500mm$ 钢筋网，随贴瓦楞形面砖。挑檐 500mm，自由落水。

外墙：240mm 厚砖砌体，20mm 厚抹灰，面涂涂料。

内墙：240mm 承重墙，120mm 厚非承重墙，20mm 厚抹灰，面涂涂料。

梁：全部为钢筋混凝土梁。承重梁（包括圈梁）240mm 宽×400mm 高，门窗过梁 240mm 宽×240mm 高及 120mm 宽×120mm 高。

门：门高均为 2100mm。入户门宽 1000mm，房门宽 900mm，卫生间、储物间门宽 700mm，平台推拉门宽 3000mm。

窗：一层窗高 1500mm，二层窗高 1100mm，窗台高 900mm。高窗高 600mm，窗台高 1500mm。

楼梯：构造做法同楼面。挡土墙为 240mm 厚砖砌体，基础 C10 混凝土 500mm 宽×300mm 高，埋深 800mm（室内地面下）。

栏板：砖砌体 120mm 厚，高 1000mm，混凝土压顶 120mm 宽×120mm 高，基础 C10 混凝土 400mm 宽×250mm 高，埋深 500mm（室外地面下）。

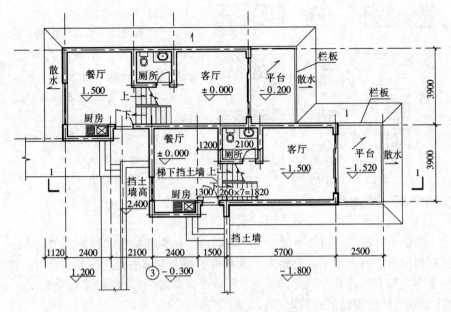

一层平面图

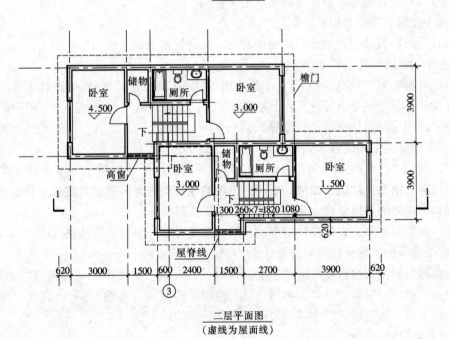

二层平面图
（虚线为屋面线）

图 29-1-20　各层平面图

注：在本题中一、二层平面图的比例尺均为 1：100，但在书中，此二图比例已缩，故未标明比例尺。

　　挡土墙：水泥砂浆砌条石，厚 300mm，挡土部分厚 500mm，基础 C10 混凝土 750mm 宽×300mm 高，埋深 800mm（室外地面下）。

　　防潮层：采用水泥砂浆。

　　散水：素土夯实，100mm 厚 C10 混凝土，20mm 厚水泥砂浆找平。

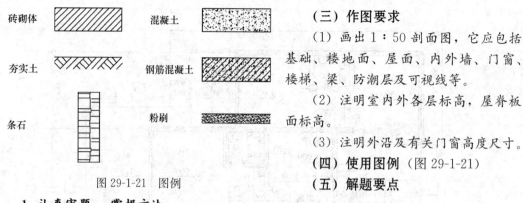

砖砌体	(图案)	混凝土	(图案)
夯实土	(图案)	钢筋混凝土	(图案)
条石	(图案)	粉刷	(图案)

图 29-1-21 图例

（三）作图要求

（1）画出 1：50 剖面图，它应包括基础、楼地面、屋面、内外墙、门窗、楼梯、梁、防潮层及可视线等。

（2）注明室内外各层标高，屋脊板面标高。

（3）注明外沿及有关门窗高度尺寸。

（四）使用图例（图 29-1-21）

（五）解题要点

1. 认真审题，掌握方法

（1）通读一遍任务的全文，以掌握建筑的整体轮廓

试题 1-2 是一个建筑空间关系更为复杂的题目。从头开始将题目的逐项内容一一看下来，包括题目所给的所有附图，已经对试题获得了一个整体的概念印象。此时，在我们的头脑中仍然要先问自己这几个问题：

1）这是一个什么类型的建筑？

本例直接点明的建筑类型是"坡地住宅"建筑。

2）这个建筑的结构类型是什么？

本例写明的建筑结构类型是"砖砌体承重，现浇钢筋混凝土楼板"。

3）这个建筑的环境条件如何？

题目已经明确为"坡地住宅"，从题目所附的"一层平面图"中还可以具体看出，整个基地环境共有三个室外地坪标高，分别是 1.200、－0.300、－1.800，三个不同标高的室外地坪之间通过两道挡土墙进行分隔。

4）这个建筑的空间组合形式如何？

仔细地审读"任务说明"和题目所附的各层平面图之后可以看出，本例的基本情况是：**坡地住宅（别墅）建筑，由前、后两户组成的建筑层数为两层的错层式空间组合，二层两侧均作了向外的悬挑处理，高低错落的双坡屋顶等。**

至此，我们对将要完成的建筑剖面的大致轮廓先有了一个初步的印象。

5）这个建筑的各部位构造做法是什么？

这一点通过浏览"构造要求"基本上都可以找到答案。本例中，对建筑每层的层高、基础、地面、楼面、屋面、外墙、内墙、梁、楼梯、门窗（含高窗）、窗台高度、室外平台栏板、挡土墙、防潮层、散水等都做出了非常具体的规定。

6）试题要我做什么？

在"任务说明"和"作图要求"中题目清楚地回答了这个问题。要求按指定的剖切线位置绘制 1：50 的剖面图，它应包括基础、楼地面、屋面、内外墙、门窗、楼梯、梁、防潮层及可视线等，剖面图必须能够正确地反映出平面图中所示的尺寸及空间关系，并符合构造要求，注明室内外各层标高，屋脊板面标高，注明外沿及有关门窗高度尺寸。

对题目中规定的以上这些内容，一定要认真地看清楚，内容、任务、条件、要求等，都要一一地看仔细，并按照试题的要求去做。

以上对任务全文的浏览应该是一个快速的、全面的、轮廓性的浏览，也就是要先对建

筑剖面的设计任务有一个整体的了解和把握，主要目的是做到"心中有数"。

（2）认真仔细地深入审图，完整准确地把握建筑的空间关系

在对任务做了一个全面的浏览之后，还不能马上下笔画图，下一步要做的是对考试题目所给的所有图纸进行认真仔细的审阅；因为在这些图纸中有大量的有用的信息，也是其他文字信息中没有给出的一些重要信息。显然，对题目所给出的平面图等图纸只是粗略地浏览一遍还是远远不够的，要通过仔细认真地读图，抓住这些有用的信息，才能够准确、完整地对设计任务做出满意的回答。

针对本例的两个平面图（一层平面、二层平面以及在二层平面图中用虚线示意的屋顶平面形式），我们如何来审图，如何来把握好建筑的空间关系呢？

首先看"一层平面图"。我们先来看室外的情况，后边一户入口处的室外地坪标高为1.200，跨过一道挡土墙后，前边一户入口处的室外地坪标高为－0.300，再跨过第二道挡土墙之后，室外地坪标高变为－1.800，也就是说，**该坡地住宅建筑是建在一个室外地坪有三个不同的标高、两两分别相差都是 1500mm**，并通过两道挡土墙进行分隔的基地环境之上的。再来看看一层室内的空间关系处理，从图中我们看到，每一户在一层均有两个室内地坪标高和一个室外平台标高，现在仅以剖切线剖切到的前边一户为例，一层两个室内地坪标高分别是±0.000 的餐厅、－1.500 的客厅，以及与之相通的－1.520 的室外平台，连接室内两个不同标高建筑空间之间的是一部楼梯。由此可以看出，**该建筑采用的是一个首层层高为 3000mm，并有 1500mm 高差的错层空间组合**。

再来看"二层平面图"。二层也有两个楼面标高，分别为 1.500 和 3.000 的两个卧室，中间也以楼梯间隔，这也证实了该建筑为错层空间组合的形式。二层的层高（楼面至外墙中轴线与屋面结构板面的交点）为 2400mm。结合两个平面图中的轴线定位关系和有关的尺寸我们看出，二层平面在③轴处向外悬挑了 600mm，在另一侧则向外悬挑了 900mm。由此可以看出，**该建筑为一个在二层两侧形成向外悬挑的空间形式的建筑**。

最后通过"二层平面图"和"构造要求"中提供的内容看一下屋顶平面的情况。通过文字内容和"二层平面图"中虚线形式表述的屋面轮廓线和屋脊线等我们看到，此建筑采用的是 1：3 坡度的两坡屋顶，出挑为 500mm 的自由落水挑檐。综合以上的全部信息，我们可以得出这样的结论：**该建筑的屋顶为一个两坡屋顶，前、后两户的屋面屋脊有高差**。

通过以上对试题所给的两个平面图和其他相关信息的认真仔细地深入审读，我们已经很清晰地掌握了该建筑的空间关系。这个时候再开始落笔画图的话，对整个建筑空间关系的把握就能做到胸有成竹了。否则，没有经过深入的审图过程，对建筑空间的关系还不能完全把握就开始下笔画图，那么，后果也就可想而知了，不是丢三落四，就是建筑空间关系错误百出，很可能最后在图上根本无法使建筑的各部分"交圈"，那就真的是"欲速则不达"了。

2. 把握整个建筑的空间关系 "框架"，落笔画图

（1）把握好建筑空间的"大"关系

至此，可以开始落笔画图了。在以上审题的两个步骤的基础之上，可以先把整个建筑大的空间关系"框架"描绘出来了。图 29-1-22 为本例建筑剖面图的试答卷，该份试答卷中并未完全正确地表达出任务当中提出的要求，所以，本图只能作为一份参考答卷。图中有一些做法和画法的不妥之处（例如，二层左、右两侧的外墙是结构承重墙体，采用悬挑出 600mm 和 900mm 的做法对结构是很不利的），而且很多建筑结构关系的处理和建筑构

造的细部做法到这一步还没有全部解决，应该再作进一步研究和分析（后面将会再作详细的介绍）的基础上才能完整地设计出来。但是，图 29-1-22 已经给出了一个清晰、准确的建筑空间关系"框架"，前面在审题阶段分析得出的结论（前面论述中黑体字的部分），使我们对建筑空间关系的准确把握起到了至关重要的作用。

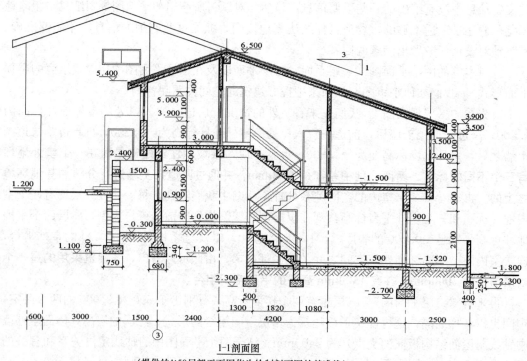

1-1剖面图
（提供的1:50局部平面图作为绘制剖面图的基准线）

图 29-1-22　参考答案

注：本题的作图要求明确规定所绘制的剖面图为1∶50 比例尺，但此图在制版中已被缩小，故未标明比例尺。

（2）搞清楚试题规定的建筑剖面图的剖切线位置

除了把握住整个建筑空间关系的"框架"以外，还有一点在落笔画图的时候也要十分注意，就是要仔细地搞清楚试题所要求的建筑剖面图的剖切线位置，以确保所画出的建筑剖面图的图面表达的正确性。建筑剖面图有剖切面投影线和未剖切到的看线之分，下面将分别叙述。

1）剖切面投影线

本例所规定的剖切线位置是：

一层空间内——从左侧标高为1.200 的室外地坪及散水开始，经过顶面标高为2.400的挡土墙、标高为-0.300 的室外地坪、③轴墙体上的窗、楼梯段下的挡土墙、楼梯段、客厅与室外平台之间的门、室外平台栏板，最后经过标高为-1.800 的散水及室外地坪结束。

二层空间内——从③轴左侧的墙体上的窗开始，经过标高为3.000 处（设在隔墙上）的卧室门、楼梯段、标高为1.500 处（也设在隔墙上）的卧室门，最后经过外墙上的窗结束。

208

屋面檐口以上空间内——从左侧外墙自由落水挑檐开始，经过③轴右侧的屋脊，最后经过右侧外墙自由落水挑檐结束。

以上是该建筑剖面图剖切到的部位。

2）未剖切到的看线

从试题所给的两个平面图中我们可以看出，建筑剖面图中未剖切到的看线应该包括以下一些内容：

一层空间内——厕所左侧的投影线、厕所的门、厕所右侧的投影线。

二层空间内——储物间的门、厕所的门。

后边一户建筑的外立面看线——左侧室外地坪、一层外墙轮廓线（上面二层外墙悬挑轮廓线、屋面挑檐）、入口处台阶、二层向前悬挑形成的门洞及入口门（上面二层外墙上的高窗、屋脊）、高窗右侧外墙后退形成的外墙轮廓线（上面同样由于高窗右侧外墙后退形成的挑檐轮廓投影线）、最后屋面投影线（在同一个坡面内）相交于前边一户的坡屋面（剖面）。

3. 深入推敲，完善建筑结构关系和构造做法

如果说以上第二步做法是给建筑搭一个健全的骨架的话，那么这第三步的目的就是要给这个骨架填充血肉，使其完善和丰满起来。我们分别从建筑结构和建筑构造两个方面来作一些分析和推敲。

（1）建筑结构方面的问题

1）建筑结构水平分系统类型的选择和确定

从整个建筑平面图中给出的信息来看，各部位建筑结构的空间跨度只有4m左右（均以两条纵轴之间的结构墙体距离确定），因此，整个建筑结构水平分系统宜采用板式结构更为经济合理，包括屋面板、楼板、楼梯段等。

2）梁的设置问题

本例中也有一些应该考虑设梁的部位，例如，左右两处挑檐部位均应该设置梁，**同时兼做窗洞口过梁及圈梁**；屋脊处应该设梁以**提高屋顶结构横向刚度**；二层两侧结构墙体向外悬挑应该设置梁以**承托上部的荷载**；二层两道隔墙下应该设梁以便**支承隔墙的荷载**等。另外，作为**砖砌体结构**来说所有门窗洞口处均应该设置过梁（本例中一层外墙上有两处，二层隔墙上有两处）。

3）基础的问题

两道外墙、两道挡土墙均为**结构墙体，所以必须设置基础**；楼梯段下端为了**承载的需要也必须设置基础。为了室外平台栏板的坚固稳定，其下部也应该设置基础。**

本例中实际应该（从建筑剖面图的角度看）有6处设置基础。

（2）建筑构造方面的问题

上一部分有关建筑结构的问题，更多地需要应试者根据自己掌握的建筑结构的相关知识进行分析处理，而有关建筑构造的这一部分内容，则大多在试题任务中作了具体的规定，相对来说，对考生的要求要低一些。那么，考生应该做的就是要认真细致、没有遗漏地把试题要求的建筑构造做法逐条看懂，并正确地表达在建筑剖面图中。例如，本例中我们可以按照一定的顺序（最好按照试题中"构造要求"项下的顺序进行，以避免遗漏）逐一解决这些问题：

1）基础构造

明确垫层、基础放脚等的材料和尺寸，基础埋深。

2）地坪层、楼板层、屋盖、内（隔）墙、外墙、楼梯、室外平台栏板、挡土墙、散水等的构造

明确以上所述各部位的分层材料做法。

3）门窗构造

明确门窗的高度及窗台的高度、门窗的材料、窗台等的构造做法。

4）其他必要的细部构造

①题目明确要求的构造做法

试题中还会具体提出一些细部做法要求，应试者要十分留意，不可遗漏。例如在本例中，题目给出了自由落水挑檐的宽度尺寸、承重梁（包括圈梁）及门窗过梁的截面尺寸等，都需要正确地绘制在图纸上。

②题目未明确要求或者只做了一些提示的构造做法

另外还有一些基本的建筑构造做法，试题中只做一些简单的提示，更需要引起应试者的注意，也必须正确地设计和绘制出来。例如，本例在"作图要求"中提示要画出"防潮层及各可视线"。关于"防潮层"应该注意三点：第一，在所有设置基础的墙体（本例中，室外挡土墙及室外平台栏板除外）中做墙身水平防潮层（梯段下梁和落地窗下地坪混凝土垫层起到防潮层作用）；第二，在内墙两侧地坪有高差的高地坪一侧做墙身垂直防潮层；第三，正确的画出墙身水平防潮层的标高位置，即必须与地坪混凝土垫层高度一致，以形成连续不间断的整体防潮屏障。关于"各可见线"一般应该包括踢脚线、栏杆（板）扶手投影线、阳台、雨篷、室外平台的泄水管的投影线等。

"建筑剖面"设计的试题一般都会给出绘图中的"使用图例"，一般要求是，能分层标注出材料图例的部位可以不再使用引出线标注分层材料做法，反之，因受比例尺限制而只能画出一条投影线，无法标注出材料图例时，则应该采用引出线标注分层材料做法。

建筑构造的问题琐碎而复杂，最容易出现问题和失误，考生应在平时的设计实践中重视建筑构造设计，积累经验，提高能力，到考试作图的关键时刻就能做到熟练准确、避免疏漏，取得好的成绩。

4. 图面表达应符合任务要求

在前三步中，我们已经解决了建筑的空间关系、建筑的结构关系和建筑的构造做法等问题，在建筑图纸中还有一个图面"定量、定位"的问题，也就是要正确地标注建筑的定位轴线、各部位的尺寸、标高、坡度等。

5. 最后的检查——查遗补缺

如果有良好的专业基础，作了充分的考前准备，并且认真地按照上述应试解题技巧做下来，就应该可以"宣布"大功告成了。但是，为了稳妥可靠起见，还是应该进行一次认真地检查，以做到查遗补缺，不留遗憾。另外，也可以把最后的检查和查遗补缺与下面介绍的选择题的作答结合起来进行。

（六）作图选择题

2003年以后的试题中增加了"建筑技术设计作图选择题"的内容，本题的选择题内容如下：

（1）剖面图中，屋脊的结构标高为多少？

A 6.480　　　　　B 6.500　　　　　C 6.520　　　　　D 6.540

（2）剖面图中，墙基与墙身按垂直与水平面设置防潮层，共有多少面须设防潮层？

A 2面　　　　　B 3面　　　　　C 4面　　　　　D 5面

（3）室外挡土墙、轴线③墙基处及楼梯的基础埋深标高按顺序各是多少？

A －0.800、－1.200、－0.800　　　　B －1.100、－1.200、－2.300

C －0.800、－1.200、－1.100　　　　D －1.100、－2.700、－2.300

（4）剖面图中，在±0.000至5.400的标高段上，剖切到的结构梁（最经济的布置，不包括梯段梁）和单独门窗过梁各有多少？

A 6、4　　　　　B 7、3　　　　　C 7、4　　　　　D 8、3

（5）剖面图中，其剖切到的门、窗及可视的门、窗依次各有几扇？

A 2、3、3、0　　　B 3、3、3、0　　　C 3、3、4、1　　　D 3、2、4、1

建筑技术设计作图选择题是根据作图题任务要求提出的部分考核内容，要求考生必须在完成作图的基础上作答这部分试题，每题的四个备选项中只有一个正确答案。

对这部分选择题，考生应该认真对待。这部分试题既是考试内容的一部分，又同时可以作为对相应的作图题的一次极好的检查，而且是有重点、有提示的一种检查，考生应该充分利用这个机会认真完成。

（七）选择题参考答案及解析

（1）**解析**：这是一道简单的几何题目，通过二层左侧外墙中轴线与屋面结构板面的交点处的标高5.400（题目给出的条件）和1：3的屋面坡度以及二层左、右两道外墙之间的轴线距离11100mm，可以直接计算出来，即屋脊的结构标高为6.500，所以答案是B。关键是要找出这几个条件并做出正确地计算。

（2）**解析**：从建筑构造原理的角度来分析，所有设置了基础的墙体都应该考虑设置墙身防潮层，这是因为这些墙体通过基础（或者直接）与地基土发生接触，地潮就会对墙体产生不利的影响，因此，必须对这些墙体采取防潮措施。本例（从建筑剖面图中看）一共设置了6道基础，但是，具体分析一下，并不需要在这6个部位都设置墙基或者墙身垂直与水平面防潮层，例如，左侧的挡土墙和右侧的室外平台栏板墙由于砌体的砌筑砂浆和外表面的装修材料都具有防水防潮的性能，所以不用设置防潮层；梯段梁下的基础由于钢筋混凝土梯段梁的材料和位置已经起到防潮层的作用，所以不用设置防潮层；右侧外墙门洞口处，由于门两侧室内、外地坪混凝土垫层连成一体，也已经起到墙身防潮层的作用，所以也不用设置防潮层了。还有③轴墙体和梯段挡土墙两处再作一下分析，由于③轴墙体直接与地基土接触，所以，必须设置墙身水平防潮层；梯段挡土墙不仅与地基土直接接触，其墙体两侧还存在着地坪高差，因此，此墙体在设置墙身水平防潮层的同时，还必须在地坪高的一侧设置墙身垂直防潮层，以避免地潮对墙体及室内装修等产生有害的影响。综合以上分析，一共有3面墙基或者墙身设置了垂直或者水平防潮层，所以答案应该是B。

（3）**解析**：这也是一道简单的数学计算题。仔细地按照题目所给的条件一一计算，答案就出来了。室外挡土墙的基础埋深在室外地面（标高为－0.300）下800mm，所以，其基础埋深标高为－1.100；轴线③墙体的基础埋深在室内地面（标高为±0.000）下1200mm，所以，其基础埋深标高为－1.200；梯段的基础埋深在室内地面（标高为－1.500)下800mm，所以，其基础埋深标高为－2.300；所以答案应该是B。

(4) **解析：** 在±0.000 至 5.400 的标高段上，应该设置的结构梁有二层左、右 2 道外墙顶板处各设置 1 道梁，二层左、右 2 道外墙下部各设置 1 道托墙梁，二层 2 道隔墙下各设置 1 道托墙梁，所以，一共有 6 道结构梁。应该设置单独门窗过梁的部位有二层 2 道隔墙上的门洞口，一层左、右 2 道外墙上的门窗洞口，所以，一共有 4 处单独设置的门窗过梁。因此，答案应该是 A。

(5) **解析：** 这道题考查的就是应试者认真仔细的程度。如果你认真仔细地将剖面图中应该画出的所有剖切到和可视的门、窗都画出来了，那么，数一数就可以了；关键是在画图中是否有遗漏。所以，这道选择题提醒你应该再仔细地检查一遍建筑剖面图是否已经将题目要求的所有内容完整准确地表达出来了。正确的结果应该是，剖切到的门有 3 扇（一层有 1 扇，二层有 2 扇），剖切到的窗有 3 扇（一层有 1 扇，二层有 2 扇），可视的门有 4 扇（一层有 1 扇，二层有 2 扇，后边的立面投影中有 1 扇），可视的窗有 1 扇（后边的立面投影中）。所以，答案应该是 C。

七、试题 1-3 某坡地小型民俗馆剖面

(一) 任务说明

根据图 29-1-23 所示某坡地小型民俗馆各层局部平面图，按指定的 1-1 剖切线位置画出剖面图。剖面图必须能正确反映出平面图所示关系，并应符合下述构造要求（尺寸单位为 mm，高程单位为 m）。

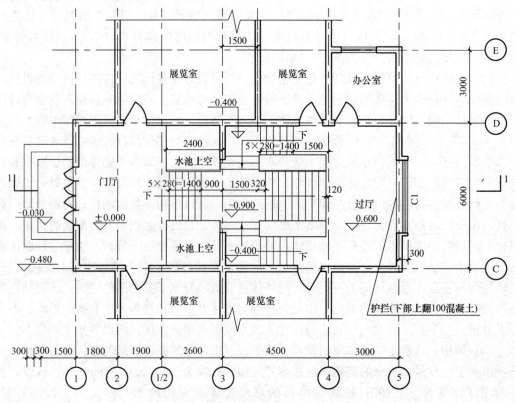

首层平面 1:100

图 29-1-23 各层平面图（一）

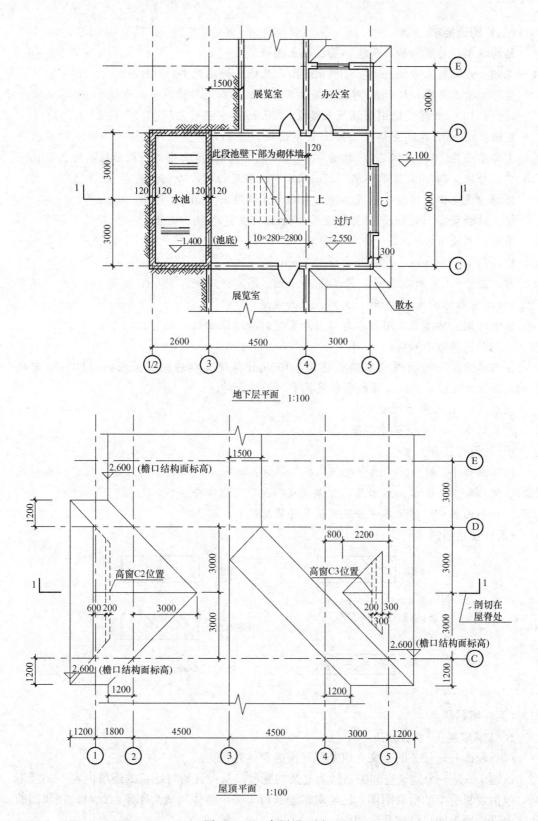

地下层平面 1:100

屋顶平面 1:100

图 29-1-23 各层平面图（二）

（二）构造要求

结构类型：砖混结构，现浇钢筋混凝土楼板。

基础：素混凝土 600mm 宽×300mm 高，基础底标高见 1-1 剖面图。

地坪：素土夯实，100mm 厚素混凝土，20mm 厚水泥砂浆找平，上铺 8mm 厚地砖。

楼面：100mm 厚现浇钢筋混凝土楼板，20mm 厚水泥砂浆找平，上铺 8mm 厚地砖。

屋面：120mm 厚现浇钢筋混凝土斜屋面板，屋面坡度 1/2，20mm 厚水泥砂浆找平层，上粘屋面瓦(不考虑保温)。挑檐 1200mm(无天沟)。屋面檐口结构面标高为 2.60m。

内、外墙：240mm 厚承重墙，25mm 厚水泥砂浆粉刷，外刷乳胶漆。

楼梯：现浇钢筋混凝土板式楼梯，基础为素混凝土 600mm 宽×300mm 高。

梁：结构梁高 500mm，门窗过梁高 300mm，梁宽均为 240mm。

吊顶：不设吊顶。

门：门高 2100mm，③轴洞口高 3000mm。

窗：图中 C1 窗为高通窗，窗台高 900mm。高窗标高-1.200m，窗高 3700mm。高窗C2、C3 的窗台标高为 3.650m，窗高至屋面板底。

防水防潮：防水层采用防水卷材（外置时封砖墙保护）。

防潮层采用防水砂浆。

室内水池：100mm 厚素混凝土垫层，100mm 厚现浇钢筋混凝土池底，240mm 厚现浇钢筋混凝土池壁，20mm 厚防水砂浆找平，面贴瓷砖。

散水：100mm 厚素混凝土。

室外踏步：100mm 厚素混凝土。

（三）设计任务

(1) 画出 1-1 剖面图，图中包括基础各部分、楼地面、屋面、内外墙、门窗、楼梯及栏杆、室外踏步、散水、防水层、防潮层及剖面中可视部分等。

(2) 剖面图中应标注各部分及可见屋脊的标高。

（四）使用图例 （图 29-1-24）

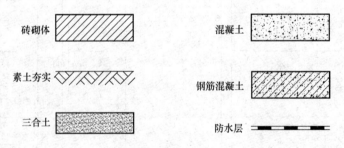

图 29-1-24 图例

（五）解题要点

1. 认真审题，掌握方法

(1) 通读一遍任务的全文，以掌握建筑的整体轮廓

试题 1-3 是一个建筑空间关系较为复杂的题目。从头开始将题目的逐项内容一一看下来，包括题目所给的所有附图，已经对试题获得了一个整体的概念印象。此时，在我们的头脑中仍然要先问自己这几个问题：

214

1）这是一个什么类型的建筑？

本例直接点明的建筑类型是"坡地小型民俗馆"建筑。

2）这个建筑的结构类型是什么？

本例写明的建筑结构类型是"砖混结构，现浇钢筋混凝土楼板"。

3）这个建筑的环境条件如何？

题目已经明确为"坡地小型民俗馆"，从题目所附的"地下层平面图"及"首层平面图"中还可以具体看出，整个基地环境共有两个室外地坪标高，主入口处的室外地坪标高是－0.480，背立面处的室外地坪标高是－2.100。

4）这个建筑的空间组合形式如何？

仔细地审读"任务说明"和题目所附的各层平面图之后可以看出，**本例的基本情况是：坡地小型民俗馆建筑，利用建筑前、后的室外地坪高差形成的建筑层数为一、二层的错层式空间组合，入口处设置了室内水池。屋顶为分别设置了老虎窗的高低错落的双坡屋顶等。**

至此，我们对将要完成的建筑剖面的大致轮廓先有了一个初步的印象。

5）这个建筑的各部位构造做法是什么？

这一点通过浏览"构造要求"基本上都可以找到答案。本例中，对建筑每层的层高、基础、地面、楼面、屋面、外墙、内墙、梁、楼梯、门窗（含高窗）、窗台高度、室内水池、防水层、防潮层、散水及室外踏步等都做出了非常具体的规定。

6）试题要我做什么？

在"任务说明"和"设计任务"中题目清楚地回答了这个问题。要求按指定的剖切线位置绘制1：50的剖面图，它应包括基础各部分、楼地面、屋面、内外墙、门窗、楼梯及栏杆、室外踏步、散水、防水层、防潮层及剖面中可视部分等，剖面图中应标注各部分及可见屋脊的标高。

对题目中规定的以上这些内容，**一定要认真地看清楚，内容、任务、条件、要求等等，都要一一地看仔细，并按照试题的要求去做。**实际上，建筑技术设计（作图题）考试大纲中所要求的"检验应试者在建筑技术方面的实践能力，**对试题能做出符合要求的答案**，包括：建筑剖面、结构选型与布置、机电设备及管道系统、建筑配件与构造等，并符合法规规范"，就是指的要符合"设计任务"的要求。这一点应该引起考生的足够注意，**考题给你提出的要求，务必要认真满足。**

以上对任务全文的浏览应该是一个快速的、全面的、轮廓性的浏览，也就是要先对建筑剖面的设计任务有一个整体的了解和把握，主要目的是做到"心中有数"。

（2）认真仔细地深入审图，完整准确地把握建筑的空间关系

在对任务作了一个全面的浏览之后，还不能马上下笔画图，下一步要做的是对考试题目所给的所有图纸进行认真仔细的审阅，因为在这些图纸中有大量的有用的信息，也是其他文字信息中没有给出的一些重要信息，显然，对题目所给出的平面图等图纸只是粗略地浏览一遍还是远远不够的。要通过仔细认真地读图，抓住这些有用的信息，才能够准确、完整地对设计任务做出满意的回答。

针对本例的三个平面图（地下层平面、首层平面、屋顶平面），我们如何来审图，如何来把握好建筑的空间关系呢？

首先看"首层平面图"。我们先来看入口处室外的情况，室外地坪标高为－0.480，上三步台阶后，台阶平台标高为－0.030，与室内首层地坪标高（±0.000）有30mm的高差，以防止雨水倒流入室内。进入室内经过门厅后，通过第一跑下行的楼梯段及其下部设置的水池（池底标高为－1.400），既可转向左、右继续上楼梯到达0.600标高处的过厅，也可以继续下行至－2.550标高处的过厅。由此可以看出，**该建筑采用的是一个室内外空间关系较为复杂的错层空间组合。**

再来看"屋顶平面图"。从图中可以看出，周边"檐口结构面标高"均为2.600，但由于（图面）上下两部分的进深相差3000mm，所以，形成了不同高度的两条屋脊。（图面）左右两个坡面上各设置了一处老虎窗（高窗C2、高窗C3），并明确标注了老虎窗的平面位置。檐口的悬挑尺寸均为1200mm。"构造要求"中提供了屋顶的坡度为1/2。由此可以看出，**该建筑屋顶为分别设置了老虎窗的高低错落的双坡屋顶。**

2. 把握整个建筑的空间关系"框架"，落笔画图

（1）把握好建筑空间的"大"关系

至此，可以开始落笔画图了。在以上审题的两个步骤的基础之上，可以先把整个建筑大的空间关系"框架"描绘出来了。图29-1-25为本例建筑剖面图的参考答案，该图已经给出了一个清晰、准确的建筑空间关系"框架"，前面在审题阶段分析得出的结论（前面论述中黑体字的部分），使我们对建筑空间关系的准确把握起到了至关重要的作用。

（2）搞清楚试题规定的建筑剖面图的剖切线位置

除了把握住整个建筑空间关系的"框架"以外，还有一点在落笔画图的时候也要十分注意，就是要仔细地搞清楚试题所要求的建筑剖面图的剖切线位置，以确保所画出的建筑剖面图的图面表达的正确性。建筑剖面图有剖切面投影线和未剖切到的看线之分，下面将分别叙述。

1）剖切面投影线

本例所规定的剖切线位置是：

地下层空间内——从左侧水池（池底标高为－1.400）处开始，经过－2.550标高处上行楼梯及过厅，⑤轴外墙的C1窗，最后经过标高为－2.100的散水及室外地坪结束。

首层空间内——从左侧标高为－0.480的室外地坪及入口台阶处开始，经过①轴外墙的大门、门厅、下行楼梯段、标高为－0.900处的平台、下行楼梯段、标高为0.600处的过厅，最后经过外墙上的窗C1及其护栏结束。

屋面檐口以上空间内——从左侧入口处外墙自由落水挑檐开始，经过老虎窗（高窗C2）及其屋脊、③轴处的屋面正脊、两正脊之间的侧坡面、老虎窗（高窗C3）及其屋脊，最后经过右侧外墙自由落水挑檐结束。

以上是该建筑剖面图剖切到的部位。

2）未剖切到的看线

从试题所给的三个平面图中我们可以看出，建筑剖面图中未剖切到的看线应该包括以下一些内容：

地下层空间内——③轴右侧下行楼梯段上的栏杆、③轴右侧展览室的门、④轴右侧办公室的门。

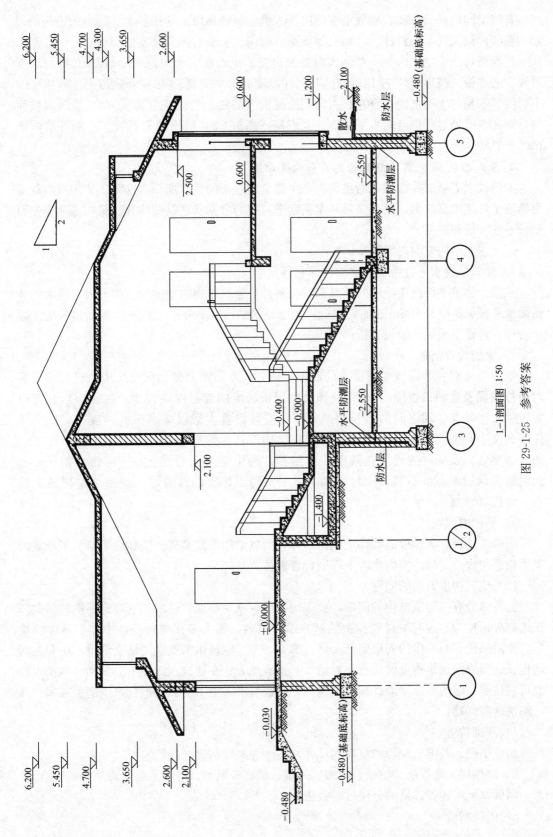

图 29-1-25 参考答案

1-1剖面图 1:50

散水

防水层

水平防潮层

水平防潮层

防水层

-0.480（基础底标高）

6.200

5.450

4.700

4.300

3.650

2.600

2.100

6.200

5.450

4.700

3.650

2.600

2.100

-0.030

-0.480（基础底标高）

-0.480

0.600

-1.200

-2.100

-0.480（基础底标高）

2.500

0.600

-2.550

-0.400

-0.900

-2.550

-1.400

±0.000

2.100

1

2

3

1/2

4

5

217

首层空间内——②轴右侧展览室的门、③轴左侧楼梯段上的栏杆、③轴右侧上行的 L 形两跑楼梯段及其上的栏杆、③轴右侧展览室的门、④轴右侧办公室的门。

屋面檐口以上空间内——左侧入口处侧挑檐的下看线、老虎窗（高窗 C2）挑檐的侧看线、老虎窗（高窗 C2）屋顶侧坡面与门厅侧墙的水平交线、③轴正脊屋顶下左侧屋面的下看线、③轴与④轴之间正脊左、右两侧的屋面上看线、老虎窗（高窗 C3）屋顶侧坡面与标高 0.600 处过厅侧墙的水平交线、老虎窗（高窗 C3）挑檐的侧看线、右侧外墙侧挑檐的下看线。

3. 深入推敲，完善建筑结构关系和构造做法

如果说以上第二步做法是给建筑搭一个健全的骨架的话，那么，这第三步的目的就是要给这个骨架填充血肉，使其完善和丰满起来。我们分别从建筑结构和建筑构造两个方面来做一些分析和推敲。

（1）建筑结构方面的问题

1）建筑结构水平分系统类型的选择和确定

从整个建筑平面图中给出的信息来看，各部位建筑结构的空间跨度都不大，最大的坡屋面水平投影跨度只有 6m 左右，因此，整个建筑结构水平分系统宜采用板式结构更为经济合理，包括屋面板、楼板、楼梯段等。

2）梁的设置问题

本例中也有一些应该考虑设梁的部位，例如，左右两处挑檐部位均应该设置梁（**同时兼作圈梁及窗洞口过梁**）；屋脊处作为屋面板跨度的起点应该设梁；③轴洞口处应设置过梁；④轴与⑤轴之间的楼板两侧悬空，应各设置大梁**以减小板的跨度**等。以上黑体字的文字是强调了本例中作为所有这些梁构件选择的原理和依据，考生应该在考前的应试准备以及平时的设计实践中注意培养这种思考问题的方法，平时做惯了，考试时就容易做到心里不慌、应付自如。以下出现黑体字的部分，一般都是这样的出发点，请读者注意。

3）基础的问题

①轴、③轴、⑤轴处的墙均为**结构墙体，所以必须设置基础**；楼梯段下端为了**承载的需要**也必须设置基础。室内水池下部则设置整体式基础。

（2）建筑构造方面的问题

上一部分有关建筑结构的问题，更多地需要应试者根据自己掌握的建筑结构的相关知识进行分析处理。而有关建筑构造的这一部分内容，则大多在试题任务中作了具体的规定，相对来说，对考生的要求要低一些。那么，考生应该做的就是要认真细致，没有遗漏地把试题要求的建筑构造做法逐条看懂，并正确地表达在建筑剖面图中。例如，本例中我们可以按照一定的顺序（最好按照试题中"构造要求"项下的顺序进行，以避免遗漏）逐一解决这些问题：

1）基础构造

明确垫层、基础放脚等的材料和尺寸，基础埋深（题目已经给定）。

2）地坪层、楼板层、屋盖、内墙、外墙、楼梯、散水、防潮及防水做法等的构造

明确以上所述各部位的分层材料做法。

3）门窗构造

明确门窗的高度及窗台的高度、门窗的材料、窗台等的构造做法。

4）其他必要的细部构造

①题目明确要求的构造做法

试题中还会具体提出一些细部做法要求，应试者要十分留意，不可遗漏。例如在本例中，题目给出了室内水池的详细做法、梁的截面尺寸、楼梯段的栏杆扶手、防水层的外置砖保护墙的要求等，都需要正确地绘制在图纸上。

②题目未明确要求或者只作了一些提示的构造做法

另外还有一些基本的建筑构造做法，试题中只作一些简单的提示，更需要引起应试者的注意，也必须正确地设计和绘制出来。例如，本例在"作图要求"中提示要画出"防潮层及剖面中可视部分等"。关于"防潮层"应该注意三点，第一，在所有设置基础的墙体中做墙身水平防潮层（梯段下梁和入口处地坪混凝土垫层已经起到防潮层作用）；第二，在③轴内墙两侧地坪有高差的高地坪一侧墙面以及⑤轴外墙室外高地坪下的一侧墙面做墙身垂直防潮层（本例选择做垂直防水层似有些牵强）；第三，正确的画出墙身水平防潮层的标高位置，即必须与地坪混凝土垫层高度一致，以形成连续不间断的整体防潮屏障。

"建筑剖面"设计的试题一般都会给出绘图中的"使用图例"，一般要求是，能分层标注出材料图例的部位可以不再使用引出线标注分层材料做法，反之，因受比例尺限制而只能画出一条投影线，无法标注出材料图例时，则应该采用引出线标注分层材料做法。

建筑构造的问题琐碎而复杂，最容易出现问题和失误，考生应在平时的设计实践中重视建筑构造设计，积累经验，提高能力，到考试作图的关键时刻就能做到熟练准确，避免疏漏，取得好的成绩。

4. 图面表达应符合任务要求

在前三步中，我们已经解决了建筑的空间关系、建筑的结构关系和建筑的构造做法等问题，在建筑图纸中还有一个图面内容"定量、定位"的问题，也就是要正确地标注建筑的定位轴线、各部位的尺寸、标高、坡度等。

5. 最后的检查——查遗补缺

如果有良好的专业基础，做了充分的考前准备，并且认真地按照上述应试解题技巧做下来，就应该可以"宣布"大功告成了。但是，为了稳妥可靠起见，还是应该进行一次认真的检查，以做到查遗补缺，不留遗憾。另外，也可以把最后的检查和查遗补缺与下面介绍的选择题的作答结合起来进行。实际上，如果运用熟练的话，完全可以把选择题的判断作为剖面画图的要点提示。

（六）作图选择题

近年来，建筑剖面及建筑构造部分的选择题所占的分值比例逐渐调高，这对于建筑学专业的考生来说是一个"利好"的消息。但是，对于考生来说，仍然要十分重视这部分内容的作答，成也选择题，败也选择题，不可大意。本例的选择题的内容如下：

（1）建筑屋脊最高处标高及③轴上的屋脊标高分别为：

A 6.100；5.450   B 6.100；5.350   C 6.200；5.450   D 6.200；5.350

（2）三角形天窗C2、C3的屋脊标高分别为：

A 4.700；4.200   B 4.700；4.300   C 4.600；4.200   D 4.600；4.300

（3）剖面图中，剖切到的门窗与看到的门的数量分别是（③轴洞口除外）：

A 剖到 5 个；看到 5 个　　　　　　　B 剖到 4 个；看到 5 个

C 剖到 6 个；看到 5 个　　　　　　　D 剖到 4 个；看到 4 个

（4）根据给出的条件，图中剖到的基础数量为（楼梯及水池的基础除外）：

A 5 个　　　　　　B 4 个　　　　　　C 3 个　　　　　　D 2 个

（5）根据题中条件，剖面图中必须做垂直防水层及水平防潮层的地方分别有多少处（水池部位除外）？

A 垂直 2 处；水平 2 处　　　　　　　B 垂直 2 处；水平 3 处

C 垂直 3 处；水平 3 处　　　　　　　D 垂直 1 处；水平 2 处

（6）剖到楼梯踏步段与可见的楼梯踏步段分别为：

A 2 段；1 段　　　　B 1 段；2 段　　　　C 2 段；2 段　　　　D 1 段；1 段

（7）剖切到的屋面板的转折点与可视屋面板的转折点分别有几处？

A 剖切 4 处；可视 2 处　　　　　　　B 剖切 3 处；可视 1 处

C 剖切 4 处；可视 3 处　　　　　　　D 剖切 5 处；可视 2 处

（8）除屋面部分外，剖到的结构梁与过梁共有几处？

A 1 处　　　　　　B 2 处　　　　　　C 3 处　　　　　　D 4 处

建筑技术设计作图选择题是根据作图题任务要求提出的部分考核内容，要求考生必须在完成作图的基础上作答这部分试题，每题的四个备选项中只有一个正确答案。

对这部分选择题，考生应该认真对待。这部分试题既是考试内容的一部分，又同时可以作为对相应的作图题的一次极好的检查，而且是有重点、有提示的一种检查，考生应该充分利用这个机会认真完成。

（七）选择题参考答案及解析

（1）**解析：** 这是一道简单的几何题目。但是，建议考生不要采用作图法而是采用数学的方法计算出结果，这样的结果才是准确的数据。通过"屋顶平面图"给出的平面尺寸及"檐口结构面标高 2.600"的条件，以及 1∶2 的屋面坡度，可以直接计算出来，即建筑屋脊最高处标高为 6.200，③轴上的屋脊标高为 5.450，所以答案是 C。关键是要找出这几个条件并作出正确地计算。

（2）**解析：** 依据同第一题，即仍然根据"屋顶平面图"给出的平面尺寸及"檐口结构面标高 2.600"的条件，以及 1∶2 的屋面坡度来确定。计算出来的结果是，天窗 C2 的屋脊标高为 4.700，天窗 C3 的屋脊标高为 4.300。

（3）**解析：** 这道题考查的就是应试者认真仔细的程度。如果你认真仔细地将剖面图中应该画出的所有剖切到和可视的门、窗都画出来了，那么，数一数就可以了；关键是在画图中是否有遗漏。所以，这道选择题提醒你应该再仔细地检查一遍建筑剖面图是否已经将题目要求的所有内容完整准确地表达出来了。正确的结果应该是，剖切到的门窗共有 4 扇（①轴的入口大门、①轴右侧的天窗 C2、⑤轴左侧的天窗 C3、⑤轴的窗 C1），看到的门有 5 扇（±0.000 标高处有 1 扇，0.600 标高处有 2 扇，－2.550 标高处有 2 扇）。所以答案应该是 B。

（4）**解析：** 从首层平面图中可以看出，剖面图的剖切位置只通过了①轴、③轴、⑤轴的结构墙体，也就有了这三处基础，题目要求楼梯及水池的基础不计。因此，答案应该是 C。

（5）**解析：**从建筑构造原理的角度来分析，所有设置了基础的墙体都应该考虑设置墙身防潮层，这是因为这些墙体通过基础（或者直接）与地基土发生接触，地潮就会对墙体产生不利的影响，因此，必须对这些墙体采取防潮措施。本例（从建筑剖面图中看）一共设置了五道基础（三道墙下基础、一道楼梯段基础、一处水池下基础），但是，具体分析一下，并不需要在这五个部位都设置独立的墙身垂直或水平防潮层，例如，①轴门洞口处由于门两侧室内、外地坪混凝土垫层连成一体已经起到墙身防潮层的作用，所以不用设置防潮层；水池本身应具有防水性能，已达到防潮标准（同时题目也不要求统计）；梯段梁下的基础由于钢筋混凝土梯段梁的材料和位置已经起到防潮层的作用，所以也不用设置独立的防潮层了。还有③轴墙体和⑤轴墙体两处再作一下分析，由于这两处墙体直接与地基土接触，所以，必须设置墙身水平防潮层，其标高位置应该设置在室内地坪混凝土垫层的厚度范围内，而③轴墙体左侧和⑤轴墙体右侧也直接与地基土接触，所以应分别设置墙身垂直防潮层（原题要求设置垂直防水层），以避免地潮对墙体及室内装修等产生有害的影响。综合以上分析，一共有两处设置了墙身水平防潮层，两处设置了墙身垂直防水层。所以答案应该是 A。

（6）**解析：**这道题考查的仍然是应试者认真仔细的程度。如果你认真仔细地将剖面图中应该画出的所有剖切到和可见的楼梯踏步段都画出来了，那么，数一数就可以了；关键是在画图中是否有遗漏。所以，这道选择题提醒你应该再仔细地检查一遍建筑剖面图是否已经将题目要求的所有内容完整准确地表达出来了。正确的结果应该是，剖切到的楼梯踏步段共有 2 段（±0.000 标高处下行至 −0.900 标高处一段、−0.900 标高处下行至 −2.550 标高处一段），看到的楼梯踏步段也是 2 段（−0.900 标高处上行至 −0.400 标高处一段、−0.400 标高处上行至 0.600 标高处一段）。所以答案应该是 C。

（7）**解析：**这道题考查的是对空间关系比较复杂的坡屋顶的正确图示表达。如果你认真仔细并且正确地画出了屋顶的剖面投影关系，答案就很肯定了。正确的结果应该是，从左到右共有 5 处剖切到的屋面板转折点（③轴左侧一处，③轴一处，③轴右侧一处，④轴一处，④轴右侧一处），2 处可视屋面板的转折点（②轴一处，③轴右侧一处）。所以答案应该是 D。

（8）**解析：**根据前面对题目结构布置的分析，排除屋面部分后，应该至少设置 4 处结构梁与过梁，即①轴门洞口处的过梁（根据题目给出的门洞口高度及结构梁高与过梁高尺寸，此处应设置独立的过梁）、③轴洞口处的过梁、④轴和⑤轴处支承标高为 0.600 的楼板的 2 根结构梁（此处 2 根梁的设置不但减少了楼板的跨度，还为其左侧的楼梯段提供了合理的支承点）。所以答案应该是 D。

八、试题 1-4　某双拼住宅剖面

（一）任务描述

图 29-1-26 为某双拼住宅的各层平面，按指定的剖切线位置绘制剖面图，剖面必须正确反映平面图中所表示的尺寸关系，符合提出的任务及构造要求，不要求表示建筑外围护的保温隔热材料。题中尺寸除标高为 m 外，其余均为 mm。

（二）构造要求

结构类型：240 厚砌体墙承重，现浇钢筋混凝土板及楼梯。

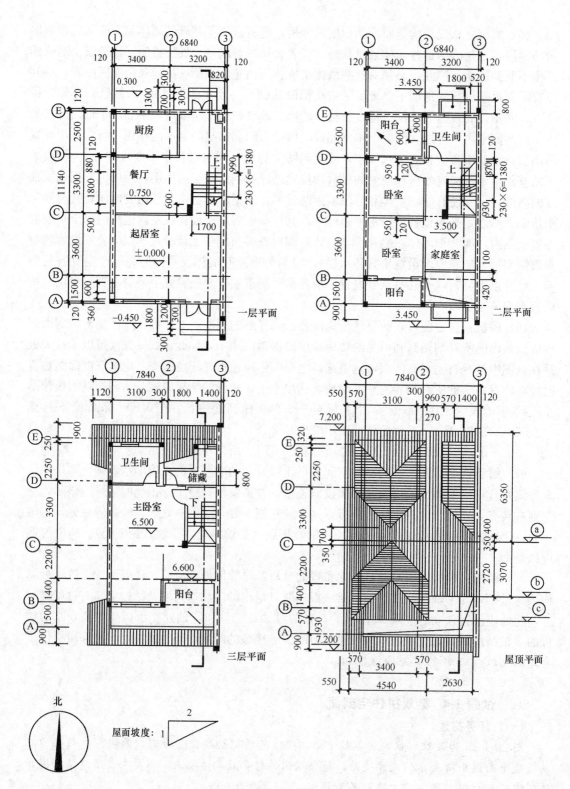

图 29-1-26 各层平面图

222

基础：高 300、宽 600 素混凝土条形基础，基础埋深室内地面以下 1450。

地坪：素土夯实，70 厚碎石垫层，100 厚素混凝土，20 厚水泥砂浆贴地砖。室外平台和踏步做法相同。

楼面：120 厚现浇钢筋混凝土楼板，20 厚水泥砂浆找平，地砖面层。

阳台：结构标高同相应楼层，防水涂料两道，地砖面层。

屋面：120 厚现浇钢筋混凝土屋面板，20 厚水泥砂浆找平，铺贴防水卷材两道，粘贴油毡瓦。

外墙：240 厚砌体墙，轴线居中，20 厚水泥砂浆粉刷，面层涂料。

内墙：240 或 120 厚砌体墙，20 厚水泥砂浆粉刷，面层涂料，100 高踢脚。

梁：楼面梁、屋面梁高 500，宽 240。

雨篷：板厚 100，翻边高度 100。

门窗：入口南门高 3000，北门高 2250，三层阳台门和其他内门高 2100。阳台门槛、二层南面落地窗下皮均高出室内地面 100。所有窗上皮标高均同梁底，窗台高均为 1000。

其他：预制雨水天沟无须表示。

(三) 任务要求

(1) 绘制 1∶50 剖面图，应表示基础、楼地面、屋面、外墙、内墙、门窗、楼梯、现浇钢筋混凝土梁板、防潮层等及有关可视线。

(2) 注明屋脊、檐口、基础的结构标高及楼面、地面的建筑标高。

(3) 根据作图，完成列于后面的本题的作图选择题。

(四) 图例（图 29-1-27）

图 29-1-27　图例

(五) 解题要点

1. 认真审题，掌握方法

(1) 通读一遍任务的全文，以掌握建筑的整体轮廓

本例题与试题 1-3 比较一下，建筑空间关系显得更为复杂。不过，解题的思路还是一样的。我们还是要将题目的逐项内容一一看下来，包括题目所给的所有附图，已便对试题获得一个完整的印象。此时，在我们的头脑中仍然要先问自己几个问题：

1) 这是一个什么类型的建筑？

本例直接点明的建筑类型是"**双拼住宅**"建筑。

2) 这个建筑的结构类型是什么？

本例写明的建筑结构类型是"**240 厚砌体墙结构，现浇钢筋混凝土板及楼梯**"。

3) 这个建筑的环境条件如何？

从题目所附的"一层平面"中可以具体看出，整个基地环境共有两个室外地坪标高，南立面主入口处的室外地坪标高是 **−0.450**，北立面次入口处的室外地坪标高是 **0.300**，建筑前、后之间共有 **750mm** 的地坪高差。

4）这个建筑的空间组合形式如何？

仔细地审阅题目所附的各层平面图及屋顶平面图之后可以看出，本例的基本情况是：**此双拼住宅建筑，利用建筑前、后的室外地坪高差形成的建筑层数为 3 层的错层加跃层式空间组合**，各部分的层高在各层平面图中以标高的形式具体给出。屋顶形式则为坡屋顶上开设老虎窗，主屋顶为双坡顶，老虎窗为四坡顶，三个老虎窗高低错落布置。

至此，我们对将要完成的建筑剖面的大致轮廓先有了一个初步的印象。

5）这个建筑的各部位构造做法是什么？

这一点通过浏览"构造要求"基本上都可以找到答案，实际上，这也是建筑剖面部分一贯的出题方式。本例中，对建筑的基础、地坪、楼面、阳台、屋面、外墙、内墙、梁、雨篷、门窗等都做出了非常具体的规定。

6）试题要求做什么？

在"任务描述"和"任务要求"中，题目清楚地回答了这个问题。**要求按指定的剖切线位置绘制 1∶50 剖面图，剖面必须正确反映平面图中所表示的尺寸关系，符合提出的任务及构造要求，不要求表示建筑外围护的保温隔热材料。它应表示基础、楼地面，屋面、外墙、内墙、门窗、楼梯、现浇钢筋混凝土楼板、防潮层等及有关可视线，注明屋脊、檐口、基础的结构标高及楼面、地面的建筑标高。**

（2）认真仔细地深入审图，完整准确地把握建筑的空间关系

在对任务作了一个全面的浏览之后，还不能马上下笔画图，下一步要做的是对考试题目所给的所有图纸进行认真仔细的审阅，因为在这些图纸中有大量的有用的信息，也是其他文字信息中没有给出的一些重要信息，显然，对题目所给出的平面图等图纸只是粗略地浏览一遍还是远远不够的。要通过仔细认真地读图，抓住这些有用的信息，才能够准确、完整地对设计任务做出满意的回答。

针对本例的四个平面图（一层平面、二层平面、三层平面、屋顶平面），我们如何来审图，如何来把握好建筑的空间关系呢？

首先看"一层平面"。我们先来看南侧主入口处室外的情况，室外地坪标高为 -0.450，上三步台阶后进入室内，首层地坪标高 ±0.000。进入室内经过起居室后，通过一跑上行的四步台阶，到达标高为 0.750 处的餐厅和厨房，既可转向右侧继续上楼梯到达 3.500 标高处的二层，也可以继续前行至北侧次入口处，下三步台阶到达 0.300 标高处的室外。由此可以看出，**该建筑一层平面采用的是一个室内外空间关系较为复杂的错层空间组合**。

再来看"二层平面"。从图中可以看出，经过楼梯上到二层平面，楼层标高为 3.500。除与楼梯直接相连的家庭室外，还布置有两间各带阳台的卧室、一个卫生间，以及家庭室南侧的上空空间。另外还有四点需要特别注意，第一点是南、北两侧入口上方设置的雨篷；第二点是每层两跑楼梯段之间的休息平台处均布置了扇形踏步；第三点是卫生间与阳台之间的分隔墙体的平面位置与一层此处的墙体上、下没有对位；第四点是二层各房间的内墙及南侧阳台外墙下面对应的一层位置基本都没有布置墙体，因此，二层楼板层应考虑设置必要的结构大梁以承托二层这些墙体的荷载。由此可以看出，**该建筑二层空间仍较为复杂**。

下面把"三层平面"和"屋顶平面"结合起来看。从图中可以看出，经楼梯上至三层

后，只有一个进入主卧室的门，三层的楼面标高是 6.500，而南侧通向阳台的门槛（主要防雨水倒灌）标高为 6.600。主卧室内布置了卫生间和储藏室，而卫生间和储藏室之间分隔墙体的平面位置与一层及二层此处的墙体上、下仍然没有对位。另外，由于主坡屋顶南、北两侧檐口处压得比较低，限制了三层室内空间的充分利用，所以，主坡屋顶南、北两侧共设置了三个四坡顶的老虎窗，以使卫生间、储藏室和主卧室南侧形成有效的使用空间。当然，这样设计的结果，也就使得该建筑的三层及屋顶空间变得高低错落、空间极为复杂。

2. 把握整个建筑的空间关系 "框架"，落笔画图

（1）把握好建筑空间的"大"关系

至此，可以开始落笔画图了。在以上审题两个步骤的基础之上，可以先把整个建筑大的空间关系"框架"描绘出来了。图 29-1-28 为本题建筑剖面图的参考答案，该图已经给出了一个清晰、准确的建筑空间关系"框架"，前面在审题阶段分析得出的结论，使我们对建筑空间关系的准确把握起到了至关重要的作用。

（2）搞清楚试题规定的建筑剖面图的剖切线位置

除了把握住整个建筑空间关系的"大框架"以外，还有一点在落笔画图的时候也要十分注意，就是要仔细地搞清楚试题所要求的建筑剖面图的剖切线位置，以确保所画出的建筑剖面图的图面表达的正确性。**对于注册建筑师资格考试的技术作图剖面考题，其出题考核的思路和方式是：出题人给出设计结果，要求考生通过审题读懂出题人的意图，并准确地把出题人的意图表达出来。换句话说，建筑剖面考题的答案应该是唯一的，就是前面说的"出题人给出的设计结果"。**为了达到这样的目的，本题的剖切线位置甚至采取了一种不太常见的表达方法，用尺寸线精确地规定了剖面图的剖切位置，见试题题目所给出的各层平面图上剖切线的标注，请注意一层平面图中剖切线位置与③轴距离 820 的尺寸标注和其他各层平面图中剖切线位置与建筑空间各部位的位置关系。理解这个例题关于剖切位置的这种表达方法，显然对正确的答题至关重要。大家都知道，建筑剖面图有剖切面投影线和未剖切到的看线两种表达，而剖切位置的不同将决定这两者之间的某些变化。下面将分别对剖切面投影线和未剖切到的看线进行分析。

1）剖切面投影线

本例所规定的剖切线位置是：

一层空间内——从南侧主入口台阶（室外地坪标高为 −0.450）处开始，经过 ±0.000 标高处入口的门及起居室、（从标高 0.750 处起步的）第一跑楼段下的封闭挡墙、第一跑梯段、标高为 0.750 处的餐厅，最后经过北侧次入口处的门及台阶，到达标高为 0.300 的室外地坪结束。

二层空间内——从南侧主入口上方标高为 3.450 处的雨篷开始，经过外窗、一层起居室的上空空间、防护栏杆、标高为 3.500 处的家庭室、楼梯间隔墙、扇形踏步、楼梯段、扇形踏步、楼梯间与卫生间之间的隔墙、卫生间及外窗，最后经过标高为 3.450 处的北侧次入口上方的雨篷结束。

三层空间内——从南侧坡屋顶的挑檐及坡屋面开始，经过阳台（标高为 6.500）及阳台门（阳台门槛标高为 6.600）、标高为 6.500 的主卧室、楼梯间隔墙、扇形踏步、楼梯段、防护栏杆、楼梯间与储藏室之间的隔墙、储藏室及外墙（注意：根据规定的剖切线位

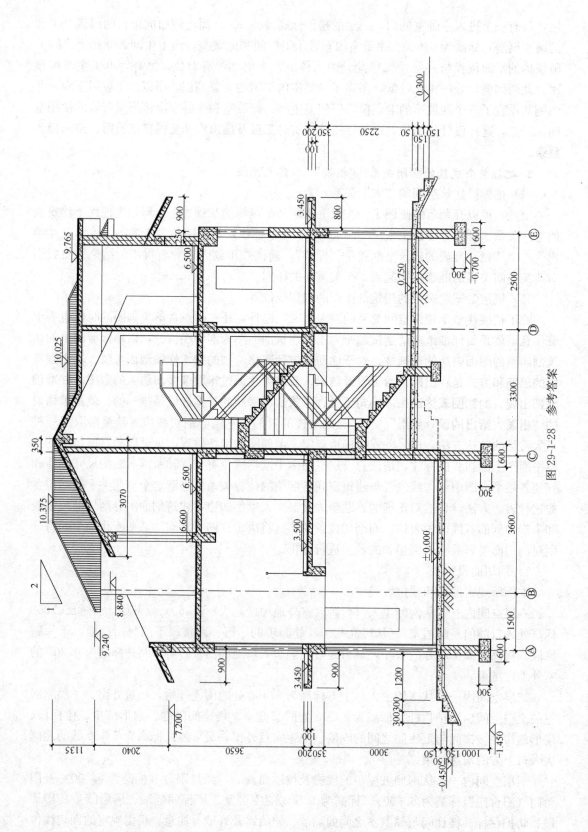

图 29-1-28 参考答案

置，此处并未剖到外窗），最后经过北侧坡屋顶的坡屋面及挑檐结束。

屋顶平面空间内——从南侧坡屋顶的挑檐及坡屋面（三层空间内已表达）开始，经过阳台处上空空间、阳台门上方的坡屋顶檐口及坡屋面、屋面正脊、北侧坡面、与老虎窗坡屋面之间形成的斜天沟、老虎窗坡屋面、老虎窗坡屋顶的檐口，最后经过北侧坡屋顶的坡屋面及挑檐（三层空间内已表达）结束。

以上是该建筑剖面图剖切到的部位。

2）未剖切到的看线

从试题所给的四个平面图中我们可以看出，建筑剖面图中未剖切到的看线应该包括以下一些内容：

一层空间内——起居室西侧的外窗、标高 0.750～3.500 之间的楼梯栏杆及第二跑楼梯段、餐厅西侧的外窗（被楼梯栏杆遮挡了大部分）、厨房转角处的看线。

二层空间内——南侧的卧室门、标高 3.500～6.500 之间的楼梯栏杆及第二跑楼梯段、北侧的卧室门（被楼梯栏杆遮挡了小部分）、卫生间与阳台之间墙体上的窗。

三层及屋顶平面空间内——阳台西侧坡屋顶侧檐的看线、主卧室向南侧凸出部分外墙转角处的看线、南侧老虎窗的坡屋顶、标高 6.500 以上部分的楼梯栏杆、主卧室的门、楼梯间内墙体与斜顶棚的交线、储藏室内墙体与斜顶棚的交线及墙体转折处的看线、西北侧老虎窗的坡屋顶。

3. 深入推敲，完善建筑结构关系和构造做法

（1）建筑结构方面的问题

1）建筑结构水平分系统类型的选择和确定

从整个建筑平面图中给出的信息来看，各部位建筑结构的空间跨度都不大，总开间不足 7m，进深也都不大。但是，仔细分析一下各层平面的房间布局，发现绝大部分内墙（甚至包括三层北侧的外墙）上、下不对位的情况很普遍，应该采用托墙梁的结构方案，因此，整个建筑结构水平分系统宜采用梁板式结构更为经济合理，包括屋面板、楼板等。

2）梁的设置问题

本题在屋面板和楼板结构中应该考虑设置梁的部位主要有以下几种情况。

① 厚度为 240mm 承重墙下部的墙梁。例如，**三层主卧室阳台门处的外墙为 240mm 承重墙，其下部二层家庭室处无（承重）墙**，因此，此处应该设置墙梁；又比如，**三层北侧 240mm 承重外墙相比二层北侧 240mm 承重外墙向内位移了 250mm**，因此，此处也应该设置墙梁。

② 120mm 厚砖隔墙下部的托墙梁。例如，Ⓒ轴与①轴在二层及三层处的 **120mm 砖隔墙下应该设置托墙梁**。

③ 悬挑部位的边梁。例如，**二层家庭室南侧为一层起居室上空空间，此处楼板层悬挑，为了确保楼板悬挑边缘的刚度，应该设置边梁**。

这里我们想说明一下，从结构的布置要求来看，还有一些需要设置梁的部位，考虑到试题要求的选择题答题范围，就不在这里提及了，但我们给出的参考答案图中仍然做了表达。

以上黑体字的文字是强调了本例中作为所有这些梁构件选择的原理和依据，考生应该在考前的应试准备以及平时的设计实践中注意培养这种思考问题的方法，平时做习惯了，考试时就容易做到心里不慌，应付自如。以下出现黑体字的部分，一般都是这样的出发点，请读者注意。

3）基础的设置问题

Ⓐ轴、Ⓒ轴、Ⓔ轴的墙均为**结构墙体，所以必须设置基础**；第一跑楼梯段下端为了**承受楼梯段荷载的需要**也必须设置基础。

（2）建筑构造方面的问题

上一部分有关建筑结构的问题，更多地需要应试者根据自己掌握的建筑结构的相关知识进行分析处理。而有关建筑构造的这一部分内容，则大多在试题任务中作了具体的规定，考生应该做的就是要认真细致、没有遗漏地把试题要求的建筑构造做法逐条看懂，并正确地表达在建筑剖面图中。

1）基础构造

明确垫层、基础放脚等的材料和尺寸，基础埋深（本例试题已经给定）。

2）地坪层、楼板层、屋盖、内墙、外墙、楼梯、阳台以及防水做法等的构造

明确以上所述各部位的分层材料做法。

3）门窗构造

明确门窗的高度及窗台的高度，门窗的材料，窗台、过梁等的构造做法。

4）其他必要的细部构造

① 题目明确要求的构造做法

试题中还会具体提出一些细部做法要求，应试者要十分留意，不可遗漏。例如在本例中，题目给出了室外阳台及阳台门门槛的做法要求等，都需要正确地绘制在图纸上。

② 题目未明确要求或者只作了一些提示的构造做法

另外还有一些基本的建筑构造做法，试题中只作一些简单的提示甚至并未提及，更需要引起应试者的注意，也必须正确地设计和绘制出来。例如，本例在"任务要求"中提示要画出"防潮层等及有关可视线"。还有像楼梯的栏杆扶手也是在剖面图中必须绘制的内容，不可忽视。虽然"任务要求"中并未具体提及绘制楼梯的栏杆扶手，但这显然属于"有关可视线"的范围，必须引起重视。

关于"防潮层"的问题我们再强调一下，答题时应该注意做到以下三点。第一，在所有设置基础的墙体中做墙身水平防潮层；第二，在内墙两侧地坪有高差处，除了在墙体两侧不同地坪标高处分别设置墙身水平防潮层外，还应该在高地坪一侧墙面做墙身垂直防潮层；第三，正确地画出墙身水平防潮层的标高位置，即必须与地坪混凝土垫层高度一致。以上三点做法是确保建筑防潮的基本设计要求，其基本的建筑防潮构造原理是**形成连续不间断的整体防潮屏障。**

（六）作图选择题

（1）剖到的屋面斜线有几段？

A　3　　　　　　　　B　4　　　　　　　　C　5　　　　　　　　D　6

（2）在剖面Ⓐ轴与Ⓒ轴之间，看到的（不含剖到的）屋面投影斜线有几段？

A　1　　　　　　　　B　2　　　　　　　　C　3　　　　　　　　D　4

（3）剖到的屋脊结构标高ⓐ是：

A 10.375   B 10.370   C 10.355   D 10.350

（4）剖到的阳台屋面檐口结构标高ⓑ是：

A 9.040   B 9.015   C 8.940   D 8.840

（5）阳台处投影看到的三层屋面檐口结构标高ⓒ是：

A 9.235   B 9.245   C 9.230   D 9.240

（6）在剖面ⓓ、ⓔ两轴间前后位置不同的可视墙有几面？

A 3   B 4   C 5   D 6

（7）北面外墙±0.000以上剖到的梁有几根？

A 2   B 3   C 4   D 5

（8）剖到的门和窗分别为几樘？

A 3，2   B 3，1   C 2，2   D 2，1

（9）投影可看到的门和完整的窗分别为几樘？

A 3，2   B 3，3   C 2，2   D 2，3

（10）在二、三层之间，剖到的楼梯的踏步有几级？

A 7   B 8   C 10   D 11

（11）基础底面的标高分别是：

A −1.900，−1.700   B −1.700，−1.450

C −1.900，−1.450   D −1.450，−0.700

（12）除南北入口，剖切到的水平和垂直防潮层的数量分别是：

A 2，1   B 2，2   C 3，1   D 3，2

（七）选择题参考答案及解析

（1）解析：这是一道考查正确表达投影关系的题目。应该是剖到共4段屋面斜线，分别是屋面正脊两侧各一段，两侧挑檐处各一段，所以答案是B。

（2）解析：此题仍然是一道考查正确表达投影关系的题目。应该是看到共2段屋面投影斜线，分别是阳台西侧坡屋顶侧檐的一段看线和南侧老虎窗的坡屋顶斜屋面，所以答案是B。

（3）解析：此题建议考生不要采用作图法而是采用数学的方法计算出结果，这样的结果才是准确的数据。通过"屋顶平面"图给出的平面尺寸及主坡屋顶檐口标高7.200的条件，以及1：2的屋面坡度，可以直接计算出，屋脊最高处标高ⓐ为10.375，所以答案是A。

（4）解析：这道题的解题方法与上一题完全一样，依然是通过"屋顶平面"图给出的平面尺寸及主坡屋顶檐口标高7.200的条件，以及1：2的屋面坡度，直接计算出来，即剖到的阳台屋面檐口结构标高ⓑ为8.840，所以答案是D。

（5）解析：这道题通过"屋顶平面"图给出的平面尺寸及第3题解出的答案（剖到的屋脊ⓐ点处的）结构标高10.375的条件，以及1：2的屋面坡度，很容易就能计算出来，即阳台处投影看到的三层屋面檐口结构标高（即南侧老虎窗坡屋顶檐口的结构标高）ⓒ为9.240，所以答案是D。

（6）解析：这道题与第1题和第2题一样，是一道考查正确表达投影关系的题目。我们可以从ⓓ、ⓔ两轴间的一、二、三层平面图中看到，一共有4道平面位置完全不同的南北走向墙体，因此，必然得到4道前后位置不同的可视墙面，所以答案应该是B。

（7）**解析**：这是一道考查结构布置的题目。答案应该是北面外墙±0.000以上共剖到4根梁，按从下至上的顺序，第一根为一层北侧外墙上的门洞口过梁，第二根为二层卫生间外墙上的窗洞口过梁，第三根为二层顶板托三层承重外墙的墙梁，第四根为三层北侧外墙为平衡北侧坡屋顶外悬挑檐口而设置的压重墙梁，所以答案应该是C。

（8）**解析**：这道题仍然是一道考查正确投影的题目。应该是剖到3樘门和2樘窗，即一层南、北入口处各一樘门、三层南侧的阳台门和二层南、北侧各1樘窗，所以答案应该是A。

（9）**解析**：应该是看到3樘门和2樘完整的窗，即二层看到2樘卧室的门、三层看到1樘主卧室的门和一层看到起居室的1樘窗、二层看到卫生间的1樘窗，而一层餐厅的1樘窗被楼梯遮挡，看到的已不完整，按题目要求不计入统计之内，所以答案是A。

（10）**解析**：只要细心地读懂二、三层平面图，这道题并不难正确地回答，仔细数一数剖到的踏步数，注意不要忽略了梯段两端平台处的扇形踏步，一共是10步，所以答案应该是C。

（11）**解析**：试题给出的基础"构造要求"中明确说明，基础埋深在室内地面以下1450，所以，查找出首层室内南、北两侧的室内地坪标高值（分别是±0.000和0.750），经过简单的计算，结果就出来了，应该是−1.450和−0.700，所以答案应该是D。

（12）**解析**：这是一道几乎每年必考的题目，也是一道很容易迷惑应试者的题目。从建筑构造原理的角度来分析，所有设置了基础的墙体都应该考虑设置墙身防潮层，这是因为这些墙体通过基础（或者直接）与地基土发生接触，地潮就会对墙体产生不利的影响，因此，必须对这些墙体采取防潮措施。本题（从建筑剖面图中看）一共设置了四道基础（三道承重墙下基础、一道楼梯段基础），但是，具体分析一下，并不需要在这四个部位都设置独立的墙身水平或垂直防潮层，例如，Ⓐ轴与①轴门洞口处由于门两侧室内、外地坪混凝土垫层连成一体，已经起到墙身防潮层的作用，所以不用再单独设置墙身水平防潮层；梯段梁下的基础由于钢筋混凝土梯段梁的材料和位置已经起到防潮层的作用，所以也不用设置独立的防潮层了。最后还有Ⓒ轴墙体处再作一下分析，由于该处墙体直接与地基土接触，且两侧地坪标高不同，所以，必须在相应位置设置两道墙身水平防潮层，其标高位置应该设置在两侧室内地坪混凝土垫层的厚度范围内，而墙体右侧也直接与地基土接触，所以还应在墙体右侧（地坪高的一侧）设置墙身垂直防潮层，以避免地潮对墙体及室内装修等产生有害的影响。综合以上分析，一共有2处设置了墙身水平防潮层，1处设置了墙身垂直防水层，所以答案应该是A。

九、试题1-5 某工作室局部剖面

（一）任务说明

图29-1-29为某工作室局部平面图，按指定剖切线位置和构造要求绘制剖面图，剖面图应正确反映平面图所示关系。

除檐口和雨篷为结构标高外，其余均为建筑标高。

（二）构造要求

结构：砖混结构。

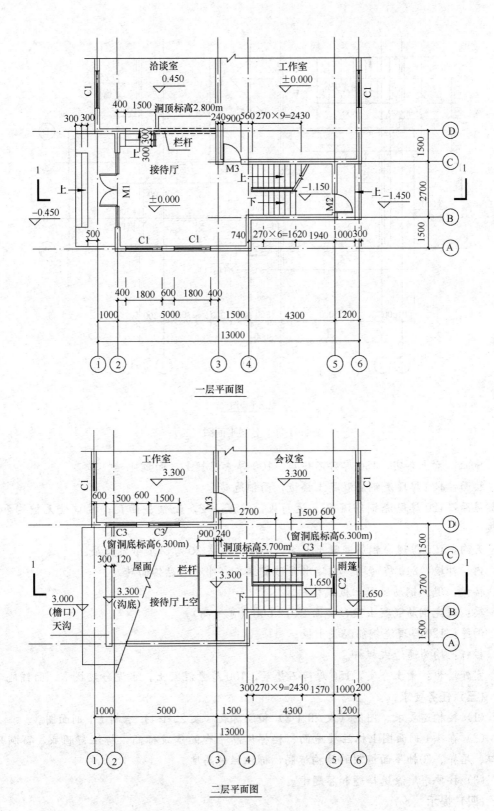

图 29-1-29 各层平面图（一）

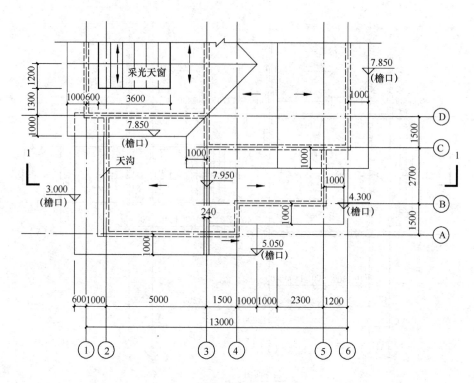

屋顶平面图

图 29-1-29　各层平面图（二）

地面：素土夯实，150 厚碎石垫层，100 厚素混凝土，面铺地砖。

楼面：120 厚现浇钢筋混凝土楼板，面铺地砖。

屋面：120 厚现浇钢筋混凝土屋面板，坡度 1/2，面铺屋面瓦；檐口处无檐沟和封檐板。

天沟：120 厚现浇钢筋混凝土天沟，沟壁、沟底 20 厚防水砂浆面层。

内、外墙：240 厚砖墙，内墙水泥砂浆抹灰，外墙面贴饰面砖。

楼梯：现浇钢筋混凝土板式楼梯。

梁：现浇钢筋混凝土梁，截面 240×500（宽×高）。

雨篷：120 厚现浇钢筋混凝土板。

栏杆：均为通透式栏杆。

室外踏步：素土夯实，150 厚碎石垫层，100 厚素混凝土，水泥砂浆找平，面铺地砖。

(三) 任务要求

(1) 按构造要求、图例（表 29-1-3）和门窗表（表 29-1-4）绘制 1-1 剖面图。

(2) 在 1-1 剖面图上标注楼地面、楼梯休息平台的建筑标高，标注窗洞底、窗洞顶、檐口、屋脊、③轴屋面板顶的结构标高，标注栏杆高度。

(3) 按要求填涂选择题和答题卡。

(四) 提示

基础不需绘制，竖向栏杆可局部单线表示。

（五）图例（表 29-1-3）

表 29-1-3

砖墙		屋面瓦、墙砖、地砖、水泥砂浆	
钢筋混凝土		碎石垫层	
素混凝土		素土夯实	

（六）门窗表（表 29-1-4）

表 29-1-4

	编号	洞口尺寸（宽×高）
门	M1（双扇外门连窗）	3600×2700
	M2（单扇外门）	900×2300
	M3（单扇内门）	900×2300
窗	C1	1800×1500
	C2	900×1500（窗洞底标高 2.500）
	C3	1500×1000（窗洞底标高 6.300）

（七）解题要点

1. 认真审题，掌握方法

（1）通读一遍试题的全文，以掌握建筑的整体轮廓

一如既往，我们从头开始将题目的逐项内容一一看下来，包括题目所给的所有附图，已经对试题获得了一个整体的印象。此时，在我们的头脑中仍然要先问自己这几个问题：

1）这是一个什么类型的建筑？

本例直接点明的建筑类型号**"工作室"**建筑。

2）这个建筑的结构类型是什么？

本例写明的建筑结构类型是**"砖混结构"**。

3）这个建筑的环境条件如何？

从题目所附的"一层平面图"中可以具体看出，整个基地环境共有两个室外地坪标高，西侧主入口处的室外地坪标高是－**0.450**，东侧次入口处的室外地坪标高是－**1.450**，建筑前，后之间共有 **1000mm** 的地坪高差。

4）这个建筑的空间组合形式如何？

仔细审阅题目所附的各层平面图及屋顶平面图之后可以看出，本例的基本情况是：此工作室建筑，利用建筑前、后的室外地坪高差形成两层的空间组合，首层接待厅标高±**0.000** 与洽谈室标高 **0.450** 之间还形成了 **450mm** 的室内高差。各部分的层高在各层平面图中以标高的形式具体给出。屋顶形式则为两坡屋顶并局部开有采光天窗，主入口屋顶处还设置了排水内天沟。

至此，我们对将要完成的建筑剖面先有了一个初步的印象。

5）这个建筑的各部位构造做法是什么？

这一点通过浏览"构造要求"基本上都可以找到答案，实际上，这也是建筑剖面部分一贯的出题方式。本例中，对建筑的地坪、楼面、屋面、外墙、内墙、梁、雨篷、楼梯、栏杆、天沟、门窗、室外踏步等都做出了非常具体的规定，不要求绘制基础。

6) 试题要求做什么？

从"任务说明"和"任务要求"可知，**试题要求按指定的剖切线位置和构造要求绘制比例为 1：50（答题纸上标明）的剖面图，剖面图应正确反映平面图所示关系。标注楼地面、楼梯休息平台的建筑标高，标注窗洞底、窗洞顶、檐口、屋脊、③轴屋面板顶的结构标高，标注栏杆高度。**

以上对试题全文的浏览应该是一个快速、全面、概括性的浏览，也就是要先对建筑剖面的设计任务有一个整体的了解和把握，主要目的是做到"心中有数"。

（2）认真仔细地深入审图，完整准确地把握建筑的空间关系

在对试题做了一个全面的浏览之后，还不能马上下笔画图，下一步是对考试题目所给的所有各层平面进行认真仔细地审阅，因为在这些图纸中有大量有用的信息，也是其他文字信息中没有给出的一些重要信息，显然，对题目所给出的平面图等图纸只是粗略地浏览一遍还是远远不够的。**要通过仔细认真地读图，抓住这些有用的信息，才能够准确、完整地对设计任务做出满意的回答。**

针对本例的 3 个平面图（一层平面图、二层平面图、屋顶平面图），我们如何来审图，如何来把握好建筑的空间关系呢？

首先看"一层平面图"。我们先来看西侧主入口处室外的情况，室外地坪标高为 -0.450，上三步台阶后进入室内，首层接待厅地坪标高 ± 0.000；向西北侧进入洽谈室要通过 3 步台阶到达 0.450 的标高，接待厅与洽谈室之间并没有设门，只在洞口右侧设置栏杆进行空间分隔；向东北侧进入工作室（此处设门）；向东侧通过一段台阶向下到达 -1.150 标高处的地坪，出东门经 2 步台阶到达 -1.450 标高处的室外地坪。从接待厅经楼梯的另一侧向上可以到达二层。由此可以看出，**该建筑一层平面采用的是一个室内外空间关系较为复杂的空间组合。**

再来看"二层平面图"。从图中可以看出，经过楼梯上到二层平面，中间休息平台标高为 1.650，楼层休息平台标高为 3.300。从楼层平台处可以直接进入形成套间式布局的两间工作室（注意与平台连接处的入口并没有设门，并在右侧设置了一段水平栏杆进行空间分隔），平台西侧设置了一个挑台，通过栏杆与首层接待厅上空隔开。另外还有一点需要特别注意，就是东侧出口上方设置的雨篷。

下面看"屋顶平面图"。本例题的屋顶坡面关系相对来说不算太复杂，简单的两坡顶，大多数控制点的标高都已经给出，挑檐出挑的尺寸也都标注得很清楚。需要提醒注意的有两点：①轴与③轴之间的采光天窗和②轴左侧的内天沟不要忽略。

通过以上对试题所给文字和图纸的深入审读，我们已经很清晰地掌握了该建筑的空间关系。这个时候再开始落笔画图，对整个建筑空间关系的把握就能做到胸有成竹了。

2. 把握整个建筑的空间关系"框架"，落笔画图

（1）把握好建筑空间的"大"关系

至此，可以开始落笔画图了。在认真审题的基础上，可以先把整个建筑大的空间关系"框架"描绘出来了。图 29-1-30 为本题建筑剖面图的参考答案，该图已经给出了一个清晰、准确的建筑空间关系"框架"，前面审题阶段分析得出的结论对于我们准确把握建筑空间关系起到了至关重要的作用。

（2）搞清楚试题规定的建筑剖面图的剖切线位置

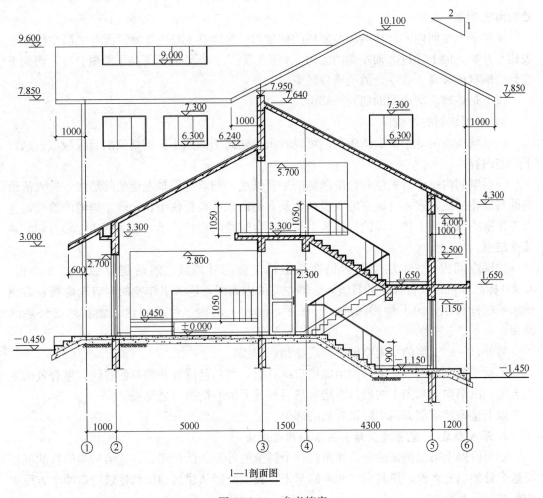

1—1剖面图

图 29-1-30　参考答案

　　除了把握住整个建筑空间关系的"大框架"以外，还有一点在画图的时候也要十分注意，就是要搞清楚试题所要求的建筑剖面图的剖切线位置，以确保图面表达的正确性。**对于注册建筑师考试的技术作图剖面考题，其出题考核的思路和方式是：出题人给出设计结果，要求考生通过审题读懂出题人的意图，并准确地把出题人的意图表达出来。换句话说，建筑剖面考题的答案应该是唯一的，就是前面说的"出题人给出的设计结果"。**人家都知道，建筑剖面图有剖切面投影线和未剖切到的看线两种表达，而剖切位置的不同将决定这两者之间的某些变化。下面将分别对剖切面投影线和未剖切到的看线进行分析。

　　1）剖切面投影线

本例所规定的剖切线位置是：

一层空间内——从两侧主入口（室外地坪标高为－0.450）处三步台阶开始，经过±0.000标高处的入口门及接待厅，向下一段台阶至标高－1.150地坪处，经过东侧入口门后下两步台阶至－1.450标高处的室外地坪结束。

二层空间内——西侧入口上部檐口暂时忽略（集中到下一段"屋顶平面空间内"部分一起分析），经过一跑楼梯段至1.650标高处的中间休息平台、外窗及标高同样为1.650

处的雨篷结束。

屋顶平面空间内——从西侧坡屋顶的挑檐口（标高 3.000）及坡屋面（二层空间内已表达）开始，向上经过②轴左侧的大沟，到达标高 7.950 处的不等高屋面屋脊处，再向下直到⑤轴右侧标高 4.300 处的挑檐口结束。

以上是该建筑剖面图剖切到的部位。

2）未剖切到的看线

从试题所给的 3 个平面图中我们可以看出，建筑剖面图中未剖切到的看线应该包括以下一些内容：

一层空间内——首先注意台阶两侧的平台做法，然后是①轴左侧的外墙线，进入洽谈室的洞口轮廓线，进入洽谈室的 3 步台阶及右侧的水平栏杆扶手，③轴左侧的内墙线，进入工作室的门，向上楼梯段的栏杆扶手及向下台阶段的栏杆扶手，最后到达⑥轴右侧的外墙线结束。

二层空间内——本层空间内仍然是①轴左侧的外墙线，然后是Ⓓ轴上的 2 个窗，3.300 标高处挑台栏杆扶手的看线，③轴左侧的内墙线，进入工作室的洞口轮廓线及右侧的水平栏杆扶手，向下楼梯段的栏杆扶手，Ⓒ轴上的窗，最后到达⑥轴右侧的外墙线结束。

另外，一、二层的室内空间中，应绘制踢脚线。

屋顶平面空间内——从西侧出墙檐口线开始，然后是屋脊和檐口的看线，屋脊处的采光天窗，出墙向上和向下的檐口看线，最后到达⑥轴右侧檐口处结束。

以上是该建筑剖面图中应该看到的部位。

3. 深入推敲，完善建筑结构关系和构造做法

如果说以上第二步做法是给建筑搭一个健全的骨架的话，那么，这第三步的目的就是给这个骨架填充血肉，使其完整和丰满起来。我们分别从建筑结构和建筑构造两个方面来做一些分析和推敲。

（1）建筑结构方面的问题

1）建筑结构水平分系统类型的选择和确定

从整个建筑平面图中给出的信息来看，各部位建筑结构的空间跨度都不大，最大开间、进深尺寸都为 5~7m，可不用考虑为减小板跨而在房间中部设置结构梁。

2）梁的设置问题

需要设置梁的部位主要有：②轴上（按从下至上顺序）的门洞口过梁和抗倾覆梁，③轴上（按从下至上顺序）的一层开间梁、二层开间梁和屋脊梁，④轴上的平台梁、④轴和⑤轴之间的平台梁以及⑤轴上（按从下至上顺序）的门洞口过梁和窗洞口过梁。

（2）建筑构造方面的问题

上一部分有关建筑结构的问题，更多地需要应试者根据自己掌握的建筑结构的相关知识进行分析处理。而有关建筑构造的这一部分内容，则大多在试题任务中做了具体的规定，相对来说，对考生的要求要低一些。那么，考生应该做的就是要认真细致、没有遗漏地把试题要求的建筑构造做法逐条看懂，并正确地表达在建筑剖面图中。例如，本例中我们可以按照一定的顺序（最好按照试题中"构造要求"项下的顺序进行，以避免遗漏）逐一解决这些问题：

1）基础构造

本试题明确要求不需绘制基础。

2）地坪层、楼板层、屋面、内墙、外墙、楼梯、雨篷以及天沟防水做法等的构造应明确各部位的分层材料做法。

3）门窗构造

明确门窗的宽度、高度及窗台的高度。

4）其他必要的细部构造

①题目明确要求的构造做法

试题中还会具体提出一些细部做法要求，应试者要十分留意，不可遗漏。例如在本例中，题目给出了通透式栏杆的做法要求，以及栏杆高度标注的要求等，都需要正确地绘制在图纸上。

②题目未明确要求或者只做了简单提示的构造做法

另外还有一些基本的建筑构造做法，试题中只做了简单的提示甚至并未提及，更需要引起应试者的注意，也必须正确地设计和绘制出来。这里想强调的有两点：第一，踢脚线应该绘制；第二，屋面瓦、墙砖、地砖以及水泥砂浆应该根据题目要求绘制图例，也就是装修线的表达。实际上这第二点要求，也进一步从出题人的角度印证了建筑技术作图中剖面这道题必须要画装修线。

关于"防潮层"的问题，答题时应该注意做到以下三点（针对砖混结构）：第一，在所有设置基础的墙体中做墙身水平防潮层；第二，在内墙两侧地坪有高差处，除了在墙体两侧不同地坪标高处分别设置墙身水平防潮层外，还应该在高地坪一侧墙面做墙身垂直防潮层；第三，正确地画出墙身水平防潮层的标高位置，即必须与地坪混凝土垫层高度一致。以上三点做法是建筑防潮的基本设计要求，其防潮构造的基本原理是**形成连续不间断的整体防潮屏障**。就本试题来说，以上所有的防潮要求实际上全部通过地坪混凝土垫层的贯通而解决了，似乎未出现墙身防潮层，但并不说明本剖面中没有建筑防潮设计，这一点考生应该有清醒的认识。

4. 图面表达应符合任务要求

在前三步中，我们已经解决了建筑空间关系、建筑结构布置和建筑构造做法等问题，在建筑图纸中还有一个图面内容"定量、定位"的问题，也就是要正确地标注建筑的定位轴线、各部位的尺寸、标高、坡度等。

5. 最后的检查——查遗补缺

如果有良好的专业基础，做了充分的考前准备，并且认真按照上述应试解题技巧做下来，就应该可以大功告成了。但是，为了稳妥起见，还是应该进行一次认真地检查，以做到查遗补缺，不留遗憾。另外，应该把最后的检查和查遗补缺与下面介绍的选择题的作答结合起来进行。实际上，**考生应该熟悉选择题设置的要求和特点，充分利用每个选择题给出的4个备选答案的提示，把试题答好。**

（八）作图选择题

（1）②～⑤轴之间剖到的屋面板共有几块？

A 1　　　　　　B 2　　　　　　C 3　　　　　　D 4

(2) ③~⑤轴之间剖到的楼梯平台板共有几块?

A 4   B 3   C 2   D 1

(3) ②~⑤轴之间剖到的梯段及踏步共有几段?

A 1   B 2   C 3   D 4

(4) 在1-1剖面图上看到的水平栏杆和剖到的水平栏杆各有几段?

A 3,1   B 3,2   C 4,2   D 4,1

(5) 二层挑台栏杆的高度至少应为:

A 850   B 900   C 1050   D 1100

(6) 在1-1剖面图上看到的门、窗(含天窗)、洞口的数量各为几个?

A 1,1,2   B 2,4,1   C 4,2,1   D 1,4,2

(7) 剖到的门和窗各有几个?

A 2,1   B 3,1   C 1,2   D 2,3

(8) 剖到的屋面板最高处结构标高为:

A 7.640   B 7.950   C 9.600   D 10.100

(9) 剖到的屋脊和看到的屋脊线数量分别是:

A 1,1   B 1,2   C 2,1   D 2,2

(10) 剖到的室外台阶共有几处?

A 1   B 2   C 3   D 4

(九) 选择题参考答案及解析

(1) **解析:**这是一道考查正确表达投影关系的题目。剖到的屋面板共有2块,分别是③轴左右各1块。因此,答案是B。

(2) **解析:**这仍然是一道考查正确表达投影关系的题目。剖到的楼梯平台板共有2块,3.300标高处1块,1.650标高处1块。因此,答案是C。

(3) **解析:**这仍然是一道考查正确表达投影关系的题目。剖到的梯段及踏步共有2段,②~③轴的踏步没有被剖到,④~⑤轴剖到的共有1段梯段和1段台阶。因此,答案选B。

(4) **解析:**这仍然是一道考查正确表达投影关系的题目。看到的水平栏杆有4段,分别是一层②~③轴1段、④轴右侧1段,二层③轴左侧1段、④轴右侧1段;剖到的水平栏杆有1段,二层③轴左侧挑台处的1段。因此,答案是D。

(5) **解析:**为了保证安全,防止跌落事故,水平栏杆的高度不应低于1050mm。因此,答案选C。

(6) **解析:**这仍然是一道考查正确表达投影关系的题目。看到的门1个,在一层③轴右侧;看到的窗(含天窗)4个,分别在二层③轴左侧2个、二层③轴右侧1个及①~③轴之间屋脊处的1个(天窗);看到的洞口2个,分别在一层②~③轴之间1个、二层③~⑤轴之间1个。因此,答案选D。

(7) **解析:**这仍然是一道考查正确表达投影关系的题目。剖到的门有2个,分别在一层②轴入口门和⑤轴入口门;剖到的窗有1个,在二层⑤轴上。因此,答案选A。

(8) **解析:**这是一道数学题。剖到的屋面板最高处应该在③轴右侧120mm处,以屋面坡度1/2、右侧檐口标高4.300、檐口至剖到的屋面板最高处之间的水平距离为6680

(1000＋4300＋1500－120) mm来计算，剖到的屋面板最高处结构标高为7.640。其他选项均不符合题意。因此，答案选A。

（9）**解析：**这仍然是一道考查正确表达投影关系的题目。剖到的屋脊有1处，在③轴上；看到的屋脊线有2处，分别在9.600标高处和10.100标高处。因此，答案是B。

（10）**解析：**这仍然是一道考查正确表达投影关系的题目。剖到的室外台阶共有2处，分别在东、西两侧的入口处。因此，答案选B。

十、2017年 某坡地园林建筑剖面
(一) 任务说明
如图29-1-31所示为某坡地园林建筑平面图，按指定剖切线位置和构造要求绘制1-1剖面图，剖面图应正确反映平面图所示关系。
(二) 构造要求
结构：现浇钢筋混凝土框架结构。

柱：600×600现浇钢筋混凝土柱。

梁：现浇钢筋混凝土梁，600×300（高×宽）。

墙：内外墙均为300厚砌体，挡土墙为300厚钢筋混凝土。

坡屋面：200厚现浇钢筋混凝土板，上铺屋面瓦。屋面坡度1/2.5。屋面挑檐无天沟和封檐板。

平屋面：100厚现浇钢筋混凝土板，面层构造150厚。

楼面：200厚现浇钢筋混凝土板，面层构造100厚。

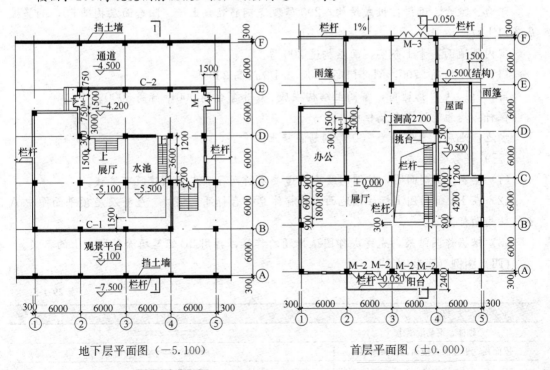

图 29-1-31　各层平面图（一）

239

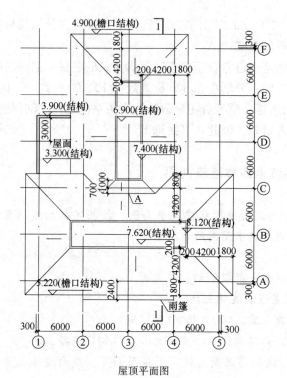

4.900(檐口结构)

3.900(结构)

6.900(结构)

7.400(结构)

屋面
3.300(结构)

8.120(结构)

7.620(结构)

5.220(檐口结构)

雨篷

A

屋顶平面图

图 29-1-31　各层平面图（二）

楼梯：现浇钢筋混凝土板式楼梯，面层构造 50 厚。梯级为 300×150（宽×高）。

阳台、挑台、雨篷：板式结构，200 厚现浇钢筋混凝土板。阳台面层构造 50，雨篷板底齐门上口。

室内外地面：素土夯实，面层构造 200 厚。

门：M-1 门高 2700，M-2 门高 3900，M-3 门高 3300。

窗：C-1、C-2 落地窗，窗高至结构梁底。C-3 窗台高 900，窗高 3000。

栏杆：均为通透式金属栏杆。

水池：池底及池壁均为 200 厚钢筋混凝土。

（三）任务要求

（1）绘制 1-1 剖面图，按图例绘出构造要求所列各项内容及建筑可见线。

（2）在 1-1 剖面图上标注楼地面、楼梯休息平台标高，檐口、屋脊及屋顶平面图中 A 点的结构面标高。

（3）根据作图结果，先完成作图选择题的作答，再用 2B 铅笔填涂答题卡上的答案。

（四）图例（表 29-1-5）

表 29-1-5

材　料	图　例
砌体、钢筋混凝土	
屋面瓦、平屋面、楼面、梯面面层	
挡土墙	
室内外地面	

（五）解题要点

1. 认真审题，掌握方法

（1）通读一遍试题全文，以掌握建筑的整体轮廓

1）这是一个什么类型的建筑？

本例直接点明的建筑类型是"**园林**"建筑。

2）这个建筑的结构类型是什么？

本例写明的建筑结构类型是"**现浇钢筋混凝土框架结构**"。

3）这个建筑的环境条件如何？

从题目所附的各层平面图中可以看出，整个基地环境共有两个室外地坪标高，南侧挡土墙下的室外地坪标高是−7.500，北侧入口处的室外地坪标高是−0.050，建筑前、后之间共有 7450mm 的地坪高差。

4）这个建筑的空间组合形式如何？

仔细地审阅题目所附的各层平面图及屋顶平面图之后可以看出，本例的基本情况是：此园林建筑，利用建筑前、后的室外地坪高差形成的建筑层数为两层的空间组合，首层入口±0.000 大厅与南侧的展厅直接相连，并在展厅区设置两跑直梯下到−4.200 处的地下层过厅，并分别通过台阶可到达−5.100 标高的展厅、−4.500 的北侧室外通道、−5.400 的南侧观景平台。各部分的层高在各层平面图中以标高形式具体给出。屋顶形式为四坡平、坡屋顶结合的形式。

5）这个建筑的各部位构造做法是什么？

这一点通过浏览"构造要求"基本上都可以找到答案。本例中，对建筑的柱、梁、墙、屋面、楼面、楼梯、阳台、挑台、雨篷、室内外地面、门、窗、栏杆、水池等都做了非常具体的规定。

6）试题要求做什么？

从"任务描述"和"任务要求"可知，要求按指定的剖切线位置和构造要求绘制比例为 1∶100 的剖面图，剖面图应正确反映平面图所示关系。按图例绘出构造要求所列各项内容及建筑可见线。标注楼地面、楼梯休息平台标高，檐口、屋脊及屋顶平面图中 A 点的结构面标高。

对题目中规定的这些内容，一定要认真地看清楚，内容、任务、条件、要求等，都要一一地看仔细，并按照试题的要求去做。

以上对建筑剖面设计任务的整体了解和把握，其主要目的是做到"心中有数"。

（2）深入审图，准确把握建筑空间关系

针对本题的 3 个平面图（−5.100 平面图、±0.000 平面图、屋顶平面图），我们如何审图，如何把握好建筑的空间关系呢？

首先看"±0.000 平面图"。按照题目给定的 1-1 剖切线位置和剖视方向，我们先来看北侧主入口处室外的情况。室外地坪标高为−0.050，上一步台阶后进入室内，首层大厅地坪标高±0.000；大厅西侧有一间办公室（注意办公室的门），向南直接进入展厅，展厅的西侧有 2 个窗，展厅南侧有门可达标高为−0.050 的阳台（比室内低 50mm，阳台设有栏杆），展厅东侧设有楼梯井，楼梯井北侧设挑台（挑台上设有栏杆），楼梯井南侧为楼梯口，通过 2 跑直跑楼梯可下到标高为−5.100 的地下层。由此可知，**该建筑一层平面的**

室内外空间关系不是很复杂。

再来看"−5.100平面图"。从图中可以看出，经过楼梯下到本层后，先到达−4.200标高的过厅，过厅东、西两侧各设置了一个出口，经过3步台阶后，可达−4.500标高处的室外通道，过厅北侧为落地窗。过厅东南角也设置了一个出口，可以通过出口处的台阶（未剖到）到达−5.100标高处的观景平台，观景平台南侧设置了栏杆，栏杆外侧为−7.500标高的室外地坪。过厅西侧朝南设置了6步台阶，向下通到−5.100标高处的展厅。展厅东侧（楼梯井下方）设置了池底标高为−5.500的水池，展厅南侧也是落地窗。由此可知，**该建筑地下层平面是室内外空间关系比较复杂的空间组合**。

下面看"屋顶平面图"。本例题的屋顶坡面关系相对来说不算太复杂，首层北侧入口大厅上部和南侧展厅上部各自形成了一个中心部位为平屋顶的四坡顶形式，控制点标高都已经给出，挑檐出挑的尺寸也都标注得很清楚。需要注意的是，最南侧②轴与④轴之间设置的（首层阳台上部的）雨篷。另外，西北角和东北角各有一处标高不同的平屋顶，因不会剖切到，故不赘述。

通过以上对试题所给的3个平面图和其他相关信息的深入审读，我们已经很清晰地掌握了该建筑的空间关系。

2. 把握整个建筑的空间关系"框架"，落笔画图

（1）把握好建筑空间的"大"关系

至此，可以开始落笔画图了。在以上审题的两个步骤的基础之上，可以先把整个建筑大的空间关系"框架"描绘出来了。图29-1-32为本题建筑剖面图的参考答案，该图已经给出了一个清晰、准确的建筑空间关系，前面在审题阶段分析得出的结论，对我们准确把握建筑空间关系起到了至关重要的作用。

我们在这里指出的**首先要把握好建筑空间的"大"关系，是想强调通过认真审题把握好答题的大脉络，抓住重点以及剖面图中的各个控制点位置，避免走弯路，更顺利地通过考试**。

（2）搞清楚试题规定的建筑剖面图的剖切线位置

除了把握住整个建筑空间关系的"大框架"以外，还有一点在落笔画图的时候也要十分注意，就是要仔细搞清楚试题所要求的建筑剖面图的剖切线位置。建筑剖面图有剖切面投影线和未剖切到的看线两种表达，而剖切位置的不同将决定这两者之间的某些变化。

3. 深入推敲，完善建筑结构关系和构造做法

如果说以上第二步是给建筑搭一个完整的骨架的话，那么，这第三步的目的就是要给骨架填充血肉，使其完善和丰满。我们分别从建筑结构和建筑构造两个方面分析如下：

（1）建筑结构方面的问题

从建筑平面图给出的信息来看，各部位建筑结构的空间跨度都不大，框架柱网都是6000×6000的标准方格柱网，不必考虑为减小板的跨度而在房间中部设置结构梁。

入口大厅上部及一层展厅上部均采用了四坡的折板式屋顶结构，因此，其下部也不需增设柱子。

（2）建筑构造方面的问题

有关建筑结构的问题，更多地需要应试者根据自己掌握的建筑结构的相关知识进行分析处理。而有关建筑构造的内容，则大多在任务中做了具体规定，相对来说，对考生的要

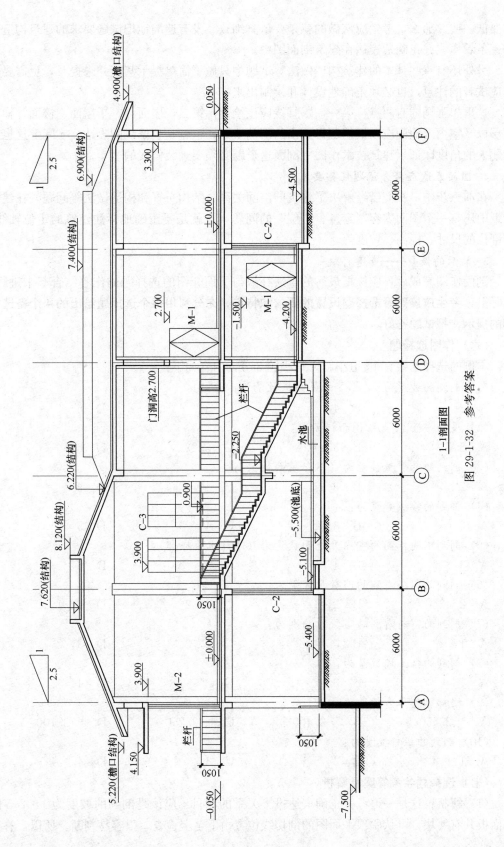

1—1剖面图

图 29-1-32 参考答案

求要低一些。那么，考生应该做的就是要认真细致、没有遗漏地把试题要求的建筑构造做法逐条看懂，并正确地表达在建筑剖面图中。

另外还有一些基本的建筑构造做法，试题中只做了简单提示甚至并未提及，更需要引起应试者的注意，也必须正确地设计和绘制出来。

这里想强调的有两点：第一，踢脚线应该绘制；第二，屋面瓦、平屋面、楼面、梯面面层以及室内外地面应该根据题目给出的图例绘制，也就是装修线的表达。实际上这也从出题人的角度印证了建筑技术作图中剖面这道题必须要画装修线的事实。

4. 图面表达应符合试题任务要求

在前三步中，我们已经解决了建筑的空间关系、结构布置和构造做法等问题。在建筑图纸中还有一个图面内容"定量、定位"的问题，也就是要正确地标注建筑的定位轴线、各部位的尺寸、标高、坡度等。

5. 最后的检查——查遗补缺

剖面作图完成后，应该把最后的查遗补缺与下面介绍的选择题的作答结合起来进行。实际上，**考生应该熟悉选择题设置的要求和特点，充分利用每个选择题给出的 4 个备选答案的提示，把试题答好。**

（六）作图选择题

本例的选择题共有 10 道小题，每小题 3 分，内容如下：

（1）剖到的坡度为 1：2.5 的屋面板数量为：

A 3 B 4 C 5 D 6

（2）屋顶平面 A 点结构面标高为：

A 5.5 B 5.94 C 6.22 D 6.5

（3）剖到的悬臂板数量为（不含屋面挑檐）：

A 2 B 3 C 4 D 5

（4）剖到的楼板数量为：

A 2 B 3 C 4 D 5

（5）剖到不同标高的室内外地面数量为（不计水池底部）：

A 3 B 4 C 5 D 6

（6）剖到的门与看到的门数量分别为：

A 2，2 B 3，1 C 3，2 D 2，1

（7）剖到的窗与看到的窗数量分别为：

A 1，2 B 2，3 C 2，2 D 3，2

（8）剖到的挡土墙数量为：

A 1 B 2 C 3 D 4

（9）楼梯休息平台标高为：

A −2.550 B −2.400 C −2.250 D −2.100

（10）剖到的栏杆数量为：

A 1 B 2 C 3 D 4

（七）选择题参考答案及解析

（1）**解析**：这是一道考查正确表达投影关系的题目。应该是剖到的坡度为 1：2.5 的屋面板共有 4 块，可从屋顶平面图的剖切线位置由下至上检查，很容易判断。所以，答案应该是 B。

（2）**解析**：这是一道坡度计算的数学题。以 A 点所在的坡面檐口结构标高 5.220、A 点距檐口水平距离 2500（＝1800＋700）以及 1∶2.5 的屋面坡度计算，A 点比檐口结构面标高升高的距离 X＝(1/2.5)×2500＝1000mm，即 1m。A 点结构面标高应为 6.22m。所以，答案应该是 C。

（3）**解析**：注意题目特别强调"不含屋面挑檐"，所以剖到的悬臂板数量为 3 块，分别是Ⓐ轴左侧的阳台板和雨篷板，以及Ⓓ轴左侧的挑台板。所以，答案应该是 B。

（4）**解析**：此处楼板数量应以框架梁划分的区格为单位计算，所以剖到的楼板数量为 3 块，即Ⓐ-Ⓑ轴之间、Ⓓ-Ⓔ轴之间、Ⓔ-Ⓕ轴之间各 1 块。所以，答案应该是 B。

（5）**解析**：不计水池底部，剖到不同标高的室内外地面数量为 6 处，即从左到右 －7.500、－5.400、－5.100、－4.200、－4.500、－0.050 各标高处。所以，答案应该是 D。

（6）**解析**：剖到的门与看到的门数量分别为 2 个，即剖到首层南侧的 M-2、首层北侧的 M-3，看到首层的 M-1、地下层的 M-1。所以，答案应该是 A。

（7）**解析**：剖到的窗与看到的窗数量分别为 2 个，即剖到地下层南侧的 C-1、地下层北侧的 C-2，看到首层的 2 个 C-3。所以，答案应该是 C。

（8）**解析**：剖到的挡土墙数量为 2 处，即Ⓐ轴、Ⓕ轴各 1 处。所以，答案应该是 B。

（9）**解析**：根据各层平面图提供的楼梯段平面投影显示，从首层（标高为±0.000）到地下层的两跑直跑楼梯的踏步级数分别为 15 步和 13 步，题目所给踏步高 150，所以，从首层地面至楼梯休息平台的垂直距离应该是 150×15＝2250，两跑楼梯段中间的休息平台标高应为-2.250。所以，答案应该是 C。

（10）**解析**：剖到的栏杆数量为 3 处，即首层 A 轴左侧阳台栏杆、首层 D 轴左侧挑台栏杆、地下层 A 轴左侧观景平台栏杆共 3 处。所以，答案应该是 C。

十一、2019 年 某三层住宅剖面

（一）任务描述

图 29-1-33 为某住宅各层平面图，采用现浇钢筋混凝土框架结构。按指定剖切线位置和构造要求绘制 1-1 剖面图，应正确反映平面图所示关系，不要求表示建筑外围护的保温隔热材料。

（二）构造要求

柱：350×350 现浇钢筋混凝土柱。

梁：现浇钢筋混凝土框架梁，梁截面 250×450。

墙：250 厚砌体墙。

坡屋面：120 厚现浇钢筋混凝土板。屋面构造 100 厚，屋面坡度均为 1∶3。

阳台、露台：120 厚现浇钢筋混凝土板。面层为架空开缝木条板。面层下构造层向室外侧找坡 2‰，最薄处 200 厚。

楼面与楼梯：120 厚现浇钢筋混凝土板。楼面构造 50 厚。

门：门洞高度 2200。

窗 C1：落地窗、落地门连窗。窗底混凝土翻边高出楼地面 100，窗洞顶标高见平面图标注。

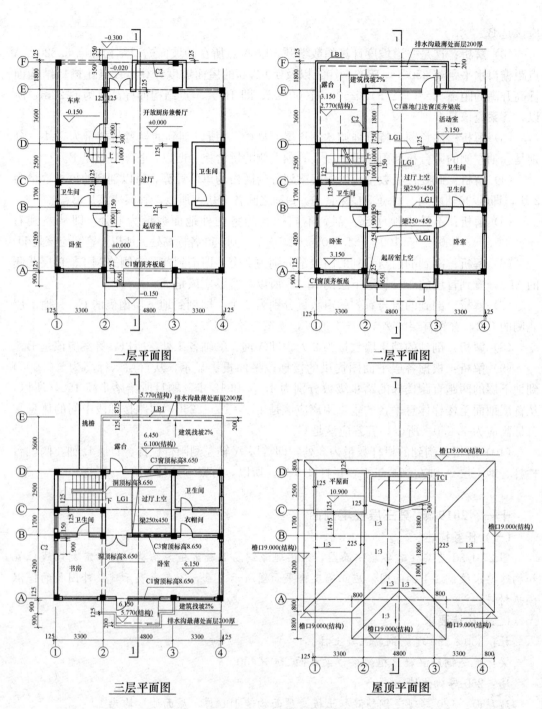

图 29-1-33　各层平面图

窗 C2：窗高 1600，窗台高出楼地面 900。

窗 C3：窗高 600，窗洞顶标高见平面图标注。

窗 TC1：屋面天窗。坡度随屋面，四周板边翻起 300 高，125 厚。

栏杆 LG1：金属通透栏杆。

栏板 LB1：室外钢筋混凝土栏板 125 厚。

挑檐：120 厚现浇钢筋混凝土板。

（三）任务要求

（1）根据构造要求和图例，按比例绘制 1-1 剖面图，包括各类建筑构件及相关建筑可见线。

（2）标注：坡屋面屋脊、挑檐的结构标高；阳台、露台的结构标高、建筑标高；楼梯平台、室外地面的建筑标高；栏杆 LG1、栏板 LB1 的高度。

（3）根据作图结果，用 2B 铅笔填涂答题卡上第 1～10 题的答案。

（四）图例（表 29-1-6）

表 29-1-6

名　　称	图　例
混凝土	
砌体墙	
现浇钢筋混凝土	
坡屋面楼地面构造层	
阳台、露台架空木条板及面层下构造层	
室内外地面	

（五）解题要点

1. 认真审题，掌握方法

（1）通读一遍试题的全文，以掌握建筑的整体轮廓

一如既往，我们从头开始将题目的逐项内容一一看下来，包括题目所给的所有附图，已经对试题获得了一个整体的概念印象。此时，在我们的头脑中仍然要先问自己这几个问题：

1）这是一个什么类型的建筑？

本例直接点明的建筑类型是"住宅"建筑。

2）这个建筑的结构类型是什么？

本例写明的建筑结构类型是"现浇钢筋混凝土框架结构"。

3）这个建筑的环境条件如何？

从题目所附的各层平面图中可以看出，整个基地环境共有两个室外地坪标高，南侧室外地坪标高是－0.150，北侧入口处的室外地坪标高是－0.300，建筑前、后之间共有150mm 的地坪高差。

4）这个建筑的空间组合形式如何？

仔细地审阅题目所附的各层平面图及屋顶平面图之后可以看出，本例的基本情况是：

北侧入口（－0.300）两步台阶到达入口门（－0.020），进入首层餐厅、过厅、起居室（±0.000）。层数共三层，二层楼面标高 3.150，三层楼面标高 6.150，三层露台标高 6.450。坡屋顶的檐口结构标高 9.000。这里要注意四坡歇山屋顶的坡面关系及剖切位置（剖在南侧屋脊处）。

注意户内楼梯的布置，以及过厅处三层通高上空，起居室处两层通高上空。

三层南侧阳台及北侧露台都设置了排水沟，注意排水坡度及排水沟的设置。

至此，我们对将要完成的建筑剖面的大致轮廓先有了一个初步的印象。

5) 这个建筑的各部位构造做法是什么？

这一点通过浏览"构造要求"基本上都可以找到答案，实际上，这也是建筑剖面部分一贯的出题方式。本例中，对建筑的柱、梁、墙、坡屋面、阳台、露台、楼面与楼梯、门、窗、栏杆、栏板、挑檐等都作出了非常具体的规定。

6) 试题要求做什么？

在"任务描述"和"任务要求"中题目清楚地回答了这个问题。要求根据构造要求和图例，按比例绘制 1-1 剖面图，包括各类建筑构件及相关建筑可见线。要求标注坡屋面屋脊、挑檐的结构标高；标注阳台、露台的结构标高、建筑标高；标注楼梯平台、室外地面的建筑标高；标注栏杆 LG1、栏板 LB1 的高度。

对题目中规定的以上这些内容，一定要认真地看清楚，内容、任务、条件、要求等，都要一一地看仔细，并按照试题的要求去做。实际上，建筑技术设计（作图题）考试大纲中所要求的"检验应试者在建筑技术方面的实践能力，对试题能做出符合要求的答案，包括：建筑剖面、结构选型与布置、机电设备及管道系统、建筑配件与构造等，并符合法规规范"。其中，"对试题能做出符合要求的答案"指的就是要符合题目中"任务描述"和"任务要求"的要求，简单说，就是要符合出题人的要求。这一点应该引起考生的足够注意，考题给你提出的要求，务必要认真满足。

以上对试题全文的浏览应该是一个快速的、全面的、轮廓性的浏览，也就是要先对建筑剖面的设计任务有一个整体的了解和把握，主要目的是做到"心中有数"。

（2）认真仔细地深入审图，完整准确地把握建筑的空间关系

在对试题做了一个全面的浏览之后，还不能马上下笔画图，下一步要做的是对考试题目所给的所有各层平面进行认真仔细的审阅，因为在这些图纸中有大量有用的信息，也是其他文字信息中没有给出的一些重要信息。显然，对题目所给出的平面图等图纸只是粗略地浏览一遍是远远不够的。要通过仔细认真地读图，抓住这些有用的信息，才能够准确、完整地对设计任务作出满意的回答。

针对本例的 4 个平面图，我们如何来审图，如何来把握好建筑的空间关系呢？

首先看"一层平面图"。按照题目给定的 1-1 剖切线位置和剖视方向，我们从南到北分析一下剖视情况。首先，南侧室外地坪标高 -0.150，通高落地窗，进到 ±0.000 室内，看到卧室门、楼梯间、车库门，剖到厨房外窗，看到北侧两步入口台阶，北侧室外地坪标高为 -0.300。

再来看"二层平面图"。首先，南侧的通高落地窗，起居室上空，剖到栏杆，标高 3.150 处楼面，卧室门，剖到栏杆，看到栏杆，楼梯间，剖到栏杆，看到外窗，剖到落地门连窗，剖到标高 3.150 处室外露台（注意排水坡度及排水沟），剖到挑檐，剖到栏板。

下面看"三层平面图"。从南侧开始，首先剖到阳台栏板，标高 6.150 处阳台（注意排水坡度及排水沟），剖到落地门连窗，标高 6.150 处楼面，看到卧室与书房之间的下皮标高 8.650 的大梁，看到外窗，剖到高窗，过厅上空，看到栏杆，剖到高窗，剖到标高 6.450 处室外露台（注意排水坡度及排水沟），剖到栏板。

最后看"屋顶平面图"。本例题的屋顶坡面关系相对来说不算太复杂，屋面主体部分

形成歇山屋顶的形式，南侧中部形成丁字形四坡顶，西北角楼梯间上部为平屋顶。注意平屋面的标高和檐口（结构）标高，并根据檐口（结构）标高、屋面1：3坡度和平面尺寸，计算出坡屋面屋脊及各部位的标高。

通过以上对试题所给的4个平面图和其他相关信息的认真仔细地深入审读，我们已经很清晰地掌握了该建筑的空间关系。这个时候再开始落笔画图的话，对整个建筑空间关系的把握就能做到胸有成竹了。否则的话，没有这种深入的审图过程，对建筑空间的关系还不能完全把握就开始下笔画图，那么，后果也就可想而知了，不是丢三落四，就是建筑空间关系错误百出，很可能最后在图上根本无法使建筑的各部分"交圈"，那就真的是"欲速则不达"了。

2. 把握整个建筑的空间关系"框架"，落笔画图

（1）把握好建筑空间的"大"关系

至此，可以开始落笔画图了。在以上审题的两个步骤的基础之上，可以先把整个建筑大的空间关系"框架"描绘出来。图29-1-34为本题建筑剖面图的参考答案，该图已经给出了一个清晰、准确的建筑空间关系"框架"，前面在审题阶段分析得出的结论，使我们对建筑空间的关系可以准确把握。

我们在这里指出的首先要把握好建筑空间的"大"关系，是想强调通过认真审题把握好答题的大脉络，抓住重点以及剖面图中的各个控制点位置，避免走弯路，更顺利地通过考试。

（2）搞清楚试题规定的建筑剖面图的剖切线位置

除了把握住整个建筑空间关系的"大框架"以外，还有一点在落笔画图的时候也要十分注意，就是要仔细地搞清楚试题所要求的建筑剖面图的剖切线位置，以确保所画出的建筑剖面图的图面表达的正确性。对于注册建筑师资格考试的技术作图剖面考题，其出题考核的思路和方式是：出题人给出设计结果，要求考生通过审题读懂出题人的意图，并准确地把出题人的意图表达出来。换句话说，建筑剖面考题的答案应该是唯一的，就是前面说的"出题人给出的设计结果"。大家都知道，建筑剖面图有剖切面投影线和未剖切到的看线两种表达，而剖切位置的不同将决定这两者之间的某些变化。

3. 深入推敲，完善建筑结构关系和构造做法

如果说以上第二步做法是给建筑搭一个健全的骨架的话，那么，这第三步的目的就是要给这个骨架填充血肉，使其完善和丰满起来。我们分别从建筑结构和建筑构造两个方面来做一些分析和推敲。

（1）建筑结构方面的问题

从整个建筑平面图中给出的信息来看，各部位建筑结构的空间跨度都不大，框架柱网都是题目给定的，最大跨度只有4.8m，不必考虑为减小板跨度而在房间中部设置结构梁。

（2）建筑构造方面的问题

建筑构造的这一部分内容，都在试题任务中作了具体的规定，相对来说，对考生的要求要低一些。那么，考生应该做的就是要认真细致、没有遗漏地把试题要求的建筑构造做法逐条看懂，并正确地表达在建筑剖面图中。例如，本题中我们可以按照一定的顺序（最好按照试题中"构造要求"项下的顺序进行，以避免遗漏）逐一解决这些问题。

另外还有一些基本的建筑构造做法，试题中只作一些简单的提示甚至并未提及，更需

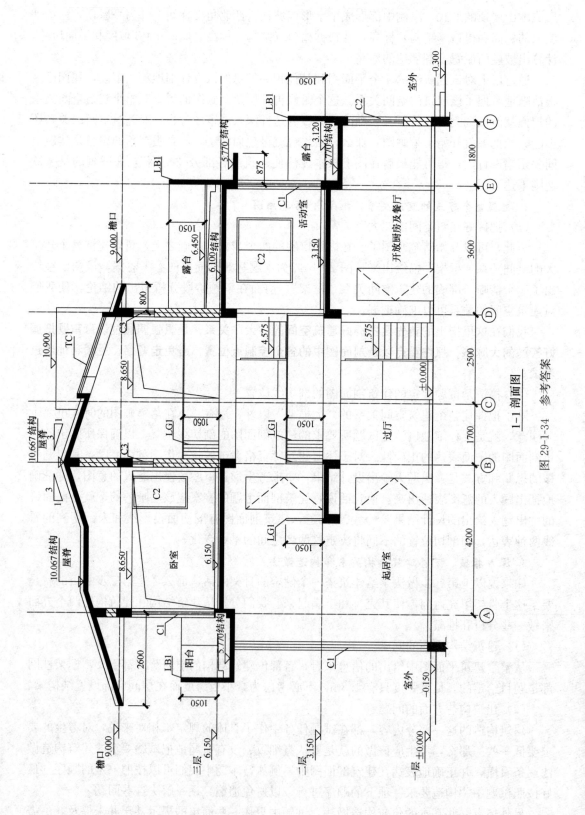

图 29-1-34　参考答案

1-1 剖面图

要引起应试者的注意，也必须正确地设计和绘制出来。

这里想强调的有两点，第一，踢脚线应该绘制；第二，坡屋面及楼地面构造层、阳台、露台架空木条板及面层下构造层的做法，应该根据题目要求绘制图例，也就是装修线的表达（本题给出的图例中，没有墙面装修构造层的图例，所以，墙面可以不画装修线）。实际上这第二点要求，也进一步从出题人的角度印证了建筑技术作图中剖面这道题必须要画装修线的要求。

建筑构造的问题琐碎而复杂，最容易出现问题和失误，考生应在平时的设计实践中重视建筑构造设计，积累经验，提高能力，到考试作图的关键时刻就能做到熟练准确、避免疏漏，取得好的成绩。

4. 图面表达应符合任务要求

在前三步中，我们已经解决了建筑的空间关系、建筑的结构布置和建筑的构造做法等问题，在建筑图纸中还有一个图面内容"定量、定位"的问题，也就是要正确地标注建筑的定位轴线、各部位的尺寸、标高、坡度等。

5. 最后的检查——查遗补缺

如果有良好的专业基础，作了充分的考前准备，并且认真地按照上述应试解题技巧做下来，就应该可以"宣布"大功告成了。但是，为了稳妥可靠起见，还是应该进行一次认真地检查，以做到查遗补缺，不留遗憾。另外，应该把最后的检查和查遗补缺与下面介绍的选择题的作答结合起来进行。实际上，**考生应该熟悉选择题设置的要求和特点，充分利用每个选择题给出的 4 个备选答案的提示，把试题答好。**

（六）作图选择题

本例的选择题共有 10 道小题，每小题 3 分，内容如下：

（1）剖到的坡屋面屋脊共有几处？

A 2   B 3   C 4   D 5

（2）最高的坡屋面屋脊的结构标高为：

A 9.000   B 10.067   C 10.667   D 10.900

（3）Ⓐ轴与Ⓕ轴之间剖到的平屋面板共有几块？

A 1   B 2   C 3   D 4

（4）Ⓑ轴与Ⓓ轴处剖到的框架梁共有几根？

A 7   B 6   C 5   D 4

（5）剖到的窗（含坡屋面天窗）的总数量为：

A 4   B 5   C 6   D 7

（6）看到的门的数量为：

A 3   B 4   C 5   D 6

（7）剖到的栏杆、栏板共有几处？

A 3   B 4   C 5   D 6

（8）建筑最高处的标高为：

A 10.150   B 10.667   C 10.772   D 10.900

（9）看到踏步线的楼梯段共有几处？

A 0   B 1   C 2   D 3

（10）最大的室内外高差为：

A 0   B 150mm   C 300mm   D 450mm

（七）选择题参考答案及解析

（1）**解析：**这是一道考查正确表达投影关系的题目。应该是剖到的坡屋面屋脊共有2处，一处剖到最高处的主屋脊，另一处剖到丁字形屋面处的正脊。所以，答案应该是A。

（2）**解析：**这是一道坡度计算的数学题。檐口结构标高9.000，最高屋脊距檐口水平距离5000mm，按1∶3的屋面坡度计算，最高屋脊结构标高应该比檐口标高升高(1/3)×5000＝1667mm，则最高屋脊结构标高应为9.000＋1.667＝10.667m。所以，答案应该是C。

（3）**解析：**Ⓐ轴与Ⓕ轴之间剖到的平屋面板应该共有2块。根据空间结构关系，剖到的二、三层露台水平结构板分别是一层厨房和二层活动室的屋顶板。所以，答案应该是B。

（4）**解析：**Ⓑ轴与Ⓘ轴处剖到的框架梁应该共有7根。分别是一层楼板标高处每轴一根，二层楼板标高处每轴一根，三层檐口标高处每轴一根，Ⓑ轴屋脊标高处一根。所以，答案应该是A。

（5）**解析：**剖到的窗（含坡屋面天窗）的总数量应该是7个。细心数一下即可，Ⓐ轴外1个，Ⓐ轴1个，Ⓑ轴1个，坡屋面天窗1个，Ⓓ轴1个，Ⓔ轴1个，Ⓕ轴1个。所以，答案应该是D。

（6）**解析：**看到的门的数量应该是3个。仍然是细心数一下即可，一层2个，二层1个。所以，答案应该是A。

（7）**解析：**剖到的栏杆、栏板应该共有6处。细心数一下即可，二层有4处（3处栏杆、1处栏板），三层有2处（都是栏板）。所以，答案应该是D。

（8）**解析：**建筑最高处的标高为楼梯间平屋顶女儿墙的标高10.900。所以，答案应该是D。

（9）**解析：**看到踏步线的楼梯段应该共有2处。从剖面图投影方向只能看到每层（一至二层和二至三层）各有1跑楼梯段看到踏步线。所以，答案应该是C。

（10）**解析：**最大的室内外高差为300mm，位于北侧入口处。所以，答案应该是C。

十二、2020年 某青少年消防教育基地体验楼剖面

（一）任务描述

图29-1-35～图29-1-38为某青少年消防教育基地体验楼平面图。按指定剖切线位置和构造要求绘制剖面图，剖面图应正确反映平面所示关系。除—0.150、—0.050、±0.000外，其余标高均为结构标高。

（二）构造要求

结构：钢筋混凝土框架结构。

地面：素土夯实，150厚碎石垫层，100厚混凝土，20厚水泥砂浆结合层，30厚地砖，不需绘制基础。

楼板：120厚现浇混凝土楼板。

屋面：120厚现浇钢筋混凝土屋面板，檐口处无檐沟和封檐板。

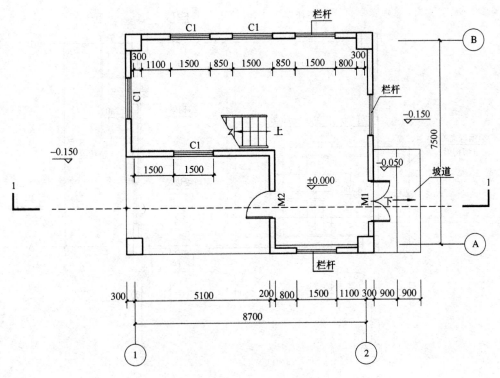

图 29-1-35 一层平面图

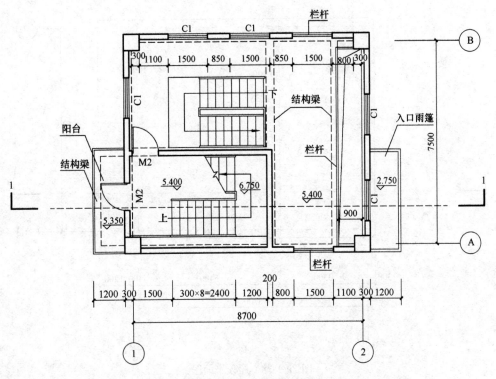

图 29-1-36 二层平面图

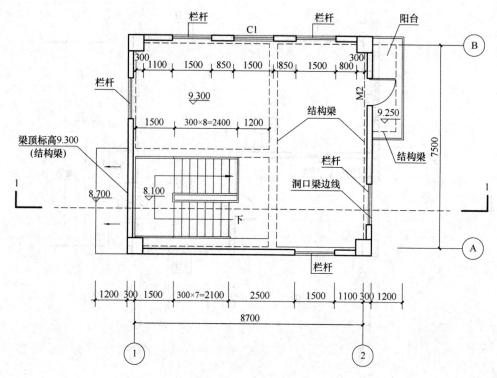

图 29-1-37 三层平面图

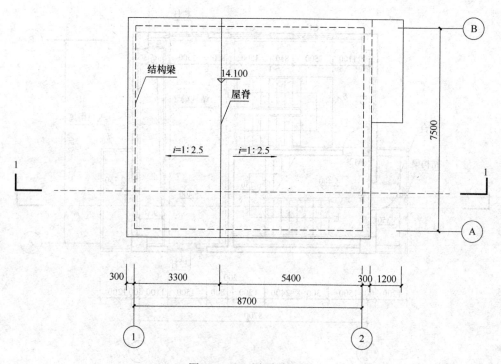

图 29-1-38 屋顶平面图

墙：200 厚砌体。

楼梯：现浇钢筋混凝土梁板式楼梯，楼梯踏步为 300×150，楼梯梁 200×300。

梁、柱：现浇钢筋混凝土梁、柱；结构梁截面为 300×400，门窗过梁为 200×300；柱截面为 600×600。

门：M1 宽 1500，高 2650；M2 宽 1000，高 2200。

窗：C1 宽 1500，高 1500mm，窗台高 900。

洞口：所有洞口底标高平楼地面，除三层平面图中②轴洞口高 2200，其余洞口高均为 2400。

雨篷：100 厚现浇钢筋混凝土板，入口翻边 300。

栏杆：通透金属栏杆。

台阶坡道：素土夯实，150 厚碎石垫层，150 厚素混凝土，20mm 厚水泥砂浆铺面砖。

(三) 任务要求

(1) 根据构造要求和图例，按比例绘制 1-1 剖面图（在图 29-1-39 基础上绘制）。

(2) 在剖面图中标注楼地面、楼梯休息平台的标高、标注门窗洞口标高、标注屋脊和檐口标高。

(四) 图例（表 29-1-7）

表 29-1-7

名称	图例	名称	图例
砌体墙		地砖、水泥砂浆	
钢筋混凝土		碎石垫层	
混凝土		素土夯实	

(五) 解题要点

1. 认真审题，掌握任务要求

将题目任务描述、构造要求、任务要求和附图逐项阅读，尤其是题目所给的附图，对试题任务有一个整体的概念印象：

(1) 这是一个小型的、具有教育功能的消防体验楼。一层至二层的楼梯与二层至三层的楼梯是不连续的，剖切面在二楼至三楼的楼梯处；一层至二层楼梯被一墙体遮挡，画剖面时不需表达这部楼梯。

(2) 建筑采用"钢筋混凝土框架结构"。图中以虚线表示出了所有结构梁的位置，不仅有剖线梁，还有看线梁。此处应思考的问题是既然结构梁位置都作了提示，是否还需要设置未被提示的结构梁？

(3) 建筑所处环境条件是整个基地无高差，注意一层平面图中左右两侧（图中未标注指北针）的室外地坪标高均为—0.150m，室内外高差只有 15cm。

(4) 这是一个非完全封闭的建筑，其内、外墙面上的洞口和窗户同时存在（洞口处设置的栏杆，其高度应符合相关规范要求）。

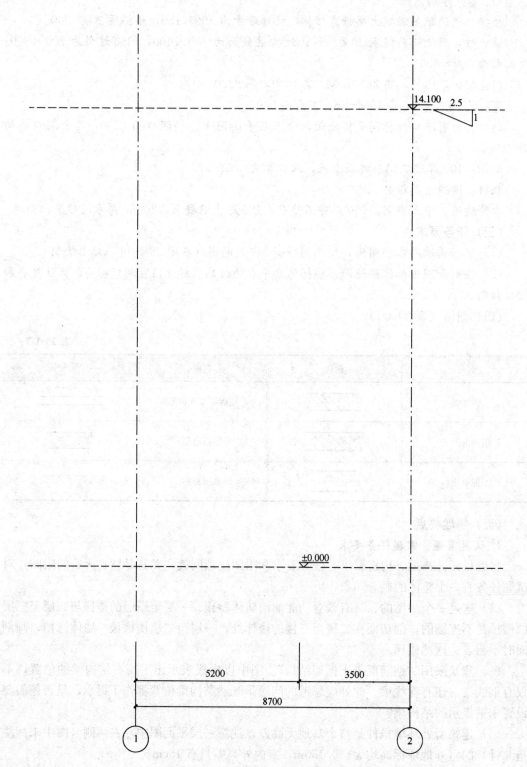

14.100   2.5
         1

±0.000

5200   3500

8700

① ②

图 29-1-39　剖面图（真题比例 1∶50）

（5）建筑的空间组合形式：这是一栋三层双坡顶小型房屋，三层空间的上下楼梯是不连续的（该点不同于一般建筑设计，可视为干扰项）；右侧为台阶坡道入口，左侧为平台（平台标高同室内）入口；一层与二层之间有一通高空间相连（提示楼板处的结构梁设置、楼板翻边、栏杆高度）；二层左侧有出挑阳台被剖到，三层右侧出挑阳台为可见，两阳台均为梁板式结构（外沿设有封边梁），两阳台上空均设有悬挑板结构的雨篷（此处应特别注意的是两雨篷并不是水平的，左侧雨篷从标高9.300m处框架梁挑出，而雨篷外沿标高是8.700m，结合图中的箭头判断这是一片坡顶；右侧阳台上方的雨篷从屋顶平面图中可知是右侧屋面板的延伸部分，因为在雨篷结构板与屋面板之间没有一条实线；右侧入口上方雨篷有翻边。

（6）建筑的各部位构造做法：浏览题目的构造要求，除地面、室外地坪及台阶坡道需要画出构造层次以外，其余部分包括楼板、屋面、墙体以及楼梯，均无需表示构造层次。

（7）本题目的特殊之处：一层双折楼梯需要四折才能到达5.400m标高的二层楼面，因此，在±0.000m和5.400m之间需要3个休息平台，其中两个休息平台会被墙体遮挡，但另外一个是可见的；虽然本题考核点未涉及该平台，但也不应漏画。

以上对试题全文的浏览应该是一个快速、全面的浏览，也就是要先对建筑剖面的设计任务有一个整体的了解和把握，主要目的是做到"心中有数"。接下来应深入查看各层平面图，尤其是文字信息中没有给出的一些图面信息，比如虚线、箭头等，为开始正确而迅速地画图作好准备。

2. 把握整个建筑的空间关系"框架"，落笔画图（图29-1-40）

（1）把握好建筑的空间关系"框架"

在以上审题的基础上，将试题给出的一层剖切线位置平移到二层、三层平面图中；借助原答题纸上已有的①轴、②轴以及室内地坪＋0.000m辅助线，首先将建筑的二、三层楼板以及屋面板画出（注意二层楼板临②轴处有通高空间）；其次画各层剖到的外墙及内墙；再次画出剖到的二层至三层的楼梯（一层至二层的楼梯被遮挡），接着画悬挑阳台和雨篷。至此大的空间关系"框架"已被描绘出来，使我们对建筑空间关系有了整体把握。

（2）建筑剖面中看见部分的投影线

在把握住整个建筑空间关系"框架"后，剖面图中还需要表达剖切方向的可见部分（从下至上、从左至右）：一层可见窗1扇、洞口及栏杆1处；二层可见门1樘、洞口及栏杆1处；三层可见窗1扇，洞口及栏杆2处；二层至三层的可见梯段1段及可见栏杆3段；可见栏杆还包括2悬挑阳台处、通高空间临空处及楼梯在标高9.300m处的水平栏杆。这样逐层画出，以保证不遗漏所有可见的门窗、洞口、栏杆等。

（3）完善建筑的结构关系

从题目的构造要求和建筑平面图可知，该建筑为典型的钢筋混凝土框架结构。除了各层楼板及屋面板外，重点是要一个不漏地将各种钢筋混凝土梁一一表达出来。剖切到的梁有标高5.400m处的框架梁2根、隔墙下梁1根、左侧悬挑阳台的端梁1根、通高空间处楼板悬挑端梁1根；标高9.300m处框架梁2根、隔墙下梁1根；双坡屋面板与框架相交处梁2根，其中右侧框架梁与阳台门上的过梁共用。单独设置的门窗过梁包括：一层门过梁2根（内、外墙）、二层窗过梁及门过梁各1根。

本题还有一个需要特别注意的问题：题目中指出楼梯形式为梁板式楼梯，但平面图中

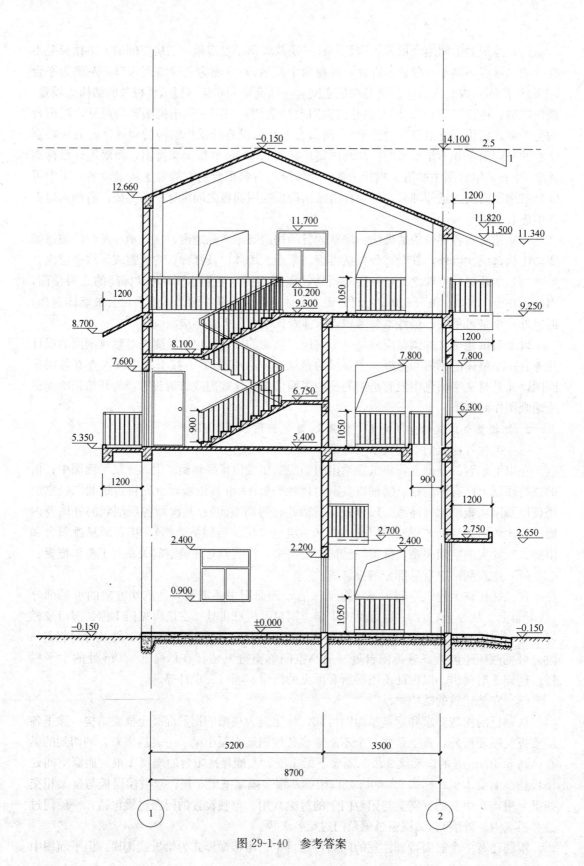

图 29-1-40　参考答案

258

并未示意楼梯平台梁和斜梁的位置（其他结构梁均以虚线表达）。另外，从平面图中可以看出该楼梯是有两个休息平台（标高分别在 6.750m 和 8.100m 处）的双折楼梯，如果在梯段与休息平台之间设梁，该梁下净空＝8.100－5.400－梁高 0.300－板厚 0.120－踏高 0.150＜2.200m。从上述两个方面判断，该楼梯应为折板楼梯，因楼梯平台与梯段连接处不具备设置梯梁的空间高度。折板楼梯在标高 6.750m 和 8.100m 处有休息平台梁 2 根，左侧外墙处的平台梁与阳台门过梁共用。

完成剖面的结构部分剖切投影线之后，再逐层完成框架梁、柱的看见投影线：一、二层楼板处框架梁只有靠近②轴的一半露出；一、二层的框架柱也只有在②轴露出；三层的空间没有内墙遮挡，其框架梁柱均为可见。

除框架结构主体以外，右侧外墙三层处悬挑的阳台及其雨篷为可见，也需要表达出可见投影线。

（4）完善建筑的构造做法

空间关系框架搭建和结构表达完成后，还需处理构造方面的问题，使剖面设计更加深入和完善。按照制图规范规定，比例≥1∶50 的剖面应（宜）画出面层。由题目的构造要求可知，其楼板和墙面没有饰面层；但右侧入口雨篷的翻边、标高 5.400m 和 9.300m 处悬挑阳台栏杆下的 10cm 翻边应被视为构造需要。另据题目的构造要求，分别画出地面和台阶坡道的构造层次。

（5）标注尺寸与标高

根据题目要求，按照建筑制图规范，正确地标注建筑的定位轴线、室外地坪、室内地面、各层楼面、楼梯休息平台标高，檐口、屋脊标高，以及临空栏杆、悬挑阳台的标高（标高的单位：m，尺寸数字的单位：mm）。

3. 最后的检查——查遗补缺

具有良好的专业基础，作了充分的考前准备，并且认真地按照上述应试解题技巧，基本可以保证正确地完成剖面图绘制。为了稳妥可靠起见，还是应该进行一次全面检查，查遗补缺。特别提示考生的是：建筑技术设计作图选择题是根据作图题任务要求提出的部分考核内容，每题的 4 个备选项中只有 1 个正确答案，仔细审读选择题中的每个选项，在对答案不是十分清楚的情况下，多半通过排除法排除不可能的选项即可选出正确答案。选择题中往往含有剖面图绘制的提示信息，考生应充分利用每道选择题的作答，对剖面作图进行完善。

（六）作图选择题

（1）剖切到的坡屋面檐口标高为：

A　12.760m、11.820m　　　　　B　12.660m、11.820m

C　12.660m、11.920m　　　　　D　12.760m、11.920m

（2）剖切到的楼板及屋面板分别为几处：

A　2、2　　　　　B　3、2　　　　　C　2、3　　　　　D　3、3

（3）二层剖切到的结构梁有几根？

A　5　　　　　B　6　　　　　C　7　　　　　D　8

（4）剖切到的门窗数量为：

A　3　　　　　B　4　　　　　C　5　　　　　D　6

（5）看到的门窗数量为：

A 5　　　　　　　　B 4　　　　　　　　C 3　　　　　　　D 2

（6）标高9.000m以下，剖切到的楼梯平台数量为：

A 4　　　　　　　　B 3　　　　　　　　C 2　　　　　　　D 1

（7）剖切到的栏杆数量为：

A 6　　　　　　　　B 5　　　　　　　　C 4　　　　　　　D 3

（8）标高5.400m位置看到的栏杆数量（不包括楼梯栏杆）为：

A 1　　　　　　　　B 2　　　　　　　　C 3　　　　　　　D 4

（9）最高位置的窗洞顶标高为：

A 11.700m　　　　B 11.800m　　　　C 12.700m　　　　D 12.800m

（10）不计素土夯实层，地面做法有几个构造层数：

A 3　　　　　　　　B 4　　　　　　　　C 5　　　　　　　D 6

（七）选择题参考答案及解析

（1）**解析：**根据屋脊标高为14.100m和屋面坡度为1∶2.5，①轴檐口标高为：14.100－[(3.3＋0.3)/2.5]＝12.660m；②轴檐口标高为14.100－[(5.4＋0.3)/2.5]＝11.820m。故答案是B。

（2）**解析：**剖切到的楼板2处，标高分别为9.300m和5.400m；剖切到的屋面板2处，1处为12.660～14.100m和11.820～14.100m的人字形屋面板，1处为①轴左侧8.700～9.300m的屋面板。故答案是A。

（3）**解析：**注意题目问的是结构梁，统计梁的根数时不应计入楼梯的梯梁。二层平面图中框架内以虚线提示的结构梁2根，平面图标高5.400m处框架梁2根，悬挑阳台外沿梁1根，共计为5根。故答案是A。

（4）**解析：**一层平面处剖切到M1、M2合计2樘，二层平面处剖切到C1、M2合计2樘，总计为4樘；故答案是B。

（5）**解析：**看到的门窗数量：一层平面图中C1、二层平面图M2、三层平面图中C1，共计为3樘；故答案是C。

（6）**解析：**楼梯一般由梯段、平台和栏杆扶手三部分组成，平台应包括中间平台和楼层平台。标高9.000m以下，剖切到的楼梯平台为3处，标高分别为8.100m、6.750m和5.400m；故答案是B。

（7）**解析：**剖切到的栏杆数量：二层平面中①轴左侧阳台栏杆1处、②轴左侧楼板洞口防护栏杆1处、三层平面中②轴洞口栏杆1处，共计为3处；故答案是D。

（8）**解析：**看到的栏杆数量：二层平面中①轴左侧阳台栏杆1处、B轴洞口栏杆1处、B轴洞口防护栏杆1处，共计为3处；故答案是C。

（9）**解析：**C1的高度为1500mm，窗台高度为900mm，三层平面中C1的洞顶标高为：9.400＋0.900＋1.500＝11.800m；故答案是B。

（10）**解析：**根据构造要求，不计素土夯实层，地面构造做法包括：150厚碎石垫层、100厚混凝土、20厚水泥砂浆结合层、30厚地砖，合计为4层；故答案是B。

第二节 建 筑 构 造

一、考试大纲的基本要求

在第一章《建筑剖面》中我们已经介绍过，2002年全国注册建筑师管理委员会重新调整和修订的《全国一级注册建筑师资格考试大纲》（以下简称《考试大纲》）中，将原大纲中的"建筑设计与表达"科目改为两个互相独立的考试科目，即"建筑方案设计"和"建筑技术设计"。这种考试方法的改革的最大特点是能够分别对应试者的建筑方案设计能力与建筑技术设计能力进行考核，以更准确地反映出考生的能力和水平。

（一）《考试大纲》的宗旨

《全国一级注册建筑师资格考试大纲》针对建筑技术设计（作图题）的要求是："检验应试者在建筑技术方面的实践能力，对试题能做出符合要求的答案，包括：建筑剖面、结构选型与布置、机电设备及管道系统、建筑配件与构造等，并符合法规规范。"

《考试大纲》明确给出了建筑技术设计（作图题）所涉及的四个专业领域方面，即包括"建筑剖面、结构选型与布置、机电设备及管道系统、建筑配件与构造"等，其中，除了"结构选型与布置""机电设备及管道系统"属于建筑师也应该了解掌握的相关专业的内容外，"建筑剖面""建筑配件与构造"本身就是建筑学专业的内容。

在2003年的实际考题中，以上四个方面的考核内容各自以一道独立的题目出现，每一道题目在内容和形式上是互不相关的。但是，房屋建筑的设计是一个涉及多专业、多工种的综合性工作，尤其是有关建筑技术方面的设计更是如此。单就涉及建筑学专业的两个方面的内容"建筑剖面"和"建筑配件与构造"来看，它们也不是孤立的内容。例如，"建筑配件与构造"（以下均简称"建筑构造"）的设计就要求应试者全面掌握建筑构造的基本原理和设计方法，能正确地选用材料，合理地解决其构造与连接，还应该了解建筑新技术、新材料的构造节点做法及其对工艺技术精度的要求。显然，这需要应试者全面、扎实的基本功以及对建筑各个细部节点的构造做法的熟悉和精通等全面的综合能力。

从《考试大纲》的要求中我们看到，大纲的主旨是强调应试者在建筑技术方面的"实践能力"，也就是说，要求应试者在全面掌握以上提到的各个专业领域的相关原理和内容的基础上，具有合理地、完善地解决实际问题的能力。

（二）《考试大纲》的考核点

在《考试大纲》中关于"建筑技术设计（作图题）"中有关"建筑构造"部分的内容，除了"检验应试者在建筑技术方面的实践能力，对试题能做出符合要求的答案""并符合法规规范"外，并没有给出具体的要求。倒是在《考试大纲》有关"建筑材料与构造"科目的要求中对建筑构造的内容有一些具体的规定："掌握一般建筑构造的原理与方法，能正确选用材料，合理解决其构造与连接；了解建筑新技术、新材料的构造节点及其对工艺技术精度的要求。"

从2003年以来"建筑构造"的考题题型来分析，上述"建筑材料与构造"科目的要求中对建筑构造的内容的具体规定完全可以作为"建筑构造"作图题部分的考核点。

1. 掌握一般建筑构造的原理与方法，能正确选用材料，合理解决其构造与连接

建筑构造的内容具有实践性强和综合性强的特点，内容庞杂、涉及的学科非常广泛，是对人类土木建筑工程实践活动和经验的高度总结和概括，并且涉及建筑材料、建筑物理、建筑力学、建筑结构、建筑施工以及建筑经济等方面的知识。建筑构造是研究建筑物的构成、各组成部分的组合原理和方法的一门学科，包括建筑物当中的每一个细部都是如此，都要研究其构成、各组成部分的组合原理和方法，细致到每一处建筑细部的每一个小构配件或组成部分应该采用什么材料、需要多大的截面尺寸、采用什么样的截面形状才合理、各个构配件或组成部分之间应该按照什么样的顺序组织排列、采用什么样的方式方法进行连接，以形成一个有机的整体，来满足建筑的某些具体功能要求。具体到某一个细部的建筑构造也许并不很复杂，也不难理解和掌握，难的是建筑物中这样的细部构造太多了，用成千上万来描述一点都不夸张。因此，对建筑构造内容的掌握，除了要在平时的建筑设计实践中有意识的学习和积累以外，有一点非常重要的是要有好的学习方法，也就是如何才能掌握住繁琐庞杂的建筑构造的内容。是去背那些建筑构造做法图集，还是见到一个做法就记一个做法，日积月累，积少成多。显然，这样学习建筑构造的方法是非常吃力的，只能是事倍功半，得不偿失。那么，有什么好的方法来逐渐掌握建筑构造庞杂的内容吗？方法是有的，而且说起来也不是什么新东西，就是要从建筑构造的原理入手，来学习和掌握建筑构造的内容。换一个说法，学习的着眼点不是某一个建筑构造是怎么做的，而是这个建筑构造为什么是这样做的？每学习一个新的建筑构造做法，不搞清楚为什么，就只是简单的知识累积，而简单的累积多到一定程度的时候就会忘掉一些内容，累积的过程也是非常枯燥乏味的；而如果每学习一个新的建筑构造做法，都搞清楚为什么这样做，那么，每一次的学习就变成了对建筑构造原理的一次强化，这样做的效果绝对是事半功倍，举一反三，建筑构造的学习和掌握就将不再是一件很难的事情了。

2. 了解建筑新技术、新材料的构造节点及其对工艺技术精度的要求

建筑技术是一门具有极大发展潜力的科学，随着人类科学技术水平的不断发展，建筑技术科学也是日新月异，建筑的新材料、新工艺、新技术不断涌现，层出不穷，日新月异，这也使得建筑构造的内容也在不断地丰富和变化，推动着建筑设计（包括建筑构造设计）水平的不断发展和提高。也因此，建筑构造成了建筑师最难掌握的专业内容之一。

在这里，我们仍然还是要特别强调学习和掌握建筑构造原理的必要性和重要性。作为一个建筑师如何才能跟上建筑技术科学前进的步伐，始终站在建筑技术科学发展的最前沿，只靠在学院里、课堂上、书本中的有限知识，是永远也做不到的。解决这个难题的最有效的方法，就是一定要下功夫学习、理解和掌握建筑构造的原理。真正做到这点了，至少会有三个作用，第一，对于内容庞杂、枯燥难记的建筑构造做法，掌握了建筑构造原理，就能不但知道怎么做，还知道为什么这么做，并能举一反三、事半功倍；第二，对于不断出现的建筑新技术、新材料、新工艺，如果掌握了建筑构造原理，就能很快地理解、接受和掌握，变成自己的东西；第三，掌握了建筑构造原理，还可以进行建筑构造的设计和创作，以至可以成为建筑新技术的发明者。当然，这已经是很高的境界了，对于准备参加一级注册建筑师考试的应试者来说，能达到前两步的境界就已经完全可以做一个合格的建筑师了。

在《考试大纲》对建筑技术设计（作图题）简明扼要的要求中，特别强调了"并符合法规规范"这一点。当然，试题中并没有直接考查法规规范的条文，而是要求应试者在全面熟悉有关的建筑设计法规规范条文的基础上，正确地进行设计，把法规规范的条文要求正确地反映到设计图纸上。这种能力的养成不是一朝一夕之功，也不是仅靠突击背诵就能全面解决的问题，它需要大量的工程实践，也靠对法规规范条文的思考、钻研和理解的日积月累，毕竟在理解的基础上，才能更好地掌握庞杂的各种建筑法规规范要求。

二、建筑构造设计的评价

"建筑构造"设计的试卷评分方法同样由两部分组成：选择题部分通过机读卡由计算机阅卷，作图部分则由阅卷人通过手工操作进行。其实，这样的阅卷评分方式对考生来说影响不太大，因为不管采用哪一种方式，其对试卷的打分和评价都是比较客观的，关键还是看考生试卷设计作答的正确性。那么，如何来评价一份考卷的成绩和水平呢？一般而言，一个好的"建筑构造"设计都应该满足以下的要求：

(一) 满足题目的设计条件

任何一门科目的考试在"满足题目的设计条件"这一点要求上都是一样的，所有的考试都是要求应试者按照出题人的思路去解决既定的问题。"建筑构造"设计的考题，题目往往给定了严格的限定条件，例如，规定题目设定的建筑所在的地区特点、建筑的形式、建筑的结构类型、采用的建筑材料、具体的构造做法，甚至建筑材料的图例都会给出。这样多的限定条件一方面对应试者来说可以减少需要由自己来确定的内容，另一方面也恰恰要求考生在建筑构造设计作图中一一满足这些限定条件，并应该从这些限制条件中读出一些重要的对答题非常有用的信息，建筑构造做法的地域性差别非常大，另外，在抗震设防等级、建筑材料等方面不同时，其构造做法也会有很大的差异。这些都应该引起应试者的极大注意，否则，就会使下了很大功夫画出的图由于不符合题目给定的要求而被扣掉分数。

(二) 建筑构造做法合理

每一个具体部位的建筑构造设计都是要解决某些具体的基本功能要求的，例如：承载要求、保温要求、隔热要求、防水要求、防潮要求、隔声要求、防火要求等，那么，检验这一建筑构造设计是否正确的最低标准就是看是否满足了这些基本功能要求，如果能以最简单的方法、最经济的代价满足这些基本的功能要求，那就是最合理的建筑构造设计了。对于应试者来说，面对一个建筑构造设计的题目，首先要搞清楚以下几个基本问题：

1. 所设计的建筑部位应该解决什么基本问题

建筑是一个功能复杂的综合体，承载、围护等基本功能所涉及的面也非常广，建筑的每一个细部多多少少都会涉及这些基本功能。但是，具体到建筑某一个特定部位的构造做法来说，就会有所侧重了。例如，屋顶檐口、斜天沟、屋脊等节点做法重点要解决的基本功能就是防水，而同样是屋顶部位的屋面变形缝节点的基本功能就不是单纯的防水问题了，而是要在做好防水的同时解决好适应变形缝两侧结构能够自由变形的需要。是否具备了这样的判断能力并做出了正确的判断，将直接影响到你能不能圆满地解决建筑构造设计的问题。

2. 是否真正解决了基本功能问题

搞清楚要解决什么问题之后，下一步就是要考查你是否能够真正地解决这些问题了。

如何判断这个问题呢？建筑构造的部位成千上万，建筑构造的做法更是无法计数，怎么才能做到对每一种做法都有把握知道是否达到要求了呢？其实，万变不离其宗，只要把握住了以下三个方面，就基本没问题了。

（1）建筑材料的选择是否正确

例如，建筑防水材料的选择，即使只限制在屋面这个局部的防水材料也有很多种，油毡或者各种新型防水卷材、镀锌薄钢板以及铝板等金属防水材料、防水混凝土等刚性防水材料、各种瓦材、各种防水涂料等，每一种材料都有各自不同的性能特点，要根据具体的环境条件选择一种或者数种材料使用。有的时候，除了材料品种的选择以外，还要选择材料的规格和尺寸，品种、规格、尺寸都要合理。

（2）各组成部分的排列顺序是否合理

建筑材料选择正确只是一个好的开始，还有很多的问题需要解决，一个构造部位各组成部分的排列顺序对于建筑基本功能的实现也是至关重要的。例如，柔性卷材防水做法的构造就要求必须采用水泥砂浆等材料先做出一个找平层，通过坚固平整的找平层给柔性防水卷材提供一个保障，避免其破裂形成渗漏；同时，在柔性防水卷材的上表面还要再做一层保护层，材料做法可以是铺贴屋面砖，浇筑混凝土层，粘铺小豆石，涂刷热反射涂层等。这种保护层的功能主要有两个方面：第一，对上人屋面来说，保护层可以避免人的行走踩踏使柔性卷材防水层受到破坏；第二，在炎热夏季的太阳辐射下，不管是上人屋面还是不上人屋面，保护层都可以使其下面的柔性防水卷材表面温度降低，以提高防水层的耐久性。又比如，坡屋顶挂瓦防水屋面构造做法，在屋面挂瓦的基层上必须先铺钉顺水条，以利于瓦缝间可能漏下的少量雨水能够顺利地向低处檐口方向排出，顺水条上再钉挂瓦条，最后挂瓦。以上两个屋面防水的构造做法中，按从下到上的顺序，应该分别是：平屋顶的找平层—防水层—保护层，以及坡屋顶的望板（或者其他材料的基层板）—油毡—顺水条—挂瓦条—瓦。这样的顺序是保证该部位防水基本功能得到满足的必要条件，顺序错乱颠倒显然就会出问题，因此是不允许的。

（3）连接固定的方法是否可靠有效

所谓"构造"，其实就包含了"连接方式"的含义，建筑构造也不例外。那么，连接固定的方法是否可靠有效，自然就是考查建筑构造做法是否正确合理的重要标准了。例如，油毡或者各种新型防水卷材在粘铺到边缘部位的时候都需要进行固定，以避免防水卷材起翘"张嘴"形成渗漏；挂瓦屋面的瓦材，在檐口、屋脊等重要部位需要采取固定加强措施，而在屋面坡度较大时或者在大风地区和地震地区，则需要对全部瓦材采取固定加强措施，以避免瓦材掉落。显然，连接固定是必不可少的，但是，只有连接固定还不是全部，还要检查一下连接固定的方法是否可靠有效，否则，连接固定也就失去了意义。例如，卷材防水屋面女儿墙泛水的构造做法中，卷材防水层应该平滑卷起至距汇水面250mm以上，并采用压毡条固定在女儿墙上，防水层收头处一般可采用挑砖并做出滴水槽，以避免雨水渗入。在这个例子中，如果将挡雨的挑砖高出防水层收头过多的话，那么，对防水层采用的压毡条固定的做法就失去了意义，成了无效的连接固定。

在这里，我们仅举了涉及屋面防水的一些节点构造的例子来说明问题，而建筑构造所涉及的建筑部位非常多，每个部位需要解决的基本功能也是多种多样的，显然，我们不可能对所有的建筑节点都加以分析介绍，因此，需要应试者在理解和掌握了这种方法之后，能够自己做一些练习，在画建筑构造节点做法图的时候，不要只是照猫画虎，而是按照这三个方面的标准对自己画出的图做一次检查，练习的效果肯定不一样。

（三）图面的表达是否正确

对建筑构造做法详图来说，图面表达正确与否主要看以下两个方面：

1. 图示的投影关系是否正确

这里讲的图示投影关系的错误不是指的那种由于做法错误造成的，而是纯粹投影关系的错误。一般情况下，这样的错误在节点详图中应该是很少出现的，而在考生的试卷中经常出现这类错误的原因，主要还是没有搞清楚该节点部位的正确做法，只是凭感觉画或者是照猫画虎，出错也就在所难免了。但是，不管什么原因出的错，图示投影关系不正确的话，百分之百是要扣分的。

2. 尺寸及做法等标注是否完整正确

建筑构造节点详图，强调的就是一个"详"字，因此，能否详细、完整地表达清楚其具体的构造做法，就成为一个重要的评价标准了。一般情况下，基本的尺寸（主要是涉及位置关系的尺寸）、分层材料做法（材料名称及厚度尺寸、构件名称及规格等）、连接固定方法的文字说明（用引出线标注）等都不能缺少。总之，尺寸及做法等标注是否完整正确，可以用这样一个标准来检查：你可以假设是一个施工人员需要照着你画的这个节点详图进行施工作业，你的图是否已经交代清楚了每一个细节的做法？如果都交代清楚了，那你画的图就没有问题了。当然，这需要一个重要的前提，就是那个施工人员不能凭他丰富的经验来进行施工作业，而完全是根据你画的图"照方抓药"。

还有一点需要说明的是，建筑构造节点详图的线型及材料图例等也要规范正确，并且多数情况下试卷题目会给出应该采用的各种图例，漏画和错画的现象都应该避免。

三、建筑构造设计的相关知识

建筑构造的知识内容庞杂琐碎，在这里，我们做一些简要概括的介绍，目的是使应试者能有所启发和提高，顺利地通过考试。

涉及"建筑构造"作图科目的建筑构造内容，主要包括有关建筑围护系统（保温、隔热、防水、防潮、隔声、防火等）的构造做法、建筑装修构造做法，以及隔墙、隔断、门窗、建筑变形缝等的构造做法。

（一）建筑围护系统构造

建筑围护系统这一部分内容的介绍，更多地涉及的是建筑构造的原理，也就是说，通过了解这部分知识，可以帮助我们判断所设计的建筑构造做法是否合理，每一个具体的建筑部位应该解决什么基本的功能问题。

建筑围护系统的设计，必须是一个系统的整体设计。例如，当我们做建筑保温设计的时候，我们的着眼点不应该仅仅是墙体的保温、门窗的保温、屋顶的保温等这些局部的保温。而应该是从一个建筑物的整体角度去解决保温的问题，除了墙体、门窗、屋顶等各自局部的保温，还应该考虑各局部之间的结合部位的保温，以及它们之间可能的相互作用和影响的问题等。同理，建筑的隔热、防水、防潮、隔声、防火等方面的设计，也应该是一种系统的整体设计。换句话说，建筑围护系统的设计原则，应该是这个"围"字，是一个完整的、没有疏漏的"围"护设计。

在建筑围护系统的设计中，"结合部"的设计是建筑构造设计的关键。所谓结合部，就是指建筑的不同部位之间（如墙体与墙体中的门窗之间）、不同方向的表面之间（如墙面与屋面之间、墙面与楼面之间、墙面与地面之间）、不同材料的相连接处等，我们也常称这些结合部位为"节点"。以建筑防水为例，我们仅从墙面（包括墙体上的门窗）和屋面防水来看，这里涉及不同的部位（墙体、门窗、屋顶等）、不同方向的表面（竖向的墙面、门窗，以及水平方向的屋面）、不同的防水材料（墙面的灰浆或石材，门窗的玻璃及其框、扇材料，屋面的防水卷材等）。应该说，在上述提及的不同部位的大面积表面的防水处理和构造措施，要相对简单得多（如玻璃、花岗石材、防水油毡等）；而在它们的"结合部"，也就是墙体与门窗框之间、墙体与屋顶相交处的檐口部位等处，防水做法要复杂得多，出现问题的可能性也要大得多。从某种意义上来说，建筑构造设计就是"结合部"的设计，或者说节点设计。我们平常所说的"冷桥""声桥"等概念，指的就是建筑的保温系统、隔热系统、隔声系统等的"结合部"，也正是建筑构造设计应该重点处理的部位。这一点应当引起我们足够的重视。

1. 建筑防火构造

针对建筑防火的设计，在建筑构造上主要考虑以下两个问题：

（1）建筑材料的燃烧性能

这里的建筑材料主要是指非结构系统的建筑装修材料，而这些材料正是建筑构造节点详图中会大量涉及的建筑材料，因此，材料的燃烧性能、遇火是否会产生大量的烟或者有害气体等，在材料选择时就应该引起注意。

（2）避免引起火灾的安全距离

这里指的不是建筑物的防火间距，而是在建筑的一些特殊部位做构造设计时应该考虑的防火安全距离。例如，在出屋面烟囱周围的屋顶构造设计中，就必须考虑木材、油毡等一些易燃材料距烟囱之间的安全距离的限制要求。

2. 建筑防水构造

（1）建筑防水的部位

总的来说，所有可能与水发生接触的部位都应该进行建筑防水的处理。如果根据作用于建筑物的水的来源不同，作一个区分的话，我们可以将建筑防水的部位分为两种类型。第一种类型主要是防御自然环境中作用于建筑物的水，这些部位基本包括了建筑物的全部外表面，具体说有屋面、所有的外墙面、外墙上的门窗，以及当建筑物设有地下室并且地下水位很高，已超过地下室地坪时的地下室的侧墙及底板；第二种类型主要是防御建筑物中生产、生活的用水，例如卫生间、厕所、浴室、用水生产车间等的楼面或地面，以及部分内墙面等。

（2）建筑防水的材料

比较常见的建筑防水材料主要有：

1）柔性防水卷材

柔性防水卷材包括油毡沥青以及各种新型防水卷材。柔性防水卷材一般都具有一定的延伸性，这种特性使其防水层能更好地适应由于建筑物基层结构的变形以及外界自然环境因素、温度变化等引起的变形对防水材料的抗拉、抗裂等方面的要求。柔性防水卷材多用于屋面防水、地下室防水以及楼地面的防水等。

2）刚性防水材料

刚性防水材料是利用防水砂浆抹面或密实混凝土浇捣而成的刚性材料来形成防水层。刚性防水材料的优点是施工方便、节约材料、造价经济、维修方便，缺点是对温度变化和结构变形较为敏感、施工技术要求较高、较易产生裂缝而形成渗漏。刚性防水材料防水层较多地用在屋面防水中。

3）涂料防水和粉剂防水

这是两种正在发展中的、主要用在屋面防水中的防水材料。

4）坡屋顶常用的防水材料

坡屋顶具有较大的屋面坡度，其常用的防水材料也颇具特点，主要有各种瓦材、金属板、自防水钢筋混凝土构件等。

5）墙面常用的防水材料

墙面防水一般指的是外墙面的防水，主要是通过外墙面的装修处理来达到防水的目的；因此，墙面常用的防水材料，也就是外墙装修常用的材料，例如，各类含有水泥成分的砂浆类材料，各种天然石材和人造石材，各种具有防水性能的涂料，以及玻璃、金属彩板和嵌缝用的防水油膏、防水胶等。

（3）建筑防水的基本原理

建筑物需要做防水的部位有很多，需要做防水的面积也非常大，可以采用的防水材料又是多种多样的。但是，如果从建筑防水的基本原理上做一个分析的话，所有的防水做法基本上都可以划分为两大类型，即材料防水和构造防水。

1）材料防水

材料防水的基本原理就是利用防水材料良好的防渗性能和隔水能力，在需要做防水的部位形成一个完整的、封闭的不透水层，以达到防水、防漏的目的。

材料防水非常适用于大范围、大面积的防水处理，例如平屋顶的屋面防水、地下室的底板及侧墙的防水、房间楼地面的防水以及外墙面的防水等。同时，在一些节点连接部位（例如预制外墙板的结合部位），也可以采用材料防水的原理进行防水处理。

2）构造防水

构造防水的基本原理与材料防水有着很大的不同。材料防水的基本原理可以说是利用一层不透水的材料形成的完整屏障将水拒之"门"外；而构造防水的基本原理，往往是通过两道甚至是多道防水屏障（其中有一道为主要的屏障，并且这道屏障的防水可靠性往往并不要求达到百分之百的标准），以及各道防水屏障之间的"协同"工作，来达到防水、防漏的目的。也可以说，构造防水的基本原理并不是一味地将水完全拒之"门"外（因为要做到这点可能很难），而是允许有少量的、个别的"疏漏"，然后通过合理的构造做法使其排出，最终达到完全不漏水的目的。

构造防水主要用在坡屋顶的屋面防水、门窗缝隙处的防水（门窗玻璃显然属于材料防水），以及各构件连接处的节点防水等。

对于材料防水与构造防水的防水基本原理，我们可以分别用一个字予以概括，即"堵"和"导"。在选择建筑防水做法时，应根据不同的部位以及材料的防水性能的差异等因素，做出合理的选择。实际上，在建筑的防水设计中，"堵"和"导"并不一定是独立存在的，很多情况下，是以其中一种方式为主，而另一种方式为辅，两者相辅相成，以达到最佳的防水效果。

3. 建筑防潮构造

（1）建筑防潮的部位

一般说来，建筑防潮构造所要防的潮主要指的是地潮，也就是存在于地下水位以上的透水土层中的毛细水。土层中的这种毛细水会沿着所有与土壤接触的建筑物的部位（基础、墙身、室内地坪、地下室等）进入建筑物，使墙体结构受到不利的影响，使墙面和地面的装修受到破坏，使建筑物的室内环境变得非常潮湿，无法满足人们对室内舒适、卫生、健康的要求。因此，必须对建筑物进行合理的防潮设计。具体的防潮部位有墙身、室内地坪，以及地下室的侧墙和地坪。

（2）建筑防潮的材料

建筑防潮常用的材料与建筑防水的材料是基本相同或相近的。由于土壤中的毛细水是无压水，相对地下水、屋面雨水等而言，其施加在建筑各部位的作用程度要小一些，一般的建筑防水材料基本上都具有防潮的功能。具体而言，建筑防潮的材料也可以分为柔性材料和刚性材料两大类，柔性材料主要有沥青涂料、油毡卷材，以及各类新型防水卷材；刚性材料主要有防水砂浆、配筋密实混凝土等。

（3）建筑防潮的基本原理

建筑防潮设计的目的就是要阻断地潮在毛细作用下的上行通道，从系统的角度来分析的话，如果我们把所有与地基土壤接触的建筑部位都做了防潮的处理，并将所有这些部位连接起来的话，刚好覆盖了建筑物的整个下表面。也就是说，建筑防潮设计的基本原理和构造特征就是在建筑物下部与地基土壤接触的所有部位建立一个连续、封闭、整体的防潮屏障。

4. 建筑隔声构造

（1）建筑隔声的部位

在声音从室外传入室内以及室内声音传播的过程中所涉及的建筑物的各个部位，一般都应做隔声处理。具体地说，建筑隔声的部位应包括建筑物的屋顶、外墙、内墙、门窗、楼板层等。另外，还有一点是十分重要的，即建筑物各隔声部位主要应隔哪一种传播方式的声音。这个问题的确定，对于建筑物各部位隔声构造的正确选择和实施，显然是非常重要的。一般情况下，内、外墙体以及门窗的隔声构造主要应考虑隔空气传声，楼板层的隔声构造则应以隔固体传声为主；而屋顶部位的隔声构造则要视屋顶是否上人来决定，上人屋顶应考虑隔固体传声和空气传声，而不上人屋顶一般只考虑隔空气传声即可。

（2）建筑隔声的基本措施

1）针对空气声的隔声基本措施

采取措施保证和加强建筑隔声部位（或构件）的密闭性。采用增加构件的密实性及厚度的方法，以减少声波的穿透量，并减弱构件因在声波作用下受到激发而产生的振动。采用设置专门的隔声层（亦可同时兼作其他用途）的方法来解决隔声的问题。采用有空气间层或多孔弹性材料的夹层构造，也可以起到很好的减振和吸声的作用。

2）针对固体声的隔声基本措施

可以采用铺设弹性面层的构造方法，使撞击声能减弱，以降低结构（即弹性面层的刚性基层）本身的振动，从而减弱振动能量向四外传播。采用在面层（一般为刚性材料）与刚性结构层之间进行减振（如设置中间弹性垫层等），从而减弱振动能量的传播。

5. 建筑保温构造

（1）建筑保温的部位

建筑需要考虑保温的部位主要有外墙（包括墙体上设置的门窗）和屋顶，以及某些建筑中的特殊部位（如建筑中作为冷库用的房间和其他相邻房间之间的墙体、楼板等）。总之，在建筑的使用过程中，其两侧存在较大温度差而又有保温要求的部位，都应进行保温设计。

（2）建筑保温材料

在建筑工程中，一般根据材料的导热系数[单位为 W/(m·K)]的大小来确定其保温的能力，通常将导热系数小于 0.3W/(m·K) 的材料称为保温材料。保温材料的表观密度一般不大于 1000kg/m³，多为轻质多孔材料。表 29-2-1 列出了一些常用保温材料的其热工性能。

常用建筑保温材料的热工指标　　　　　　　　　　表 29-2-1

材 料 名 称	表观密度 （kg/m³）	导热系数 [W/(m·K)]
珍珠岩混凝土	1000	0.28
珍珠岩混凝土	800	0.22
珍珠岩混凝土	600	0.15
陶粒混凝土	1000	0.30
陶粒混凝土	800	0.25
陶粒混凝土	600	0.20
陶粒混凝土	400	0.15
多孔混凝土（加气混凝土、加气硅酸盐、泡沫硅酸盐）	1000	0.35
多孔混凝土（加气混凝土、加气硅酸盐、泡沫硅酸盐）	800	0.25
多孔混凝土（加气混凝土、加气硅酸盐、泡沫硅酸盐）	600	0.18
多孔混凝土（加气混凝土、加气硅酸盐、泡沫硅酸盐）	400	0.12
多孔混凝土（加气混凝土、加气硅酸盐、泡沫硅酸盐）	300	0.11
矿棉	150	0.06
玻璃棉	100	0.05
炉渣	1000	0.25
炉渣	700	0.19
膨胀珍珠岩	250	0.08
膨胀蛭石	300	0.12
陶粒	900	0.35
陶粒	500	0.18
陶粒	300	0.13
稻草板	300	0.09

材 料 名 称	表观密度 （kg/m³）	导热系数 ［W/(m·K)］
芦苇板	350	0.12
芦苇板	250	0.08
稻壳	250	0.18
聚苯乙烯泡沫塑料	30	0.04
白灰锯末	300	0.11
软木板	250	0.06
软木屑板	150	0.05
沥青蛭石板	150	0.075

（3）建筑围护系统保温构造方案的选择

1）单一材料的保温构造

这种构造方案是由导热系数很小的材料来做保温层起到主要的保温作用。这种做法的特点是，所选保温材料的保温性能比较高，保温材料不起承重作用，所以选择的灵活性比较大，不论是板块状、纤维状还是松散颗粒状材料均可采用。可用于屋顶及墙体的保温构造做法中。

2）保温材料与承载材料相结合的保温构造

空心板、各种空心砌块、轻质实心砌块等，既有承载功能，又能满足保温要求，可以选择用于保温与承载相结合的构造方案中。这种构造方案的特点是，构造比较简单，施工也很方便。在材料选择时，应注意既要导热系数比较小，材料强度又要满足承载要求，同时又要有足够的耐久性。

3）封闭空气间层保温构造

封闭的空气间层具有良好的保温作用。能够起到保温作用的空气层厚度，一般以40～50mm为宜。为了提高空气层的保温能力，间层内表面应采用强反射材料，例如采用经过涂塑处理的铝箔材料进行涂贴，就是一种很好的办法。如果采用强反射遮热板来分隔成两个或多个空气层，其保温的效果会更好。这里，在铝箔上进行涂塑处理的目的，是为了避免铝箔材料被碱性物质腐蚀，以提高其耐久性。

4）混合做法的保温构造

当单独采用上述某一种构造做法不能满足保温要求时，或者为了达到保温要求而造成技术经济上不合理时，就可以采用混合做法的保温构造。例如，既有实体材料的保温层，又有封闭空气间层和承载结构的外墙或屋顶。混合做法的保温构造比较复杂，但保温性能好，在热工要求较高的房间得到较多的采用。

6. 建筑隔热构造

（1）建筑隔热的部位

建筑需要考虑隔热构造的部位与需要考虑保温构造的部位是一样的，即主要包括外墙以及墙体上设置的门窗和建筑的屋顶，还有某些建筑中的特殊部位（如建筑中作为冷库用的房间和其他相邻房间之间的墙体、楼板等）。

（2）建筑围护系统隔热构造方案的选择

建筑隔热构造的主要任务，是改善热环境，减弱室外热作用，使室外热量尽量少传入室内，并使室内热量能很快地散发出去，以避免室内过热。在进行建筑隔热构造设计时，除了一般的建筑保温构造措施同时就具有的隔热功能以外，还可以通过设置通风隔热层、屋顶绿化、蓄水屋面等方式达到隔热降温的目的。

（二）建筑装修构造

1. 建筑装修的基本功能

建筑装修的基本功能，主要体现在以下三个方面：

（1）保护建筑结构承载系统，提高建筑结构的耐久性

由墙、柱、梁、楼板、楼梯、屋顶结构等承载构件组成的建筑物结构系统，承受着作用在建筑物上的各种荷载。必须保证整个建筑结构承载系统的安全性、适用性和耐久性。对建筑物结构表面进行的各种装修处理，可以使建筑结构承载系统免受风霜雨雪以及室内潮湿环境等的直接侵袭，提高建筑结构承载系统的防潮和抗风化的能力，从而增强建筑结构的坚固性和耐久性。

（2）改善和提高建筑围护系统的功能，满足建筑物的使用要求

对建筑物各个部位进行的装修处理，可以有效地改善和提高建筑围护系统的功能，满足建筑物的使用要求。例如，对于外墙的内、外表面的装修，外墙上门窗的选择，以及屋顶面层及其顶棚的装修，可以加强和改善建筑物的热工性能，提高建筑物的保温隔热效果；对于外墙面、屋顶面层以及外墙上门窗的装修，对用水及潮湿房间的楼、地面以及墙面、顶棚的装修，可以提高建筑物的防潮、防水的性能；对室内墙面、顶棚、楼、地面的装修，可以使建筑物的室内增加光线的反射，提高室内的照度；对建筑物中的墙体、屋顶、门窗、楼板层的装修，可以提高建筑物的隔声能力；对电影院、剧场、音乐厅等建筑的内墙面及顶棚的装修，可以改善其室内的音质效果；对建筑物各个部位进行的装修处理，还可以改善建筑物内外的整洁卫生条件，满足人们的使用要求。

（3）美化建筑物的室内外环境，提高建筑的艺术效果

建筑装修是建筑空间艺术处理的重要手段之一。建筑装修的色彩、表面质感、线脚和纹样形式等都在一定程度上改善和创造了建筑物的内外形象和气氛。建筑装修的处理，再配合建筑空间、体型、比例、尺度等设计手法的合理运用，创造出优美、和谐、统一、丰富的空间环境，满足人们在精神方面对美的要求。

2. 建筑装修的部位

简单地说，建筑所有的内、外表面都应该进行装修的处理，这是由建筑装修的功能作用所决定的。我们把建筑装修的部位区分为室内装修和室外装修两部分，这是因为需要进行装修的建筑室内外各个部位所处的环境条件不同，使用要求也不尽一致；因此，在进行建筑装修构造设计的时候，应该分析了解建筑物各个部位的使用要求，以进行合理的设计，满足功能要求。具体地讲，外墙装修主要应满足保温隔热以及防水的要求；内墙及顶棚装修主要应考虑满足室内照度、卫生以及舒适性等方面的要求，顶棚装修有时还要考虑满足对楼板层隔声的要求；楼地面装修则重点要满足行走舒适、安全、保暖以及对楼板层隔声的要求。另外，一些特殊房间或特殊部位还应注意满足其特殊的使用要求，如首层房间的墙体和地坪要处理好防潮的要求；用水房间的相应部位要做好防水构造等。在建筑装

修的设计中，还要特别注意满足建筑防火的要求。

（1）室内装修的部位

室内装修的部位包括楼面、地面、踢脚、墙裙、内墙面、顶棚、楼梯栏杆扶手以及门窗套等细部做法等。

（2）室外装修的部位

室外装修的部位包括外墙面、散水、勒脚、台阶、坡道、窗台、窗楣、阳台、雨篷、壁柱、腰线、挑檐、女儿墙以及屋面做法等。

3. 建筑装修的分类

从建筑构造的方法上来区分，首先可以将建筑装修分为混水做法和清水做法两大类。

（1）混水装修做法

所谓混水装修做法就是采用各种各样的装修饰面材料将需要进行装修的部位做整体覆盖式处理的构造方法。混水装修做法的构造类型主要有五大类，而且，在室内装修和室外装修中都是如此，所不同的是，由于所处的环境条件的不同和需要解决的功能作用的不同，在材料的选择上会有较大的差异。

1）灰浆整体式做法

灰浆整体式做法是采用各种灰浆材料或水泥石碴材料，以湿作业的方式，分2～3层在现场制作完成。分层制作的目的是保证做法的质量要求，加强装修层与基体粘结的牢固程度，避免脱落和出现裂缝。为此，各分层的材料成分、组分比例以及材料厚度均不相同。以20～25mm厚的3层做法为例，第一层为10～12mm厚的打底层，其作用是使装修层与基体（墙体、楼板等）粘结牢固，并初步找平；第二层为5～8mm厚的找平层，其作用主要是进一步找平，以减小打底层砂浆干缩导致面层开裂的可能性；第三层为2～5mm厚的罩面层，其主要的作用就是要达到基本的使用要求和美观的要求。打底层的材料以水泥砂浆（用于室内潮湿部位及室外）和混合砂浆、石灰砂浆（用于室内）为主，找平层和罩面层的材料则根据所处部位的具体装修要求而定。另外，灰浆整体式做法面积较大时，还常常进行分格处理，以避免和减少因材料干缩或热胀冷缩引起的裂缝。灰浆整体式做法是一种传统的墙面、楼地面、顶棚等部位的装修方法，其主要特点是，材料来源广泛，施工方法简单方便，成本低廉；缺点是饰面的耐久性差，易开裂、易变色，工效比较低，因为其基本上都是手工操作。

2）块材铺贴式做法

块材铺贴式做法是采用各种天然石材或人造石材（也包括少量非石材类材料），利用水泥砂浆或其他胶结材料粘贴于基体之上。基体要做基层的处理，基层处理的方法一般仍采用10～15mm厚的水泥砂浆打底找平，其上再用5～8mm厚的水泥砂浆粘贴面层块材。面层块材的种类非常多，可根据内墙面、外墙面、楼地面等不同部位的特定要求进行选择。块材铺贴式做法的主要特点是耐久性比较好，施工方便，装修的质量和效果好，用于室内时较易保持清洁；缺点是造价较高，且工效仍然不高，仍为手工操作。

3）骨架铺装式做法

对于较大规格的各种天然石材或人造石材饰面材料来说，简单地以水泥砂浆粘贴是无法保证其装修的坚固程度的；还有像非石材类的各种材料制成的装修用板材，也不是靠水泥砂浆作为粘贴层的材料。对于以上这些装修材料来说，其构造方法是，先以金属型材或木材（木方子）在基体上形成骨架（俗称"立筋"或"龙骨"等），然后将上述各类板材以钉、卡、压、胶粘、铺放等方法，铺装固定在骨架基层上，以达到装修的效果。如墙面装修中的木墙裙、金属饰板墙（柱）面、玻璃镶贴墙面、干挂石材墙面、隔墙（指立筋式隔墙）等；还有像楼地面装修中的架空木地面，龙骨实铺木地面、架空活动地面，以及顶棚装修中的吊顶棚等做法，均属于这一类。骨架铺装式做法的主要特点是，避免了其他类型装修做法中的湿法作业，制作安装简便，耐久性能好，装修效果好，但一般说来造价也都较高。

4）卷材粘铺式做法

卷材粘铺式做法是首先在基体上进行基层处理，基层处理的做法有水泥砂浆或混合砂浆抹面、纸面石膏板或石棉水泥板等预制板材、钢筋混凝土预制构件表面腻子刮平处理等。对基层处理的要求是，要有一定强度，表面平整光洁，不疏松掉粉；然后，在经过处理的平整基层上直接粘铺各种卷材装修材料，如各类壁纸、墙布，以及塑料地毡、橡胶地毡和各类地毯等。卷材粘铺式做法的特点是装饰性比较好，造价比较经济，施工简便。这类做法仅限于室内的装修处理（如果我们把屋面卷材防水做法也算在内的话，卷材铺贴式做法也同样适用于室外的装修处理）。

5）涂料涂刷式做法

涂料涂刷式做法也是在对基体进行基层处理并达到一定的坚固平整程度之后，采用各种建筑涂料进行涂刷或采用机械进行喷涂。涂料涂刷式做法几乎适用于室内、室外各个部位的装修。涂料涂刷式做法的主要特点是省工省料，施工简便，便于采用施工机械，因而工效较高，便于维修更新；缺点是其有效使用年限相比其他装修做法来说比较短。由于涂料涂刷式做法的经济性较好，因此具有良好的应用前景。

（2）清水装修做法

所谓清水装修做法就是对需要进行装修的部位不采用整体覆盖式处理、从视觉上完全暴露建筑结构表面的装修构造方法。不做整体式覆盖并不意味着不进行装修处理，相反，清水装修做法同样必须满足建筑装修所应该具有的所有装修的功能作用要求。

清水做法包括清水砖墙（柱）、清水砌块墙和清水混凝土墙（柱）等。清水做法是在砖砌体或砌块砌体砌筑完成、混凝土墙或柱浇筑完成之后，在其表面仅做水泥砂浆（或原浆）勾缝或涂刷透明色浆，以保持砖砌体、砌块砌体或混凝土结构材料所特有的装修效果。清水做法历史悠久、装修效果独特，且材料成本低廉，在外墙面及内墙面（多为局部采用）的装修中，仍不失为一种很好的方法。

我们看到，对于一个具体部位的装修做法，按材料不同，它可能用石材来做，也可能用涂料或其他材料来做；按构造方法的不同，它可以采用灰浆整体式做法，也可以采用块材铺贴式做法、骨架铺装式做法或卷材粘铺式做法等。反过来说，对于不同部位的装修做法，如果由于它们的环境条件以及具体使用要求一致（比如内墙面与顶棚、楼地面与踢脚、外墙面与勒脚等），也可能会采用同一种材料且同样构造方式的装修做法。我们了解建筑装修分类的目的，是要了解各种不同装修做法之间各自不同的特点，以便更好地为建筑装修的设计和施工服务。

4. 对装修基层的基本要求

装修是施于结构物表面的，称这种结构物为装修的基层。装修的基层可分为实体基层和骨架基层两类。实体基层也称为基体，建筑承载系统的构件多属于这种类型，如砌筑墙体、钢筋混凝土墙板、钢筋混凝土楼板、地坪混凝土结构层等。骨架基层是采用木制材料、金属材料或玻璃材料等制成铺装装修层材料的受力骨架，可以附着在结构构件的表面，也可以独立设置。骨架基层虽然不属于建筑结构承载系统的组成部分，但仍需要有一定的强度和刚度要求。

建筑装修的基层应满足如下的基本要求：

(1) 装修基层应具有足够的坚固性

装修基层的坚固性要求主要体现在强度要求、刚度要求和稳定性要求三个方面。强度要求是指装修基层要有足够的承载能力，足以承受装修层的荷载。刚度要求是指装修基层不能产生过大的变形。稳定性要求在这里主要指的是地基和基础的稳定性，也就是说应该避免不均匀沉降，不均匀沉降不但会直接造成地面下陷，从而造成首层地面的凹陷、开裂等破坏，还可造成地上结构的过大变形，从而使墙面、楼地面、顶棚等部位的装修受到破坏。装修层的破坏主要表现是开裂、起壳、脱落等。

(2) 装修基层表面必须平整

装修基层表面的平整要求指的是基层表面整体上的平整均匀，因为它是装修面层表面平整、均匀、美观的前提。如果装修基层存在过大的高差，会使找平材料增厚，不均匀；既浪费材料，还可能因材料的胀缩不一而引起饰面层开裂、起壳、脱落。

(3) 装修基层的处理应确保装修面层材料附着牢固

要确保装修面层材料附着牢固，除了材料选择恰当、构造方法合理外，还要注意施工操作的正确。材料选择和构造方法将在下一节中介绍，这里主要介绍装修基层的施工处理方法。

对于砖石、加气混凝土等块体材料的基层，装修前应清理基层，除去浮土、灰舌、油污，并用水淋透；对于钢筋混凝土材料的基层，装修前要清理基层，除去浮土、油污、脱膜剂等，表面打毛；对于木骨架基层，应在基体内的正确位置预埋好防腐木砖，并对所有木构件进行防腐、防潮、防蛀的处理；对于金属骨架基层，则应做好基体内的预埋铁件，并进行防锈和防腐蚀的处理。

(三) 其他构造

1. 隔墙

隔墙的主要作用是分隔室内空间。

隔墙属于非结构墙体，也就是说，隔墙不是建筑承载系统的组成部分，它既不承受建筑结构水平分系统传来的各种竖向荷载，也不承受风荷载、地震荷载等水平荷载，甚至连隔墙本身的自重荷载也不承受，而是由水平分系统的结构构件（楼板、梁、地坪结构层等）来承担。

在墙承载结构体系的建筑中，隔墙都是内墙，不可能成为外墙；而在柱承载结构体系的建筑（如纯框架结构建筑、刚架结构建筑、排架结构建筑等）中，由于结构竖向分系统的组成都是柱子，分隔室内空间和室外空间的墙体不是承载系统的组成部分，这些墙体（既有内墙、也有外墙）的结构性能与隔墙是完全一样的，即也属于非结构墙体。我们称这些墙体为填充墙。

对于隔墙（包括填充墙）的要求，根据其所处位置的不同，除了要满足与结构墙体一样的保温、隔热、隔声、防火、防潮、防水等要求外，还应具有自重轻（以减轻对承受其自重荷载的楼板、梁等构件的弯矩作用），以及与建筑结构系统的构件有良好的连接（以保证在各种荷载特别是水平荷载作用下建筑的整体性要求）的特征。

常见的隔墙（包括填充墙）按其构造方式可分为砌筑隔墙、骨架隔墙和条板隔墙等。

（1）砌筑隔墙

砌筑隔墙是指利用普通黏土砖、多孔砖、陶粒混凝土空心砌块、加气混凝土砌块，以及其他各种轻质砌块等砌筑的墙体。

（2）骨架隔墙

骨架隔墙有木骨架隔墙和金属骨架隔墙两种。

1）木骨架隔墙

木骨架隔墙具有重量轻、厚度小、施工方便等优点，但其防水、防潮、隔声较差，且耗费较多的木材。

木骨架隔墙可采用木板条抹灰、钢丝网抹灰或钢板网抹灰，以及铺钉各种薄型面板来做两侧的装饰面层。

2）金属骨架隔墙

这是一种在金属骨架两侧铺钉各种装饰面板构成的隔墙。金属骨架隔墙自重轻、厚度小、防火、防潮、易拆装，且均为干作业，施工方便，速度快。为提高其隔声能力，可采用铺钉双层面板、错开骨架，或在骨架间填以岩棉、泡沫塑料等弹性材料等措施。

（3）条板隔墙

条板隔墙是采用各种轻质竖向通长条板，用各类胶粘剂拼合在一起形成的隔墙，一般有加气混凝土条板隔墙、石膏条板隔墙、碳化石灰条板隔墙和蜂窝纸板隔墙等。为了减轻自重，常制成空心板，且以圆孔居多。条板隔墙自重轻、安装方便、施工速度快、工业化程度高。为改善隔声可采用双层条板隔墙。

2. 隔断

顾名思义，隔断也是起分隔空间作用的。与隔墙相比，它们之间既有相同之处，又有很大的不同。隔断的基本作用之一是分隔室内空间（少数情况下，也有设于建筑物出入口等处的隔断形式，一般称为花格墙），隔断的结构性能与隔墙也是一样的，即也属于非结构构件。隔断的另一个主要作用在于变化空间和遮挡视线。利用隔断分隔室内空间，在空间的变化上，可以产生丰富的意境效果，增加室内空间的层次和深度，使空间既分又合，且能互相连通。利用隔断能创造一种似隔非隔、似断非断、虚虚实实的景象，是住宅、办公室、旅馆、展览馆、餐厅、门诊部等建筑设计中常用的一种处理手法。

隔断的形式有很多，常见的有屏风式隔断、漏空式隔断、玻璃隔断、移动式隔断以及家具式隔断等。

3. 门窗

门的主要功能是供交通出入，分隔、联系建筑空间，有时也兼起通风和采光的作用。窗的主要功能是采光和通风，同时还有眺望的作用。

门和窗是在墙体上开洞后设置的，在门和窗所在的墙体功能中，承载功能由门窗洞口周围的结构墙体或柱、梁组成的框架来承担，而围护功能则要由门和窗本身来承担了。所以，应根据门和窗所在的不同位置，使其分别具有保温、隔热、隔声、防水、防火等功能。在寒冷地区和严寒地区的供热采暖期内，由门窗缝隙渗透而损失的热量约占全部采暖耗热量的 25％左右，所以，门窗密闭性的要求是这些地区建筑保温节能设计中极其重要的内容。

在保证门和窗的主要功能，以及满足经济要求的前提下，还要求门窗坚固、耐久、开启灵活、方便、便于维修和清洗。

(1) 门和窗的类型

1）按门窗的材料分类

门和窗按制造材料分，有：木、钢、铝合金、塑料、玻璃钢等。此外还有钢塑、木塑、铝塑等复合材料制作的门窗。

2）按门窗的开启方式分类

门和窗的开启方式有很多种，而且门和窗都有一些特殊独用的开启方式，但是，采用最多的还是两种共用的开启方式——平开式和推拉式。

窗的开启方式有：固定窗、平开窗、悬窗（分为上悬窗、中悬窗、下悬窗）、立转窗、推拉窗等。

门的开启方式有：平开门、推拉门、折叠门、转门、上翻门、升降门、卷帘门等。

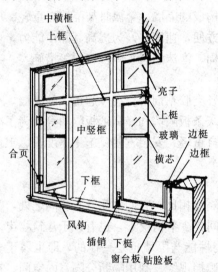

图 29-2-1 平开木窗的组成及各部分的名称

(2) 木门窗构造

门和窗的功能作用各异（有时也有相同之处，如在有些情况下，门也兼有采光和通风的功能），但两者在其组成、安装方法、与墙的位置关系、框及扇断面形状尺寸等方面却基本相同或相近。

1）木门窗的组成

木门窗的组成主要由框、扇、五金件及附件组成。

图 29-2-1 所示为平开木窗的组成及各部分的名称。

图 29-2-2 所示为平开木门的组成及各部分的名称。

2）木门窗框

木门窗框的安装有塞口安装和立口安装两种方法。

3）木门窗扇

按构造方式的不同，木门窗扇常见的有框樘形式，如图 29-2-3 和图 29-2-4 所示；木门扇则还有一种夹板门的类型，如图 29-2-5 所示。

(四) 建筑变形缝构造

当一个建筑物的规模很大，特别是平面尺寸很大时；或者是当建筑物的体型比较复杂，建筑平面有较大的凸出凹进的变化，建筑立面有较大的高度尺寸差距时；或者是建筑物各部分的结构类型不同，因而其质量和刚度也明显不同时；或者是建筑物的建造场地的地基土质比较复杂，各部分土质软硬不均，承载能力差别比较大时；如果不采取正确的处

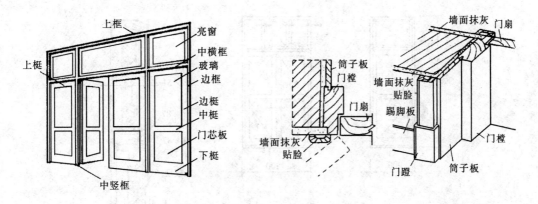

图 29-2-2　平开木门的组成及各部分的名称

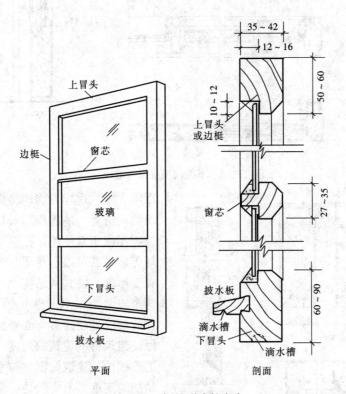

平面　　　　　　　　　剖面

图 29-2-3　框榫形式的窗扇

理措施的话，就可能由于环境温度的变化、建筑物的沉降和地震作用等原因，造成建筑物从结构到装修各个部位不同程度的破坏，影响建筑物的正常使用。严重的还可能引起整个建筑物的倾斜、倒塌，造成彻底的破坏。为避免出现上述严重的后果，常常采用的解决办法就是在建筑物的相应部位设置变形缝。

　　所谓变形缝，实际上就是把一个整体的建筑物从结构上断开，划分成两个或两个以上的独立的结构单元，两个独立的结构单元之间的缝隙就形成了建筑的变形缝。设置了变形缝之后，建筑物从结构的角度看，其独立单元的平面尺寸变小了，复杂的结构体型变得简单了，不同类型的结构之间相对独立了，每个独立的结构单元下的地基土质的承载能力差

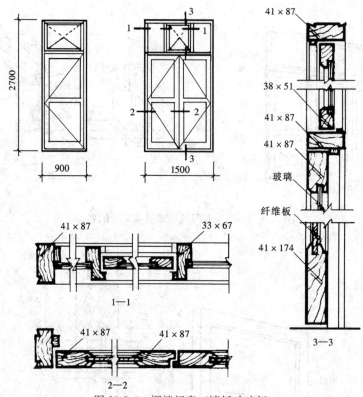

图 29-2-4　框樘门扇（镶板玻璃门）

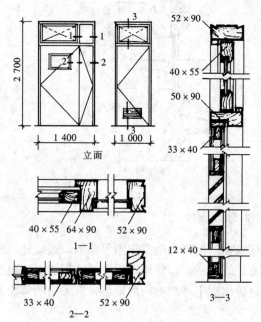

图 29-2-5　夹板门

距不大了。这样，当环境温度的变化、建筑物的沉降、地震作用等情形出现时，建筑物不能正常使用，甚至结构遭到严重破坏等后果就可以避免了。当然，建筑物设置变形缝，使其从结构上断开，被划分成两个或两个以上的独立的结构单元之后，在变形缝处还要进行必要的构造处理，以保证建筑物从建筑的角度（例如建筑空间的连续性，建筑保温、防水、隔声等围护功能的实现）上仍然是一个整体。

1. 变形缝的类型

根据建筑变形缝设置原因的不同，一般将其分为三种类型，即温度伸缩缝（简称伸缩缝）、沉降缝、防震缝。

2. 变形缝的构造

变形缝的设置，实际上是将一个建筑物从结构上划分成了两个或两个以上的独立单元。但是，从建筑的角度来看，它们仍然是一个整体。为了防止风、雨、冷热空气、灰尘等侵入室内，影响建筑物的正常使用和耐久性，同时也为了建筑物的美观，必须对变形缝处予以覆盖和装修。**这些覆盖和装修，必须保证其在充分发挥自身功能的同时，使变形缝两侧结构单元的水平或竖向相对位移和变形不受限制。**

为了防止外界自然条件对建筑物的室内环境的侵袭，避免因设置了变形缝而出现房屋的保温、隔热、防水、隔声等基本功能降低的现象，也为了变形缝处的外形美观，应采用合理的缝口形式，并做盖缝和其他一些必要的缝口处理。

三种变形缝的盖缝构造做法是有差别的。在选择变形缝盖缝材料时，应注意根据室内外环境条件的不同以及使用要求区别对待。三种变形缝各自不同的变形特征则是导致其盖缝形式产生差异的原因。

建筑物外侧表面的盖缝处理（如外墙外表面以及屋面）必须考虑防水要求，因此，盖缝材料必须具有良好的防水能力，一般多采用镀锌薄钢板、防水油膏等材料。建筑物内侧表面的盖缝处理（如墙内表面、楼、地面上表面以及楼板层下表面）则更多地考虑满足使用、舒适性、美观等方面的要求，因此，墙面及顶棚部位的盖缝材料多以木制盖缝板（条）、铝塑板、铝合金装饰板等为主。楼、地面处的盖缝材料则常采用各种石质板材、钢板、橡胶带、油膏等材料。

四、试题 2-1 住宅坡屋顶构造

（一）任务要求

图 29-2-6 所示为建于非地震、非大风地区小住宅的坡屋顶平面图，按要求使用下面提供的基本构件和材料，划出指定的①～④节点详图，其构造应符合坡屋顶的要求，并注明材料和构件名称。

（二）任务说明

（1）本图节点构造以国标 SJ202（一）图集为依据。

（2）屋面结构层为 100mm 厚现浇钢筋混凝土板。

（3）屋面坡度为 1:3，采用自由落水，出檐 500mm，山墙高 500mm，伸缩缝宽 60mm。

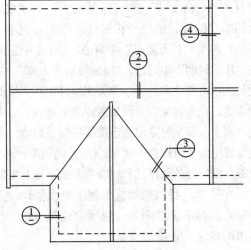

图 29-2-6　屋顶平面图

（三）屋面构件

（1）机制 S 形瓦 314mm×314mm。

（2）木挂瓦条 30mm×25mm（h）。

（3）顺水条 30mm×25mm（h），中距 600mm。

（4）35mm 厚 C15 细石混凝土找平层（配 $\phi6@500mm×500mm$ 钢筋网）。

（5）保温隔热层 60mm 厚。

（6）高聚物改性沥青防水卷材 2mm 厚。

（7）找平层 1:3 水泥砂浆 20mm 厚。

（8）现浇钢筋混凝土板 100mm 厚。

（四）图例（图 29-2-7）

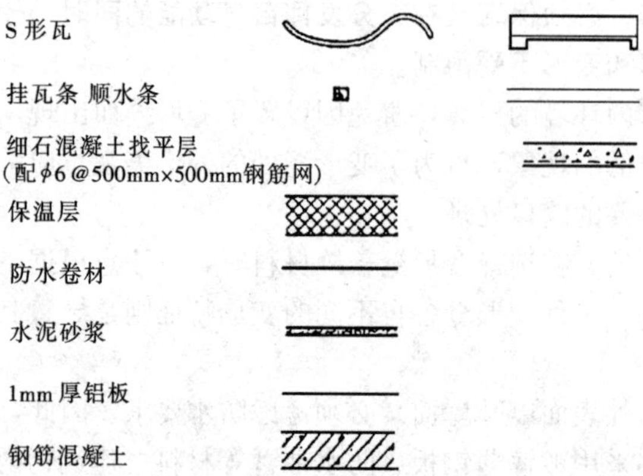

S形瓦	
挂瓦条 顺水条	
细石混凝土找平层 （配φ6@500mm×500mm钢筋网）	
保温层	
防水卷材	
水泥砂浆	
1mm厚铝板	
钢筋混凝土	

图 29-2-7　图例

（五）解题要点

1. 认真审题

首先，认真地通读一遍试题任务的全部内容，搞清楚题目要求应试者做什么，做到心中有数。与"建筑剖面"的试题比较，"建筑构造"的试题内容有了很大的变化，关注点从整个建筑的剖面转变到建筑的某一个局部。审题似乎应该容易一些了，其实不然，题目内容所涉及的范围虽然缩小了，但是所涉及的深度却大大加强了，这一点应该引起考生的足够注意。

分析图 29-2-6 所示的屋顶平面图，本例要求设计的是住宅坡屋顶自由落水挑檐、屋脊、斜天沟、屋面变形缝四个节点详图。

2. 深入解读设计任务

通读了一遍考试题目之后，不要急着马上落笔画图。第二步还是要审题，也就是要回过头来再仔细地研究一下题目。为什么要进行二次审题呢？这一次的审题与第一次审题的目的不同，第一次审题的目的是要搞清楚题目让我做什么；而第二次审题的目的则是要从题目的"任务要求"和"任务说明"中找出所有必须搞清楚的设计条件，这些条件将会直接影响你的设计结果的正确性。我们通过本例来做一个分析。

在本例"任务要求"中写道："图示为建于非地震、非大风地区小住宅的坡屋顶平面图"；在"任务说明"中写道："屋面坡度为 1：3"。在这两条说明中隐含着几个重要的设计条件，也就是说，所谓"非地震、非大风地区"和"屋面坡度为 1：3"都不是随便写上的；这些说明的隐语是：在地震区、大风地区或者非地震、非大风地区屋面坡度比较大（大于 1：2）时，必须对屋面上全部瓦材采取固定加强措施。而本例显然不属于这种情况，按照国家建筑标准设计图集《坡屋面建筑构造》SJ202（一）的规定，非地震或非大风地区，屋面坡度为 1：3～1：2 时，只需在檐口处的两排瓦和屋脊两侧的一排瓦采取固定加强措施。

在这里，我们想就这个例子再次强调一下学习和掌握建筑构造知识的方法问题。对于国家建筑标准设计图集《坡屋面建筑构造》SJ202（一）关于块瓦与屋面基层加强固定的要求的规定，条文原文是：

（1）地震地区，全部瓦材均应采取固定加强措施。

（2）大风地区，全部瓦材均应采取固定加强措施（建设地址虽不属大风地区，但建筑物因地势较高、周围无遮挡，或地处风口，或为高层建筑，其屋面有可能受到较强风力作用，招致屋瓦损坏者，也应采取固定加强措施）。

（3）非地震或非大风地区，屋面坡度大于 1：2 时，全部瓦材均应采取固定加强措施。

（4）非地震或非大风地区，屋面坡度为 1：3～1：2 时，檐口（沟）处的两排瓦和屋脊两侧的一排瓦应采取固定加强措施。

如果就是单纯地死记标准图集中这些条文的话，可能一时记住了，但是，时间久了、看过并要记住的条文多了，可能就忘记或者模糊了。记住地震区、可能忘记大风区了；记住地震区和大风区、可能又忘记屋面坡度了。

比较好的方法是，看标准图集中的条文的同时问一个为什么，考虑一下标准图集为什么做出这样的条文规定。例如，上述条文这样规定的原因（也就是所谓建筑构造的原理）是：在地震地区，一旦发生地震，屋面瓦材很容易被震落；在大风地区，较强风力的作用很容易使屋面瓦材被刮落；在非地震或非大风地区，当屋面坡度较大（大于1：2）时，屋面瓦材很容易滑落；在非大风地区，由于各种原因可能使建筑屋面受到较强风力的作用时，很容易使屋面瓦材被刮落。因此，规定在这几种情况下，必须对屋面全部瓦材采取固定加强措施。搞清楚这几种情况下这样做的原因，也就是知道了"为什么"，在理解的基础上去记这些条文规定，就会相对容易得多。即使时间久了，看过的东西也积累很多了，也不容易忘记；因为你首先记的是"为什么"，而不是具体的条文规定。以后再遇到这种情况时，你也许首先记起来的不是那些条文规定，而是这些"为什么"，再联想那些条文规定就很容易了。养成这样的习惯，积累多了"为什么"之后，你会发现，有时候遇到一些新的、以前并没有接触过的情况，你甚至可以通过掌握的"为什么（也就是建筑构造原理）"很容易地做出正确的判断，也就是达到了融会贯通、举一反三的境界。

3. 从容作答

经过全面的审题和对设计任务的深入解读之后，现在可以从容落笔了。以本题为例，屋面节点的构件、材料做法、构造顺序，以及材料图例等都已经明确地给出，需要应试者解决的主要是连接固定的方法。我们对题目的 4 个节点依次作一个分析。

（1）节点①：自由落水挑檐（图 29-2-8）

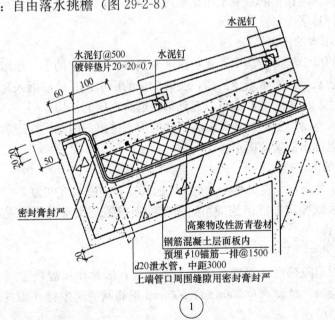

图 29-2-8　自由落水挑檐节点

注　按照题目要求，此图原为 1：5 的比例；但在制版过程中，此图已缩，故未标注尺寸，图 29-2-9～图 29-2-11 亦然。

1）分析

此节点为坡屋顶自由落水挑檐，是整个屋面在檐口处的边缘部位，建筑构造设计的重点是防水层收边处的处理问题。

2）绘图

① 屋面基本部位的绘制

题目已经给出了材料图例和构造做法顺序，依次绘制即可：

a. 机制 S 形瓦 314mm×314mm；

b. 木挂瓦条 30mm×25mm（h）；

c. 顺水条 30mm×25mm（h），中距 600mm；

d. 35mm 厚 C15 细石混凝土找平层（配 ϕ6@500mm×500mm 钢筋网）；

e. 保温隔热层 60mm 厚；

f. 高聚物改性沥青防水卷材 2mm 厚；

g. 找平层 1：3 水泥砂浆 20mm 厚；

h. 现浇钢筋混凝土板 100mm 厚。

② 屋面重点部位的绘制

挑檐节点应该重点处理的部位是防水层收边处。此重点部位要解决檐口处防水卷材的收头固定、进入瓦下的雨水的排出问题，以及檐口瓦材的固定、保温隔热层的固定等问题。

3）重点提示

① 檐口防水卷材的收头固定措施

按每隔 500mm 的间距采用水泥钉或者射钉，并设 20mm×20mm×0.7mm 镀锌薄钢板垫片将防水卷材固定在钢筋混凝土出檐板的上沿上，同时将外沿砂浆抹灰层翻上来，并将水泥钉包住进行封堵。

② 进入瓦下雨水的排出措施

在该坡屋顶的屋面构造做法中，瓦材层（屋顶做法顺序中的①）是屋顶的第一道、也是最主要的一道防水层。不可避免的是，会有少量的雨水从瓦缝渗漏入瓦下，下面的防水卷材层（屋顶做法顺序中的⑥）就可以起到第二道防水层的作用。但是，从图 2-8 节点详图中可以看到防水卷材层到檐口处无法将汇集的雨水排出，因此，在防水卷材层最低处必须设置泄水管，以排出汇集的雨水。

③ 檐口瓦材的固定措施

根据题目设定的条件（"非地震、非大风地区"和"屋面坡度为 1：3"），本例只需将檐口处的两排瓦采取固定加强措施即可，固定加强措施是用水泥钉（或双股 18 号铜丝）将瓦与木挂瓦条钉（绑）牢。

④ 保温隔热层的固定措施

板状材料的保温隔热层必须进行锚固，采用的方法是在保温层上（于 35mm 厚 C15 细石混凝土找平层内）敷设 ϕ6@500mm×500mm 钢筋网骑跨屋脊并绷直，与屋脊和檐口部位的预埋 ϕ10 锚筋连牢。

（2）节点②：屋脊（图 29-2-9）

1）分析

此节点为坡屋顶屋脊，此例采用现浇钢筋混凝土屋脊，建筑构造设计的重点仍然是防水层收边处的处理问题。

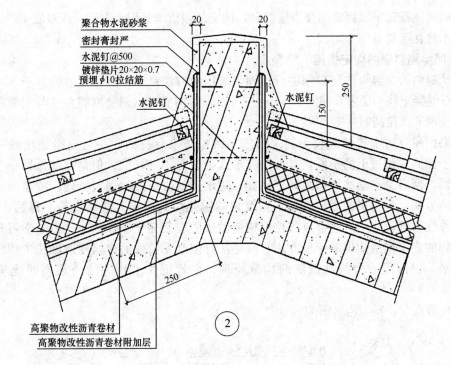

聚合物水泥砂浆
密封膏封严
水泥钉@500
镀锌垫片20×20×0.7
预埋φ10拉结筋
水泥钉
水泥钉
20   20
250
150
250
高聚物改性沥青卷材
高聚物改性沥青卷材附加层
②

图 29-2-9　屋脊节点

2）绘图

① 屋面基本部位的绘制

题目已经给出了材料图例和构造做法顺序，依次绘制即可：

a. 机制 S 形瓦 314mm×314mm；

b. 木挂瓦条 30mm×25mm（h）；

c. 顺水条 30mm×25mm（h），中距 600mm；

d. 35mm 厚 C15 细石混凝土找平层（配 φ6@500mm×500mm 钢筋网）；

e. 保温隔热层 60mm 厚；

f. 高聚物改性沥青防水卷材 2mm 厚；

g. 找平层 1：3 水泥砂浆 20mm 厚；

h. 现浇钢筋混凝土板 100mm 厚。

② 屋面重点部位的绘制

屋脊节点应该重点处理的部位仍然是防水层收边处。此重点部位要解决屋脊处防水卷材的收头固定的问题，以及屋脊瓦材的固定、保温隔热层的固定等问题。

3）重点提示

① 屋脊防水卷材的收头固定措施

按每隔 500mm 的间距，采用水泥钉并设 20mm×20mm×0.7mm 镀锌薄钢板垫片将防水卷材（注意此处应该附加一层卷材防水层）固定在现浇钢筋混凝土屋脊梁的侧面上，同时用屋脊砂浆抹灰层将水泥钉包住，并与最高一排的屋面瓦之间封堵密实。

② 屋脊瓦材的固定措施

根据题目设定的条件（"非地震、非大风地区"和"屋面坡度为 1：3"），本例只需将屋脊两侧的一排瓦采取固定加强措施即可，固定加强措施是用水泥钉（或双股 18 号铜丝）将瓦与木挂瓦条钉（绑）牢。

③ 保温隔热层的固定措施

板状材料的保温隔热层必须进行锚固，采用的方法是在保温层上敷设（于 35mm 厚 C15 细石混凝土找平层内）$\phi6@500mm×500mm$ 的钢筋网，钢筋网绷直并与屋脊和檐口部位的预埋 $\phi10$ 拉结筋连牢。

如果把屋脊防水卷材的收头固定措施与挑檐防水卷材的收头固定措施比较一下的话，由于两者在位置上的不同，其做法在形式上也是不一样的。但是，如果做一个仔细对比的话，两者又有某些相似之处；例如，防水卷材收头处的固定措施、覆盖固定用的水泥钉的方法、瓦材层的固定方法，以及保温隔热层的固定方法等都是一样的。显然，这种一致性恰好说明了这些节点部位的构造做法原理是完全一样的。这也是学习和掌握庞杂琐碎的建筑构造知识的一种方法，就是从看似毫无关系的建筑构造做法中找出它们的共性来。记住了一个共性做法的构造原理，也就记住了相关的一系列的建筑构造内容。

（3）节点③：斜天沟（图 29-2-10）

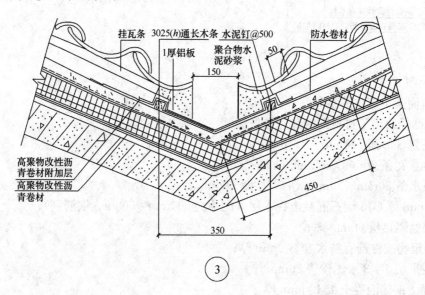

图 29-2-10 斜天沟节点

1）分析

此节点为坡屋顶斜天沟，是屋面汇水的部位，建筑构造设计的重点是天沟与边瓦之间"结合部"的防水处理问题。

2）绘图

① 屋面基本部位的绘制

题目已经给出了材料图例和构造做法顺序，依次绘制即可：

a. 机制 S 形瓦 314mm×314mm；

b. 木挂瓦条 30mm×25mm（h）；

c. 顺水条 30mm×25mm（h），中距 600mm；

d. 35mm 厚 C15 细石混凝土找平层（配 $\phi6@500\text{mm}\times500\text{mm}$ 钢筋网）；

e. 保温隔热层 60mm 厚；

f. 高聚物改性沥青防水卷材 2mm 厚；

g. 找平层 1∶3 水泥砂浆 20mm 厚；

h. 现浇钢筋混凝土板 100mm 厚。

② 屋面重点部位的绘制

重点部位是天沟与边瓦之间的"结合部"。该节点处采用的是"铝板和（高聚物改性沥青）附加防水卷材"做斜天沟的防水覆盖材料。

3）重点提示

① 斜天沟防水覆盖材料的做法

铝板和（高聚物改性沥青）附加防水卷材的两侧边缘应该分别经过两侧的挂瓦条下和顺水条之上伸入两侧 50mm 和 450mm，并应该采用聚合物水泥砂浆在斜天沟两侧边瓦下进行封堵。

② 保温隔热层的锚固

板状材料的保温隔热层必须进行锚固，采用的方法是在保温层上敷设（于 35mm 厚 C15 细石混凝土找平层内）$\phi6@500\text{mm}\times500\text{mm}$ 的钢筋网，钢筋网骑跨屋脊并绷直与屋脊和檐口部位的预埋锚筋连牢。

（4）节点④：屋面变形缝（图 29-2-11）

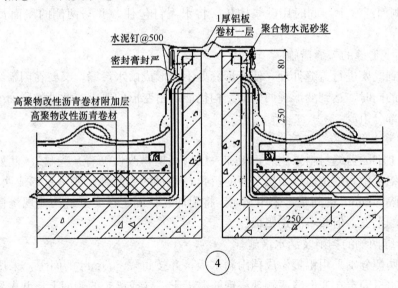

图 29-2-11　屋面变形缝节点

1）分析

此节点为坡屋顶变形缝，既是整个屋面卷材防水的边缘部位，又是因设置变形缝而使屋面结构断开的部位。因此，该节点建筑构造设计的重点有两个：第一，是卷材防水层收边处的处理问题，第二，是屋面变形缝的盖缝处理问题。

2）绘图

① 屋面基本部位的绘制

题目已经给出了材料图例和构造做法顺序，依次绘制即可：

a. 机制 S 形瓦 314mm×314mm；

b. 木挂瓦条 30mm×25mm（h）；

c. 顺水条 30mm×25mm（h），中距 600mm；

d. 35mm 厚 C15 细石混凝土找平层（配 $\phi6@500mm×500mm$ 钢筋网）；

e. 保温隔热层 60mm 厚；

f. 高聚物改性沥青防水卷材 2mm 厚；

g. 找平层 1：3 水泥砂浆 20mm 厚；

h. 现浇钢筋混凝土板 100mm 厚。

② 屋面重点部位的绘制

重点部位是：第一，变形缝两侧防水层收边处，此重点部位要解决变形缝两侧防水卷材的收头固定的问题；第二，是屋面变形缝的盖缝处理问题，此重点部位要解决的问题是既要进行盖缝处理，使变形缝处不会形成雨水渗漏，又要在因盖缝处理而达到防水目的的同时，达到变形缝两侧的结构仍能自由变形的要求。

3）重点提示

① 变形缝两侧防水卷材的收头固定措施

按每隔 500mm 的间距采用水泥钉并设 20mm×20mm×0.7mm 镀锌薄钢板垫片将防水卷材（注意此处应该附加一层卷材防水层）固定在变形缝两侧现浇钢筋混凝土墙（或梁）的侧面泛水上，同时用砂浆抹灰层将水泥钉包住，并与两侧的屋面瓦之间封堵密实。

② 屋面变形缝的盖缝措施

为了达到既要进行盖缝处理，使变形缝处不会形成雨水渗漏，又要在因盖缝处理而达到防水目的的同时，达到变形缝两侧的结构仍能自由变形的要求。此处的屋面变形缝盖缝措施由两个部分组成：

a. 变形缝上部的盖缝措施

变形缝上部的盖缝材料采用"铝板和一层（高聚物改性沥青）卷材"。此处要注意两点：第一，铝板中间部位应该做出明显的折角，卷材的中间部位则下垂形成明显的圆弧；第二，按每隔 500mm 的间距，采用水泥钉将附加卷材固定在变形缝两侧现浇钢筋混凝土墙（或梁）的上面，但并不固定铝板。

b. 变形缝两侧的挡雨及滴水措施

变形缝两侧分别采用铝板做成挡雨滴水板，并按每隔 500mm 的间距，采用水泥钉将铝板挡雨滴水板固定在变形缝两侧现浇钢筋混凝土墙（或梁）的侧面上，并做好铝板盖缝板与铝板挡雨滴水板的钩搭连接处理（图 29-2-11）。

如果你足够细心的话，你会发现，变形缝两侧防水层收边处的处理与屋脊两侧防水层收边处的处理的构造原理和方法也是一样的。如果每接触一个新的构造做法你都能够做出认真的思考分析的话，多问几个"为什么"，积累足够多之后你会发现，其实建筑构造是很有规律的，也是不太难掌握的。

4. 细心检查

至此，基本的画图工作结束了；但是，还应该做一些细心的检查工作。由于新的

《考试大纲》施行以后的考题增加了选择题的内容，也可以把这一步检查工作与选择题的解答结合起来进行，使两部分相辅相成，互相促进。检查工作仍然从以下几个方面着手进行：

（1）建筑构造做法是否合理

1）是否采用了合理（或者指定）的建筑材料及建筑构件；

2）建筑构造做法的顺序（题目可能已经给出了明确的规定，包括局部应该增设的附加层等）是否正确；

3）连接固定的方法是否可靠有效。

（2）图示的投影关系是否正确

（3）必要的尺寸、文字说明是否完整，建筑材料的图例是否正确

（六）作图选择题

本题的建筑构造详图部分共有5道选择题：

（1）在所给屋面图中，哪几个节点位置需增加附加防水卷材？

A ①②③   B ②③④   C ①②④   D ①③④

（2）节点③中斜天沟应用何种材料？

A 铝板   B 防水卷材

C 铝板与防水卷材   D 细石混凝土找平层

（3）根据以下未完成的②节点（图 29-2-12），请选出哪一图能深化完成为正确节点？

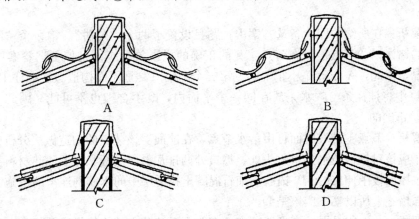

图 29-2-12 选择题（3）的附图

（4）根据坡屋面构造图集的设计，①节点需在下列哪些部位采取固定措施？

A 檐口瓦，防水卷材

B 防水卷材，细石混凝土找平层

C 檐口瓦，细石混凝土找平层

D 檐口瓦，防水卷材，细石混凝土找平层

（5）根据以下未完成的④节点（图 29-2-13），请选出哪一图能深化完成为正确节点？

建筑技术设计作图选择题是根据作图题任务要求提出的部分考核内容，要求考生必须在完成作图的基础上作答这部分试题，每题的四个备选项中只有一个正确答案。

对这部分选择题，考生应该认真对待。这部分试题既是考试内容的一部分，又同时可

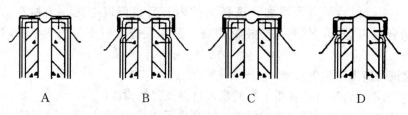

图 29-2-13 选择题（5）的附图

以作为对相应的作图题的一次极好的检查，而且是有重点、有提示的一种检查，考生应该充分利用这个机会认真完成。

（七）选择题参考答案及解析

（1）**解析：** 一般情况下，防水卷材需要增设附加层的部位都是防水的薄弱部位，例如，所有防水卷材收边需固定加强的（暴露）部位应该加铺一层卷材，并同时用高聚物水泥砂浆封堵。因此，答案是 B。

（2）**解析：** 题目给出的四种答案中，细石混凝土找平层做防水层的话，应属于刚性防水做法，很容易由于材料干燥收缩、温度变化胀缩、结构变形等因素引起刚性防水层出现裂缝而造成渗漏；而铝板和防水卷材则具有较好的适应伸缩变形的能力而不易被拉裂，不单选铝板和防水卷材两种材料之一是因为需要以铝板作为主要的防水层、而以防水卷材作为第二道防水层，来达到提高防水做法的可靠性的目的。所以，答案应该是 C。

（3）**解析：** 在所给的四个备选答案中，题目设置了两个"陷阱"。第一个"陷阱"是投影关系的错误；②节点是屋脊节点，瓦的正确的投影关系应该是如备选答案中 C 和 D 所示的情况，因此，A 和 B 是不正确的。第二个"陷阱"是屋面构造做法顺序上的错误，备选答案 D 中将挂瓦条与顺水条放在同一个平面内，既不合理也不可能。因此，只有备选答案 C 是正确的。

（4）**解析：** 节点①是坡屋面自由落水节点，在前面对该节点的构造做法分析中，我们已经明确了应该对檐口防水卷材收头处、檐口处两排瓦材以及板状保温隔热材料（通过从钢筋混凝土屋面板中伸出的 φ10 锚筋与细石混凝土找平层中的钢筋网连牢的措施实现）采取固定加强措施，所以答案应该是 D。

（5）**解析：** 节点④是屋面变形缝节点，在前面对该节点的构造做法分析中，我们已经明确了变形缝处盖缝材料和哪些部位应该采取固定加强措施，我们据此试着采用排除法来做出选择。备选答案 A 中没有出现防水卷材收头处的固定加强措施，同时，盖缝铝板被固定住是不合理的，所以可以排除；备选答案 C 中没有出现防水卷材收头处的固定加强措施，同样是错误的；备选答案 D 中的盖缝材料中缺少一层卷材，也是不正确的。只有备选答案 B 是符合该节点构造做法的所有要求的，所以答案应该是 B。

五、试题 2-2　某多层公共建筑局部构造

（一）任务说明

图 29-2-14 所示为某多层公共建筑的局部立面，其外饰面为干挂 30mm 厚花岗石板，要求按提供的配件及材料绘制指定节点的构造详图。

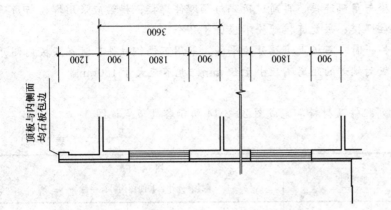

顶板与内侧面
均石板包边

3600

1200 900 1800 900 1800 900

剖面示意图   1:100

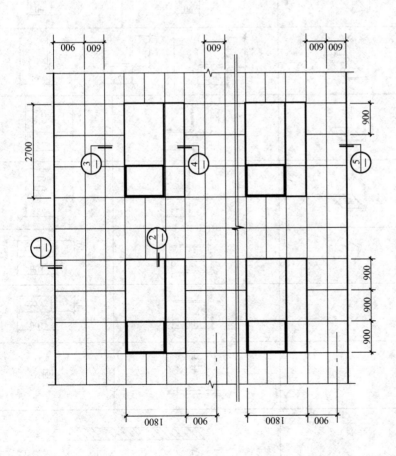

600 600   600   600 600

2700

③

④

⑤

900

①

②

900

900

900

1800 600   1800 600

立面示意图   1:100

图 29-2-14 建筑局部立面及剖面示意图

(二) 构造要求

(1) 各节点详图中石材幕墙的完成面位置已用虚线给定，石材与石材之间不采用45°对角拼接。

(2) 立柱应采用螺栓与角码连接，再通过角码与预埋件焊接；横梁应采用螺栓与角码连接，再通过角码与立柱焊接；每处连接螺栓不应少于2个。

(3) 采用不锈钢挂件一时在石板上下端开短平槽，采用不锈钢挂件二时在石板内侧开短斜槽，短斜槽距离石板两端部的距离不应小于85mm，也不应大于180mm。

(三) 制图要求

采用表29-2-2中所列配件及材料，完成图29-2-14所示各处节点详图。

表 29-2-2

配件及材料名称	轴测图	图 例 (1:5)　除加*号外，其他图例可徒手绘制		
(1) 立柱				
(2) 横梁				
(3) 角码				
(4) 不锈钢挂件一				
(5) 不锈钢挂件二				
(6) 不锈钢螺栓	—			
(7) 花岗石板	*			
(8) 嵌缝膏	—			

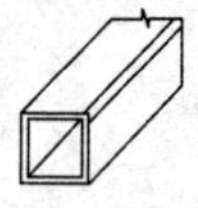

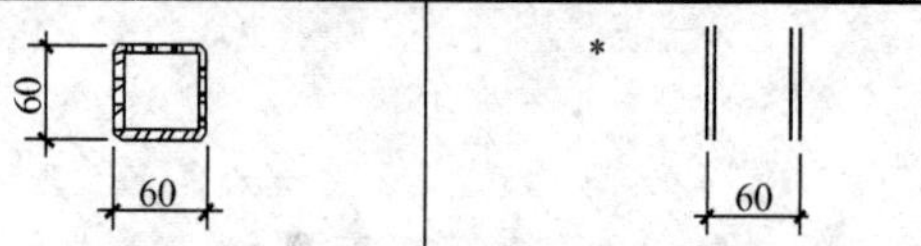

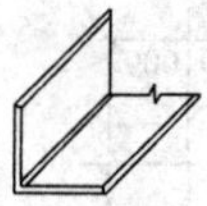

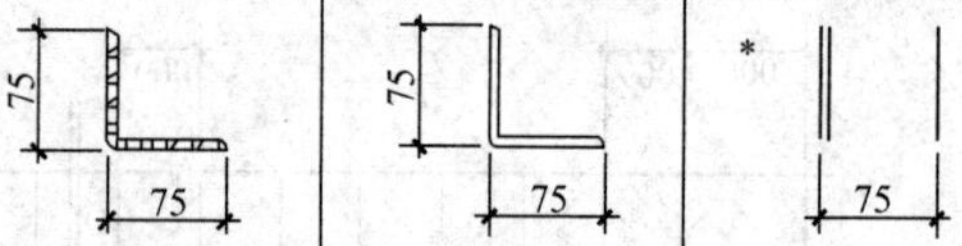

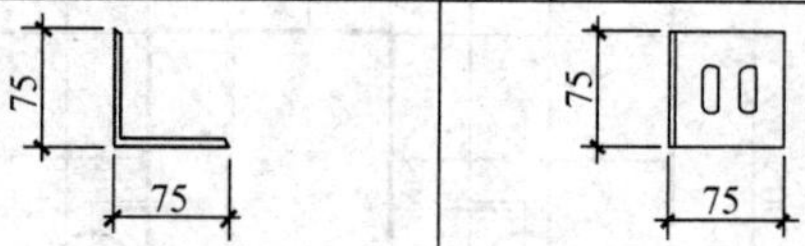

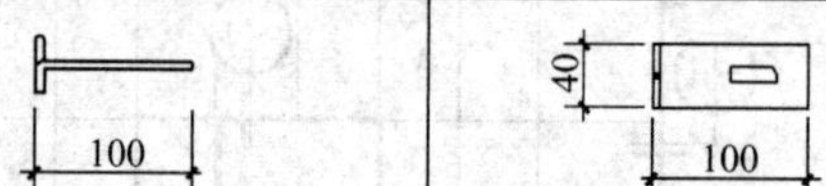

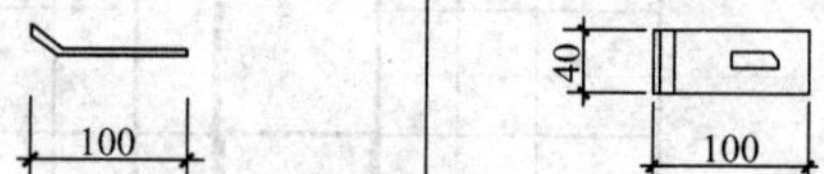

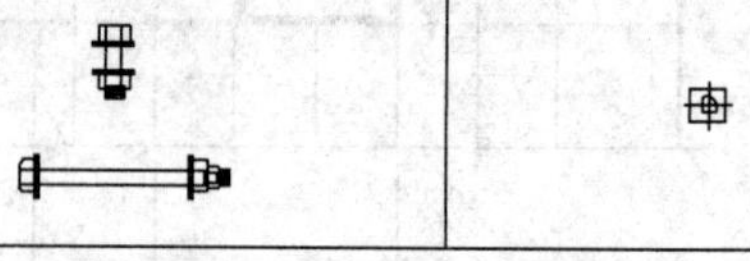

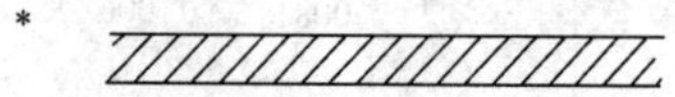

(四) 解题要点

1. 认真审题

首先，认真地通读一遍试题任务的全部内容，搞清楚题目要求应试者做什么，做到心中有数。与"建筑剖面"科目的试题比较，"建筑构造"科目的内容有了很大的变化，关注点从整个建筑的剖面转变到建筑的某一个局部，审题似乎应该容易一些了。其实不然，题目内容所涉及的范围虽然缩小了，但是所涉及的深度却大大加强了，这一点应该引起考生的足够注意。

分析图 29-2-14 所示的建筑局部立面及剖面示意图和题目给出的"构造要求"，本例要求按提供的配件及材料绘制指定节点干挂花岗石板幕墙的构造详图。

2. 深入解读设计任务

第一步通读了考试题目之后，不要急着马上落笔画图。第二步还是要审题，也就是要回过头来再仔细地研究一下题目。为什么要进行二次审题呢？这一次的审题与第一次审题的目的不同，第一次审题的目的是要搞清楚题目让我做什么；而第二次审题的目的则是要从题目的"任务说明"和"构造要求"中找出所有必须搞清楚的设计条件，这些条件将会直接影响你的设计结果的正确性。我们通过本例来做一个分析。

在本例"任务说明"中写道：图示"为某多层公共建筑的局部立面，其外饰面为干挂30mm 厚花岗石板，要求按提供的配件及材料绘制指定节点的构造详图"，简单明了地给出了设计任务；在"构造要求"中，题目实际上是做了一次言简意赅的"现场教学"，把"这一种"干挂石材幕墙的构造做法交代得非常清楚，只要你有一定的建筑构造的基础，即使以前可能没有接触过这种做法，现学都来得及。

有人说，考试一见到这种题目，首先就懵了。平时做设计的时候，这种节点图从来不画，都是委托给专业厂家去做。考这种题目怎么能画得出来？且慢！让我们来做一个分析，分析之后也许你就会有不同的想法了。

首先，根据历年的"建筑构造详图"部分的题目分析，往往都会给出具体的构造做法。这样做是有其必然性的，因为既然作为一种资格考试，就必须有一个容易考评操作的"标准答案"，规定了具体的构造做法，这样的考评操作才有实现的可能。而且，越是简单、常规的构造做法，可能题目给出的具体要求会简单些；而越是复杂、少见的构造做法，可能题目给出的具体要求会更加详尽。本例就是一个很好的证明，"构造要求"的第一条不仅具体规定了石材与石材之间拼接的角度要求，甚至把各节点详图中石材幕墙的完成面位置都用虚线给定了，不可谓不周到了；第二条详细交代了立柱与钢筋混凝土结构基体之间、横梁与立柱之间的连接做法；第三条则详细交代了石材与钢骨架（横梁）之间的连接做法。其次，如果你有一定的建筑构造的专业基础（参加注册建筑师考试的人都有吧），碰到这样"棘手"的题目，只要你能静下心来，认真仔细地读懂题目给出的"构造要求"，就算现学也能画个八九不离十的。你看，从"钢筋混凝土结构基体埋件与角码焊接——角码与立柱用（2 个）螺栓连接——立柱与角码焊接——角码与横梁用（2 个）螺栓连接——横梁与石材用挂件连接——石材与石材之间采用（非 45°对角）拼接"，从内到外，题目通过"构造要求"把每一个构造连接细节都交代得清楚详尽，想不明白都难。所以，不要轻言放弃，考试的成败也许就在这一闪念之间。

在这里，我们想就这个例子再次强调一下学习和掌握建筑构造的方法问题。对于"建筑构造详图"这部分考题，很多考生愿意押题，然后背标准图集。且不说押题的难度有多大，押中的概率有多低，就算你押中了，如果只是死记硬背，照猫画虎，许多构造要点（自然也是得分点）表达不清，要想拿分也是很困难的。

比较好的方法是，在平时做设计画图（以及即便背标准图集）的时候，多问几个为什么，考虑一下所画的做法详图或者标准图集为什么会这样做。例如，上述石材幕墙连接构造做法的原因（也就是所谓建筑构造的原理）是：既要保证石材幕墙（非结构构件）与钢筋混凝土结构构件的连接坚固、可靠、有效，又要解决好石材幕墙的防水（本例题有这方面的要求，将在后面的节点详图中看到）和保温等问题（本例题没有这方面的要求）。因此，搞清楚石材幕墙连接构造为什么要这样做的原因，也就是知道了"为什么"，在理解的基础上去记这些做法就会相对容易得多。即使时间久了，看过的东西积累很多了，也不容易忘记，因为你首先记的是"为什么"而不是具体的做法。以后再遇到这种情况时，你也许首先记起来的不是那些做法，而是这些"为什么"，再联想那些做法就很容易了。养成这样的习惯、积累多了"为什么"之后，你会发现，有时候遇到一些新的、以前并没有接触过的情况，你甚至可以通过掌握的"为什么（也就是建筑构造原理）"很容易地做出正确的判断，也就是达到了融会贯通、举一反三的境界。

3. 从容作答

经过全面的审题和对设计任务的深入解读之后，现在可以从容落笔了。以本题为例，石材幕墙节点的构件、连接件、材料做法、构造顺序以及材料图例等都已经明确地给出，需要应试者解决的主要是连接固定的方法。我们对题目的 5 个节点依次作一个分析。

（1）节点①：女儿墙压顶处节点（图 29-2-15）

1）分析

5 个节点的基本构造要求都是要解决好石材幕墙与钢筋混凝土结构基体的连接做法，但又有各自的特点。节点①为女儿墙压顶处的做法，是整个石材幕墙的边缘部位，在题目给出的"剖面示意图"中也明确要求女儿墙压顶处"顶板与内侧面均石板包边"。所以，建筑构造设计的特殊点是石材幕墙的转折和收口的处理问题。

2）绘图

① 石材幕墙与钢筋混凝土结构基体的连接做法的绘制

题目已经给出了配件及材料，详细交代了连接构造做法，并给定了石材幕墙的完成面位置，依此绘制即可：

a. 石材与石材之间不采用 45°对角拼接。

b. 立柱应采用螺栓与角码连接，再通过角码与预埋件焊接；横梁应采用螺栓与角码连接，再通过角码与立柱焊接；每处连接螺栓不应少于 2 个。

c. 采用不锈钢挂件一时在石板上下端开短平槽，采用不锈钢挂件二时在石板内侧开短斜槽，短斜槽距离石板两端部的距离不应小于 85mm，也不应大于 180mm。

② 石材幕墙的转折和收口的处理问题的绘制

女儿墙压顶节点应该重点处理的部位是石材幕墙的转折和收口的处理问题。此重点部位要特别解决石材幕墙的转折连接处的防水做法、石材幕墙收口处的封口及防水等问题。

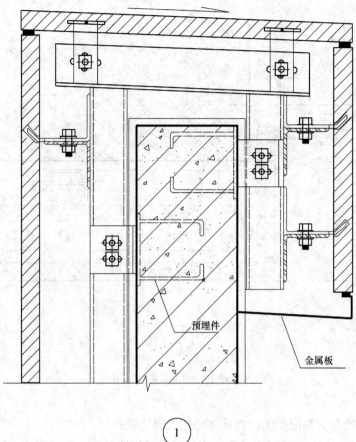

图 29-2-15　女儿墙压顶处节点

3）重点提示

① 压顶石板的固定措施

连接压顶石板的横梁直接焊接在钢筋混凝土结构基体内、外两侧的立柱顶端，并应使石板形成外高内低的倾斜坡度以利（有组织）排水。

② 内侧石板的固定措施

内侧石板的高度尺寸并不很大，但却需设置 2 道横梁以利于石板的连接牢固。

③ 石材幕墙转折连接处及收口处的防水措施

内侧石板下沿收口处采用金属板封口，金属板应向内上方倾斜以形成"滴水"。金属板与石板之间、石板与石板之间均采用嵌缝膏密封以利防水。

（2）节点②：窗洞口侧墙处节点（图 29-2-16）

1）分析

5 个节点的基本构造要求都是要解决好石材幕墙与钢筋混凝土结构基体的连接做法，但又有各自的特点。节点②为窗洞口侧墙处的做法，既是整个石材幕墙的间断部位，又有与窗框连接的问题。所以，建筑构造设计的特殊点是石材幕墙的转折和与窗框连接的处理问题。

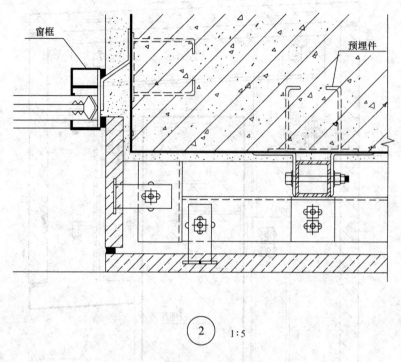

②　1:5

图 29-2-16　窗洞口侧墙处节点

2）绘图

① 石材幕墙与钢筋混凝土结构基体的连接做法的绘制

题目已经给出了配件及材料，详细交代了连接构造做法，并给定了石材幕墙的完成面位置，依此绘制即可：

a. 石材与石材之间不采用 45°对角拼接。

b. 立柱应采用螺栓与角码连接，再通过角码与预埋件焊接；横梁应采用螺栓与角码连接，再通过角码与立柱焊接；每处连接螺栓不应少于 2 个。

c. 采用不锈钢挂件一时在石板上下端开短平槽，采用不锈钢挂件二时在石板内侧开短斜槽，短斜槽距离石板两端部的距离不应小于 85mm，也不应大于 180mm。

② 石材幕墙的转折和与窗框连接的处理问题的绘制

窗洞口侧墙节点应该重点处理的部位是石材幕墙的转折和与窗框连接的处理问题。此重点部位要特别解决石材幕墙的转折连接处的防水做法，窗框与钢筋混凝土结构基体之间的连接固定及防水等问题。

3）重点提示

① 窗洞口侧墙石板的固定措施

连接窗洞口侧墙石板的横梁直接焊接在外墙面横梁的端头。

② 窗框的固定措施

窗框通过金属连接件与钢筋混凝土结构基体中的埋件焊接连接。

③ 石材幕墙转折连接处及与窗框连接处的防水措施

石材幕墙转折连接处石板与石板之间及石板与窗框连接处均采用嵌缝膏密封以

利防水。

（3）节点③：一般位置节点（图 29-2-17）

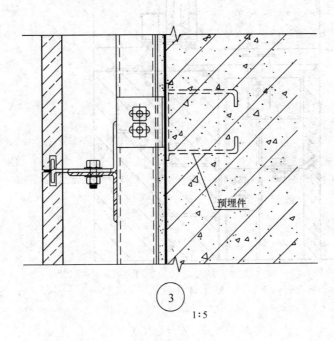

③

1:5

图 29-2-17　一般位置节点

1）分析

此节点为一般位置的做法，所以，除了要解决好石材幕墙与钢筋混凝土结构基体的连接做法外，没有需要特殊处理的问题。

2）绘图

① 石材幕墙与钢筋混凝土结构基体的连接做法的绘制

题目已经给出了配件及材料，详细交代了连接构造做法，并给定了石材幕墙的完成面位置，依此绘制即可：

a. 石材与石材之间不采用 45°对角拼接。

b. 立柱应采用螺栓与角码连接，再通过角码与预埋件焊接；横梁应采用螺栓与角码连接，再通过角码与立柱焊接；每处连接螺栓不应少于 2 个。

c. 采用不锈钢挂件一时在石板上下端开短平槽，采用不锈钢挂件二时在石板内侧开短斜槽，短斜槽距离石板两端部的距离不应小于 85mm，也不应大于 180mm。

② 需特殊处理问题的绘制

无。

（4）节点④：窗台处节点（图 29-2-18）

1）分析

此节点为窗台处的做法，与节点②窗洞口侧墙处的做法相似，既要考虑整个石材幕墙间断部位的处理，又要解决好石材与窗框连接的问题。所以，建筑构造设计的特殊点是石材幕墙的转折和与窗框连接的处理问题。

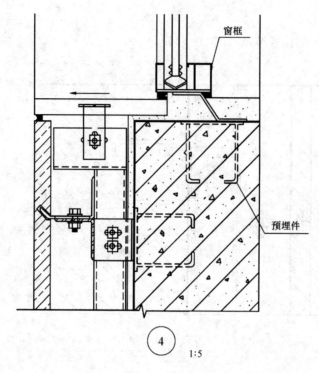

④

1:5

图 29-2-18　窗台处节点

2）绘图

① 石材幕墙与钢筋混凝土结构基体的连接做法的绘制

题目已经给出了配件及材料，详细交代了连接构造做法，并给定了石材幕墙的完成面位置，依此绘制即可：

a. 石材与石材之间不采用 45°对角拼接。

b. 立柱应采用螺栓与角码连接，再通过角码与预埋件焊接；横梁应采用螺栓与角码连接，再通过角码与立柱焊接；每处连接螺栓不应少于 2 个。

c. 采用不锈钢挂件一时在石板上下端开短平槽，采用不锈钢挂件二时在石板内侧开短斜槽，短斜槽距离石板两端部的距离不应小于 85mm，也不应大于 180mm。

② 石材幕墙的转折和与窗框连接的处理问题的绘制

窗台节点应该重点处理的部位是石材幕墙的转折和与窗框连接的处理问题。此重点部位要特别解决石材幕墙的转折连接处的防水做法，窗框与钢筋混凝土结构基体之间的连接固定及防水等问题。

3）重点提示

① 窗台石板的固定措施

连接窗台石板的横梁直接焊接在外墙面立柱的顶端，并应使石板形成内高外低的倾斜坡度以利排除窗台上的雨水。

② 窗框的固定措施

窗框通过金属连接件与钢筋混凝土结构基体中的埋件焊接连接。

③ 石材幕墙转折连接处及与窗框连接处的防水措施

石材幕墙转折连接处石板与窗台板之间及窗台板与窗框连接处均采用嵌缝膏密封以利防水。

（5）节点⑤：散水处节点（图 29-2-19）

1）分析

此节点为散水处的做法，除了基本的石材幕墙与钢筋混凝土结构基体的连接做法外，建筑构造设计的特殊点是石材幕墙与散水连接的处理问题。

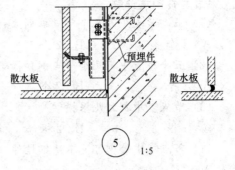

图 29-2-19　散水处节点

2）绘图

① 石材幕墙与钢筋混凝土结构基体的连接做法的绘制

题目已经给出了配件及材料，详细交代了连接构造做法，并给定了石材幕墙的完成面位置，依此绘制即可：

a. 石材与石材之间不采用 45°对角拼接。

b. 立柱应采用螺栓与角码连接，再通过角码与预埋件焊接；横梁应采用螺栓与角码连接，再通过角码与立柱焊接；每处连接螺栓不应少于 2 个。

c. 采用不锈钢挂件一时在石板上下端开短平槽，采用不锈钢挂件二时在石板内侧开短斜槽，短斜槽距离石板两端部的距离不应小于 85mm，也不应大于 180mm。

② 石材幕墙与散水连接的处理问题的绘制

散水节点应该重点处理的部位是石材幕墙与散水连接的处理问题。此重点部位要特别解决石材幕墙与散水之间的排水及防水的问题。

3）重点提示

① 散水板的排水措施

散水石板应形成内高外低的倾斜坡度以利排除雨水。

② 石材幕墙与散水连接处的防水措施

石材幕墙与散水板之间连接处可采用嵌缝膏密封以利防水，也可以不做此密封处理。

4. 细心检查

至此，基本的画图工作结束了。但是，还应该做一些细心的检查工作。可以把这一步检查工作与选择题的解答结合起来进行，使两部分相辅相成，互相促进。检查工作仍然从以下几个方面着手进行：

（1）建筑构造做法是否合理

1）是否采用了合理（或者指定）的建筑材料及建筑构件；

2）建筑构造做法的顺序（题目可能已经给出了明确的规定，包括文字和图示的要求）是否正确；

3）连接固定的方法是否可靠有效。

（2）图示的投影关系是否正确

（3）必要的尺寸、文字说明是否完整，建筑材料的图例是否正确

（五）作图选择题

（1）五个节点中有几个节点剖到立柱？

A　1个　　　　　　B　2个　　　　　　C　3个　　　　　　D　4个

（2）五个节点中有几个节点剖到横梁？

A　1个　　　　　　B　2个　　　　　　C　3个　　　　　　D　4个

（3）节点①中剖到几根横梁？

A　1根　　　　　　B　2根　　　　　　C　3根　　　　　　D　4根

（4）节点②中最少可见不锈钢挂件一及不锈钢挂件二分别为几个？

A　2个，0个　　　　　　　　　　　　B　0个，2个

C　2个，1个　　　　　　　　　　　　D　1个，2个

（5）节点③中最少可见不锈钢挂件一及不锈钢挂件二分别为几个？

A　2个，0个　　　　　　　　　　　　B　0个，2个

C　1个，0个　　　　　　　　　　　　D　0个，1个

（6）节点④中最少可见不锈钢挂件一及不锈钢挂件二分别为几个？

A　2个，0个　　　　　　　　　　　　B　1个，1个

C　0个，2个　　　　　　　　　　　　D　1个，2个

（7）节点①中最少可见几个不锈钢螺栓？

A　3个　　　　　　B　5个　　　　　　C　7个　　　　　　D　9个

（8）节点⑤中垂直面花岗石板材与室外地面交接方式，以下哪项是正确的？

A　应落在散水板上

B　应落在散水板上并用嵌缝膏密封

C　应与散水板之间留有一定间隙

D　应嵌入散水板内20mm

（六）选择题参考答案及解析

（1）**解析：**这个选择题相对比较简单，我们来做一个分析。五个节点中，只有平面节点才有可能剖到立柱，而只有节点②是平面节点，其余节点都是剖面节点，所以，只有一个节点剖到立柱。答案应该是A。

（2）**解析：**同前一个选择题一样，五个节点中，只有剖面节点才有可能剖到横梁，而节点①、③、④、⑤都是剖面节点，节点②是平面节点，所以，有四个节点剖到横梁，答案应该是D。

（3）**解析：**这个问题的选择显然需要正确地画出该节点。根据我们前面对节点①绘图的分析和重点提示，为了女儿墙压顶处石材的固定，内侧石材需要两道横梁（均剖到），外侧石材只剖到一道横梁即可，压顶石材的横梁未剖到。因此，共剖到3根横梁，答案C是正确的。

（4）**解析：**第（4）～（6）三道选择题是针对节点②、③、④问的同一个问题，所以，我们作一个总的分析。从题目所给的配件及材料图以及构造做法说明中可知，不锈钢挂件一是用在幕墙上、下（或水平向左、右）相邻两块石材之间的，而不锈钢挂件二则是用在幕墙上、下两边缘端头（包括洞口上、下两边缘端头）的石材上的。节点②为窗洞口侧墙处的做法，因此，所涉及的均为幕墙上、下相邻两块石材之间的构造做法，只在窗洞

口侧墙及外墙面处各有一个不锈钢挂件一，而没有不锈钢挂件二。所以，答案应该是 A。

（5）**解析**：同第（4）题的分析，节点③为一般位置的做法，涉及的只有幕墙上、下相邻两块石材之间的构造处理，因此，是有一个不锈钢挂件一，而没有不锈钢挂件二。所以答案应该是 C。

（6）**解析**：同第（4）题的分析，节点④为窗台处的构造做法，窗台板石材的固定采用不锈钢挂件一，而窗下墙第一排石材则处于窗洞口下边缘处，其固定应采用不锈钢挂件二。所以，答案应该是 B。

（7）**解析**：从题目所给的配件及材料图以及构造做法说明中可知，每个角码使用 2 个不锈钢螺栓，而每个不锈钢挂件使用 1 个不锈钢螺栓。节点①共有 2 个角码和 5 个不锈钢挂件，所以，应使用（可见）9 个不锈钢螺栓。答案应该是 D。

（8）**解析**：节点⑤为散水处的构造做法，垂直面花岗石板材与室外地面的交接方式主要应考虑两者之间的自由伸缩变形，所以，题目给出的 4 个选项中，A 选项"应落在散水板上"和 D 选项"应嵌入散水板内 20mm"都不能满足这一构造要求，而 B 选项"应落在散水板上并用嵌缝膏密封"和 C 选项"应与散水板之间留有一定间隙"均符合要求。所以，答案应该是 B 和 C。当然，作为单项选择题，只选 B 或只选 C 都是正确的。

六、试题 2-3　各种楼面构造做法

（一）任务描述

绘出下列各种楼面构造做法详图，做法应满足功能要求且经济合理（表 29-2-3）。

表 29-2-3

图序	做　法　名　称	使用及构造要求（单位：mm）
详图①	现制水磨石楼面	用于有防水要求的实验室；有防水层，厚度不大于 110
详图②	强化复合双层木地板楼面	用于会所；无龙骨，有弹性垫，厚度不大于 110
详图③	单层长条木地板楼面	用于办公室；有龙骨，厚度不大于 100
详图④	地砖隔声楼面	用于上下楼层空气声计权隔声量大于 50dB、计权撞击声小于 65dB 的场所，厚度不大于 100

注：各楼面均需敷设电线管（仅考虑厚度，不需绘制）且均无坡度。

（二）任务要求

（1）选用图例按比例绘制各详图，所用主要材料不得超出下列图例范围。

（2）注出每层材料做法、厚度（防水层、素水泥浆不计入厚度）。

（3）根据作图，完成列于后面的本题的作图选择题。

（三）图例（根据需要选用，图 29-2-20）

（四）解题要点

1. 认真审题

近年来，一级注册建筑师技术作图的考试题目中，"建筑构造"科目的分值有增加的趋势，这一方面说明决策者们想要强调对建筑构造技术问题的重视，一方面自然也增加了

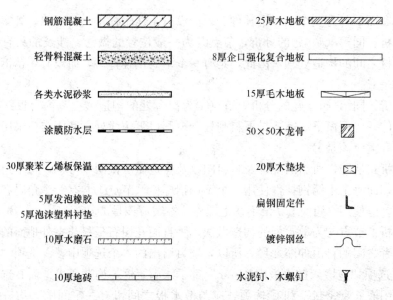

钢筋混凝土	25厚木地板
轻骨料混凝土	8厚企口强化复合地板
各类水泥砂浆	15厚毛木地板
涂膜防水层	50×50木龙骨
30厚聚苯乙烯板保温	20厚木垫块
5厚发泡橡胶 5厚泡沫塑料衬垫	扁钢固定件
10厚水磨石	镀锌钢丝
10厚地砖	水泥钉、木螺钉

图 29-2-20 图例

考生通过的难度。面对这样的趋势，考生只有更努力地学习掌握好建筑构造的基本原理和设计方法，真正做到以不变应万变，才能使自己立于不败之地。

分析试题给出的"任务描述"和"任务要求"，本例要求按提供的材料范围和材料图例绘制指定各种楼面构造做法详图。

2. 深入解读设计任务

在本例"任务描述"中要求绘出现制水磨石楼面、强化复合双层木地板楼面、单层长条木地板楼面、地砖隔声楼面 4 种楼面构造做法详图，做法应满足功能要求且经济合理，并给出了具体的使用及构造要求，包括分层构造做法的尺寸限制等。

这个试题的特点与试题 2-2 干挂石材外墙节点有很大的不同。干挂石材做法属于建筑师平时接触不多的构造做法，而各种楼面做法应该是建筑师司空见惯的常规做法，可是仔细分析起来，要按照题目的要求正确作答，心里仍然觉得没有底，不知道题目给出的多种可能的做法应该如何去选择。一级注册建筑师建筑技术作图科目中建筑构造部分的考题一般有一个规律：越是建筑师平时接触不多的构造做法（像干挂石材外墙节点等较新的构造节点），考试题目交代给应试者的做法越详细，包括每一种材料、每一种构造顺序、每一种连接方法都有详细具体的交代；而越是常见的建筑构造做法（像本例的各种楼面构造做法），考试题目往往交代给应试者的做法越笼统，只交代给你基本的使用要求（如有防水要求或者隔声要求等）和构造要求（如给出总的尺寸）等，而材料的选择确定和做法的顺序则要由考生自己来作出判断。

比较注意一级注册建筑师技术作图考试题目发展趋势的读者会注意到，近年来建筑构造部分的考题越来越注重考查应试者对建筑构造原理的理解和掌握，试题要求的构造做法看似传统普通，但是真正能够全部答对，也并不是一件简单容易的事情。

如何应对这种特点的建筑构造试题呢？

解决的办法主要有两点，第一，熟练理解和掌握建筑构造做法的基本原理和技术方法，做到这一步，可以帮助你解决基本的构造做法问题；第二，建筑构造的做法多种多样，同样条件和同一种部位的构造做法也是很丰富的，那么，答题的时候如何取舍呢？这时候，就可以利用选择题给出的选项进行判断了。

3. 从容作答

经过全面的审题和对设计任务的深入解读之后，现在可以从容落笔了。我们将依次分析本例中各种不同使用要求楼面的合理构造做法以及这样选择所依据的建筑构造原理，以及一些如何作答这类试题的答题技巧。

（1）详图①：现制水磨石楼面（图29-2-21）

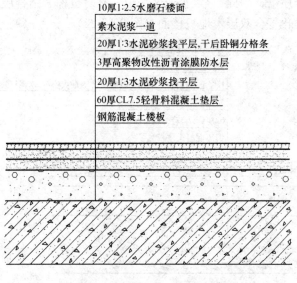

图 29-2-21　现制水磨石楼面的详图

1）分析

根据试题给出的"使用及构造要求"，本详图①为现制水磨石楼面，需要设置管线敷设层，用于有防水要求的实验室，有防水层，总厚度不大于110，但无须考虑坡度。试题在"构造要求"中提示"所用主要材料不得超出下列图例范围""选用图例按比例绘制各详图"。也就是说，所用材料及其尺寸已经给出了限定，只是构造做法顺序题目没有明确的规定。显然，此详图节点的重点就是要解决好各构造做法层的顺序，包括各功能层（管线敷设层、防水层、面层等）的顺序以及构造层（找平层、结合层等）的顺序。

2）基本构造做法顺序

题目已经给出了各种材料及图例，根据本详图节点的功能，材料选择的范围也较容易确定：管线敷设层选用"轻骨料混凝土"，防水层选用"涂膜防水层"，面层自然是"10厚水磨石"。考虑了基本构造做法要求后，本节点的做法顺序如图29-2-21所示。

3）基本构造原理分析

① 柔性防水层做法必须设置找平层

建筑构造做法中，各部位的防水或防潮做法，只要采用柔性防水材料，都必须设置找平层，以确保柔性防水材料在施工及使用过程中不被破坏。因此，本节点在防水层（第4步做法）下面，应该设置找平层（第5步做法）。

② 面层做法必须设置找平层

建筑物各装修表面，一般情况下，为了达到装修面层的整体平整度，需要在做最后一道面层材料之前，设置一道找平层。因此，本节点在水磨石楼面（第1步做法）下面，应该设置找平层（第3步做法）。

③ 关于素水泥浆的作用

本节点第2步做法是"素水泥浆一道"，这也是一种基本的构造做法，即在水泥砂浆找平层与面层材料之间，为了加强粘结的牢固程度，工程上一般采用刷素水泥浆一道的构造做法，以确保装修质量，因此，"素水泥浆一道"有时也称"结合层"。

（2）详图②：强化复合双层木地板楼面（图29-2-22）

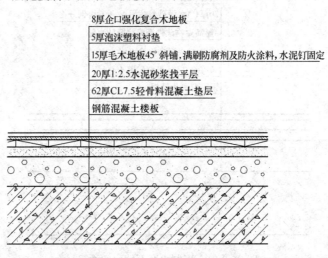

8厚企口强化复合木地板
5厚泡沫塑料衬垫
15厚毛木地板45°斜铺，满刷防腐剂及防火涂料，水泥钉固定
20厚1:2.5水泥砂浆找平层
62厚CL7.5轻骨料混凝土垫层
钢筋混凝土楼板

图 29-2-22　强化复合双层木地板楼面的详图

1）分析

根据试题给出的"使用及构造要求"，本详图②为强化复合双层木地板楼面，需要设置管线敷设层，用于会所，无龙骨，有弹性垫，总厚度不大于110。试题在"构造要求"中提示"所用主要材料不得超出下列图例范围"，"选用图例按比例绘制各详图"，也就是说，所用材料及其尺寸已经给出了限定，而且，对基本的构造层（无龙骨，有弹性垫）也都提出了具体要求，只是题目没有明确地规定构造做法顺序。因此，与详图①相比较，此详图节点的重点仍然是要解决好各构造做法层的顺序，但是，做法的功能层有所简化，只有管线敷设层和面层，当然，对于找平层等构造层的顺序还是要正确处理。

2）基本构造做法顺序

题目已经给出了各种材料及图例，根据本详图节点的功能，材料选择的范围比较容易确定：管线敷设层选用"轻骨料混凝土"，面层强化复合双层木地板选用"8厚企口强化复合地板"和"15厚毛木地板"的组合，弹性垫选择"5厚泡沫塑料衬垫"。考虑了基本构造做法要求后，本节点的做法顺序如图29-2-22所示。

3）基本构造原理分析

① 面层做法必须设置找平层

建筑物各装修表面，一般情况下，为了达到装修面层的整体平整度，需要在做最后一道面层材料之前，设置一道找平层。本例的面层是强化复合双层木地板，因此，本节点在楼面（第1、2、3步做法）下面，应该设置找平层（第4步做法）。

②　关于毛木地板斜铺的作用

与单层木地板做法不同的是，双层木地板在价格较高的面层材料（硬木或其他高品质材料）的规格尺寸上一般都比较小，所以，会在面层材料下面设置一层价格较低、规格尺寸较大的毛木地板，而毛木地板采用**45°斜铺**的方式，更有利于上、下两层木板材料错开拼缝的位置，使木地面做法更加平整牢固。

（3）详图③：单层长条木地板楼面（图29-2-23）

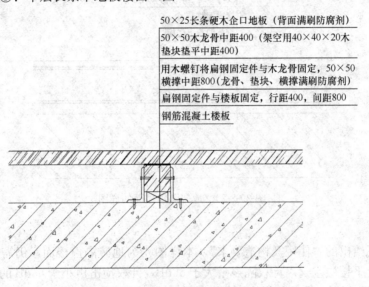

50×25长条硬木企口地板（背面满刷防腐剂）

50×50木龙骨中距400（架空用40×40×20木垫块垫平中距400）

用木螺钉将扁钢固定件与木龙骨固定，50×50横撑中距800（龙骨、垫块、横撑满刷防腐剂）

扁钢固定件与楼板固定，行距400，间距800

钢筋混凝土楼板

图29-2-23　单层长条木地板楼面的详图

1）分析

根据试题给出的"使用及构造要求"，本详图③为单层长条木地板楼面，需要设置管线敷设层，用于办公室，有龙骨，总厚度不大于100。试题在"构造要求"中提示"所用主要材料不得超出下列图例范围""选用图例按比例绘制各详图"，也就是说，所用材料及其尺寸已经给出了限定，而且对基本的构造层（有龙骨）也都提出了具体要求，只是题目没有明确地规定构造做法顺序。另外，与详图①和详图②相比较，此详图节点的构造层次相对简单一些，构造做法顺序相对好处理一些，重点应该是龙骨的固定处理方法。

2）基本构造做法顺序

题目已经给出了各种材料及图例，根据本详图节点的功能，材料选择的范围也较容易确定：本例管线敷设层不用采用实质材料，只需利用龙骨的架空空间即可解决"敷设电线管"的问题，面层单层长条木地板选用"25厚木地板"，龙骨的安装固定采用"50×50木龙骨""20厚木垫块""扁钢固定件""木螺钉""水泥钉"等的组合方式。考虑了基本构造做法要求后，本节点的做法顺序如图29-2-23所示。

3）基本构造原理分析

单层长条木地板楼面的构造做法相对前两个节点做法要简单一些，构造层次顺序也不难把握。而具体到木龙骨的构造连接方法选择了"扁钢固定件"的方式，而不是"镀锌钢丝"的方式，其中的原因，我们将在后面结合选择题的判断作进一步分析。

（4）详图④：地砖隔声楼面（图 29-2-24）

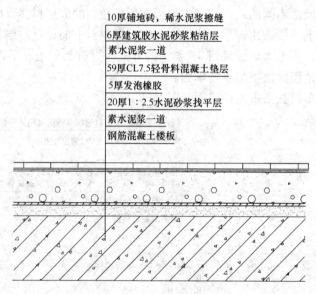

10厚铺地砖，稀水泥浆擦缝
6厚建筑胶水泥砂浆粘结层
素水泥浆一道
59厚CL7.5轻骨料混凝土垫层
5厚发泡橡胶
20厚1：2.5水泥砂浆找平层
素水泥浆一道
钢筋混凝土楼板

图 29-2-24　地砖隔声楼面的详图

1）分析

根据试题给出的"使用及构造要求"，本详图④为地砖隔声楼面，仍需要设置管线敷设层，用于上下楼层空气声计权隔声量大于 50dB，计权撞击声小于 65dB 的场所，总厚度不大于 100。试题在"构造要求"中提示"所用主要材料不得超出下列图例范围""选用图例按比例绘制各详图"，也就是说，所用材料及其尺寸已经给出了限定。本例节点的构造做法除了与前三个节点相同的管线敷设层，以及对于各个构造做法层次的确定外，重点显然是"隔声"构造，而且，题目还给出了具体的"空气声计权隔声量大于 50dB，计权撞击声小于 65dB"的隔声标准。这里，涉及建筑隔声的两类情况，一类是隔"空气声"，一类是隔"撞击声"。对于楼板层的构造做法来说，虽然隔"空气声"与隔"撞击声"的问题都要考虑，但是，楼板层主要是供人活动和走动的，其重点显然应该是隔"撞击声"，因此，本例的隔声构造设计也会侧重在这个问题的解决。

2）基本构造做法顺序

题目已经给出了各种材料及图例，根据本详图节点的功能，材料选择的范围确定为：管线敷设层选用"轻骨料混凝土"，面层地砖选用"10 厚地砖"，隔"撞击声"的构造材料选用"5 厚发泡橡胶"。考虑了基本构造做法要求后，本节点的做法顺序如图 29-2-24 所示。

3）基本构造原理分析

① 面层做法必须设置找平层

建筑物各装修表面，一般情况下，为了达到装修面层的整体平整度，需要在做最后一道面层材料之前，设置一道找平层。 本节点的面层材料为 10 厚铺地砖（第 1 步做法），需用水泥砂浆作为粘结层（第 2 步做法），即已起到找平层的作用。

② 关于发泡橡胶的作用原理

建筑隔声设计中，隔"空气声"的构造原理主要是通过提高密闭性隔断空气声的传播以及通过提高隔声屏障材料单位面积的质量以避免出现振动传声；而隔"撞击声"的构造原理，则主要是通过在撞击声传播的途径中设置弹性材料以把撞击产生的能量转化为变形而被吸收掉，从而达到隔声的目的。通过前面的分析，我们已经知道楼板层主要以隔"撞击声"为主，所以，选择发泡橡胶（第5步做法）作为楼板层隔声的主要材料就是必然的了。

4. 细心检查

（1）建筑构造做法是否合理

1）是否采用了合理（或者指定）的建筑材料及建筑构件；

2）建筑构造做法的顺序（包括文字和图示的要求）是否正确；

3）连接固定的方法是否可靠有效。

（2）图示的投影关系是否正确

（3）必要的尺寸、文字说明是否完整，建筑材料的图例是否正确

（五）作图选择题

本题的建筑构造详图部分共有8道选择题：

（1）在详图①中，钢筋混凝土楼板（不含该层）以上的做法共有几层（如有素水泥浆不计入层数）？

A 4　　　　　 B 5　　　　　 C 6　　　　　 D 7

（2）在详图①中，按从下至上的顺序，钢筋混凝土楼板（不含该层）以上的第二层和第三层依次为：

A　轻骨料混凝土、防水层

B　轻骨料混凝土、水泥砂浆找平层

C　水泥砂浆找平层、防水层

D　防水层、水泥砂浆找平层

（3）在详图②中，钢筋混凝土楼板（不含该层）以上的做法共有几层（如有素水泥浆不计入层数）？

A 4　　　　　 B 5　　　　　 C 6　　　　　 D 7

（4）在详图②中，按从下至上的顺序，中间某相邻两层做法正确的是：

A　泡沫塑料衬垫、毛木地板

B　毛木地板、泡沫塑料衬垫

C　复合地板斜铺、泡沫塑料衬垫

D　泡沫塑料衬垫、复合地板斜铺

（5）在详图③中，木龙骨中距应为：

A 200　　　　 B 400　　　　 C 800　　　　 D 1200

（6）在详图③中，以下做法哪个是正确的？

A　扁钢固定件与楼板固定，再用木螺钉将扁钢固定件与木龙骨固定

B　扁钢固定件与轻骨料混凝土垫层固定，再用木螺钉将扁钢固定件与木龙骨固定

C　楼板打入水泥钉，镀锌钢丝绑木垫块，木龙骨与木垫块用乳白胶粘结

D　轻骨料混凝土垫层打入水泥钉，将木龙骨用镀锌钢丝绑牢

（7）在详图④中，钢筋混凝土楼板（不含该层）以上的做法共有几层（如有素水泥浆

不计入层数)?

A 4　　　　　　　B 5　　　　　　　C 6　　　　　　　D 7

(8) 在详图④中，按从下至上的顺序，以下做法（部分）正确的是：

A 找平层、发泡橡胶、轻骨料混凝土垫层

B 轻骨料混凝土垫层、发泡橡胶

C 聚苯乙烯板（密度≥5kg/m³）、找平层

D 找平层、聚苯乙烯板（密度≥5kg/m³）

（六）作图题参考答案及解析

（1）**解析：** 这个选择题相对比较简单，根据我们前面结合建筑构造原理进行的分析和本选择题的限定（不含钢筋混凝土楼板和素水泥浆），应该共有 5 层做法。因此，答案应该是 B。

（2）**解析：** 我们先对这道选择题的四个选项做一个分析（实际上，这个分析可以在动手绘图之前进行），主要是从基本的构造原理的角度做出合理判断，以排除一些明显错误的选项。选项 A 将轻骨料混凝土直接放在防水层的下面，起不到水泥砂浆找平层能起到的保护防水层的作用，所以选项 A 被排除；选项 D 把防水层放在水泥砂浆找平层下面，完全不合理，所以选项 D 也被排除。再来看看选项 B，这个选项中的两层做法（轻骨料混凝土、水泥砂浆找平层）的顺序并没有大的问题，但是，在本选择题的题干中指明的是钢筋混凝土楼板（不含该层）以上的第二层和第三层的顺序，而在轻骨料混凝土做法下面已经没有需要的构造做法材料了，所以选项 B 也不符合题意；选项 C 不管从建筑构造原理的角度讲，还是从题意要求来讲都是合理的。因此，答案应该是 C。

（3）**解析：** 这道选择题与第（1）题一样，根据我们前面结合建筑构造原理进行的分析和本选择题的限定（不含钢筋混凝土楼板和素水泥浆），应该共有 5 层做法。因此，答案应该是 B。

（4）**解析：** 我们仍然先对这道选择题的四个选项作一个分析（实际上，这个分析可以在动手绘图之前进行），主要是从基本的构造原理的角度做出合理判断，以排除一些明显错误的选项。选项 A 将泡沫塑料衬垫放在毛木地板的下面，而不是放在复合木地板的下面，这样的话，泡沫塑料衬垫所能起到的功能作用将会大大减弱，所以选项 A 被排除；选项 C 把面层材料复合木地板放在了非面层的位置，显然不合理，所以选项 C 也被排除。再来看看选项 B 和选项 D，这两个选项给出的做法顺序都没有问题，但是，选项 D 将复合木地板做了斜铺处理，是错误地将面层材料复合木地板当成双层木地板的下层材料来使用了，所以选项 D 也是不正确的。因此，答案应该是 B。

（5）**解析：** 从建筑构造原理的角度来分析，考虑到**既要保证架空木地板的基本刚度要求（以避免出现明显的挠度变形和过大的振动），又不宜采用过厚的木地板材料而造成浪费**，所以，常规的木龙骨中距一般采用 400mm 比较适宜。因此，答案应该是 B。

（6）**解析：** 在本选择题的四个选项中，共给出了两种木龙骨的连接固定方法，即"扁钢固定件"的方式和"镀锌钢丝"的方式，这两种方法在工程上都有采用，基本的构造原理也是合理的，那么，作为考试答题怎样进行取舍呢？判断的方法有两点，第一，是否有构造不合理的地方；第二，出题人的意向。我们先对这道选择题的四个选项作一个分析（实际上，这个分析可以在动手绘图之前进行），主要是从基本的构造原理的角度做出合理判断，以排

除一些明显错误的选项。选项 B "扁钢固定件与轻骨料混凝土垫层固定,再用木螺钉将扁钢固定件与木龙骨固定"的后半句做法没有什么问题,但是,前半句将扁钢固定件与"轻骨料混凝土垫层"固定,而不是与更坚固的"钢筋混凝土楼板"固定,这样的话,木龙骨固定的牢固程度将大大减弱,所以选项 B 被排除;选项 C "楼板打入水泥钉,镀锌钢丝绑木垫块,木龙骨与木垫块用乳白胶粘结"的第一句做法没有什么问题,但是,后两句做法采用镀锌钢丝绑"木垫块"而不是绑"木龙骨",显然不合理,这样的话,木龙骨固定的牢固程度仍将大大减弱,所以选项 C 也被排除;选项 D "轻骨料混凝土垫层打入水泥钉,将木龙骨用镀锌钢丝绑牢"的后半句做法没有什么问题,但是,前半句在"轻骨料混凝土垫层"打入水泥钉,而不是在更坚固的"钢筋混凝土楼板"打入水泥钉,这样的话,犯了与选项 B 同样的错误,木龙骨固定的牢固程度必然大大减弱,所以选项 D 也被排除。而选项 A 不管在建筑构造原理和建筑技术逻辑上都没有问题。因此,答案应该是 A。

(7)**解析:** 这个选择题仍然与第 1 道选择题一样,根据我们前面结合建筑构造原理进行的分析和本选择题的限定(不含钢筋混凝土楼板和素水泥浆),应该共有 5 层做法。因此,答案应该是 B。

(8)**解析:** 在本选择题的 4 个选项中,实际上共给出了 2 种解决隔"撞击声"楼板构造要求的弹性材料,即"发泡橡胶(选项 A 和选项 B)"和"聚苯乙烯板(密度 $\geqslant 5kg/m^3$)(选项 C 和选项 D)"。正确的材料选择应该是"发泡橡胶"而不是"聚苯乙烯板(密度 $\geqslant 5kg/m^3$)",这样选择的依据是,从建筑构造原理的角度来看,两种材料虽然都属于弹性材料,有利于吸收和减弱"撞击声"的传播,但是,"聚苯乙烯板(密度 $\geqslant 5kg/m^3$)"的选项特别强调了"密度 $\geqslant 5kg/m^3$",这显然是不利于更有效地吸收和减弱"撞击声"的传播的,所以,应该选择"发泡橡胶"材料。下面再来分析一下选项 A 和选项 B 的取舍,选项 A "找平层、发泡橡胶、轻骨料混凝土垫层"将水泥砂浆作为发泡橡胶的找平层,选项 B "轻骨料混凝土垫层、发泡橡胶"是将轻骨料混凝土垫层作为发泡橡胶的找平层,由于轻骨料混凝土垫层的平整度和坚固程度远不如水泥砂浆找平层的效果,其保护发泡橡胶材料、使其更好地发挥隔声减振作用的效果远远不及选项 A 的构造做法。因此,答案应该是 A。

最后,我们分析一下 4 个详图节点中关于管线敷设层的厚度选择的问题。一般敷设电线管所需要的厚度在 60mm 左右,结合题目给出的其他各构造层次所需要的基本厚度以及做法总厚度的限制要求,经计算,详图①的管线敷设层厚度为 60mm,详图②的管线敷设层厚度为 62mm,详图③的管线敷设层厚度(利用架空木龙骨形成的空间)为 70mm,详图④的管线敷设层厚度为 59mm,都能满足设计要求。

七、2011 年 室内吊顶节点构造

(一)任务描述

图 29-2-25~图 29-2-28 为 4 个未完成的室内吊顶节点,吊顶下皮位置和连接建筑结构与吊顶的吊件等已给定,要求按最经济合理的原则布置各室内吊顶。

(二)任务要求

(1)按表 29-2-4 所给图例选用合适的配件与材料,绘制完成 4 个节点的构造详图,注明所选配件与材料的名称及必要的尺寸。

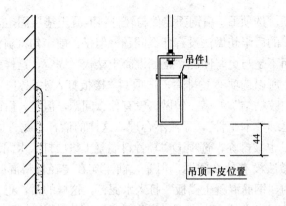

吊件1

44

吊顶下皮位置

双层龙骨上人吊顶
（石膏板矿棉板复合面层）

①

图 29-2-25　未完成的室内吊顶节点①

吊件2

12

吊顶下皮位置

单层龙骨不上人吊顶
（石膏板面层）

②

图 29-2-26　未完成的室内吊顶节点②

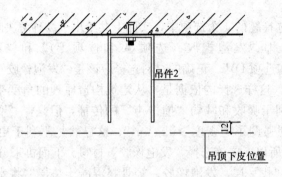

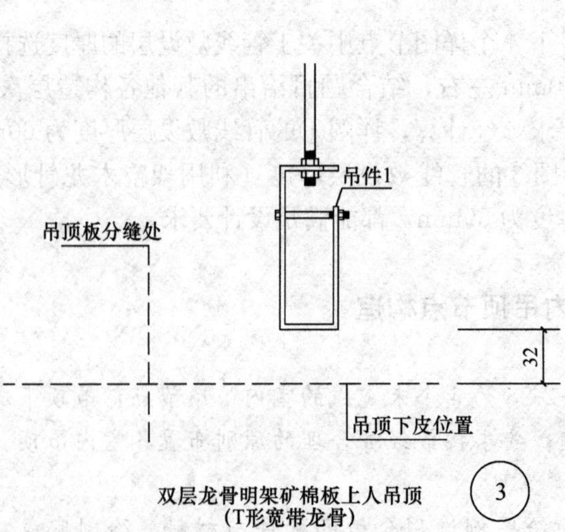

吊件1

吊顶板分缝处

32

吊顶下皮位置

双层龙骨明架矿棉板上人吊顶
（T形宽带龙骨）

③

图 29-2-27　未完成的室内吊顶节点③

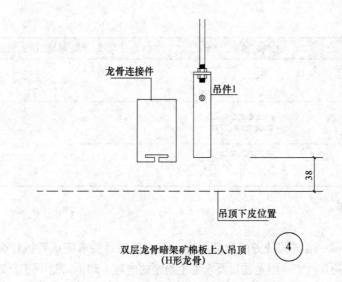

双层龙骨暗架矿棉板上人吊顶
（H形龙骨）

图 29-2-28 未完成的室内吊顶节点④

（2）龙骨1与龙骨2、龙骨1与龙骨3之间的连接方式不需考虑。

（3）按要求填涂选择题和答题卡。

（三）配件与材料表（表 29-2-4）

表 29-2-4

配件与材料	图例（单位：mm）	轴测简图及说明
龙骨1 （承重龙骨）	27 60	壁厚 1.2mm
龙骨2 （覆面龙骨）	50 20	壁厚 0.6mm
龙骨3	32 24	
龙骨4	32 24	
吊件1	96 35	节点图中已给定壁厚 3.0mm
吊件2	96 52	节点图中已给定

配件与材料	图例（单位：mm）	轴测简图及说明
挂插件	25 ⌐ 47 ⌐	
矿棉板	▨▨▨▨▨ 12 12	
石膏板	⌐·········⌐ 12	
自攻螺钉	⎸	

（四）解题要点

1. 认真审题

首先，认真通读一遍试题任务的全部内容，搞清楚题目要求应试者做什么，做到心中有数。虽然只有短短的几行字，但是题目要求考生绘制的内容，却再清楚不过的都交代清楚了。

2. 深入解读设计任务

首先考生应通读考试题目，不要急于落笔画图。通过认真读题，考生要搞清楚两方面问题，一是题目让我做什么；二是要从题目的"任务描述"和"任务要求"中找出所有必须搞清楚的设计条件。其次必须在动手绘图之前、在审题的时候就对选择题进行认真仔细地研究和分析。

下面，我们通过本例题做一个分析。

"任务描述"中要求按最经济合理的原则布置4个室内吊顶，并给出了4个未完成的室内吊顶节点，以及吊顶下皮位置和连接建筑结构与吊顶的吊件等。

"任务要求"有两点：第一，按题目给定的图例选用合适的配件与材料，绘制完成4个节点的构造详图，注明所选配件与材料的名称及必要的尺寸；第二，龙骨1与龙骨2、龙骨1与龙骨3之间的连接方式不需考虑。

吊顶构造属于常见的室内装修做法，解决的办法主要有两点：

第一，熟练掌握和理解建筑构造做法的基本原理和技术方法。

对于吊顶构造做法来说，不管是轻钢龙骨吊顶还是木龙骨吊顶，首先，应该清楚地了解和掌握3个基本的构造要点：第一，吊顶的基本构造组成，一般情况下包括吊筋（本题即为吊件1、吊件2）、主龙骨（本题即为龙骨1）、次龙骨（本题即为龙骨2、龙骨3、龙骨4）及吊顶板（本题即为给定的矿棉板、石膏板）；第二，吊顶各组成部分的合理顺序（即从上到下的顺序）为吊筋—主龙骨—次龙骨—吊顶板；第三，各组成部分之间的连接方法根据材料的不同而有所不同，常见的有木螺钉、自攻螺钉、连接件与挂插件等。

第二，建筑构造的做法多种多样，答题的时候可以利用题目给定的具体条件以及选择题给出的选项进行判断。

对于本题来说，首先题目已经明确给出了吊顶的材料及各种配件，包括每一种配件和材料的形式和尺寸；其次，在题目给出的未完成节点中，已经具体标注好了吊件与吊顶板下皮位置之间的尺寸，4个节点按顺序分别为44mm、12mm、32mm、38mm（这几个尺寸非常重要，我们将在下面作具体分析）；最后，10个选择题的题目也给出了吊顶各个部分连接方法的可能选项。

3. 从容作答

经过全面的审题和对设计任务的深入解读之后，就可以从容落笔了。

（1）节点①（图 29-2-29）

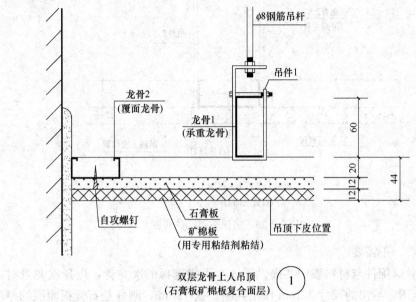

图 29-2-29　吊顶节点①的详图

节点①为"石膏板矿棉板复合面层的双层龙骨上人吊顶"。实际上，吊顶节点①的组成和合理顺序前面我们已经讲过了，但问题是，如何从题目给出的多个配件和材料中选择出正确答案，我们将按从上到下的构造顺序分析如下：

1）吊件。未完成图中已给定——吊件 1。

2）主龙骨。配件与材料表中已给定——龙骨 1。

3）次龙骨。配件与材料表中共提供了 3 种可供选择的次龙骨，选择次龙骨时，应按未完成节点图①给出的尺寸 44mm 作出判断。44mm 是从吊件 1 到吊顶下皮（即吊顶板）之间的距离。按吊顶的构造组成来看，吊件与吊顶下皮之间共包括主龙骨、次龙骨以及吊顶板 3 个部分。其中，主龙骨（龙骨 1）高 60mm，但龙骨 1 是插在吊件 1 当中的，并不占用这 44mm 的空间；吊顶板要求双层，从表中查到石膏板和矿棉板共需 12＋12＝24mm 的空间；那么，次龙骨的高就只有 20mm 了，我们很容易从题目给出的 3 种次龙骨的尺寸判断出，只有龙骨 2（高度为 20mm）符合题目要求。

4）吊顶板。材料及尺寸都已经明确给定，选矿棉板的第一种形式及石膏板。

节点提示： 在未完成图中，题目给出了墙面及抹灰的图示，这是在提示考生不要忘记绘制边龙骨。

（2）节点②（图 29-2-30）

节点②为"石膏板面层的单层龙骨不上人吊顶"。根据"不上人"的提示以及给出的未完成节点图的图示，我们应该能够判断出，此节点是不需要设置主龙骨（龙骨 1）的。那么，就只剩下次龙骨和吊顶板的确定了，我们将按从上到下的顺序分析如下：

1）吊件。未完成图中已给定——吊件 2（注意：吊件 2 的形式也表明不必设置主龙骨）。

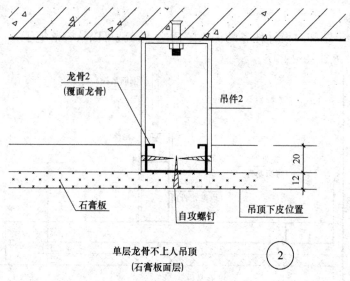

龙骨2
(覆面龙骨)

吊件2

石膏板

自攻螺钉

吊顶下皮位置

20

12

单层龙骨不上人吊顶
(石膏板面层)

②

图 29-2-30　吊顶节点②的详图

2）主龙骨。不需要。

3）次龙骨。配件与材料表中共提供了 3 个可供选择的次龙骨，选择次龙骨时，应根据未完成节点图②给出的尺寸 12mm 作出判断。这 12mm，刚好是石膏板面层的厚度，那么，留给次龙骨的空间就没有了，换句话说，次龙骨必然是应该放置在吊件 2 所在的空间高度内。然而，选择哪个次龙骨才是正确的呢？我们从题目给出的 3 种次龙骨的尺寸可以判断出，只有龙骨 2 的宽度尺寸 50mm 与吊件 2 的宽度尺寸 52mm 相匹配，符合配件间连接的构造要求。

4）吊顶板。材料以及尺寸都已经明确给定，选石膏板。

（3）节点③（图 29-2-31）

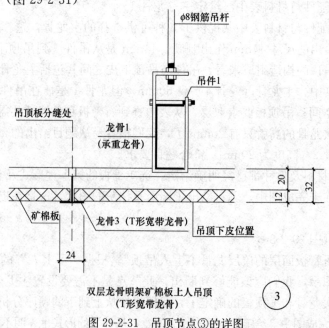

φ8钢筋吊杆

吊件1

吊顶板分缝处

龙骨1
(承重龙骨)

矿棉板

龙骨3（T形宽带龙骨）

吊顶下皮位置

20

12

32

24

双层龙骨明架矿棉板上人吊顶
(T形宽带龙骨)

③

图 29-2-31　吊顶节点③的详图

节点③为"T形宽带龙骨、双层龙骨明架矿棉板上人吊顶"。根据提示，可以判断此节点包含主龙骨、次龙骨和单层吊顶板；而且，题目还具体给出了"T形宽带龙骨"和"龙骨明架"的限定，我们将按从上到下的顺序分析如下：

1）吊件。未完成图中已给定——吊件1。

2）主龙骨。配件与材料表中已给定——龙骨1。

3）次龙骨。因为题目已经明确"T形宽带龙骨"，因此选择龙骨3。从题目给出的未完成节点图③中可以看出，从吊件1到吊顶下皮（即吊顶板）之间的距离只有32mm。按吊顶的构造组成来看，吊件与吊顶下皮之间共包括主龙骨、次龙骨以及吊顶板3个部分。其中，主龙骨（龙骨1）高60mm，龙骨1是插在吊件1当中的，不占用这32mm的空间；"T形宽带龙骨"即龙骨3的高度尺寸为32mm，已经占用了全部空间，那么12mm厚的吊顶板放在哪里呢？从吊顶节点的构造原理来看，吊顶的构造形式有明龙骨和暗龙骨两种，从节点③的题目要求和所给尺寸来看，显然是明龙骨的构造形式；也就是说，矿棉吊顶板是放置在倒T形龙骨的翼缘上的，并不需要占用额外空间。

4）吊顶板。材料以及尺寸都已明确给定，应该选矿棉板的第一种形式。

节点提示：在未完成图中，题目给出了"吊顶板分缝处"的标注，也是4个节点中唯一有这一标注的节点，应引起读者注意。

（4）详图④（图29-2-32）

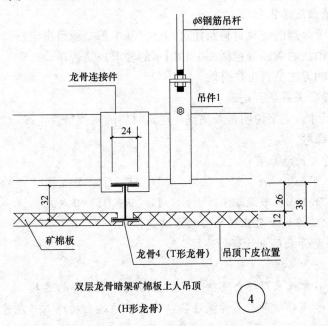

双层龙骨暗架矿棉板上人吊顶

（H形龙骨）　④

图29-2-32　吊顶节点④的详图

节点④为"H形龙骨、双层龙骨暗架矿棉板上人吊顶"。根据提示，可以判断此节点包含主龙骨和次龙骨，以及单层吊顶板。同时，题目还具体给出了"H形龙骨""龙骨暗架"的限定，我们将按从上到下的顺序分析如下：

1）吊件。未完成图中已给定——吊件1（注意：节点④的吊件1的投影角度与节点①和节点③不同，旋转了90°）。

2）主龙骨。配件与材料表中已给定——龙骨1。同样应注意龙骨1的投影方向。

3）次龙骨。因为题目已经明确"H形龙骨"，因此选择龙骨4。

这里需要注意两个问题：第一，从未完成节点图④中可以看出，在吊件1的左侧有一个"龙骨连接件"。按吊顶的构造组成来看，吊件与吊顶下皮之间共包括主龙骨、次龙骨以及吊顶板3个部分。根据吊件1、"龙骨连接件"以及龙骨4的相对位置关系及尺寸，可以判定"龙骨连接件"是用来连接龙骨1和龙骨4的。第二，从吊件1到吊顶下皮（即吊顶板）之间的距离是38mm。其中，主龙骨并不占用这38mm的空间；"H形龙骨"即龙骨4的高度尺寸为32mm，与给定的38mm空间尚余6mm，这6mm是个什么尺寸空间呢？注意题目给定的"龙骨暗架"的提示，这6mm的空间实际是为了实现暗龙骨的形式而将矿棉吊顶板采用卡板连接方法而形成的半个矿棉板厚度（12/2＝6mm）。

4）吊顶板。材料以及尺寸都已经明确给定，根据以上暗龙骨吊顶的构造分析，显然应该选择矿棉板的第二种形式。

4. 细心检查

至此，基本的绘图工作结束了。但是，还应该做一些细心的检查工作。可以把这一步检查工作与选择题的解答结合起来进行，使两部分相辅相成，互相促进。实际上，本试题的绘制及解答，在很大程度上要依据选择题的选项帮助做出正确的判断，关于这一点，我们将结合下一部分"（六）选择题参考答案及解析"作进一步分析。

（1）建筑构造做法是否合理

1）是否采用了合理的建筑材料及建筑构件（基本都是题目指定）；

2）建筑构造做法的顺序（包括文字和图示的要求）是否正确；

3）连接固定的方法是否可靠有效。

（2）图示的投影关系是否正确

（3）必要的尺寸、文字说明是否完整，建筑材料的图例是否正确

（五）作图选择题

（1）剖到龙骨1的节点有：

A 节点①、节点②   B 节点①、节点②、节点③

C 节点①、节点③、节点④   D 节点①、节点③

（2）节点①中矿棉板面层正确的安装方法是：

A 矿棉板与龙骨采用自攻螺钉连接

B 矿棉板与龙骨插接

C 矿棉板与石膏板采用螺钉连接，石膏板与龙骨采用螺钉连接

D 矿棉板用专用粘结剂与石膏板连接，石膏板通过自攻螺钉与龙骨连接

（3）剖到龙骨2的节点有：

A 节点①、节点②   B 节点①、节点③

C 节点①、节点④   D 节点②、节点③

（4）剖到龙骨3的节点有：

A 节点①   B 节点②

C 节点③   D 节点④

（5）出现龙骨4的节点有：

A 节点②   B 节点③

C 节点④   D 节点③、节点④

（6）龙骨2与龙骨2之间正确的连接方法是：

A 通过龙骨连接件连接   B 通过挂插件连接

C 通过自攻螺钉连接   D 通过吊挂件连接

（7）节点④中主龙骨与次龙骨正确的连接方法是：

A 通过龙骨连接件连接   B 通过挂插件连接

C 通过自攻螺钉连接   D 通过吊挂件连接

（8）节点③中矿棉板面层正确的安装方法是：

A 将矿棉板搭放在龙骨上

B 矿棉板与龙骨采用自攻螺钉连接

C 将矿棉板逐一插入龙骨架中

D 矿棉板与龙骨之间采用专用胶粘剂粘结

（9）节点②中石膏板面层正确的安装方法是：

A 将石膏板搭放在龙骨上

B 石膏板与龙骨采用自攻螺钉连接

C 将石膏板逐一插入龙骨架中

D 石膏板与龙骨之间采用专用胶粘剂粘结

（10）节点④中矿棉板正确的安装方法是：

A 将矿棉板搭放在龙骨上

B 矿棉板与龙骨采用自攻螺钉连接

C 将矿棉板逐一插入龙骨架中

D 矿棉板与龙骨之间采用专用胶粘剂粘结

（六）选择题参考答案及解析

（1）**解析**：龙骨1是承载龙骨，只在节点①、节点③和节点④中需要用到，但是节点④中的龙骨1是看到的而不是被剖到的，所以，只有节点①、节点③符合题意，答案是D。

（2）**解析**：首先，节点①是石膏板矿棉板复合面层，那就有一个两者上下顺序的确定问题，从材料的性能来看，一般情况下矿棉板吸声性能优于石膏板，所以，复合面层时一般采用石膏板在上矿棉板在下。因此，A和B的选项不符合题意。C选项的问题是，首先没有使用题目规定的"自攻"螺钉，其次，"板"与"龙骨"之间适合采用自攻螺钉连接，而"板"与"板"之间则适合采用专用粘结剂粘结，连接更牢固，施工更方便。因此，答案选D。

（3）**解析**：试题中明确规定节点③采用T形宽带龙骨（龙骨3），规定节点④采用H形龙骨（龙骨4），因此，选项B、C和D都不符合题意，唯一的选择就是A了。这里想强调一点，这个选择题实际上就是出题人在给考生提供重要的答题信息，在绘图之前，能对这个选择题信息进行分析的话，就可以帮助考生正确地确定节点①和节点②中次龙骨的选择。因此，答案选A。

（4）**解析**：根据题目的明确规定，只有节点③采用龙骨3（T形宽带龙骨）。因此，答案选 C。

(5) **解析**：根据题目的明确规定，只有节点④采用龙骨 4（H 形龙骨）。因此，答案选 C。

(6) **解析**：题目所说的龙骨 2 是次龙骨，根据构造的基本原理，A 选项不对，因为龙骨连接件是解决主龙骨与次龙骨之间连接的配件（可参照节点④做法的示意）；C 选项也不合适，因为，"板"与"龙骨"之间才更适合采用自攻螺钉连接；D 选项不对，因为吊挂件是解决主龙骨与上部主体结构之间连接的配件。挂插件是同规格龙骨之间连接的适宜方法。值得注意的是，试题中给出的龙骨 2 和挂插件的尺寸关系也提示了两者之间的连接构造关系。因此，答案选 B。

(7) **解析**：其实，在试题给出的未完成节点④中，已经清楚地绘出了"龙骨连接件"，答案应该是不言自明的了。我们再从构造原理的角度进一步分析另外 3 个选项的不合理之处。根据前述分析，选项 B 中的挂插件适用于次龙骨与次龙骨之间的连接；选项 C 中的自攻螺钉适用于次龙骨与吊顶板之间的连接；而选项 D 中的吊挂件则适用于主龙骨与上部主体结构之间的连接。因此，答案是 A。

(8) **解析**：节点③是"龙骨明架"形式的做法，根据一般的吊顶构造原理，明龙骨的吊顶构造是直接把吊顶板放在 T 形宽带龙骨的翼缘上的，选项 A 符合题意；选项 B 和选项 C 的做法更适合暗龙骨的构造方式；选项 D 采用专用胶粘剂粘结则更适合"板"与"板"之间的连接构造。因此，答案选 A。

(9) **解析**：节点②属于暗龙骨的形式。根据一般的吊顶构造原理，选项 A 更适合明龙骨的构造特点，不符合题意；选项 C 的做法更适合 H 形暗龙骨的构造方式，不符合题意；选项 D 采用专用胶粘剂粘结则更适合"板"与"板"之间的连接构造，也不符合题意。因水，答案选 B。

(10) **解析**：节点④属于暗龙骨的另一种形式。根据一般的吊顶构造原理，选项 A 更适合明龙骨的构造特点，不符合题意；选项 B 的做法更适合龙骨 2（参照节点①和节点②）的构造方式，不符合题意；选项 D 采用专用胶粘剂粘结则更适合"板"与"板"之间的连接构造，也不符合题意。因此，答案选 C。

八、2017 年 多层建筑外墙外保温节点构造

(一) 任务说明

如图 29-2-33 为多层建筑外墙外保温节点，保温材料的燃烧性能为 B₁ 级。根据现行规范、国标图集以及任务要求和图例，按比例完成各节点的外保温系统构造。

(二) 任务要求

(1) 在各节点中绘制外保温系统构造层，并标注材料的名称。

(2) 在需要设网格布的节点中标明网格布的层数。

(3) 保温层厚度按 50mm 绘制。

(4) 根据作图结果，先完成作图选择题的作答，再用 2B 铅笔填涂答题卡上的答案。

(三) 图例（表 29-2-5）

(四) 解题要点

1. 认真审题、深入解读设计任务

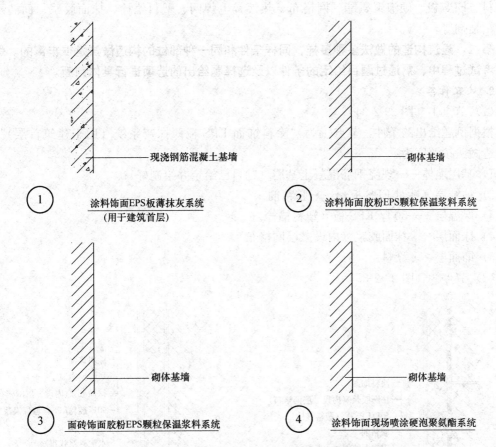

图 29-2-33　试题给出的未完成的外墙外保温节点

表 29-2-5

材　料	图　例
水泥砂浆找平	
界面砂浆	
聚氨酯界面剂	
涂料	
柔性耐水腻子	
胶粘剂	
胶粉EPS颗粒保温浆料	
EPS板	
硬泡聚氨酯	
网格布	
热镀锌电焊网	
塑料锚栓	
抹面胶浆	
面砖	
面砖粘结剂	

第一步通读考试题目。

第二步还是要审题，目的是要从题目的"任务描述"和"任务要求"中找出所有必须搞清楚的设计条件，这些条件将会直接影响你的设计结果的正确性，也即作答的正确性。

第三步审读选择题，对选择题的分析判断是正确完成构造作图的前提。

在本题的"任务描述"和"任务要求"中，还有两个重要的条件信息——"保温材料的燃烧性能为B1级"和"保温层厚度按50mm绘制"。

第一，外墙外保温属于常见的室外装修做法，其基本构造顺序是：基层墙体→粘结层（针对保温板）或界面层（针对颗粒保温浆料或喷涂聚氨酯）→保温层（喷涂聚氨酯需增设找平层）→抹面层→饰面层。

题目给出的材料图例，是选择各节点外墙保温构造做法的材料范围，本题中包括水泥砂浆找平、界面砂浆、聚氨酯界面剂、涂料、柔性耐水腻子、胶粘剂、胶粉 EPS 颗粒保温浆料、EPS板、硬泡聚氨酯、网格布、热镀锌电焊网、塑料锚栓、抹面胶浆、面砖及面砖粘结剂等。

第二，建筑构造的做法多种多样，同样条件和同一种部位的构造做法是很丰富的。那么，考试过程中，需通过题目给定的条件以及选择题给出的选项进行具体判断。

2. 从容作答

(1) 节点①（图 29-2-34）

根据例题给出的条件，节点①为"涂料饰面 EPS 板薄抹灰系统（用于建筑首层）"，其构造做法按顺序为：

1) 基层墙体——现浇钢筋混凝土基墙（题目已给定并绘制好）；

2) 粘结层（针对 EPS 板）——胶粘剂；

3) 保温层——50 厚 EPS 板（塑料锚栓）；

4) 抹面层——抹面胶浆（内设二层网格布）；

5) 饰面层——涂料。

(2) 节点②（图 29-2-35）

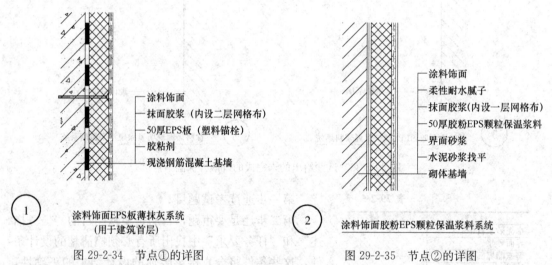

图 29-2-34　节点①的详图　　　　图 29-2-35　节点②的详图

根据试题给出的条件，节点②为"涂料饰面胶粉 EPS 颗粒保温浆料系统"，其构造做法按顺序为：

1) 基层墙体——砌体基墙（题目已给定并绘制好）；

2) 水泥砂浆找平（砌体墙需用水泥砂浆找平）；

3) 界面层（针对颗粒保温浆料）——界面砂浆；

4) 保温层——50 厚胶粉 EPS 颗粒保温浆料；

5) 抹面层——抹面胶浆（内设一层网格布）；

6) 柔性耐水腻子；

7) 饰面层——涂料。

(3) 节点③（图 29-2-36）

根据试题给出的条件，节点③为"面砖饰面胶粉 EPS 颗粒保温浆料系统"，其构造做法按顺序为：

1）基层墙体——砌体基墙（题目已给定并绘制好）；

2）水泥砂浆找平（砌体墙需用水泥砂浆找平）；

3）界面层（针对颗粒保温浆料）——界面砂浆；

4）保温层——50厚胶粉EPS颗粒保温浆料；

5）抹面层——抹面胶浆（内设一层热镀锌电焊网，塑料锚栓）；

6）饰面层——面砖粘结剂＋面砖。

——面砖粘结剂+面砖
——抹面胶浆
——（内设一层热镀锌电焊网，塑料锚栓）
——50厚胶粉EPS颗粒保温浆料
——界面砂浆
——水泥砂浆找平
——砌体基墙

③ **面砖饰面胶粉EPS颗粒保温浆料系统**

图 29-2-36 节点③的详图

（4）节点④（图 29-2-37）

根据试题给出的条件，节点④为"涂料饰面现场喷涂硬泡聚氨酯系统"，其构造做法按顺序为：

1）基层墙体——砌体基墙（题目已给定并绘制好）；

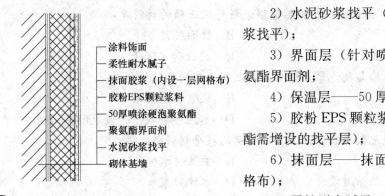

——涂料饰面
——柔性耐水腻子
——抹面胶浆（内设一层网格布）
——胶粉EPS颗粒浆料
——50厚喷涂硬泡聚氨酯
——聚氨酯界面剂
——水泥砂浆找平
——砌体基墙

④ **涂料饰面现场喷涂硬泡聚氨酯系统**

图 29-2-37 节点④的详图

2）水泥砂浆找平（砌体墙需用水泥砂浆找平）；

3）界面层（针对喷涂聚氨酯）——聚氨酯界面剂；

4）保温层——50厚喷涂硬泡聚氨酯；

5）胶粉EPS颗粒浆料（喷涂硬泡聚氨酯需增设的找平层）；

6）抹面层——抹面胶浆（内设一层网格布）；

7）柔性耐水腻子；

8）饰面层——涂料。

3. 细心检查

检查工作可从以下几个方面着手进行：

（1）建筑构造做法是否合理

1）是否采用了合理的建筑材料（基本都是题目指定）；

2）建筑构造做法的顺序（包括文字和图示的要求）是否正确；

3）连接固定的方法是否可靠有效。

（2）图示的投影关系是否正确

（3）必要的尺寸、文字说明是否完整，建筑材料的图例是否正确

（五）作图选择题

（1）节点①中基墙与EPS板之间正确的构造材料是：

A　胶粘剂　　　　　　　　　　B　界面砂浆

C　水泥砂浆　　　　　　　　　D　抹面胶浆

(2) 节点①中正确的构造做法是：

A 不设网格布

B 设一层网格布，网格布紧靠 EPS 板

C 设一层网格布，网格布位于抹面胶浆内

D 设二层网格布，网格布位于抹面胶浆内

(3) 节点②中的基墙与胶粉 EPS 颗粒保温浆料之间正确的构造材料是：

A 界面砂浆   B 抹面胶浆

C 水泥砂浆找平、抹面胶浆   D 水泥砂浆找平、界面砂浆

(4) 节点②中胶粉 EPS 颗粒保温浆料与涂料饰面之间正确的构造材料是：

A 网格布、柔性耐水腻子

B 抹面胶浆复合网格布、柔性耐水腻子

C 抹面胶浆、柔性耐水腻子复合网格布

D 抹面胶浆、柔性耐水腻子

(5) 节点③中抹面胶浆应内设：

A 一层网格布   B 二层网格布

C 一层热镀锌电焊网   D 二层热镀锌电焊网

(6) 节点③中紧贴胶粉 EPS 颗粒保温浆料外侧正确的材料是：

A 网格布   B 抹面胶浆

C 界面砂浆   D 柔性耐水腻子

(7) 节点④中基墙与硬泡聚氨酯保温层之间正确的构造材料是：

A 界面砂浆   B 聚氨酯界面剂

C 水泥砂浆找平   D 水泥砂浆找平、聚氨酯界面剂

(8) 节点④中硬泡聚氨酯保温层外侧正确的找平材料是：

A 抹面胶浆   B 柔性耐水腻子

C 胶粉 EPS 颗粒保温浆料   D 水泥砂浆

(9) 基墙表面必须采用水泥砂浆找平的节点数量是：

A 1   B 2

C 3   D 4

(10) 需要使用网格布的节点是：

A ①、②、③、④   B ②、③、④

C ①、③、④   D ①、②、④

（六）选择题参考答案及解析

(1) **解析**：节点①中现浇钢筋混凝土基墙与 EPS 板之间正确的构造材料应该是胶粘剂（聚合物水泥砂浆），因为胶粘剂应起承受外保温系统全部荷载的作用；另外三个选项的材料均不符合要求。所以，答案应该是 A。

(2) **解析**：首先，节点①图名中特别强调了"用于建筑首层"，所以，考虑加强效果而采用设二层网格布的措施。A 选项不设网格布和 B 选项不设抹面胶浆，都难以满足系统的变形能力和粘结性能。节点①正确的构造做法应该是"设二层网格布，网格布位于抹面胶浆内"。所以，答案应该是 D。

（3）**解析**：节点②的基墙是砌体，必须采用水泥砂浆找平，所以，A 选项和 B 选项直接排除。C 选项采用的"抹面胶浆"是用在"保温层"与"饰面层"之间的材料，不符合题意。节点②基墙与胶粉 EPS 颗粒保温浆料之间正确的构造材料应该是"水泥砂浆找平、界面砂浆"。所以，答案应该是 D。

（4）**解析**：A 选项缺少抹面胶浆，C 选项材料顺序错误，D 选项缺少网格布。节点②胶粉 EPS 颗粒保温浆料与涂料饰面之间正确的构造材料应该是"抹面胶浆复合网格布、柔性耐水腻子"。所以，答案应该是 B。

（5）**解析**：节点③采用的是面砖饰面，且非板式保温层，应采用金属增强网（热镀锌电焊网）与抹面胶浆共同形成抹面层。所以，答案应该是 C。

（6）**解析**：节点③中紧贴胶粉 EPS 颗粒保温浆料外侧正确的材料应该是抹面胶浆（内设一层热镀锌电焊网）。A 选项材料不对，且缺少抹面胶浆；C 选项位置不对；D 选项材料和位置都不对。所以，答案应该是 B。

（7）**解析**：节点④中基墙与硬泡聚氨酯保温层之间正确的构造材料应该是"水泥砂浆找平、聚氨酯界面剂"。A 选项缺少水泥砂浆找平，材料也不对；B 选项缺少水泥砂浆找平；C 选项缺少聚氨酯界面剂。所以，答案应该是 D。

（8）**解析**：节点④中硬泡聚氨酯保温层外侧正确的找平材料应该是"胶粉 EPS 颗粒保温浆料"。A、B 选项位置不对；D 选项材料不对。所以，答案应该是 C。

（9）**解析**：按照构造原理，砌体墙需用水泥砂浆找平。本例的 4 个节点中，②、③、④节点是砌体墙，因此，基墙表面必须采用水泥砂浆找平的节点数量应该是 3 个。所以，答案应该是 C。

（10）**解析**：前述 4 个节点分析中，只有③节点需采用热镀锌电焊网作为抹面层的增强网，其余①、②、④节点则使用网格布作为抹面层的增强网。所以，答案应该是 D。

九、2019 年 某屋顶局部构造
平屋面构造
(一) 任务描述
如图 29-2-38 所示为某屋顶局部平面示意图，根据现行规范，按任务要求和图例绘制完成 4 个平屋面构造节点详图、要求做到经济合理。图 29-2-39 为试题给出的 4 个未完成的平屋面构造节点详图。

(二) 任务要求
（1）各屋面均为建筑构造找坡。

（2）注明节点①、③的构造材料及配件，图中已给出图形的部分和平屋面构造层次不需注明。

（3）注明节点②、④的构造层次。

（4）根据作图结果，用 2B 铅笔填涂答题卡上的答案。

(三) 图例（表 29-2-6）
(四) 解题要点

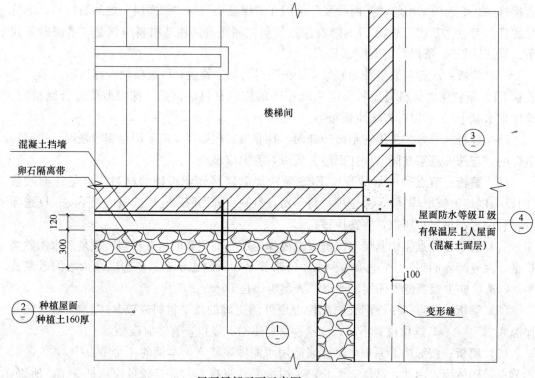

图中标注：

楼梯间

混凝土挡墙
卵石隔离带

③／—

屋面防水等级Ⅱ级
有保温层上人屋面
（混凝土面层）

④／—

100

变形缝

120
300

②／—　种植屋面
种植土160厚

①／—

屋顶局部平面示意图1:30

图 29-2-38　屋顶局部平面示意图

1. 认真审题，深入解读设计任务

本例要求根据现行规范，按任务要求和图例绘制完成 4 个平屋面构造节点详图，要求做到经济合理。

第一步通读了考试题目之后，不要急着马上落笔画图。

第二步还是要审题，也就是要回过头来再仔细地研究一下题目。为什么要进行二次审题呢？这一次的审题与第一次审题的目的不同：第一次审题的目的是要搞清楚题目让我做什么；而第二次审题的目的则是要从题目的"任务描述"和"任务要求"中找出所有必须搞清楚的设计条件，这些条件将会直接影响你的设计结果的正确性，或者说，影响你的考试答案的正确性。

第三步仍然是审题，这次审什么呢？选择题。建筑技术作图题的考试，在完成绘图后，要根据绘图结果进行选择题的判断和答题卡的填涂。但是，对于考生来说，选择题不仅仅是完成考试的最后一个步骤，而应把选择题作为分析和判断并做出正确答案的一个必需的前提。也就是说，必须在动手绘图之前、在审题的时候就对选择题进行认真仔细地研究和分析。

我们通过本例来作一个分析。

在本例"任务要求"中，有三点条件信息，"（1）各屋面均为建筑构造找坡。（2）注明节点①、③的构造材料及配件，图中已给出图形的部分和平屋面构造层次不需注明。（3）注明节点②、④的构造层次"。

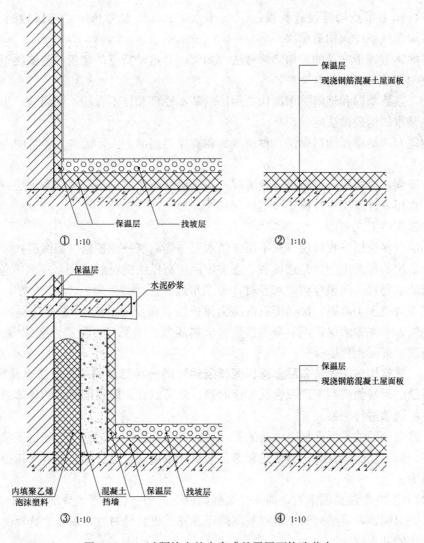

① 1:10   ② 1:10

③ 1:10   ④ 1:10

图 29-2-39 试题给出的未完成的平屋面构造节点

表 29-2-6

名　称	图　例	名　称	图　例
4厚改性沥青防水卷材		金属盖板	
耐根穿刺防水卷材			
土工布过滤层		金属压条	
排（蓄）水板20厚		水泥钉	
陶粒混凝土找坡层		聚乙烯泡沫塑料棒	
种植土160厚		密封膏	
配筋细石混凝土保护层兼面层40厚		卵石隔离带	
水泥砂浆隔离层		混凝土挡墙	
水泥砂浆找平层			
水泥砂浆保护层			

显然，1. 各节点均需设置找坡层。2. 节点①、③主要考核节点连接做法。3. 节点②、④主要考核平屋面构造层次。

平屋面构造属于常见的屋面装修做法，如何应对这种特点的建筑构造试题呢？

解决的办法仍然主要有两点：

第一，熟练掌握和理解平屋面构造做法的基本原理和技术方法，做到这一步，可以帮助你解决基本的构造做法问题。

本例题有两种屋面构造做法，种植屋面和有保温层的上人屋面。其各自的基本构造顺序是：

种植屋面：结构层→保温层→找坡层→找平层→防水层→耐根穿刺防水层→保护层→排（蓄）水层→过滤层→种植土（植被层）。

有保温层的上人屋面：

结构层→保温层→找坡层→找平层→防水层→隔离层→保护层（兼面层）。

题目给出的材料图例，是选择各节点平屋面构造做法的材料范围，本例中包括：4 厚改性沥青防水卷材、耐根穿刺防水卷材、土工布过滤层、排（蓄）水板 20 厚、陶粒混凝土找坡层、种植土 160 厚、配筋细石混凝土保护层兼面层 40 厚、水泥砂浆隔离层、水泥砂浆找平层、水泥砂浆保护层、金属盖板、金属压条、水泥钉、聚乙烯泡沫棒、密封膏、卵石隔离层、混凝土挡墙等。

第二，建筑构造的做法多种多样，同样条件和同一种部位的构造做法也是很丰富的，那么，答题的时候如何判断和取舍呢？这时候，就可以利用题目所给定的具体条件以及选择题给出的选项进行判断。

对于这个例题的平屋面构造做法来看，我们可以找到的、帮助考生确定正确答案的信息非常多。能不能全部找到这些信息对考生来说非常重要，直接影响到节点构造这道题目得分的多少。

从给出的 10 个选择题来看，前 6 个选择题以一两个一组的形式分别针对①、②、③、④各节点提出问题，显然对每个节点答案的正确完成更具针对性。后 4 个选择题则考查的是构造做法的基本原理。

2. 从容作答

经过全面的审题和对设计任务的深入解读之后，现在可以从容落笔了。我们将依次分析本例中各个平屋面节点的合理构造做法以及这样选择所依据的建筑构造原理，还有一些如何作答这类试题的答题技巧。

我们首先给出各个节点的答案，在后面"选择题的解答"中会作出进一步的具体分析。

（1）节点①（图 29-2-40）

根据试题给出的条件和要求，本节点①为种植屋面的泛水节点构造做法，其重点是节点收头处理的做法。

（2）节点②（图 29-2-41）

根据试题给出的条件，本节点②为种植屋面，则其构造做法按顺序（与节点①构造顺序相同）为：

1）现浇钢筋混凝土屋面板（题目已给定并绘制好）；

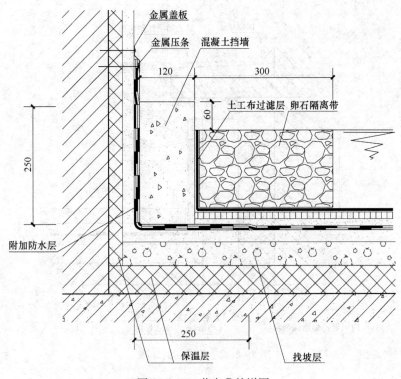

金属盖板
金属压条　混凝土挡墙
土工布过滤层　卵石隔离带
120
300
60
250
250
附加防水层
保温层　找坡层

图 29-2-40　节点①的详图

2）保温层（题目已给定并绘制好）；

3）陶粒混凝土找坡层；

4）水泥砂浆找平层；

5）4 厚改性沥青防水卷材；

6）耐根穿刺防水卷材；

7）水泥砂浆保护层；

8）排（蓄）水板 20 厚；

9）土工布过滤层；

10）种植土 160 厚。

（3）节点③（图 29-2-42）

根据试题给出的条件，本节点③为有保温层上人屋面变形缝节点构造做法，其重点是节点收头处理的做法。

（4）节点④（图 29-2-43）

根据试题给出的条件，本节点④为有保温层上人屋面，则其构造做法按顺序（与节点③构造顺序相同）为：

1）现浇钢筋混凝土屋面板（题目已给定并绘制好）；

2）保温层（题目已给定并绘制好）水泥砂浆找平（砌体墙需用水泥砂浆找平）；

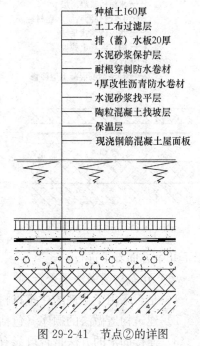

种植土160厚
土工布过滤层
排（蓄）水板20厚
水泥砂浆保护层
耐根穿刺防水卷材
4厚改性沥青防水卷材
水泥砂浆找平层
陶粒混凝土找坡层
保温层
现浇钢筋混凝土屋面板

图 29-2-41　节点②的详图

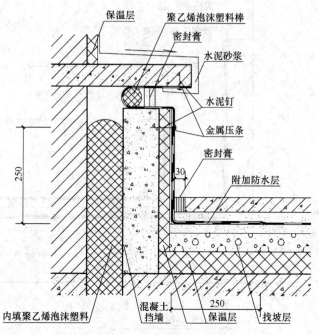

图 29-2-42 节点③的详图

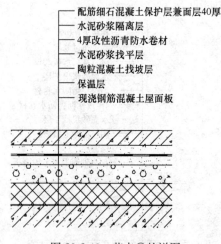

图 29-2-43 节点④的详图

3）陶粒混凝土找坡层；

4）水泥砂浆找平层；

5）4 厚改性沥青防水卷材；

6）水泥砂浆隔离层；

7）配筋细石混凝土保护层兼面层 40 厚。

3. 细心检查

至此，基本的绘图工作结束了。但是，还应该做一些细心的检查工作。可以把这一步的检查工作与选择题的解答结合起来进行，使两部分相辅相成，互相促进。实际上，本试题的绘制及解答，在很大程度上要依据选择题的选项帮助作出正确的判断。关于这一点，我们将结合下一部分选择题的解答作进一步的分析。检查工作仍然从以下几个方面着手进行：

（1）建筑构造做法是否合理

1）是否采用了合理的建筑材料（基本都是题目指定）；

2）建筑构造做法的顺序（包括文字和图示的要求）是否正确；

3）连接固定的方法是否可靠有效。

（2）图示的投影关系是否正确

（3）必要的尺寸、文字说明是否完整，建筑材料的图例是否正确

(五) 作图选择题

(1) 节点①中，混凝土挡墙和保温层之间防水卷材的总层数是：

A 1   B 2   C 3   D 4

(2) 节点①中，土工布过滤层铺设位置正确的是：

A 种植土和卵石隔离带之间

B 卵石隔离带和混凝土挡墙之间

C 墙体防水层和墙体保温之间

D 墙体保温和墙体之间

(3) 节点②中按从下到上的顺序，构造顺序正确的是：

A 找平层、找坡层、耐根穿刺防水层、防水层

B 找坡层、找平层、耐根穿刺防水层、防水层

C 找平层、找坡层、防水层、耐根穿刺防水层

D 找坡层、找平层、防水层、耐根穿刺防水层

(4) 节点③中混凝土面层与墙体泛水的防水层之间应设：

A 聚乙烯泡沫塑料棒   B 密封膏

C 砂浆隔离层   D 混凝土填缝

(5) 节点③变形缝处，混凝土水平盖板下的水平缝隙处应设：

A 聚乙烯泡沫塑料棒   B 密封膏

C 砂浆隔离层   D 混凝土填缝

(6) 节点④中按从下到上的顺序，构造顺序正确的是：

A 找平层、找坡层、隔离层、防水层

B 隔离层、找坡层、找平层、防水层

C 找平层、找坡层、防水层、隔离层

D 找坡层、找平层、防水层、隔离层

(7) 设有附加卷材的节点有几个？

A 1   B 2   C 3   D 4

(8) 排 (蓄) 水板设置的正确位置是：

A 种植土和土工布之间

B 土工布过滤层和水泥砂浆保护层之间

C 水泥砂浆保护层和防水层之间

D 防水层和水泥砂浆找平层之间

(9) 金属盖板设置在几号节点图中？

A ①   B ②   C ③   D ④

(10) 应用金属压条的部位有几处？

A 0   B 1   C 2   D 3

(六) 选择题参考答案及解析

(1) **解析**：节点①中，混凝土挡墙和保温层之间防水卷材的总层数应该是3层。混凝土挡墙和保温层之间是屋面防水层收头的泛水部位，除了屋面"4厚改性沥青防水卷材和耐根穿刺防水卷材"2层防水层外，还应增设一道附加防水层。所以，答案应该是C。

（2）**解析**：土工布过滤层的作用就是防止土颗粒进入排水层造成堵塞影响排水效果，因此，土工布过滤层应布置在卵石隔离带和混凝土挡墙之间。所以，答案应该是 B。

（3）**解析**：从卷材防水做法的原理分析，找平层之上必须直接做防水层，而不能插入其他做法层，因此，A 选项和 C 选项直接排除。耐根穿刺防水层是种植屋面为防止植被层植物根系刺入防水层造成漏水采取的加强措施，因此，耐根穿刺防水层放在防水层之上更为合理，B 选项也排除。所以，答案应该是 D。

（4）**解析**：屋面混凝土面层与墙体泛水的防水层之间，因考虑各种变形因素，需设置缝隙并填充柔性密封材料（密封膏），以避免漏水。A 选项、C 选项和 D 选项都不满足要求。所以，答案应该是 B。

（5）**解析**：节点③是屋面变形缝处的节点，考虑到防水层既要联通缝两侧，又要形成适当的变形可能性，因此，应该在混凝土水平盖板下设置聚乙烯泡沫塑料棒并用密封膏封严。C 选项和 D 选项都是不满足这些要求的刚性材料，直接排除。A 选项聚乙烯泡沫塑料棒和 B 选项密封膏都需要，但是，单选题的话，选聚乙烯泡沫塑料棒更合理。所以，答案应该是 A。

（6）**解析**：此题与选择题 3 的分析方法相同。从卷材防水做法的原理分析，找平层之上必须直接做防水层，而不能插入其他做法层，因此，A 选项和 C 选项直接排除。卷材防水上人屋面做法，在防水层与保护层兼面层之间，应该设置低强度等级的砂浆作为隔离层，起到适应屋面变形，保护防水卷材的作用。因此，B 选项隔离层的位置不对也排除。所以，答案应该是 D。

（7）**解析**：在题目的 4 个屋面节点中，设有附加卷材的节点应该是 2 个。节点①和节点③是防水卷材收头的部位，为了加强防水效果，必须设置附加防水卷材，而节点②和节点④属于屋面一般防水位置，不需要设置附加防水卷材。所以，答案应该是 B。

（8）**解析**：从建筑防水原理的角度来看，排水层一定是设置在防水层的上面，因此，D 选项排除。水泥砂浆保护层是保护卷材防水层的，两者之间不能再插入其他做法层，因此，C 选项排除。土工布过滤层的作用是防止土颗粒进入排水层造成堵塞影响排水效果，因此，土工布过滤层不可能放在排水层之下，因此，A 选项排除。所以，答案应该是 B。

（9）**解析**：金属盖板设置在卷材防水层收头部位起挡雨的作用。因此，节点①需设置金属盖板。节点③收头部位的挡雨由带滴水的钢筋混凝土挑板完成。所以，答案应该是 A。

（10）**解析**：应用金属压条的部位应该有 3 处。卷材防水做法的收头固定不能直接用钉子钉，这样容易造成卷材豁裂，需用压毡条过渡。因此，节点①有 1 处需设置金属压条，节点③有 2 处需设置金属压条。所以，答案应该是 D。

十、2020 年 4 个墙面变形缝节点构造

（一）任务描述

按照国标图集、任务要求，完成 4 个墙面变形缝的构造节点（在图 29-2-44 上作答），要求经济合理。

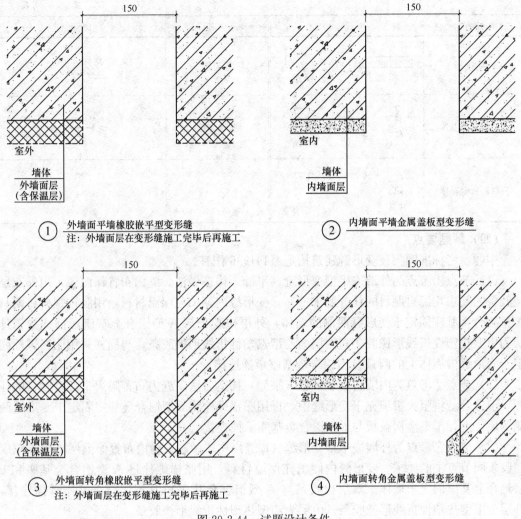

① 外墙面平墙橡胶嵌平型变形缝
注：外墙面层在变形缝施工完毕后再施工

② 内墙面平墙金属盖板型变形缝

③ 外墙面转角橡胶嵌平型变形缝
注：外墙面层在变形缝施工完毕后再施工

④ 内墙面转角金属盖板型变形缝

图 29-2-44 试题设计条件

(二) 任务要求

(1) 按照图例提供的材料及配件进行制图。

(2) 注明各节点中所选用的材料及配件名称。

(3) 外墙节点中表示双层橡胶条，并表示变形缝内的保温层。

(4) 内墙节点中表示阻火带。

(三) 图例 (表 29-2-7)

表 29-2-7

图件名称	图例	图件名称	图例
热塑性折线形橡胶条	甲型 (用于外层)　乙型 (用于内层)	阻火带	

图件名称	图例		图件名称	图例
金属盖板	250 Ⅰ型	200 Ⅱ型	保温层	
外墙铝合金基座	70 A型	65 B型	胀锚螺栓	
内墙铝合金基座	55 a型	65 b型		

(四) 解题要点

本题参考标准图集《变形缝建筑构造》14J936作答。

(1) 节点①考点为外墙嵌平型变形缝（平缝）构造做法。缝内布置保温层，内外双层橡胶条的要求均源自题目的任务要求（3）。变形缝内侧填充保温材料，用胀锚螺栓将两只A型铝合金基座固定于变形缝两侧的墙体，外层橡胶条与A型铝合金基座承插连接，外层为甲型热塑性折线形橡胶条；内层为乙型热塑性折线形橡胶条，与同样采用胀锚螺栓固定于变形缝内墙体上的两只B型铝合金基座承插连接。

(2) 节点②考点为内墙盖板变形缝（平缝）构造做法。缝内布置阻火带源自题目的任务要求（4）。将阻火带填充于变形缝中，再用胀锚螺栓将a型铝合金基座固定于变形缝两侧的墙体上，Ⅰ型金属盖板与a型铝合金基座承插连接。

(3) 节点③考点为外墙嵌平型变形缝（L缝）构造做法。缝内布置保温层，内外双层橡胶条同节点①的要求。变形缝内侧填充保温材料，用胀锚螺栓将A型铝合金基座和B型铝合金基座固定于墙体。双层橡胶条与A型铝合金基座和B型铝合金基座承插连接，外层为甲型热塑性折线形橡胶条，内层为乙型热塑性折线形橡胶条。

(4) 节点考点为内墙盖板变形缝（L缝）构造做法。同节点②，缝内布置阻火带，用胀锚螺栓将阻火带和b型铝合金基座固定于变形缝两侧的墙体上，Ⅱ型金属盖板与b型铝合金基座承插连接。

(五) 作图选择题

(1) 采用甲型热塑性折线形橡胶条的节点数量是：

A 0　　　　　　 B 1　　　　　　 C 2　　　　　　 D 4

(2) 采用乙型热塑性折线形橡胶条的节点是：

A ①、③　　　 B ②、④　　　 C ③、④　　　 D ①、②

(3) 采用Ⅰ型金属盖板的节点是：

A ①　　　　　　 B ②　　　　　　 C ③　　　　　　 D ④

(4) 采用Ⅱ型金属盖板的节点是：

A ①　　　　　　 B ②　　　　　　 C ③　　　　　　 D ④

(5) 需表示变形缝内保温层的节点是：

A ①、②　　　 B ①、③　　　 C ②、③　　　 D ②、④

（6）需表示阻火带的节点是：

A ①、③   B ①、②   C ③、④   D ②、④

（7）节点②中采用的铝合金基座是：

A A型   B B型   C a型   D b型

（8）节点④中采用的铝合金基座是：

A A型   B B型   C a型   D b型

（9）必须采用B型铝合金基座的节点是：

A ①   B ②   C ③   D ④

（10）采用胀锚螺栓固定的节点是：

A ①、②   B ②、③   C ③、④   D ①、②、③、④

（六）作图题参考答案（图 29-2-45）

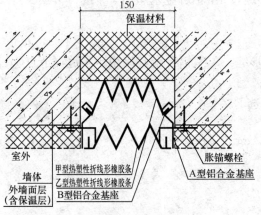

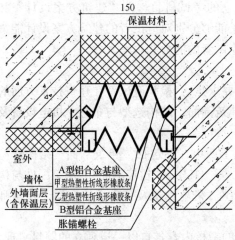

① 外墙面平墙橡胶嵌平型变形缝
注：外墙面层在变形缝施工完毕后再施工

② 内墙面平墙金属盖板型变形缝

③ 外墙面转角橡胶嵌平型变形缝
注：外墙面层在变形缝施工完毕后再施工

④ 内墙面转角金属盖板型变形缝

图 29-2-45 参考答案

（七）选择题参考答案及解析

（1）题目任务中明确要求外墙节点中需要表示双层橡胶条，甲型用于外层外观较为平整，乙型用于内层具有抵住缝中保温材料的作用，内、外层橡胶条之间形成空腔。选C。

（2）题目任务中明确要求外墙节点中需要表示双层橡胶条，①、③均为外墙节点，设置原则同第（1）题。选A。

（3）Ⅰ型金属盖板适用于内墙平缝，适用于节点②。选B。

（4）Ⅱ型金属盖板适用于内墙L缝，适用于节点④。选D。

（5）题目任务要求中明确外墙变形缝内设置保温层，所以节点①、③需要设置保温层。选B。

（6）题目任务要求中明确内墙节点中表示阻火带，所以节点②、④需要设置阻火带。选D。

（7）a型和b型铝合金基座用于内墙变形缝，a型铝合金基座用于平缝（节点②），b型铝合金基座用于L缝（节点④）。选C。

（8）解析详见第（7）题解析。选D。

（9）A型和B型铝合金基座用于内墙变形缝，A型铝合金基座用于平缝（节点①），B型铝合金基座用于L缝（节点③）。选C。

（10）节点①～④均采用胀锚螺栓固定。选D。

第三节　建　筑　结　构

一、试题类型与应试技巧

（一）考试大纲的基本要求

在第一节"建筑剖面"中我们已经介绍过，2002年全国注册建筑师管理委员会重新调整和修订的《全国一级注册建筑师资格考试大纲》（以下简称《考试大纲》）中，将原大纲中的"建筑设计与表达"科目改为两个互相独立的考试科目，即"建筑方案设计"和"建筑技术设计"。这种考试方式改革的最大特点是能够分别对应试者的建筑方案设计能力与建筑技术设计能力进行考核，更准确地反映出应试者的能力和水平。

1.《考试大纲》的宗旨

《考试大纲》针对建筑技术设计（作图题）的要求是："检验应试者在建筑技术方面的实践能力，对试题能做出符合要求的答案，包括建筑剖面、结构选型与布置、机电设备及管道系统、建筑配件与构造，并符合法规规范"。

在所涉及的专业领域方面，《考试大纲》写明了四点，即包括"建筑剖面、结构选型与布置、机电设备及管道系统、建筑配件与构造"等。其中，"建筑剖面""建筑配件与构造"属于建筑学专业的内容，而"结构选型与布置""机电设备及管道系统"属于建筑师也应该了解掌握的相关专业的内容。

自2003年以来的实际考题中，以上四个方面的考核内容各自以一道独立的题目出现，形式上是互不相关的。但是，房屋建筑设计是一个涉及多专业、多工种的综合性工作，尤其是有关建筑技术方面的设计更是如此。对于建筑学专业的两个方面的内容"建筑剖面"和"建筑配件与构造"来说，主要是考查建筑师专业技术设计的基本功；而"结构选型与布置"这道考题，则主要是考查建筑师作为建筑设计项目的主要设计人（简称主设），对于相关结构专业从结构选型与布置到具体的结构构造做法的熟悉和掌握的综合能力。

在这里，再次强调《考试大纲》中的两点："实践能力""符合要求"。"实践能力"强调要有足够的工程设计实践，不能仅凭书本。"符合要求"则重点强调要符合考试题目的要求。这一点除了有"认真审题、按要求作答"的基本含义外，还有如下两点含义：

（1）虽然具备"结构选型与布置"的能力对建筑师来说十分必要，但毕竟不是建筑师自己专业的内容，建筑师想要对各种结构类型及其布置要求全面掌握是不太可能的。因此，"结构选型与布置"的出题思路，不是真正让考生去做结构设计，而只是要求考生按照出题人"布置好的"方案准确地表达出来。

（2）实际建筑工程中，一个具体的工程项目可以有多种结构方案的选择，综合看来各有利弊，很难说哪一个结构方案就是最好的。因此，任由考生去自己"设计"结构方案，并没有实际的考查意义。

因此，由出题人"设计"答案，由考生来解读和表达这个答案，就成为"结构选型与布置"这道考题的基本特点。掌握了这个特点，按照这个思路去备考和应试，这道考题也就没有想象的那么可怕了。

2.《考试大纲》规定的考点

（1）各种结构类型

常见的建筑结构类型，主要包括：砌体结构、框架结构、剪力墙结构、框-剪结构、内框架结构、框支结构、框-筒结构、筒体结构、排架结构、拱结构、悬索结构和薄壁空间（薄壳）结构等。

（2）各种结构体系结构布置的要求和做法

要熟悉掌握各种结构类型的结构方案、墙与柱的布置方式、梁板结构的各种类型、屋架类型和各种支承方式等。

1）墙承重结构中的横墙承重方案、纵墙承重方案、纵横墙承重方案。

2）柱承重结构中的横向框架方案、纵向框架方案、纵横向框架方案。

3）竖向结构墙、柱的布置要求，包括横墙间距、柱网类型、柱距以及墙与柱的平面定位等。

4）水平结构梁板的布置要求，包括梁板结构的布置类型，例如板式楼板、梁板式楼板（单向梁梁板式、主次梁梁板式、井字梁梁板式）、无梁楼板、密肋楼板（单向密肋楼板、双向密肋楼板）等。

5）屋架、半屋架、斜屋架、斜梁、檩、椽、望板（屋面板）等的布置要求。

6）曲面结构类型（拱结构、悬索结构、薄壁空间结构）的布置要求，其中推力的概念以及各种抗推力的措施及要求。

……

（3）各种结构体系的细部做法

要熟悉规范对各种结构类型各个结构细部的构造要求，包括其形式、尺寸、做法等，例如：圈梁、构造柱（芯柱）；梁垫、壁柱、门垛；局部开洞需加强部位的构造措施；暗梁、暗柱；连梁、墙梁等。

此外，还应熟悉掌握建筑结构法规、规范的有关规定。

在《考试大纲》的要求中特别强调了"符合法规规范"这一点，也就是要求应试者在全面熟悉有关的建筑设计法规规范的基础上，正确地做设计，以满足题目要求，把法规规范的条文要求正确地反映到作答图纸上。这种能力的养成不是一朝一夕之功，也不是仅靠突击背诵就能解决的；它需要大量的工程实践，也靠日积月累对法规规范条文的思考、钻研和理解。毕竟在理解的基础上，才能更好地掌握庞杂的各种建筑法规规范要求。

（二）试题特点分析

"结构选型与布置"试题的显著特点是：

1. 题目规模不大不小

题目的规模不大不小，更准确地说就是，题目规模的大小并不会直接决定题目的难易程度，题目规模大小主要是由考题所选择的结构类型决定的。需要大空间的结构类型，题目的规模可能就会大一些，但不一定难度就大。决定难度的因素主要在于考生对题目所设定的结构类型的熟悉理解和全面掌握的程度。

一个小时左右的题量，题目规模都不算太大；当然，如果结构概念比较模糊，甚至对考试题目无从下手，则另当别论了。

2. 题目类型广泛

"结构选型与布置"考题对各种结构材料类型和结构支承方式类型都有涉及。例如，从结构材料类型来看，钢筋混凝土结构、砖混结构、钢结构、木结构等；从结构支承方式类型来看，包括柱承载结构中的框架结构、刚架结构、排架结构等，以及墙承载结构中的砖混结构、剪力墙结构、筒体结构等，还有墙、柱混合承重结构中的框架-剪力墙结构、框架-筒体结构等。

这一特点是"结构选型与布置"考题最大的难点，要求考生对各种结构类型都要了解、熟悉和掌握，概括起来说就是"浅而全"，要求考生熟悉各种结构类型从整体到细部的各种结构概念，以利于准确地理解题目含义和答题要求。因此，要求考生抓住"浅"（重结构概念而非结构设计），攻克"全"（各种结构类型全面了解）。

3. 绘图量不大，重在理解、分析和判断

"结构选型与布置"这道考题几乎没有什么绘图量，主要是简单的平面关系和图例符号表达；重点是对试题所给结构形式的理解、分析和判断。

也就是说，题目已经把选定的结构类型和结构方案完全做好了；通常，以两种方式要求考生作答。第一种方式，以题目给出的全部条件（包括选择题的选项）描述其结构方案，当考生能准确地满足所有题目的条件时，答案就出来了；第二种方式是要求考生设计题目中的各种结构构件（包括构件数量与位置），同时给出严格的限制条件。当考生能满足所有这些严格的限制条件时，也就得出正确答案了。

所以，这道考题既不需要考生做结构设计，也不需要考生绘制结构设计图；而是要求考生把重点放在对题目的准确理解，并做出正确的分析和判断上。

4. 选择题内容是解题的线索和依据

此题最大的特点就是所有得分点都体现在 10 个选择题当中了。考生只需明确这样的解题思路，从选择题入手，按"题"索骥就八九不离十了。

（三）应试准备

在这里要首先强调一下，就是对于一些平面比较复杂的坡屋顶结构布置类型的考题，

题目会要求考生首先根据题目给出的建筑平面图绘制出坡屋顶（其建筑平面和屋顶剖面关系都很复杂）的平面图，在此屋顶平面图的基础上才有可能进行平面结构布置。这就要求考生具备良好的建筑空间想象能力和熟练的图面表达能力，同时掌握一定的绘图技巧。

（四）评分标准

我们知道"结构选型与布置"的试卷评分方法由两部分组成：首先通过计算机阅卷来对选择题部分进行第一轮打分；对于进入下一轮的试卷，再由阅卷人通过手工操作复核图面上的答案是否正确，也就是确认考生的答案是否与出题人设定的所有条件是否完全符合。

在此需要提醒考生的是，在实际工程中，根据具体情况，结构工程师会提出各种不同的结构设计方案，而这些方案都是符合规范要求并且可以实施的。但是，对于"建筑技术设计（作图）"这门考试来说，每一个做法的正确答案却是唯一的。所以，评价你答案的正确与否，不是只要符合规范就可以得分，而是必须符合出题人设定的所有限制条件才能得分。

二、建筑结构类型与布置

（一）砌体结构

1. 砌体结构的墙体布置方案

根据建筑空间的不同需求以及结构自身应满足的基本要求，砌体结构的墙体布置方案可以有横墙承重方案、纵墙承重方案、纵横墙混合承重方案、内框架承重方案（抗震规范已取消）、框（剪）支砌体结构方案等。

2. 砌体结构的构造要求

（1）要满足墙体的高厚比要求。当墙体高厚比不能满足要求时，可以采取增加墙体厚度、加设壁柱、加设构造柱、减小横墙间距等构造措施。

（2）在平面上，墙体尽量连续并对齐。

（3）在剖面上，上下层的墙体应连续并对齐。

（4）各层窗口上下宜对齐，洞口上方不宜设置垂直于洞口平面的大梁。

（5）保证窗间墙基本宽度要求，墙体薄弱部位尽量少开洞。

3. 楼板层（楼盖、屋盖及楼梯）结构

（1）结构类型

1）楼板结构层的结构类型有板式楼板、梁板式楼板（单向梁梁板式、主次梁梁板式、井字梁梁板式）、无梁楼板、密肋楼板（单向密肋楼板、双向密肋楼板）等。

2）屋盖结构层常见的结构类型，在平屋顶结构中，与楼板结构层的结构类型完全一样；在坡屋顶结构中，除了可以将以上所有平屋顶结构类型根据屋顶坡度斜向布置外，还可以采用屋架、屋面梁、檩、椽、望板等组成的屋顶结构形式。

3）楼梯结构层常见的结构类型，因其受力原理与楼板结构层完全相同，只是其空间尺度不是很大，所以，除了比较少见双向梁布置的楼梯结构外，主要有板式楼梯、梁板式楼梯等。

（2）单向板与双向板

结构板支承在周边结构（梁、墙、柱等）上，根据周边支承情况和结构板形状的不同，其受力和变形状况会有所不同。为此，有单向板与双向板之分，如图29-3-1所示。

区分单向板与双向板，依据两个条件，首先，看板周边的支承状况，如果是单边支承或者两对边支承的板，就是单向板；第二，如果板是两相邻边支承、三边支承或者四边支

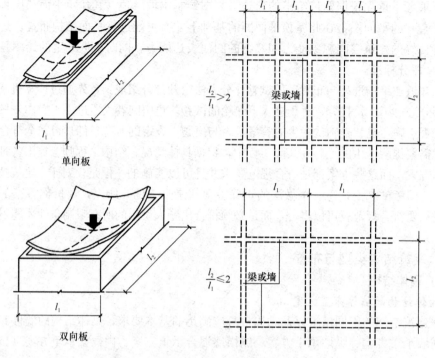

图 29-3-1　单向板与双向板

承（周边全部支承），则以板的两个边长比来区分，长边 l_2 与短边 l_1 之比大于 2 为单向板，长边 l_2 与短边 l_1 之比小于或等于 2 为双向板。

　　这里需要说明的一点是，正方形的板（两边长之比等于 1）是双向板，板上承受的荷载沿着两边长方向各传递 50% 至周边支承结构，两个方向板的弯曲变形也相等。随着板长边 l_2 与短边 l_1 之比从 1∶1 向 n∶1 逐渐变化，板上承受的荷载沿着两个方向传递至周边支承结构的比例也逐渐变化；两个方向的板的弯曲变形也是如此，一般是沿着短边 l_1 方向传递的荷载所占的比例逐渐增大，沿着短边 l_1 方向的板弯曲变形也逐渐增大。但是，这种变化和改变是一个渐进的过程，并不是在板长边 l_2 与短边 l_1 之比达到某一个特定数值的时候产生突变。所以，上述区分单向板与双向板的公式以板的长、短边之比等于 2 为界，这只是一个技术上的规定。

　　（3）梁板截面尺寸估算

　　梁板截面尺寸的合理确定，直接影响结构及构件的抗变形能力，最终影响到结构及构件的安全。而结构及构件的抗变形能力，最主要的影响因素是结构及构件自身的体型比要求。

　　例如：梁或板的截面高（厚）度，主要取决于梁或板的跨度，必须满足合理的高（厚）跨比的要求。梁截面的宽度，主要取决于梁截面的高度，必须满足合理的梁截面高宽比的要求。

　　同理：柱截面的边长（直径），主要取决于柱的支承高度（计算高度或称计算长度），必须满足合理的柱长细比的要求。墙的厚度主要取决于墙的支承高度（计算高度），必须满足合理的墙高厚比的要求。建筑结构整体的体型宽度（即建筑平面的进深），主要取决于建筑结构整体的体型高度，必须满足合理的体型高宽比。

（二）框架结构

1. 框架结构的布置方案

框架结构体系是由楼板、梁、柱及基础四种承重构件组成的。在结构计算中，承重梁（也称托板梁）与柱和基础构成一榀平面框架，相邻各榀平面框架再由与承重梁垂直的连系梁连结起来，形成一个空间结构整体。预制楼板把楼面荷载传给承重梁，承重梁再传给柱子，柱子再传给基础，最后传到地基上。如果是方格式柱网的现浇钢筋混凝土楼板，则纵横两个方向的梁均为承重梁，并且两个方向的梁互相起连系梁的作用。

框架结构通常有以下三种结构布置方案。

（1）横向框架

横向框架的结构布置示意图如图 29-3-2（a）所示。横向框架的特点是，主要承重框

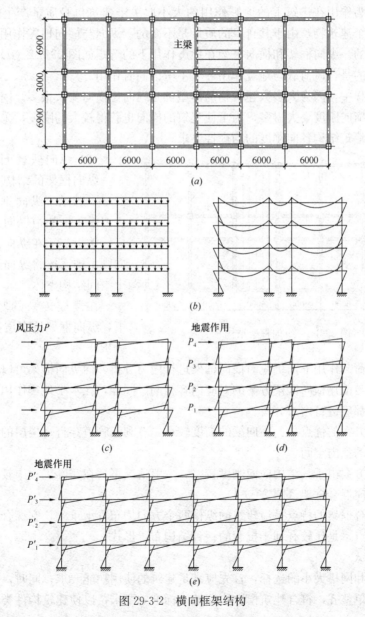

图 29-3-2 横向框架结构

架是由横向承重梁（主梁）与柱构成，楼板支承在横向承重梁上，再由纵向连系梁（次梁）将横向框架连结成一个空间结构整体。

在竖向荷载的作用下，横向框架按多层刚架进行内力分析，图 29-3-2（b）所示为其计算简图和弯矩分布图。

在水平风荷载作用下，一般仅对横向框架结构的横向框架进行内力分析，而不必对其纵向框架进行内力分析。究其原因，则是因为横向迎风面大、风荷载大且框架柱少，由风荷载产生的内力较大，作用效果明显；相比之下，纵向迎风面小、风荷载小且框架柱多，由风荷载产生的内力很小，可以忽略不计。横向框架在风荷载作用下的弯矩分布如图 29-3-2（c）所示。

相比于风荷载，横向框架结构在水平地震作用下，对其横向框架和纵向框架都应进行内力分析。因为作用在建筑上的地震作用的大小取决于建筑自身质量产生的惯性力的大小，对于同一个建筑物，由于其自身的质量是不变的，纵向与横向地震作用对建筑的影响基本上是一样的。纵向框架和横向框架在地震作用下的弯矩如图 29-3-2（d）、（e）所示。

需要说明的是，风荷载与地震作用一般不考虑同时作用。

在实际工程中，因为大多数建筑物的体型都是纵向比横向要长很多，因此这些建筑的纵向刚度相比横向刚度要大得多，为了使建筑的横向也获得较大的刚度，采用横向框架方案有利于整个建筑结构各向刚度的均衡性要求。

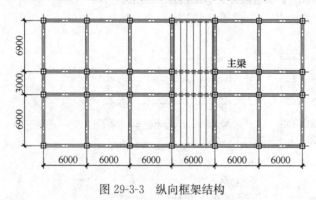

图 29-3-3　纵向框架结构

（2）纵向框架（图 29-3-3）

纵向框架的结构布置示意如图 29-3-3 所示。纵向框架的特点是，主要承重框架由纵向承重梁与柱构成，楼板支承在纵向承重梁上，横向则由连系梁将纵向框架连结成一个空间结构整体。

在楼板传来的竖向荷载作用下，纵向框架按多层刚架进行内力分析。

在水平风荷载作用下，仍应对横向框架进行内力分析，而纵向框架可以不必进行内力分析，其原因与前述横向框架方案的对应内容相同。同样，在水平地震作用下，对横向框架和纵向框架都应进行内力分析。

纵向框架方案的优点是：横向梁的高度较小，有利于管道穿行；楼层的净高大，能得到更多可利用的室内空间。

纵向框架方案由于其结构横向刚度较差，一般情况下，在实际工程中较少采用。

（3）纵横向混合框架（图 29-3-4）

纵横向混合框架的特点是沿建筑的纵横两个方向均布置承重梁，它综合了横向框架与纵向框架的优点，是比较有利于抗震的一种结构布置形式。

2. 柱网形式

柱网形式和网格大小的选择，首先应满足建筑的使用功能要求；同时，应力求使建筑形状规则、简单整齐，符合建筑模数协调统一标准的要求，以使建筑构件类型和尺寸规格

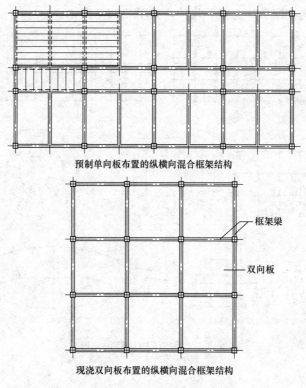

预制单向板布置的纵横向混合框架结构

框架梁

双向板

现浇双向板布置的纵横向混合框架结构

图 29-3-4　纵横向混合框架结构

尽量减少，有利于建筑结构的标准化和提高建筑工业化水平。图 29-3-5 为多层框架结构工业建筑平、剖面示意图。

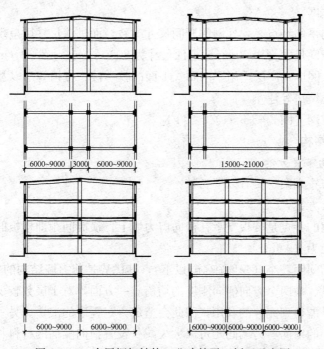

图 29-3-5　多层框架结构工业建筑平、剖面示意图

常见的框架结构柱网形式有以下几种，如图 29-3-6 所示。

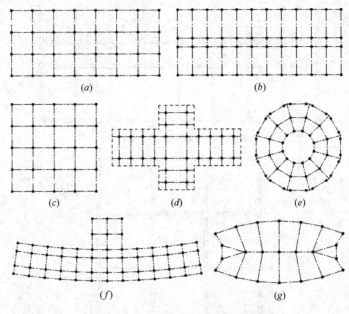

图 29-3-6　框架结构柱网布置形式

（1）方格式柱网

我们把开间尺寸和进深尺寸相同或相近的柱网平面称为方格式柱网，如图 29-3-6 中的（a）、（c）、（d）、（f）所示。这种柱网形式的适应性比较强，应用范围非常广泛，各种民用建筑和多层工业厂房等建筑都有采用。

（2）内廊式柱网

内廊式柱网的平面特点是，柱网的开间尺寸一致，而进深尺寸则呈现大、小、大的三跨形式。例如，开间尺寸为 4000mm，进深尺寸为 8000＋3000＋8000（mm），如图 29-3-6（b）所示。这种柱网形式广泛适用于内廊式平面的教学楼、旅馆客房以及中间设通道两侧布置流水线的工业厂房等建筑。

（3）曲线形柱网［图 29-3-6（e）～（g）］

（三）剪力墙结构

1. 剪力墙结构布置方案

剪力墙结构布置方案主要有以下三种：

（1）横墙承重方案

横墙承重方案的特点是楼板支承在横向剪力墙上，横墙间距即楼板的跨度。通常情况下，剪力墙的间距为 3～6m。

如果剪力墙的间距较小（一般在 4m 以下），其优势是剪力墙结构的横向刚度比较大，有利于整个结构纵、横两个方向侧向刚度的均衡。一方面，对于层数较少的建筑来说，剪力墙的承载能力不能得到充分的利用，因此会造成一定程度的浪费。另一方面，对于住宅类建筑来说，较小的横向剪力墙间距可以大大减少设置横向隔墙的材料和工序，同时也避免了隔墙对楼板结构的集中荷载作用，使楼板结构较为经济。

（2）纵墙承重方案

纵墙承重方案是针对建筑功能空间需要较大开间的情况采用的结构布置方案。但对于剪力墙结构而言，大开间的情况并不普遍，因而，采用纵墙承重方案的情况比较少见。

（3）纵横墙混合承重方案

纵横墙混合承重方案有两种情况。第一种是全现浇的钢筋混凝土楼板支承在周边的纵、横剪力墙上；第二种是预制楼板支承在进深大梁和横向剪力墙上，大梁支承在纵墙上，如图 29-3-7所示。第二种结构布置方式的缺点是大梁在纵墙上的支承面积很小；同时，由于横向剪力墙很少，纵墙平面外的自由长度较大，与横墙的拉结较差，对建筑结构的抗震能力有一定的影响。在塔式住宅建筑中，由于建筑平面纵、横两个方向长度差别不大，此时采用纵横墙混合承重的结构方案是比较合理的。

图 29-3-7　纵横墙混合承重方案之一

剪力墙结构的建筑平面可以设计成非常多样化的形式，图 29-3-8 所示为一些剪力墙结构的建筑平面实例。

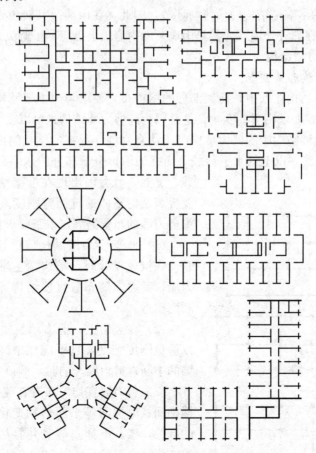

图 29-3-8　剪力墙结构建筑平面实例

2. 剪力墙结构的基本设计要求

(1) 剪力墙的布置要求

剪力墙在平面上应尽可能对齐，并且不宜间断布置，这一要求对于剪力墙有效地实现其抵抗水平地震剪力来说至关重要。在剖面上，剪力墙应自下至上连续布置，避免刚度突变，不应在中间楼层中出现剪力墙的中断。如果有设置大空间的需要，应将大空间布置在建筑的顶层，以避免造成剪力墙的中断。剪力墙在平面上的布置应尽量均匀、对称，以使建筑平面内的刚度均匀，避免建筑结构在水平地震作用下出现扭转，这种结构的扭转对于建筑物抗震十分有害。

(2) 剪力墙上开洞的设计要求

建筑物设置门窗等洞口是功能上的需要，但剪力墙上洞口设置的位置、数量、均衡性等对建筑结构的影响非常大，因此，必须给予足够的重视。

1) 剪力墙的门窗洞口宜上下对齐、成列布置，形成明确的墙肢和连梁。宜避免使墙肢刚度相差悬殊的洞口设置。这也是所有墙承重结构的基本设计要求。

2) 在纵横墙交叉处，应避免在几面墙上同时开洞。开洞时应尽可能形成门垛，这个要求是为了避免在结构的局部出现过于集中的削弱。

3) 建筑平面的尽端是结构的最薄弱环节，因此，在山墙及其转角处的外墙上应尽量少开洞或不开洞，在靠近外墙（尤其是山墙）的内墙段上也应尽量避免开洞。

（四）框架-剪力墙结构

框架-剪力墙结构布置要求：

在框架-剪力墙结构体系中，框架部分的结构布置要求与纯框架结构并无不同；而剪力墙部分的结构布置要求则有些变化，这是因为纯剪力墙结构是可以完全独立存在的结构整体，而框架-剪力墙结构中的剪力墙则是无法自身独立存在的结构组成部分。在一般情况下，剪力墙承担 80% 以上的水平荷载，而框架承担余下部分的水平荷载及全部竖向荷载。显然，剪力墙出现在框架结构中的目的就是要提高结构整体的抗侧弯刚度。框架-剪力墙结构中剪力墙的布置需满足以下要求：

（1）框架-剪力墙结构应设计成双向抗侧力体系。在抗震设计时，结构两主轴方向均应布置剪力墙，剪力墙的布置宜使结构各主轴方向的侧向刚度接近。

（2）在竖向上，剪力墙宜贯通建筑物的全高以避免刚度突变，且不应在中间楼层中出现剪力墙的中断；剪力墙开洞时，洞口宜上下对齐。

（3）剪力墙宜均匀布置在建筑物的周边附近、楼梯间、电梯间等平面形状变化及永久荷载较大的部位，楼、电梯间等竖井宜尽量与靠近的抗侧力结构结合布置，如图 29-3-9 所示。

（4）纵、横剪力墙宜组成 L 形、T 形和 U 形等形式，以提高其空间刚度，如图 29-3-10 所示。

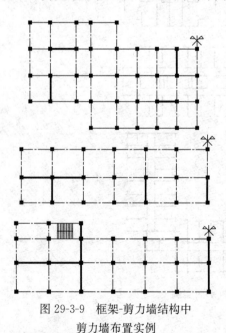

图 29-3-9 框架-剪力墙结构中
剪力墙布置实例

（5）剪力墙的数量要适当。过少会增加框架的负担，过多则会造成浪费，并出现空间限制过多、整体刚度过大等问题。

（6）一般情况下，剪力墙的厚度取值应≥160mm，且≥1/20 层高。

（7）梁与柱或柱与剪力墙的中线宜重合，以避免剪力墙或者梁对柱子产生扭转的不利影响。

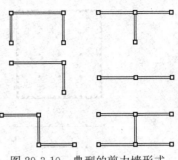

图 29-3-10　典型的剪力墙形式

（五）筒体结构

1. 筒体结构的构造类型

按其构造形式的不同，筒体结构可以分为薄壁筒和框筒两种不同的形式。

（1）薄壁筒

薄壁筒是板式墙组成的筒体，一般是由建筑内部的楼梯间、电梯间以及设备管道井的钢筋混凝土墙体围合形成的，如图 29-3-11（a）（c）所示。因为薄壁筒体一般位于建筑平面的中部，因此也被称为核心筒。

（2）框筒

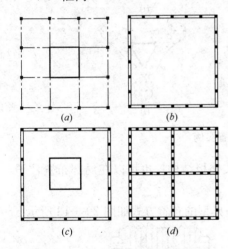

（a）　　　　（b）

（c）　　　　（d）

图 29-3-11　筒体的构造类型

框筒是由周边密集设置的立柱与高跨比很大的横梁（即上、下层窗洞之间的墙体）组成的筒体。框筒既可以看成是由密柱、高梁形成的空间框架，也可以看成是一个密布孔洞的筒形结构，如图 29-3-11（b）（c）所示。框筒主要用作外筒，筒体的孔洞面积一般不大于筒壁面积的 50%，立柱中距一般为 1.2～3.0m，特殊情况下也可扩大到 4.5m，横梁高度一般为 0.6～1.2m。立柱可为矩形或 T 形截面，横梁常采用矩形截面。

2. 筒体的结构布置

（1）竖向结构——筒体的布置

竖向结构的布置形式有单筒、筒中筒和集束筒三种。

单筒是指只有一个框筒作外筒的筒体结构类型。实际上，一般在外筒所围合的内部空间中，或设置内筒（薄壁筒），或设置框架，单筒结构非常少见。

筒中筒体系（也称套筒体系）是由内筒（薄壁筒）与外筒（框筒）共同组成的筒体结构类型。

集束筒是由几个连在一起的筒体组成的筒体结构类型，是单个筒体在平面内的集合。位于芝加哥的 110 层高的西尔斯大厦就是采用的这种集束筒体系，它由 9 个标准筒组成，其平面尺寸为 68.58m×68.58m。集束筒的结构刚度是以上几种筒体结构类型中最大的。

筒体自身最合理的平面形状应该是正方形或者圆形，狭长的矩形或者椭圆形不是理想的选择。常见的一些筒体结构的布置实例如图 29-3-12 所示。

（2）水平结构——楼板层的布置

在筒体结构的内外筒壁之间布置楼板结构时，如果筒壁的间距小，则可以直接布置楼

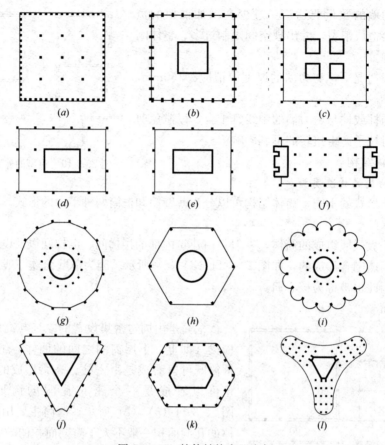

图 29-3-12　筒体结构布置实例

板；如果间距比较大，可以采用梁或桁架形成梁板式楼板结构；也可以在局部布置柱子，形成框架-筒体结构以减小楼板结构的跨度。

筒体结构的楼板层布置方式多种多样，几种较为典型的布置方式如图 29-3-13 所示。

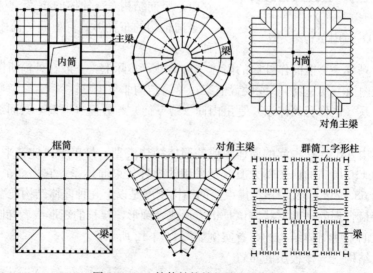

图 29-3-13　筒体结构楼板层布置示例

3. 筒体的结构类型

（1）筒体结构

这里所说的筒体结构是指单纯的筒体结构，包括单筒、筒中筒、集束筒等。

（2）框筒＋桁架结构

如前所述，筒体结构的外筒均为框筒，以满足建筑外立面设窗的需要。建筑的室内视野以及自然采光等问题要求外窗的尺寸尽量大一些，但筒体结构的抗侧弯刚度问题又要求外筒壁上的洞口不宜过大。

为了解决上述矛盾，可以采用框筒＋桁架的结构形式，即沿着外筒周边并不很密的柱子上设置竖直向上的整体桁架，在解决室内视野和自然采光的前提下，满足筒体结构空间整体刚度的要求。图 29-3-14 所示的芝加哥约翰·汉考克大厦就是这种框筒＋桁架结构的建筑实例，图 29-3-15 所示为约翰·汉考克大厦内景，从图中我们可以感受到巨大的整体桁架形成的室内空间效果。

图 29-3-14　约翰·汉考克大厦　　　图 29-3-15　约翰·汉考克大厦内景

（3）框架-筒体结构

框架-筒体结构简称框-筒结构（注意框-筒结构与框筒结构的区别）。框架-筒体结构是在内薄壁筒或者筒中筒结构的基础上再额外布置框架结构，即在内薄壁筒的周围或者在内、外筒之间布置框架，以形成建筑使用空间。框架-筒体结构实际上是利用框架结构提供建筑使用空间，而通过筒体结构满足结构抗侧弯刚度的要求，从而形成类似于框架-剪力墙结构的组合结构形式，如图 29-3-12（a）（d）（e）（f）（l）所示。

（六）单层厂房的结构体系

单层厂房常采用的结构体系主要有刚架结构和排架结构，在大型和重型厂房中，排架结构更是普遍采用的结构类型。两者之间有很多共同点，也有明显的区别。将这两者放在一起进行介绍，是希望通过这种对比性的介绍，使读者更好地掌握这两种常见建筑结构类型的异同。

1. 刚架结构的种类及受力特点

单层刚架的受力特点是：在竖向荷载作用下，柱对梁的约束减小了梁的跨中弯矩；在水平荷载作用下，梁对柱的约束减小了柱内弯矩。梁和柱由于整体刚性连接，刚度都得到了提高。

门式刚架按其结构组成和构造的不同，可以分为无铰刚架、两铰刚架和三铰刚架等三种形式。在同样荷载作用下，这三种刚架的内力分布和大小是有差别的，其经济效果也不相同。图 29-3-16 表示高度和跨度相同且承受同样均布荷载的三种不同形式刚架的弯矩图。

2. 排架结构的种类及受力特点

从结构特点来说，排架结构的类型是单一的，即排架柱与柱基础的节点是刚性连接，而排架柱与屋架或屋面大梁的连接节点是铰连接。与刚架结构柱和梁之间刚性连接形成一个整体构件不同，排架结构的柱子和梁（或屋架）是两种相对独立的构件，这种独立构件可以理解成是一个直线形或者折线形的杆。那么，排架结构的这个杆的长度相对于同等条件（相同的跨度和高度）下的刚架结构的杆来说就要短得多，杆件自身的刚度就要大得多。因此，排架结构更适合荷载较大、跨度较大的重型结构建筑，例如大型单层工业厂房、大型库房等建筑物。

从结构材料类型的角度来说，由于排架结构主要应用于大型和重型的建筑结构，因此，钢筋混凝土结构和钢结构的排架得到了广泛的应用。对于无吊车的厂房或者轻型厂房，也有采用砖柱承重的砌体结构排架类型。

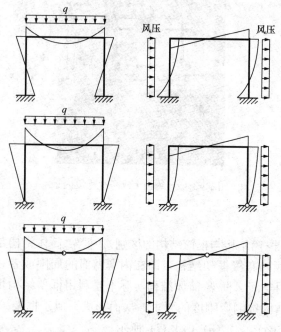

图 29-3-16　三种类型刚架的弯矩图

3. 刚架结构与排架结构的构件形式

任何一种结构构件形式的确定，主要取决于这种结构构件在各种荷载作用下的应力和应变的分布状况。因此，要正确地决定刚架结构或者排架结构的构件形式，就必须把它们在各种荷载作用下的应力分布和应变状况搞清楚。下面结合刚架结构和排架结构的弯矩分布图，对这个问题具体分析如下：

（1）刚架结构的构件形式

如图 29-3-16 所示，刚架结构在立柱与横梁的转角截面处弯矩较大，而铰结点处弯矩为零，因此在立柱与横梁转角截面内侧会产生应力集中现象，应力的分布随内折角的形式而变化；尤其是立柱的刚度比横梁大得多时，边缘应力会急剧增加，如图 29-3-17 所示。

在一般情况下，构件截面随应力大小而相应变化是最经济的做法。因此，刚架柱构件一般采用变截面的形式，加大梁柱相交处的截面，减小铰节点附近的截面，以达到节约材料的目的。同时，为了减少或避免应力集中现象，转角处常做成圆弧或加腋的形式，如图 29-3-17 及图 29-3-18 所示。

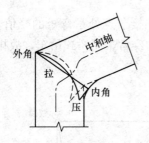

图 29-3-17　刚架转角截面的正应力分布

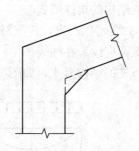

图 29-3-18　刚架转角截面的加腋

刚架结构的跨度一般在 40m 以下，跨度太大会导致自重过大，使结构不合理，并造成施工困难。普通钢筋混凝土刚架一般用于跨度不超过 18m、檐口高度不超过 10m 的无吊车或吊车起重量不超过 10t 的建筑中。钢筋混凝土刚架的构件一般采用矩形截面，跨度与荷载较大的刚架也可以采用工字形截面。

为了减少材料用量、减小构件截面、减轻结构自重，对于较大跨度的刚架结构常采用预应力钢筋混凝土刚架和空腹刚架的形式。空腹刚架有两种形式，一种是把构件做成空心截面，另一种是在构件上留洞。空腹刚架也可以采用预应力结构，但对施工技术和材料的要求较高。

在变截面刚架结构中，刚架截面变化的形式在满足结构功能需要的同时，应结合建筑立面要求确定。立柱可以做成里直外斜或外直里斜两种形式，如图 29-3-19所示。

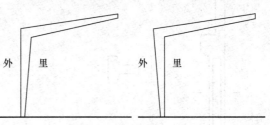

图 29-3-19　刚架柱的形式

在实际工程中，预制装配式钢筋混凝土刚架得到了广泛的应用。刚架拼装单元的划分一般应根据应力分布决定。单跨三铰刚架可分成两个"Γ"形拼装单元，铰节点设在基础和横梁中间拼接点的部位。两铰刚架的柱与基础连接处应做成铰节点，一般在横梁零弯矩点截面附近设置拼接点（但需注意，此处拼接点应为刚性拼接点）以避免构件划分单元过大。多跨刚架常采用"Y"形和"Γ"形拼装单元，如图 29-3-20 所示。

刚架承受的荷载一般有永久荷载和可变荷载两种。在永久荷载的作用下，零弯矩点的位置是固定的；在可变荷载作用下，由于各种不利组合，零弯矩点的位置是变化的。因此在划分构件拼装单元时，零弯矩点的位置应根据主要荷载确定。例如，对一般刚架（无悬挂吊车），由永久荷载产生的弯矩约占总弯矩的 90%，拼接点位置应设在永久荷载作用下横梁的零弯矩点附近。这样，拼接点截面受力小、构造简单、易于处理。

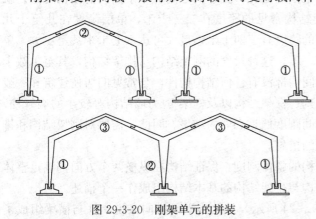

图 29-3-20　刚架单元的拼装

（2）排架结构的构件形式

从图 29-3-21 可以看出，排架结构柱与基础的连接节点处是弯矩的峰值部位，因此，排架柱最大截面应设置在柱底部位。由于排架结构中经常采用桥式吊车，故排架柱普遍采用变截面上下柱的结构形式，如图 29-3-22 所示。

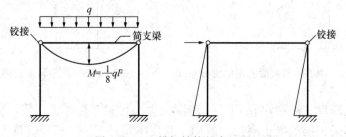

图 29-3-21　排架结构的弯矩图

由于排架结构的跨度往往很大，因此联系两根排架柱的上部水平横梁主要采用工字形截面的屋面大梁或者大型屋架，如图 29-3-23 所示。

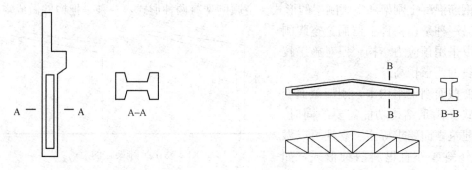

图 29-3-22　带有牛腿的排架柱　　　　图 29-3-23　工字形截面的屋面大梁以及大型屋架

4. 刚架结构与排架结构的空间刚度

两铰刚架和三铰刚架结构的空间刚度较小，常用于没有动荷载的民用与工业建筑中；当有吊车荷载时，其最大起重量不宜超过 10t。大型和重型厂房（特别是有吊车的厂房）等则主要采用排架结构。

刚架结构与排架结构虽然有适用范围的差异，但它们之间有一个共同的结构特征，就是结构的空间整体刚度比较低。刚架结构常见的跨度在二三十米，单层高度在几至十几米；排架结构常用于重型厂房，常见的跨度有三四十米，最大可达六七十米甚至更大，单层高度甚至可达二三十米以上。试想一下，这种尺度的刚架结构与排架结构，其至少数十米的跨度和十数米的净高所包围的空间内部没有任何结构构件，与常见的居住建筑和一般公共建筑采用的砌体结构、剪力墙结构、框架结构以及框架-剪力墙结构等较小的墙（柱）距和较小的层高相比较，其结构的空间刚度低是必然的结果。因此，需要对刚架结构和排架结构采取必要的加强整体空间刚度的措施。

在结构的总体布置时，应加强结构的整体刚度，保证结构在纵横两个方向都满足整体刚度的要求。在这里，首先对刚架结构与排架结构的基本结构组成作一个描述。

刚架结构的基本结构组成如图 29-3-24 所示，从结构平面横向来说，柱与横梁组成了横向刚架，各榀刚架之间由纵向设置的连系梁、大型屋面板或檩条等组成了纵向连系系统。由此形成完整的三维空间结构。

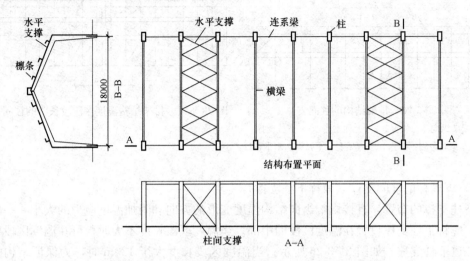

图 29-3-24　刚架结构的基本结构组成和支撑布置

　　排架结构的基本结构组成如图 29-3-25 所示，从结构平面横向来说，柱与横梁（或屋架）组成了横向排架；各榀排架之间由纵向设置的连系梁、大型屋面板或檩条、吊车梁等组成了纵向连系系统。由此形成完整的三维空间结构。

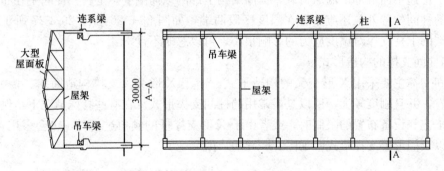

图 29-3-25　排架结构的基本结构组成

　　但是，如前所述，此时的刚架结构或排架结构的空间整体刚度还是很小；我们要在此空间结构的基础上采取提高空间刚度的措施。这类措施主要有：针对刚架柱或排架柱设置柱间支撑以及针对柱顶横向水平构件（即屋盖系统）设置屋盖支撑。下面以排架结构为例，介绍柱间支撑与屋盖支撑的主要形式和构造要求。刚架结构的支撑布置与排架结构的支撑布置类似，如图 29-3-24 所示。

　　（1）柱间支撑

　　柱间支撑的作用主要是保证建筑高度（室内地坪至柱顶）内结构的纵向稳定及空间刚度，以有效地承受结构平面端部山墙风荷载、吊车纵向水平荷载以及温度应力等；在地震区，还将承受纵向地震作用。柱间支撑又可细分为上段柱的柱间支撑、下段柱的柱间支撑等，如图 29-3-26所示。有时，还会出现设置中段柱的情况，中段柱的柱间支撑布置如

图 29-3-27 所示。

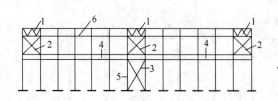

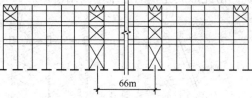

图 29-3-26　排架结构的柱间支撑　　　图 29-3-27　排架结构温度区段较长时的柱间支撑

1—屋架纵向垂直支撑；2—上柱支撑；3—下柱支撑；

4—吊车梁；5—排架柱；6—屋架上、下弦纵向水平系杆

1) 下段柱的柱间支撑（简称下柱支撑）

下柱支撑的布置，直接影响纵向结构温度变形的方向和附加温度应力的大小。一般情况下，应将下柱支撑设置在温度区段的中部。当温度区段长度不大时，可在温度区段中部设置一道下柱支撑，如图 29-3-26 所示；当温度区段长度大于 120m 时，为保证结构的纵向刚度，应在温度区段内设置两道下柱支撑，其位置应尽可能布置在温度区段中间 1/3 范围内，两道下柱支撑的间距不宜大于 66m，以减少由此产生的温度应力，如图 29-3-27 所示。

2) 上段柱的柱间支撑（简称上柱支撑）

为了传递平面端部山墙风荷载，提高结构上部的纵向刚度，上柱支撑除了在布置有下柱支撑的柱间位置外，还应布置在温度区段两端，如图 29-3-26 和图 29-3-27 所示。温度区段两端的上柱支撑对温度应力的影响很小，可以忽略不计。

3) 柱间支撑的构造形式

柱间支撑主要采用 X 形交叉的构造形式。由于 X 形交叉支撑构造简单、传力直接、用料节省，并且刚度较大，所以是最常用的柱间支撑形式。在有些特殊情况下，例如，受到生产工艺和设备布置的限制时，或者由于 X 形支撑杆的倾角过小时，也会采用八字形、人字形以及门形等支撑形式，如图 29-3-28 所示。

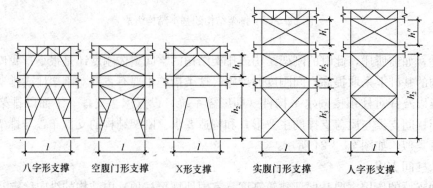

八字形支撑　　空腹门形支撑　　X 形支撑　　实腹门形支撑　　人字形支撑

图 29-3-28　柱间支撑的构造形式

(2) 屋盖支撑

在排架结构中，特别是结构跨度较大时，屋盖作为整个结构的水平分系统，其结构自

身的高度是很大的，数米甚至十数米高的大型屋架、天窗架，必须具备足够的自身刚度和稳定性，以使它们在整体结构中承受和传递荷载，确保结构的安全。如何保证屋盖结构构件在安装和使用过程中的整体刚度和稳定性，就是屋盖支撑要解决的问题。

1）屋盖支撑的系统组成

屋盖支撑是一个系统，如图 29-3-29 所示，主要包括如下组成部分：

① 屋架和天窗架的横向水平支撑，又可再细分为屋架上弦横向水平支撑、屋架下弦横向水平支撑、天窗架上弦横向水平支撑等。

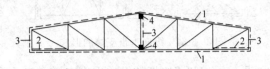

图 29-3-29 屋盖支撑系统示意图
1—横向水平支撑；2—纵向水平支撑；
3—纵向垂直支撑；4—纵向水平系杆

② 屋架的纵向水平支撑，又可再细分为屋架上弦纵向水平支撑和屋架下弦纵向水平支撑等。

③ 屋架和天窗架的纵向垂直支撑。

④ 屋架和天窗架的纵向水平系杆，又可再细分为屋架上弦纵向水平系杆、屋架下弦纵向水平系杆、天窗架上弦纵向水平系杆等。

2）屋盖支撑各组成部分的作用及构造形式

① 屋架和天窗架的横向水平支撑

屋架和天窗架的横向水平支撑一般采用 X 形交叉的构造形式，如图 29-3-30 所示。

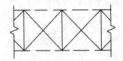

图 29-3-30 横向水平支撑和纵向水平支撑的形式

屋架上弦横向水平支撑、天窗架上弦横向水平支撑主要的作用是保证屋架和天窗架上弦的侧向稳定。当屋架上弦杆作为山墙抗风柱的支撑点时，屋架上弦横向水平支撑还能将水平风荷载或地震作用传递至整个结构的纵向柱列。

屋架下弦横向水平支撑的作用是使屋架下弦杆在动荷载的作用下不致产生过大的震动。当屋架下弦杆作为山墙抗风柱的支撑点时，或者当屋架下弦杆设有悬挂式吊车或其他悬挂运输设备时，屋架下弦横向水平支撑还能将水平风荷载、地震作用或其他荷载传递至整个结构的纵向柱列。

② 屋架的纵向水平支撑

屋架的纵向水平支撑一般采用 X 形交叉的构造形式，如图 29-3-30 所示。

屋架的纵向水平支撑通常和横向水平支撑构成环形封闭支撑系统，以加强整个结构的刚度。屋架下弦纵向水平支撑能使吊车产生的水平力分布到邻近的排架柱上，并承受和传递纵向柱列传来的水平风荷载和地震作用。当柱顶处设有纵向托架时，屋架下弦纵向水平支撑还能保证托架的平面外稳定。

③ 屋架和天窗架的纵向垂直支撑

屋架和天窗架的纵向垂直支撑一般采用如图 29-3-31 所示的支撑形式。

屋架纵向垂直支撑的作用主要是保证屋架上弦杆的侧向稳定和提高屋架下弦杆的平面外刚度（缩短下弦杆的平面外计算长度）。天窗架纵向垂直支撑的作用主要是保证天窗架的侧向稳定。

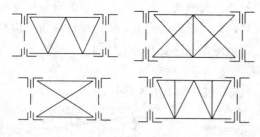

图 29-3-31　纵向垂直支撑的形式

④ 屋架和天窗架的纵向水平系杆

屋架和天窗架的纵向水平系杆可分为柔性系杆（拉杆）和刚性系杆（压杆），通常柔性系杆的截面比较小，多采用单角钢的形式；而刚性系杆的截面要求比较大，多采用由两个角钢组成的十字形截面的形式。

屋架和天窗架的纵向水平系杆的作用主要是与屋架和天窗架的纵向垂直支撑一起承受和传递纵向水平风荷载、地震作用和其他水平荷载等。同时，纵向水平系杆有利于屋架和天窗架安装时的平面外稳定。

三、2006 年　某 35 层筒中筒结构布置

（一）任务描述

图 29-3-32 为某 35 层建筑的标准层平面图，层高 3.9m，采用钢筋混凝土筒中筒结构，不考虑抗震要求，外筒壁厚 1000，内筒壁厚 600。

设计在满足规范要求（外筒柱距不大于 4000）的前提下，外筒的柱距应最大，四周柱距必须统一，柱宽为 1400。

（二）任务要求

按图例在图 29-3-32 中：

（1）布置外筒的柱，并注明柱距；

（2）布置外筒的梁（裙梁）；

（3）布置内筒及内部的剪力墙；

（4）布置内筒的连梁；

（5）布置内外筒之间的梁；

（6）布置内筒、外筒的角柱。

（三）图例

内外筒之间的梁：— ·· — ·· —

外筒梁（裙梁）：— · — · —

内筒连梁：— — — — —

剪力墙、柱：▬　■

（四）作图选择题

（1）①轴～④轴开间数目为：

A　8 个　　　　B　9 个　　　　C　10 个　　　　D　12 个

（2）Ⓐ轴～Ⓓ轴开间数目为：

A　7 个　　　　B　8 个　　　　C　9 个　　　　D　11 个

（3）在Ⓐ轴墙上的外筒梁（裙梁）数量为：

A　0　　　　　　B　1　　　　　　C　9　　　　　　D　10

（4）外筒的角柱有几处？

A　4　　　　　　B　8　　　　　　C　12　　　　　D　16

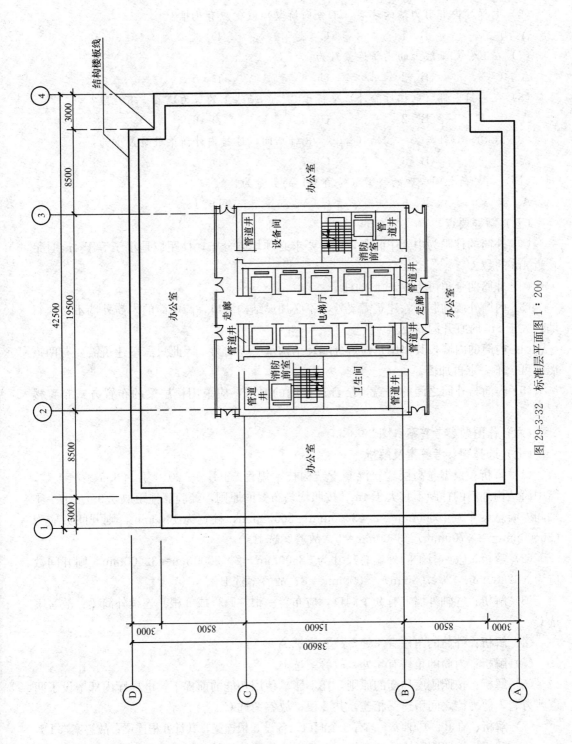

图 29-3-32 标准层平面图 1：200

(5) 内筒的角柱有几处?

A 2　　　　　　B 4　　　　　　C 6　　　　　　D 8

(6) 电梯厅内部剪力墙的连梁（不含内筒壁）最少应有几根?

A 0　　　　　　B 1　　　　　　C 2　　　　　　D 4

(7) 在Ⓑ、Ⓒ轴线上的内筒连梁数为:

A 0　　　　　　B 2　　　　　　C 4　　　　　　D 6

(8) 在内筒内部（电梯厅除外）平行于Ⓑ、Ⓒ轴线上的剪力墙最少有几段?

A 0　　　　　　B 2　　　　　　C 4　　　　　　D 6

(9) 在Ⓒ～Ⓓ轴与②～③轴（含②、③轴）间，连接内外筒梁数量最少为:

A 5　　　　　　B 6　　　　　　C 7　　　　　　D 8

(10) 内外筒之间合理的斜梁（转角梁）的数量为:

A 4　　　　　　B 8　　　　　　C 12　　　　　　D 16

(五) 解题要点

(1) 外筒的柱距为中到中间距，柱距要求必须均匀分布，柱距应是小于等于4m且最接近4m的数。

(2) 外筒四个角可组成⅂形的柱子。

(3) 内筒外墙的洞口除建筑需要外，不必加设结构洞口，筒中筒的内筒外墙不必执行墙长大于8m时宜开洞的要求。

(4) 内筒的内墙，其作用是建筑分隔及结构承受竖向力，因此只需按建筑需要有两道墙即可，不一定再加墙。

(5) 内筒与外筒之间的楼盖，结合选择题的要求，应采用楼层梁的布置方式布置楼层梁。

(六) 作图题参考答案 (图29-3-33)

(七) 选择题参考答案及解析

(1) **解析:** 根据《高层建筑混凝土结构技术规程》JGJ 3—2010 第9.3.5条第1款，筒中筒结构外筒的柱距不宜大于4m。按照均匀布置的原则，经验算柱距取3.9m。①～④轴间外墙总尺寸为 42500mm－2×3000mm＝36500mm，柱宽为1400mm，则开间数应为 (36500mm－2×700mm) /3900mm＝9。故答案选B。

(2) **解析:** Ⓐ～Ⓓ轴间外墙总尺寸为 38600mm－2×3000mm＝32600mm，则开间数应为 (32600mm－2×700mm) /3900mm＝8；故答案选B。

(3) **解析:** Ⓐ轴外墙上有9个洞口，应布置一根9跨（或9根）连续外筒梁；故答案选C。

(4) **解析:** 外筒的角柱有4处，故答案选A。

(5) **解析:** 内筒的角柱有4处，故答案选B。

(6) **解析:** 按照刚度均衡的原则，在不影响使用功能的前提下，电梯厅内部增设了两道剪力墙，剪力墙之间用连梁相连，共2根；故答案选C。

(7) **解析:** 在Ⓑ、Ⓒ轴线上各有3个洞口，各设3根连梁，共计6根连梁；故答案选D。

(8) **解析:** 按照刚度均衡的原则，在不影响使用功能的前提下，在内筒楼梯间设置两道剪力墙。所以除电梯厅外，内筒内部平行于Ⓑ、Ⓒ轴线的剪力墙为2道。故答案选B。

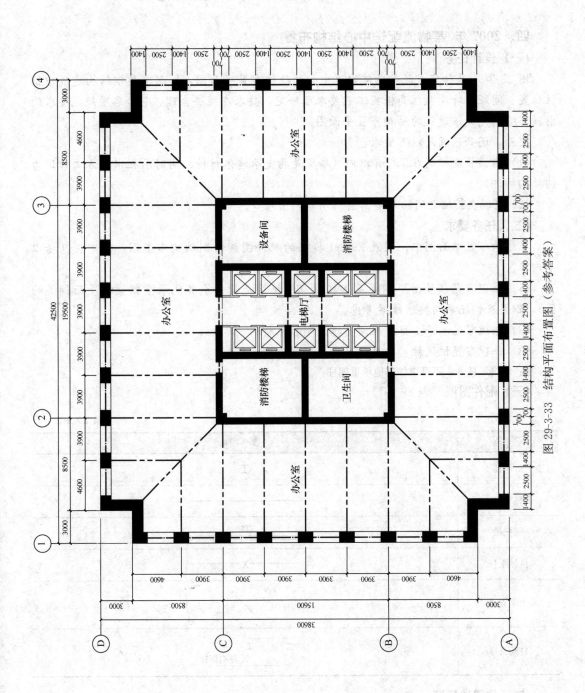

图 29-3-33 结构平面布置图（参考答案）

(9) **解析：** 在ⓒ、ⓓ轴与②～③轴（含②、③轴）间，共有 5 个开间，连接内外筒的梁最少为 6 根；故答案选 B。

(10) **解析：** 内外筒对应的四个角部应设置 4 根斜梁，故答案选 A。

四、2007 年 某物流配送中心结构布置

(一) 设计任务

图 29-3-34 是待完成的某物流配送中心的结构布置平面图，L 形单层钢结构建筑中钢柱位置、间距、跨度及柱高根据工艺要求已给定，要求在经济合理、符合各项规范要求的前提下绘制完成该建筑的结构布置平面图。

此外，还必须满足以下要求：

(1) 墙梁长度控制在 7.5m 以内（墙梁是指支承墙体材料、同时承担水平方向作用力的结构构件）。

(2) ⑪轴至⑮轴之间的外墙需留机动车辆出入口。

(二) 任务要求

在结构布置平面图中，用表 29-3-1 提供的配件图例绘制结构布置图，图中应包括以下内容：

(1) 合理布置（屋面）钢梁及钢托梁（钢托梁是指支承其他承重钢梁和屋面钢梁的梁），钢梁及钢托梁均按连续梁考虑。

(2) 合理布置水平支撑、柱间支撑及刚性系杆。

(3) 合理布置抗风柱，抗风柱可设于轴线上。

注：除抗风柱外，不可增加其他承重钢柱。

(三) 配件图例（表 29-3-1）

表 29-3-1

名　称	简　图
抗风柱	工
钢　梁	
钢托梁	=‖==TL==‖=
刚性系杆	———X———
水平支撑	✕
柱间支撑	工　工　原有钢柱

(四) 作图选择题

(1) 如同一轴线上的屋面钢梁（连续梁）按一道计，A 区内共有（　　）道？

A　11～13　　　　B　23～25　　　　C　32～36　　　　D　46～50

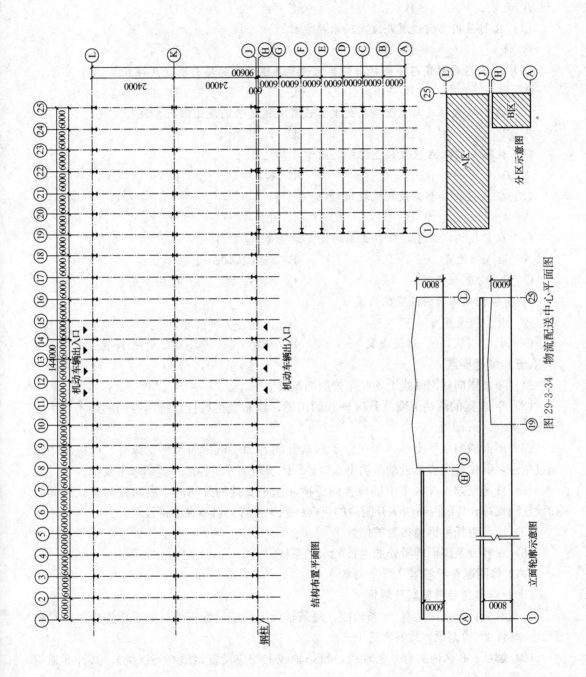

结构布置平面图

钢柱

机动车辆出入口

机动车辆出入口

144000

分区示意图

A区

B区

立面轮廓示意图

物流配送中心平面图

图 29-3-34

(2) 如同一轴线上的屋面钢梁（连续梁）按一道计，B区内共有（ ）道？

A 1～2   B 3～4   C 6～8   D 12～16

(3) 在A区内共需设置几道屋面水平支撑（ ）？

A 2   B 3   C 4   D 5

(4) 在B区内共需设置几道屋面水平支撑（ ）？

A 1   B 2   C 3   D 4

(5) 在A区内柱顶与屋面转折处共需设置几道通长的屋面刚性系杆（ ）？

A 2   B 3   C 5   D 9

(6) 在B区内柱顶与屋面转折处共需设置几道通长的屋面刚性系杆（ ）？

A 2   B 3   C 7   D 8

(7) 柱间支撑在A区④轴至㉒轴之间需绘制几处（ ）？

A 0   B 3   C 6   D 9

(8) 在A区内，共需设几根抗风柱（ ）？

A 4   B 8   C 12   D 24

(9) 在B区内，关于抗风柱正确的设置做法是（ ）。

A 沿Ⓐ轴设置   B 沿Ⓐ、Ⓗ轴设置
C 沿⑲、㉕轴设置   D 沿⑲、㉕、Ⓐ、Ⓗ轴设置

(10) 钢托梁正确的设置做法是（ ）。

A 沿Ⓙ轴设置   B 沿Ⓗ、Ⓙ轴设置
C 沿①、㉕、Ⓐ、Ⓗ轴设置   D 沿①、㉕、Ⓐ、Ⓗ、Ⓙ轴设置

（五）解题要点

(1) 每道横向柱网轴线上均应布置屋面钢梁。

(2) 于A区的两端山墙及B区轴Ⓐ的山墙，应布置抗风柱，抗风柱的间距不得大于 7.5m，取6.0m即可。

(3) 屋面横向水平支撑：A区除于两端开间各加一道横向水平支撑外，尚应在中部加设两道，其位置应躲开机动车辆出入口；B区于两端开间各加一道横水平支撑。

(4) 柱间支撑：A区于中部设置两道横向水平支撑的开间内，纵向柱列于该开间处加设柱间支撑；B区可在两端开间内的纵向柱列中设置，可不在中部设置。

(5) 应注意托梁钢梁布置的位置。

(6) 在柱顶及屋面转折处加通长的水平系杆。

（六）作图题参考答案（图29-3-35）

（七）选择题参考答案及解析

(1) **解析**：A区内共有25条轴线，每条轴线上均应设置钢梁，如采用连续梁的结构形式，共计25道钢梁；故答案选B。

(2) **解析**：B区内共有8条轴线，每条轴线上均应设置钢梁（连续梁），共计8道钢梁；故答案选C。

(3) **解析**：根据《建筑抗震设计规范》GB 50011—2010（2016年版）第9.2.12条表9.2.12-2（按有檩屋盖考虑），屋面横向水平支撑应在厂房单元的端开间设置且每隔60m各设置一道。A区结构总长度为144m，应设置4道屋面水平支撑；故答案选C。

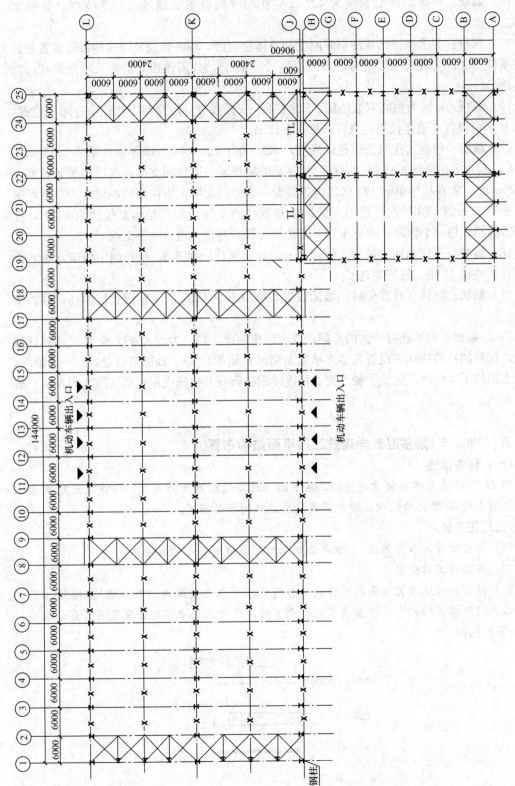

图 29-3-35 结构平面布置图（参考答案）

（4）**解析：**B区结构总长度为42m，应在端开间设置2道屋面水平支撑；故答案选B。

（5）**解析：**为了保证结构的空间刚度和整体稳定性，应在柱顶及屋面转折处设置通长刚性系杆。A区为两跨四坡结构，3个柱顶，2条屋脊，共需设置5道通长刚性系杆；故答案选C。

（6）**解析：**B区为两跨双坡结构，3个柱顶，1条屋脊，屋脊与中柱柱顶为同一位置，所以B区可设置3道通长刚性系杆；故答案选B。

（7）**解析：**根据《建筑抗震设计规范》GB 50011—2010（2016年版）第9.2.15条第1款，厂房单元的各纵向柱列，应在厂房单元中部布置一道柱间支撑；当厂房单元长度大于120m时，应在厂房单元1/3区段内各布置一道柱间支撑；当柱距数不超过5个且厂房长度小于60m时，亦可在厂房单元的两端布置柱间支撑。A区结构总长度为144m，在④～㉒轴间，每一个纵向柱列应布置2道柱间支撑，共设6道；故答案选C。

（8）**解析：**A区为两跨结构，每跨24m，如抗风柱间距6m，则每侧山墙应布置6根抗风柱，共设12根；故答案选C。

（9）**解析：**抗风柱只在受风山墙面设置，所以B区只需沿A轴设置抗风柱；故答案选A。

（10）**解析：**为了获得较大的空间，或在厂房的出入口（为增大宽度），常采用抽柱的做法，在有抽柱的柱间应设置托梁支承屋面梁（或屋架）。A、B区结合处，⑲～㉕轴间，①轴上抽掉了4根柱，应沿①轴设置2根连续钢托梁或6根简支钢托梁（跨度为6m）；故答案选A。

五、2008年 某多层教学建筑二层平面结构布置

（一）任务描述

图29-3-36为某多层教学建筑的二层平面，抗震设防烈度为8度，该建筑为现浇梁板钢筋混凝土框架-剪力墙结构，按规范要求完成结构平面布置。

（二）任务要求

（1）布置防震缝（伸缩缝），把平面划分为几个规则合理的部分；

（2）布置施工后浇带；

（3）经济合理地布置横向的剪力墙（本题目不要求布置纵向的剪力墙）。按照8度抗震要求，现浇梁板结构中，楼盖长宽比大于3时，应考虑在中部设置抗震墙（剪力墙）。

（三）图例

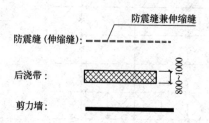

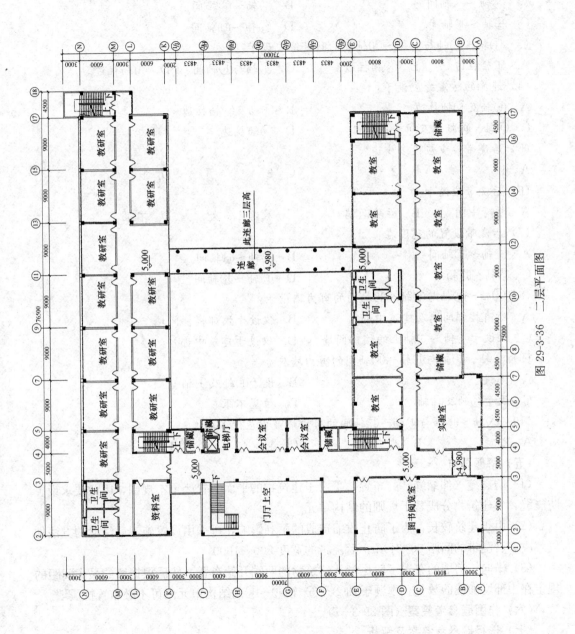

图 29-3-36 二层平面图

(四) 作图选择题

(1) 防震缝最少应设多少道？

A 2   B 3   C 4   D 6

(2) 下列范围，可设置防震缝的是：

A ⑤轴～⑥轴间   B ⑦轴～⑧轴间

C Ⓔ轴～Ⓕ轴间   D Ⓖ轴～Ⓗ轴间

(3) ①轴～⑤轴与Ⓕ轴～Ⓝ轴间的防震缝应设于：

A Ⓙ轴柱边   B Ⓚ轴柱边   C Ⓙ轴与Ⓚ轴间   D ⑤轴柱边

(4) 连廊的防震缝应设于：

A Ⓔ轴及Ⓚ轴柱边   B ①/Ⓔ轴及①/Ⓙ轴柱边

C ①/Ⓔ轴～①/Ⓕ轴间及②/Ⓗ～①/Ⓙ轴间   D ①/Ⓖ轴柱边

(5) 后浇带最少应设多少道？

A 1   B 2   C 3   D 4

(6) 后浇带应设于：

A 柱跨中间   B 柱跨两端   C 柱跨1/3处   D 不限

(7) 后浇带设置的范围在：

A ①轴～⑦轴间   B ⑦轴～⑬轴间

C ⑬轴～⑰轴间   D Ⓔ轴～Ⓚ轴间

(8) Ⓚ轴～Ⓝ轴与②轴～⑱轴间的剪力墙设于：

A 所有楼梯间墙及建筑中部   B 仅设于端部楼梯间墙

C 仅设于④轴～⑤轴上的楼梯间墙   D 仅设于建筑中部

(9) ②轴～⑤轴与Ⓔ轴～Ⓚ轴间的剪力墙应：

A 不设   B 设于Ⓕ轴及Ⓙ轴

C 设于Ⓖ轴及Ⓗ轴   D 位置不限

(10) Ⓐ轴～Ⓔ轴与①轴～⑰轴间的剪力墙最少应设多少道？

A 2   B 3   C 4   D 5

(五) 解题要点

(1) 防震缝（伸缩缝）的布置，是由于建筑物的平面布置严重不规则，因此要求设置防震缝，使建筑物分成若干规则的结构单元。

(2) 由于建筑较长，为了防止收缩造成的不利影响，可采用设置施工后浇缝的方法加以解决。后浇带的间距 30～40m，后浇带的宽度 800～1000。

(3) 横向抗剪墙的布置一般尽量从建筑物的两端开始布置，然后根据墙的最大间距的规定在中部增加墙的数量。本题于轴②～⑤/轴Ⓔ～Ⓚ的结构单元内可不必布置抗震墙。

(六) 作图题参考答案（图 29-3-37）

(七) 选择题参考答案及解析

(1) **解析**：体型复杂、平立面不规则的建筑，通过设置防震缝，将复杂的建筑平面划分为若干较为规则的结构单元，可以减少房屋的扭转，并改善结构的抗震性能。本工程为二层框架-剪力墙结构教学楼，抗震设防烈度为 8 度，建筑平面为复杂的"H"形，属于平面不规则类型。通过设置 4 道防震缝，将中间的框架和连廊部分与上、下的框架-剪力

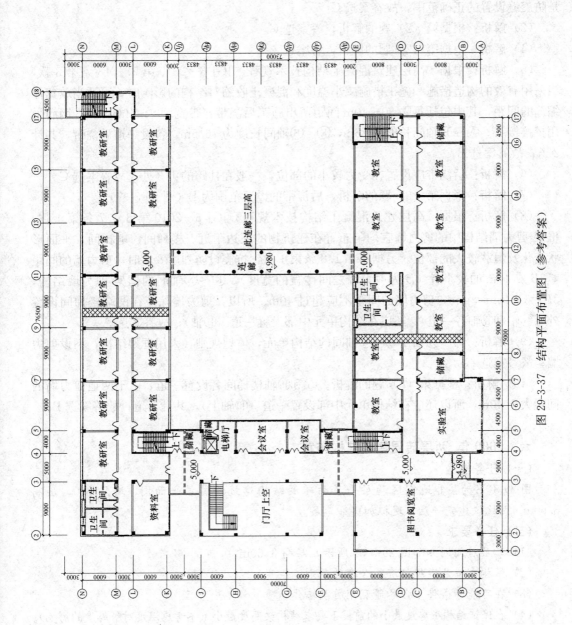

图 29-3-37 结构平面布置图（参考答案）

4.980 5.000

363

墙结构分为 4 个较为规则的结构单元。故答案选 C。

(2) **解析**：4 道防震缝的设置位置为：②～⑤轴交Ⓔ、Ⓕ轴间及交Ⓙ、Ⓚ轴间，各设置 1 道抗震缝，将框架划分为独立的结构单元；⑩～⑫轴交Ⓔ、Ⓕ轴间及交Ⓙ、Ⓚ轴间，各设置 1 道抗震缝，将连廊与主体结构分开；共设 4 道（图 29-3-37）。选项 A、B、D 不是防震缝设置的正确范围，故答案选 C。

(3) **解析**：根据第（2）题的解析，答案选 C。

(4) **解析**：根据第（2）题的解析，答案选 A。

(5) **解析**：根据《高层建筑混凝土结构技术规程》JGJ 3—2010 第 3.4.13 条第 3 款，当采用有效的构造措施和施工措施减小温度和混凝土收缩对结构的影响时，可适当放宽伸缩缝的间距，其中包括每隔 30～40m 间距留出施工后浇带，带宽 800～1000mm，钢筋采用搭接接头。Ⓐ～Ⓔ轴间长度为 75m，Ⓚ～Ⓝ轴间长度为 76.5m，各设一道后浇带，共计 2 道；故答案选 B。

(6) **解析**：后浇带应设置在受力较小的部位，一般在柱跨的 1/3 处；故答案选 C。

(7) **解析**：根据第（5）题的解析，后浇带的设置范围为 B（图 29-3-37）。

(8) **解析**：根据《高层建筑混凝土结构技术规程》JGJ 3—2010 第 8.1.7 条第 1 款，框架-剪力墙结构中的剪力墙宜均匀布置在建筑物的周边附近、楼梯间、电梯间、平面形状变化及恒载较大的部位。另据第 8.1.8 条第 1 款，抗震设防烈度 8 度时，剪力墙的间距 ≤3B 或 40m 的较小者（B 为剪力墙之间楼盖的宽度）。Ⓚ～Ⓝ轴间的框架-剪力墙结构，$3B=3×15m=45m$，剪力墙的间距不应超过 40m。所以，剪力墙除应在两端楼梯间设置外（⑤轴和⑰轴各一道），还应在结构单元中部设置一道（⑪轴）；故答案选 A。

(9) **解析**：②～⑤轴与Ⓔ～Ⓚ轴间的结构单元，体型规则，采用框架结构，不设剪力墙；故答案选 A。

(10) **解析**：根据第（8）题的解析。⑤和⑯轴楼梯间各设置一道，由于两道剪力墙的间距大于 40m，所以还应在结构单元中部设置一道（⑩轴上），共计 3 道；故答案选 B。

六、2009 年 两层砖混建筑结构布置

(一) 任务描述

图 29-3-38 为某非地震区两层平屋面砖混结构建筑的首层平面图，墙厚 360，层高 3.60m。因故仅建完一层，现拟加建第二层。

(二) 任务要求

(1) 二层房间划分如图 29-3-39 所示，层高 3.60m。

(2) 结构布置应遵循经济、合理的原则。

(3) 在可能的条件下，尽量利用首层墙体承重。

(4) 在保证结构板厚度最小的前提下要求结构梁高度最小（不考虑温度对板厚度的影响）。

(5) 因装修拟吊顶，仅考虑结构因素。

(6) 除展示空间外，其余部分梁均应设置在轴线上。

(7) 不需考虑圈梁、门窗过梁。

(三) 作图要求

选用图例中的构件，在图 29-3-39 中绘制二层墙体布置及屋顶结构布置图。

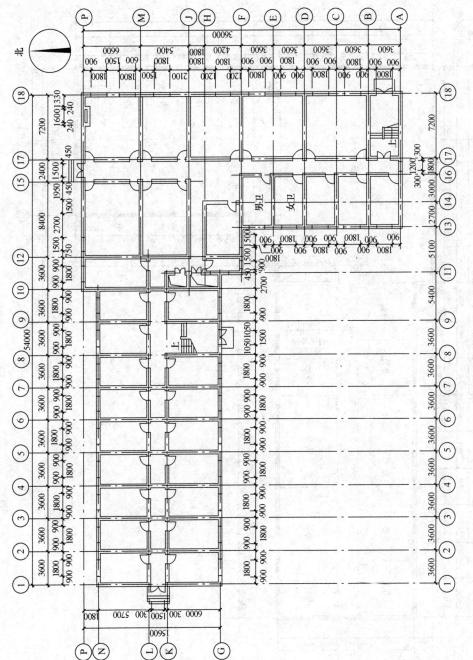

图 29-3-38 首层平面图

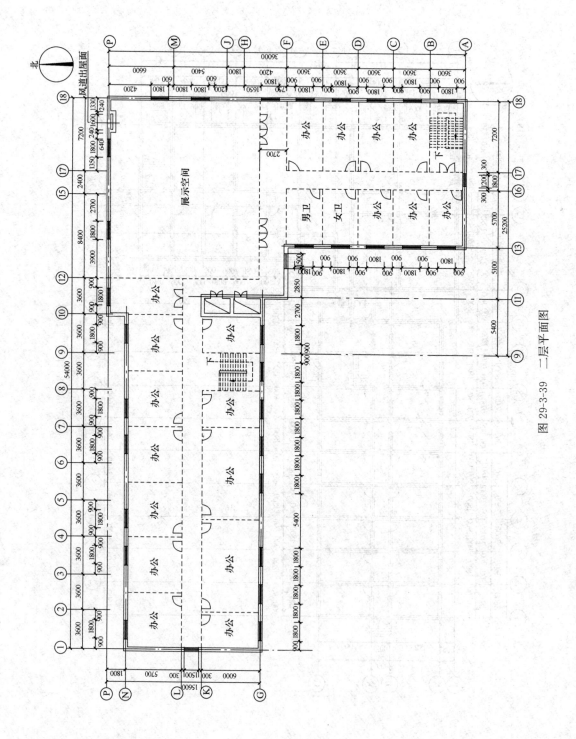

图 29-3-39 二层平面图

（四）图例（表 29-3-2）

表 29-3-2

构件名称	图　例
结构柱	■
结构梁	———
砖墙（360 厚）	═══
轻隔墙（轻钢龙骨双面石膏板墙 100 厚）	═
轻隔墙上方有结构梁	═══
单向板（本题单向板定义为：长宽比≤3∶2）	▱
双向板（本题双向板定义为：长宽比≤3∶2）	⊠

注：构件根据需要选用。

（五）作图选择题

（1）展示空间需设置的结构柱数量为：

A　0　　　　　　　B　4　　　　　　　C　8　　　　　　　D　16

（2）Ⓐ～Ⓕ轴之间（含Ⓕ轴）需设置几道内承重砖墙（墙体不连续时应分别计算）?

A　8　　　　　　　B　9　　　　　　　C　10　　　　　　D　12

（3）①～⑨轴之间（含⑨轴）需设置几道内承重砖墙（墙体不连续时应分别计算）?

A　6　　　　　　　B　7　　　　　　　C　8　　　　　　　D　9

（4）以下哪个部分需布置双向板?

A　展示空间

B　Ⓕ轴以南部分

C　⑫轴以西部分

D　展示空间、Ⓕ轴以南部分、⑫轴以西部分均不需布置

（5）最长的结构梁跨度为多少米?

A　13.8　　　　　B　14.7　　　　　C　18　　　　　　D　19.8

（6）最短的结构梁跨度为多少米?

A　1.8　　　　　　B　2.1　　　　　　C　2.7　　　　　　D　3.6

（7）①～⑩轴之间需设置几道结构梁?

A　7　　　　　　　B　8　　　　　　　C　9　　　　　　　D　11

（8）Ⓐ～Ⓕ轴之间（含Ⓕ轴）需设置几道结构梁?

A　0　　　　　　　B　1　　　　　　　C　2　　　　　　　D　3

（9）⑫～⑱轴（含⑫轴）之间共需设几道结构梁?

A　10　　　　　　B　11　　　　　　C　12　　　　　　D　13

（10）共有几道轻隔墙上方有结构梁?

A　0　　　　　　　B　2　　　　　　　C　3　　　　　　　D　5

（六）解题要点

（1）二层承重墙的布置，应根据图 29-3-38 首层平面图中的承重墙上延成为二层的承

重墙，此墙必须是图 29-3-39 二层平面图中房间的分隔墙、走道墙和外墙，二层平面图中无墙时，首层平面中的承重墙不能上延。

（2）屋顶结构平面中梁的布置，应满足以下要求：

1）保证结构板厚最小的前提下，梁的高度最小；

2）除展示空间外，其余部分梁均应设置在轴线上。

（3）展示空间的屋面梁，因跨度较大，且两个方向的跨度都是18m，故应采用井字梁楼盖，布置时应注意：

1）井字梁的间距应满足：

① 板的厚度是比较薄的；

② 梁的高度是较小的；

③ 梁的数量要在选择题的答案中能找到；

④ 梁的位置不会严重地影响出屋面的风道。

2）根据以上的要求，宜采用 3.0m×3.0m 间距的井字梁楼盖。

（4）要注意在楼梯间与走道相连处及走道转角处也应布置承重梁。

（5）单向板与双向板要根据：长宽比大于 3∶2 为单向板、长宽比小于等于 3∶2 为双向板判定。

（6）本题屋顶结构布置中、因首层无构造柱，且二层也无加设构造柱的要求，展示空间的井字梁，一般在周边支座处均加周边的圈梁，梁高同井字梁高度，故也可不加构造柱。

（七）作图题参考答案（图 29-3-40）

（八）选择题参考答案及解析

（1）**解析**：⑫～⑱轴和Ⓕ～Ⓟ轴间的平面尺寸为 18m×18m，采用网格尺寸为 3m×3m 的井字梁屋盖，边梁支承于砌体墙上（墙上有必要设置卧梁），所以不需要设置结构柱；故答案选 A。

（2）**解析**：二层承重墙的布置，应根据首层承重墙的位置确定。Ⓐ～Ⓕ轴间（含Ⓕ轴）需设置 8 道内横墙，2 道内纵墙，共计 10 道；故答案选 C。

（3）**解析**：①～⑨轴间（含⑨轴）需设置 6 道内横墙，3 道内纵墙（Ⓚ轴上有不连续内纵墙），共计 9 道；故答案选 D。

（4）**解析**：展示空间采用网格尺寸为 3m×3m 的井字梁屋盖，楼板为 1∶1 的双向板；故答案选 A。

（5）**解析**：最长的结构梁为展示空间屋盖的井字梁，6 跨连续梁，每跨的跨度为 3m，共计 18m；故答案选 C。

（6）**解析**：最短的结构梁为⑪～⑫轴间Ⓚ轴上支承屋面板的梁，跨度为 1.8m；故答案选 A。

（7）**解析**：当二层隔墙不在轴线上，隔墙两侧（或一侧）的轴线上应设置结构梁，①～⑩轴间，走廊北侧办公室需设置 6 道，南侧办公室 4 道，楼梯间 1 道，共计 11 道；故答案选 D。

（8）**解析**：根据第（7）题的解析，Ⓐ～Ⓕ轴间（含Ⓕ轴），走廊西侧办公室需设置 2 道结构梁，⑯～⑰轴间Ⓕ轴上需设 1 道，共计 3 道（Ⓕ轴上的梁与井字梁楼盖的边梁一起浇筑，如不单独计算，则应为 2 道）；故答案选 D。

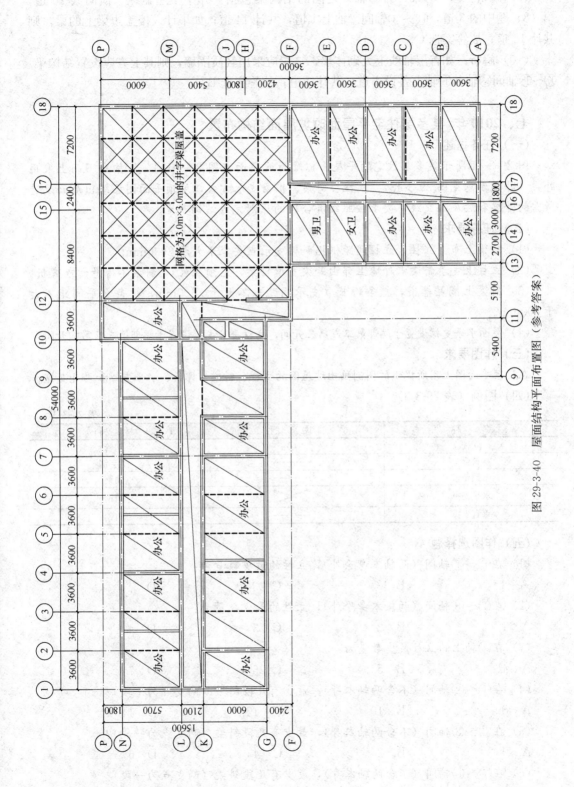

图 29-3-40 屋面结构平面布置图（参考答案）

（9）**解析：**⑫～⑱轴（含⑫轴）之间的结构梁包括：井字梁屋盖纵、横向共 10 道，第（8）题中的 3 道，⑪～①轴间⑫轴上 1 道，共计 14 道；如果计入楼盖边梁上的梁，则共计 12 道；故答案选 C。

（10）**解析：**如首层轴线上无砌体墙，二层应采用轻质隔墙，则其上方应设置结构梁。⑰～⑱轴间ⓒ轴和Ⓔ轴上各设 1 道，共计 2 道；故答案选 B。

七、2010 年 某多层住宅平屋面改坡屋面结构布置

（一）任务描述

图 29-3-41 所示某多层住宅的平屋面拟改为坡屋面（图 29-3-42），结构自下而上采用卧梁（卧梁示意见图 29-3-43）、立柱、斜梁、檩条支承方式，屋顶平面图已给出屋面改造所需的卧梁和坡屋面交线，要求按照经济合理的原则完成结构布置。

（二）任务要求

（1）卧梁上布置立柱，立柱间距根据斜梁支承点要求不大于 2600mm。

（2）立柱上支承斜梁（外墙上部由卧梁支承斜梁，无须立柱），斜梁不得悬臂或弯折。

（3）斜梁上搁置檩条，檩条跨长（支承间距）不大于 3600mm，檩条水平间距不大于 800mm。

（4）屋面水平支撑设置于端部第二或第三开间，立柱垂直支撑设置于端部第三及第四开间。

（三）作图要求

在屋顶平面图上用所提供的图例画出坡屋面的立柱、斜梁、檩条、水平支撑和垂直支撑。

（四）图例（表 29-3-3）

表 29-3-3

名　　称	图　　例	材　　料
立柱	○	钢管
斜梁	——·——	工字钢
檩条	——————	角钢
水平支撑	✕	角钢
垂直支撑	——	角钢

（五）作图选择题

（1）在⑥～⑦轴间（两轴本身除外），立柱的最少数量为：

A 1　　　　　　B 2　　　　　　C 3　　　　　　D 4

（2）在⑦～⑧轴间（两轴本身除外），立柱的最少数量为：

A 1　　　　　　B 2　　　　　　C 3　　　　　　D 4

（3）在⑧轴上的立柱最少数量为：

A 4　　　　　　B 5　　　　　　C 6　　　　　　D 7

（4）在①～②轴间（不含两轴本身），最少有几段斜梁（两支点为一段）?

A 8　　　　　　B 10　　　　　C 12　　　　　D 14

（5）在②～③轴间（不含两轴本身），最少有几段斜梁（两支点为一段）?

A 0　　　　　　B 2　　　　　　C 4　　　　　　D 6

（6）在⑦～⑧轴间（不含两轴本身），最少有几段斜梁（两支点为一段）?

A 4　　　　　　B 5　　　　　　C 6　　　　　　D 7

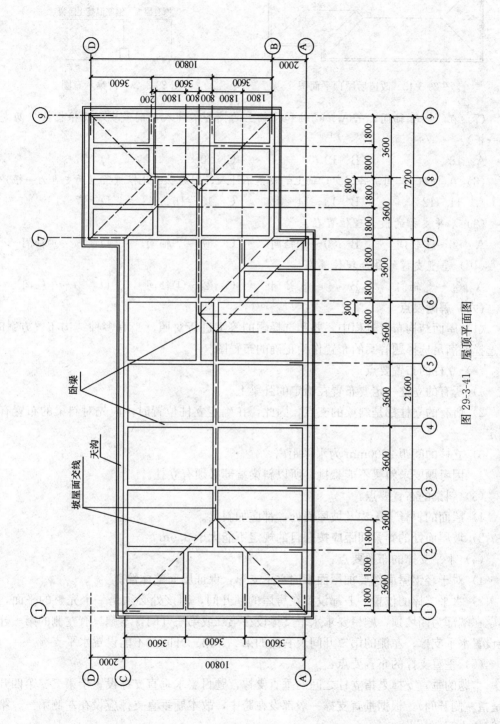

图 2-9-3-41 屋顶平面图

卧梁

天沟

坡屋面交线

371

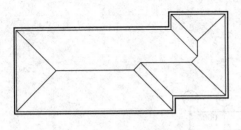

图 29-3-42　改造后屋顶平面图

图 29-3-43　卧梁示意图

（7）在①～②轴间，若Ⓐ、Ⓒ轴和①轴上的檩条不计入，则最少有几根檩条（两支点为一根）？

A　18　　　　　　B　19　　　　　　C　20　　　　　　D　21

（8）在④～⑤轴间，若Ⓐ、Ⓒ轴上的檩条不计入，则最少有几根檩条（两支点为一根）？

A　11～12　　　　B　13～14　　　　C　15～16　　　　D　17～18

（9）水平支撑的最合理位置在：

A　②～③轴间　　B　③～④轴间　　C　⑥～⑦轴间　　D　⑦～⑧轴间

（10）垂直支撑的最合理位置在：

A　②～③轴间　　B　④～⑤轴间　　C　②～④轴间　　D　③～⑤轴间

（六）解题要点

（1）屋面结构布置过程中，要和选择题的答案进行对照，当有多种结构布置方案时，要选择能满足选择题答案的布置作为正确的布置图。

（2）立柱的布置要点：

1）所有的立柱一定要布置在给定的卧梁上。

2）所有的立柱都是斜梁的支点，因此，在确定立柱位置时，应先对斜梁的布置有所预定。

3）立柱的间距 2600mm 为水平距离。

4）因考题要求斜梁不能悬挑，所以斜梁端部必须有立柱。

（3）斜梁的布置要点：

1）屋面的斜脊、天沟及坡屋面处，都应加斜梁。

2）坡屋面处的斜梁间距应按题目的规定不能大于 3.6m。

（4）水平支撑的布置要点：

1）对于轻钢屋面都要加屋面横向水平支撑，保证屋面整体性。

2）水平支撑的位置一般都设置在房屋的端开间，但该处必须是一个完整的平面，而本题在端部为四坡顶，题目要求水平支撑设在第二或第三开间，本题只有左侧的第三开间能设置水平支撑；左侧的第二开间及右侧的第二、第三开间都不能设置水平支撑。

（5）垂直支撑的布置要点：

本题的垂直支撑是指立柱之间的垂直支撑，题目要求垂直支撑设置于第三、第四开间（是指左侧开间），根据垂直支撑一般都设在跨中，故本题垂直支撑应设在左侧第三、第四开间的中部。

（七）作图题参考答案（图 29-3-44）

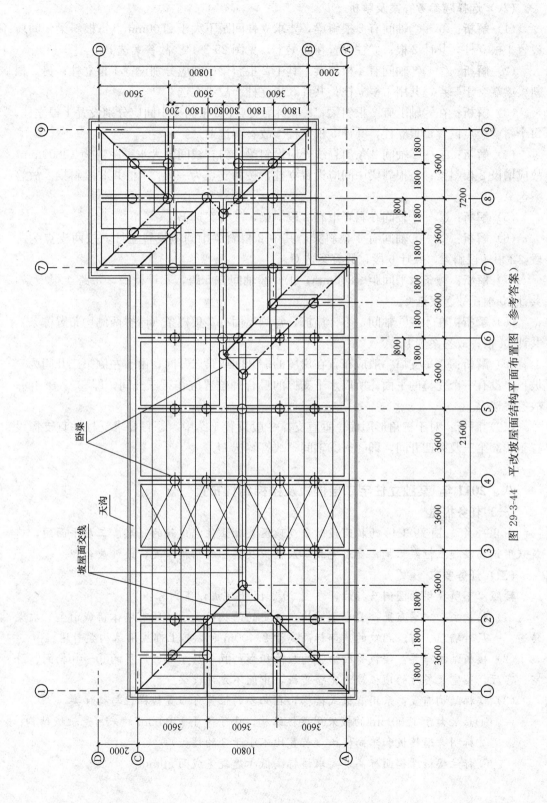

图 29-3-44 平改坡屋面结构平面布置图（参考答案）

卧梁

天沟

坡屋面交线

373

（八）选择题参考答案及解析

（1）**解析：**⑥~⑦轴间有 2 根斜梁，要求立柱间距不大于 2600mm，每根斜梁中间应设置 1 根立柱，共计 2 根；立柱设置在卧梁上，见图 29-3-44。故答案选 B。

（2）**解析：**⑦~⑧轴间有 4 根斜梁，其中 2 根斜梁中间应分别设置 1 根立柱；另 2 根斜梁梁端交于一点，共用 1 根立柱；共计 3 根立柱。故答案选 C。

（3）**解析：**在⑧轴上有 2 根斜梁，3 个斜梁交点；2 根斜梁中间应分别设置 1 根立柱，每个斜梁交点设置 1 根立柱，共计 5 根立柱。故答案选 B。

（4）**解析：**①~②轴间 2 条斜脊线处应设斜梁，斜脊线间最大水平距离为 10800mm，故应增设 2 根斜梁；每根斜梁中间应设置立柱，按两支点为一段，4 根共 8 段斜梁。故答案选 A。

（5）**解析：**②~③轴间在斜脊上有 2 段斜梁，故答案选 B。

（6）**解析：**⑦~⑧轴间有 4 根斜梁，其中 2 根斜梁中间应设置立柱，按两支点为一段，2 根 4 段斜梁，共计 6 段；故答案选 C。

（7）**解析：**檩条水平间距≤800mm，①~②轴间有 5 跨，不计檐檩，每跨 4 根檩条，共计 20 根；故答案选 C。

（8）**解析：**在④~⑤轴间，不计檐檩，每侧屋面有 7 根檩条（屋脊两侧均布置檩条），共计 14 根；故答案选 B。

（9）**解析：**水平支撑一般应布置在房屋的端开间或第二开间，由于左侧第二开间为三坡顶，没有一个完整的平面，所以水平支撑的最合理位置应在第三开间，即③~④轴间；故答案选 B。

（10）**解析：**对于三角形屋面，垂直支撑一般设置于跨中。题目要求立柱垂直支撑设置于端部第三及第四开间，即③~⑤轴间；故答案选 D。

八、2011 年 某独立住宅二层楼板及楼梯结构布置

（一）任务描述

图 29-3-45、图 29-3-46 为抗震设防 7 度地区某独立住宅建筑的一层、二层平面图，建筑采用钢筋混凝土框架结构，要求完成二层楼板及楼梯的结构布置，设计应合理。

（二）任务要求

按照以下所提供的图例及标注，在图 29-3-46 上完成以下内容：

（1）结构主、次梁布置：要求主梁均由图中的结构柱支承，所有墙体荷载由主、次梁传递。一层外墙门、窗、洞口的顶部标高高于 2.400m 时，其上部应用结构梁封堵。

（2）楼板结构布置：楼板平面形状均应为矩形；且一层车库、门厅的⑤~⑥轴间、卧室、客厅、茶室及餐厅的顶板应为完整平板，中间不允许设梁。

（3）楼梯结构布置：采用直板式楼梯，在必要的位置可布置楼梯柱与楼梯梁。

注：①悬挑大于 1500mm 的板采用梁板结构，小于等于 1500mm 的采用悬挑板结构；

②标明普通楼板和单向楼板（长宽比不小于 3 的楼板）；

③标注楼板结构面标高，要求该标高低于建筑完成面 50mm。

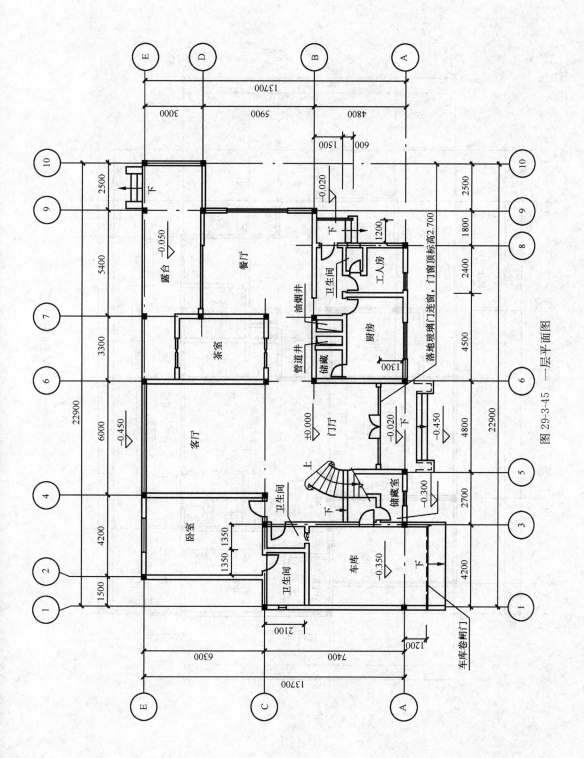

图 29-3-45　一层平面图

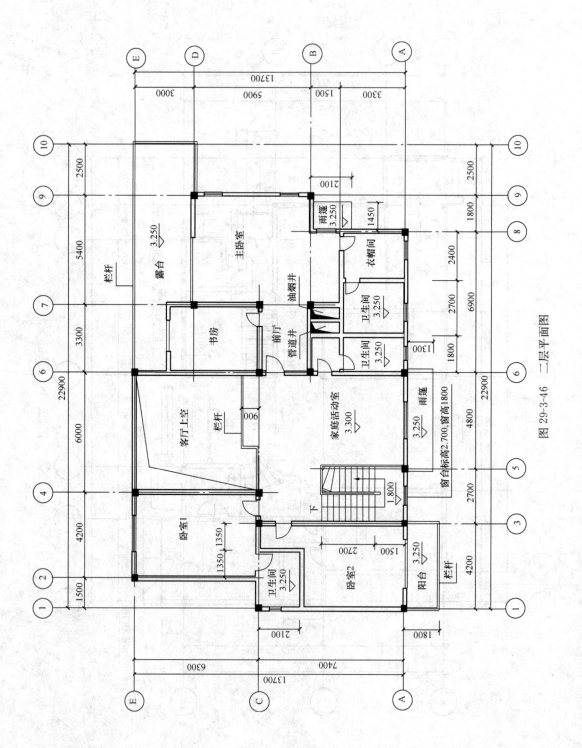

图 29-3-46 二层平面图

栏杆

露台 3.250

主卧室

雨篷 3.250

衣帽间

卫生间 3.250

油烟井

书房

前厅

管道井

卫生间 3.250

客厅上空

栏杆

家庭活动室 3.300

雨篷 3.250

卧室1

窗台标高2.700,窗高1800

下

1.800

卫生间 3.250

卧室2

阳台 3.250

栏杆

(三) 图例

梁：　—·—　　　　　不可见柱：▨　　　框架柱：■

楼梯板：▨　　　　　普通楼板：B　　　　单向楼板：DB

悬挑梁：—·—XL　　　悬挑板：　XB　　　楼梯柱：▨TZ

楼梯梁：—·—TL

(四) 作图选择题

(1) 悬挑板共有几块?

A 2　　　　　　B 3　　　　　　C 4　　　　　　D 5

(2) 楼梯柱的合理根数应为:

A 1　　　　　　B 2　　　　　　C 3　　　　　　D 4

(3) 楼梯板的数量为:

A 0　　　　　　B 1　　　　　　C 2　　　　　　D 3

(4) 除楼梯柱外,不可见柱的数量为:

A 0　　　　　　B 2　　　　　　C 4　　　　　　D 6

(5) ①~⑥轴间结构面标高为 3.250 的楼板共有几块?

A 3　　　　　　B 5　　　　　　C 7　　　　　　D 9

(6) 不计悬挑板,楼板长宽比不小于 3 的单向楼板共有几块?

A 4　　　　　　B 3　　　　　　C 2　　　　　　D 1

(7) 悬挑梁最少共有几根?

A 2　　　　　　B 3　　　　　　C 4　　　　　　D 5

(8) 下列哪道轴线上最有可能出现短柱 (柱净高 H/截面高度 $h \leqslant 4$ 的结构柱为短柱,短柱不利于抗震)?

A Ⓐ轴　　　　　B Ⓑ轴　　　　　C Ⓒ轴　　　　　D Ⓓ轴

(9) 下列哪道轴线上因楼板高差有变化而需布置变截面梁?

A ④轴　　　　　　　　　　　　B ⑤轴

C ⑥轴　　　　　　　　　　　　D ⑦轴

(10) ①~⑦轴间只存在主梁的部位是:

A Ⓐ~Ⓑ轴间　　　　　　　　　B Ⓑ~Ⓒ轴间

C Ⓒ~Ⓓ轴间　　　　　　　　　D Ⓓ~Ⓔ轴间

(五) 解题要点

(1) 二层楼盖结构构件布置图中应包括:框架柱、楼梯柱、框架梁 (主梁)、次梁、悬挑梁、楼梯梁、楼板、楼梯板等。对于一层框架柱只延伸至二层楼面标高的柱,应为二层不可见的柱,要用▨在图中画出。

(2) 主梁应在柱网轴线上布置。

(3) 次梁要注意按任务要求布置,所有次梁两端应有支点。

(4) 悬挑楼板及阳台、雨篷当挑出尺寸大于 1500mm 时,要采用挑梁的梁板结构,挑出尺寸小于等于 1500mm 时,可采用挑板。

(5) 框架结构根据抗震设防要求,楼梯也必须采用梁板柱结构,不能采用砌体支承。

(六) 作图题参考答案 (图 29-3-47)

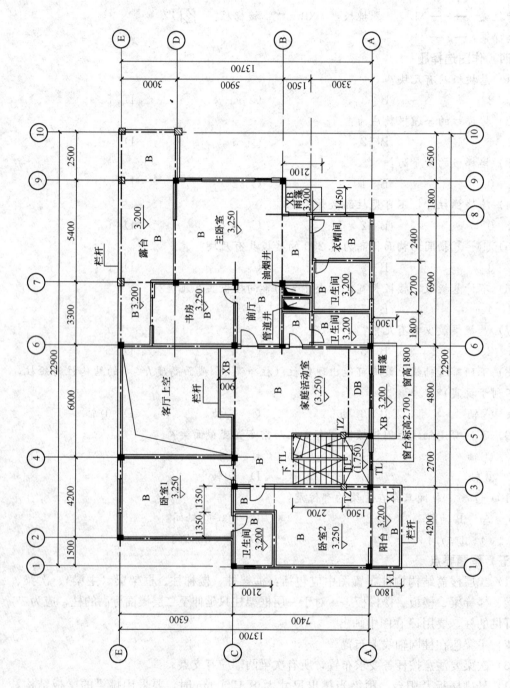

图 29-3-47　二层结构平面布置图（参考答案）

(七) 选择题参考答案及解析

(1) **解析**：两个雨篷悬挑长度均<1500mm，可采用悬挑板（XB），以及客厅上空ⓒ轴处的悬挑板（悬挑长度900mm），共计3块；故答案选B。

(2) **解析**：可根据周边梁、柱的构件布置及使用功能决定是否设置楼梯柱，图29-3-47中在休息平台（标高1.750m）两侧设置了2根楼梯柱（TZ）；故答案选B。

本题楼梯长度4200mm（平面尺寸），也可以采用不设楼梯柱的方案，楼梯板按水平长度4200mm的折板设计，但此时楼梯板的厚度应适当增加。

(3) **解析**：楼梯板共计3块：1块休息平台板，2块梯段斜板；故答案选D。

(4) **解析**：露台平面尺寸较大，应单独设梁、柱（柱顶标高3.250m，为不可见柱）支承。图29-3-47中采用了设置4根柱的方案。故答案选C。

(5) **解析**：①～⑥轴间，结构标高为3.250m的楼板（周边有梁）：卧室1有1块，卧室2有2块，家庭活动室有4块（包括客厅上空的悬挑板），共计7块；故答案选C。

(6) **解析**：⑤～⑥轴间Ⓐ轴内侧的楼板长为4800mm，宽为1300mm，长宽比为4800/1300＝3.7＞3.0，为单向板。故单向板有1块，答案选D。

(7) **解析**：①～③轴间的阳台宽度为1800mm，应采用悬挑梁的方案，每侧1根，共计2根；故答案选A。

(8) **解析**：休息平台的结构标高为1.750m，在③～⑤轴间Ⓐ轴上的楼梯梁（TL）支承在框架柱上，可能会出现短柱的情况。故答案选A。

(9) **解析**：Ⓓ～Ⓔ轴间⑦轴上的梁，梁顶标高由3.250m降到3.200m，为变截面梁；故答案选D。

(10) **解析**：在框架结构中，主梁直接支承于柱，次梁支承于主梁上。①～⑦轴间ⓒ～Ⓓ轴上的所有梁均支承于柱上；故答案选C。

九、2012年 某高层办公楼完善十七层结构平面布置

(一) 任务描述

图29-3-48为8度抗震设防区某高层办公楼的十七层建筑平面，采用现浇钢筋混凝土框架-剪力墙结构。图29-3-49为十七层结构平面布置图，结构板、柱、主梁等均已布置完成，不允许再增加结构柱；剪力墙和次梁已布置完成了一部分。

(二) 任务要求

(1) 在图29-3-49上用所提供的图例，按照规范要求完成下列结构布置。

1) 完善剪力墙的布置，使剪力墙刚度对称、均匀并且合理。

2) 完成多功能厅井式楼盖布置，板厚100mm，以板的高跨比1/25～1/30为控制原则。

3) 在②～⑥轴与Ⓐ～Ⓑ轴区域内布置次梁，次梁仅用于承载砌体墙和满足卫生间楼面降板的要求。

4) 完成悬挑部分梁板结构的悬臂梁和边梁布置，要求板的悬挑长度小于1500mm。

5) 示意需要结构降板的区域。

6) 示意施工后浇带。

(2) 根据作图结果，完成10道作图选择题的作答，再用2B铅笔填涂答题卡上的答案。

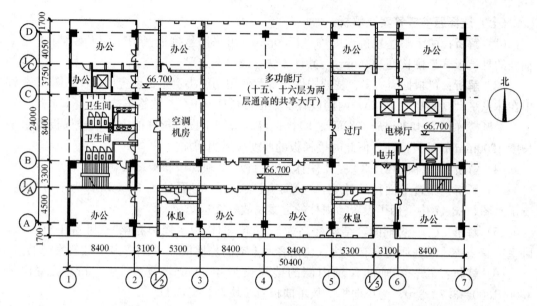

图 29-3-48　十七层建筑平面图

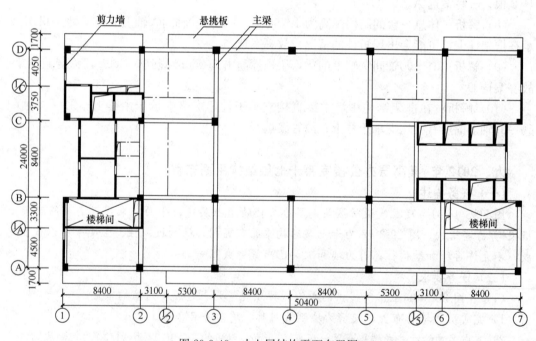

图 29-3-49　十七层结构平面布置图

（三）图例（表 29-3-4）

表 29-3-4

名　称	图　例
剪力墙	▬
井式梁、次梁、悬臂梁、边梁	—·—·—
结构降板	▨
施工后浇带	▨

名　称	图　例
主　梁	≡≡≡
砌体墙	▨▨▨▨

（四）作图选择题（共 10 题，每题 2 分）

（1）在Ⓑ轴以南需再布置几道剪力墙？

A　0　　　　　　B　1　　　　　　C　3　　　　　　D　6

（2）在③～⑤轴间（两轴本身除外），南北向需布置几根梁？

A　3　　　　　　B　5　　　　　　C　7　　　　　　D　9

（3）在Ⓑ～Ⓓ轴间（两轴本身除外），东西向需布置几根梁？

A　5　　　　　　B　7　　　　　　C　9　　　　　　D　11

（4）在②～③轴与Ⓐ～Ⓑ轴间，最少需布置几根次梁？

A　3　　　　　　B　4　　　　　　C　6　　　　　　D　7

（5）在②～⑥轴与Ⓐ～Ⓑ轴间，最少需布置几根南北向次梁？

A　0　　　　　　B　1　　　　　　C　2　　　　　　D　3

（6）Ⓐ轴以南最少需布置几根悬臂梁？

A　7　　　　　　B　8　　　　　　C　9　　　　　　D　10

（7）悬挑部分沿东西向应布置几根边梁？（连续多跨梁为一根梁）

A　6　　　　　　B　7　　　　　　C　8　　　　　　D　9

（8）结构降板共几块？

A　2　　　　　　B　4　　　　　　C　5　　　　　　D　6

（9）施工后浇带的最合理位置位于：

A　Ⓑ～Ⓒ轴间　　B　Ⓒ～Ⓓ轴间　　C　②～③轴间　　D　③～⑤轴间

（10）施工后浇带在相邻四柱间最合理的位置为：

A　1/2 柱跨处　　B　1/3 柱跨处　　C　支座边　　D　任意位置均可

（五）解题要点

"结构选型与布置"的试题，相对于建筑专业的两道试题（"建筑剖面"与"建筑构造"）来说，能由考生来设计确定的内容非常少。所以，认真审题，认真理解题目的每一个细节要求，并按照要求去做，就可以了。

本试题题目中的每个条件一定要认真理解，严格满足这些条件，我们来对每一个条件作具体分析。

（1）在（一）任务描述中，要求"结构板、柱、主梁等均已布置完成，不允许再增加结构柱；剪力墙和次梁已布置完成了一部分"。

（2）在（二）任务要求中，要求"完善剪力墙的布置，使剪力墙刚度对称、均匀并且合理""完成多功能厅井式楼盖布置，板厚 100mm，以板的高跨比 1/25～1/30 为控制原则""布置次梁，次梁仅用于承载砌体墙和满足卫生间楼面降板的要求""完成悬挑部分梁板结构的悬臂梁和边梁布置，要求板的悬挑长度小于 1500mm"，示意结构降板的区域和施工后浇带。

（六）作图题参考答案（图 29-3-50）

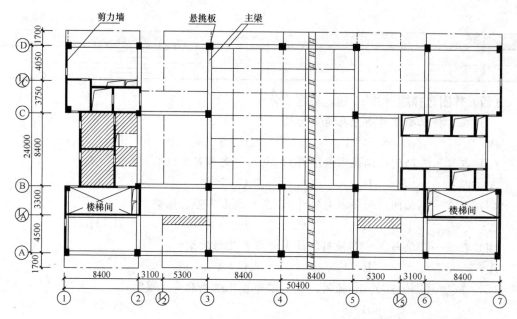

图 29-3-50　十七层结构平面布置图（参考答案）

（七）选择题参考答案及解析

（1）**解析：**根据《高层建筑混凝土结构技术规程》JGJ 3—2010 第 8.1.7 条第 1 款，框架-剪力墙结构中的剪力墙，宜均匀布置在建筑物的周边附近、楼梯间、电梯间、平面形状变化及恒载较大的部位。在图 29-3-49 中，Ⓐ～Ⓑ轴与①～②轴间共有 4 道剪力墙，剪力墙布置应对称、均匀，所以在对称的⑥～⑦轴内增设 3 道剪力墙；故答案选 C。

（2）**解析：**本题和第（3）题涉及多功能厅井字梁屋盖的布置。板厚 100mm，板的高跨比为 1/25～1/30，则井字梁网格长度应控制在 2500～3000mm。多功能厅③～⑤轴间长度为 16800mm，井字梁网格长度取 2800mm，共 6 跨；Ⓑ～Ⓓ轴间长度为 16200mm，网格长度取 2700mm，共 6 跨。所以在③～⑤轴间（两轴本身除外），南北向需布置 5 根梁。故答案选 B。

（3）**解析：**根据第（2）题的解析，在Ⓑ～Ⓓ轴间（两轴本身除外），东西向需布置 5根梁；故答案选 A。

（4）**解析：**题目要求"次梁仅用于承载砌体墙和满足卫生间楼面降板的要求"，为了满足该区域卫生间降板的要求，需布置 3 根次梁（③轴上为主梁）；故答案选 A。

（5）**解析：**该区域有两个卫生间，用于降板的次梁，南北向有 2 根，东西向有 4 根（③、⑤轴上为主梁）；故答案选 C。

（6）**解析：**Ⓐ轴以南平台长度为 1700mm，大于 1500mm 悬挑长度的要求，应采用悬挑梁的方案。柱上框架主梁悬挑 7 根，次梁悬挑 2 根，共计 9 根；故答案选 C。

（7）**解析：**Ⓐ轴以南、Ⓓ轴以北，各设置了 3 处悬挑平台（南北两侧共有 6 处悬挑平台）；采用悬挑梁的方案，每个平台应布置 1 根东西向边梁，共计 6 根；故答案选 A。

（8）**解析：**有 4 个卫生间需要降板，②～③、⑤～⑥轴间的 2 个休息室卫生间各有 1块降板，Ⓑ～Ⓒ轴间的 2 个卫生间各有 1 块降板，2 个卫生间前室各有 1 块降板，共计 6块降板；故答案选 D。

（9）**解析**：根据《高层建筑混凝土结构技术规程》JGJ 3—2010 第 3.4.13 条第 3 款，当采用有效的构造措施和施工措施减小温度和混凝土收缩对结构的影响时，可适当放宽伸缩缝的间距，其中包括每隔 30～40m 间距留出施工后浇带，带宽 800～1000mm。建筑总长度 50.4m，应在③～④轴或④～⑤轴间设置一道后浇带；故答案选 D。

（10）**解析**：后浇带应设置在受力较小的部位，一般在 1/3 柱跨处；故答案选 B。

十、2013 年 某多层办公楼结构构件布置

（一）任务描述

图 29-3-51～图 29-3-53 所示为某钢筋混凝土框架结构多层办公楼一层、二层平面及三层局部平面图。在经济合理、保证建筑空间完整的前提下，按照以下条件、任务要求及图例，完成相关结构构件布置。

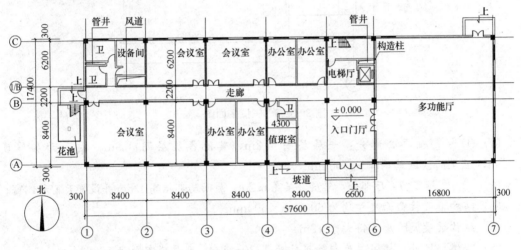

图 29-3-51　一层平面图

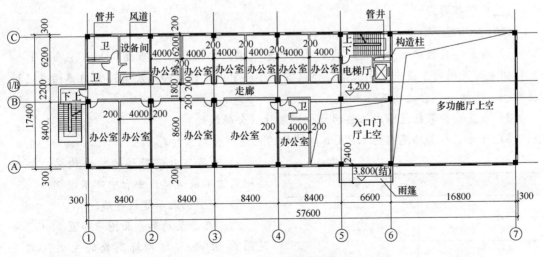

图 29-3-52　二层平面图

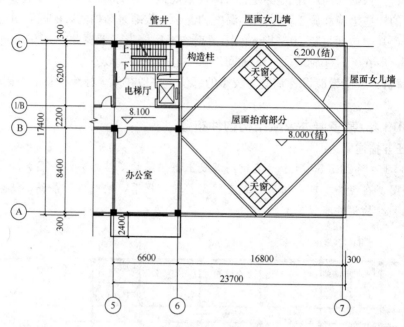

图 29-3-53　三层平面图

（1）①～⑥轴办公部分：一层层高 4.2m，其他各层层高 3.9m；楼面面层厚度 100mm，卫生间区域结构降板 300mm。

（2）⑥～⑦轴多功能厅部分：单层，层高 6.2m；屋面局部抬高 1.8m 并设置天窗和侧窗。

（3）结构框架柱截面尺寸均为 600mm×600mm。

（4）结构梁最大跨度不得大于 12m。

（5）除楼梯板外，楼板厚度与跨度比为 1/30～1/40 且厚度不大于 120mm。

（6）墙体均为 200mm 厚填充墙。

（二）任务要求

（1）在二层平面中：

1）布置二层楼面（含雨篷）的主次梁和悬挑梁，主梁居柱中布置，①～⑤轴与⑧～⑪/⑧轴间走廊范围内不设南北向次梁，会议室、办公室内不设东西向次梁；室内楼梯采用折板做法，楼梯与平台之间不设次梁。

2）布置⑥～⑦轴范围内必要的结构框架柱（含轴线处）。

3）布置⑥～⑦轴范围内 6.200m 结构处的主梁（含轴线处）。

4）布置室外疏散楼梯的结构梁，要求楼梯周边不设边梁，平台中部不设梁。

5）按图例表示降板区域。

（2）在三层局部平面图中布置⑥～⑦轴范围内 8.000m 结构标高处的主梁、次梁（含轴线处）。

（三）图例（表 29-3-5）

表 29-3-5

名称	图例
主梁	——·——
次梁、悬臂梁	--------
结构框架柱	■
降板区域	▨

384

(四) 作图选择题（共 10 小题，每小题 2 分）

(1) 二层平面⑥～⑦轴间（含轴线处）需增设的结构框架柱根数为：

A 1　　　　　　　B 2　　　　　　　C 3　　　　　　　D 4

(2) 二层平面①～⑤轴与Ⓐ～Ⓑ轴范围内的主梁数量（多跨连续梁计为 1 根）为：

A 6　　　　　　　B 7　　　　　　　C 8　　　　　　　D 9

(3) 二层平面①～②轴与Ⓐ～Ⓒ轴范围内的次梁数量（多跨连续梁计为 1 根）为：

A 4　　　　　　　B 5　　　　　　　C 6　　　　　　　D 7

(4) 二层平面④～⑤轴与Ⓐ～Ⓒ轴范围内的次梁数量（多跨连续梁计为 1 根）为：

A 4　　　　　　　B 5　　　　　　　C 6　　　　　　　D 7

(5) 二层平面轴⑤～⑥轴与Ⓑ～Ⓒ轴间（不包括楼梯平台处）的次梁数量（多跨连续梁计为 1 根）为：

A 4　　　　　　　B 5　　　　　　　C 6　　　　　　　D 7

(6) 二层平面悬挑梁数量（多跨连续梁计为 1 根）为：

A 2　　　　　　　B 4　　　　　　　C 6　　　　　　　D 8

(7) ⑥～⑦轴间（含轴线处）6.200m 和 8.000m 结构标高处的主梁数量（多跨连续梁计为 1 根）为：

A 11　　　　　　B 12　　　　　　C 13　　　　　　D 14

(8) ⑥～⑦轴间（含轴线处）8.000m 结构标高处的次梁数量（多跨连续梁计为 1 根）为：

A 2　　　　　　　B 4　　　　　　　C 6　　　　　　　D 8

(9) 下列哪个部位可能出现短柱（柱净高 H/截面高度 h 小于等于 4 的结构柱为短柱，短柱不利于抗震）？

A ①轴　　　　　B ②轴　　　　　C ⑤轴　　　　　D ⑥轴

(10) Ⓐ～Ⓒ轴间二层楼板的降板数量为：

A 2 块　　　　　B 3 块　　　　　C 4 块　　　　　D 5 块

(五) 解题要点

本试题题目中的每个条件一定要认真理解，严格满足这些条件，我们来对每一个条件作具体分析。

(1) 在（一）任务描述中，要求"结构梁最大跨度不得大于 12m""除楼梯板外，楼板厚度与跨度比为 1/30～1/40 且厚度不大于 120mm"。

(2) 在（二）任务要求中，要求在二、三层平面中布置主梁、次梁、悬挑梁、框架柱，并表示降板区域。

(六) 作图题参考答案（图 29-3-54、图 29-3-55）

(七) 选择题参考答案及解析

(1) **解析：**二层平面⑥～⑦轴间距 16.8m，不满足结构梁跨度不大于 12m 的要求，所以在多功能厅三面墙的中间位置需增设 3 根 600mm×600mm 的框架柱，也可支承 4 根 45°方向的斜梁，斜梁跨度为 $8.4\sqrt{2}=11.88m<12m$；故答案选 C。

(2) **解析：**二层平面①～⑤轴与Ⓐ～Ⓑ轴范围内，南北向有 4 根主梁（①、②、③、④轴上），东西向有 2 根连续主梁（Ⓐ和Ⓑ轴上），共计 6 根；故答案选 A。

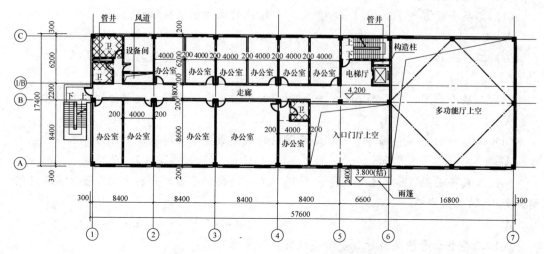

图 29-3-54　二层结构平面布置图（参考答案）

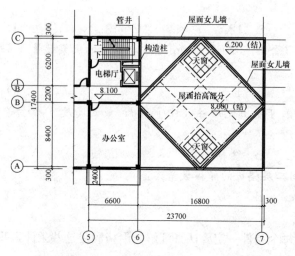

图 29-3-55　三层结构平面布置图（参考答案）

（3）**解析：**二层平面①～②轴与Ⓐ～Ⓒ轴范围内，南北向设 3 根次梁（走廊内不设南北向次梁），包括南侧办公室之间 1 根，卫生间与设备间之间 1 根，卫生间内 1 根；东西向设 4 根次梁，包括管井两侧 2 根，风道两侧 2 根；共计 7 根；故答案选 D。

（4）**解析：**二层平面④～⑤轴与Ⓐ～Ⓒ轴范围内，南北向设 3 根次梁（走廊内不设南北向次梁），包括南、北侧办公室各 1 根，卫生间 1 根；东西向设 2 根次梁，包括走廊 1 根，卫生间 1 根；共计 5 根；故答案选 B。

（5）**解析：**二层平面⑤～⑥轴与Ⓑ～Ⓒ轴范围内，南北向仅电梯井处设 1 根次梁；东西向设 3 根次梁，包括楼梯间南侧 1 根，电梯井南、北侧各 1 根，共计 4 根；故答案选 A。

（6）**解析：**二层平面⑤～⑥轴间的雨篷挑出长度为 2400mm，采用悬挑梁方案，需悬挑梁 2 根。西侧疏散楼梯，在楼层处Ⓑ轴框架梁延长至梯柱并向外作悬挑，休息平台处，梯梁支承在梯柱上，两端悬挑；共计 4 根。故答案选 B。

（7）**解析：** ⑥～⑦轴间 6.200m 结构标高处，沿纵、横轴线有 4 根两跨主梁，4 根 45° 方向斜梁；8.000m 结构标高处，屋面抬高部分设 4 根斜梁；共计 12 根。故答案选 B。

（8）**解析：** ⑥～⑦轴间 8.000m 结构标高处，平面尺寸 11880mm×11880mm，采用井字梁屋盖，网格长度取 11880mm/3＝3960mm，满足板跨为 3600～4800mm 的要求；则每个方向 2 根连续次梁，共计 4 根；故答案选 B。

（9）**解析：** ⑥轴与Ⓑ轴相交的框架柱，在标高 6.200m 和 8.000m 处均有主梁与其相交，柱高为 $H＝8000mm－6200mm＝1800mm$，截面高度为 $h＝600mm$，$H/h＝1800/600＝3＜4$，符合短柱条件；故答案选 D。

（10）**解析：** Ⓐ～Ⓒ轴间二层有 3 个卫生间需做降板，共计 3 块；故答案选 B。

十一、2014 年 某小学教学楼二层平面结构抗震设计

（一）任务描述

南方某小学教学楼建于 7 度抗震设防区，采用现浇钢筋混凝土框架结构，如图 29-3-56 为其二层平面。根据现行规范、任务条件、任务要求和图例，按技术经济合理的原则，在图上完成二层平面结构的抗震设计内容。

（二）设计条件

（1）建筑层数与层高：

Ⓐ～Ⓒ轴：二层，首层层高 4.5m，二层层高 7.2m。

Ⓓ～Ⓕ轴：三层，各层层高均为 4.5m。

（2）框架柱截面尺寸均为 600mm×600mm。

（3）框架梁高为跨度的 1/10，且Ⓓ～Ⓕ间框架梁高度不应大于 900mm。

（4）填充墙为砌体，墙厚 200mm。

（5）建筑门洞高度均为 2500mm，双扇门洞宽 1500mm，单扇门洞宽 1000mm。

（6）除注明外，外窗高度均为 2600mm，窗台高度 1000mm。

（三）任务要求

（1）完善框架柱布置，使框架结构体系满足小学校抗震设防乙类的要求。

（2）布置防震缝，使本建筑形成两个平面及竖向均规则的抗侧力结构单元。

（3）布置后浇带，不再设置除防震缝外的变形缝。

（4）布置水平系梁：Ⓐ～Ⓒ轴间（不包括Ⓒ轴），在墙高超过 4.0m 的填充墙半高位置，或宽度大于 2000mm 的窗洞顶处布置截面为 200mm×300mm 的钢筋混凝土水平系梁（梁高应满足跨度 1/20 的要求）。

（5）布置构造柱：Ⓐ～Ⓒ轴间（不包括Ⓒ轴），在水平系梁两端无法支承于结构柱的位置、长度超过 600mm 的墙体自由端以及墙体交接处，布置截面为 200mm×200mm 的构造柱。构造柱的布置应满足水平系梁梁高的要求。

（6）根据作图结果，先完成作图选择题的作答，再用 2B 铅笔填涂答题卡上的答案。

注：高度超过 2000mm 的墙体洞口两端墙均视作自由端。

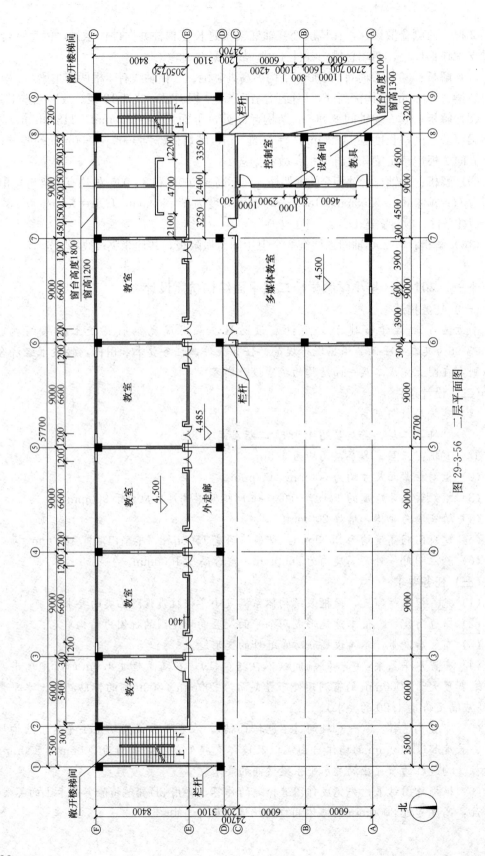

图 29-3-56 二层平面图

388

(四) 图例 （表 29-3-6）

表 29-3-6

名　称	图　例
结构柱、构造柱	■
后浇带	/////
水平系梁	— —
防震缝	═══

(五) 作图选择题 （共 10 小题，每小题 2 分）

(1) 需添加框架柱的部位是：

A Ⓐ轴和Ⓒ轴　　　B Ⓑ轴和Ⓓ轴　　　C Ⓒ轴和Ⓔ轴　　　D Ⓓ轴和Ⓕ轴

(2) Ⓐ～Ⓓ轴间，需要增加的框架柱数量是：

A 2 根　　　　　B 3 根　　　　　C 4 根　　　　　D 5 根

(3) Ⓓ～Ⓕ轴间，需要增加的框架柱数量是：

A 7 根　　　　　B 8 根　　　　　C 9 根　　　　　D 10 根

(4) 防震缝的道数应为：

A 1　　　　　　B 2　　　　　　C 3　　　　　　D 4

(5) 防震缝的设置位置正确的是：

A ⑤～⑥轴间靠近⑥轴　　　　　　B ⑥～⑦轴间靠近⑥轴

C Ⓒ～Ⓓ轴间靠近Ⓓ轴　　　　　　D Ⓒ～Ⓓ轴间靠近Ⓒ轴

(6) 后浇带的设置位置正确的是：

A ①～③轴间靠近轴线　　　　　　B ②～④轴间靠近轴线

C ④～⑥轴间靠近轴线　　　　　　D ⑥～⑧轴间靠近轴线

(7) 南北向的水平系梁数量是 （以直线连续且梁顶标高相同为 1 根计算）：

A 3 根　　　　　B 5 根　　　　　C 7 根　　　　　D 9 根

(8) 东西向的水平系梁数量是 （以直线连续且梁顶标高相同为 1 根计算）：

A 6 根　　　　　B 5 根　　　　　C 4 根　　　　　D 3 根

(9) ⑥～⑦轴间 （包括轴线） 构造柱的最少数量是：

A 0 根　　　　　B 1 根　　　　　C 2 根　　　　　D 3 根

(10) ⑦～⑧轴间 （包括轴线） 构造柱的数量是：

A 4 根　　　　　B 5 根　　　　　C 6 根　　　　　D 7 根

(六) 解题要点

(1) 关于框架柱

以下信息是关于框架柱设置部位和数量的条件：

1) "二层平面图"中的轴线布置；

2) "设计条件"中的第 2、3 条："框架柱截面尺寸均为 600mm×600mm"和"框架梁高为跨度的 1/10，且Ⓓ～Ⓕ间框架梁高度不应大于 900mm"；

3) "任务要求"中的第 1 条："完善框架柱布置，使框架结构体系满足小学校抗震设防乙类的要求"；

4）选择题第（1）～（3）题，根据第（1）题的提示，需添加框架柱的部位显然必须是在 2
条轴线上；需添加框架柱的数量则可以通过第（2）和第（3）题和"二层平面图"来分析判断。

（2）关于防震缝

防震缝设置的部位和数量的条件：

1）"二层平面图"中的平面布局；

2）"任务要求"中的第 2 条："使本建筑形成两个平面及竖向均规则的抗侧力结构单元"；

3）选择题第（4）和第（5）题。

（3）关于后浇带

结合后浇带的布置原理，根据选择题第（6）题进行分析确定。

（4）关于水平系梁

水平系梁设置的部位和数量的条件：

1）"任务要求"中的第 4 条："Ⓐ～Ⓒ轴间（不包括Ⓒ轴），在墙高超过 4.0m 的填充
墙半高位置，或宽度大于 2000mm 的窗洞顶处布置截面为 200mm×300mm 的钢筋混凝土
水平系梁（梁高应满足跨度 1/20 的要求）"，本条件可确定水平系梁设置的部位；

2）选择题第（7）和第（8）题可确定水平系梁设置的数量。

（5）关于构造柱

构造柱设置的部位和数量的条件：

1）"任务要求"中的第 5 条："Ⓐ～Ⓒ轴间（不包括Ⓒ轴），在水平系梁两端无法支承
于结构柱的位置、长度超过 600mm 的墙体自由端以及墙体交接处，布置截面为 200mm×
200mm 的构造柱。构造柱的布置应满足水平系梁梁高的要求"，本条件可确定构造柱设置
的部位。

2）选择题第（9）和第（10）题可确定构造柱设置的数量。

（七）作图题参考答案（图 29-3-57）

（八）选择题参考答案及解析

（1）**解析**：根据《建筑抗震设计规范》GB 50011—2010（2016 年版）第 6.1.5 条，
甲、乙类建筑以及高度大于 24m 的丙类建筑，不应采用单跨框架结构；高度不大于 24m
的丙类建筑不宜采用单跨框架结构。教学楼属乙类建筑，不应采用单跨框架结构，所以Ⓔ
轴上应增设框架柱。建筑平面为不规则的 L 形，结合任务要求，设置防震缝使建筑形成
两个平面及竖向规则的结构单元，在Ⓒ轴应设置框架柱以便于抗震缝设置。故答案选 C。

（2）**解析**：根据第（1）题的解析，Ⓐ～Ⓓ轴间，应在Ⓒ轴上设置 3 根框架柱；故答案
选 B。

（3）**解析**：根据第（1）题的解析，Ⓓ～Ⓕ轴间，应在Ⓔ轴上设置 9 根框架柱；故答案选 C。

（4）**解析**：Ⓒ～Ⓓ轴间设置 1 道抗震缝，将建筑划分为两个规则的结构单元；故答案
选 A。

（5）**解析**：在Ⓒ～Ⓓ轴间靠近Ⓓ轴设置抗震缝，可形成两个规则的结构单元；故答案选 C。

（6）**解析**：根据《高层建筑混凝土结构技术规程》JGJ 3—2010 第 3.4.13 条第 3 款，
当采用有效的构造措施和施工措施减小温度和混凝土收缩对结构的影响时，可适当放宽伸
缩缝的间距，其中包括每隔 30～40m 间距留出施工后浇带，带宽 800～1000mm。该建筑
总长度为 57.7m，应在建筑中部④～⑤轴或⑤～⑥轴间设置一道后浇带；故答案选 C。

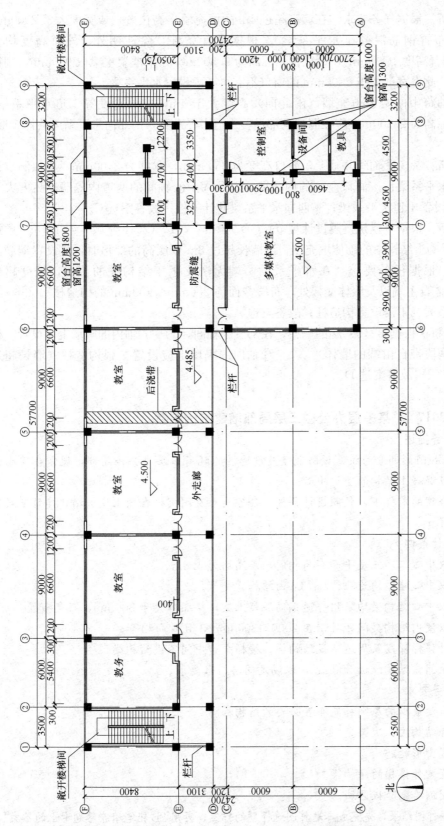

图 29-3-57 结构平面布置图（参考答案）

（7）**解析**：根据任务要求"在墙高超过 4m 的填充墙半高位置，或宽度大于 2000mm 的窗洞顶处布置钢筋混凝土水平系梁"。根据设计条件"除注明外，外窗高度均为 2600mm，窗台高度 1000mm"，所以窗顶标高为 3.600m。如果框架主梁取 900mm，则窗顶即为梁底，此类宽度大于 2000mm 的窗口不需再考虑设置水平系梁。

⑦～⑧轴跨中的两道填充墙（南北向）高度大于 4m，应分别设置 1 道水平系梁；⑧轴窗洞顶标高为 2.300m，应在洞口顶部设置 1 道水平系梁，南北向水平系梁共计 3 根；故答案选 A。

（8）**解析**：⑦～⑧轴间Ⓔ轴上，洞口高度为 2500mm，宽度为 2400mm，应在洞口顶部设置 1 道水平系梁；该洞口左侧的内隔墙，以及Ⓐ～Ⓑ轴间的两道内隔墙，高度大于 4m，应分别设置 1 道水平系梁；东西向水平系梁共计 4 根；故答案选 C。

（9）**解析**：根据《建筑抗震设计规范》GB 50011—2010（2016 年版）第 13.3.4 条第 4 款，钢筋混凝土结构中的砌体填充墙，当墙长超过 8m 或层高的 2 倍时，宜设置钢筋混凝土构造柱。根据任务要求"在水平系梁两端无法支承于结构柱的位置，长度超过 600mm 的墙体自由端以及墙体交接处，布置截面为 200mm×200mm 的构造柱"。⑥～⑦轴间无水平系梁，不需设置构造柱；故答案选 A。

（10）**解析**：根据第（9）题的解析，在⑦～⑧轴间，Ⓔ～Ⓕ轴内的隔墙上应设置 4 根构造柱（有两段带自由端的墙体），Ⓐ～Ⓒ轴内的隔墙上应设置 3 根构造柱（墙长超过 8m），共计 7 根；故答案选 D。

十二、2017 年 某多层办公楼三层局部增建结构布置

（一）任务描述

图 29-3-58 阴影部分为抗震设防烈度 6 度地区的既有多层办公楼局部，现需在其南向增建三层钢筋混凝土结构的会议中心。

在经济合理的前提下，按照设计条件、任务要求及图例，在图上完成增建建筑三层楼面的结构布置。

（二）设计条件

（1）会议中心二、三层平面布局相同，层高均为 4.8m。

（2）会议中心墙体均为砌体墙，应由结构梁支承。

（3）会议中心结构梁均采用普通钢筋混凝土梁，梁高不大于 800mm，正交布置。

（4）会议室内结构梁间距控制在 2000～3000mm，且双向相等。

（5）室外楼梯梯段及周边不设结构梁，楼梯平台中间不设结构梁。

（6）卫生间需结构降板 300mm，以满足同层排水要求。

（三）任务要求

（1）以数量最少的原则补充布置必要的结构柱。

（2）布置结构主、次梁。

（3）布置变形缝。

（4）布置室外楼梯的结构梁。

（5）按图例绘制降板区域。

（6）根据作图结果，先完成本题作图选择题的作答，再用 2B 铅笔填涂答题卡上的答案。

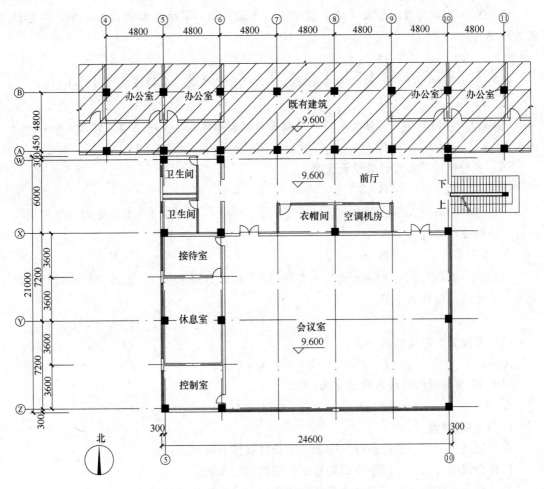

图 29-3-58　三层平面图

(四) 图例 (表 29-3-7)

表 29-3-7

名　称		图　例
结构柱		■
结构梁	主梁	———·——
	次梁	——— ———
降板区域		▨
变形缝		

(五) 作图选择题 (共 10 小题, 每小题 2 分)

(1) 需补充设置的结构柱数量最少为:

A 2　　　　　　　　B 4　　　　　　　　C 6　　　　　　　　D 8

(2) Ⓦ～Ⓧ轴范围内的主梁数量为 (含轴线处, 多跨连续梁计为 1 根, 不包括室外楼梯):

A 4　　　　　　　　B 5　　　　　　　　C 6　　　　　　　　D 7

（3）Ⓦ～Ⓧ轴范围内的次梁数量最少为（含轴线处，多跨连续梁计为1根，不包括室外楼梯）：

A 3　　　　　　　B 4　　　　　　　C 5　　　　　　　D 6

（4）Ⓧ～Ⓩ轴与⑤～⑥轴之间的主梁数量为（含轴线处，多跨连续梁计为1根）：

A 4　　　　　　　B 5　　　　　　　C 6　　　　　　　D 7

（5）Ⓧ～Ⓩ轴与⑤～⑥轴之间的次梁数量为（含轴线处，多跨连续梁计为1根）：

A 1　　　　　　　B 2　　　　　　　C 3　　　　　　　D 4

（6）室外楼梯结构梁的数量最少为：

A 1　　　　　　　B 3　　　　　　　C 5　　　　　　　D 7

（7）⑥～⑩轴与Ⓧ～Ⓩ轴之间（不含⑥、⑩、Ⓧ、Ⓩ轴线处），南北方向的结构梁数量为（多跨连续梁计为1根）：

A 5　　　　　　　B 6　　　　　　　C 7　　　　　　　D 8

（8）⑥～⑩轴与Ⓧ～Ⓩ轴之间（不含⑥、⑩、Ⓧ、Ⓩ轴线处），东西方向的结构梁数量为（多跨连续梁计为1根）：

A 5　　　　　　　B 6　　　　　　　C 7　　　　　　　D 8

（9）需设置变形缝的数量为：

A 0　　　　　　　B 1　　　　　　　C 2　　　　　　　D 3

（10）需要降板的楼板数量最少为：

A 1　　　　　　　B 2　　　　　　　C 3　　　　　　　D 4

（六）解题要点

对本试题"（二）设计条件"中的6个条件具体分析如下：

（1）会议中心二、三层平面布局相同，层高均为4.8m。

题目要求在所给图上完成增建建筑三层楼面的结构布置，又强调"会议中心二、三层平面布局相同"，所以，按照题目所给三层平面图中的房间功能和墙体布置的情况去进行三层楼面的结构布置即可。

（2）会议中心墙体均为砌体墙，应由结构梁支承。

三层平面图中设置了墙体的地方均应布置结构梁。

（3）会议中心结构梁均采用普通钢筋混凝土梁，梁高不大于800mm，正交布置。

条件限定了应采用的普通钢筋混凝土梁的梁高不大于800mm，按一般梁的高跨比取1/12左右的标准，结构柱的间距不应大于9.6m。

（4）会议室内结构梁间距控制在2000～3000mm，且双向相等。

会议室中间不应设置柱子，所以14.4m×19.2m的空间应采用井字梁结构，本条要求"结构梁间距控制在2000～3000mm"，又要求梁间距"双向相等"；所以，取双向梁间距均为2400mm，刚好符合题目的所有要求。

（5）室外楼梯梯段及周边不设结构梁，楼梯平台中间不设结构梁。

本条明确给出了室外楼梯梯段及楼梯平台部分设置结构梁的限制条件，再根据三层平面图中室外楼梯处设置的结构柱的位置以及作图选择题第（6）题，即可做出判断。

（6）卫生间需结构降板300mm，以满足同层排水要求。

(七) 作图题参考答案（图 29-3-59）

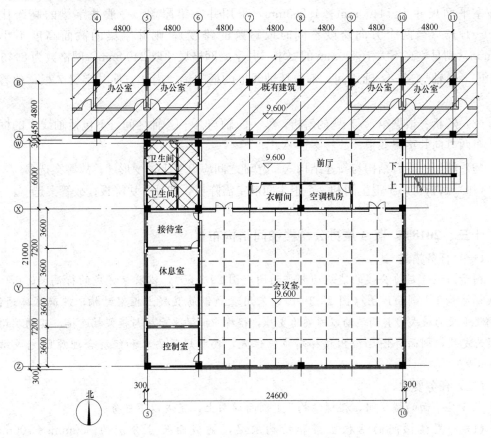

图 29-3-59　结构平面布置图（参考答案）

(八) 选择题参考答案及解析

（1）**解析：**根据图 29-3-58，⑥～⑩轴间的长度为 19200mm，中间应增加结构柱，柱距为 9600mm 比较合理。所以应在⑧轴与Ⓦ轴和Ⓩ轴相交处各增设 1 根结构柱，共计 2根；故答案选 A。

（2）**解析：**Ⓦ～Ⓧ轴范围内，Ⓦ、Ⓧ轴上横向连续主梁 2 根，⑤、⑥、⑧、⑩轴上纵向主梁 4 根，共计 6 根；故答案选 C。

（3）**解析：**Ⓦ～Ⓧ轴范围内，卫生间应布置 3 根次梁，衣帽间、空调机房应布置 3根次梁，共计 6 根；故答案选 D。

（4）**解析：**Ⓧ～Ⓩ轴与⑤～⑥轴之间，⑤、⑥轴上纵向连续主梁 2 根，Ⓧ、Ⓨ、Ⓩ轴上横向主梁 3 根，共计 5 根；故答案选 B。

（5）**解析：**Ⓧ～Ⓩ轴与⑤～⑥轴之间，应在两道横向隔墙处设置 2 根次梁；故答案选 B。

（6）**解析：**在室外楼梯休息平台处的梯柱上设置 1 根两端悬挑梁，楼层处支承在框架梁上；故答案选 A。

（7）**解析：**根据题目的设计条件"会议中心结构梁均采用普通钢筋混凝土梁，梁高不大于 800mm，正交布置""会议室内结构梁间距控制在 2000～3000mm，且双向相等"，会议室平面尺寸为 14400mm×19200mm，采用井字梁屋盖。一般井字梁的高跨比为 1/20～1/15（当两个方向跨度不同时取短跨的跨度），则井字梁的截面高度不小于 710mm，满足梁高不大于 800mm 的要求。井字梁网格尺寸取 2400mm，网格数为 8×6。

⑥～⑩轴与Ⓧ～Ⓩ轴之间，不包括轴线上的框架梁，南北方向井字梁 7 根；故答案选 C。

（8）**解析**：根据第（7）题的解析，⑥～⑩轴与Ⓧ～Ⓩ轴之间，不包括轴线上的框架梁，东西方向井字梁 5 根；故答案选 A。

（9）**解析**：既有结构与新建结构Ⓐ、Ⓦ轴之间应设置 1 道变形缝；故答案选 B。

（10）**解析**：两个卫生间和一个卫生间前室需降板，共计 3 块降板；故答案选 C。

十三、2018 年 某 4 层办公楼楼梯间结构布置

（一）任务描述

图示为某 4 层办公楼的建筑局部平面图（图 29-3-60），以及未完成的标高−0.050 以上楼梯结构 1-1 剖面详图（图 29-3-61），采用现浇钢筋混凝土框架结构，玻璃幕墙通高，楼梯踏步段为板式，其两端均以梯梁为支座，楼梯中间的平台板与框架柱连接，其两端均以梯梁为支座，剖面详图已给出楼梯踏步段位置，按照规范要求和经济合理原则完成结构布置。

（二）任务要求

在各层平面的楼梯间，楼梯结构 1-1 剖面详图上，完成以下任务：

（1）布置楼梯间的结构主梁和结构次梁，梁截面尺寸分别为 350mm×700mm、300mm×600mm，非主梁上的砌体墙由次梁支承。

（2）布置梯梁和梯柱，梁截面尺寸为 200mm×400mm，柱截面尺寸为 450mm×200mm。

（3）绘出剖到的楼板、楼梯踏步段和平台板。各层楼板厚 150mm，其楼面构造厚度为 50mm；平台板厚 100mm，其面层构造厚度为 30mm。

（4）结构剖面详图仅绘制结构构件。

（5）在剖面详图上，标注各层楼板和中间的平台板标高，并补全尺寸线上的尺寸。

（6）在剖面详图上，以"TL"标注梯梁，"TZ"标注梯柱，"PTB"标注平台板。

（7）根据作图结果，用 2B 铅笔填涂答题卡上选择题的答案。

（三）图例（表 29-3-8）

表 29-3-8

名　称	图　例
主梁	———
次梁	-----
梯梁	---------
梯柱	■

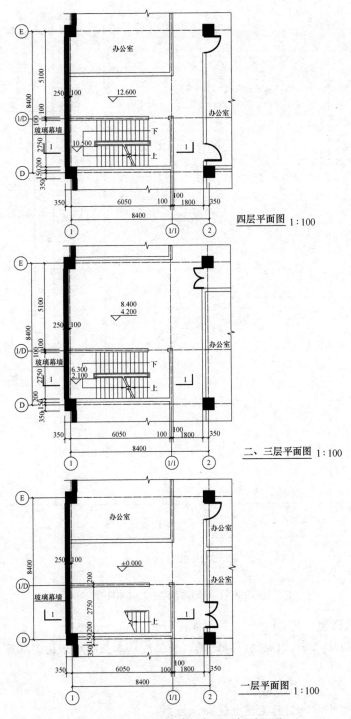

四层平面图 1:100

二、三层平面图 1:100

一层平面图 1:100

图 29-3-60　办公楼建筑各层局部平面图

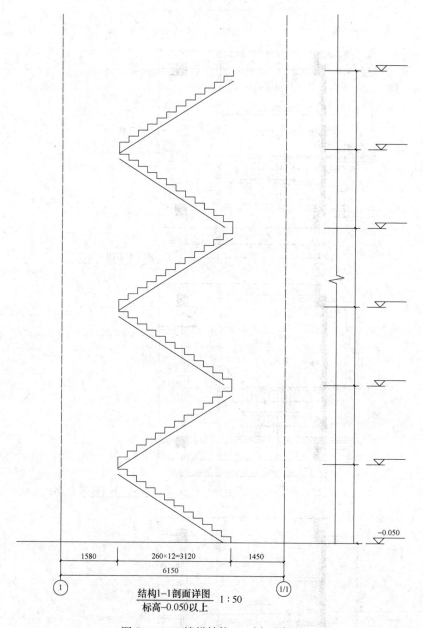

結構1-1剖面詳圖 1:50
標高-0.050以上

1580 260×12=3120 1450
6150

① 1/1

图 29-3-61 楼梯结构 1-1 剖面详图

(四) 作图选择题 (共 10 小题, 每小题 2 分)

(1) 平面①轴与⑪轴, ⑩轴与⑪轴之间 (含轴线) 二至四层结构需布置主梁的数量合计为:

A 3   B 4   C 6   D 8

(2) 剖面详图中, 剖到的主梁数量合计为:

A 3   B 6   C 0   D 2

(3) 剖面详图中, 剖到和看到的次梁 (不含梯梁) 数量为:

A 3   B 4   C 6   D 8

（4）剖面详图中，楼梯中间的平台板处剖到的梯梁数量合计为：

A 3　　　　　　　B 6　　　　　　　C 9　　　　　　　D 10

（5）剖面详图中，楼梯楼层的平台板处剖到的梯梁数量合计为：

A 6　　　　　　　B 4　　　　　　　C 3　　　　　　　D 2

（6）平面①轴与⑭轴，⑪轴与⑭轴之间（含轴线）各层需布置梯柱的数量合计为：

A 12　　　　　　B 9　　　　　　　C 8　　　　　　　D 6

（7）剖面详图中，应绘出的梯柱数量合计为：

A 4　　　　　　　B 8　　　　　　　C 3　　　　　　　D 6

（8）剖面详图中，剖到的楼梯踏步段数量合计为：

A 3　　　　　　　B 4　　　　　　　C 5　　　　　　　D 6

（9）剖面详图中，剖到的平台板数量合计为：

A 7　　　　　　　B 6　　　　　　　C 4　　　　　　　D 3

（10）四层平面图中，①轴右侧中间的平台板结构标高为：

A 10.400　　　　B 10.450　　　　C 10.470　　　　D 10.500

（五）解题要点

"结构选型与布置"的试题，相对于建筑专业的两道试题（"建筑剖面"与"建筑构造"）来说，能由考生来设计确定的内容就更少了。所以，认真审题，认真理解题目的每一个细节要求，并按照要求去做，就可以了。

本试题题目中的每个条件一定要认真理解，严格满足这些条件，我们来对每一个条件作具体分析。

（1）在（一）任务描述中，要求"采用现浇钢筋混凝土框架结构""楼梯踏步段为板式，其两端均以梯梁为支座，楼梯中间的平台板与框架柱连接，其两端均以梯梁为支座"。

（2）在（二）任务要求中，要求"布置楼梯间的结构主梁和结构次梁，非主梁上的砌体墙由次梁支承""布置梯梁和梯柱""绘出剖到的楼板、楼梯踏步段和平台板"，标注标高、尺寸和构件代号。

（六）作图题参考答案（图 29-3-62、图 29-3-63）

（七）选择题参考答案及解析

（1）**解析：**在①轴与⑭轴，⑪轴与⑭轴之间（含轴线），每层需布置 2 根主梁，包括①轴和⑪轴各 1 根，三层共计 6 根；故答案选 C。

（2）**解析：**剖面详图中，每层剖到①轴的 1 根主梁，三层共计 3 根；故答案选 A。

（3）**解析：**剖面详图中，每层剖到⑪轴的次梁 1 根，看到⑭轴的次梁 1 根，三层共计6 根；故答案选 C。

（4）**解析：**每层在楼层平台板处有 1 根梯梁（TL），在中间休息平台处有 2 根，所以在剖面详图中，中间休息平台处共剖到 6 根梯梁；故答案选 B。

（5）**解析：**根据第（4）题的解析，楼层平台板处共剖 3 根梯梁；故答案选 C。

（6）**解析：**在①轴与⑭轴，⑪轴与⑭轴之间（含轴线），每层中间休息平台处有 2 根梯梁，需要 4 根柱支承；其中可利用 1 根框架柱，每层需另布置 3 根梯柱（TZ），三层共计9 根梯柱；故答案选 B。

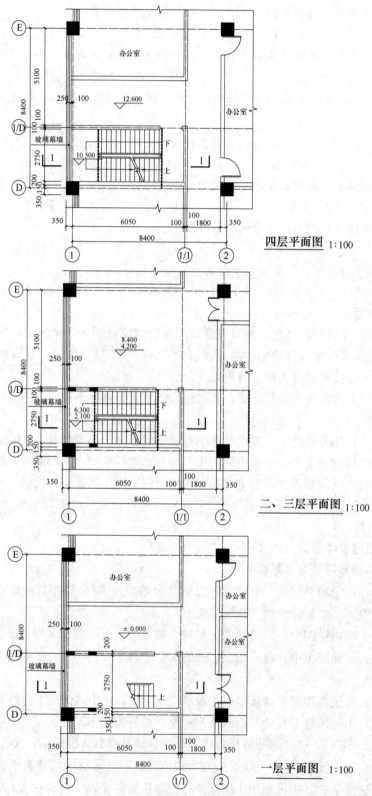

办公室

5100

8400

250 100

12.600

办公室

1/D

100 100

玻璃幕墙

2750

10.500

下

1

1

上

200

D

350 150

350

6050

100 100

1800

350

8400

1 1/1 2

四层平面图 1:100

办公室

5100

8400

250 100

8.400
4.200

办公室

1/D

100 100

玻璃幕墙

2750

6.300
2.100

下

1

1

上

200

D

350 150

350

6050

100 100

1800

350

8400

1 1/1 2

二、三层平面图 1:100

办公室

8400

250 100

± 0.000

办公室

1/D

200

办公室

玻璃幕墙

2750

上

1

1

200

D

350 150

200

350

6050

100 100

1800

350

8400

1 1/1 2

一层平面图 1:100

图 29-3-62 结构平面布置图（参考答案）

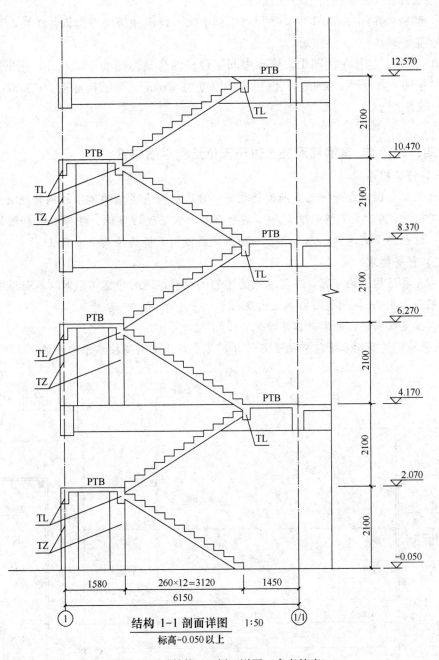

結構 1-1 剖面詳圖   1:50
標高-0.050以上

图 29-3-63 结构 1-1 剖面详图（参考答案）

（7）**解析**：在图 29-3-61 中 1-1 剖面的剖切位置和剖视方向，可以看到每层⑭轴上的 2 根梯柱，三层共计 6 根；故答案选 D。

（8）**解析**：在图 29-3-61 中，对于双跑平行式楼梯，每层只能剖到一跑楼梯的踏步段，三层共计 3 个踏步段；故答案选 A。

（9）**解析**：在图 29-3-61 中，每层可剖到中间平台板和楼层平台板各 1 块，三层共计 6 块；故答案选 B。

（10）**解析**：四层平面图中，楼梯中间平台板的建筑标高为 10.500m，根据题目的任务要求"楼梯平台板厚 100mm，其面层构造厚度为 30mm"，则结构标高为 10.500－0.03＝10.470；故答案选 C。

十四、2019 年 某钢筋混凝土过街天桥结构平面布置

（一）任务描述

南方某工业园需在两幢已建研发楼之间，建造一座自成结构体系的钢筋混凝土过街天桥。图 29-3-64 为过街天桥的首层和二层平面图，根据现行规范、任务要求和图例，以经济合理、结构安全的原则，在二层平面图上完成过街天桥的结构平面布置。

（二）任务要求

（1）完善结构柱的布置，布置原则为不影响机动车道的净宽，同时，人行道南北向通行净宽不小于 4.0m，此范围内不应出现柱子。

（2）布置结构梁，并满足以下要求：

1）悬挑梁梁高按水平跨度的 1/6 计算，其余结构梁梁高按水平跨度的 1/15 计算。

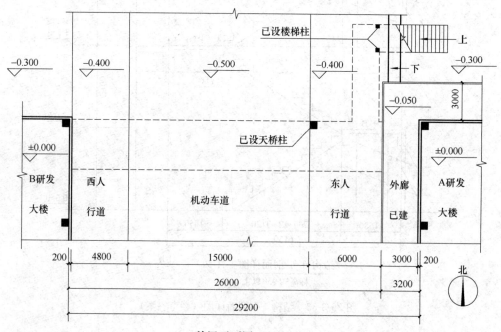

首层平面图 1:300

图 29-3-64 过街天桥各层平面图（一）

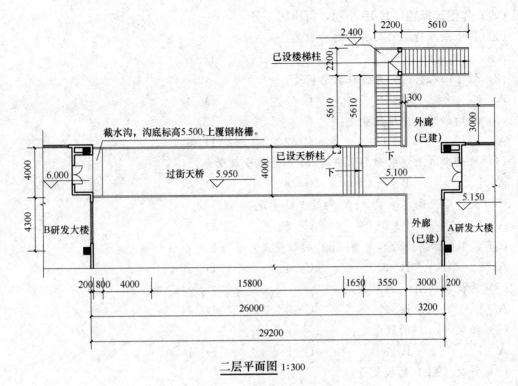

截水沟，沟底标高5.500，上覆钢格栅。

已设楼梯柱

2.400

2200 5610

5610

5610

300

外廊
（已建）

3000

过街天桥 5.950

已设天桥柱

下

下

5.100

4000

6.000

4000

4300

B研发大楼

5.150

外廊
（已建）

A研发大楼

200 800 4000

15800

1650 3550

3000 200

26000

3200

29200

二层平面图 1:300

图 29-3-64 过街天桥各层平面图（二）

2）天桥板（包括截水沟底板）和楼梯板均由梁支承，梁的布置应简洁、经济，不采用悬挑板。

3）楼梯基础和地梁不在本图表示。

4）按图例要求标注水平梁、悬挑梁、折梁和斜梁。

5）机动车道通行净高应不小于5.1m。

6）人行道通行净高应不小于2.3m。

（3）布置必要的变形缝。

（4）根据作图结果，用2B铅笔填涂答题卡上选择题的答案。

（三）图例（表29-3-9）

表 29-3-9

名 称	图 例	名 称	图 例
天桥柱	600 / 600	悬挑梁	BL
楼梯柱	300 / 300	折梁	ZL
		斜梁	XL
水平梁	L	变形缝	

（四）作图选择题（共 10 小题，每小题 2 分）

（1）位于东人行道的天桥柱的总数是：

A 1 　　　　B 2 　　　　C 4 　　　　D 6

（2）位于西人行道的天桥柱的总数是：

A 1 　　　　B 2 　　　　C 3 　　　　D 4

（3）需增加的楼梯柱数量是：

A 0 　　　　B 1 　　　　C 2 　　　　D 3

（4）机动车道上空东西向水平梁（L）的最少数量是：

A 1 　　　　B 2 　　　　C 3 　　　　D 4

（5）天桥南北向水平梁（L）的最少数量是：

A 1 　　　　B 3 　　　　C 5 　　　　D 7

（6）2.400 标高处的水平梁（L）的数量是：

A 2 　　　　B 3 　　　　C 4 　　　　D 5

（7）悬挑梁（BL）的总数是：

A 1 　　　　B 2 　　　　C 3 　　　　D 4

（8）折梁（ZL）的数量是：

A 4 　　　　B 3 　　　　C 2 　　　　D 1

（9）斜梁（XL）的数量是：

A 1 　　　　B 2 　　　　C 3 　　　　D 4

（10）变形缝的数量是：

A 1 　　　　B 2 　　　　C 3 　　　　D 4

（五）解题要点

1. 认真审题，重点在于理解题目的所有条件

"结构选型与布置"的试题，相对于建筑专业的两道试题（"建筑剖面"与"建筑构造"）来说，能由考生来设计确定的内容就更少了。所以，认真审题，认真理解题目的每一个细节要求，并按照要求去做，就可以了。

本试题"（二）任务要求"中的每个条件一定要认真理解，严格满足这些条件，我们来对每一个条件作一个具体分析。

（1）柱子的布置

题目要求完善结构柱的布置，布置原则为不影响机动车道的净宽，同时，人行道南北向通行净宽不小于 4.0m，此范围内，不应出现柱子。

提示：根据题目所给的平面图可知，15m 宽的机动车道内不能出现柱子，而东、西两侧的人行道如果出现柱子，则应确保 4.0m 的净宽要求。

（2）梁板的布置

题目要求布置结构梁，并满足以下要求：

1）悬挑梁梁高按水平跨度的 1/6 计算，其余结构梁梁高按水平跨度的 1/15 计算。

2）天桥板（包括截水沟底板）和楼梯板均由梁支承，梁的布置应简洁、经济，不采用悬挑板。

3）楼梯基础和地梁不在本图表示。

4）机动车道通行净高应不小于 5.1m。

5）人行道通行净高应不小于 2.3m。

提示：根据题目的要求，在满足各种梁的高跨比的前提下，结合柱子布置的结果，满足机动车道和人行道的通行净高要求。

（3）变形缝的布置

题目要求布置必要的变形缝

提示：显然，在原有两幢已建研发楼与新建的钢筋混凝土过街天桥之间设置变形缝是最合理的。

2. 细心作图，重点在于满足题目的所有条件

一般来说，"结构选型与布置"的试题并没有真正意义上的设计和作图，只要正确理解了题目的所有条件要求，并按照题目提供的图例进行标注，作图的内容就完成了。

需要特别强调的，还是认真审题的问题。题目的条件可能分散在题目文字和平面图的各个部分，甚至在"作图选择题"中也会有很多正确答案的信息，这些都是正确答案的必要条件，不能有任何遗漏和错误的理解，否则，答案就可能离题万里，无法得分。

（六）作图题参考答案（图 29-3-65）

（七）选择题参考答案及解析

（1）**解析**：东人行道的天桥采用四柱的方案是合理的，也是可行的（图 29-3-65）。建筑场地东侧为已建外廊，增设的柱与原主体结构相距 3200mm，柱的施工不会影响主体结构。人行道净宽为 6000mm－2×600mm＝4800mm＞4000mm，满足要求。北侧梁段为支承斜向步道板的重要构件，采用两端有柱的形式更安全可靠；同时，也可降低梁的高度，经济、合理。所以东人行道处需增设 3 根天桥柱，共计 4 根；故答案选 C。

（2）**解析**：西人行道东侧紧邻原主体结构，无法设柱，所以在机动车道外侧，西人行道上设置一排 2 根天桥柱，采用悬臂梁的方案（图 29-3-65）。人行道净宽为 4800mm－600mm＝4200mm＞4000mm，满足要求；故答案选 B。

（3）**解析**：标高为 2.400m 的休息平台处，已设置了 2 根梯柱。从结构受力合理安全的角度，应增设 2 根梯柱，可以避免悬挑构件支承其他构件的情况。但根据题目的任务要求"人行道南北向通行净宽不小于 4.0m，此范围内不应出现柱子"，所以不应增设梯柱；故答案选 A。

（4）**解析**：采用以上柱布置的方案，机动车道上空最少应设置 2 根水平梁（L），梁的跨度为 15000mm＋2×300mm＝15600mm，根据题目的任务要求"梁高按水平跨度的 1/15 计算"，则梁高为 15600mm/15＝1040mm，可将梁上反 200mm，则机动车道通行净高为 5950mm＋200mm－1040mm＝5110mm＞5100mm，满足要求；故答案选 B。

（5）**解析**：天桥南北向水平梁（L）包括三排柱上 3 根、截水沟两侧各 1 根，共计 5 根；故答案选 C。

（6）**解析**：2.400m 标高处的水平梁（L）包括梯柱上 1 根、两根悬挑梁端 1 根，共计 2 根；故答案选 A。

（7）**解析**：悬挑梁（BL）包括过街天桥西侧 2 根（西人行道上空）、休息平台处 2 根，共计 4 根；故答案选 D。

（8）**解析**：过街天桥东侧柱间有踏步段（东人行道上空），每侧应各设 1 根折梁（ZL），

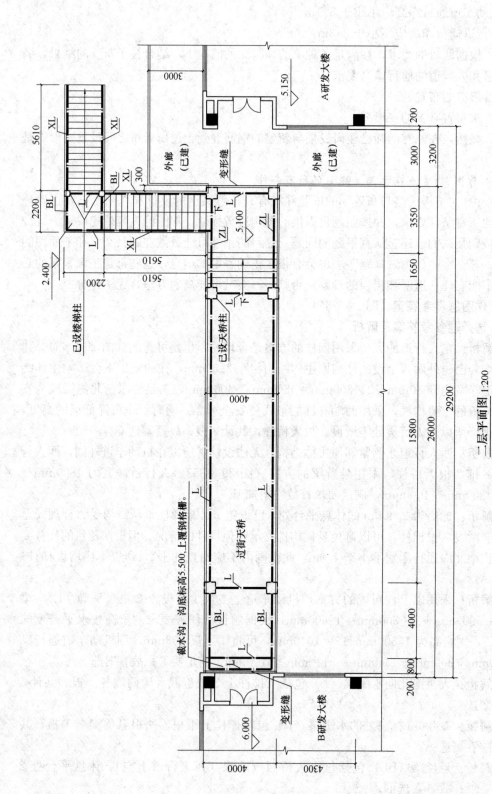

二层平面图 1:200

图 29-3-65 结构平面布置图（参考答案）

共计 2 根；故答案选 C。

(9) **解析：** 标高为 2.400～5.100m 范围和标高为 −0.300～2.400m 范围，各设 2 根斜梁（XL），共计 4 根；故答案选 D。

(10) **解析：** 根据题目的任务描述"建造一座自成体系的钢筋混凝土过街天桥"，新建过街天桥与东侧已建外廊，以及与西侧已建研发大楼之间应分别设置 1 道变形缝，共计 2 道；故答案选 B。

十五、2020 年 某中学教学楼三层平面结构布置

(一) 任务描述

图 29-3-66 为某高级中学教学楼的三层平面图，结构形式为钢筋混凝土框架结构。抗震按乙类设防，设防烈度为 6 度。按照现行规范要求，用所提供的图例在其上完成结构布置。

(二) 任务要求

(1) 布置结构柱（500mm×500mm），满足楼梯通行的净高要求；

(2) 布置主梁（框架梁）；

(3) 布置②～③轴与Ⓔ～Ⓕ轴间区域次梁（该区域结构降板必须由次梁支承）；

(4) 布置悬臂梁（挑板大于 1500mm 时，需设置悬臂梁）；

(5) 布置悬臂板；

(6) 布置结构降板区域；

(7) 布置施工后浇带。

(三) 图例 （表 29-3-10）

表 29-3-10

名　称	图　例	名　称	图　例
结构柱	■	悬臂板	▨
主梁	—·—·—	结构降板区域	⊠
次梁	- - - - -	施工后浇带 800mm 宽	▬
悬臂梁			

(四) 作图选择题 （共 10 小题，每题 2 分）

(1) ①～③轴间增加结构柱的数量是：

A 1　　　　B 2　　　　C 3　　　　D 4

(2) 连续梁按一根计算，Ⓐ～Ⓒ 轴与①～④轴间（含轴线）的主梁数量是：

A 2　　　　B 4　　　　C 6　　　　D 8

(3) 连续梁按一根计算，Ⓓ～Ⓕ轴与④～⑧轴间（含轴线）的主梁数量是：

A 6　　　　B 8　　　　C 10　　　　D 12

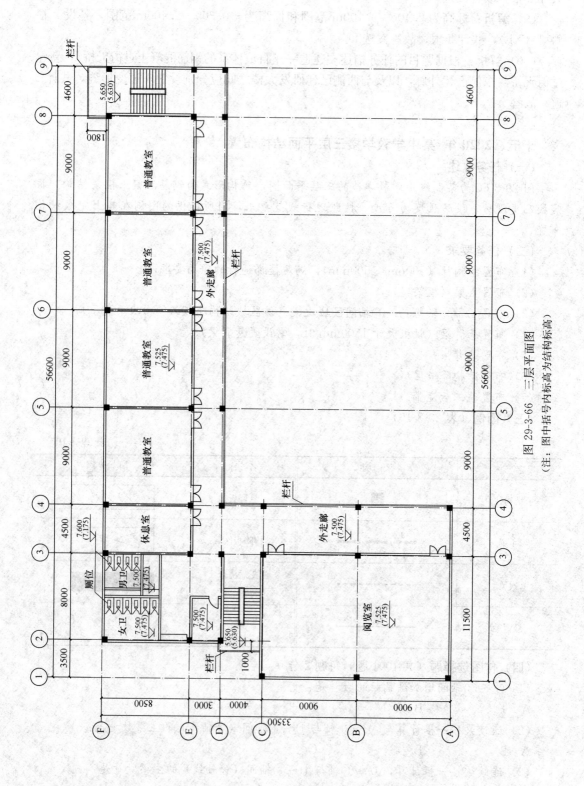

图 29-3-66 三层平面图

(注：图中括号内标高为结构标高)

（4）连续且梁顶的标高相同按一根计算，在②轴线上有多少根主梁？

A 1   B 2   C 3   D 4

（5）连续且梁顶的标高相同按一根计算，在Ｆ轴线上有多少根主梁？

A 2   B 4   C 6   D 8

（6）连续且梁顶的标高相同按一根计算，在Ｅ～Ｆ轴与②～③轴间有多少根次梁？

A 1   B 2   C 3   D 5

（7）悬臂梁的数量是：

A 1   B 2   C 3   D 4

（8）悬臂板的数量是：

A 1   B 2   C 3   D 4

（9）结构降板的数量是：

A 1   B 2   C 3   D 4

（10）施工后浇带的适当位置是：

A Ｅ～Ｆ轴间   B ②～③轴间

C ④～⑤轴间   D ⑦～⑧轴间

（五）解题要点

（1）增加结构柱：图 29-3-66 中，Ｃ～Ｄ轴和⑧～⑨轴间的楼梯间，在标高 5.630m 的中间平台处出挑作为休息区，由于不满足净高的要求，7.475m 标高处的框架梁应调整到 5.630m 标高处。所以应在②轴与Ｃ轴相交处增加结构柱。

（2）当悬挑长度超过规定尺寸时，应采用悬挑梁的形式；本题规定：挑板长度大于 1500mm 时，需设置悬挑梁。悬臂板和悬挑板的区别是悬挑板只有一边支承，悬臂板为三边支承或四边支承板（有边梁）。

（3）结构降板：根据图 29-3-66 中标注的楼层结构标高可判断降板的区域，通常在卫生间。

（4）施工后浇带：设置后浇带可有效减小温度和混凝土收缩对结构的影响，伸缩缝的间距可适当放宽，施工后浇带间距为 30～40m，带宽 800～1000mm。

（六）作图题参考答案（图 29-3-67）

（七）选择题参考答案及解析

（1）**解析**：①～③轴间的楼梯间，在标高 5.630m 的中间平台处出挑作为休息区，楼层框架梁应调整到 5.630 标高处，所以在②轴与Ｃ轴相交处应增加 1 根结构柱；故答案选 A。

（2）**解析**：框架柱之间的梁均为主梁，Ａ～Ｃ轴与①～④轴间的主梁包括横向 3 根、纵向 3 根，共计 6 根；故答案选 C。

（3）**解析**：Ｄ～Ｆ轴与④～⑧轴间的主梁包括横向 3 根、纵向 5 根，共计 8 根；故答案选 B。

（4）**解析**：根据第（1）题的解析，由于Ｃ～Ｄ轴间梁段的梁顶标高降为 5.630m，所以②轴上有 2 根主梁；故答案选 B。

（5）**解析**：由于⑧～⑨轴间梁段的梁顶标高降为 5.630m，所以Ｆ轴上有 2 根主梁；故答案选 A。

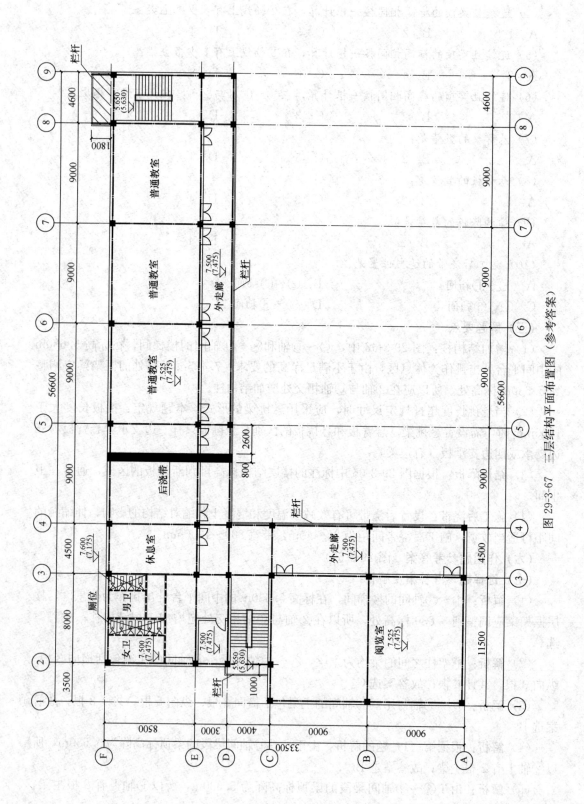

图 29-3-67 三层结构平面布置图（参考答案）

（6）**解析**：降板的周边如没有主梁，应设置次梁。在Ⓔ～Ⓕ轴与②～③轴间的次梁包括横向2根、纵向3根，共计5根；故答案选D。

（7）**解析**：⑧～⑨轴间的休息平台悬挑长度为1800mm＞1500mm，应采用悬挑梁形式，共计2根；故答案选B。

（8）**解析**：悬臂板是由两根悬挑梁和一根主梁（或两根边梁）三边支承（或四边支承）的板；而悬挑板只有一边支承。根据第（7）题的解析，⑧～⑨轴间的休息平台为悬臂板。Ⓒ～Ⓓ轴间的休息平台悬挑长度为1000mm，可采用悬挑板。所以悬臂板和悬挑板各1块；故答案选A。

（9）**解析**：根据图29-3-66标注的建筑和结构标高，男、女卫生间厕位处有局部降板，结构降板为2块；故答案选B。

（10）**解析**：根据《高层建筑混凝土结构技术规程》JGJ 3—2010第3.4.13条第3款，当采用有效的构造措施和施工措施减小温度和混凝土收缩对结构的影响时，可适当放宽伸缩缝的间距，其中包括每隔30～40m间距留出施工后浇带，带宽800～1000mm。后浇带应设置在内力较小的1/3跨度附近。该建筑总长度56.6m，应在④～⑤轴或⑤～⑥轴间设置后浇带；故答案选C。

第四节　建　筑　设　备

一、考试大纲的基本要求

（一）考试大纲

1. 考试大纲内容

考试大纲对建筑技术设计（作图）的要求为："检验应试者在建筑技术方面的实践能力，对试题能做出符合要求的答案，包括……机电设备及管道系统……并符合法规规范。"

2. 各专业系统包括内容

建筑设备（其中电气部分见本章第五节）有以下几个系统：

（1）供暖系统：包括分户热计量装置、室温控制装置、供暖管道、散热器（或地板供暖加热管）等。

（2）通风系统：包括通风送风管、通风回风管、防火阀、通风送风口、通风回风口等。

（3）空调系统：包括空调机（空气处理机）、风机盘管、空调供水管、空调回水管、空调凝水管、空调送风管、空调回风管、防火阀、空调送风口、空调回风口等。

（4）防排烟系统：防烟系统包括防烟加压送风机、防烟加压送风口、防烟加压送风竖井等；排烟系统包括排烟风机、排烟口、排烟竖井等。

（5）给水排水系统：给水系统包括给水管、给水管附件、阀门等；排水系统包括排水管、排水管附件、地漏、检查口、三通、存水弯等。

（6）消火栓系统：包括消火栓、消防给水管、消防给水管环管等。

（7）自动喷水灭火系统：包括水流指示器、喷头、喷淋给水管等。

（二）试题题型

1. 试题涉及专业内容

机电设备试题包括给水排水、暖通空调、电气三个专业，一般考题涉及三个专业的综合内容或只涉及三个专业的消防内容。偶有考题只涉及三个专业中的其中两个专业综合内容或只有一个专业的内容。

2. 试题作业内容

建筑技术设计（作图）中的建筑设备试题包括两部分内容：第一部分为作图，第二部分为填空选择题。

3. 试题格式

（1）作图部分

1）任务书

任务书一般包括三个标题：任务描述、任务要求、图例。

2）试题附图

一般给出一份平面图，必要时附有剖面图。作图时在平、剖面图上直接布置建筑设备和管道系统。

（2）选择题部分

1）填空回答选择题

选择题为作图题任务要求中的一部分考核内容，根据作图的结果在备选项中选出对应选项，将该选项的字母（A、B、C、D）在试卷上用绘图笔填空作答，选项与作图结果应一致。每题的四个备选项中只有一个正确答案，正确答案就是作图的一部分正确结果（不一定是全部结果）。

2）涂黑答题卡

试卷上填空作答后，还必须涂黑答题卡。按题号在答题卡上将该题所选选项对应的字母用 2B 铅笔涂黑，以便机读判分。

（三）评分标准

1. 评分程序

建筑技术设计（作图）的评分，第一步先机读答题卡，如果未超过一定的分数，不再用人工对作图判分，视为未通过；只有超过一定的分数，才取得对作图进行人工判分的资格。

2. 评分标准

评分按任务要求中提到的逐项进行，每一项就是一个考核点，考核点就是选择题的题目。所以评分围绕选择题进行。但选择题正确只代表基本内容正确，并不代表作图完全正确，因为选择题只能考核作图题布置要求中某方面的考核内容。比如布置要求中要求布置防烟加压送风竖井和风口，选择题只能考核布置几个竖井、几个风口、竖井面积，或给何部位送风等，判作图正确要以上几方面甚至图例、送风箭头等都是对的才算正确。再比如布置要求中要求布置自动喷水灭火喷头，选择题只能考核布置几个喷头、在何处布置，或喷头间距等。

二、应试技巧

建筑设备这门课程在建筑学专业中只是一门技术基础课，只简单介绍了工作原理，要想在建筑技术设计（作图）应试中熟练掌握，还要靠继续学习设备专业知识和在设计工作实践中与设备专业的配合、互提资料、对图、汇总、会签中学习。有些建筑师有一定的设备专业知识且有实践经验，但对考试方式不适应，也不能发挥应有的水平。因此，还需学习一些应试技巧，才能更好地发挥水平。

（一）审题方法

在任务书的三个标题：任务描述、任务要求和图例中，任务要求最重要。

1. 任务描述

描述建筑物性质、高度、用途等，提醒应试者执行的规范、规程、标准等。比如防火规范需执行《建筑设计防火规范》GB 50016—2014（2018 年版）；又比如专业规范，是执行《民用建筑供暖通风与空气调节设计规范》GB 50736—2012 还是《建筑给水排水设计标准》GB 50015—2019 等①。

任务描述中规定了作图涉及的专业，提醒应试者作图涉及的专业和内容，使应试者心中有数。

2. 任务要求

任务要求中规定了各专业的具体要求，提醒应试者作图时要按此要求去做。比如空调部分，规定了在哪个部位设空调；又比如消火栓部分，规定了仅考虑走道，还是走道或房间，还是走道和房间都考虑；又比如喷淋部分，规定了建筑物的性质、高度和用途等。

任务要求中规定了各专业的具体作图条件：提醒应试者要按给定条件作图。比如空调部分，规定此部位设全空气空调还是风机盘管加新风，哪个房间设几台风机盘管，风机盘管带不带回风口等；又比如排烟部分，规定竖井的面积；消火栓部分，规定可否嵌入墙内；喷淋部分，规定喷头间距等。

任务要求中规定了各专业的具体作图内容：提醒应试者作图时逐条、逐个按考核点绘制。如布置要求有不明确的内容，可对照选择题一一确定，因为评分以选择题为核心进行，或者说选择题及其拓展内容就是作图内容。

3. 图例

作图时要以此为依据，即使制图标准、教材等与之不同，也要按图例绘制，否则将影响得分。使用图例时要注意正确的画法和方向等。

（二）解题方法

1. 作图内容

通过认真审题，应尽快确定作图内容。为了准确无误，不耽误作图时间，可将给水排水、暖通空调、电气三个专业的作图内容列一个表，作图时逐一落实。

2. 灵活运用所掌握的专业知识和设计要点

考题每年都是新的建筑类型和作图方式，几乎从未出现过重复类型。不管建筑类型怎样变化，建筑设备专业知识是相同的。常规试题可运用专业知识和设计要点来作图，非常规试题只能凭借平时的知识积累来完成。

---

① 本节所涉及标准、规范在首次出现时标注国标号和年号（版号），后文仅出现标准、规范的名称。未特别说明的均为现行的规范、标准。

3. 要有三个专业的全局观念

如题目要求图面上绘制三个专业的内容，需统一安排，使每个专业都能表达清楚，不要因为不同专业内容的重叠，而影响判分。

（三）把握时间

评分程序第一节已经介绍过，答题卡得分决定是否取得人工判分的资格。即使作图、选择题完全正确，答题卡未涂黑，也不再进行人工判分，视为此题未通过。所以，作图时宜根据临场情况，合理安排时间。假如交卷时间将到，作图内容未完，但完成了足够的量且完成的部分正确，应停止作图，将完成的作图内容在试卷上填空并涂黑答题卡，或许还有通过考试的希望。

三、设计要点
（一）供暖设计要点（图 29-4-1）

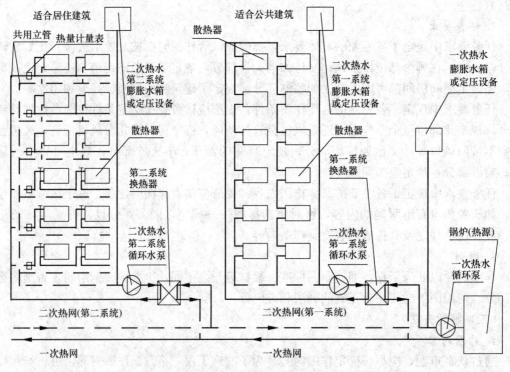

图 29-4-1 供暖系统原理图

1. 住宅散热器供暖

住宅热水集中供暖应设置分户热计量（热量表）和室温控制装置（恒温阀）。对住宅内的公共用房和公共空间，应单独设置供暖，宜设置热计量装置。

2. 住宅散热器供暖分户热计量

热水集中供暖系统分户热计量采用热量表时，应符合下列要求：

（1）应采用共用立管的分户独立循环水平双管系统。

（2）户用热量表的流量传感器宜安装在回水管上。

（3）共用立管和入户装置宜设于管道间内，管道间宜设于户外公共空间。

3. 住宅散热器供暖室温控制装置（图 29-4-2）

水平双管系统每组散热器供水管上设高阻力恒温控制阀。

（二）通风设计要点

1. 卫生间通风

卫生间通风只设排风，排风机或排风口尽量布置在大便器的上方。要考虑进风通路，如门上开百叶、门下留缝隙、开窗等。排风口尽量远离门口，使进风尽量流经整个房间。

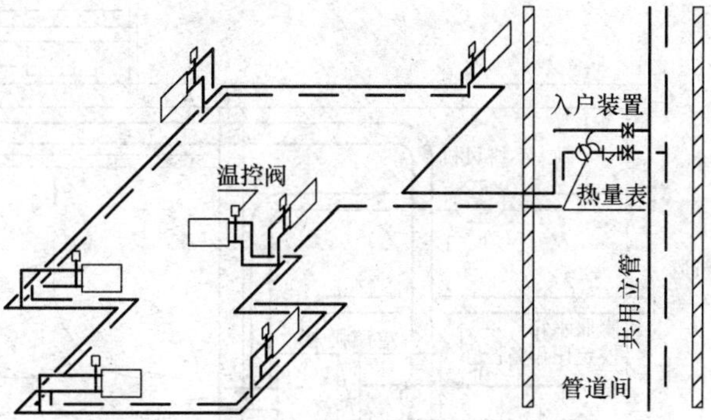

2. 设备房通风

设备房通风设送风、排风。

图 29-4-2　供暖分户热计量和室温控制原理图

3. 地下汽车库通风排烟

地下汽车库防火分区最大允许建筑面积 $2000m^2$，有自动喷水灭火系统时可增至 $4000m^2$。地下汽车库防烟分区 $2000m^2$。

地下汽车库通风送风量为 5 次/h，排风量为 6 次/h。排风时宜可变风量。上部地带排风 1/3～1/2，下部地带排风 1/2～2/3（为排除比空气重的汽车尾气）。

地下汽车库建筑面积超过 $2000m^2$，应设机械排烟系统。排烟量为 6 次/h，排烟时送风量不小于排烟量的 50%（3 次/h）。

（三）空调设计要点

1. 集中空调系统原理（图 29-4-3）

集中空调系统一般分为风机盘管加新风空调系统和全空气空调系统。

（1）集中空调系统定义、适用条件

1）风机盘管加新风空调系统（图 29-4-4）

室内冷（热）负荷由水和空气共同负担的空调系统，叫风机盘管加新风空调系统。风机盘管担负室内冷（热）负荷（包括夏季除湿负荷），新风担负自身的冷（热）负荷（包括冬季加湿负荷）。多联机室内机相当于风机盘管。

风机盘管加新风空调系统适用于建筑层高较低，空调区较多且各区温度要求独立控制的建筑。典型工程如：客房、写字楼等。

2）全空气空调系统（图 29-4-5）

室内冷（热）负荷（包括新风的冷、热负荷）全部由空气负担的空调系统，叫全空气空调系统。全空气空调系统适用于建筑空间较大，人员较多的建筑。典型工程如：体育馆、影剧院等。

（2）关于新风

风机盘管加新风空调系统的新风是把室外空气经过加热、冷却、加湿、过滤等处理后单独送入每个房间，每个房间同时设排风（有时排风采用门上开百叶，门下留缝隙等）。

全空气空调系统的新风是把室外空气与室内回风混合，经过加热、冷却、加湿、过滤等处理后送入每个房间，每个房间不单独设排风，在空调机房等部位设集中排风，因全空

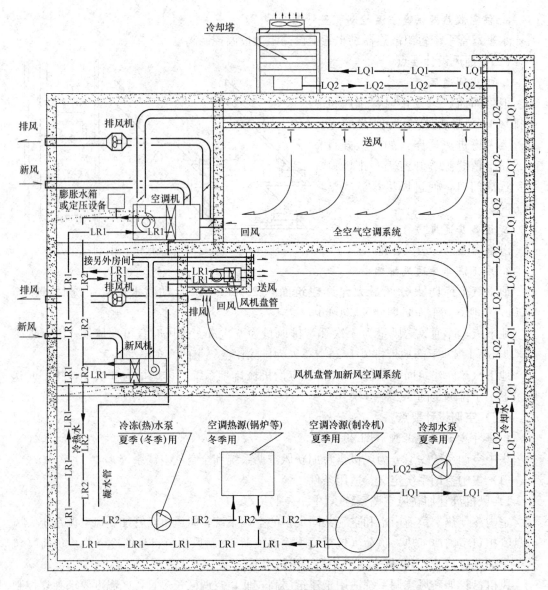

图 29-4-3 空调系统原理图

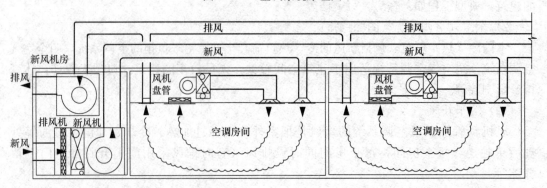

图 29-4-4 风机盘管加新风空调系统原理图

416

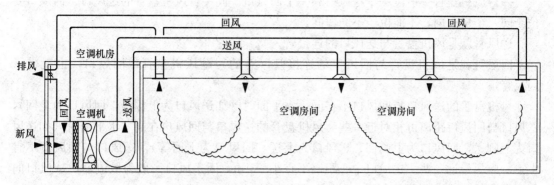

图 29-4-5 全空气空调系统原理图

气空调系统的送风和回风已经包括了新风和排风，所以每个房间不设单独的新风送风和排风。

（3）关于排风

为了补充新鲜空气而必须排走的那部分空气，包括机械排风和门窗渗出部分，与新风量相同。

（4）关于循环风

只在室内循环，与室外空气没有交换。风机盘管加新风空调系统的循环风是风机盘管处理的空气。全空气空调系统的循环风是室内送风减去排风之后的回风。

（5）关于送风

就是通过空调机、风机盘管或风机将空气送入室内，为有组织送风。进风：就是室外空气通过门窗、洞口等自然进入室内，为无组织进风。

（6）关于回风

就是将空调房间内空气的大部分或全部回到空调机或风机盘管再利用、再处理。

为什么设回风？空调房间内的空气在冬季比室外空气温度高，夏季比室外温度低，将其大部分或全部回到空调处理设备再利用，而不直接排到室外可以避免浪费能源。

2. 风机盘管加新风空调系统

风机盘管加新风空调系统包括：风机盘管、风机盘管的送风口和回风口（有的考题风机盘管带回风口，设计中不再画回风口）、新风的送风口和排风口（有的考题没要求布置排风口，设计中不再画排风口），共四种风口和相应的风管；以及风机盘管的供水管、回水管和凝水管，两管制时（一般试题为两管制）共有三种水管。

（1）风机盘管布置

使用最多的是吊顶上卧式暗装，吊顶上向下送风（如办公室等）、侧墙上向侧面送风（如客房等）、吊顶上或侧墙上回风。有的落地暗装或明装，向上送风（如窗台板下等）或斜上方送风（如落地明装等）。

考题对台数有要求时，按考题的要求布置。题目无明确要求时，再看选择题中提示。确无要求时，一般 $15 \sim 30m^2$ 设一台，小于 $15m^2$ 的独立房间也要设一台。

（2）风机盘管的送风口、回风口和送风管、回风管一台风机盘管一般设一个送风口和一个回风口。同一台风机盘管的送风口、回风口要位于同一个房间内，不能位于不同房间。

送风管就是风机盘管与送风口的连接管。

回风管就是风机盘管与回风口的连接管（有的习题风机盘管带回风口，也就带了回风管）。

风机盘管的送风口与回风口不在同一水平面时（如送风口为上侧送，回风口为上回），送风口与回风口距离可相对近一些。风机盘管的送风口与回风口在同一水平面时（如送风口为上侧送，回风口为上侧回；送风口为上送，回风口为上回等），送风口与回风口不宜太近，应尽量远一些。送风口中心距墙不宜小于1m，因送风口一般为散流器，从风口向斜下方吹的气流遇到墙后向下，会使向下的气流过大。

（3）新风口、排风口和新风管、排风管布置

为使室内维持一定的新鲜空气量，要根据人员多少、停留时间、污染程度等因素把室外空气经过加热、冷却、加湿、过滤等处理后单独送入房间。

考题对新风管的连接有要求时，如：新风接风机盘管入口、新风接风机盘管出（送）风管等，按题目的要求布置；题目无要求时，新风单独接风口。新风送入房间后经过人的呼吸不再新鲜，要排出房间以使新风再进入。

新风口与排风口的相对位置应尽量远，从而使气流流经整个房间。

（4）风机盘管水管布置

一般为两管制，共三根水管：供水管、回水管和凝水管，均要连接。

凝水管排入污水管时应有空气隔断措施（如地漏等），不得与污水管直接连接，以防异味进入凝水管，进而进入房间。

凝水管不得与室内密闭雨水管直接连接，以防雨水进入凝水管溢出风机盘管滴水盘。

3. 全空气空调系统

（1）风口布置（图29-4-6）

送风口布置尽量均匀分布；在大空间房间回风口可以相对集中，在小空间房间回风口与送风口可一一对应。

送风口、回风口数量、形式、送风方向、位置要按题目要求布置，题目无明确要求时，再看选择题中提示。

送风口一般有下列几种形式：

1）上送风（在顶部向下送风）

一般为平面吊顶。民用建筑有散流器、喷口和旋流风口、百叶等。

净高不超过5m时，送风口一般用散流器，散流器可以是圆形、方形、矩形、条缝形，由于净高不高又有扩散效果，既能送到人员停留的空间又无明显吹风感（吹风感太明显人会不舒服，尤其在夏季）。散流器中心距侧墙不宜小于1m。散流器上送风时，回风口可上部顶回、上部侧回、下部侧回。

净高超过8m时，送风口一般用喷口或旋流风口。喷口一般为圆形，由于净高较高，在人员停留的空间以上扩散效果不明显，可以有效地送到人员停留的空间又不会有明显吹风感。喷口下送风时一般下部回。

净高在5～8m时，两种送风口均可。

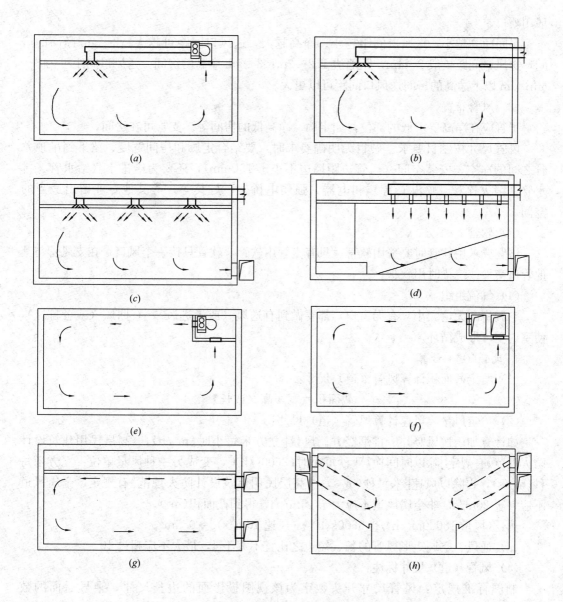

图 29-4-6　风口布置图

(a) 上送上回（风机盘管散流器上送、百叶上回）；(b) 上送上回（全空气散流器上送、百叶上回）；(c) 上送侧回（全空气散流器上送、百叶侧回）；(d) 上送侧回（全空气喷口上送、百叶侧回）；(e) 侧送上回（风机盘管百叶侧送、百叶上回）；(f) 侧送上回（全空气百叶侧送、百叶上回）；(g) 侧送侧回（全空气百叶侧送、百叶侧回）；(h) 侧送侧回（全空气喷口侧送、百叶侧回）

净高不超过 5m 时，有时用百叶送风，有方形、矩形、条形，由于扩散效果不理想，吹风感明显，往往是有装饰效果时才使用，风速控制较小。

2）侧送风（在上部侧墙、吊顶的局部垂直面等向侧面送风）

侧送风口一般有百叶、喷口。小空间建筑（办公、单层商业、会议）侧送风口一般用百叶，百叶有方形、矩形和条形。大空间建筑（大堂、中庭、机场、车站等）侧送风口一般用喷口。

房间净高越小，送风口间距越小；净高越大，送风口间距可越大。2～4m 净高的房间，送风口间距一般 2～4m，距墙边 1.2～2m；3～5m 净高的房间，送风口间距可为 3～6m；5m 以上净高的房间送风口间距可以更大。

（2）风管布置

干管应在净高要求低的部位，如走廊、净高低的房间等。支管可在房间。

风管尺寸按题目要求。题目无明确要求时，要结合走廊和房间宽度、梁下到吊顶龙骨之间的净空、安装空间（风管边距墙边不小于 150mm），还要为给排水（给水管、排水管、消火栓管、喷淋管等）和电器（强弱电桥架、灯具等）等其他专业留出适当的空间。

（3）软管

试题要求用软管时要采用软管。只有支管用软管，软管只接一个风口，在支风管与其他管道交叉或绕梁时用软管。

（4）气流组织

空调房间无论大小、有无窗户，都要做到有送风（或者进风），有回风（或者排风），使室内空气形成循环。

4. 风管（道）计算

（1）给定截面积计算风管（道）尺寸：

$$截面积＝宽×高（或长）$$

（2）给定风量、风速计算风管（道）尺寸：

如计算加压送风竖井、排烟竖井。风量[立方米每小时(m^3/h)，《高层民用建筑设计防火规范》有规定]除以时间换算[秒每小时($3600s/h$)，变成另一种风量单位：立方米每秒(m^3/s)，再除以风速[米每秒(m/s)，《高层民用建筑设计防火规范》有规定，金属风道不应大于 20m/s，非金属风道不应大于 15m/s]，得到截面积(m^2)。

例：（风量 18000m^3/h)/[(3600s/h)·(风速 10m/s)]＝0.5m^2。

（3）通风、空调矩形风管的长、短边之比宜不大于 4，最大不应超过 10。

（4）风管（道）尺寸标注：

制图标准规定：风管尺寸开头数字为该视图投影面的边长尺寸，乘号后面的数字为另一边尺寸。例如风管平面图标注：500×320，表示风管宽 500mm，高 320mm。

（四）防排烟设计要点

1. 防排烟概念

防排烟是防烟和排烟的总称。

（1）防烟概念

防烟定义：疏散、避难等空间，通过自然通风防止火灾烟气积聚或通过机械加压送风（机械加压送风包括送风井管道、送风口阀、送风机等，下同）阻止火灾烟气侵入，称为防烟。

防烟对象：疏散、避难等空间。疏散空间包括两类楼梯间四类前室。两类楼梯间为封闭楼梯间、防烟楼梯间；四类前室包括独立前室（防烟楼梯间前室）、共用前室（剪刀楼梯间的两部楼梯共用一个前室）、合用前室（防烟楼梯间和消防电梯合用一个前室）、消防电梯前室。避难空间包括避难层、避难间。

防烟手段：自然通风、机械加压送风。

（2）排烟概念

排烟定义：房间、走道等空间通过自然排烟或机械排烟将火灾烟气排至建筑物外，称为排烟。

排烟对象：房间、走道等空间。房间包括：设置在一、二、三层且房间建筑面积大于100m² 或设置在四层及以上及地下、半地下的歌舞娱乐放映游艺场所；中庭；公共建筑内地上部分建筑面积大于100m² 且经常有人停留、建筑面积大于300m² 且可燃物较多的地上房间；地下或半地下建筑、地上建筑内的无窗房间，当总建筑面积大于200m² 或一个房间面积大于50m²，且经常有人停留或可燃物较多的房间。走道包括：建筑内长度大于20m 的疏散走道。

排烟手段：自然排烟、机械排烟。

（3）自然通风、自然排烟概念

可开启外窗（口）位于防烟空间（即疏散、避难等空间），火灾时的作用是自然通风。可开启外窗（口）位于排烟空间（即房间、走道等空间），火灾时的作用是自然排烟。

（4）可开启外窗（口）、固定窗规定

1）疏散、避难等空间（包括两类楼梯间、四类前室、两类避难场所）自然通风时应设可开启外窗（口），其面积、位置、开启方式、开启装置等应满足标准要求。

2）疏散空间的封闭楼梯间、防烟楼梯间设机械加压送风时应设固定窗，其面积、位置、开启方式、开启装置等应满足标准要求。

3）房间、走道等空间（包括地上、地下、半地下房间及走道、中庭、回廊等）自然排烟时应设可开启外窗（口），其面积、数量、位置、距离、高度、开启方式、开启装置应满足标准要求。

4）地上下列房间设机械排烟时应设固定窗，其面积、数量、位置、距离、高度应满足标准要求（任一层建筑面积大于 2500m² 的丙类厂房或仓库、任一层建筑面积大于3000m² 的商店或展览或类似功能建筑中长度大于60m 的走道、总建筑面积大于1000m² 的歌舞娱乐放映游艺场所、靠外墙或贯通至屋顶的中庭）。

2. 防烟

（1）防烟一般规定

1）建筑高度大于50m 的公共建筑、工业建筑和建筑高度大于100m 的住宅建筑（大于可采用自然通风防烟的建筑高度），防烟楼梯间、独立前室、共用前室、合用前室、消防电梯前室应分别采用机械加压送风（不应设自然通风）（表29-4-1）。

建筑高度大于100m 的建筑，其机械加压送风应竖向分段独立设置，且每段高度不应超过100m（表29-4-2）。

表 29-4-1

建筑高度	楼梯间、前室自然通风条件	楼梯间、前室加压送风及开启窗、固定窗规定
建筑高度大于50m的公共建筑、工业建筑和建筑高度大于100m的住宅建筑	楼梯间、前室不论有无外窗均认为无自然通风条件（有外窗也不宜开启）	加压送风规定：防烟楼梯间、独立前室、共用前室、合用前室、消防电梯前室均应分别设有竖向风道的机械加压送风； 开启窗规定：无； 窗不可开启规定：设加压送风时，不宜设置可开启外窗；固定窗规定：楼梯间顶部设1m²，靠外墙时每5层设2m²

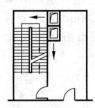 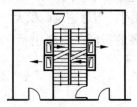 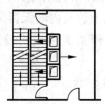 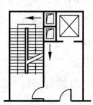 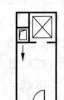

| 防烟楼梯间、独立前室（加压送风分别独立设置） | 剪刀防烟楼梯间、分别独立前室（加压送风分别独立设置） | 剪刀防烟楼梯间、共用前室（加压送风分别独立设置） | 防烟楼梯间、合用前室（加压送风分别独立设置） | 消防电梯前室（加压送风独立设置） |

表 29-4-2

建筑高度	楼梯间、前室自然通风条件	楼梯间、前室加压送风及开启窗、固定窗规定
建筑高度大于100m的建筑	楼梯间、前室不论有无外窗均认为无自然通风条件（有外窗也不宜开启）	加压送风规定：防烟楼梯间、独立前室、共用前室、合用前室、消防电梯前室均应分别、分段设置有竖向风道的机械加压送风并每段高度不应超过100m； 开启窗规定：无； 窗不可开启规定：设加压送风时，不宜设置可开启外窗； 固定窗规定：楼梯间顶部设1m²，靠外墙时每5层设2m²

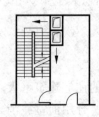 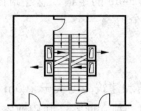 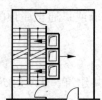 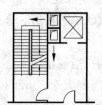 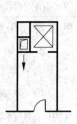

| 防烟楼梯间、独立前室（加压送风垂直方向分段设置） | 剪刀防烟楼梯间、分别独立前室（加压送风垂直方向分段设置） | 剪刀防烟楼梯间、共用前室（加压送风垂直方向分段设置） | 防烟楼梯间、合用前室（加压送风垂直方向分段设置） | 消防电梯前室（加压送风垂直方向分段设置） |

2）建筑高度不大于 50m 的公共建筑、工业建筑和建筑高度不大于 100m 的住宅建筑（不大于可采用自然通风防烟的建筑高度），防烟楼梯间、独立前室、共用前室、合用前室（除共用前室与消防电梯前室合用外）及消防电梯前室，满足自然通风条件时应采用自然通风，不满足自然通风条件时应采用机械加压送风（表 29-4-3）。防烟系统选择尚应符合下列规定：

表 29-4-3

建筑高度	楼梯间、前室自然通风条件	楼梯间、前室自然通风、加压送风及开启窗、固定窗规定
建筑高度不大于 50m 的公共建筑、工业建筑和建筑高度不大于 100m 的住宅建筑	前室有外窗并满足自然通风条件、楼梯间无外窗	加压送风规定：前室满足自然通风条件，设自然通风； 防烟楼梯间（不大于 50m 可直灌式送风）设机械加压送风； 开启窗规定：消防电梯、独立前室 2m²；共用、合用前室 3m²； 窗不可开启规定：设加压送风时，不宜设置可开启外窗； 固定窗规定：楼梯间顶部设 1m²，靠外墙时每 5 层设 2m²

防烟楼梯间、独立前室（满足自然通风条件）　　剪刀防烟楼梯间、共用前室　　防烟楼梯间、合用前室　　消防电梯前室

① 独立前室、合用前室，采用全敞开的阳台、凹廊或设有两个及以上不同朝向可开启外窗且均满足自然通风条件（满足自然通风条件要求见自然通风设施条文，下同），防烟楼梯间可不设防烟。

② 两类楼梯间、四类前室有条件自然通风时应采用自然通风（表 29-4-4）；当不满足自然通风条件时，应采用机械加压送风。

③ 防烟楼梯间满足自然通风条件，独立前室、共用前室、合用前室不满足自然通风条件设机械加压送风，当前室送风口设置在前室顶部或正对前室入口的墙面时，防烟楼梯间可采用自然通风；前室送风口不满足上述条件，防烟楼梯间应采用机械加压送风（表 29-4-5）。

3）防烟楼梯间及其前室（包括独立前室、共用前室、合用前室）机械加压送风设置应符合下列规定：

① 当采用合用前室时：防烟楼梯间、合用前室应分别独立设置机械加压送风（表 29-4-6 图示⑤）。

② 当采用剪刀楼梯时：其两个楼梯间及其前室应分别独立设置机械加压送风（表 29-4-6

图示③、④)。

表 29-4-4

建筑高度	楼梯间、前室自然通风条件	楼梯间、前室自然通风、加压送风及开启窗、固定窗规定
建筑高度不大于50m 的公共建筑、工业建筑和建筑高度不大于100m 的住宅建筑	楼梯间、前室均有外窗并满足自然通风条件	加压送风规定：无； 开启窗规定：楼梯间顶设 1m² ；楼梯间高度大于 10m 时每 5 层设 2m² 且间隔不大于 3 层；消防电梯、独立前室 2m² ；共用、合用前室 3m² ； 窗不可开启规定：无； 固定窗规定：无

防烟楼梯间、独立前室（满足自然通风条件）　　剪刀防烟楼梯间、分别独立前室（满足自然通风条件）　　剪刀防烟楼梯间、共用前室（满足自然通风条件）　　防烟楼梯间、合用前室（满足自然通风条件）　　消防电梯前室（满足自然通风条件）

表 29-4-5

建筑高度	楼梯间、前室自然通风条件	楼梯间、前室自然通风、加压送风及开启窗、固定窗规定
建筑高度不大于50m 的公共建筑、工业建筑和建筑高度不大于100m 的住宅建筑	楼梯间有外窗并满足自然通风条、前室无外窗	加压送风规定：前室设加压送风；若前室送风口位于顶部或正对入口，楼梯间可自然通风，否则楼梯间加压送风；开启窗规定：楼梯间顶设 1m² ；楼梯间高度大于 10m 时每 5 层设 2m² 且间隔不大于 3 层； 窗不可开启规定：设加压送风时，不宜设置可开启外窗； 固定窗规定：楼梯加压时顶部设 1m² ，靠外墙时每 5 层设 2m²

防烟楼梯间、独立前室（送风口正对前室门）　　防烟楼梯间、独立前室（送风口位于前室顶部）　　防烟楼梯间、独立前室（送风口未正对前室门）　　防烟楼梯间、独立前室（送风口未位于前室顶部）

424

表 29-4-6

建筑高度	楼梯间、前室自然通风条件	楼梯间、前室自然通风、加压送风及开启窗、固定窗规定
建筑高度不大于 50m 的公共建筑、工业建筑和建筑高度不大于 100m 的住宅建筑	防烟楼梯间、前室均无外窗或虽有外窗但均不满足自然通风条件	加压送风规定：防烟楼梯间（不大于 50m 可直灌式送风）、独立前室、共用前室、合用前室、消防电梯前室应设机械加压送风； 开启窗规定：无； 窗不可开启规定：设加压送风时，不宜设置可开启外窗； 固定窗规定：楼梯间顶部设 $1m^2$，靠外墙时每 5 层设 $2m^2$

①	②	③	④	⑤	⑥
防烟楼梯间、独立前室（独立前室只有一个门时，楼梯间送风、前室不送风）	防烟楼梯间、独立前室（独立前室多余一个门时，楼梯间送风、前室分别送风）	剪刀防烟楼梯间、分别独立前室（剪刀防烟楼梯间，分别独立前室，分别加压送风）	剪刀防烟楼梯间、（剪刀防烟楼梯间、共用前室，分别加压送风）	防烟楼梯间、合用前室（防烟楼梯间、合用前室，分别加压送风）	消防电梯前室（前室加压送风）

③ 当采用独立前室时：建筑高度不大于可采用自然通风防烟的建筑高度，当独立前室仅有一个门与走道或房间相通时，可仅在防烟楼梯间设置机械加压送风、前室不送风；独立前室不满足上述条件，防烟楼梯间、独立前室应分别设置机械加压送风（表 29-4-6 图示①、②）。

④ 地下、半地下建筑仅有一层，封闭楼梯间（仅有一层）可不设机械加压送风，但首层应设置有效面积不小于 $1.2m^2$ 的可开启外窗或直通室外的疏散门（表 29-4-7）。

表 29-4-7

建筑高度	楼梯间、前室自然通风条件	楼梯间、前室自然通风、加压送风及开启窗、固定窗规定
地下、半地下建筑封闭楼梯间不与地上楼梯间共用且地下仅有一层	封闭楼梯地下无自然通风条件	加压送风规定：可不设； 开启窗规定：首层设有效面积不小于 $1.2m^2$ 的可开启；外窗或直通室外的疏散门； 窗不可开启规定：无； 固定窗规定：无

地下、半地下封闭楼梯间首层　　地下、半地下封闭楼梯间首层

(2) 自然通风设施

1) 采用自然通风的封闭楼梯间、防烟楼梯间，应在最高部位设置面积不小于 $1.0m^2$ 的可开启外窗或开口；当建筑高度大于 10m 时，尚应在楼梯间外墙上每 5 层内设置总面积不小于 $2.0m^2$ 的可开启外窗或开口，且布置间隔不大于 3 层。

2) 前室采用自然通风时，独立前室、消防电梯前室可开启外窗或开口面积不应小于 $2.0m^2$，共用前室、合用前室不应小于 $3m^2$。

3) 采用自然通风的避难层、避难间设有不同朝向可开启外窗，其有效面积不应小于该避难层、避难间地面面积的 2%，且每个朝向面积不应小于 $2.0m^2$。

(3) 机械加压送风设施

1) 建筑高度不大于 50m 的建筑，当楼梯间设置加压送风井管道确有困难时，楼梯间可采用直灌式机械加压送风（无送风井管道，直接向楼梯间机械加压送风）（表 29-4-8 图示①、②）并应符合下列规定：

表 29-4-8

建筑高度	楼梯间、前室自然通风条件	楼梯间、前室自然通风、加压送风及开启窗、固定窗规定
建筑高度不大于 50m 的建筑	封闭楼梯间、防烟楼梯间无外窗或虽有外窗但不满足自然通风条件	加压送风规定：封闭楼梯间、防烟楼梯间可采用直灌式加压送风；建筑高度大于 32m，高、低两处送风，送风口之间距离不小于建筑高度 1/2； 开启窗规定：无； 窗不可开启规定：设加压送风时，不宜设置可开启外窗； 固定窗规定：楼梯间顶部设 $1m^2$，靠外墙时每 5 层设 $2m^2$

① 封闭楼梯间（直灌式加压送风，高度不大于32m）

② 防烟楼梯间（直灌式加压送风，高度不大于32m）

③ 封闭楼梯间（直灌式加压送风，高度大于32m）

④ 防烟楼梯间（直灌式加压送风，高度大于32m）

① 建筑高度大于 32m 时，应两点部位送风，间距不宜小于建筑高度的 1/2（表 29-4-8 图示③、④）。

② 送风量应比非直灌式机械加压送风量增加 20%。

③ 送风口不宜设在影响人员疏散的部位。

2) 楼梯间地上、地下部分应分别设置机械加压送风（表 29-4-9）。地下部分为汽车库或设备用房时，可共用机械加压送风系统，但送风量应地上、地下部分相加；采取措施满足地上、地下部分风量要求。

表 29-4-9

建筑高度	楼梯间、前室自然通风条件	楼梯间、前室自然通风、加压送风及开启窗、固定窗规定
楼梯间、消防电梯地下部分	封闭楼梯间、防烟楼梯间、消防电梯前室无外窗	加压送风规定：封闭楼梯间及防烟楼梯间（不大于50m可直灌式送风）与地上部分分别设机械加压送风； 开启窗规定：无； 窗不可开启规定：无； 固定窗规定：楼梯间顶部设 1m²，靠外墙时每 5 层设 2m²

防烟楼梯间地下部分（满足前室不送风条件）　　防烟楼梯间、合用前室地下部分　　剪刀防烟楼梯间、共用前室地下部分　　消防电梯前室

3）机械加压送风风机应符合下列规定：

进风口应直通室外且防止吸入烟气；进风口和风机宜设在机械加压送风系统下部；进风口与排烟出口不应设在同一平面上，当确有困难时，进风口与排烟出口应保持一定距离，竖向布置时进风口在下方、两者边缘最小垂直距离不应小于 6m，水平布置时两者边缘最小水平距离不应小于 20m；送风机应设在专用机房内。

4）机械加压送风口：楼梯间宜每隔 2～3 层设一个常开式百叶风口；前室应每层设一个常闭式风口并设手动开启装置；送风口风速不宜大于 7m/s；送风口不宜被门遮挡。

5）机械加压送风管道：不应采用土建风道。应采用不燃材料且内壁光滑。内壁为金属时风速不应大于 20m/s，内壁为非金属时风速不应大于 15m/s。

6）机械加压送风管道的设置和耐火极限：竖向设置应独立设于管道井内，设置在其他部位时耐火极限不应低于 1h；水平设置在吊顶内时，耐火极限不应低于 0.5h，水平设置未在吊顶内时，耐火极限不应低于 1.0h。

7）机械加压送风管道井隔墙耐火极限不应低于 1.0h 并独立，必须设门时应采用乙级防火门。

8）设置机械加压送风的疏散部位不宜设置可开启外窗。

9）设置机械加压送风的封闭楼梯间、防烟楼梯间尚应在其顶部设置不小于 1.0m² 的固定窗。靠外墙的防烟楼梯间尚应在其外墙上每 5 层内设置总面积不小于 2.0m² 的固定窗。

10）加压送风口层数要求

两类楼梯间每隔 2～3 层设一个常开式加压送风口；四类前室每层设一个常闭式加压送风口并设手动开启装置。

3. 排烟

（1）排烟一般规定

1）优先采用自然排烟。

2）同一防烟分区应采用同一种排烟方式。

3）中庭、与中庭相连通的回廊及周围场所的排烟应符合下列规定：

① 中庭应设排烟；

② 周围场所按现行规范设排烟；

③ 回廊排烟：当周围场所各房间均设排烟时，回廊可不设，但商店建筑的回廊应设置排烟系统；当周围场所任一房间均未设排烟时，回廊应设；

④ 当中庭与周围场所未封闭时，应设挡烟垂壁。

4）固定窗规定

① 固定窗布置位置：

—— 非顶层区域的固定窗应布置在外墙上；

—— 顶层区域的固定窗应布置在屋顶或顶层外墙上，但未设置喷淋、钢结构屋顶、预应力混凝土屋面板时应布置在屋顶；

—— 固定窗宜按防烟分区布置，不应跨越防火分区。

② 固定窗有效面积：

—— 固定窗设在顶层，其有效面积不应小于楼面面积的 2%；

—— 固定窗设在中庭，其有效面积不应小于楼面面积的 5%；

—— 固定窗设在靠外墙且不位于顶层，单个窗有效面积不应小于 $1.0m^2$ 且间距不宜大于 20m，其下沿距室内地面不宜小于层高的 1/2；供消防救援人员进入的窗口面积不计入固定窗面积但可组合布置。

③ 固定窗有效面积应按可破拆的玻璃面积计算。

（2）防烟分区、挡烟垂壁

1）防烟分区不应跨越防火分区。

2）防烟分区挡烟垂壁等挡烟分隔深度：

① 当自然排烟时不应小于空间净高的 20%且不应小于 500mm；

② 当机械排烟时不应小于空间净高的 10%且不应小于 500mm。

同时挡烟垂壁底距地面应大于疏散所需的最小清晰高度。

最小清晰高度①为 1.6m+0.1 倍层高。

3）设置排烟的建筑内，敞开楼梯、自动扶梯穿越楼板的开口部应设置挡烟垂壁等设施。

———————————

① 最小清晰高度：最小清晰高度为 1.6m+0.1H，其中单层空间 H 取净高、多层空间 H 取层高；但走道和房间净高不大于 3m 区域取净高的 1/2。

4）防烟分区最大面积、长边最大长度：

空间净高≤3m，最大面积500m²，长边最大长度24m；

空间净高＞3m，最大面积1000m²，长边最大长度36m；

空间净高＞6m，最大面积2000m²，长边最大长度60m；

空间净高＞6m，最大面积同上，自然对流时，长边最大长度75m；

空间净高＞9m，可不设挡烟垂壁；

走道宽度≤2.5m，长边最大长度60m；

走道宽度＞2.5m，长边最大长度按前四种情况处理。

（3）自然排烟设施

1）自然排烟窗（口）设置场所

自然排烟场所应设置自然排烟窗（口）。

2）自然排烟窗（口）设置面积

除中庭外一个防烟分区自然排烟窗（口）应：

房间排烟且净高≤6m时，自然排烟窗（口）有效面积≥该防烟分区建筑面积2%；

房间排烟且净高＞6m时，自然排烟窗（口）有效面积应计算确定；

仅需在走道、回廊排烟时，两端自然排烟窗（口）有效面积均≥2m²且自然排烟窗（口）距离不应小于走道长度的2/3；

房间、走道、回廊均排烟时，自然排烟窗（口）有效面积≥该走道、回廊建筑面积2%；

中庭排烟时（中庭周围场所设排烟），自然排烟窗（口）有效面积应计算确定且≥59.5m²；

中庭排烟时（中庭周围场所不需设排烟，仅在回廊排烟），自然排烟窗（口）有效面积应计算确定且≥27.8m²。

3）自然排烟窗（口）位置

自然排烟窗（口）距防烟分区内任一点水平距离不应大于30m（注：此距离也适用机械排烟），当净高≥6m且具有自然对流条件时不应大于37.5m（注：此距离不适用机械排烟）。

4）自然排烟窗（口）布置要求

自然排烟窗（口）宜分散均匀布置，每组长度不宜大于3.0m。

自然排烟窗（口）设在防火墙两侧时，最近边缘的水平距离不应小于2.0m。

5）自然排烟窗（口）设在外墙高度

自然排烟窗（口）设在外墙时，应在储烟仓①内，但走道和房间净高不大于3m区域，可设在净高1/2以上。

---

① 储烟仓的概念：

自然排烟时：储烟仓厚度不应小于空间净高的20%且不小于0.5m；

机械排烟时：储烟仓厚度不应小于空间净高的10%且不小于0.5m；

同时要求：储烟仓底部应大于最小清晰高度。

6）自然排烟窗（口）设在外墙开启形式

自然排烟窗（口）的开启形式应有利于火灾烟气的排出（下悬外开，即下端为轴、上端在墙外），但房间面积不大于 200m² 时开启方向可不限。

7）自然排烟窗（口）开启的有效面积

悬窗：开启角度大于 70°，按窗面积计算；不大于 70°，按最大开启时水平投影面积计算；

平开窗：开启角度大于 70°，按窗面积计算；不大于 70°，按最大开启时竖向投影面积计算；

推拉窗：按最大开启时窗口面积计算；

平推窗：设在顶部时，按窗 1/2 周长与平推距离乘积计算且不应大于窗面积；设在外墙时，按窗 1/4 周长与平推距离乘积计算且不应大于窗面积。

8）自然排烟窗（口）开启装置

高处不便于直接开启的外窗应在距地面 1.3～1.5m 处的位置设置手动开启装置。

净空高度大于 9.0m 的中庭、建筑面积大于 2000m² 的营业厅、展览厅、多功能厅等场所，应设置集中手动开启装置和自动开启装置。

（4）机械排烟设施

1）机械排烟系统水平方向布置

当建筑的机械排烟系统沿水平方向布置时，每个防火分区机械排烟系统应独立。

2）机械排烟系统竖直方向布置

建筑高度大于 50m 的公共建筑和建筑高度大于 100m 的住宅建筑，其排烟系统应竖向分段独立设置，且每段高度公共建筑不应大于 50m、住宅建筑不应大于 100m。

3）排烟与通风空调合用

排烟与通风空调应分开设置，确有困难可合用，但应符合排烟要求且排烟时需联动关闭的通风空调控制阀门不应超过 10 个。

4）排烟风机出口

宜设在系统最高处，烟气出口宜朝上并应高出机械加压送风和补风进风口，两者边缘最小垂直距离不应小于 6m，水平布置时两者边缘最小水平距离不应小于 20m。

5）排烟风机房

宜设在专用机房内，排烟风机两侧应有 0.6m 以上空间。排烟与通风空调合用机房应设自动喷水灭火装置、不得设置机械加压送风机、排烟连接件应能在 280℃时连续 30min 保证结构完整性。

6）排烟风机

应满足 280℃时连续工作 30min，排烟风机应与风机入口处排烟防火阀连锁，该阀关闭时联动排烟风机停止运行。

7）排烟管道

机械排烟系统应采用管道排烟但不应采用土建风道。排烟管道应采用不燃材料制作并内壁光滑。排烟管道为金属时风速不应大于 20m/s，为非金属时风速不应大于 15m/s。排烟管道厚度见现行施工规范。

8) 排烟管道耐火极限

排烟管道及其连接件应能在280℃时连续30min保证结构完整性。

排烟管道竖向设置时应设在独立的管道井内，耐火极限不应低于0.5h。

排烟管道水平设置时应设在吊顶内，当设在走廊吊顶内时耐火极限不应低于1.0h，当设在其他场所吊顶内时耐火极限不应低于0.5h；确有困难可设在室内但耐火极限不应低于1.0h。

排烟管道穿越防火分区时耐火极限不应低于1.0h。

排烟管道设在设备用房、汽车库时耐火极限可不低于0.5h。

9) 排烟管道井耐火极限

机械排烟管道井隔墙耐火极限不应低于1.0h并独立，必须设门时应采用乙级防火门。

10) 排烟管道隔热

排烟管道设在吊顶内且有可燃物时应采用不燃材料隔热并与可燃物保持不小于0.15m距离。

11) 排烟口位置

排烟口距防烟分区内任一点水平距离不应大于30m。

排烟口应设在储烟仓内，但走道和房间净高不大于3m区域，可设在净高1/2以上（最小清晰高度以上）；当设在侧墙时其最近边缘与吊顶距离不应大于0.5m。

排烟口宜设在顶棚或靠近顶棚的墙面上。

排烟口宜使烟流与人流方向相反并与附近安全出口相邻边缘水平距离不应小于1.5m。

4. 防火阀

(1) 通风空调风管下列部位应设70℃熔断关闭防火阀（图29-4-7）：

1) 穿越防火分区处；

2) 穿越通风、空调机房隔墙和楼板处；

3) 穿越重要或火灾危险性大的隔墙和楼板处；

4) 穿越防火分隔处的变形缝两侧；

5) 竖向风管与每层水平风管交接处的水平管段上。

(2) 排烟管道下列部位应设280℃熔断关闭排烟防火阀（图29-4-8）：

1) 垂直风管与每层水平风管交接处的水平管段上；

2) 一个排烟系统负担多个防烟分区的排烟支管上；

3) 排烟风机入口处；

4) 穿越防火分区处。

(五) 给水排水设计要点

1. 给水

(1) 自来水压力能满足要求的用水设施用市政自来水直接供水，市政自来水压力不能满足要求的用水设施用水泵加压供水。

(2) 高层建筑生活给水系统应竖向分区，各分区最低卫生器具配水点静水压力不宜大

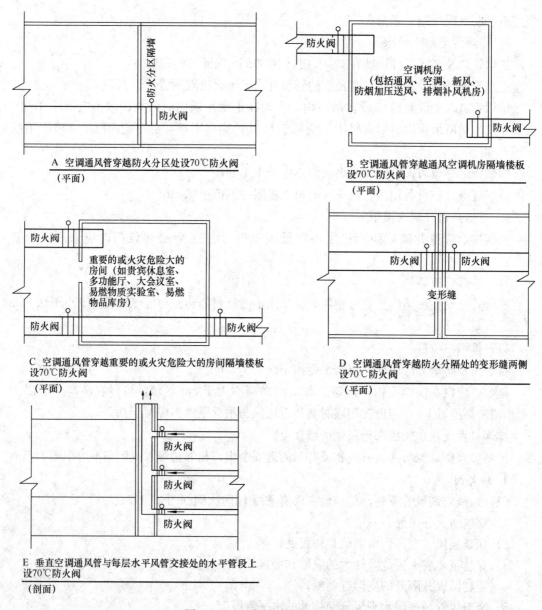

图 29-4-7 70℃防火阀设置示意图

于 0.45MPa；居住建筑入户管给水压力不应大于 0.35MPa，静水压力大于 0.35MPa 的入户管宜设减压或调压设施。

（3）住宅、公寓入户管应设水表，水表前设阀门。

（4）阀门要求：需调节水量、水压时宜采用调节阀、截止阀；只需关断时宜采用闸阀；安装空间小的场所，宜采用蝶阀、球阀。角阀一般用于洗手盆、大便器水箱等。

（5）给水管在卫生器具前设阀门。

（6）热水压力分区、阀门选用、水表设置与给水相同；热水管在卫生器具前设阀门；热水设循环管。

（7）中水压力分区、阀门选用、水表设置与给水相同；中水管在大小便器前设

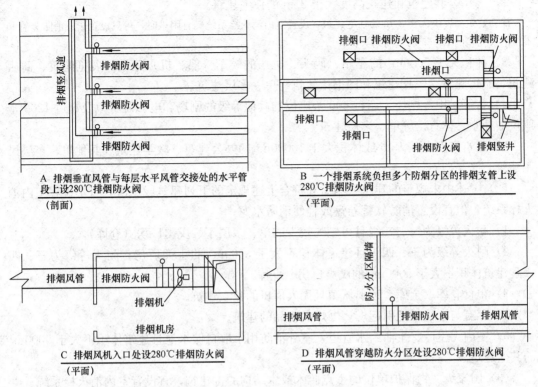

图 29-4-8　280℃排烟防火阀设置示意图

阀门。

2. 排水

（1）厕所、盥洗室、卫生间等需从地面排水的房间设地漏，地漏水封不小于 0.05m。

（2）卫生器具在排水口以下设存水弯（器具构造内有存水弯时不再另设）。

（3）排水立管设检查口，检查口间距不大于 10m，高度距地面 1m 并高于该层器具上边缘 0.15m。

（4）排水横管设清扫口或检查口。

（5）排水管不得穿越卧室、生活饮用水池上方。

（6）厨房与卫生间排水立管应分别设置。

（7）排水设通气管。

1）伸顶通气管：排水立管应设伸顶通气管；

2）专用通气管：建筑标准要求较高的多层、高层生活污水设专用通气管；

3）环形通气管：连接 4 个及以上卫生器具且横支管长度大于 12m 的排水横支管和连接 6 个及以上大便器的污水横支管设环形通气管；

4）器具通气管：卫生、安静要求较高的生活污水管设器具通气管。

（六）室内消火栓设置要点

1. 一般规定

（1）下列建筑或场所应设置室内消火栓系统：

1）建筑占地面积大于 300m² 的厂房和仓库。

2）高层公共建筑和建筑高度大于 21m 的住宅建筑。

注：建筑高度不大于 27m 的住宅建筑，设置室内消火栓系统确有困难时，可只设置干式消防竖管和不带消火栓箱的 DN65 的室内消火栓。

3）体积大于 5000m³ 的车站、码头、机场的候车（船、机）建筑、展览建筑、商店建筑、旅馆建筑、医疗建筑和图书馆建筑等单、多层建筑。

4）特等、甲等剧场，超过 800 个座位的其他等级的剧场和电影院等以及超过 1200 个座位的礼堂、体育馆等单、多层建筑。

5）建筑高度大于 15m 或体积大于 10000m³ 的办公建筑、教学建筑和其他单、多层民用建筑。

（2）上述中未规定的建筑或场所和符合上述规定的下列建筑或场所，可不设置室内消火栓系统，但宜设置消防软管卷盘或轻便消防水龙：

1）耐火等级为一、二级且可燃物较少的单、多层丁、戊类厂房（仓库）。

2）耐火等级为三、四级且建筑体积不大于 3000m³ 的丁类厂房；耐火等级为三、四级且建筑体积不大于 5000m³ 的戊类厂房（仓库）。

3）粮食仓库、金库、远离城镇且无人值班的独立建筑。

4）存有与水接触能引起燃烧爆炸的物品的建筑。

5）室内无生产、生活给水管道，室外消防用水取自储水池且建筑体积不大于 5000m³ 的其他建筑。

（3）国家级文物保护单位的重点砖木或木结构的古建筑，宜设置室内消火栓系统。

（4）人员密集的公共建筑、建筑高度大于 100m 的建筑和建筑面积大于 200m² 的商业服务网点内应设置消防软管卷盘或轻便消防水龙。高层住宅建筑的户内宜配置轻便消防水龙。

2. 设置要点

（1）设置室内消火栓的建筑，包括设备层在内的各层均应设置消火栓。

（2）消防电梯前室应设置室内消火栓，并应计入消火栓使用数量（见《消防给水及消火栓系统技术规范》GB 50974—2014）。

（3）室内消火栓的设置位置要求：

1）室内消火栓应设置在楼梯间及其休息平台和前室、走道等明显易于取用，以及便于火灾扑救的位置。

楼梯间指开敞楼梯间、封闭楼梯间、防烟楼梯间三类。休息平台指楼层平台、中间平台两类。前室指防烟楼梯间前室、消防电梯前室、合用前室三类。消防电梯前室可设两个消火栓。

2）住宅的室内消火栓宜设置在楼梯间及其休息平台。

3）大空间场所的室内消火栓应首先设置在疏散门外附近等便于取用和火灾扑救的位置。

4）汽车库内消火栓的设置不应影响汽车的通行和车位的设置，并应确保消火栓的开启。

5）同一楼梯间及其附近不同层设置的消火栓，其平面位置宜相同。

6）冷库的室内消火栓应设置在常温穿堂或楼梯间内。

7) 对在大空间场所消火栓安装位置确有困难时，经当地消防监督机构核准，可设置在便于消防队员使用的合适地点。

(4) 室内消火栓的布置应满足同一平面有 2 支消防水枪的 2 股充实水柱同时达到任何部位的要求。消火栓的布置间距不应大于 30m（应注意规范中规定可采用 1 支消防水枪的场所，如建筑高度不大于 54m 且每单元设一部疏散楼梯的住宅）。

(5) 室内消火栓应配置公称直径 65 有内衬里的消防水带，长度不宜超过 25.0m；轻便水龙应配置公称直径 25 有内衬里的消防水带，长度宜为 30.0m。

(6) 消火栓消防水枪充实水柱应符合下列规定：

1) 高层建筑、厂房、库房和室内净空高度超过 8m 的民用建筑等场所的消防水枪充实水柱应按 13m 计算；

2) 其他场所的消火栓消防水枪充实水柱应按 10m 计算。

(7) 消火栓到灭火部位的水平折线长度（包括水带弯曲折减长度加水枪充实水柱在平面上的投影长度）：

1) 高层建筑、厂房、库房和室内净空高度超过 8m 的民用建筑等场所：29.23～31.73m；

2) 其他场所：27.1～29.6m。

(8) 室内环境温度不低于 4℃，且不高于 70℃ 的场所，应采用湿式室内消火栓系统。

(9) 室内环境温度低于 4℃，或高于 70℃ 的场所，宜采用干式消火栓系统。

(10) 消防软管卷盘应在下列场所设置，但其水量可不计入消防用水总量（消防软管卷盘长度宜为 30m）：

1) 高层民用建筑；

2) 多层建筑中的高级旅馆、重要的办公楼、设有空气调节系统的旅馆和办公楼；

3) 人员密集的公共建筑、公共娱乐场所、幼儿园、老年公寓等场所；

4) 大于 200m² 的商业网点；

5) 超过 1500 个座位的剧院、会堂其闷顶内安装有面灯部位的马道等场所。

(11) 住宅户内宜在生活给水管道上预留一个接 DN15 的消防软管或轻便水龙的接口。

(12) 室内消火栓宜按行走距离计算其布置间距，并应符合下列规定：

消火栓按 2 支消防水枪的 2 股充实水柱布置的高层建筑、高架仓库、甲乙类工业厂房等场所，消火栓的布置间距不应大于 30m。

(13) 室内消火栓系统管网应布置成环状。

(14) 下列建筑物内应采取消防排水措施，并应按排水最大流量校核：

1) 消防水泵房；

2) 设有消防给水系统的地下室；

3) 消防电梯的井底；

4) 仓库。

(15) 室内消防排水宜排入室外雨水管道。

（七）喷淋设计要点

室内消火栓给水系统应与自动喷水灭火系统分开设置。有困难时可合用消防泵，但在自动喷水灭火系统报警阀前必须分开设置。

1. 设计喷淋的范围

（1）除《建筑设计防火规范》另有规定和不宜用水保护或灭火的场所外，下列高层民用建筑或场所应设置自动灭火系统，并宜采用自动喷水灭火系统：

1）一类高层公共建筑（除游泳池、溜冰场外）及其地下、半地下室；

2）二类高层公共建筑及其地下、半地下室的公共活动用房、走道、办公室和旅馆的客房、可燃物品库房、自动扶梯底部；

3）高层民用建筑内的歌舞娱乐放映游艺场所；

4）建筑高度大于100m的住宅建筑。

（2）除《建筑设计防火规范》另有规定和不宜用水保护或灭火的场所外，下列单、多层民用建筑或场所应设置自动灭火系统，并宜采用自动喷水灭火系统：

1）特等、甲等剧场，超过1500个座位的其他等级的剧场，超过2000个座位的会堂或礼堂，超过3000个座位的体育馆，超过5000人的体育场的室内人员休息室与器材间等；

2）任一层建筑面积大于1500m²或总建筑面积大于3000m²的展览、商店、餐饮和旅馆建筑以及医院中同样建筑规模的病房楼、门诊楼和手术部；

3）设置送回风管（管）的集中空气调节系统且总建筑面积大于3000m²的办公建筑等；

4）藏书量超过50万册的图书馆；

5）大、中型幼儿园，总建筑面积大于500m²的老年人建筑；

6）总建筑面积大于500m²的地下或半地下商店；

7）设置在地下或半地下或地上四层及以上楼层的歌舞娱乐放映游艺场所（除游泳场所外），设置在首层、二层和三层且任一层建筑面积大于300m²的地上歌舞娱乐放映游艺场所（除游泳场所外）。

（3）根据本规范要求难以设置自动喷水灭火系统的展览厅、观众厅等人员密集的场所和丙类生产车间、库房等高大空间场所，应设置其他自动灭火系统，并宜采用固定消防炮等灭火系统。

（4）下列建筑或部位应设置雨淋自动喷水灭火系统：

1）特等、甲等剧场、超过1500个座位的其他等级剧场和超过2000个座位的会堂或礼堂的舞台葡萄架下部；

2）建筑面积不小于400m²的演播室，建筑面积不小于500m²的电影摄影棚。

（5）餐厅建筑面积大于1000m²的餐馆或食堂，其烹饪操作间的排油烟罩及烹饪部位应设置自动灭火装置，并应在燃气或燃油管道上设置与自动灭火装置联动的自动切断装置。

食品工业加工场所内有明火作业或高温食用油的食品加工部位宜设置自动灭火装置。

2. 喷淋系统分类

分闭式、开式两种类型。闭式系统又分湿式、干式和预作用式。开式系统又分为雨淋式和水幕式系统。本章所讲的闭式湿式系统,适用于温度范围为 4~70℃的场合。

3. 喷淋头的间距

(1) 按考题给定的喷淋头之间的间距、喷淋头与端墙之间的间距布置喷淋头。

(2) 如果考题没有给定喷淋头之间的间距、喷淋头与端墙之间的间距(本教材只讲解中危险级,其余危险级如轻危险级、严重危险级和仓库危险级从略):

1) 中危险级 I 级(客房、办公等高层,影剧院、中小商业等公建):

直立型、下垂型喷头(标准喷头)之间的间距应小于等于 3.6m,但应大于等于 2.4m;喷淋头与端墙之间的间距应小于等于 1.8m 但≥0.1m。

边墙型标准喷头最大间距 3m;单排喷头最大保护跨度 3m,双排 6m。

边墙型扩大覆盖喷头最大间距、最大保护跨度与压力水量有关。

2) 中危险级 II 级(汽车库、大型商业等):常规喷头之间的间距应小于等于 3.4m,但宜大于等于 2.4m;喷淋头与端墙之间的间距应小于等于 1.7m 但≥0.1m。

3) 中危险级每根配水支管控制的标准喷头数不应超过 8 个。

4) 每个防火分区均应设水流指示器。

4. 喷淋设计的其他要求

闭式系统用于民用建筑和工业厂房,最大净空高度为 8m,非仓库类高大净空场所(中庭、影剧院、音乐厅、会展中心、多功能体育馆、自选商场等)最大净空高度为 12m。喷头动作温度宜高于环境最高温度 30℃,一般 68℃、72℃,厨房 150℃。

5. 灭火气体

(1) 洁净气体

三氟甲烷(HFC-23)、七氟丙烷(HFC-227ea)、烟烙尽(IG-541)。

(2) 二氧化碳

(八) 设备房间的防火门

(1) 甲级防火门

锅炉房、柴油发电机房、通风机房、空调机房、变配电室、防火分区处。

(2) 乙级防火门

消防控制室、灭火设备室、消防水泵房、封闭楼梯间、防烟楼梯间(总建筑面积大于 2 万 m² 的地下或半地下商店的防烟楼梯间的门为甲级防火门)、各种前室(防火分区开向防烟前室的门为甲级防火门)。

(3) 丙级防火门

竖向管道间、配变电所内部相通的门及其直接通向室外的门。

四、2005 年 报告厅设备作图

(一) 任务描述

按提供的某高校报告厅吊顶平面图和剖面图(图 29-4-9),根据任务要求,经济合理地绘出全空气系统空调送、回风和排风平面布置图。

（二）任务说明

（1）送风要求：主风道始端断面面积不小于 0.65m²。通往报告厅的主风道始端断面面积不小于 0.55m²。通往休息室的风道断面面积不小于 0.18m²，报告厅、休息室内末端支风道尺寸为 600mm×300mm，声光控制室的末端支风道尺寸为 150mm×150mm，风道不得占用其他设备空间，送风口的形式（下送或侧送）根据吊顶形式确定，其中报告厅内灯槽位置按侧送风口布置。

（2）回风要求：主风道始端断面面积不小于 0.49m²，报告厅吊顶采用条缝回风口 16 个。

（3）排风要求：排风道尺寸为 150mm×150mm。

（4）其他条件：

1）层高 5m，北走廊 1～3 轴梁高 800mm，教室内 1～3 轴梁高 1400mm，B、C 轴梁高 750mm，4 轴门洞梁高 650mm。走廊不设送、回风口，另有系统解决。

2）送、回风主风道经清洁室吊顶与竖向风道井相接。

（三）任务要求

按照任务说明和所给图例，在吊顶平面图中的报告厅、休息室、声光控制室、厕所、清洁室、走廊给出以下内容：

（1）送风管道和送风口布置，并表示出送风管道的断面尺寸（宽×高）。

（2）回风管道和回风口布置，并表示出回风管道的断面尺寸（宽×高）。

注：吊顶可做回风道。

（3）排风管道和排风口（排风扇）布置。

（四）图例

竖向风管道：

水平风管道：　　　宽×高

水平风管道弯头：

侧送风口：1000mm×100mm：

散流器下送风口：300mm×300mm：

百叶回风口：300mm×300mm：

条缝回风口：1000mm×150mm：

排风口（排风扇）：200mm×200mm：

楼面标高：

吊顶标高：

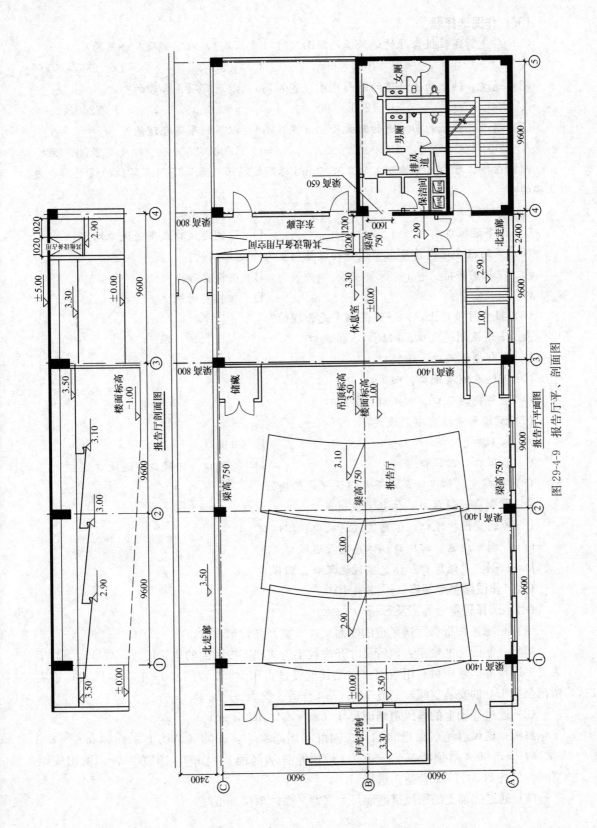

图 29-4-9 报告厅平、剖面图

（五）作图选择题

(1) 东走廊通往报告厅的送风道的断面尺寸（宽×高），以下哪项是合理的？

A 750×750　　　B 1000×600　　　C 1200×550　　　D 2000×300

(2) 通过3轴上的送风道的断面尺寸（宽×高），以下哪项是合理的？

A 750×750　　　B 1200×500　　　C 1800×350　　　D 2300×250

(3) 通过③轴上的回风道的断面尺寸（宽×高），以下哪项是合理的？

A 700×700　　　B 900×550　　　C 1400×350　　　D 2500×200

(4) 在报告厅内（邻控制室侧）3500mm标高处的吊顶上，下列送风口的设置哪个是正确的？

A 不宜设送风口　　　　　　　　　　　B 设侧送风口

C 设下送风口　　　　　　　　　　　　D 设侧送风口或下送风口均可

(5) 下列报告厅内吊顶上回风口的设置位置哪个是正确的？

A 在教室前排　　　　　　　　　　　　B 在教室后排

C 在教室中央　　　　　　　　　　　　D 在教室两侧

(6) 报告厅吊顶上，以下设置哪个是合理的？

A 下送及侧送风口、回风口、排风口

B 全部侧送风口、回风口

C 下送及侧送风口、回风口

D 全部侧送风口、回风口、排风口

(7) 厕所和清洁室中应设置：

A 排风口　　　　　　　　　　　　　　B 回风口

C 排风口、回风口　　　　　　　　　　D 排风口、回风口、送风口

(8) 控制室、休息室，以下哪组设置是正确的？

A 控制室设送风口；休息室设送风口

B 控制室设排风口；休息室设送风口、回风口

C 控制室设送、回风口；休息室设送风口

D 控制室设送风口；休息室设送风口、回风口

（六）作图题参考答案（图 29-4-10）

（七）选择题参考答案及解析

(1) 东廊通往报告厅送风道的断面尺寸（宽×高，单位mm）。

解析： 制图标准规定：风管尺寸开头数字为该视图投影面的边长尺寸，乘号后面数字为另一边尺寸。东廊可利用空间（扣除其他设备占用空间）为 1200×1300，风管每边需留出至少 150 的安装空间，只有 750×750 合适。选 A。

(2) 通过③轴上的送风道断面尺寸（宽×高，单位mm）。

解析： 送风道经东廊至北廊。③轴可利用净高为：5000（结构上平面标高）－800（梁高）－3500（吊顶标高）－100（吊顶龙骨加饰面）＝600，净宽 2400。留出安装空间，只有 2000×300 合适。选择 C。

(3) 通过③轴上的回风道断面尺寸（宽×高，单位mm）。

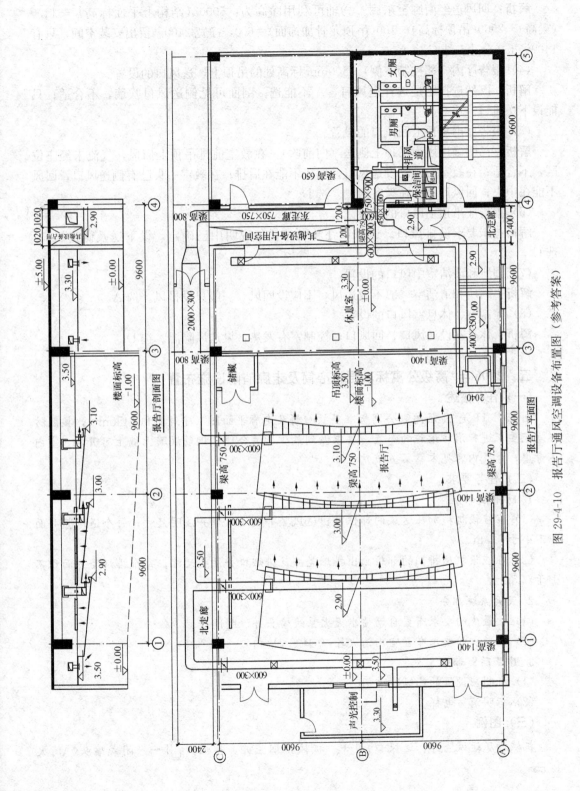

图 29-4-10 报告厅通风空调设备布置图（参考答案）

441

解析： 回风道经南廊至东廊。③轴可利用净高为：5000（结构上平面标高）－1400（梁高）－2900（吊顶标高）－100（吊顶龙骨加饰面）＝600，净宽2400。留出安装空间，只有1400×350合适。选C。

（4）报告厅内（邻控制室侧）3500mm标高处的吊顶上，送风口的设置。

解析： 既然选择题是选择送风口，A不能选；剖面可见侧送风口吹墙，不合适；只能设下送风口。选C。

（5）报告厅内吊顶上回风口的设置。

解析： 已明确送风为吊顶上侧送（向前吹），在教室前排吊顶上回风，气流未经座位区，不合适；在教室后排已设送风口，回风不能在后排；在教室中央已有侧送风口，回风不能在中央；回风口只有在教室两侧。选D。

（6）报告厅吊顶上风口的设置。

解析： 未要求设排风口。送风口在4题，任务说明中已确定，设下送及侧送风口。选C。

（7）厕所和清洁室中风口的设置。

解析： 厕所和清洁室一般不设送风，不应设回风，一般只设排风。选A。

（8）控制室、休息室风口的设置。

解析： 休息室设送风口、回风口；控制室有发热，设送风降温。选D。

五、2006年 高级公寓标准层核心筒及走廊消防设施布置

（一）任务描述

图29-4-11是24层高级公寓标准层核心筒及走廊平面图（建筑面积1450m²），按照防火规范要求进行消防设施的布置，要求做到最少、最合理。钢筋混凝土墙上可开洞（室内不考虑，电气内容见本章第五节）。

（二）任务要求

1. 防排烟部分

（1）在应设机械加压送风的部位画出送风竖井及送风口并注明尺寸，每个送风竖井面积不小于0.5m²。

（2）在应设机械排烟的部位画出排烟竖井及排烟口并注明尺寸，每个排烟竖井面积不小于0.5m²。

2. 灭火系统部分

（1）按最少的要求布置自动喷水灭火系统喷头并注明间距。

（2）按最少的要求布置室内消火栓（可嵌入墙内）。

3. 建筑防火部分

（1）标明应设置的乙级防火门。

（2）标明消防电梯。

（三）图例

机械加压送风竖井、送风口▯→　机械排烟竖井、排烟口▯←　闭式喷头○消火栓▬。

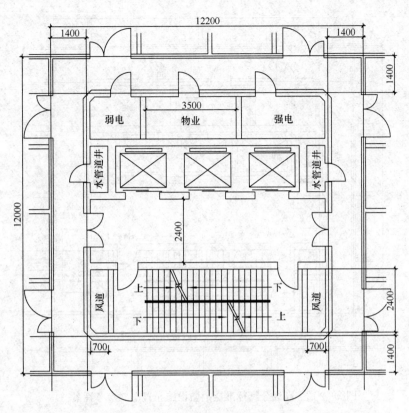

图 29-4-11　高级公寓标准层平面图

（四）作图选择题

(1) 机械加压送风口数量：

A　1　　　　　　　B　2　　　　　　　C　3　　　　　　　D　4

(2) 机械排烟口的最少数量：

A　1　　　　　　　B　2　　　　　　　C　3　　　　　　　D　4

(3) 喷淋头布置的最少数量：

A　13　　　　　　B　14　　　　　　C　15　　　　　　D　16

(4) 消火栓布置的最少数量：

A　1　　　　　　　B　2　　　　　　　C　3　　　　　　　D　4

(5) 乙级防火门的使用数量：

A　2　　　　　　　B　3　　　　　　　C　4　　　　　　　D　5

(6) 关于消防电梯的设置下列哪一项做法是最合理的？

A　无要求　　　　　B　一侧　　　　　　C　中间　　　　　D　两侧

（五）作图题参考答案 （图 29-4-12、图 29-4-13）

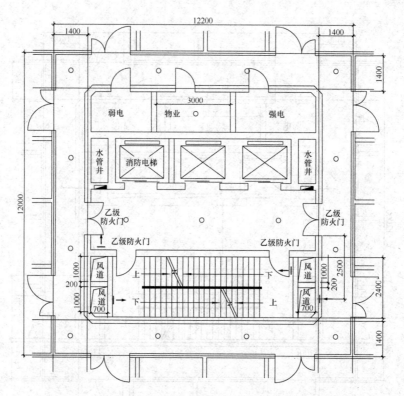

图 29-4-12　高级公寓标准层消防设施布置图（参考答案一）

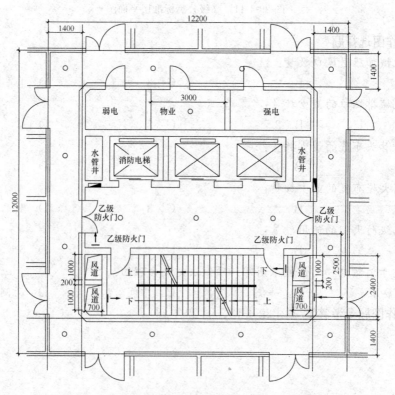

图 29-4-13　高级公寓标准层消防设施布置图（参考答案二）

（六）选择题参考答案及解析

（1）**解析：**剪刀楼梯间按两部楼梯分别设机械加压送风，合用前室宜分别独立设机械加压送风。选 C。

（2）**解析：**防烟分区内排烟口距最远点的水平距离不应超过 30m、距前室门不小于 1.5m。选 A。

（3）**解析：**走廊 12 个、合用前室 3 个、物业 1 个，共 15 个。选 C。

（4）**解析：**楼梯间 1 个、合用前室 1 个，共 2 个。选 B。

按《消防给水及消火栓规范》的规定：消防电梯前室应设置消火栓，并应计入消火栓使用数量。室内消火栓应设置在楼梯间及其休息平台和前室、走道等明显易于取用，以及便于火灾扑救的位置。消防电梯前室设 2 个，共设 2 个，见图 29-4-12。也可以消防电梯前室设 1 个，防烟楼梯间休息平台（或走道）设 1 个，共设 2 个，见图 29-4-13。

（5）**解析：**楼梯间 2 樘，合用前室 2 樘，共 4 樘。选 C。

（6）**解析：**消防电梯与普通电梯应分设机房，为方便分设电梯机房，消防电梯设于一侧。选 B。

六、2007 年 某宾馆空调通风及消防系统布置

（一）任务描述

图 29-4-14 为某宾馆（二类高层建筑）的部分平面图，除客房斜线部分不吊顶外其余全部吊顶。按要求做出空调通风及部分消防系统的平面布置。

已知条件：

（1）空调通风部分：

1）客房采用风机盘管，新风通过走廊的新风竖井接入。

2）电梯厅采用新风处理机，用 4 个散流器均匀送风，送风直接由外墙新风口接入。

3）走廊仅提供新风。

（2）灭火系统部分：

采用自动喷水灭火系统，客房采用边墙型扩展覆盖喷头，其他部位采用标准型喷头。

（二）任务要求

（1）在平面图上按提供的图例做出布置图，包括：

1）布置空调系统。

2）布置卫生间排风系统。

3）在符合规范的前提下，按最少数量布置电梯厅、过道、走廊喷头（仅表示喷头）。

4）布置客房喷头（仅表示喷头）。

5）布置室内消火栓。

6）标注防火门及防火等级。

（2）根据作图，完成作图选择题。

（三）图例

散流器：　　　　　　　　▣　　　　　　换气扇（吊顶安装）：　　▣

风管：　　　　　　　　　═══　　　　消火栓：　　　　　　　　◣

防火阀：　　　　　　　　═▣═　　　边墙型扩展覆盖喷头：　　◁

冷水供水管：　　　　　　─────　　标准型喷头：　　　　　　○

冷水回水管：　　　　　　─·─·─　　甲级防火门：　　　　　FM—甲

凝结水管：　　　　　　　─ ─ ─ ─　乙级防火门：　　　　　FM—乙

排风竖井：　　　　　　　▱　　　　　丙级防火门：　　　　　FM—丙

风机盘管：

（风机盘管为卧
式暗装侧送风，　　　$\frac{200}{300}$ ▯←此为回风口　　　新风处理机（高1000）：
底部回风）　　　　　　　600

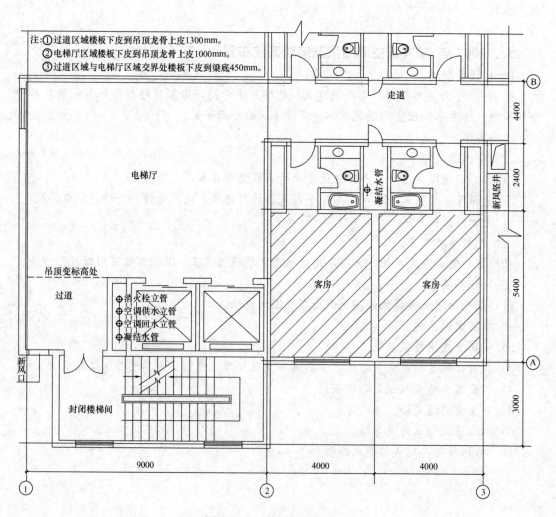

图 29-4-14　宾馆局部平面图

446

（四）作图选择题

(1) 客房的风机盘管应安装于下列哪个部位；凝结水应排至何处？

A　卫生间上部；排至卫生间管井的凝结水管

B　走道上部；排至卫生间管井的凝结水管

C　走道上部；排至电梯厅管井的凝结水管

D　卫生间上部；排至电梯厅管井的凝结水管

(2) 电梯厅的新风处理机应安装于下列哪个部位；新风接至何处？

A　电梯厅上部；接至新风竖井　　　B　电梯厅上部；接至新风口

C　过道上部；接至新风口　　　　　D　过道上部；接至新风竖井

(3) 卫生间的排气系统应为（　　）。

A　排气扇直接排至管井（间）

B　排气扇通过风管排至管井内的排风竖井（竖管）

C　排气扇通过风管及防火阀排至管井内的排风竖井（竖管）

D　排气扇通过风管及防火阀直接排至管井（间）

(4) 走廊的新风系统应为（　　）。

A　吊顶设散流器，通过风管及防火阀接至新风竖井

B　吊顶设散流器，通过风管接至新风竖井

C　吊顶设散流器，通过风管及防火阀接至新风口

D　吊顶设散流器，通过风管接至新风口

(5) 电梯厅及过道的喷头数量最少应为（　　）。

A　4个　　　　B　5个　　　　C　6个　　　　D　7个

(6) 走道内的喷头间距最大为（　　）。

A　1.8m　　　B　2.4m　　　C　3.6m　　　D　4.2m

(7) 每间客房内，边墙型喷头的数量最少应为（　　）。

A　1个　　　　B　2个　　　　C　3个　　　　D　4个

(8) 消火栓数量最少应为（　　）。

A　1个　　　　B　2个　　　　C　3个　　　　D　4个

(9) 图中的防火门数量与等级应为（不含走道北侧的门）（　　）。

A　甲级1樘；乙级1樘　　　　　B　甲级1樘；乙级3樘

C　乙级1樘；丙级1樘　　　　　D　乙级3樘；丙级1樘

（五）作图题参考答案（图29-4-15）

（六）选择题参考答案及解析

(1) 客房的风机盘管安装的部位；凝结水应排至何处？

解析：客房的风机盘管不宜设于卫生间，一般设于客房走道上部；凝结水是无压排水，应保证坡度且凝结水管不宜太长，宜就近排放。选B。

(2) 电梯厅的新风处理机安装的部位；新风接至何处？

解析：电梯厅不宜设新风处理机，题目要求设，按题目答。只有过道上部高度空间才放得下新风处理机（图例中有高度数据）；新风应接至外墙新风口（新风竖井的新风已处理过）。选C。

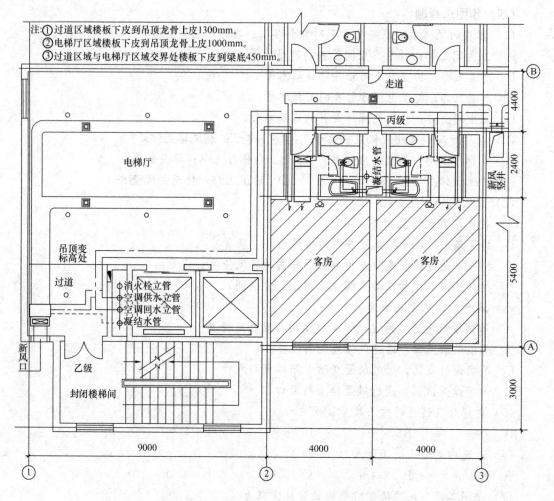

注：①过道区域楼板下皮到吊顶龙骨上皮1300mm。
②电梯厅区域楼板下皮到吊顶龙骨上皮1000mm。
③过道区域与电梯厅区域交界处楼板下皮到梁底450mm。

走道

丙级

电梯厅

凝结水管

客房   客房

吊顶变
标高处

过道

消火栓立管
空调供水立管
空调回水立管
凝结水管

乙级

新风口

封闭楼梯间

新风竖井

9000   4000   4000

图 29-4-15   宾馆空调通风及消防系统布置图（参考答案）

（3）卫生间的排气系统。

解析： 排气不能排到管井（间），要排到排风竖井（竖管）；水平风管与穿层的竖风管连接时，水平风管应加防火阀。选 C。

（4）走廊的新风系统。

解析： 吊顶设散流器，四个选项相同；任务描述中已明确新风通过走廊的新风竖井接入，水平风管与穿层的竖风管连接时，水平风管应加防火阀。选 A。

（5）电梯厅及过道喷头的最少数量。

解析： 喷头间距小于等于 3600mm，且大于等于 2400mm，距边墙小于等于 1800mm，布置时用足限值；布置结果电梯厅 6 个，过道 1 个，共 7 个。选 D。

（6）走道内喷头的最大间距。

解析： 客房为中危险级 I 级，喷头间距最大为 3600mm。选 C。

（7）每间客房内，边墙型喷头的最少数量。

解析： 图例中已注明为边墙型扩展覆盖喷头（不是边墙标准喷头，也不是下垂型喷

448

头），最大间距、最大保护跨度与压力水量有关，最大间距可达 4m；喷头最大保护跨度可达 6m。选 A。

（8）消火栓的最少数量。

解析：消火栓的布置应保证同层相邻两个消火栓的水枪充实水柱同时达到被保护范围内的任何部位，最少应 2 个。选 B。

（9）图中防火门的数量与等级（不含走道北侧的门）。

解析：楼梯间防火门乙级，竖向管道间防火门丙级，客梯、房间门为普通门。选 C。

七、2008 年 某高层住宅户式空调设计

（一）任务描述

图 29-4-16 为某高层住宅的单元平面。

左户采用不设新风的水系统风冷热泵户式空调（俗称"小中央空调"），卫生间、厨房、储藏不考虑空调。户式空调室外主机位置已给定，优先选用侧送下回空调室内机，侧送侧回空调室内机已预留墙面洞口。图中仅阴影部分设吊顶，空调室内机及管线安装在吊顶空间内。要求按下述制图要求绘制左户空调布置图。

（二）任务要求

用提供的配件图例在左户按以下要求绘制空调布置图：

（1）布置空调室内机；

（2）布置空调给水管；

（3）布置空调回水管；

（4）布置空调冷凝水管。

（三）图例

侧送下回空调室内机：

侧送侧回空调室内机：

空调给水管：_____

空调回水管：_ _ _ _ _

空调冷凝水管：_____

（四）作图选择题

（1）空调冷凝水管可以直接接至何处？

A　排水立管
B　地漏

C　密闭雨水管
D　户式空调室外主机

（2）空调回水管布置正确的是：

A　由各空调室内机接至空调回水支管，再接至空调回水主管，最后接至户式空调室外主机

B　由各空调室内机接至空调回水支管，再接至空调回水主管，最后接至地漏

C　空调回水管由最远端空调室内机依次经过其他空调室内机后接至户式空调室外主机

D　空调回水管由各空调室内机直接接至户式空调室外主机

（3）共需要几台空调室内机？

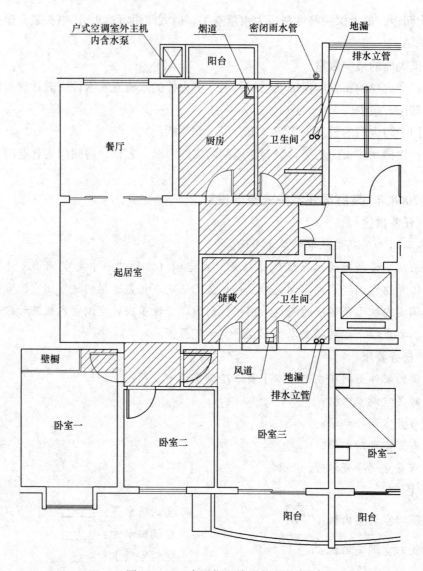

图 29-4-16　高层住宅单元平面图

A 3　　　　　B 4　　　　　C 5　　　　　D 6

(4) 应选用几台侧送下回空调室内机？

A 1　　　　　B 2　　　　　C 3　　　　　D 4

(5) 空调给水管从户式空调室外主机到卧室一的空调室内机共需要穿过几道墙？

A 3　　　　　B 4　　　　　C 5　　　　　D 6

(五) 作图题参考答案（图 29-4-17）

(六) 选择题参考答案及解析

(1) **解析**：凝水管排入污水管时应有空气隔断措施（如地漏等），不得与污水管直接连接以防异味进入凝水管，进而进入房间。空调凝水管不得与室内密闭雨水管直接连接以防雨水进入凝水管溢出风机盘管滴水盘。选 B。

(2) **解析**：空调水管只设并联系统，不设串联。选 A。

（3）**解析：**共需要 5 台空调室内机，数数即可。选 C。

（4）**解析：**餐厅、卧式两室内机和空调房间之间隔着墙，不能下回。选 C。

（5）**解析：**空调供水管穿过 6 道墙，数墙即可。选 D。

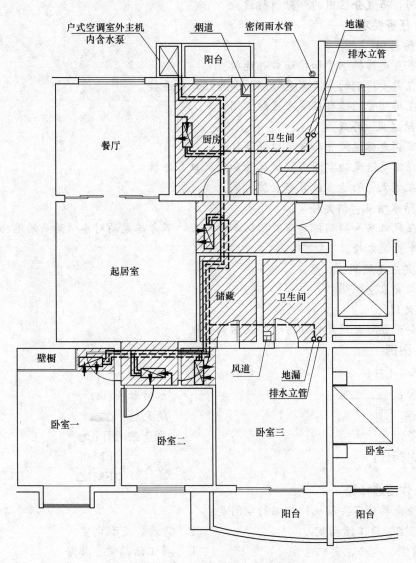

图 29-4-17　左户空调布置图（参考答案）

八、2009年 高层建筑地下室消防设施布置

(一) 任务描述

图29-4-18为某栋一类高层建筑地下室的一个防火分区平面图,根据防火规范、任务要求和图例,布置分区内的部分消防设施。

(二) 任务要求

1. 消防排烟

(1) 布置走廊排烟管和排烟口并连接。

(2) 在需要排烟的空间布置排烟管和排烟口并连接。

(3) 在排烟管的适当位置布置防火阀。

2. 消防送风 (补风)

(1) 布置走廊送风管和送风口并连接。

(2) 在需要送风的空间布置送风管和送风口并连接。

(3) 在送风管的适当位置布置防火阀。

3. 消防水喷淋、消火栓

(1) 在风机房和排烟机房布置消防水喷淋头,不考虑梁高对水喷淋头的遮挡。

(2) 布置消火栓。

4. 火灾应急照明

布置火灾应急照明灯。

5. 防火门

在需要设置防火门处标注防火门及防火等级。

(三) 图例

排烟口:▤

排烟管:———

送风口:▣

送风管:— ˗ —

风管剖切线:∼

防火阀:⊕

水喷淋头:⊗

消火栓:◣

应急照明灯:◎

防火门:FM-甲
　　　　FM-乙

(四) 作图选择题

(1) 除走廊外需要设机械排烟的空间是:

A 前室、员工活动室　　　　　　　　B 库房、变配电室

C 前室、库房、变配电室　　　　　　D 员工活动室、库房

(2) 走廊上排烟口的最少设置数量是:

A 0　　　　　　B 1∼2　　　　　　C 3∼4　　　　　　D 5∼6

(3) 排烟管上需要设排烟防火阀的数量(不含排烟机房的防火阀)是:

A 0∼1　　　　　B 2∼3　　　　　C 4∼5　　　　　D 6∼7

(4) 需要设送风 (补风) 的空间是:

A 前室、变配电室、走廊　　　　　　B 走廊、库房、变配电室

C 走廊、员工活动室、库房　　　　　D 前室、库房、走廊

(5) 送风管上需要设防火阀的数量(不含风机房的防火阀)是:

A 0　　　　　　B 1　　　　　　C 2∼3　　　　　　D 4∼5

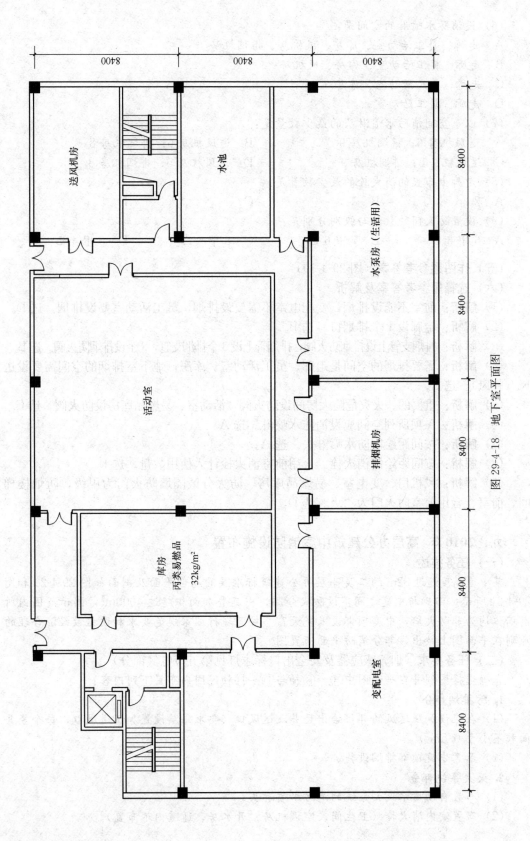

图 29-4-18　地下室平面图

送风机房

水池

水泵房（生活用）

活动室

排烟机房

库房
丙类易燃品
32kg/m²

变配电室

8400　8400　8400

8400　8400　8400　8400　8400　8400

（6）设消防水喷淋的空间是：

A 走廊、员工活动室、库房、风机房、排烟机房

B 走廊、员工活动室、库房、风机房

C 走廊、员工活动室、库房

D 走廊、员工活动室

（7）以下空间消防水喷淋头的最少数量是：

A 送风机房6；排烟机房9　　　　B 送风机房6；排烟机房8

C 送风机房5；排烟机房9　　　　D 送风机房5；排烟机房8

（8）走廊上布置的消火栓的最少数量是：

A 2　　　　　　B 3　　　　　　C 4　　　　　　D 5

（9）设置防火门的数量与级别分别是：

A 6甲6乙　　　　B 7甲6乙　　　　C 8甲6乙　　　　D 9甲4乙

（五）作图题参考答案（图 29-4-19）

（六）选择题参考答案及解析

（1）**解析：**前室不能设排烟，变配电室不需要设排烟，员工活动室要设排烟。选 D。

（2）**解析：**走廊设 1 个排烟口。选 B。

（3）**解析：**排烟支管上设排烟防火阀，排烟管上设 3 个排烟支管，3 个设排烟防火阀。选 B。

（4）**解析：**需要排烟的空间是走廊、员工活动室、库房，地下室排烟的空间需要设送风（补风）。选 C。

（5）**解析：**重要的、火灾危险大房间设防火阀，活动室、易燃品库房设防火阀。选 C。

（6）**解析：**A 项所列空间应设消防水喷淋。选 A。

（7）**解析：**按间距绘制防水喷淋头。选 A。

（8）**解析：**按间距绘制消火栓。合用前室消火栓计入使用数量。选 B。

（9）**解析：**风机房、变电室、易燃品库房、防火分区隔墙防火门为甲级，防烟楼梯间、前室、合用前室防火门为乙级。选 D。

九、2010 年　高层办公建筑中庭消防设施布置

（一）任务描述

某中庭高度超过 32m 的二类高层办公建筑标准层的局部平面及剖面如图 29-4-20 和图 29-4-21 所示，回廊与中庭之间不设防火分隔，中庭叠加面积超过 4000m²，图示范围内所有墙体均为非防火墙，中庭顶部采光天窗。按照现行国家规范要求和设施最经济合理的原则在平面图上做出该部分消防平面布置图。

（二）任务要求（烟雾感应器及安全出口标志灯见第五节电气部分）

正确选择图例并在平面图中⑥~⑧轴与Ⓓ~Ⓗ轴范围内布置下列内容：

1. 防排烟部分

（1）在应设加压送风的部位绘出竖井及送风口（要求每层设置加压送风口，每个竖井面积不小于 0.5m²）。

（2）示意中庭顶部排烟设施。

2. 灭火系统部分

（1）布置自动喷水灭火系统的消防水喷淋头。

（2）布置室内消火栓（卫生间、空调机房、开水房、通道内不布置）。

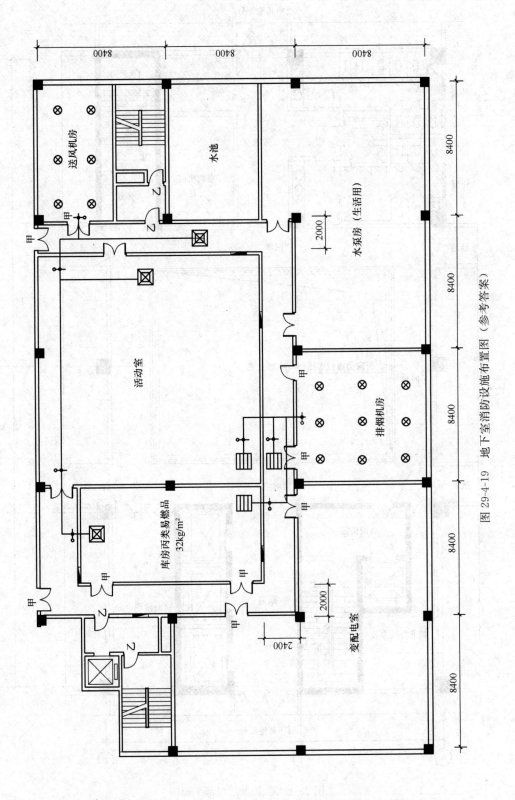

图 29-4-19 地下室消防设施布置图 (参考答案)

送风机房

水池

水泵房 (生活用)

活动室

排烟机房

库房丙类易燃品
32kg/m²

变配电室

2000

2000

2400

8400

8400

8400

8400

8400

8400

8400

乙

乙

甲

甲

455

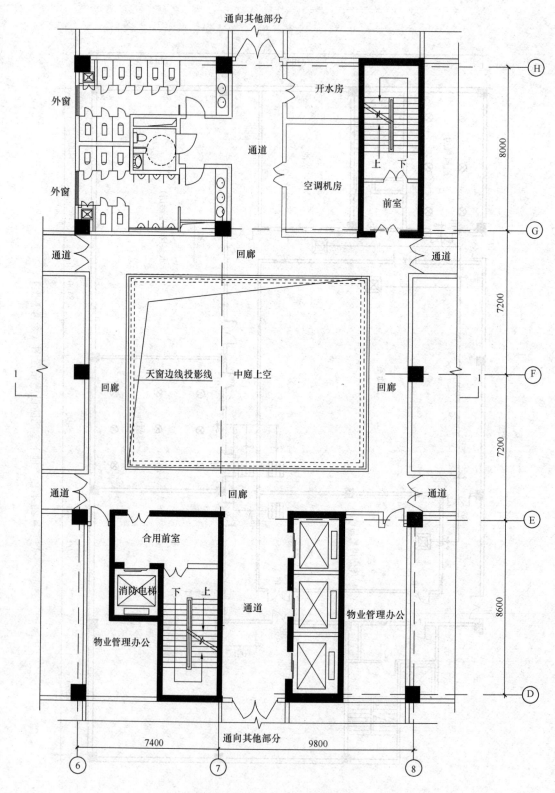

图 29-4-20 标准层局部平面图

3. 疏散部分

设置防火卷帘并标注防火门等级（图中门的数量和位置不得改变）。

(三) 图例

竖井及送风口：		室内消火栓：	
机械排烟口：		防火卷帘：	FJ
自然排烟口：		（耐火极限大于 3 小时）	
消防水喷淋头：	O	防火门等级：	FM甲，FM乙

注：图例所示设施可能不全部采用。

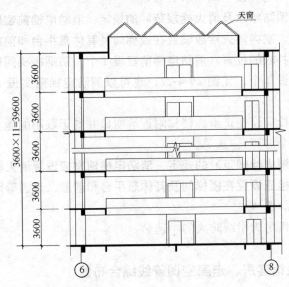

图 29-4-21　1-1 剖面示意图

(四) 作图选择题

(1) 每层加压送风的送风口数量最少为：

A　2　　　　　　　　B　3　　　　　　　　C　4　　　　　　　　D　5

(2) 中庭顶部正确的排烟做法是：

A　机械排烟　　　　　　　　　　B　自然排烟

C　机械排烟与自然排烟均可　　　D　无须排烟

(3) 下列哪些部位应设置消防水喷淋头？

A　通道、合用前室、物业管理办公　　　B　通道、回廊、物业管理办公

C　通道、前室、回廊　　　　　　　　　D　前室、回廊、物业管理办公

(4) 每层室内消火栓数量最少应为：

A　3　　　　　　　　B　2　　　　　　　　C　4　　　　　　　　D　5

(5) 下列哪些部位应设置室内消火栓？

A　合用前室、回廊　　　　　　　B　前室、回廊

C　回廊、楼梯间　　　　　　　　D　合用前室、物业管理办公

（6）每层甲级防火门的数量为：

A 1   B 2   C 3   D 4

（五）作图题参考答案（图 29-4-22、图 29-4-23）

（六）选择题参考答案及解析

（1）**解析**：防烟楼梯间及其前室均不具备自然排烟条件，防烟楼梯间设机械加压送风，前室不需送风。防烟楼梯间、合用前室均不具备自然排烟条件，防烟楼梯间、合用前室分别独立设机械加压送风。选 B。

（2）**解析**：中庭高度超过 12m 时只能机械排烟。选 A。

（3）**解析**：二类高层公共建筑中公共活动用房、走道、办公室、旅馆客房、自动扶梯底部、可燃物品库房，均应设自动喷水灭火系统。选 B。

（4）**解析**：按《消防给水及消火栓规范》的规定：消防电梯前室应设置消火栓，并应计入消火栓使用数量。室内消火栓应设置在楼梯间及其休息平台和前室、走道等明显易于取用，以及便于火灾扑救的位置。消防电梯前室设 1 个，防烟楼梯间前室或楼梯间休息平台或走道设 1 个，共设 2 个，见图 29-4-22；也可以消防电梯前室设 2 个，共设 2 个，见图 29-4-23。

（5）**解析**：消火栓应设在走道、楼梯附近等明显并易于取用的地方，有消防电梯的前室应设消火栓（设一个即可）。选 A。

按《消防给水及消火栓规范》的规定：消防电梯前室应设置消火栓，并应计入消火栓使用数量。室内消火栓应设置在楼梯间及其休息平台和前室、走道等明显易于取用，以及便于火灾扑救的位置。选 A。

（6）**解析**：空调机房为甲级防火门。选 A。

十、2011 年 旅馆客房、走廊空调管线综合布置

（一）任务描述

图 29-4-24 为某旅馆单面公共走廊、客房内门廊的局部吊顶平面图，客房采用常规卧室风机盘管加新风的空调系统，要求在图 29-4-25 中，按照题目提供的图例进行合理的管线综合布置。

（二）任务要求

（1）在图 29-4-25 的单面公共走廊吊顶内，按比例布置新风主管、走廊排烟风管、电缆桥架、喷淋水主管、冷冻供水主管、冷凝水主管，并标注前述设备名称、间距。

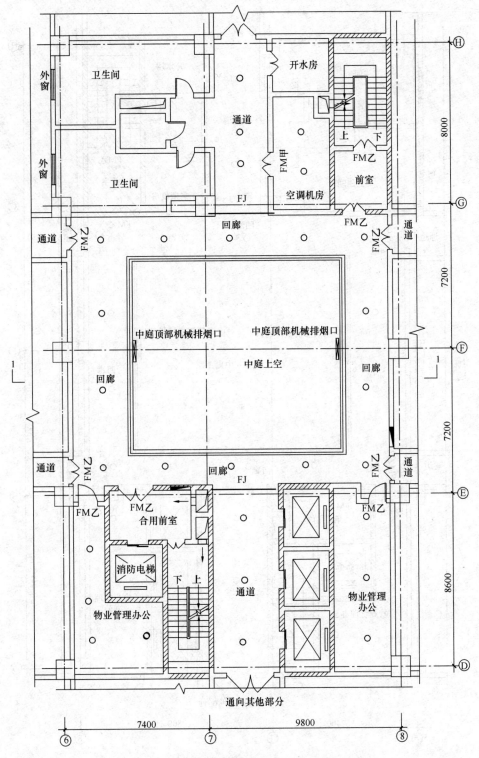

图 29-4-22　标准层局部消防设施布置图（参考答案一）

459

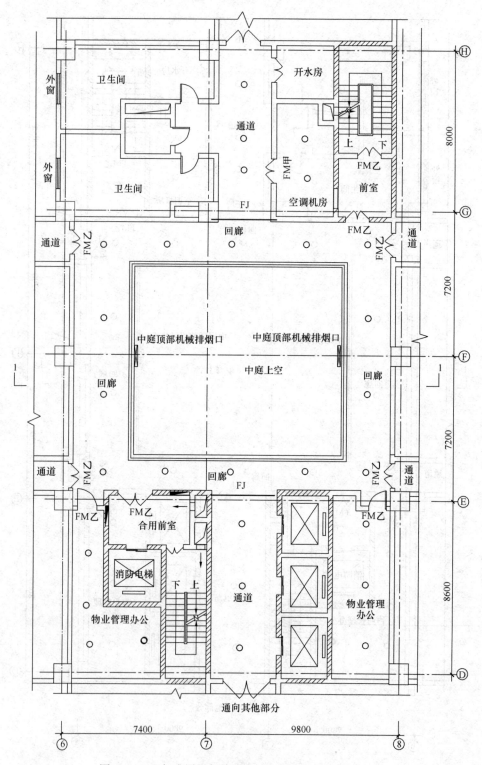

图 29-4-23　标准层局部消防设施布置图（参考答案二）

（2）在1-1剖面图（图29-4-25）客房内门廊吊顶内，按比例布置新风支风管、风机盘管送风管、冷冻供水支管、冷凝水支管；表示前述设备与公共走廊吊顶内设备以及客房送风口的连接关系，并标出名称。

（3）根据作图结果，完成作图选择题并填涂答题卡。

（三）布置要求

（1）风管、电缆桥架、结构构件，吊顶下皮相互之间的最小净距为100mm。

（2）水管主管应集中排列；水管主管之间，水管主管与风管、电缆桥架、结构构件之间的最小净距为50mm。

（3）所有风管、水管、电缆桥架均不得穿过结构构件。

（4）无须表示设备吊挂构件。

（5）电缆桥架不宜设置于水管正下方。

（6）新风应直接送入客房内。

（四）图例（表29-4-10）

表 29-4-10

设备名称	设备尺寸	断面	备注
新风管主管	800 宽×200 高		立面
新风管支管	100 宽×100 高		
走廊排烟风管	500 宽×200 高		
风机盘管送风管	700 宽×100 高		
电缆桥架	350 宽×100 高	50 支架	不宜设置于水管正下方
喷淋水管	主管 DN150	○	无须表示支管及喷头
冷冻供水管	主管 DN100 含保温		支管立面
冷冻回水管	主管 DN100 含保温	主管 保温	含保温，尺寸从略，
冷凝水管	主管 DN50 含保温		仅要求示意绘制

注：制图时各图例应根据设备尺寸（单位：mm）按比例绘制，尺寸从略表示。

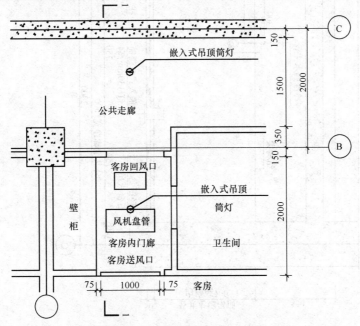

图 29-4-24　旅馆局部吊顶平面图

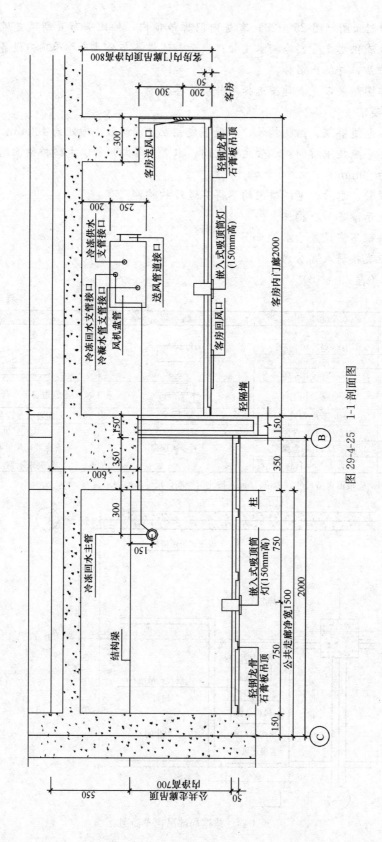

图 29-4-25　1-1 剖面图

（五）作图选择题

(1) 在 1-1 剖面图中，下列哪项设备应布置于公共走廊吊顶空间的右部？

A 新风主风管   B 电缆桥架

C 走廊排烟风管   D 各种水管主管

(2) 下列哪项设备应布置于公共走廊吊顶空间的上部？

A 新风主风管   B 走廊排烟风管

C 电缆桥架   D 冷凝水主管

(3) 电缆桥架的正确位置应：

A 在新风主风管上面   B 在新风主风管下面

C 在冷凝水主管下面   D 在喷淋水主管下面

(4) 在 1-1 剖面中，走廊排烟风管的正确位置应：

A 在新风主风管上面   B 在电缆桥架上面

C 在公共走廊吊顶空间的上部   D 在公共走廊吊顶空间的左部

(5) 下列水管主管哪项应布置于公共走廊吊顶空间的上部？

A 喷淋水主管、冷冻回水主管   B 冷冻供水主管、冷冻回水主管

C 冷冻回水主管、冷凝水主管   D 冷冻供水主管、喷淋水主管

(6) 以下哪项设备不需要通过支管与客房内门廊吊顶内的设备连通？

A 冷冻供水主管   B 冷冻回水主管

C 冷凝水主管   D 走廊排烟风管

(7) 下列新风支管的布置哪个是错误的？

A 连接客房回风口   B 连接客房送风口

C 穿过客房内门廊吊顶空间   D 连接新风主风管

(8) 下列客房送风口的连接哪个是正确的？

A 通过新风管连接客房回风口   B 通过送风管连接公共走廊吊顶空间

C 直接连接客房内门廊吊顶空间   D 通过送风管连接风机盘管

(9) 以下关于冷凝水主管标高的描述哪个是正确的？

A 应高于冷凝水支管标高   B 应低于冷凝水支管标高

C 与冷凝水支管标高无关   D 应高于风机盘管顶标高

(10) 以下关于设备标高的描述哪个是错误的？

A 冷冻供水的主管标高与支管标高无关

B 冷冻回水的主管标高与支管标高无关

C 冷冻回水主管标高与风机盘管冷冻回水支管接口标高的关系不大

D 冷冻供水主管标高必须高于风机盘管冷冻供水支管接口标高

（六）作图题参考答案（图 29-4-26、图 29-4-27）

（七）选择题参考答案及解析

(1) **解析：** 公共走廊只有右边有房间，水管主管布置于右边连接房间空调和喷头较方便。空调供水、回水支管从水管主管到房间风机盘管不能出现比两端高的情况，否则高点不能排气，排气只能从水管主管或房间风机盘管排出。选 D。

(2) **解析：** 新风主风管只通过支风管连接房间送风口，没有向下的支风管和风口。走

廊排烟风管有向下的支风管和排烟口，下部宜通畅。电缆桥架在上部不方便维护。冷凝水主管应在房间风机盘管下部。选 A。

（3）**解析：**电缆桥架在新风主风管上面太高会造成维护不方便，在冷凝水主管下面怕漏水，在喷淋水主管下面怕漏水，宜在新风主风管下面。选 B。

（4）**解析：**走廊排烟风管在新风主风管、电缆桥架上面向下连接支风管和排烟口不方便；在公共走廊吊顶空间的上部，下部空间浪费；在公共走廊吊顶空间的左部靠上部、靠下部不影响其他专业。选 D。

（5）**解析：**已有的冷冻回水主管在上部。选 B。

（6）**解析：**客房不需排烟。选 D。

（7）**解析：**新风支管、回风口是两类不同风系统。选 A。

（8）**解析：**客房送风口送的是风机盘管的风。选 D。

（9）**解析：**冷凝水排水是无压（靠重力）排水，只有低于冷凝水支管标高才能排出。选 B。

（10）**解析：**冷冻供水主管标高不一定高于风机盘管冷冻供水支管接口标高。选 D。

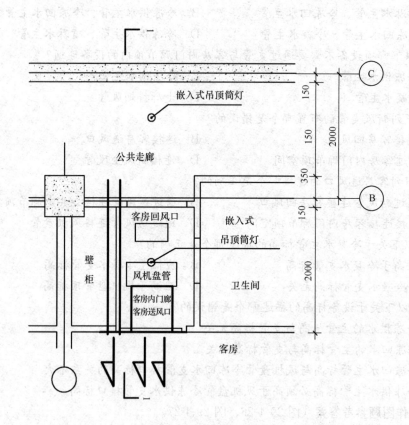

图 29-4-26　局部吊顶平面空调管线布置图（参考答案）

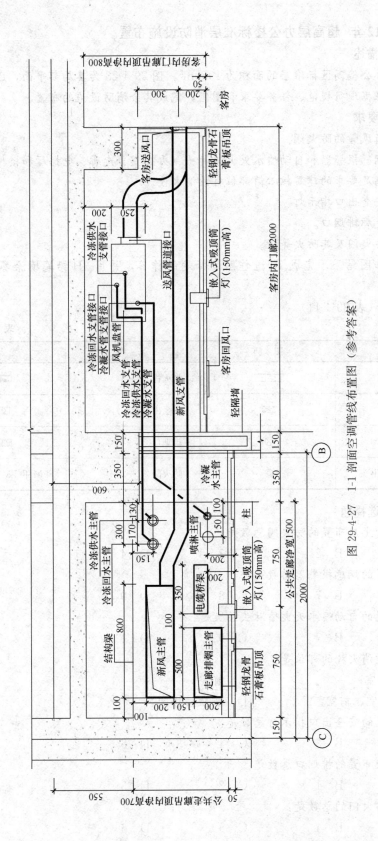

图 29-4-27　1-1 剖面空调管线布置图（参考答案）

465

十一、2012 年 超高层办公楼标准层消防设施布置

(一) 任务描述

某超高层办公楼高区标准层的面积为 1950m²，图 29-4-28 为其局部平面，已布置有部分消防设施，根据现行规范、任务要求和图例，完成其余消防设施的布置。

(二) 任务要求

(1) 布置新风管的防火阀。

(2) 布置烟感报警器和自动喷水灭火喷淋头（办公室、走廊、电梯厅和楼梯间除外）。

(3) 在未满足要求的建筑核心筒部位补设消火栓。

(4) 布置安全出口指示灯。

(5) 布置走廊排烟口。

(6) 标注防火门及其防火等级。

(7) 根据作图结果，完成 10 道作图选择题的作答，并用 2B 铅笔填涂答题卡上的答案。

(三) 图例（表 29-4-11）

表 29-4-11

名　称	图　例	名　称	图　例
新风管	————	消火栓	◣
防火阀	⊠	安全出口指示灯	⊡
烟感报警器	⊗	排烟口	▥
自动喷水灭火喷淋头	◎	防火门	FM甲 FM乙 FM丙

(四) 作图选择题

(1) 新风管上应布置的防火阀总数是：

A　1　　　　　B　2　　　　　C　3　　　　　D　4

(2) 应布置的烟感报警器总数是：

A　6　　　　　B　7　　　　　C　8　　　　　D　9

(3) 应布置的自动喷水灭火喷淋头总数是：

A　5　　　　　B　7　　　　　C　9　　　　　D　11

(4) 应补设消火栓的部位是：

A　合用前室　　　　　　　　　B　前室

C　合用前室、前室　　　　　　D　疏散楼梯间内

(5) 应布置的安全出口指示灯总数是：

A　2　　　　　B　3　　　　　C　4　　　　　D　5

(6) 走廊应布置的排烟口总数是：

A　0　　　　　B　1　　　　　C　2　　　　　D　3

(7) 甲级防火门的总数是：

A　3　　　　　B　4　　　　　C　5　　　　　D　6

(8) 乙级防火门的总数是：

A 2   B 4   C 6   D 8

(9) 丙级防火门的总数是：

A 0   B 1   C 2   D 3

(10) 不设置自动喷水灭火喷淋头的房间是：

A 服务间   B 合用前室

C 卫生间   D 配电间一、配电间二

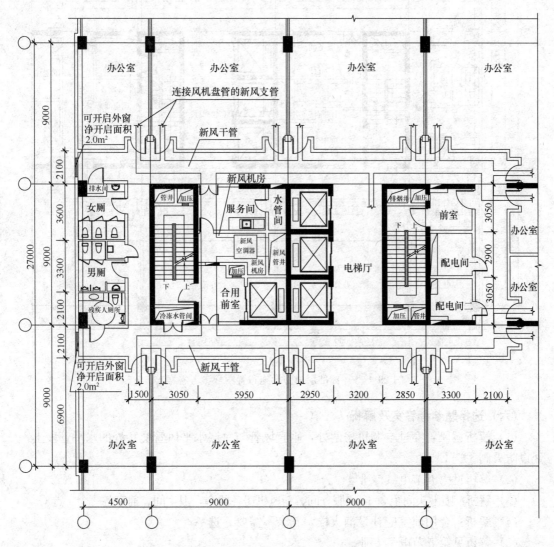

图 29-4-28 标准层局部平面图

（五）作图题参考答案（图 29-4-29）

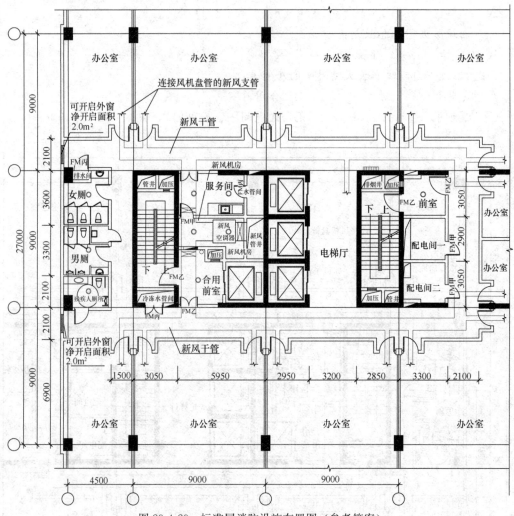

图 29-4-29　标准层消防设施布置图（参考答案）

（六）选择题参考答案及解析

（1）**解析：** 风管穿过空调机房两处，垂直风管与每层水平风管交接处的水平管段上一处设防火阀。选 C。

（2）解析见第五节电气专业。

（3）**解析：** 喷淋头间距 3.6m。服务间、新风机房各两个，卫生间、前室各一个。选 C。

（4）**解析：** 合用前室应补设消火栓，其余不需要。选 A。

（5）解析见第五节电气专业。

（6）**解析：** 最远点距外窗超过 30m，不能做自然排烟，排烟井处设一个排烟口。选 B。

（7）**解析：** 空调机房、电气间应为甲级防火门。选 A。

（8）**解析：** 防烟楼梯间、各种前室应为乙级防火门。选 B。

（9）**解析：** 管道间应为丙级防火门。选 D。

（10）**解析：**配电间不应用喷淋头喷水扑救。选 D。

十二、2013 年 某高层办公楼标准层消防设施布置

（一）任务描述

图 29-4-30 为某 49m 高层办公楼，标准层的建筑面积为 2000m²，外墙窗为固定窗。根据现行消防设计规范、任务要求和图例，以经济合理的原则完成消防设施的布置。

（二）任务要求

（1）消防排烟

由排烟竖井引出排烟总管，从排烟总管分别接排烟支管到需要设置机械排烟的部位并画出排烟百叶风口，在需要的部位布置排烟防火阀。

（2）正压送风

在需要设正压送风的部位画出正压送风竖井，每个竖井的面积不小于 0.5m²。

（3）消防报警

除办公空间外，在其他需要的空间布置火灾探测器。

（4）应急照明

布置应急照明灯。

（5）消火栓

除办公空间外，在其他需要的空间布置室内消火栓。

（6）防火门

选用并布置不同等级的防火门。

（7）根据作图结果，完成选择题的作答。

（三）图例（表 29-4-12）

表 29-4-12

名　称	图　例	名　称	图　例
排烟总管	 ⊏———⊐	排烟阀	⊠
排烟支管	 ⊏———⊐	正压送风竖井	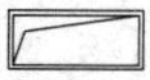 ▱
		室内消火栓	◣
排烟百叶风口	⊞⊞	防火门	FM甲、FM乙、FM丙

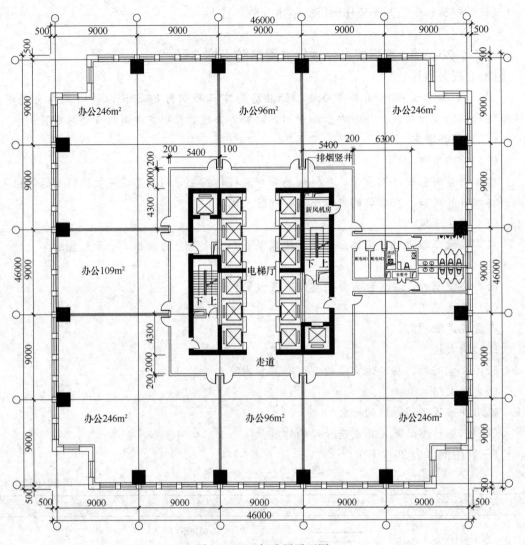

图 29-4-30 标准层平面图

（四）作图选择题

(1) 需要设置机械排烟的房间有几个？

A 4　　　　　　　　　B 5　　　　　　　　　C 6　　　　　　　　　D 7

(2) 排烟管道上需要设置几个排烟（防火）阀？

A 6　　　　　　　　　B 7　　　　　　　　　C 8　　　　　　　　　D 9

(3) 需要设置正压送风的部位最少有几个？

A 3　　　　　　　　　B 4　　　　　　　　　C 5　　　　　　　　　D 6

(4) 下列均需要设置室内消火栓的部位是？

A 合用前室、消防电梯前室、走道

B 合用前室、配电间、走道

C 消防电梯前室、配电间

D 消防电梯前室、楼梯前室、合用前室

（5）除走道外需要设置几个室内消火栓？

A 1　　　　　　　B 2　　　　　　　C 3　　　　　　　D 4

（6）需要设置几个防火门？

A 7　　　　　　　B 8　　　　　　　C 9　　　　　　　D 10

（7）下列防火门的等级和数量正确的是？

A　FM甲4　　　　FM乙4　　　　FM丙1

B　FM甲4　　　　FM乙4　　　　FM丙2

C　FM甲3　　　　FM乙4　　　　FM丙2

D　FM甲3　　　　FM乙5　　　　FM丙1

（五）作图题参考答案（图29-4-31）

（六）选择题参考答案及解析

（1）**解析：**超过100m²且经常有人停留或可燃物较多、不满足自然排烟条件的房间有5个。注：不包括走道。选 B。

（2）**解析：**超过100m²且经常有人停留或可燃物较多的房间有5个，超过20m的疏散内走道1个，需要设置机械排烟的部位有6个。选 A。

（3）**解析：**防烟楼梯间（给防烟楼梯间加压送风时其前室不送风）、消防电梯前室、合用前室均不具备自然排烟条件，设置正压送风。客梯、货梯无前室，不设防烟。选 B。

（4）**解析：**消防电梯、合用前室、走道设置室内消火栓。选 A。

（5）**解析：**消防电梯、合用前室设置室内消火栓。选 B。

（6）**解析：**新风机房、电气房间共3个；疏散部位、消防电梯前室共5个；管道间1个，共9个。选 C。

（7）**解析：**FM甲：新风机房、电气房间，3个；FM乙：疏散部位、消防电梯前室，5个；FM丙：管道间，1个。选 D。

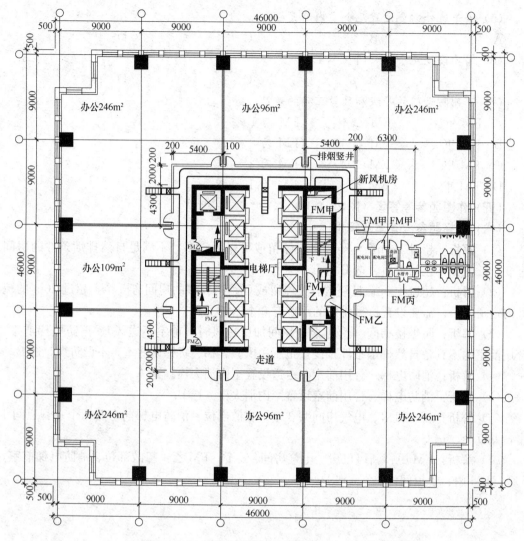

图 29-4-31 标准层消防设施布置图（参考答案）

十三、2014 年 某二类高层办公楼顶层局部消防系统设计

(一) 任务描述

图 29-4-32～图 29-4-35 为某 9 层二类高层办公楼的顶层局部平面图（同一部位），按现行规范、任务条件、任务要求和图例，按照技术经济合理的原则，完成空调通风及消防系统平面布置。

(二) 任务条件

(1) 建筑层高均为 4.0m，各樘外窗在储烟仓内可开启面积均为 1.0m²。

(2) 中庭 6～9 层通高，为独立防火分区，以特级防火卷帘与其他区域分隔。

(3) 办公室、会议室采用风机盘管加新风系统。

(4) 走廊仅提供新风。

(5) 自动喷水灭火系统采用标准喷头。

（三）任务要求

在指定平面图①—⑤轴范围内完成以下布置：

(1) 平面图1：布置会议室风机盘管的空调水管系统。

(2) 平面图2：布置排风管和排风口；布置新风管和新风口，新风由新风机房提供。

(3) 平面图3：补充布置排烟管和排烟口和室内消火栓。

(4) 平面图4：布置标准喷头。

(5) 根据作图结果，完成选择题的作答。

（四）图例（表29-4-13）：

表 29-4-13

名 称	图 例	名 称	图 例
空调供水管	——————	排风口	◎
空调回水管	— — — —	排烟口	⊠
冷凝水管	— · — · —	防火阀	
新风干（支）管 排风管 排烟管		标准喷头	○
新风口	⊠	室内消火栓	

（五）作图选择题

(1) 空调水管的正确连接方式是：

A 供水管、回水管均接至风机盘管

B 供水管接至风机盘管，回水管接至新风处理机

C 供水管接至新风处理机，回水管接至风机盘管

D 供水管、回水管均接至新风处理机后再接至风机盘管

(2) 风机盘管的冷凝水管可直接接至：

A 污水管   B 废水管

C 回水立管   D 拖布池

(3) 新风由采风口接至走廊内新风干管的正确路径应为：

A 采风口—新风管—新风处理机—防火阀—新风管

B 防火阀—采风口—新风管—新风处理机—新风管

C 采风口—新风管—新风处理机—新风管—防火阀

D 采风口—防火阀—新风管—新风处理机—新风管

(4) 由新风机房提供的新风进入走廊内的新风干管后，下列做法中正确的是：

A 经新风支管送至办公室、会议室新风口或风机盘管送风管

B 经防火阀接至新风支管后送至办公室、会议室新风口

C 经新风支管及防火阀送至办公室、会议室风机盘管送风管

D 经新风支管及防火阀送至中庭新风口

(5) 应设置排风系统的区域是:

A 卫生间和前室　　　　　　　　B 清洁间和楼梯间

C 前室和楼梯间　　　　　　　　D 卫生间和清洁间

(6) 应设置排烟口的区域是:

A 走廊　　　　　　　　　　　　B 走廊和会议室

C 走廊和前室　　　　　　　　　D 前室和会议室

(7) 排烟口的正确做法是:

A 直接安装在排烟竖井侧墙上

B 经排烟管接至排烟竖井

C 经排烟管、防火阀接至排烟竖井

D 经防火阀、排烟管接至排烟竖井

(8) ①～⑤轴范围内应增设的室内消火栓数量最少是:

A 1个　　　　　　　　　　　　B 2个

C 3个　　　　　　　　　　　　D 4个

(9) ①～⑤轴与Ⓐ～Ⓑ范围内应设置的标准喷头数量最少是:

A 18个　　　　　　　　　　　　B 21个

C 24个　　　　　　　　　　　　D 27个

(10) Ⓑ～Ⓒ轴范围内应设置自动喷水灭火的区域是:

A 走廊　　　　　　　　　　　　B 走廊和办公室

C 走廊、办公室和前室　　　　　D 走廊、办公室、前室和新风机房

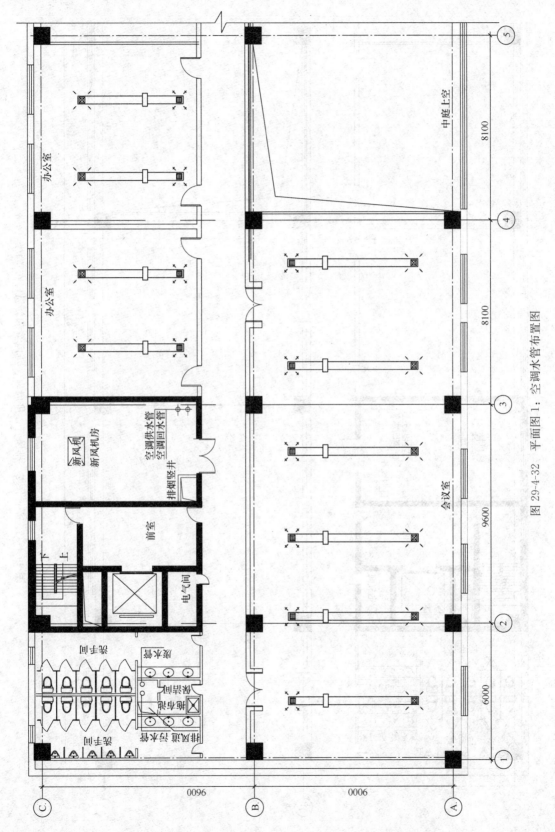

办公室

办公室

新风机房

新风机

空调供水管
空调回水管

排烟竖井

前室

电气间

男卫生间

女卫生间

排气扇

电气间

中庭上空

会议室

6000

9600

8100

8100

5

4

3

2

1

C

B

A

0096

0006

图 29-4-32 平面图 1：空调水管布置图

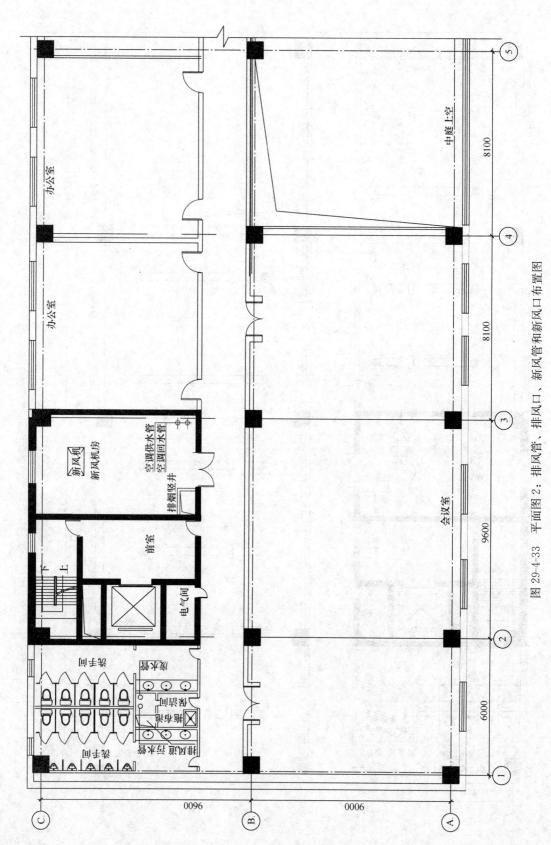

图 29-4-33 平面图 2：排风管、排风口、新风管和新风口布置图

办公室

办公室

新风机

新风机房

空调供水管
空调回水管

排烟竖井

前室

电气间

中庭上空

会议室

拖布池

洗手间

污水池

排气扇

洗手间

8100

8100

9600

6000

9600

6000

476

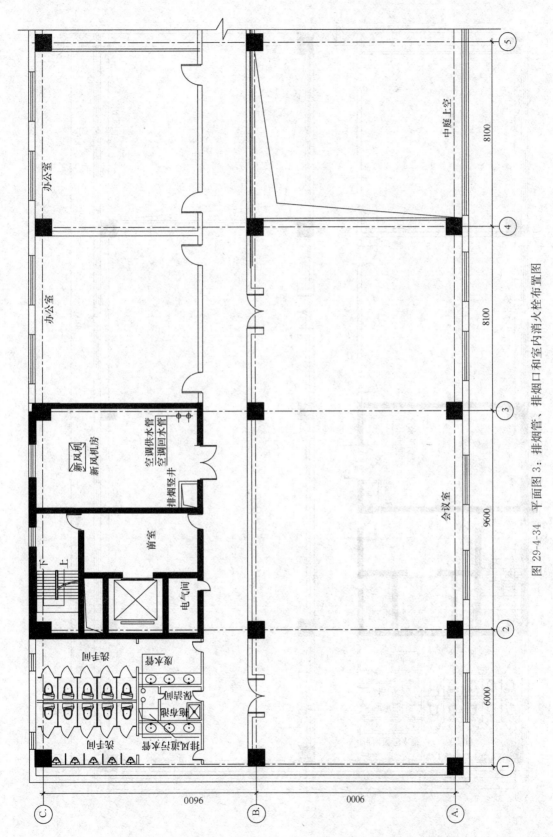

图 29-4-34　平面图 3：排烟管、排烟口和室内消火栓布置图

477

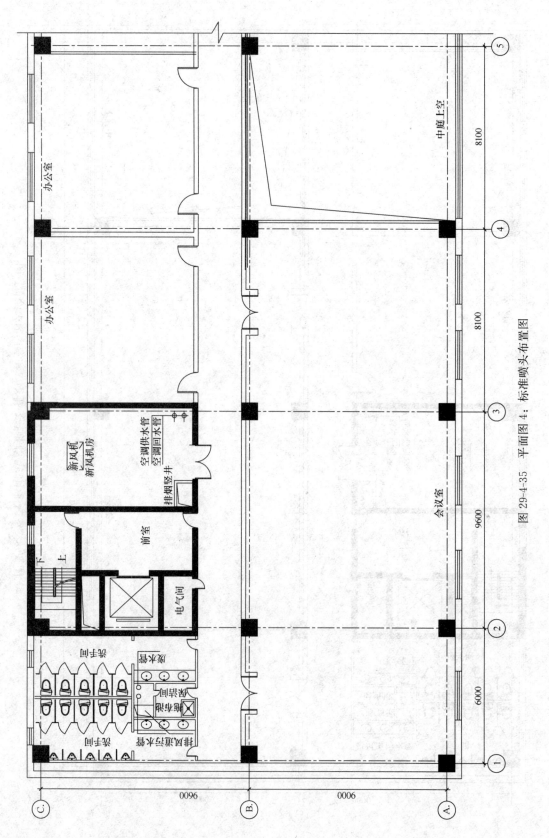

图 29-4-35 平面图图 4：标准喷头布置图

(六) 作图题参考答案 (图 29-4-36~图 29-4-39)

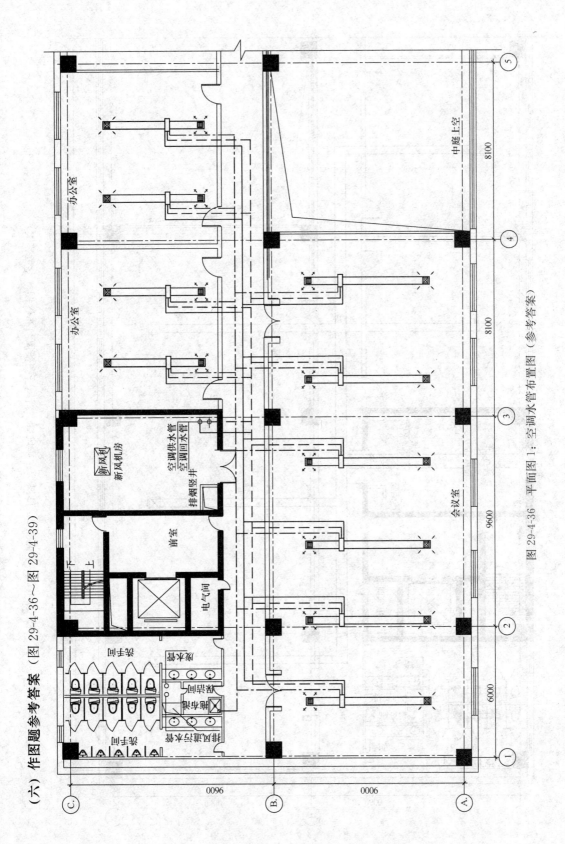

图 29-4-36 平面图 1：空调水管布置图 (参考答案)

479

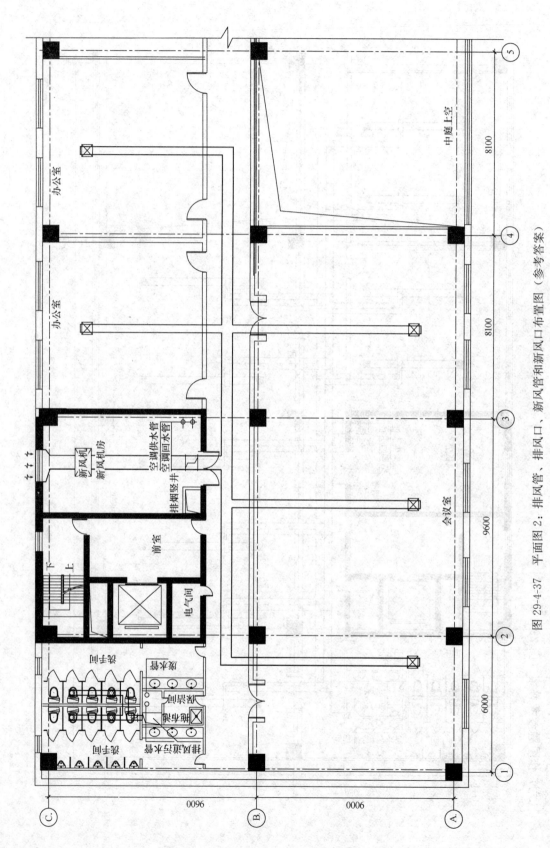

图 29-4-37 平面图 2：排风管、排风口、新风管和新风口布置图（参考答案）

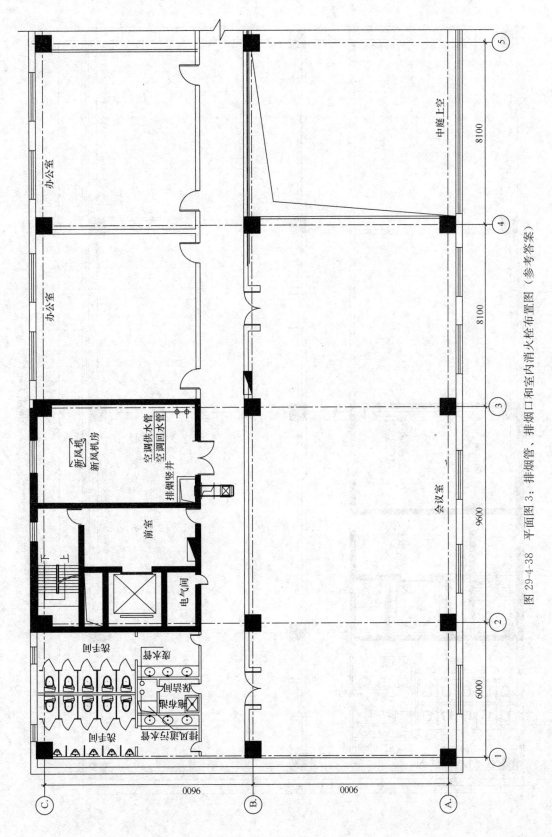

图 29-4-38 平面图 3：排烟管、排烟口和室内消火栓布置图（参考答案）

481

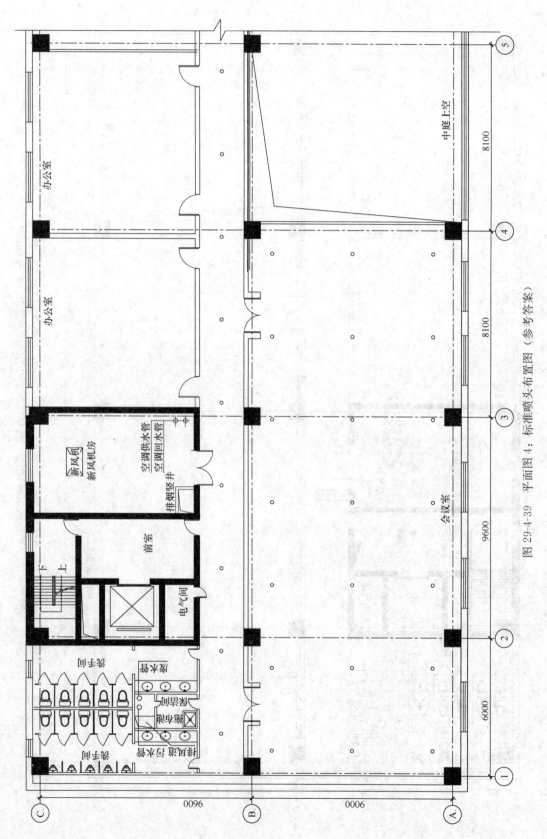

图 29-4-39 平面图图 4：标准喷头布置图（参考答案）

办公室

办公室

新风机房
新风机

空调供水管
空调回水管
排烟竖井

前室

电气间

上
下

中庭上空

会议室

8100

8100

9600

6000

5

4

3

2

1

C

B

A

9600

6000

(七) 选择题参考答案及解析

（1）**解析：** 风机盘管、新风机组、空调机均应分别、独立接供水管、回水管、凝水管。空调冷热水管供回水温差均较小，风机盘管、新风机组、空调机等末端设备不能像散热器那样串联连接。选 A。

（2）**解析：** 凝水管不能直接接至污水、废水管，应有空气隔断措施。如地漏、拖布池、洗手盆等有水封的措施后再接至排水管。供、回水管为有压管，凝水为无压管，凝水流不进去反而会流到凝水管。选 D。

（3）**解析：** 通风空调系统风管穿过通风空调机房设防火阀，通风空调系统风管接外墙不需要设防火阀，所以先从 A、C 选项中选择，A 选项防火阀距通风空调机房与走廊之间隔墙还有新风管太远了，防火阀应紧靠机房隔墙。选 C。

（4）**解析：** 风管穿过办公室、会议室等普通房间不需要设防火阀。选 A。

（5）**解析：** 应设置排风系统的区域是卫生间和清洁间。选 D。

（6）**解析：** 前室不能排烟，只能防烟。会议室 $213m^2$ 为地上房间，面积超过 $100m^2$ 且经常有人停留应设排烟，有 5 樘外窗每窗可开启面积 $1m^2$，外窗可开启面积超过房间面积 2%，设自然排烟。走廊长度超过 20m 应设排烟，无外窗，设机械排烟。选 A。

（7）**解析：** 排烟垂直风管与水平风管交接处的水平管段上设排烟防火阀，防火阀应靠近垂直风管。选 C。

（8）**解析：** 消火栓到被保护部位折线长度 29～31m。只考虑图中区域，2 个消火栓（其中消防电梯前室至少有一个消火栓）可满足两股水柱同时到达任何部位。选 B。

（9）**解析：** 标准喷头适用净空高度不大于 12m，特殊喷头适用净空高度不大于 18m，中庭高度 16m（共 4 层，每层 4m），不适用标准喷头。二类高层喷淋范围：公共活动用房、走道、办公室。选 B。

（10）**解析：** 二类高层喷淋范围：公共活动用房、走道、办公室。选 B。

十四、2017 年 南方某二层社区中心首层局部机电设计

(一) 任务描述

如图 29-4-40 所示为南方某二层社区中心的首层局部平面，室内除配电间外，均设置吊顶，空调采用多联机系统。根据现行规范、任务要求和图例，合理完善此部分空调、送排风系统的布置。

(二) 任务要求

(1) 布置新风支管，对应连接每台室内机。

(2) 布置水平冷媒管，在冷媒管井内布置冷媒竖管，满足新风系统和室内空调系统的不同热工工况。

(3) 布置配电间的排风扇和进风阀；完善卫生间的排风系统。

(4) 布置防火阀和风管消声器。

(5) 布置风管防雨百叶。

(6) 根据作图结果，完成作图选择题的作答。

(三) 图例 （表 29-4-14）

表 29-4-14

名　称	图　例	名　称	图　例
风管支管	⊥150	室内进风阀	↓
冷媒竖管（一组）	○	风管消声器	600 900
水平冷媒管（一组）	———		
新风调节阀	⊘	防火阀	Φ
吊顶排风扇	⊠	风管防雨百叶	▬
嵌墙排风扇（带百叶）	⊡↓		

注：冷媒管一送一回为一组。

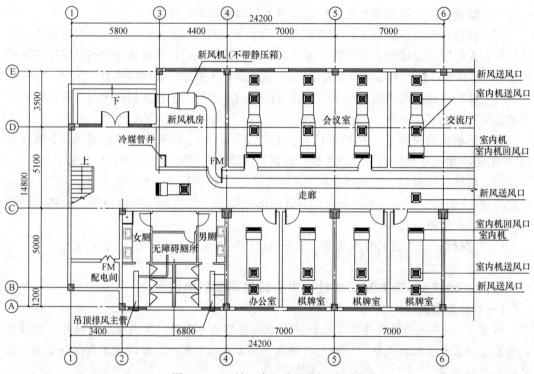

图 29-4-40　社区中心首层局部平面图

(四) 作图选择题 (设备部分)

(1) 空调新风支管应:

A 连接到室内回风口　　　　　B 连接到独立设置的新风口

C 连接到室内机靠近送风口侧　D 同时连接到室内机回风口和送风口

(2) 冷媒管的数量 (组) 是:

A 1　　　　　B 2　　　　　C 3　　　　　D 4

(3) 水平冷媒管的正确布置方式是:

A 1组接到新风机, 1组接到室内机

B 1组接到新风机, 1组接到室内机送风口

C 1组接到走廊、交通厅的室内机, 1组接到其他房间室内机

D 1组接到走廊、交通厅的室内机, 1组接到新风机

(4) 新风调节阀的数量是:

A 1　　　　　B 2　　　　　C 3　　　　　D 4

(5) 吊顶排风扇布置在:

A 男、女厕所和新风机房　　　B 无障碍厕所和配电间

C 配电间和新风机房　　　　　D 男、女厕所和无障碍厕所

(6) 嵌墙排风扇最少有几处:

A 4　　　　　B 3　　　　　C 2　　　　　D 1

(7) 室内进风阀的数量是:

A 1　　　　　B 2　　　　　C 3　　　　　D 4

(8) 消声器必须布置在:

A 走廊的新风主管上　　　　　B 新风机房的主管上

C 厕所的顶棚排风主管上　　　D 室内新风支管上

(9) 防火阀的数量是:

A 1　　　　　B 2　　　　　C 3　　　　　D 4

(10) 风管防雨百叶的数量是:

A 1　　　　　B 2　　　　　C 3　　　　　D 4

（五）作图题参考答案（图 29-4-41）

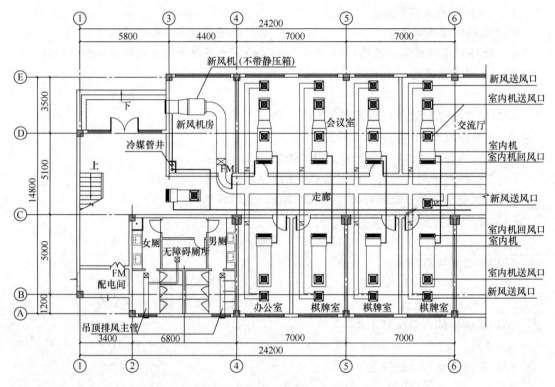

图 29-4-41　社区中心首层局部机电布置图（参考答案）

（六）选择题参考答案及解析

（1）**解析：**《民用建筑供暖通风与空气调节设计规范》（以下简称《暖通规范》）第 7.3.10 条规定：风机盘管加新风空调系统设计，新风宜直接送入人员活动区。本条条文说明的解释：新风不宜送入风机盘管回风侧，这样风机盘管停止运行时，新风有可能从带有过滤器的回风口逆向吹出，不利于室内空气质量的保证；新风也不宜送入风机盘管送风侧，这样会造成风机盘管送风与新风压力不平衡，有可能影响新风送入；依据规范应选 B。

（2）**解析：**《暖通规范》第 7.3.11 条规定：多联机空调系统设计，空调区负荷特性相差较大时，宜分别设置多联机空调系统。本图新风机与其他房间负荷特性相差较大，宜分别设置多联机空调系统。任务要求中已经明确：在冷媒管井内布置冷媒竖管，满足新风系统和室内空调系统的不同热工工况。新风系统、室内空调系统是不同空调系统。第 3 题（下一道题）选项中明确是 2 组。选 B。

（3）**解析：**《暖通规范》第 7.3.11 条规定：多联机空调系统设计，空调区负荷特性相差较大时，宜分别设置多联机空调系统。本图新风机与其他房间负荷特性相差较大，宜分别设置多联机空调系统。任务要求中已明确：在冷媒管井内布置冷媒竖管，满足新风系统和室内系统的不同热工工况。新风系统、室内系统是不同空调系统。选 A。

（4）**解析：**《暖通规范》第 6.6.6 条规定：通风与空调系统各环路的压力损失的相对差额不宜超过 15%，当通过调整管径仍无法达到上述要求时，应设置调节装置。每一新风支路设置一个调节阀。选 C。

（5）**解析**：任务描述中已明确配电间没有吊顶，不能用吊顶排风扇。新风机房一般无人值守，不需排风。男、女厕所和无障碍厕所都需排风。选 D。

（6）**解析**：任务描述中已明确配电间没有吊顶，厕所有吊顶，任务要求中已明确布置配电间的排风扇和进风阀。厕所不能用嵌墙排风扇，只有配电间能使用嵌墙排风扇。选 D。

（7）**解析**：室内新风机需设进风阀。任务要求中已明确布置配电间的排风扇和进风阀。选 B。

（8）**解析**：消声要先找噪声源，找到噪声源后先治理噪声源，噪声源无法根治时采取措施确保噪声要求高的区域满足要求。本题是唯一答案，要选噪声最大的一项，新风机设备最大、风量最大、噪声最大，选新风机及风管，新风主管比新风支管更容易传声，选新风主管，消声器的布置越靠近新风机噪声影响越小。选 B。

（9）**解析**：《建筑设计防火规范》第 9.3.11 条规定：通风、空调风管在下列部位应设防火阀：穿越防火分区；穿越通风、空调机房的隔墙和楼板；穿越重要或火灾危险大的房间隔墙和楼板；穿越防火分隔处的变形缝两侧；竖向风管与每层水平风管交接处的水平管段上。穿越通风、空调机房的隔墙和楼板设防火阀是防止机房和机房外其他房间通过风管蔓延火灾。设计不考虑通过外墙风口或窗户向上、下层蔓延火灾。选 A。

（10）**解析**：新风机接外墙新风管进口、卫生间接外墙排风管出口设风管防雨百叶。图例的"嵌墙排风扇"已明确是带百叶而不是带防雨百叶，说明是装在内墙上的。选 C。

十五、2019 年 某高层办公楼标准层核心筒及走廊消防设施布置

(一) 任务描述

图 29-4-42 为某高层办公楼标准层核心筒及走廊局部平面图，为一类高层建筑。根据现行规范、任务条件、任务要求和本题图例，按照经济合理的原则，在图中完成核心筒及走廊的相关消防设施布置。

(二) 任务条件

(1) 每个加压送风竖井面积不应小于 $1.5m^2$。

(2) 本区域排烟竖井面积合计不应小于 $2.0m^2$。

(3) 图中所示竖井平面均已隐含其内部的金属竖管，金属竖管无须绘制。

(4) 根据现行规范要求，本图公共区域至少应设置 2 个吊顶排烟口。

(5) 自动喷水灭火系统采用标准喷头。

(三) 任务要求

(1) 利用图中现有井道确定并注明加压送风竖井，布置风口。

(2) 利用图中现有井道确定并注明排烟竖井，布置水平排烟管和吊顶排烟口。

(3) 布置防火阀。

(4) 在符合规范的前提下，按最少数量的方式布置标准喷头。

(5) 完善室内消火栓布置。

(6) 布置应急照明、安全出口标志。

(7) 布置防火门及其耐火等级：FM-甲、乙、丙。

(8) 根据作图结果，用 2B 铅笔填涂答题卡。

(四) 图例 (表 29-4-15)

表 29-4-15

名　称	图　例
送风口	⊢
排烟口	⊠
标准喷头	○
应急照明	⊗
安全出口标志	▭
水平风管	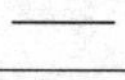 ═
防火阀	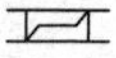 ⧄
消火栓	 ◣

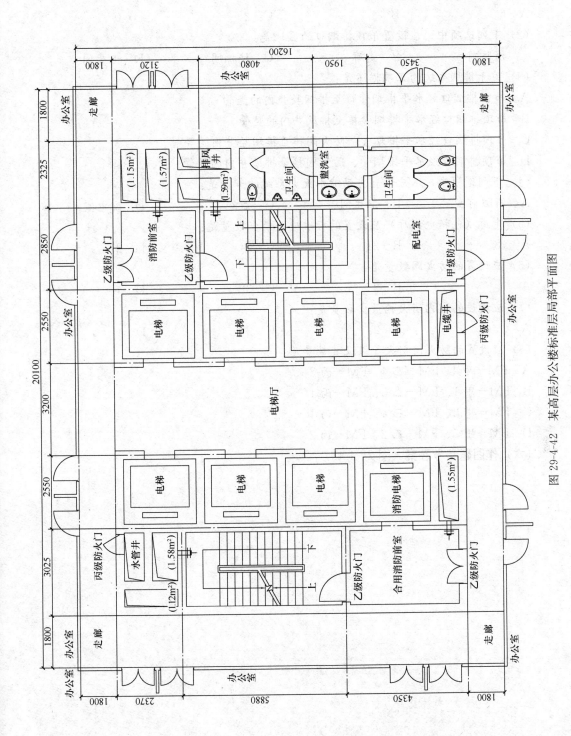

图 29-4-42 某高层办公楼标准层局部平面图

489

（五）作图选择题

（1）加压送风竖井的数量是：

A 6 B 4 C 2 D 0

（2）下列选项中，应设置吊顶排烟口的区域是：

A 消防前室 B 走廊 C 楼梯间 D 卫生间

（3）关于排烟系统的正确描述是：

A 吊顶排烟口经水平排烟管接至排烟竖井内的竖管

B 吊顶排烟口经水平排烟管接至排风井内的竖管

C 吊顶排烟口经水平排烟管、防火阀接至排烟竖井内的竖管

D 吊顶排烟口经水平排烟管、防火阀接至排风井内的竖管

（4）下列选项中，不应设置自动喷水灭火系统的部位是：

A 消防前室 B 卫生间 C 盥洗室 D 配电室

（5）走廊（包括电梯厅）应设置的标准喷头最少数量是：

A 18 B 21 C 24 D 27

（6）应设置的防火阀数量是：

A 1 B 2 C 3 D 4

（7）应增设的室内消火栓最少数量是：

A 1 B 2 C 3 D 4

（8）应设置的防火门耐火等级及其数量是：

A FM—甲1、FM—乙4、FM—丙2

B FM—甲1、FM—乙5、FM—丙1

C FM—甲2、FM—乙4、FM—丙1

D FM—甲3、FM—乙2、FM—丙2

（六）作图题参考答案（图29-4-43）

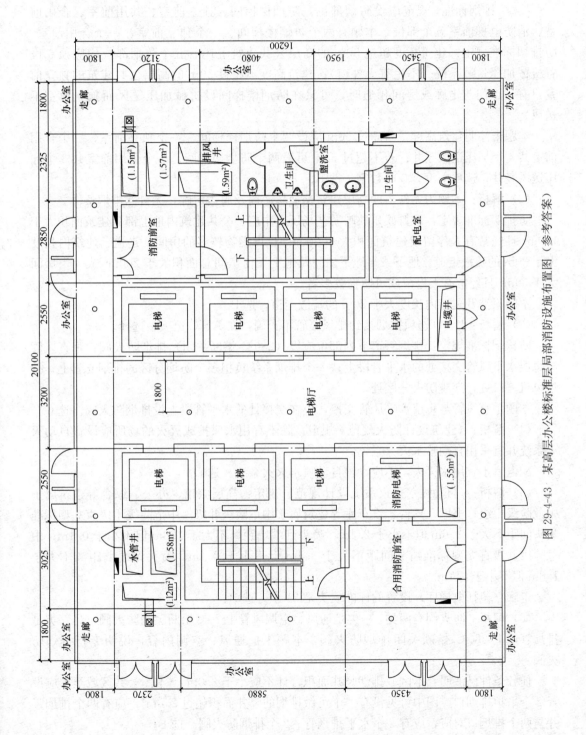

图 29-4-43 某高层办公楼标准层局部消防设施布置图（参考答案）

(七) 选择题参考答案及解析

（1）**解析**：本题为无外窗的高层建筑核心筒及周边走廊，无自然通风防烟条件。

按《防排烟标准》规定应设防烟部位：防烟楼梯间、独立前室、共用前室、合用前室、消防电梯前室五个部位，本题有两个防烟楼梯间、一个独立前室、一个合用前室。防排烟标准规定：建筑高度超过 50m 的高层公共建筑上述后五个防烟部位均应独立设置机械加压送风系统（不论有无外窗）；建筑高度不超过 50m 的高层公共建筑的独立前室只有一个门与走廊或房间相通时，可只在防烟楼梯间设机械加压送风而独立前室不送风。

本题未注明建筑高度，若超过 50m 应设两个防烟楼梯间、一个独立前室、一个合用前室共 4 个加压送风竖井；若不超过 50m 可设两个防烟楼梯间、一个合用前室共 3 个加压送风竖井；选项中没有 3 的数字，选 B。

（2）**解析**：本题为无外窗的高层建筑交通核心筒及周边走廊，无自然排烟条件。

防排烟标准规定：歌舞娱乐放映游艺场所、中庭、公共建筑内地上部分建筑面积大于 100m² 且经常有人停留或建筑面积大于 300m² 且可燃物较多的房间、走道、建筑内长度大于 20m 的疏散走道、地下或半地下房间及地上无窗房间总面积大于 200m² 或一个房间大于 50m² 且经常有人停留或可燃物较多者。

本题只涉及建筑内长度大于 20m 的疏散走道。选 B。

（3）**解析**：B、D 选项排烟接到排风竖管不正确，在 A、C 选项中选择。

防排烟标准规定：排烟管道下列部位应设（280℃ 熔断关闭）排烟防火阀：垂直风管与每层水平风管交接处的水平管段上；一个排烟系统负担多个防烟分区的排烟支管上；排烟风机入口处；穿越防火分区处。

本题垂直风管与每层水平风管交接，应在交接处的水平管段上设排烟防火阀。选 C。

（4）**解析**：《建筑设计防火规范》规定：除不宜用水保护或灭火的场所应设置自动灭火系统并宜采用自动喷水灭火系统。

配电室不宜用水灭火，不应设置自动喷水灭火系统。选 D。

（5）**解析**：《自动喷水灭火系统设计规范》规定：高层旅馆、办公、综合等建筑属于中危险级 I 级；书库、舞台、汽车库等建筑属于中危险级 II 级。中危险级 I 级直立型标准喷头间距不大于 3.6m 但不小于 2.4m、喷头到端墙距离不大于 1.8m 但不小于 0.1m；中危险级 II 级直立型标准喷头间距不大于 3.4m 但不小于 2.4m、喷头到端墙距离不大于 1.8m 但不小于 0.1m。

走廊（包括电梯厅）设置的标准喷头是 21 个。选 B。

（6）**解析**：防火阀有两类，一类是通风、空调风管上 70℃ 熔断关闭防火阀，另一类是排烟管道上 280℃ 熔断关闭排烟防火阀，本题未提通风、空调内容，说明专指排烟防火阀。

任务条件已注明：本区域排烟竖井面积合计不应小于 2.0m²、本图公共区域至少应设置 2 个吊顶排烟口。图中可见没有一个可做排烟的竖井面积超过 2.0m²，应有两个排烟竖井与两个排烟口对应，应有 2 个水平排烟管、2 个排烟防火阀。选 B。

（7）**解析**：高层建筑消火栓灭火距离 29.23～31.73m，本题核心筒内环周长 58.20m 而且消防电梯前室要有一个消火栓，2 个消火栓不能保证 2 股水柱同时到达任何部位。如果题目注明只考虑走廊、不考虑房间，3个消火栓即可；如果题目没有注明只考虑走廊，应考虑房间，按一层一个防火分区 $3000m^2$，需 4 个消火栓。选 D。

（8）**解析：**本题防火门耐火等级：配电室 1 个门为甲级，前室和防烟楼梯间门 4 个为乙级，管道间 2 个门为丙级。选 A。

十六、2020 年　住宅给水排水平面设计

(一) 任务描述

如图 29-4-44 所示的南方某多层住宅局部平面。根据现行设计规范、功能和任务要求，在经济合理的原则下，使用所提供的图例，完成住宅内给水排水平面布置。

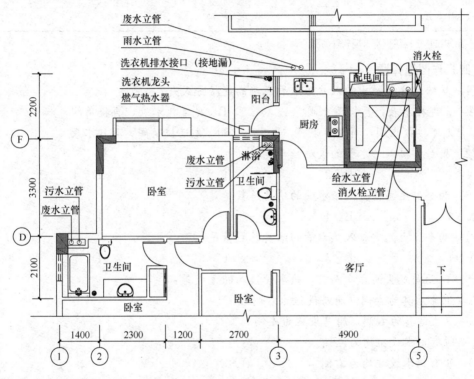

图 29-4-44　南方某多层住宅局部平面图

(二) 任务要求

（1）布置给水平面，入户给水管应以最短的路径进入户内，接至用水设施的给水管可以穿墙。

（2）布置排水平面，多个设施排于一根排水立管时，应采用主-次管的排水形式。

（3）布置热水给水平面。

（4）布置燃气热水器冷、热水竖管平面，并以文字标注。

（5）布置消火栓给水平面。

(三) 图例（表 29-4-16）

表 29-4-16

名称	图例	名称	图例
给水管	————————	截止阀	⊬
DN100 排水管	_ _ DN100 _ _	水表	◰
DN75 排水管	_ DN75 _	角阀	△
热水管	— · — · —	地漏	⊘
冷热水竖管	⌐ D15 ○		

注：角阀是用于连接供水末端软管的配件。

(四) 作图选择题

(1) 从给水立管接出的入户给水管正确的连接方式是：

A 先连接水表，再接截止阀 　　　　B 先连接水表，再接角阀

C 先连接截止阀，再接水表 　　　　D 先连接角阀，再接水表

(2) 厨房需接入给水管的设施数量是：

A 1 　　　　B 2 　　　　C 3 　　　　D 4

(3) 两个卫生间需接入给水管的洁具总数量是：

A 3 　　　　B 4 　　　　C 5 　　　　D 6

(4) 两个卫生间需接入热水管的洁具总数量是：

A 4 　　　　B 5 　　　　C 6 　　　　D 7

(5) 以面向龙头的方向而言，热水管接入的方式是：

A 卫生洁具为左侧，厨房设施为右侧

B 卫生洁具为右侧，厨房设施为左侧

C 所有用水设施均为左侧

D 所有用水设施均为右侧

(6) 热水器冷、热水竖管的合计数量是：

A 1 　　　　B 2 　　　　C 3 　　　　D 4

(7) 卫生间排水方式正确的是：

A 坐便器通过 D100 管排至污水立管，其余洁具通过 D75 管排至废水立管

B 坐便器通过 D100 管排至废水立管，其余洁具通过 D75 管排至污水立管

C 坐便器通过 D75 管排至污水立管，其余洁具通过 D100 管排至废水立管

D 坐便器通过 D75 管排至废水立管，其余洁具通过 D100 管排至污水立管

(8) 阳台排水的正确方式是：

A 洗衣机通过洗衣机排水接口接入地漏，排至废水立管

B 洗衣机通过洗衣机排水接口接入地漏，排至雨水立管

C 洗衣机通过洗衣机排水接口接入地漏，排至污水立管

D 以上方式都可以

(9) 厨房角阀的总数是：

A 0   B 1   C 2   D 3

(10) 消火栓连接消火栓立管的正确方式是：

A 通过截止阀连接   B 直接连接

C 通过水表连接   D 通过角阀连接

（五）作图题参考答案（图 29-4-45）

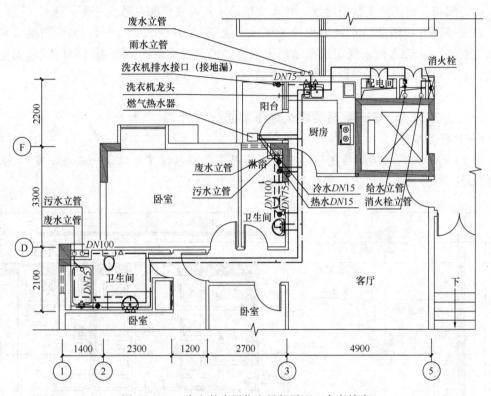

图 29-4-45 南方某多层住宅局部平面（参考答案）

（六）选择题参考答案及解析

（1）**解析：**根据《建筑给水排水设计标准》GB 50015—2019 第 3.5.4.2 款，室内给水管道的入户管、水表前和各分支立管部位应设置阀门。选 C。

（2）**解析：**厨房洗菜盆需接入给水管。选 A。

（3）**解析：**①轴处卫生间需接入给水管的洁具是洗脸盆、坐便器、浴缸；②轴处卫生间需接入水管的洁具是洗脸盆、坐便器、浴头；共计 6 个。选 D。

（4）**解析：**①轴处卫生间需接入热水管的洁具是洗脸盆、浴缸；②轴处卫生间需接入水管的洁具是洗脸盆、浴头；共计 4 个。选 A。

（5）**解析：**根据《建筑给水排水设计标准》GB 50015—2019 第 3.6.21 条，室内冷、热水管上、下平行敷设时，冷水管应在热水管下方。卫生器具的冷水连接管，应在热水连接管的右侧。选 C。

（6）**解析：**热水器冷水进、热水出，共计 2 根竖管个。选 B。

（7）**解析：**图 29-4-44 中给出污水、废水两根立管，应理解生活废水需回收利用。根据《建筑给水排水设计标准》GB 50015—2019 第 4.2.2.2 款，生活废水需回收利用时，宜采用生活污水与生活废水分流的排水系统。由此可确定坐便器通过排水管排至污水立管，选项 A、C 二选一，坐便器排水管标配为 D100。选 A。

（8）**解析**：根据《建筑给水排水设计标准》GB 50015—2019 第 2.1.40 条，生活废水为人们日常生活中排出的洗涤水。废水应排入废水立管，不应排入雨水、污水立管。选 A。

（9）**解析**：厨房洗菜盆有冷水、热水 2 根给水管，故角阀总数为 2 个。选 C。

（10）**解析**：《消防给水及消火栓系统技术规范》GB 50974—2014、国标图集《室内消火栓安装》15S202 均未规定或图示消火栓连接消火栓立管时需要通过阀门或水表，因为竖管上下均有阀门，层层设阀门，会增加不可靠性。选 B。

十七、2021 年 某一类高层建筑地下室防火设计
（一）任务描述
图 29-4-46 为某一类高层建筑地下室的局部平面图（该建筑仅设一层地下室）。根据现行规范、任务要求和图例，完成其中的平面防火设计。

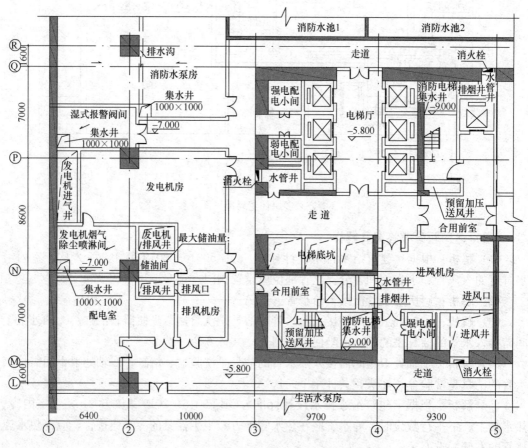

图 29-4-46　某一类高层建筑地下室局部平面图

(二) 任务要求

(1) 走道中布置的消火栓已完整地覆盖了图中所有房间、走道和电梯厅，依据现行防火规范的规定，在仍存在缺失的平面位置补充设置消火栓。

(2) 布置潜水泵。

(3) 标示可设置自动喷水灭火系统的房间和部位。

(4) 标示需设置自动气体灭火系统的房间和部位。

(5) 标示需设置火灾自动报警系统的房间和部位。

(6) 标注储油间的储油容积上限。

(7) 布置安全出口指示标志。

(8) 在需要防止水淹或防止液体外溢的房间门处设置门槛。

(9) 在已提供条件的位置布置防火阀。

(10) 完成预留加压送风井的分隔。

(三) 图例（表 29-4-17）

表 29-4-17

材料名称	图 例	材料名称	图 例
消火栓	◣	自动报警系统	○
潜水泵	P	安全出口标志	E
自动喷水灭火	△	门 槛	═
自动气体灭火	▲	防火阀	▣

(四) 作图选择题

(1) 应补充消火栓的部位是：

A 配电室   B 消防水泵房   C 合用前室   D 电梯厅

(2) 应布置潜水泵的部位有几处：

A 2   B 3   C 4   D 5

(3) 均可设置自动喷水灭火系统的房间是：

A 发电机房、消防水泵房   B 发电机房、配电室

C 配电室、强电配电小间   D 强电配电小间、消防水泵房

(4) 设置自动气体灭火系统的部位或房间有几处：

A 2   B 4   C 6   D 8

(5) 均需设置自动报警系统的部位或房间有几处：

A 配电室、发电机排风井

B 生活水泵房、水管井

C 配电室、消防水泵房

D 排风井、进风井

(6) 储油间储油容积上限是多少：

A 0.5m³   B 1.0m³   C 1.5m³   D 2.0m³

(7) 安全出口指示标志有几处：

A 2　　　　　　B 3　　　　　　C 4　　　　　　D 5

(8) 均需设置门槛的是：

A　配电室、电梯厅　　　　　　B　消防水泵房、合用前室

C　消防水泵房、储油间　　　　D　配电室、合用前室

(9) 需布置防火阀的数量是：

A 1　　　　　　B 2　　　　　　C 3　　　　　　D 4

(10) 分隔预留加压送风井后形成的加压送风井总数是：

A 2　　　　　　B 3　　　　　　C 4　　　　　　D 5

(五) 作图题参考答案（图 29-4-47）

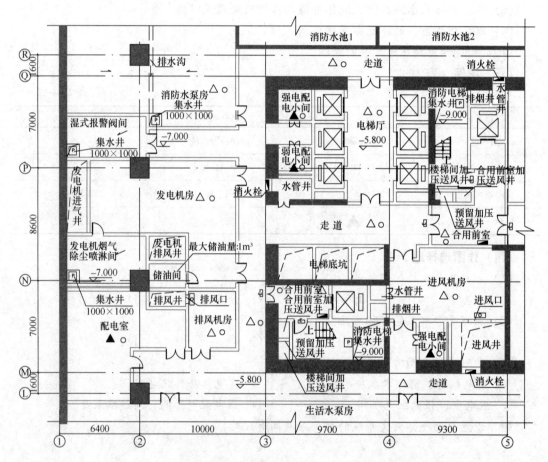

图 29-4-47　某一类高层建筑地下室局部防火设计图（参考答案）

(六) 选择题参考答案及解析

(1) **解析**：根据《消防给水及消火栓系统技术规范》GB 50974—2014 第 7.4.5 条，消防电梯前室应设置室内消火栓，并应计入消火栓使用数量。应补充合用前室消火栓。选 C。

(2) **解析**：应布置潜水泵的部位有：消防水泵房、湿式报警阀间、发电机烟气除尘喷淋间以及 2 处消防电梯集水井，共计 5 处。选 B。

（3）**解析：** 根据《建筑设计防火规范》GB 50016—2014（2018 年版）第 8.3.3.1 款，除本规范另有规定和不宜用水保护或灭火的场所外，一类高层公共建筑（除游泳池、溜冰场外）及其地下、半地下室应设置自动灭火系统，并宜采用自动喷水灭火系统。配电室、强电配电小间、弱电配电小间不宜用水扑救，故 B、C、D 选项不宜设置自动喷水灭火系统；发电机房、消防水泵房均可设置自动喷水灭火系统。选 A。

（4）**解析：** 不宜用水灭火的部位或房间有：配电室、2 处强电配电小间、1 处弱电配电小间，共计 4 间应设置自动气体灭火系统。选 B。

（5）**解析：** 根据《火灾自动报警系统设计规范》GB 50116—2013 第 6.2.1 条，探测器的具体设置部位应按本规范附录 D 采用；另据附录 D.0.1.21 款，火灾探测器可设置在消防电梯、防烟楼梯的前室及合用前室、走道、门厅、楼梯间；附录 D.0.1.22 款，火灾探测器可设置在可燃物品库房、空调机房、配电室（间）、变压器室、自备发电机房、电梯机房。选 C。

采用排除法，A 选项的排风井、B 选项的水管井、D 选项的进风井都不能或不需设置自动报警系统。选 C。

（6）**解析：** 根据《建筑设计防火规范》GB 50016—2014（2018 年版）第 5.4.13.4 款，布置在民用建筑内的柴油发电机房，当机房内设置储油间时，其总储存量不应大于 $1m^3$。选 B。

（7）**解析：** 根据《建筑设计防火规范》GB 50016—2014（2018 年版）第 2.1.14 条，安全出口为供人员安全疏散用的楼梯间和室外楼梯的出入口或直通室内外安全区域的出口。安全出口有防烟楼梯间、合用前室，共计 5 处，即安全出口指示标志共计 5 处。选 D。

（8）**解析：** 根据《建筑设计防火规范》GB 50016—2014（2018 年版）第 8.1.8 条，消防水泵房和消防控制室应采取防水淹的技术措施；另据《人民防空地下室设计规范》GB 50038—2005 第 3.6.6.2 款，贮油间应设置向外开启的防火门，其地面应低于与其相连接的房间（或走道）地面 150～200mm 或设门槛。选 C。

（9）**解析：** 根据《建筑设计防火规范》GB 50016—2014（2018 年版）第 9.3.11.5 款，通风、空气调节系统的风管在竖向风管与每层水平风管交接处的水平管段上，应设置公称动作温度为 70℃的防火阀。进风井处进风口、排风井处排风口，共计 2 处需布置防火阀。选 B。

注：发电机排风井、进风井与其他层通风不共用，不需设防火阀；排烟井每层需设 280℃排烟防火阀，不是本题的 70℃防火阀；加压送风井无需设防火阀。

（10）**解析：** 根据《建筑防烟排烟系统技术标准》GB 51251—2017 第 3.1.5.2 款，防烟楼梯间及其前室的机械加压送风系统的设置，当采用合用前室时，楼梯间、合用前室应分别独立设置机械加压送风系统。加压送风井共分隔成 4 个。选 C。

第五节 建 筑 电 气

一、应试准备
（一）考试大纲的宗旨
2002 年全国注册建筑师管理委员会对一、二级注册建筑师考试大纲作了调整和修改，全国一级注册建筑师资格考试大纲中,将原来的"建筑设计与表达"科目改为以"建筑方案设计"和"建筑技术设计"两项考试取代。考试大纲中提出的对建筑技术设计(作图题)的基本要求是:"检验应试者在建筑技术方面的实践能力,对试题能做出符合要求的答案,包括:建筑剖面、结构选型与布置、机电设备与管道系统、建筑配件与构造等,并符合法规规范。"

"机电设备"是大纲中明确的与建筑技术设计相关的设计内容。虽然所占比例不大,但符合规范的设计,可以反映出应试者在建筑方案设计中技术设计的能力与水平,同时完善其对建筑设计的认识和对建筑师职责范围的理解。

(二) 考试大纲的考核点

要求考生掌握与建筑设计相关的机电设备作图知识。根据近十年"建筑技术设计"试卷分析,总结考试中主要涉及电气作图的考核点如下:

1. 设计内容

(1) 建筑照明

主要是正常照明和应急照明的相关内容。

(2) 建筑供配电

主要是室内配电线路的连接和敷设。

(3) 火灾自动报警系统

主要是《建筑设计防火规范》GB 50016—2014(2018 年版)中对电气设计的要求及《火灾自动报警系统设计规范》GB 50116—2013 中系统设置对电气的要求。[①]

2. 平面布置

灯具、开关、插座、电气线路及消防设施等的布置和敷设,协调与其他管道系统的位置关系。

3. 空间的合理性

(1) 正确处理电气设计在建筑设计中的占空性、延伸性和隐蔽性的关系。

(2) 照明设计中虽然试题不要求做剖面设计,但不同的灯具平面布置反映了不同的照明空间效果,要求理解室形系数与照明设计的关系。

(三) 设计能力的训练

根据考核点,考试前要注重电气设计能力的训练。

照明工程图一般由电气系统图、平面图等一系列图纸组成。我们主要练习与建筑平面相关的照明平面图的设计内容。

1. 了解设计内容和相关规范

考试中主要涉及的相关设计规范包括:

(1)《民用建筑电气设计标准》GB 51348—2019;

(2)《建筑设计防火规范》CB 50016—2014(2018 年版);

(3)《建筑照明设计标准》GB 50034—2013;

(4)《火灾自动报警系统设计规范》CB 50116—2013;

---

① 本章所涉及标准、规范在首次出现时标注国标号和年号(版号),后文仅出现标准、规范的名称。未特别说明的均为现行的规范、标准。

(5)《住宅建筑电气设计规范》JGJ 242—2011。

(6)《消防应急照明和疏散指示系统技术标准》GB 51309—2018。

2. 学习相应的计算方法

历年考试关于题目中电气设施的数量问题，根据题目的要求，有两种可能：①按图中所示场所定性设置；②按设计任务定量计算。

3. 绘图能力的训练

考试中电气平面图需要表达的内容主要有：电源进线位置，导线的敷设方式与连接，灯具位置、型号和安装方式；插座的安装位置以及火灾探测器等各种用电设备的位置等。

二、建筑电气布置

电气平面图是表示建筑物内照明设备、电气设备等平面布置的图纸，包括：灯具、开关、插座、电气线路及消防设施等的布置和敷设，并要求协调电气系统与其他管道系统的位置关系。考试中主要涉及三方面内容：一般照明设计、应急照明设计和火灾自动报警系统设计。要求考生对建筑设计中与其相关的电气规范能熟知并会应用。

(一) 一般照明设计

1. 灯具的布置和安装

灯具的布置和安装，应从满足工作场所照度的均匀性，亮度的合理分布以及眩光的限制等，去考虑布置方式和安装高度等要求。照度的均匀性是指工作面或工作场所的照度分布均匀特性，它用工作面上的最低照度与平均照度之比来表示。亮度的合理分布，是使照明环境舒适的重要标志和手段。为了满足上述要求，必须进行灯具的合理布置和安装。

(1) 灯具的布置

灯具的布置方式分为均匀布置和选择布置两种。均匀布置是指灯具间位置和距离按一定规律进行布置的方式，如正方形、矩形、菱形等形式，可使整个工作面上获得较均匀的照度。均匀布置方式适用于教室、试验室、会议室等室内灯具的布置。选择布置是指满足局部要求的一种灯具布置方式，适用于采用均匀布置达不到所要求的照度分布的场所。

灯具在均匀布置时，灯具间距离 L 与灯具在工作面上的悬挂高度（也称计算高度）h_{rc} 之比（L/h_{rc}），称为距高比。

灯具的布置还有室内和室外的区别。室内灯具的布置如上所述，可采用均匀布置和选择布置两种方式。室外灯具的布置可采用集中布置、分散布置、集中与分散相结合等布置方式；常用灯杆、灯柱、灯塔或利用附近较高的建筑物来装设照明灯具。道路照明设计应与环境绿化、美化统一进行；可设置灯杆或灯柱；对于一般道路可采用单侧布置，主要干道可采用双侧布置；灯杆间的距离一般为 25~50m。

(2) 灯具标注

照明灯具的文字标注方式一般为：

$$a-b\frac{c \times d \times l}{e}f \tag{29-5-1}$$

式中　a——灯具数量，各类灯具分别标注，套；

　　　　b——灯具的型号或代号；

　　　　c——每套灯具的光源数；

　　　　d——每个光源的容量，W；

　　　　e——灯具的距地安装高度（图 29-5-1），m；

　　　　f——灯具的安装方式，见表 29-5-1；

　　　　l——光源的种类（常省略不标）见表 29-5-2。

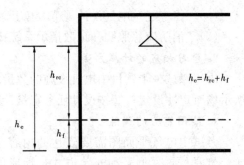

图 29-5-1　灯具安装高度示意

注：h_e—灯具的距地安装高度；h_f—工作面高度；
h_{rc}—灯具的悬挂高度。

$$h_e = h_{rc} + h_f$$

灯具的安装方式标注　　　　　　　　表 **29-5-1**

线吊式	链吊式	管吊式	壁装式	吸顶式	嵌入式	墙壁内安装	座装
CP	Ch	P	W	S	R	WR	HM

光源种类标注　　　　　　　　表 **29-5-2**

卤钨灯泡	直管荧光灯	三基色荧光灯管	紧凑型荧光灯管	荧光高压汞灯泡	高压钠灯泡	钠灯泡	金属卤化物灯泡
LZG	YZ	YZS	YJ	GGY	NG	KNG	ZJD

例如：

$$6-\mathrm{BYGG}_{4-1}\frac{1\times 40\mathrm{YZ}}{3.0}\mathrm{P}$$

表示：6 套 BYGG_{4-1} 型灯具，每套灯具装有一个 40W 荧光灯光源，安装高度距地 3m，管吊式安装。

（3）灯具的安装

为了限制眩光，使工作面获得较理想的照明效果，室内照明灯具距地面的安装悬挂高度具有特定的要求，一般不低于表 29-5-3 所规定的数值。此外，灯具的安装高度应固定，以便于维修和更换，不应将灯具安装在高温设备表面，或有气流冲击等地方。普通吊线灯只适用于灯具重量在 1kg 以内的情况；超过 1kg 的灯具或吊线长度超过 3m 时，应采用吊链或吊杆，此时吊线不应受力。吊挂式灯具及其附件的重量超过 3kg 时，安装时应采取加强措施，通常除使用管吊或链吊灯具外，还应在悬吊点采用预埋吊钩等加以固定。大型灯具的吊杆、吊链应能承受灯具自重 5 倍以上的拉力；需要人员检修的灯具，还要另加 200kg 的拉力。

照明灯具距地面最低悬挂高度　　　　　　　　表 **29-5-3**

光源种类	灯具形式	光源功率（W）	最低悬挂高度（m）
白炽灯	有反射罩	≤60	2.0
		100～150	2.5
		200～300	3.5
		≥500	4.0

光源种类	灯具形式	光源功率（W）	最低悬挂高度（m）
白炽灯	有乳白玻璃漫反射罩	≤100	2.0
		150～200	2.5
		300～500	3.0
卤钨灯	有反射罩	≤500	6.0
		1000～2000	7.0
荧光灯	无反射罩	≤40	2.0
		>40	3.0
	有反射罩	≥40	2.0
荧光高压汞灯	有反射罩	≤125	3.5
		250	5.0
		≥400	6.0
高压汞灯	有反射罩	≤125	4.0
		250	5.5
		≥400	6.5
金属卤化物灯	搪瓷反射罩 铝抛光反射罩	400	6.0
		1000	14.0
高压钠灯	搪瓷反射罩 铝抛光反射罩	250	6.0
		400	7.0

（4）灯具的布置、安装与建筑艺术、土建、水、暖、通风等的设计、施工一体化

在民用建筑中，除了合理的选择和布置光源及灯具外，还要从建筑艺术的角度考虑，采取必要措施，发挥照明技术的作用，以突出建筑艺术效果。常常利用各种灯具与建筑艺术手段的配合，构成多种照明方式，如发光顶棚、光带、光梁、光檐、光柱等，它们主要是利用建筑艺术手段，将光源隐蔽起来，构成间接型灯具。这样可增加光源面积，增强光的扩散性，使室内眩光、阴影得以完全消除，并使光线均匀柔和，衬托出环境气氛，形成舒适的照明环境。此外还常采用艺术壁灯、花吊灯等艺术手段。布灯时，还要考虑与其他专业工程设施的配合。需会审图纸，以便尽可能减少矛盾冲突。

2. 插座布置

室内除了照明设备外，还有小容量的电动工具、家用电器等，由于它们都不是固定的，所以应设置电源插座。电源插座宜由独立的支路供电，且插座支路上要安装漏电保护器。

（1）电源插座形式

电源插座分明装式和暗装式，一般型和安全型；有单相两孔、单相三孔、三相四孔插座，应根据负荷选择插座。

（2）插座的形式选择

应根据其周围环境和使用条件确定。

1）干燥场所，宜采用一般型插座。当需要接插带有保护线的电器时，应采用带保护线触头的插座。

2）对于接插电源时有触电危险的家用电器（如洗衣机等），应采用带开关能断开电源的插座。

3）对于不同电压等级的插座，应采用符合该电压等级且不同类型的产品，以防将插头插入不同电压等级的插座。

（3）插座的安装位置和高度

插座的安装位置，应根据用电设备的布置情况来确定，既要安全又要方便。

1）潮湿场所，应采用密闭型或保护型的带保护线触头的插座，其安装高度不低 1.50m。

2）儿童活动场所，必须采用安全型插座，幼儿活动场所插座底边距地不应低于 1.80m。

3）住宅内插座当安装距地高度为 1.80m 及以上时，可采用一般型插座；如采用安全型插座且配电回路设有漏电电流动作保护装置时，其安装高度可不受限制。

4）无障碍住房中起居室、卧室插座高度应为 0.40m，厨房、卫生间插座高度宜为 0.70~0.80m；电器、天线和电话插座应为 0.40~0.50m。

5）普通教室的前后墙上应各设置一组电源插座，且每组电源插座均应为 220V 二孔、三孔安全型插座；舞台上应设有电源插座；旅馆的休息厅、餐厅、咖啡厅等宜设有地面插座及灯光广告用插座；客房层走道应设有清扫用设备插座等。

6）老年人居住建筑在卧室床头、厨房操作台、卫生间、洗面台、洗衣机及坐便器旁应设置电源插座，且均应采用安全型插座。常用插座高度宜为距地 0.60~0.80m。

3. 开关布置

照明灯具的开关一般为单级开关，在结构上有各种形式，如明装式、暗装式（单联、双联、三联及四联）；拉线开关、扳把开关、密闭开关、定时开关、双控开关等。可根据需要选择。

照明灯具控制开关的位置，应考虑使用灵活方便，一般应装在房门近旁（不要被门扇挡住）。距门框 0.15~0.2m，距地 1.30m。一只开关不宜控制过多灯具，否则，不仅易损坏，也不利节约用电。对于楼梯间、走廊等需从两端控制照明灯具时，可选用双控开关。在潮湿的房间中，应选用防水拉线开关。卫生间如选用扳把式开关时，宜设于卫生间门外。无障碍住房中的户内门厅、通道、卧室应设双控照明开关；电器照明开关应选用扳把式，安装高度为 0.90~1.10m。老年人居住建筑中，照明开关高度宜距地 1.10m，入户过渡空间应设置照明总开关。

4. 线路连接

照明平面图中，考生要了解图中导线、灯具、插座等线路的连接关系，并应掌握判断各段导线根数的规律：

（1）各灯具的开关必须接在相线上，无论是几联开关，只送入开关一根相线。从开关出来的电线称为控制线，n 联开关就有 n 条控制线，所以穿线管中 n 联开关共有 $n+1$ 根导线。

（2）按照规范要求，照明支路和插座支路应分开。插座支路导线根数由 n 联中极数最多的插座决定，如二孔、三孔双联插座是 3 根线。

（3）现在供电系统多数都采用 TN-S 方式供电。其中 3 根相线称为 L_1、L_2、L_3，1 根工作零线 N，1 根专用保护线 PE。

（二）应急照明设计

应急照明作为工业与民用建筑设施的一部分，同人身安全和建筑物、设备安全密切关联。当电源中断，特别是建筑物内发生火灾或其他灾害导致电源中断时，应急照明对人员疏散、保证人身安全以及生产或运行中进行必需的操作或处置，以防止再生事故，都具有重要意义。按《建筑照明设计标准》的规定，应急照明分为三类，即疏散照明、备用照明和安全照明。其中疏散照明和备用照明中保证消防作业能正常进行而设置的照明，称为消防应急照明。应急照明设计除应满足《建筑照明设计标准》的规定外，还应满足《建筑设计防火规范》《消防应急照明和疏散指示系统技术标准》的相关规定。

1. 疏散照明

疏散照明是用于确保疏散通道被有效地辨认和使用的应急照明，包括照明灯具和灯光疏散标志，其中灯光疏散标志包括：出口标志灯、方向标志灯、楼层标志灯。

（1）除建筑高度小于 27m 的住宅建筑外，民用建筑、厂房和丙类仓库的下列部位应设置疏散照明：

1）开敞式疏散楼梯间、封闭楼梯间、防烟楼梯间及其前室、消防电梯间的前室或合用前室、避难走道、避难层（间）；

2）观众厅、展览厅、多功能厅和建筑面积大于 200m² 的营业厅、餐厅、演播室等人员密集的场所；建筑面积超过 400m² 的办公场所、会议场所；

3）建筑面积大于 100m² 的地下或半地下公共活动场所；

4）歌舞娱乐、放映游艺厅等场所；

5）公共建筑内的疏散走道；

6）人员密集的厂房内的生产场所及疏散走道。

（2）疏散照明的照度标准值应符合下列规定

1）对于疏散走道、有人值守的消防设备用房，不应低于 1.0lx；

2）对于人员密集场所、避难层（间），不应低于 3.0lx；

3）对于楼梯间、前室或合用前室、避难走道，不应低于 5.0lx；

4）对于人员密集场所、老年人照料设施、病房楼或手术部内的楼梯间、前室或合用前室、避难走道、屋顶停机坪等，不应低于 10.0lx。

（3）疏散照明的设置应符合下列规定

1）疏散照明灯应设置在顶棚上；当条件限制时，可安装在走道侧面墙上，安装高度不应在距地面 1～2m 之间。照明灯不应安装在地面上。

2）疏散指示标志灯在顶棚安装时，不应采用嵌入式安装方式。安全出口标志灯，应安装在疏散口的内侧居中上方，当门上方太高时宜设在侧边。底边距地不宜低于 2.0m。室内高度＞3.5m 的场所，安装高度以距地 3.0～6.0m 为宜。

3）疏散走道的方向标志灯具，应在走道及转角处离地面 1.0m 以下墙面上、柱上或地面上设置，采用顶装方式时，底边距地宜为 2.0～2.5m。

4）当安全出口或疏散门在疏散走道侧边时，应在疏散走道上方增设指向安全出口或疏散门的方向标志灯；标志面与疏散方向垂直时，灯具的设置间距不应大于 20m；标志面与疏散方向平行时，灯具的设置间距不应大于 10m。对于袋形走道，不应大于 10m；在走道转角区，不应大于 1.0m。

5）设在地面上的连续视觉方向标志灯具之间的间距不宜大于 3m。

（4）疏散照明和疏散指示标识连续供电时间

1）建筑高度大于 100m 的民用建筑，不应小于 1.5h。

2）医疗建筑、老年人照料设施、总建筑面积大于 100000m² 的公共建筑和总建筑面积大于 20000m² 的地下、半地下建筑，不应少于 1.0h。

3）其他建筑，不应少于 0.5h。

2. 备用照明

备用照明是用于正常活动继续进行或保证消防作业能正常进行而设置的照明。

（1）应设置确保正常活动继续或暂时继续进行的备用照明的场所

1）正常照明失效可能造成重大财产损失和严重社会影响的场所。

2）人员经常停留且无自然采光的场所。

3）正常照明失效将导致无法工作和活动的场所。

4）正常照明失效可能诱发非法行为的场所。

（2）应设置消防备用照明的场所

1）消防控制室、消防水泵房、自备发电机房、变电所、总配电室、防排烟机房以及发生火灾时仍需正常工作的房间。

2）A级、B级电子计算机房、信息网络机房、建筑设备管理系统机房、安防监控中心等重要机房。

3）建筑高度超过 100m 的高层民用建筑的避难层及屋顶直升机停机坪。

（3）不需设置备用照明的情形

当正常照明的负荷等级与备用照明负荷等级相等时可不另设备用照明。

（4）备用照明的照度标准值应符合下列规定

1）供消防作业及救援人员在火灾时继续工作场所的备用照明，其作业面的最低照度不应低于正常照明的照度。

2）其他场所的备用照明照度标准值除另有规定外，应不低于该场所一般照明照度标准值的 10%。

（5）备用照明的设置应符合下列规定

1）备用照明宜与正常照明统一布置。

2）当满足要求时应利用正常照明灯具的部分或全部作为备用照明。

3）独立设置备用照明灯具时，其照明方式宜与正常照明一致或相类似。

3. 安全照明

安全照明是用于确保处于潜在危险之中的人员安全的应急照明。

（1）应设置安全照明的场所

1）人员处于非静止状态且周围存在潜在危险设施的场所；

2）正常照明失效可能延误抢救工作的场所；

3）人员密集且对环境陌生时，正常照明失效易引起恐慌骚乱的场所；

4）与外界难以联系的封闭场所。

（2）安全照明的照度标准值应符合下列规定

1）医院手术室、重症监护室应维持不低于一般照明照度标准值的30%；

2）其他场所不应低于该场所一般照明照度标准值的10%，且不应低于15lx。

（3）安全照明的设置应符合下列规定

1）应选用可靠、瞬时点燃的光源；

2）应与正常照明的照射方向一致或相类似并避免眩光；

3）当光源特性符合要求时，宜利用正常照明中的部分灯具作为安全照明；

4）应保证人员活动区获得足够的照明需求，而无须考虑整个场所的均匀性。

当在一个场所同时存在备用照明和安全照明时，宜共用同一组照明设施并满足二者中较高负荷等级与指标的要求。

（三）火灾自动报警系统设计

1. 火灾探测器的设置

火灾探测器类型的选取，要根据探测区域内可能发生的初期火灾的形成和发展特征、房间高度、环境条件以及可能引起误报的原因等因素来决定。

（1）探测器的设置场所

1）财贸金融楼的办公室、营业厅、票证库；

2）电信楼、邮政楼的机房和办公室；

3）商业楼、商住楼的营业厅、展览楼的展览厅和办公室；

4）旅馆的客房和公共活动用房；

5）电力调度楼、防灾指挥调度楼等的微波机房、计算机房、控制机房、动力机房和办公室；

6）广播电视楼的演播室、播音室、录音室、办公室、节目播出技术用房、道具布景房；

7）图书馆的书库、阅览室、办公室；

8）档案楼的档案库、阅览室、办公室；

9）办公楼的办公室、会议室、档案室；

10）医院病房楼的病房、办公室、医疗设备室、病历档案室、药品库；

11）科研楼的办公室、资料室、贵重设备室、可燃物较多的和火灾危险性较大的实验室；

12）教学楼的电化教室、理化演示和实验室、贵重设备和仪器室；

13）公寓（宿舍、住宅）的卧房、书房、起居室（前厅）、厨房；

14）甲、乙类生产厂房及其控制室；

15）甲、乙、丙类物品库房；

16）设在地下室的丙、丁类生产车间和物品库房；

17）堆场、堆垛、油罐等；

18）地下铁道的地铁站厅、行人通道和设备间，列车车厢；

19）体育馆、影剧院、会堂、礼堂的舞台、化妆室、道具室、放映室、观众厅、休息厅及其附设的一切娱乐场所；

20）陈列室、展览室、营业厅、商业餐厅、观众厅等公共活动用房；

21）消防电梯、防烟楼梯的前室及合用前室、走道、门厅、楼梯间；

22）可燃物品库房、空调机房、配电室（间）、变压器室、自备发电机房、电梯机房；

23）净高超过 2.6m 且可燃物较多的技术夹层；

24）敷设具有可延燃绝缘层和外护层电缆的电缆竖井，电缆夹层、电缆隧道、电缆配线桥架；

25）贵重设备间和火灾危险性较大的房间；

26）电子计算机的主机房、控制室、纸库、光或磁记录材料库；

27）经常有人停留或可燃物较多的地下室；

28）歌舞娱乐场所中经常有人滞留的房间和可燃物较多的房间；

29）高层汽车库，Ⅰ类汽车库，Ⅰ、Ⅱ类地下汽车库，机械立体汽车库，复式汽车库，采用升降梯作汽车疏散出口的汽车库（敞开车库可不设）；

30）污衣道室、垃圾道前室、净高超过 0.8m 具有可燃物的闷顶、商业用或公共厨房；

31）以可燃气为燃料的商业和企事业单位的公共厨房及燃气表房；

32）其他经常有人停留的场所、可燃物较多的场所或燃烧后产生重大污染的场所；

33）需要设置火灾探测器的其他场所。

（2）探测器的设置要求

点型火灾探测器的设置应符合下列规定：

1）探测区域的每个房间至少应设置一只火灾探测器。

2）感烟火灾探测器和 A1、A2、B 型感温火灾探测器的保护面积和保护半径，应按表 29-5-4 确定；C、D、E、F、G 型感温火灾探测器的保护面积和保护半径应根据生产企业设计说明书确定，但不应超过表 29-5-4 的规定。

3）一个探测区域内所需设置的探测器数量，不应小于下式的计算值：

$$N = \frac{S}{K \cdot A} \qquad (29\text{-}5\text{-}2)$$

式中 N——探测器数量（只），N 应取整数；

S——该探测区域面积（m^2）；

A——探测器的保护面积（m^2）；

K——修正系数；容纳人数超过 10000 人的公共场所宜取 0.7～0.8，容纳人数为 2000～10000 人的公共场所宜取 0.8～0.9，容纳人数为 500～2000 人的公共场所宜取 0.9～1.0，其他场所可取 1.0。

感烟火灾探测器和 A1、A2、B 型感温火灾探测器的保护面积和保护半径 表 29-5-4

火灾探测器的种类	地面面积 S（m^2）	房间高度 h（m）	一只探测器的保护面积 A 和保护半径 R					
			屋顶坡度 θ					
			$\theta \leqslant 15°$		$15 < \theta \leqslant 30°$		$\theta > 30°$	
			A（m^2）	R（m）	A（m^2）	R（m）	A（m^2）	R（m）
感烟火灾探测器	$S \leqslant 80$	$h \leqslant 12$	80	6.7	80	7.2	80	8.0
	$S > 80$	$6 < h \leqslant 12$	80	6.7	100	8.0	120	9.9
		$h \leqslant 6$	60	5.8	80	7.2	100	9.0
感温火灾探测器	$S \leqslant 30$	$h \leqslant 8$	30	4.4	30	4.9	30	5.5
	$S > 30$	$h \leqslant 8$	20	3.6	30	4.9	40	6.3

注：建筑高度不超过 14m 的封闭探测空间，且火灾初期会产生大量的烟时，可设置点型感烟火灾探测器。

4）在有梁的顶棚上设置点型感烟火灾探测器、感温火灾探测器时，应符合下列规定：

①当梁突出顶棚的高度小于 200mm 时，可不计梁对探测器保护面积的影响；

②当梁突出顶棚的高度为 200～600mm 时，应按《火灾自动报警系统设计规范》GB 50116 中的附录 F、附录 G，确定梁对探测器保护面积的影响和一只探测器能够保护的梁间区域的数量；

③当梁突出顶棚的高度超过 600mm 时，被梁隔断的每个梁间区域至少应设置一只探测器；

④当被梁隔断的区域面积超过一只探测器的保护面积时，被隔断的区域应按式（5-8）计算探测器的设置数量；

⑤当梁间净距小于 1m 时，可不计梁对探测器保护面积的影响。

5）在宽度小于 3m 的内走道顶棚上设置点型探测器时，宜居中布置。感温火灾探测器的安装间距不应超过 10m；感烟火灾探测器的安装间距不应超过 15m；探测器至端墙的距离，不应大于探测器安装间距的一半。

6）点型探测器至墙壁、梁边的水平距离，不应小于 0.5m。

7）点型探测器周围 0.5m 内，不应有遮挡物。

8）房间被书架、设备或隔断等分隔，其顶部至顶棚或梁的距离小于房间净高的 5% 时，每个被隔开的部分至少应安装一只点型探测器。

9）点型探测器至空调送风口边的水平距离不应小于1.5m，并宜接近回风口安装。探测器至多孔送风顶棚孔口的水平距离不应小于0.5m。

10）当屋顶有热屏障时，点型感烟火灾探测器下表面至顶棚或屋顶的距离，应符合表29-5-5的规定。

11）锯齿形屋顶和坡度大于15°的人字形屋顶，应在每个屋脊处设置一排点型探测器，探测器下表面至屋顶最高处的距离，应符合表29-5-5的规定。

点型感烟火灾探测器下表面至顶棚或屋顶的距离

表 29-5-5

探测器的安装高度 h（m）	点型感烟火灾探测器下表面至顶棚或屋顶的距离 d（mm）					
	顶棚或屋顶坡度 θ					
	$\theta \leqslant 15°$		$15° < \theta \leqslant 30°$		$\theta > 30°$	
	最小	最大	最小	最大	最小	最大
$h \leqslant 6$	30	200	200	300	300	500
$6 < h \leqslant 8$	70	250	250	400	400	600
$8 < h \leqslant 10$	100	300	300	500	500	700
$10 < h \leqslant 12$	150	350	350	600	600	800

12）点型探测器宜水平安装。当倾斜安装时，倾斜角不应大于45°。

13）在电梯井、升降机井设置点型探测器时，其位置宜在井道上方的机房顶棚上。

14）一氧化碳火灾探测器可设置在气体可以扩散到的任何部位。

15）火焰探测器和图像型火灾探测器的设置应符合下列规定：

①应计及探测器的探测视角及最大探测距离，可以通过选择探测距离长、火灾报警响应时间短的火焰探测器，提高保护面积要求和报警时间要求；

②探测器的探测视角内不应存在遮挡物；

③应避免光源直接照射在探测器的探测窗口；

④单波段的火焰探测器不应设置在平时有阳光、白炽灯等光源直接或间接照射的场所。

16）线型光束感烟火灾探测器的设置应符合下列规定：

①探测器的光束轴线至顶棚的垂直距离宜为0.3～1.0m，距地高度不宜超过20m；

②相邻两组探测器的水平距离不应大于14m，探测器至侧墙水平距离不应大于7m且不应小于0.5m，探测器的发射器和接收器之间的距离不宜超过100m；

③探测器应设置在固定结构上；

④探测器的设置应保证其接收端避开日光和人工光源直接照射；

⑤ 选择反射式探测器时，应保证在反射板与探测器间任何部位进行模拟试验时，探测器均能正确响应。

17）线型感温火灾探测器的设置应符合下列规定：

①探测器在保护电缆、堆垛等类似保护对象时，应采用接触式布置；在各种皮带输送装置上设置时，宜设置在装置的过热点附近；

②设置在顶棚下方的线型感温火灾探测器，至顶棚的距离宜为 0.1m。探测器的保护半径应符合点型感温火灾探测器的保护半径要求；探测器至墙壁的距离宜为 1~1.5m；

③光栅光纤感温火灾探测器每个光栅的保护面积和保护半径应符合点型感温火灾探测器的保护面积和保护半径要求；

④设置线型感温火灾探测器的场所有联动要求时，宜采用两只不同火灾探测器的报警信号组合；

⑤与线型感温火灾探测器连接的模块不宜设置在长期潮湿或温度变化较大的场所。

18）管路采样式吸气感烟火灾探测器的设置应符合下列规定：

①非高灵敏型探测器的采样管网安装高度不应超过 16m；高灵敏型探测器的采样管网安装高度可以超过 16m；采样管网安装高度超过 16m 时，灵敏度可调的探测器必须设置为高灵敏度，且应减小采样管长度和采样孔数量；

②探测器的每个采样孔的保护面积、保护半径应符合点型感烟火灾探测器的保护面积、保护半径的要求；

③一个探测单元的采样管总长不宜超过 200m，单管长度不宜超过 100m，同一根采样管不应穿越防火分区。采样孔总数不宜超过 100，单管上的采样孔数量不宜超过 25 个；

④当采样管道采用毛细管布置方式时，毛细管长度不宜超过 4m；

⑤吸气管路和采样孔应有明显的火灾探测器标识；

⑥有过梁、空间支架的建筑中，采样管路应固定在过梁、空间支架上；

⑦当采样管道布置形式为垂直采样时，每 2℃温差间隔或 3m 间隔（取最小者）应设置一个采样孔，采样孔不应背对气流方向；

⑧采样管网应按经过确认的设计软件或方法进行设计；

⑨探测器的火灾报警信号、故障信号等信息应传给火灾报警控制器；涉及消防联动控制时，探测器的火灾报警信号还应传给消防联动控制器。

19）感烟火灾探测器在格栅吊顶场所的设置应符合下列规定：

①镂空面积与总面积的比例不大于 15％时，探测器应设置在吊顶下方；

②镂空面积与总面积的比例大于 30％时，探测器应设置在吊顶上方；

③镂空面积与总面积的比例为 15％~30％时，探测器的设置部位应根据实际试验结果确定；

④探测器设置在吊顶上方且火警确认灯无法观察时，应在吊顶下方设置火警确认灯；

⑤地铁站台等有活塞风影响的场所，镂空面积与总面积的比例为 30％~70％时，探测器宜同时设置在吊顶上方和下方。

（3）住宅建筑火灾探测器的设置

1）每间卧室、起居室内应至少设置一只感烟火灾探测器。

2）可燃气体探测器在厨房设置时，应符合下列规定：

①使用天然气的用户应选择甲烷探测器，使用液化气的用户应选择丙烷探测器，使用煤制气的用户应选择一氧化碳探测器；

②连接燃气灶具的软管及接头在橱柜内部时，探测器宜设置在橱柜内部；

③甲烷探测器应设置在厨房顶部；丙烷探测器应设置在厨房下部；一氧化碳探测器可设置在厨房下部，也可设置在其他部位；

④可燃气体探测器不宜设置在灶具正上方；

⑤宜采用具有联动燃气关断阀功能的可燃气体探测器；

⑥探测器联动的燃气关断阀宜为用户可以自己复位的关断阀，且宜有胶管脱落自动保护功能。

(4) 高度大于12m的空间场所的火灾探测器的设置

1) 高度大于12m的空间场所宜同时选择两种及以上火灾参数的火灾探测器。

2) 火灾初期产生大量烟的场所，应选择线型光束感烟火灾探测器、管路吸气式感烟火灾探测器或图像型感烟火灾探测器。

3) 线型光束感烟火灾探测器的设置应符合下列要求：

①探测器应设置在建筑顶部；

②探测器宜采用分层组网的探测方式；

③建筑高度不超过16m时，宜在6～7m增设一层探测器；

④建筑高度超过16m但不超过26m时，宜在6～7m和11～12m处各增设一层探测器；

⑤由开窗或通风空调形成的对流层在7～13m时，可将增设的一层探测器设置在对流层下面1m处；

⑥分层设置的探测器保护面积可按常规计算，并宜与下层探测器交错布置。

2. 手动火灾报警按钮的设置

(1) 每个防火分区应至少设置一只手动火灾报警按钮。从一个防火分区内的任何位置到最邻近的手动火灾报警按钮的步行距离不应大于30m。手动火灾报警按钮宜设置在疏散通道或出入口处。

(2) 手动火灾报警按钮应设置在明显和便于操作的部位。当采用壁挂方式安装时，其底边距地高度宜为1.3～1.5m，且应有明显的标志。

3. 区域显示器的设置

(1) 每个报警区域宜设置一台区域显示器（火灾显示盘）；宾馆、饭店等场所应在每个报警区域设置一台区域显示器。当一个报警区域包括多个楼层时，宜在每个楼层设置一台仅显示本楼层的区域显示器。

(2) 区域显示器应设置在出入口等明显和便于操作的部位。当采用壁挂方式安装时，其底边距地高度宜为1.3～1.5m。

4. 火灾警报器的设置

(1) 火灾光警报器应设置在每个楼层的楼梯口、消防电梯前室、建筑内部拐角等处的明显部位，且不宜与安全出口指示标志灯具设置在同一面墙上。

(2) 每个报警区域内应均匀设置火灾警报器，其声压级不应小于60dB；在环境噪声大于60dB的场所，其声压级应高于背景噪声15dB。

(3) 火灾警报器采用壁挂方式安装时，其底边距地面高度应大于2.2m。

5. 消防应急广播的设置

(1) 消防应急广播扬声器的设置，应符合下列规定：

1) 民用建筑内扬声器应设置在走道和大厅等公共场所。每个扬声器的额定功率不应小于3W，其数量应能保证从一个防火分区内的任何部位到最近一个扬声器的直线距离不大于 25m，走道末端距最近的扬声器距离不应大于 12.5m。

2）在环境噪声大于 60dB 的场所设置的扬声器，在其播放范围内最远点的播放声压级应高于背景噪声 15dB。

3）客房设置专用扬声器时，其功率不宜小于 1W。

（2）壁挂扬声器的底边距地面高度应大于 2.2m。

6. 消防专用电话的设置

（1）消防专用电话网络应为独立的消防通信系统。

（2）消防控制室应设置消防专用电话总机。

（3）多线制消防专用电话系统中的每个电话分机应与总机单独连接。

（4）电话分机或电话插孔的设置，应符合下列规定：

1）消防水泵房、发电机房、配变电室、计算机网络机房、主要通风和空调机房、防排烟机房、灭火控制系统操作装置处或控制室、企业消防站、消防值班室、总调度室、消防电梯机房及其他与消防联动控制有关的且经常有人值班的机房应设置消防专用电话分机。消防专用电话分机应固定安装在明显且便于使用的部位，并应有区别于普通电话的标识。

2）设有手动火灾报警按钮或消火栓按钮等处宜设置电话插孔，并宜选择带有电话插孔的手动火灾报警按钮。

3）各避难层应每隔 20m 设置一个消防专用电话分机或电话插孔。

4）电话插孔在墙上安装时，其底边距地面高度宜为 1.3～1.5m。

（5）消防控制室、消防值班室或企业消防站等处，应设置可直接报警的外线电话。

三、2006 年 高级公寓标准层核心筒及走廊消防设施布置

（一）任务描述

图 29-5-2 是 24 层高级公寓标准层（建筑面积 $1450m^2$）的核心筒及走廊平面图，在图中按照防火规范进行消防设施的布置，在考虑建筑美观的前提下，要求布置做到最少、最经济合理。钢筋混凝土墙上可开洞。

（二）任务要求

（1）消防报警部分：按最少的要求布置烟雾感应器。

（2）消防疏散部分：

1）布置火灾应急照明灯；

2）布置安全出口标志灯；

3）布置疏散指示灯；

4）标明消防电梯。

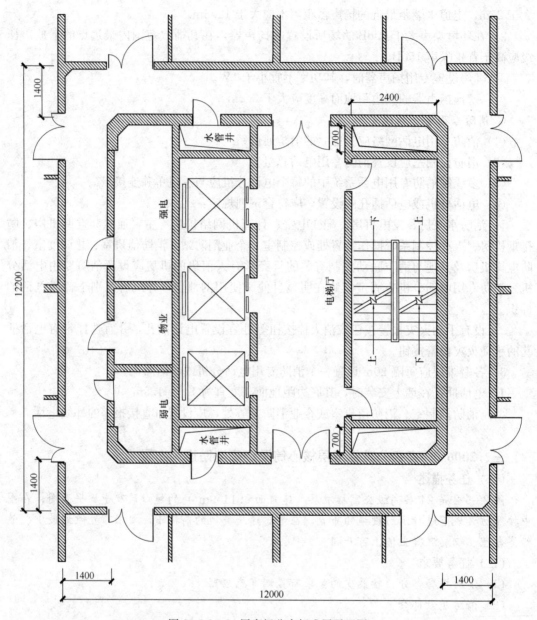

图 29-5-2　24 层高级公寓标准层平面图

（三）图例（表 29-5-6）

图　例

表 29-5-6

名　称	图　例	名　称	图　例
烟雾感应器	Ⓨ	火灾应急照明灯	⊗
安全出口标志灯	▭•▭	疏散指示灯	⬅▭

（四）根据作图，完成作图选择题

（1）烟雾感应器的最少布置数量为：

A 4   B 5   C 6   D 7

（2）安全出口标志灯的最少布置数量为：

A 2   B 3   C 4   D 5

（3）疏散指示灯的最少布置数量为：

A 1   B 2   C 3   D 4

（4）核心筒内火灾应急照明灯的最少布置数量为：

A 1   B 2   C 3   D 4

（5）下列关于消防电梯最合理的布置位置的说法，哪个是正确的：

A 无要求   B 一侧   C 中间   D 两侧

（五）作图题参考答案（图 29-5-3）

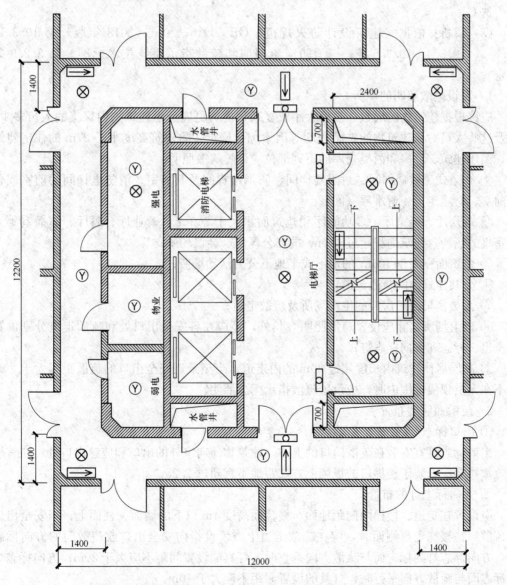

图 29-5-3 24 层高级公寓标准层消防设施布置图（参考答案）

（六）选择题参考答案及解析

（1）**解析**：建筑物为一类高层，依据《建筑设计防火规范》GB 50016—2014（2018年版）第 8.4.1 条、《火灾自动报警设计规范》GB 50116—2013 第 3.3.3 条及附录 D 设置部位的要求和第 6.2 条火灾探测器的设置规定，题目中电梯厅、封闭楼梯间、强电室、弱电室、物业用房、走廊六个部位需要设置火灾探测器。宽度小于 3m 的走道顶棚上居中布置，安装感烟探测器间距不应超过 15m；探测器至端墙的距离不应大于探测器安装间距的一半，即 7.5m。故走廊四边各设一个，电梯厅、2 个剪刀楼梯间、强电室、弱电室、物业用房各一个，共 10 个。由于是 2006 年的试题，按现行规范本题没有答案。

（2）**解析**：依据《建筑设计防火规范》GB 50016—2014（2018 年版）第 2.1.14 条，安全出口是指供人员安全疏散用的楼梯间和室外楼梯的出入口或直通室内外安全区域的出口。选 C。

（3）**解析**：依据《建筑设计防火规范》GB 50016—2014（2018 年版）第 10.3.1、10.3.3、10.3.4、10.3.5 条、《消防应急照明和疏散指示系统技术标准》第 3.2.9 条规定。

1）需设疏散照明的场所

应该根据建筑物的层数、规模大小及复杂程度，更应考虑建筑物内聚集的人员多少，以及这些人员对该建筑物的熟悉程度等因素综合确定。除建筑高度小于 27m 的住宅建筑外，民用建筑、厂房和丙类仓库的下列部位应设置疏散照明：

① 开敞式疏散楼梯间、封闭楼梯间、防烟楼梯间及其前室、消防电梯间的前室或合用前室、避难走道、避难层（间）；

② 观众厅、展览厅、多功能厅和建筑面积大于 200m² 的营业厅、餐厅、演播室等人员密集的场所；建筑面积超过 400m² 的办公场所、会议场所；

③ 建筑面积大于 100m² 的地下或半地下公共活动场所；

④ 公共建筑内的疏散走道；

⑤ 人员密集的厂房内的生产场所及疏散走道；

⑥ 以上场所，除应设置疏散照明灯具外，还应在各安全出口处和疏散走道分别设置安全出口标志和方向标志灯；

⑦ 高层居住建筑内长度超过 20m 的内走道，当至最近安全出口的疏散距离大于 20m 或不在人员视线范围内时，应设置疏散指示标志照明。

2）疏散照明的布置

① 出口标志灯的布置

出口标志灯宜安装在疏散门口的上方，建筑物通向室外的出口和应急出口处；在首层的疏散楼梯应安装于楼梯口的里侧上方，距地不宜超过 2.2m。

② 方向标志灯的布置

应设置在走道、楼梯两侧距地面、楼梯面高度 1m 以下的墙面、柱面上；当安全出口或疏散门在楼梯走道侧面时，应在疏散走道上方增设指向安全出口或疏散门的方向标志灯；方向标志灯的标志面与疏散方向垂直时，灯具的设置间距不应大于 20m；方向标志灯的标志面与疏散方向平行时，灯具的设置间距不应大于 10m。

③ 疏散照明灯的布置

设置在疏散走道、转角处的上方或两侧时，标志灯与转角处边墙的距离不应大于1m。

图中应设置疏散指示灯的数量是：疏散走道×6和疏散楼梯间×2，最少布置数量为8个。由于是2006年的试题，按现行规范本题没有答案。

（4）**解析：**火灾应急照明灯包含疏散照明灯和备用照明灯。核心筒不含走廊，在剪刀楼梯间内设两个，电梯厅设1个，强电室设1个。根据《民用建筑电气设计标准》GB 51348—2019表23.4.3各类机房对电气、暖通专业的要求：弱电间应设置应急照明。本题核心筒内最少应布置5个火灾应急照明灯。故按现行标准的要求，本题没有答案。

（5）**解析：**依据《建筑设计防火规范》GB 50016—2014（2018年版）第7.3.6条，消防电梯井、机房与相邻电梯井、机房之间应设置耐火极限不低于2.00h的防火隔墙，隔墙上的门应采用甲级防火门。题目中多台电梯在同一个部位，电梯井毗邻，消防电梯靠一侧布置，井道只需设一道防火隔墙即可。选B。

四、2007年 某宾馆空调通风及消防系统布置
（一）任务描述

图29-5-4、图29-5-5为某宾馆（二类高层建筑）的局部平面图及剖面图，除客房斜线部分不设吊顶外，其余全部吊顶。按要求做出空调通风及部分消防系统的平面布置。

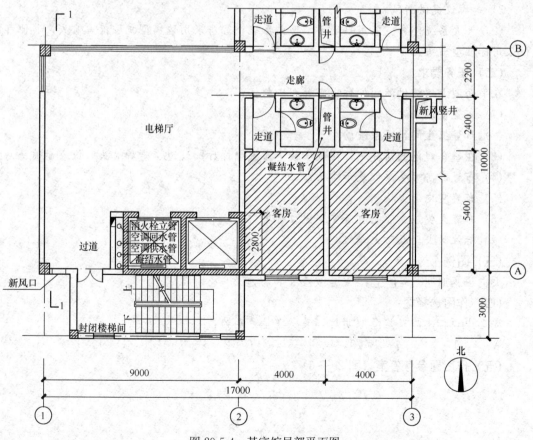

图29-5-4 某宾馆局部平面图

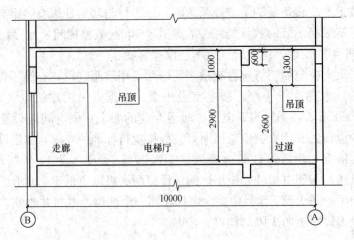

图 29-5-5　某宾馆 1-1 剖面图

已知条件：

(1) 空调通风部分

1) 客房采用风机盘管，新风通过走廊的新风竖井接入。

2) 电梯厅采用新风处理机，用 4 个散流器均匀送风，送风直接由外墙新风口接入。

3) 走廊仅提供新风。

(2) 灭火系统部分。采用自动喷水灭火系统，客房采用边墙型扩展覆盖喷头，其他部位采用标准型喷头。

(二) 任务要求

在平面图上按提供的图例作出布置图，包括：

(1) 布置空调系统。

(2) 布置卫生间排风系统。

(3) 在符合规范的前提下，按最少数量布置电梯厅、过道、走廊喷头（仅表示喷头）。

(4) 布置客房喷头（仅表示喷头）。

(5) 布置室内消火栓。

(6) 布置火灾应急照明灯及安全出口标志灯。

(7) 标注防火门及防火等级。

(三) 图例

火灾应急照明灯　□—○□　　安全出口标志灯　⊗

(四) 作图选择题

安全出口标志灯及应急照明灯，最少数量分别为：

A　4，1　　　　B　3，4　　　　C　2，3　　　　D　1，3

(五) 作图题参考答案（图 29-5-6）

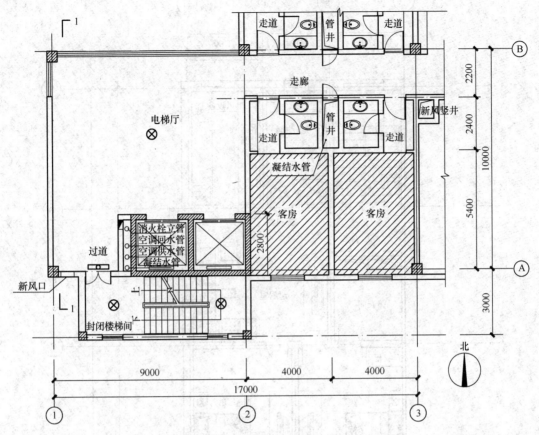

图 29-5-6　某宾馆消防系统布置图（参考答案）

（六）选择题参考答案及解析

解析：依据《建筑设计防火规范》GB 50016—2014（2018 年版）第 2.1.14 条，安全出口是指供人员安全疏散用的楼梯间和室外楼梯的出入口或直通室内外安全区域的出口。图中只有一处封闭楼梯间出入口为安全出口；楼梯间、电梯厅、走廊一般均应设置应急照明灯，但选项中仅能选择 3 盏应急照明灯，考虑楼梯间疏散要求高于走道，走道地面 1lx 可由电梯厅借光得到，且内走道长度不足 9m，所以电梯厅设一处，楼梯间为避免疏散人群遮挡光线，设两处应急照明灯，共 3 盏应急照明灯。选 D。

五、2008 年 某高层住宅电气插座布置

（一）任务描述

图 29-5-7 为某高层住宅的单元平面图。

右户采用分体空调，配电箱及空调电源插座位置已给定，要求按《住宅设计规范》GB 50096—2011 的最低要求绘制右户插座平面布置图。

以上布置均应满足相关规范要求。

参照《住宅设计规范》的要求，电源插座的设置数量不应少于表 29-5-7 的规定。

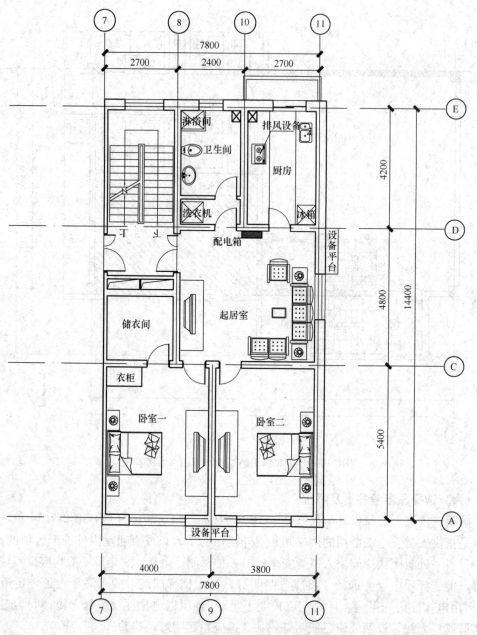

图 29-5-7 高层住宅单元平面图

电气插座设置的数量 表 29-5-7

空间	设置数量和内容
卧室	一个单相三线和一个单相二线的插座两组
兼起居室的卧室	一个单相三线和一个单相二线的插座三组
起居室（厅）	一个单相三线和一个单相二线的插座三组
厨房	防溅水型一个单相三线和一个单相二线的插座两组
卫生间	防溅水型一个单相三线和一个单相二线的插座一组
布置洗衣机、冰箱、排油烟机、排风机及预留家用空调处	专用单相三线插座各一个

（二）任务要求

右户：用提供的电气图例按以下要求绘制插座平面布置图（储藏、阳台不需布置）：

（1）绘出所有电源插座位置（空调插座已给定）。

（2）绘出所有电源插座回路并编号（回路均引自配电箱）。

（三）图例（表 29-5-8）

电气图例   表 29-5-8

名　称	简　图	说　明
组合插座（含防溅水型）	⍦	一个单相三线和一个单相两线的组合插座一组
专用单相三线插座	字母 ⍦	字母表示：空调 K、洗衣机 X、冰箱 B、排气机械 P
插座回路	WL*n*	WL*n* 为插座回路编号，*n*=1，2，3，……

（四）作图选择题

（1）根据《住宅设计规范》，右户中厨房至少应设置组合插座和专用单相三线插座共几个？

A　2　　　　　　　　B　3　　　　　　　　C　4　　　　　　　　D　5

（2）根据《住宅设计规范》，右户中卫生间至少应设置组合插座和专用单相三线插座共几个？

A　1　　　　　　　　B　2　　　　　　　　C　3　　　　　　　　D　4

（3）根据《住宅设计规范》，下列关于空调电源插座回路设计的表述中哪个是正确的？

A　空调电源插座与其他电源插座可共用一个回路

B　空调电源插座应单独设置回路

C　卧室内空调电源插座与其他电源插座可共用一个回路，起居室内空调电源插座与其他电源插座可共用一个回路

D　空调电源插座与洗衣机、冰箱等电源插座可共用一个回路

（4）根据《住宅设计规范》，下列关于厨房、卫生间电源插座回路设计的表述中哪个是正确的？

A　厨房、卫生间电源插座宜设置独立回路

B　厨房、卫生间电源插座宜共用一个回路

C　厨房、卫生间电源插座可与起居室、卧室除空调电源插座以外的其他电源插座共用一个回路

D　没有明确要求

（5）根据《住宅设计规范》，右户中除空调电源插座回路外，起居室和卧室接入配电箱的电源插座回路数量至少为几个？

A　1　　　　　　　　B　2　　　　　　　　C　3　　　　　　　　D　4

（五）作图题参考答案（图 29-5-8）

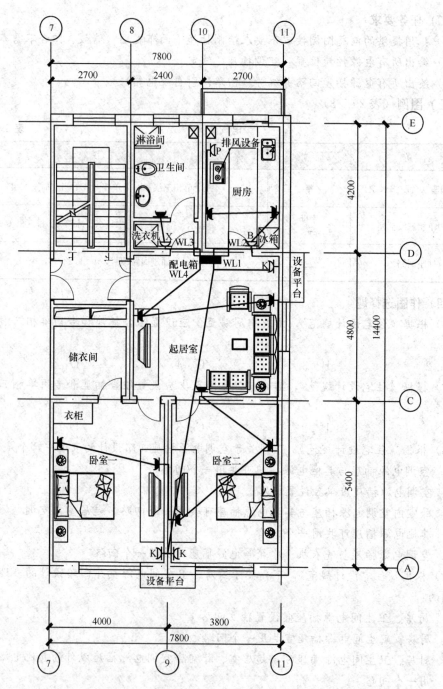

图 29-5-8　高层住宅电气插座布置图（参考答案）

（六）选择题参考答案及解析

（1）**解析：**根据表 29-5-7，厨房中至少应设一个单相三线和一个单相两线的组合插座两组，冰箱和排油烟机需设专用单相三线插座各一个，共计 4 个。选 C。

（2）**解析：**根据表 29-5-7，卫生间中至少应设防溅水型一个单相三线和一个单相两线的组合插座一组，洗衣机需设专用单相三线插座一个，共计 2 个。选 B。

（3）**解析**：依据《住宅建筑电气设计规范》JGJ 242—2011 第 8.4.2 条，家居配电箱的供电回路应按下列规定配置：

1）每套住宅应设置不少于一个照明回路；

2）装有空调的住宅应设置不少于一个空调插座回路；

3）厨房应设置不少于一个电源插座回路；

4）装有电热水器等设备的卫生间，应设置不少于一个电源插座回路；

5）除厨房、卫生间外，其他功能房应设置至少一个电源插座回路，每一回路插座数量不宜超过 10 个（组）。选 B。

（4）**解析**：依据《住宅建筑电气设计规范》JGJ 242—2011 第 8.4.2 条规定，厨房、卫生间电源插座宜设置独立回路。选 A。

（5）**解析**：依据《住宅建筑电气设计规范》JGJ 242—2011 第 8.4.2 条规定，起居室和卧室插座数至少为 7 个，小于 10 个，接入配电箱的电源插座回路数量至少为 1 个。选 A。

六、2009 年 高层建筑地下室消防设施布置

（一）任务描述

图 29-5-9 为某栋一类高层建筑地下室的一个防火分区平面图。根据防火规范、任务要求和图例，布置分区内的部分消防设施，做到最经济合理。

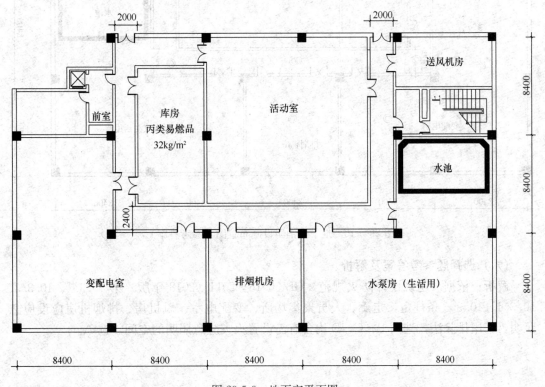

图 29-5-9 地下室平面图

（二）任务要求

火灾应急照明：布置火灾应急照明灯。

（三）图例

应急照明灯：◎

（四）作图选择题

均不需设置火灾应急照明的一组空间是：

A 员工活动室、库房、水泵房

B 变配电室、排烟机房、水泵房

C 风机房、水泵房、库房

D 前室、变配电室、风机房

（五）作图题参考答案（图 29-5-10）

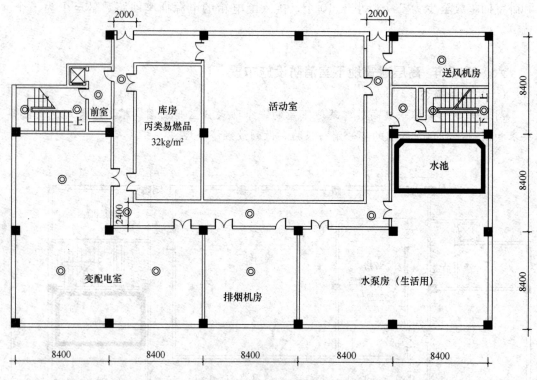

图 29-5-10 地下室消防设施布置图（参考答案）

（六）选择题参考答案及解析

解析：依据《建筑设计防火规范》GB 50016—2014（2018 年版）第 10.3.1、10.3.3、10.3.4、10.3.5 条规定，走廊、人员聚集场所、变配电室、风机房、排烟机房应设应急照明。采用排除法，选项 B、C、D 均含有需设置火灾应急照明的空间。选 A。

七、2010年 高层办公建筑中庭消防设施布置

(一) 任务描述

某中庭高度超过32m的二类高层办公建筑的局部平面如图29-5-11所示，回廊与中庭之间不设防火分隔，中庭叠加面积超过4000m²，图示范围内所有墙体均为非防火墙，中庭顶部设采光天窗。按照现行国家标准要求和设施最经济的原则，在平面图上作该部分的消防平面布置图。

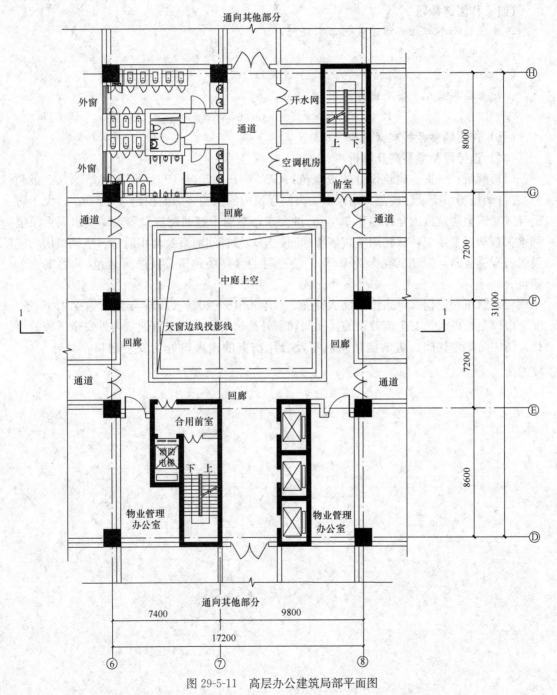

图 29-5-11 高层办公建筑局部平面图

（二）任务要求

正确选择图例并在平面图中⑥～⑧轴与①～⑪轴范围内布置下列内容：

（1）报警部分：布置烟雾感应器。

（2）疏散部分：布置安全出口标志灯。

（三）图例

烟雾感应器　⊗　　　　安全出口标志灯　▭

（四）作图选择题

（1）下列哪个部位必须设置烟雾感应器：

A　物业管理办公室　　　　　　　　B　空调机房

C　通道　　　　　　　　　　　　　D　回廊

（2）每层共需几个安全出口指示？

A　2　　　　　　　B　4　　　　　　C　6　　　　　　D　8

（五）作图题参考答案（图 29-5-12）

（六）选择题参考答案及解析

（1）**解析**：依据《建筑设计防火规范》GB 50016—2014（2018 年版）第 5.3.2 条和《火灾自动报警系统设计规范》附录 D，高层建筑内的中庭叠加面积超过 4000m²，大于防火分区对该类建筑最大允许面积 3000m² 的要求，本题中庭回廊应设置自动喷水灭火系统和火灾自动报警系统，试题图中防烟楼梯间、防烟楼梯间前室及合用前室、空调机房均应设置烟雾感应器。但此试卷为 2010 年，按当时的《高层建筑设计防火规范》，答案选 D 即可。

（2）**解析**：依据《建筑设计防火规范》GB 50016—2014（2018 年版）第 2.1.14 条，安全出口是指供人员安全疏散用的楼梯间和室外楼梯的出入口或直通室内外安全区域的出口。图中防烟楼梯间、防烟楼梯间前室及合用前室的出入口处为安全出口，共计 4 处。选 B。

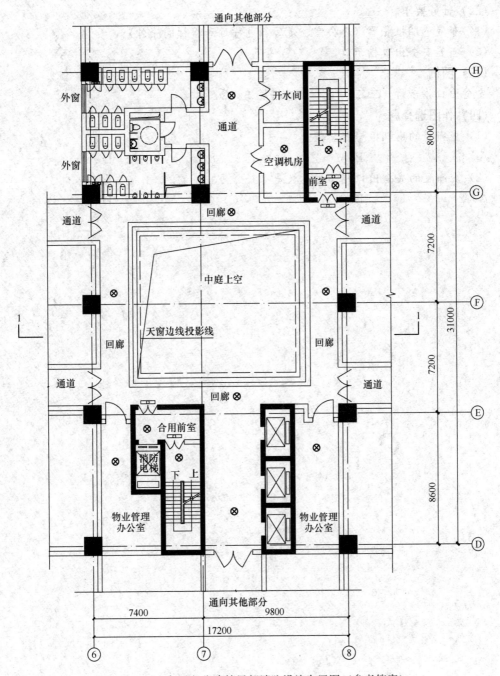

图 29-5-12　高层办公建筑局部消防设施布置图（参考答案）

八、2012年 超高层办公楼标准层消防设施布置

(一) 任务描述

某超高层办公楼高区标准层的面积为 1950m²，图 29-5-13 为其局部平面图，已布置有部分消防设施，根据现行规范、任务要求和图例，完成其余消防设施的布置。

(二) 任务要求

(1) 布置感烟报警器（办公室、走廊、电梯厅和楼梯间除外）。

(2) 布置安全出口指示灯。

(三) 图例

安全出口指示灯　▭○▭　　烟感报警器　⊗

(四) 作图选择题

(1) 应布置的感烟报警器总数是：

A 6　　　　　　B 7　　　　　　C 8　　　　　　D 9

(2) 应布置的安全出口指示灯总数是：

A 2　　　　　　B 3　　　　　　C 4　　　　　　D 5

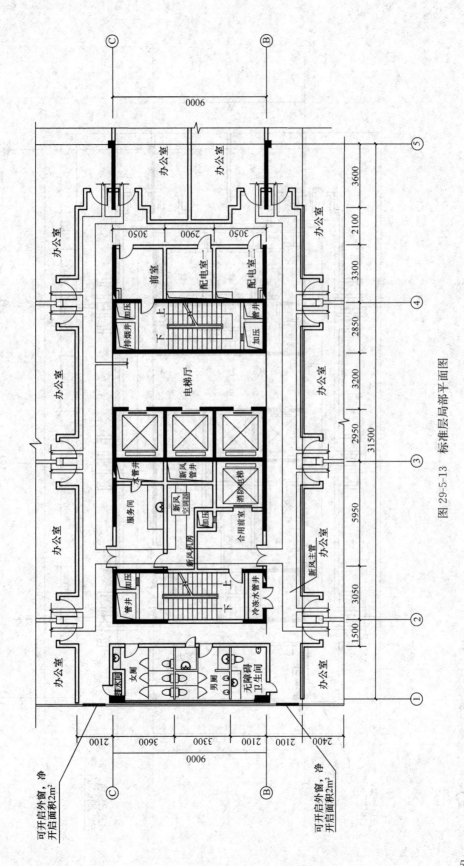

图 29-5-13 标准层局部平面图

（五）作图题参考答案（图 29-5-14）

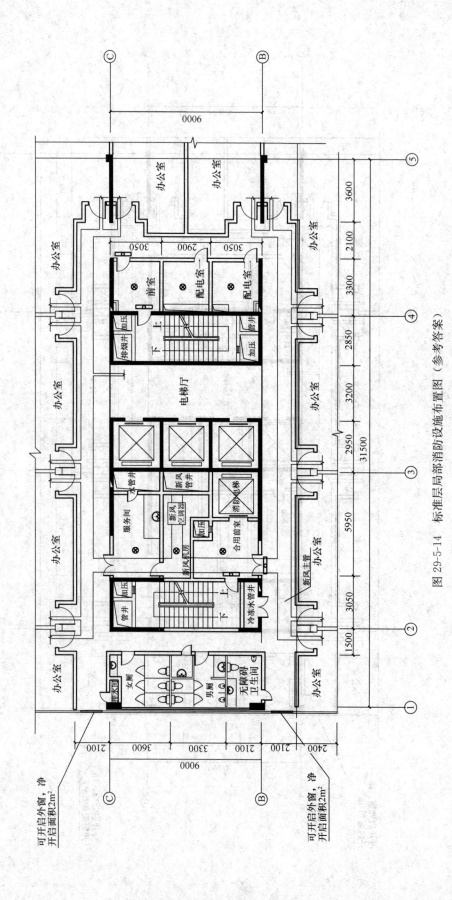

图 29-5-14 标准层局部消防设施布置图（参考答案）

530

（六）选择题参考答案及解析

（1）**解析：** 依据《建筑设计防火规范》GB 50016—2014（2018 年版）第 8.4.1 条规定，一类高层公共建筑应设置火灾自动报警系统；依据第 8.4.1 条的条文说明，本条所规定的场所，如未明确具体部位的，除个别火灾危险性小的部位，如卫生间、泳池、水泵房等外，需要在该建筑内全部设置火灾自动报警系统；即：卫生间被认为是火灾危险性小的部位，不需设置烟感报警器。

依据《火灾自动报警设计规范》附录 D，除去原题中不要求考虑布置火灾探测器的办公室、走廊、电梯厅和楼梯间以外，图中应在防烟楼梯间前室、合用前室、空调机房、服务间及 2 个配电间设置烟感报警器，共计 6 处。依据《火灾自动报警设计规范》GB 50116—2013 第 6.2.2 条，探测区域的每一处设置一个烟感报警器即可满足设计要求。选 A。

（2）**解析：** 依据《建筑设计防火规范》GB 50016—2014（2018 年版）第 2.1.14 条，安全出口是指供人员安全疏散用的楼梯间和室外楼梯的出入口或直通室内外安全区域的出口。图中防烟楼梯间、防烟楼梯间前室及合用前室的入口处为安全出口，共计 4 处。选 C。

九、2013 年 某超高层办公楼标准层消防设施布置

（一）任务描述

图 29-5-15 为某超高层办公楼标准层平面图，标准层的面积为 2000m²，外墙窗为固定窗，根据现行消防设计规范、任务要求和图例，以经济合理的原则完成消防设施布置。

（二）任务要求

（1）消防报警：除办公空间外，在其他需要的空间布置火灾探测器。

（2）应急照明：布置应急照明灯。

（三）图例

火灾探测器　⊗　　　　应急照明灯　○

（四）作图选择题

（1）除办公空间外，需要设置火灾探测器的部位是：

A　走道、合用前室、前室、配电间、新风机房

B　走道、合用前室、前室、配电间、卫生间

C　走道、合用前室、前室、新风机房、卫生间

D 走道、合用前室、前室、配电间、清洁间

（2）需要设置应急照明灯的部位数为：

A 4　　　　　　　B 6　　　　　　　C 8　　　　　　　D 10

（3）除走道外，需要设置应急照明灯数量为：

A 6　　　　　　　B 7　　　　　　　C 9　　　　　　　D 10

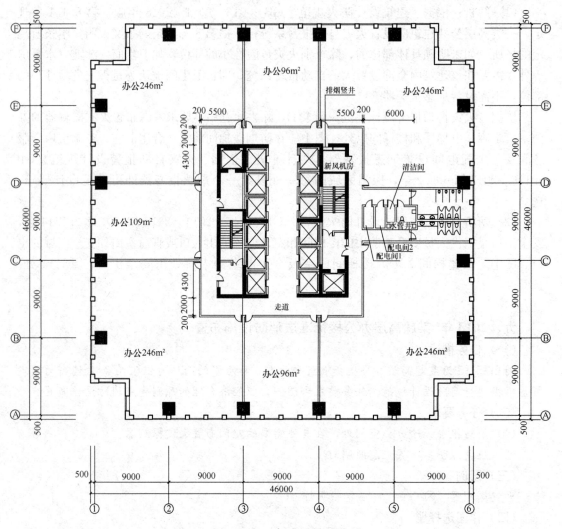

图 29-5-15　标准层平面图

（五）作图题参考答案（图 29-5-16）

（六）选择题参考答案及解析

（1）**解析**：依据《火灾自动报警系统设计规范》GB 50116—2013 附录 D，除办公空间外，本题需要设置火灾探测器的部位：走道、合用前室、前室、配电间、新风机房。卫生间是否设置火灾探测器，规范中未作规定。选 A。

（2）**解析**：消防应急照明是指火灾时的疏散照明和备用照明。依据《建筑设计防火规范》GB 50016—2014（2018 年版）第 10.3.1、10.3.3 条规定：

1）需设疏散照明的场所

除建筑高度小于 27m 的住宅建筑外，民用建筑、厂房和丙类仓库的下列部位应设置疏散照明：

① 开敞式疏散楼梯间、封闭楼梯间、防烟楼梯间及其前室、消防电梯间的前室或合

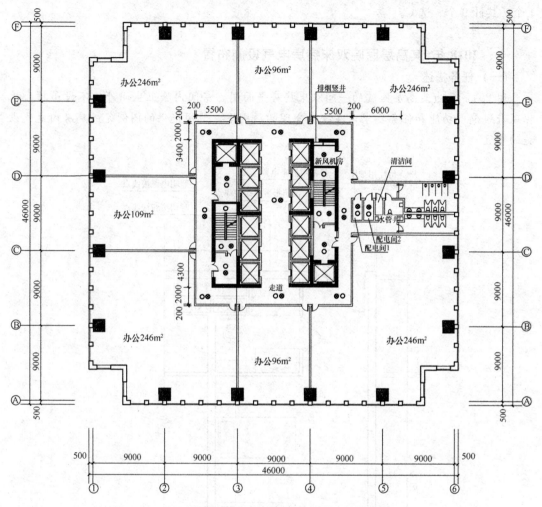

图 29-5-16　标准层消防设施布置图（参考答案）

用前室、避难走道、避难层（间）；

②观众厅、展览厅、多功能厅和建筑面积大于 $200m^2$ 的营业厅、餐厅、演播室等人员密集的场所；建筑面积超过 $400m^2$ 的办公场所、会议场所；

③建筑面积大于 $100m^2$ 的地下或半地下公共活动场所；

④公共建筑内的疏散走道；

⑤人员密集的厂房内的生产场所及疏散走道。

2）设备用照明的场所

消防控制室、消防水泵房、自备发电机房、配电室、防排烟机房以及发生火灾时仍需正常工作的消防设备房应设置备用照明。

本题中：走道、消防电梯前室、防烟楼梯间、合用前室、防烟楼梯间及前室需要设置疏散照明，配电间一、配电间二需设置备用照明，共计 8 处。选 C。

（3）**解析**：除走道外，需要设置应急照明灯的数量：消防电梯前室 1 个、防烟楼梯间

2个、合用前室1个、防烟楼梯间2个，防烟楼梯间前室1个，配电间一1个、配电间二1个，共计9个。选C。

十、2018年 某高层医院双床病房电气设施布置

（一）任务描述

图29-5-17为某高层医院的一间双床病房平面图，房间内除卫生间外均不设吊顶。根据现行规范、功能和任务要求，在经济合理的原则下，使用提供的图例完成病房内电气设施的布置。

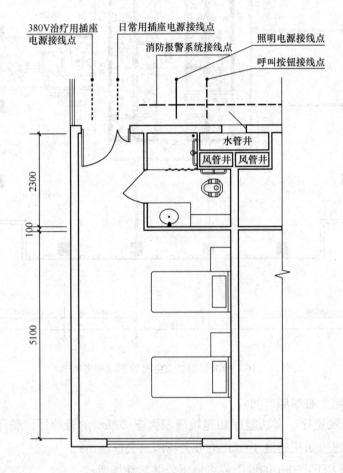

图 29-5-17 某高层医院双床病房平面图

(二) 任务要求

(1) 布置荧光灯、筒灯、夜灯、开关及排风扇，每张病床配备1盏筒灯和1盏荧光灯，筒灯为床头局部照明，病人自控，应靠近病床；荧光灯为普通照明，应在病房公共区域集中控制，卫生间照明使用筒灯。

(2) 每张病床配备一个380V治疗用插座，治疗用插座与病床的水平距离应大于1.0m，日常用插座应靠近病床，两者互不干扰。

(3) 布置火灾探测器。

(4) 布置呼叫按钮。

(三) 图例 (表29-5-9)

图　例　　　　　　　　　　　　　　　　　　表 29-5-9

名　称	图　例	名　称	图　例
荧光灯	▭	电源插座	Ψ
筒灯	○	火灾探测器	⊟
夜灯	⊿	呼叫按钮	◉
天花排风扇	⊠	照明电源线	——
三联单控开关 (用于病房)	✐	插座电源线	----------
双联单控开关 (用于卫生间)	✐	呼叫系统进线 消防报警系统进线	— — —
单联单控开关 (用于床头)	✐		

(四) 作图选择题

(1) 需设置的灯具总数量最少为：

A 4　　　　　　B 5　　　　　　C 6　　　　　　D 7

(2) 卫生间电气开关设置的正确位置为：

A 内走道　　　　B 外走道　　　　C 卫生间内　　　　D 任意位置均可

(3) 三联单控开关控制的电器数量为：

A 2　　　　　　B 3　　　　　　C 4　　　　　　D 5

(4) 双联单控开关控制的电器数量为：

A 2　　　　　　B 3　　　　　　C 4　　　　　　D 5

(5) 单联单控开关控制的电器为：

A 排风扇　　　　B 荧光灯　　　　C 筒灯　　　　D 夜灯

(6) 电源插座合计数量最少为：

A 2　　　　　　B 3　　　　　　C 4　　　　　　D 5

（7）病房内火灾探测器数量最少为：

A　0　　　　　　　　B　1　　　　　　　C　2　　　　　　　D　3

（8）呼叫按钮数量最少为：

A　4　　　　　　　　B　3　　　　　　　C　2　　　　　　　D　1

（9）呼叫按钮的正确位置为：

A　病房门口处及内走道　　　　　　　　B　病房床头处及内走道

C　病房门口处及卫生间　　　　　　　　D　病房床头处及卫生间

（10）排风扇的数量和位置为：

A　2，病房顶棚　　　　　　　　　　　B　1，病房外墙

C　2，风管井壁　　　　　　　　　　　D　1，卫生间吊顶

（五）作图题参考答案（图 29-5-18）

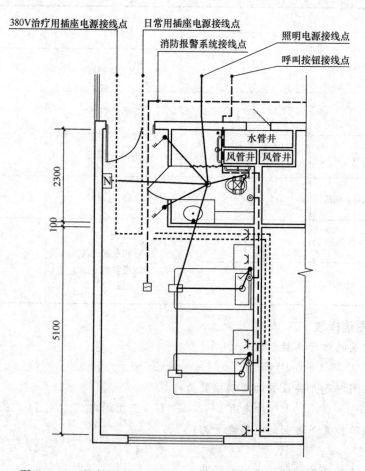

图 29-5-18　某高层医院双床病房电气设施布置图（参考答案）

(六) 选择题参考答案及解析

(1) **解析**：根据病房功能、任务要求和作图选择，在经济合理的原则下，需设置的灯具总数量最少为 6 个，即每张病床配备 1 盏筒灯和 1 盏荧光灯，房间设 1 盏夜灯，卫生间设 1 盏筒灯。选 C。

(2) **解析**：由于卫生间有淋浴设备，室内潮湿，电气开关应避免受潮且使用方便，所以卫生间电气开关设置的正确位置为内走道。选 A。

(3) **解析**：根据病房功能、任务要求和作图选择，三联单控开关控制的电器数量为 3 个，即：在病房公共区域集中控制夜灯和两个荧光灯。选 B。

(4) **解析**：根据病房功能、任务要求和作图选择，双联单控开关控制的电器数量为 2 个，即：卫生间的筒灯和排风扇插座。选 A。

(5) **解析**：根据病房功能、任务要求和作图选择，单联单控开关控制的电器为床头柜筒灯。选 C。

(6) **解析**：根据设备功能、任务要求和作图选择，电源插座合计数量最少为 5 个，即：2 个 380V 插座、2 个 220V 插座、1 个排风扇插座。选 D。

(7) **解析**：依据《火灾自动报警系统设计规范》GB 50116—2013 第 6.2.2 条及题目已知条件，经计算，本题一只探测器的保护面积为 $80m^2$，保护半径为 6.7m，病房内火灾探测器数量最少为 1 个。选 B。

(8) **解析**：根据医疗建筑设置呼叫信号系统的要求，病房应设置医护对讲系统，也称为护理呼叫信号系统，通常可用于双向传呼、双向对讲、紧急呼叫优先功能。本题呼叫按钮数量最少为 3 个，病房两个病床各 1 个，卫生间 1 个。选 B。

(9) **解析**：呼叫按钮的正确位置为：病房床头处及卫生间坐便器旁易于操作的位置，底边距地 600mm。选 D。

(10) **解析**：根据题目条件及选项，应选用顶棚排风扇。病房不设吊顶，仅在卫生间吊顶设 1 个排风扇即可。选 D。

十一、2019 年 高层办公楼核心筒及走廊消防设施布置

(一) 任务描述

图 29-5-19 为某高层办公楼标准层核心筒及走廊局部平面图，为一类高层建筑。根据现行规范、任务条件、任务要求和本题图例，按经济合理的原则，在图中完成核心筒及走廊的相关消防设施设计。

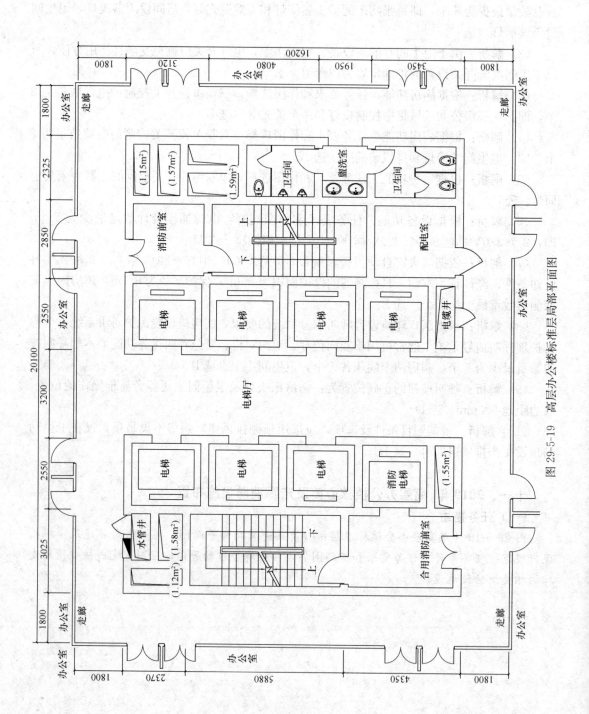

图 29-5-19　高层办公楼标准层局部平面图

(二) 任务要求

布置应急照明、安全出口标志灯。

(三) 图例

应急照明 ⊗   安全出口标志灯 ▭▭

(四) 作图选择题

(1) 下列选项中,均应设置应急照明的部位是:

A 楼梯间、配电室   B 楼梯间、卫生间

C 卫生间、电缆井   D 配电室、电缆井

(2) 安全出口标志灯的数量是:

A 1   B 2   C 3   D 4

(五) 作图题参考答案 (图 29-5-20)

(六) 选择题参考答案及解析

(1) **解析**:火灾应急照明包括疏散照明和备用照明。疏散照明是供人员疏散而设置在疏散路线上的照明;备用照明是供人员火灾期间需继续工作场所的照明。选项中的楼梯间、配电室、卫生间、电缆井 4 个场所中,楼梯间需设疏散照明,配电室需设备用照明。选 A。

(2) **解析**:安全出口是供人员安全疏散用的楼梯间、室外楼梯的出入口或直通室内外安全区域的出口。本题设安全出口标志灯的正确位置及数量为:防烟楼梯间及前室出入口各 1 个,消防合用前室及防烟楼梯间出入口各 1 个,故设置安全出口标志灯共计 4 个。选 D。

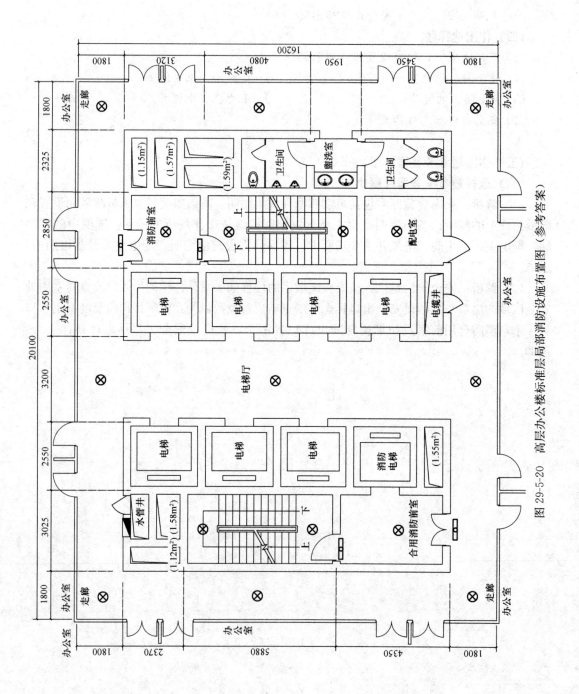

图 29-5-20 高层办公楼标准层局部消防设施布置图（参考答案）

第三十章 场地设计（作图）

第一节 场地设计作图概述

我国自 1996 年在全国实行注册建筑师执业考试制度以来，场地设计（作图）一直是必考科目之一。由于"场地设计"在我国建筑设计领域是一个新概念，同时我国建筑设计人员大多缺乏场地设计方面的工程实践，多年来这门考试的通过率一直较低。为了顺利通过考试，考生必须在掌握场地设计必要知识的同时，掌握作图考试的特殊规律和应试技巧。

在本章中，我们收录了 2005～2018 年的考试真题，深入解析，阐述正确的解题思路，并附参考答案。

（一）考试大纲要求

我国现行的一级注册建筑师执业资格考试大纲是 2002 年修订的，从 2003 年开始执行。其中对"场地设计"作图考试的要求摘录如下：

检验应试者场地设计的综合设计与实践能力，包括：场地分析、竖向设计、管道综合、停车场、道路、广场、绿化布置等，并符合法规规范。

（二）试题构成

根据考试大纲要求，本科目的试题题型可分为场地分析、场地剖面、停车场布置（"室外停车场"）、场地地形、绿化布置、管线布置 6 类单项作图题（只考查某一方面设计作图能力的试题）和场地综合作图题（"场地设计"，考查场地总平面布置的设计及作图能力的试题）。

2005～2017 年，场地设计作图考试每年都是 5 道试题。前 4 题为单项作图题，每题 18 分，共 72 分；最后 1 题为场地综合作图题，因考查应试者的综合设计能力，故分值最高，28 分。

按考试组织者的最初规定，每年的单项作图题应在大纲开列的 6 类题型中选取 4 类；然而自 2005 年以来，绿化和管线布置从未考过，每年都只考场地分析、场地剖面、停车场布置和场地地形这 4 类题型。

2018 年考试题型又作了如下调整：单项作图题减少为 3 道，没有停车场布置；考试作图时间仍为 3.5h；前三题每题 20 分，第四题 40 分。估计考试大纲再次修订前，这样的命题模式将沿用下去；但单项作图题是否不再考停车场布置尚无定论。

（三）应试须知

（1）场地设计作图考试时间是 3.5 小时。

（2）试题用红色字迹印在 A2 硫酸纸上，要求考生用墨线笔和尺规作图；按试题规定的比例，直接在 A2 硫酸纸上作图。一般不可徒手绘图，不得使用改正液，画错了只能用刀片刮改。

（3）每道作图题均附若干选择题，这些问题正是该题的主要考核点。要求考生根据作图结果在试卷上用绘图笔作答并用 2B 铅笔填涂机读卡，作图、选答、涂卡三项缺一不可。评分时先用计算机核对答题卡，选择题基本及格了才有资格进入人工阅卷。

（4）对于单项作图题，答题时可不按试题顺序，而是根据考生个人的知识掌握情况，按照先易后难的顺序作答；又因为本科目的考查以能否达到及格线为通过标准，遇到个别难题时，不宜过于纠结，可适当放弃，以保证其他会做的题目能尽可能多拿分，甚至拿满分。最后一题综合作图题分值最高，应尽量作答，不要轻易放弃，否则及格的可能性就很小了。

最后，需要说明的是，我国注册建筑师执业资格考试严格实行"考教分离"的原则，教材编写者不可能进入考场，直接接触每年的实际考题，也没有机会参加阅卷。通过广大考生间接获得的试题信息和评分标准往往是支离破碎、模糊不清的；需要我们花工夫拼接、考证，才能尽可能贴近真实情况。我们这样做了，也不能保证所有的信息完全准确；因此教材中的错误与不实之处在所难免。对于书中试题，大家可以权当"模拟试题"来用，也肯定会对应试有所帮助。每道作图试题所附选择题，反映了该题的考核重点，从中可以大体把握评分规律；而抓住了考核重点和评分规律，离考试过关也就不远了。

第二节 场 地 分 析

一、"场地分析"考点归纳及应试要领

1. 考点归纳

（1）正确理解和遵守城市规划管理对建设用地的各种限制性规定。分清用地红线和建筑红线的概念，在确定最大可建范围时首先要满足城市规划管理的"退线"和"退界"要求，即最大可建范围的边界线要从城市道路红线和相邻用地边界线后退规定的距离。这就是城市规划管理所谓的建筑红线或建筑控制线的概念。

（2）在场地内画出高层、非高层建筑或有、无日照要求的建筑的最大可建范围并标注主要定位尺寸。

（3）计算不同类型建筑的最大可建范围平面面积并进行比较。

（4）满足日照间距要求

当场地北侧存在有日照要求的已建居住类或中小学校教室类建筑，以及场地南侧已建建筑可能对场地内新建、有日照要求（居住类、中小学校教室类）的建筑产生日照遮挡时，最大可建范围应按《民用建筑设计通则》规定，后退必要的日照间距；不同地区日照条件不同，试题中会给出当地的日照间距系数。

日照间距为日照间距系数乘以遮挡建筑的高度。在考试中，作矩形退让即可，不必考虑在有效日照时间内太阳方位角的变化对节约日照间距用地的有利影响；但应注意排除前后两栋建筑所处地段的地面高差影响；当被遮挡建筑的底部存在不需要日照的部分（如商业）时，应从需要日照部分的底部高度计算日照间距。

（5）满足防火等其他间距要求

防火、卫生防护、文物建筑及树木保护间距对可建范围的影响，在转角处一般可按圆弧形划定范围，计算面积时不要遗漏弧形面积；如果题目没有特别提出要求，一般无须考

虑相邻建筑的视线、噪声干扰以及采光通风的间距问题。

(6) 满足机动车出入口的视距要求

在机动车出入口附近划定最大可建范围时，要按《车库建筑设计规范》对汽车出口的视线安全要求，让出120°视角范围。

(7) 注意：最大可建范围是个纯粹理论上的概念，和实际工程是两回事。按照理论分析的结果，即使可建范围内显然无法用于建筑的零星地块也不应丢弃不顾。同时，实际工程中两栋建筑的山墙之间常有按照城市规划或场地布置要求扩大间距的情况，例如山墙之间有车道通过时，车道宽度加上路边到建筑外墙的最小距离往往超过最小防火间距，这在本题的解答过程中是不需要考虑的。

2. 应试要领

(1) "场地分析"是建设项目前期策划阶段的重要工作内容之一。其主要工作目标是对建设用地的可利用价值进行评估。具体操作是在用地总平面图上画出各种可能建造的建筑类型的最大可建范围；然后加以比较，以供项目决策参考。

(2) 最大可建范围首先受到城市规划管理的限制，必须满足城市规划对建筑"退红线"的要求。也就是说，最大可建范围的边缘要从用地红线或城市道路红线后退到建筑红线（建筑控制线）以内。试题会给出明确的退线距离要求。在规则的矩形用地上画最大可建范围的轮廓，作地界的平行线即可，因此转角轮廓一般都是阳角。2013年试题的用地范围因受绿化水泵房影响，呈不规则形状，有一处凹进的阴角；在用地阴角处退界，按道理转角应该抹圆。

(3) 其次，最大可建范围要受防火间距的限制。对于用地周边已建的建筑物，最大可建范围要按防火规范的规定，退让出防火间距。要根据新、老建筑的耐火等级、是否是高层建筑来决定防火间距。试题中一般都按一、二级耐火等级设定。两座非高层建筑的防火间距为6m；高层建筑的裙房部分可按非高层建筑考虑；非高层建筑与高层建筑的防火间距为9m；两座高层建筑的防火间距为13m。在已建房屋阳角附近的最大可建范围边界是半径等于防火间距的圆弧。

二、2005 年试题及解析

单位：m

设计条件：

● 某用地如图30-2-1所示，要求在用地上绘出两种建筑的可建范围进行比较，一为3层住宅，10m高；二为10层住宅，30m高。

● 规划要求：

(1) 建筑退用地红线≥5m。

(2) 建筑距古城墙：高度≤10m者，不小于30m；高度>10m者，不小于45m。

(3) 建筑距碑亭：高度≤10m者，不小于12m；高度>10m者，不小于20m。

(4) 该地区日照间距系数为1.2。

● 耐火等级：已建住宅为二级，碑亭为三级，拟建住宅为二级。

● 需满足日照和防火规范要求。

任务要求:

● 绘出 3 层住宅的最大可建范围(用 ▨ 表示)。

● 绘出 10 层住宅的最大可建范围(用 ▨ 表示)。

● 按设计条件注出相关尺寸。

● 根据作图,在下列单选题中选择一个正确答案,并将其字母涂黑,例如 ■⋯[B]⋯ [C]⋯[D]⋯。同时,在答题卡"选择题"内将对应题号的对应字母用 2B 铅笔涂黑,二 者必须一致。

(1) 10 层可建范围与用地 DE 段的间距为:(6 分)

　　[A] 5.0m　　　　[B] 6.0m　　　　[C] 9.0m　　　　[D] 13.0m

(2) 3 层可建范围与用地 DE 段的间距为:(6 分)

　　[A] 5.0m　　　　[B] 6.0m　　　　[C] 9.0m　　　　[D] 13.0m

(3) 3 层可建范围与 10 层可建范围的面积差约为:(6 分)

　　[A] 2064m²　　　[B] 2138m²　　　[C] 2248m²　　　[D] 2184m²

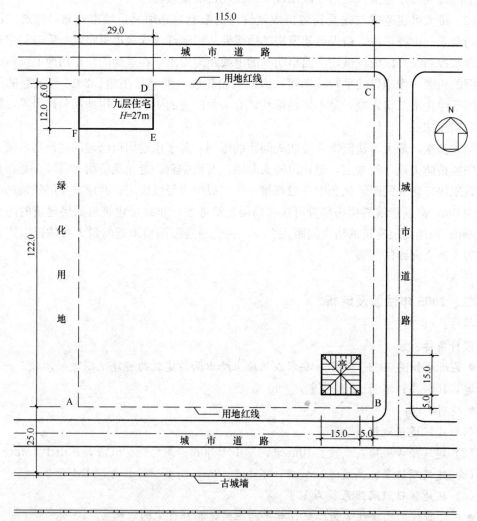

图 30-2-1　总平面图

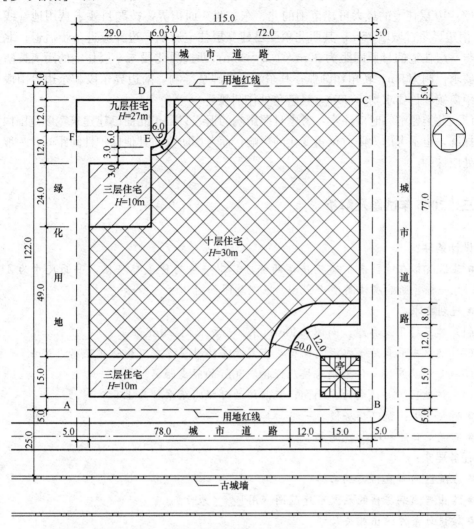

图 30-2-2　作图参考答案

（1）10 层可建范围与用地 DE 段的间距为：（6 分）

　　[A] 5.0m　　　　　[B] 6.0m　　　　　[■] 9.0m　　　　　[D] 13.0m

（2）3 层可建范围与用地 DE 段的间距为：（6 分）

　　[A] 5.0m　　　　　[■] 6.0m　　　　　[C] 9.0m　　　　　[D] 13.0m

（3）3 层可建范围与 10 层可建范围的面积差约为：（6 分）

　　[A] 2064m²　　　　[■] 2138m²　　　　[C] 2248m²　　　　[D] 2184m²

[解析]

（1）3 层住宅最大可建范围的 4 条边界，按题目要求从用地红线后退 5m；其西北角受已建 9 层住宅的影响，其边界应进一步后退；北边界西段与 9 层住宅的日照间距为 10m×1.2＝12m；西边界北段与 9 层住宅的距离按防火间距的要求控制为 6m，转角作圆弧处理；其东南角受碑亭影响，南边界东段和东边界南段与碑亭的距离按题目要求均为 12m，且转角处作圆弧处理；南边界退线后与古城墙距离恰为 30m，满足要求。

（2）10 层住宅的最大可建范围的北、东、西 3 面边界，按题目要求从用地红线后退 5m，南边界距古城墙 45m；其西北角受已建 9 层住宅影响，边界应进一步后退；北边界西段与 9 层住宅的日照间距为 30m×1.2=36m；西边界北段与 9 层住宅的距离按防火间距的要求控制为 9m，转角作圆弧；其东南角受碑亭影响，南边界东段和东边界南段与碑亭的距离按题目要求均为 20m，且转角处作圆弧处理。

（3）此类题解答时应注意：考虑日照影响的退线只限于北面已建建筑宽度范围内，转角不抹圆，也不考虑太阳方位角变化的影响；而考虑防火与其他保护性间距时，一般边界转角处应抹圆。

三、2006 年试题及解析

单位：m

设计条件：

● 某医院拟在院区内扩建病房楼两栋，其中一栋为传染病房楼，平面尺寸为 41m×20m；另一栋普通病房楼高度为 26m。医院总图如图 30-2-3 所示。

● 规划要求：

（1）建筑退用地界线，南侧≥30m；东、西、北侧≥9m。

（2）院区东北角地下水源需保留，布置病房楼时应考虑卫生防护距离≥30m。

（3）普通病房楼与传染病房楼应保持≥30m 的隔离距离。

（4）该地区主导风向为东南向；病房楼的日照间距系数为 1.5。

● 耐火等级：新建病房楼为一级，其余均为二级。

● 需满足日照和防火规范要求。

任务要求：

● 在院区内布置传染病房楼。

● 绘出普通病房楼的最大可建范围（用 ▨▨ 表示）。

● 按设计条件注出相关尺寸。

● 根据作图，在下列单选题中选择一个正确答案，并将其字母涂黑，例如 [■]…[B]…[C]…[D]…。同时，在答题卡"选择题"内将对应题号的对应字母用 2B 铅笔涂黑，二者必须一致。

（1）传染病房楼应布置在：（6 分）

    [A] 用地东南角   [B] 用地西北角

    [C] 沿东面城市道路   [D] 沿西面城市道路

（2）普通病房楼可建范围沿南面城市干道的地段长度为：（6 分）

    [A] 18m   [B] 24m

    [C] 36m   [D] 48m

（3）普通病房楼最大可建范围的面积为：（6 分）

    [A] 5940m²   [B] 9851m²

    [C] 12450m²   [D] 13552m²

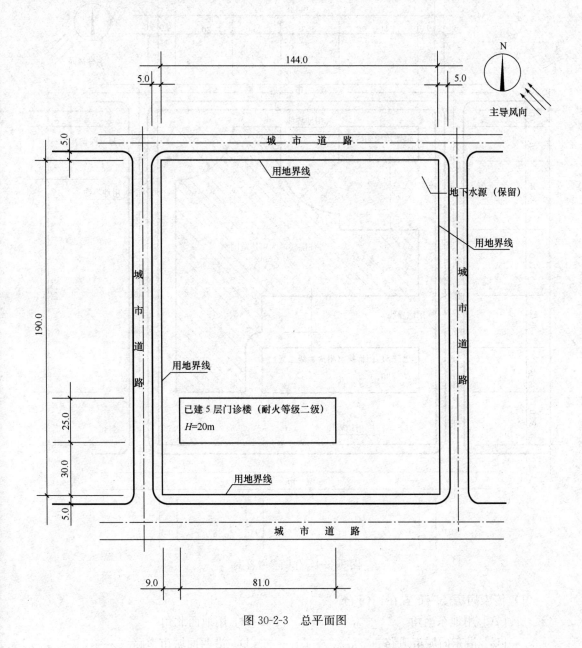

图 30-2-3　总平面图

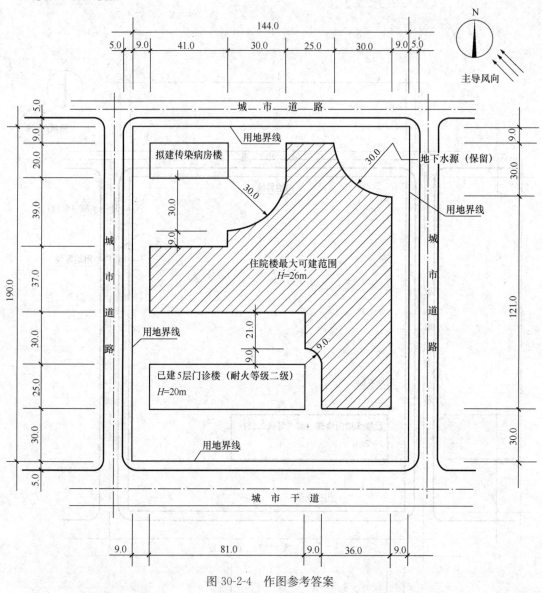

图 30-2-4　作图参考答案

(1) 传染病房楼应布置在：（6分）

　　[A] 用地东南角　　　　　　　　　　[■] 用地西北角

　　[C] 沿东面城市道路　　　　　　　　[D] 沿西面城市道路

(2) 普通病房楼可建范围沿南面城市干道的地段长度为：（6分）

　　[A] 18m　　　　　　[B] 24m　　　　　　[■] 36m　　　　　　[D] 48m

(3) 普通病房楼最大可建范围的面积为：（6分）

　　[A] 5940m²　　　　[■] 9851m²　　　　[C] 12450m²　　　　[D] 13552m²

[解析]

(1) 首先将传染病房楼放在处于下风向的西北角，并从西、北用地界线各后退 9m。

（2）住院楼的最大可建范围在满足题目的退线要求后，再减去：①西北角对拟建传染病房的日照与卫生防疫间距的必要退让；②西南角对已建5层门诊楼所需的日照和防火间距的退让；③东北角对地下水源卫生防护距离的必要退让。

（3）西北角可建边界的划定：北边界西段，在传染病房楼宽度范围内满足日照间距26m×1.5＝39m，边界转角为直角；西边界北段，按防疫要求与传染病房楼距离30m，转角作圆弧。

（4）西南角可建边界的划定：南边界西段，在门诊楼宽度范围内满足日照间距20m×1.5＝30m，边界转角为直角；西边界南段与门诊楼的防火间距为9m，转角作圆弧。

（5）东北角以水源点为圆心，切去以30m为半径的1/4圆。

四、2007年试题及解析

单位：m

设计条件：

● 某住宅建设用地范围及周边现状如图30-2-5所示。

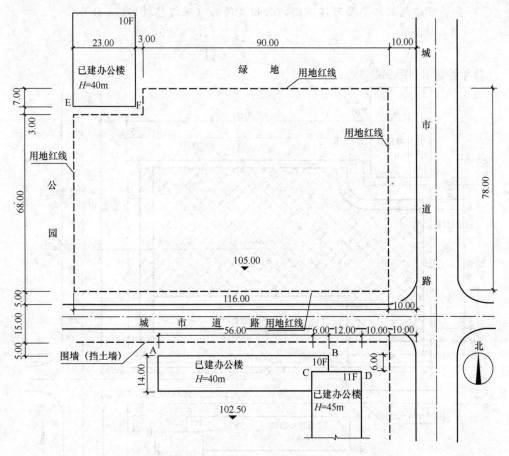

图 30-2-5 总平面图

● 建设用地的场地设计标高为105.00，道路南侧已建办公楼的场地标高为102.50。

● 建筑退用地红线：临城市道路多层退5.00m，高层退10.00m，其他均退3.00m。

- 应满足日照及消防规范要求。
- 该地区日照间距系数为 1.2。

任务要求：

- 按设计条件绘出多层住宅（耐火等级二级）的最大可建范围（用 ▨ 表示）；
  绘出高层住宅的最大可建范围（用 ▨ 表示）。
- 标注相关尺寸。
- 根据作图，在下列单选题中选择一个正确答案并将其字母涂黑（例如 ■ ×××），
  同时在答题卡"选择题"内将对应题号的对应字母用 2B 铅笔涂黑，二者选项必须一致。

(1) 用地南侧已建办公楼 CD 段与其北侧高层可建范围的间距为：（8 分）

　　[A] 30.00m　　　　　　　　　　　[B] 45.00m

　　[C] 51.00m　　　　　　　　　　　[D] 54.60m

(2) 用地北侧已建办公楼 EF 段与其南侧高层可建范围的间距为：（6 分）

　　[A] 6.00m　　　　　　　　　　　　[B] 9.00m

　　[C] 10.00m　　　　　　　　　　　[D] 13.00m

(3) 多层可建范围与高层可建范围的面积差约为（保留整数）：（4 分）

　　[A] 585m²　　　　　　　　　　　　[B] 652m²

　　[C] 660m²　　　　　　　　　　　　[D] 840m²

[参考答案]（图 30-2-6）

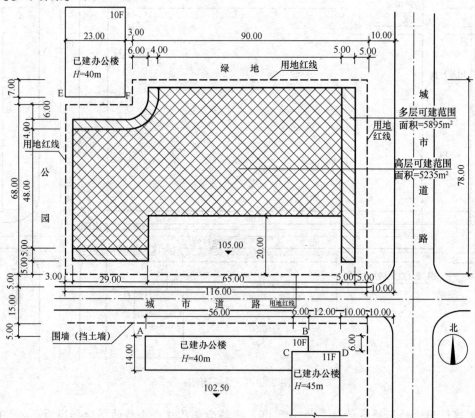

图 30-2-6　作图参考答案

(1) 用地南侧已建办公楼 CD 段与其北侧高层可建范围的间距为：（8 分）

    [A] 30.00m   [B] 45.00m

    [■] 51.00m   [D] 54.60m

(2) 用地北侧已建办公楼 EF 段与其南侧高层可建范围的间距为：（6 分）

    [A] 6.00m   [B] 9.00m

    [C] 10.00m   [■] 13.00m

(3) 多层可建范围与高层可建范围的面积差约为（保留整数）：（4 分）

    [A] 585m²   [B] 652m²

    [■] 660m²   [D] 840m²

[解析]

(1) 多层住宅的最大可建范围首先考虑规划退线要求，即东、南边界从用地红线后退 5m，西、北后退 3m；然后再减去对西北角已建办公建筑以及对南侧已有建筑的退让部分：①西北角两个方向均与高层办公建筑保持 9m 的防火间距，转角呈圆弧形。②南侧边界在已有建筑的宽度范围内退出必要的日照间距，转角为直角；计算日照间距时要考虑路南建筑基地比路北基地低 2.5m，路南建筑的计算高度要减去 2.5m。

(2) 高层住宅的最大可建范围首先考虑规划退线要求，即东、南边界从用地红线后退 10m，西、北边界后退 3m；然后再减去对西北角已建办公建筑以及对南侧已有建筑的退让部分：①西北角两个方向均与高层办公建筑保持 13m 的防火间距，转角呈圆弧形；②南侧边界按日照间距后退的距离与多层相同。

五、2008 年试题及解析

单位：m

设计条件：

● 用地红线及周围已建建筑见图 30-2-7，要求在用地上绘出高层办公楼和高层住宅的最大可建范围。

● 规划要求：

(1) 建筑退用地红线：除高层办公楼后退南用地红线≥8m 外，其他均后退≥3m。

(2) 当地住宅日照间距系数为 1.2。

(3) 设计应符合国家相关的规范。

● 已建和拟建建筑的耐火等级均为二级。

任务要求：

● 在用地红线内进行高层办公楼和高层住宅的可建范围用地分析：

(1) 绘出高层办公楼的最大可建范围（用 ▨ 表示）并注出相关尺寸。

(2) 绘出高层住宅的最大可建范围（用 ▧ 表示）并注出相关尺寸。

● 根据作图，在下列单选题中选择一个正确答案并将其字母涂黑（例如 [■] ×××），同时在答题卡"选择题"内将对应题号的对应字母用 2B 铅笔涂黑，二者选项必须一致。

(1) ④号住宅楼与高层办公楼最大可建范围最近的距离为：（5 分）

    [A] 6.00m   [B] 7.0mm   [C] 9.00m   [D] 13.00m

(2) 已建建筑 A 点与北向高层住宅最大可建范围最近的距离为：（4 分）

[A] 3.00m　　　　[B] 5.00m　　　　[C] 8.00m　　　　[D] 15.00m

（3）已建建筑 B 点与正北向高层住宅最大可建范围最近的距离为：（4分）

　　[A] 8.00m　　　　[B] 18.00m　　　　[C] 40.80m　　　　[D] 46.00m

（4）高层办公楼最大可建范围与高层住宅最大可建范围面积差为：（5分）

　　[A] 21m²　　　　[B] 891m²　　　　[C] 912m²　　　　[D] 933m²

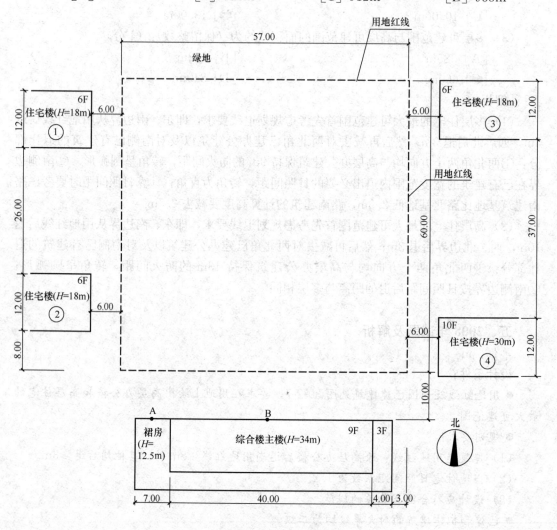

图 30-2-7　总平面图

[参考答案]（图 30-2-8）

（1）④号住宅楼与高层办公楼最大可建范围最近的距离为：（5分）

　　[A] 6.00m　　　　[B] 7.0mm　　　　[C] 9.00m　　　　[■] 13.00m

（2）已建建筑 A 点与北向高层住宅最大可建范围最近的距离为：（4分）

　　[A] 3.00m　　　　[B] 5.00m　　　　[C] 8.00m　　　　[■] 15.00m

（3）已建建筑 B 点与正北向高层住宅最大可建范围最近的距离为：（4分）

　　[A] 8.00m　　　　[B] 18.00m　　　　[■] 40.80m　　　　[D] 46.00m

（4）高层办公楼最大可建范围与高层住宅最大可建范围面积差为：（5分）

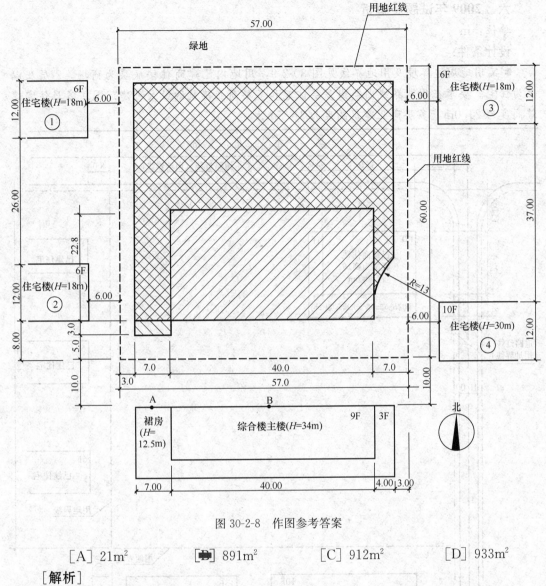

图 30-2-8 作图参考答案

[A] 21m²   [B] 891m²   [C] 912m²   [D] 933m²

[解析]

（1）高层住宅的最大可建范围首先考虑规划退线要求，即东、西、北各后退 3m；南边界则按日照间距要求，距离南侧已建建筑西段为 12.5m×1.2＝15m，中段为 34.0m×1.2＝40.8m，东段受高层建筑防火间距控制，应以已建④号高层住宅西北墙角为圆心，作半径为 13m 的圆弧，切去一部分可建范围。

（2）高层办公楼的最大可建范围考虑规划退线要求，即东、西、北边界从用地红线各后退 3m；南面后退 8m，东南角再减去与④号高层住宅防火间距 13m 的面积，这块面积的北端和高层住宅可建范围一样，也是半径为 13m 的弧形。

（3）场地周边的已建 6 层住宅与两类高层建筑最大可建范围的边界都能满足 9m 的防火间距要求，不必再增加退线距离。

（4）两类高层建筑的最大可建范围之差为图中大、小两块矩形面积之差。即：22.8m×40m—7m×3m＝891m²。

553

六、2009 年试题及解析

单位：m

设计条件：

● 某用地周边环境及用地界线见图 30-2-9，用地内已建商住楼底层为商场，2 层及以上为住宅。要求在用地界线内绘出多层住宅和多层商业建筑的最大可建范围。多层住宅建筑高度为 21.0m，多层商业建筑高度为 16.5m。

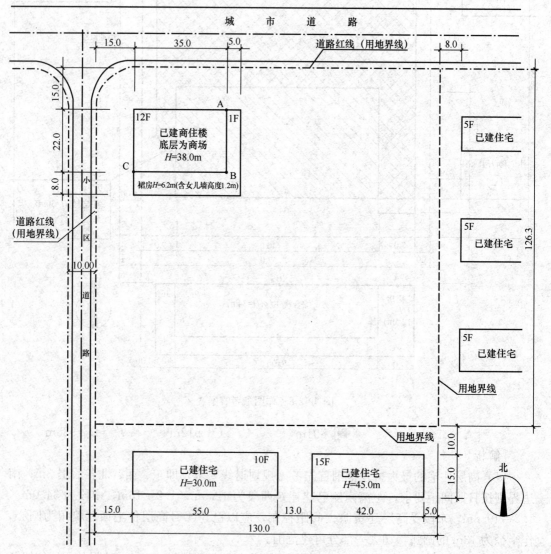

图 30-2-9　总平面图

● 规划要求：建筑退道路红线≥8m，退其他用地界线≥5m。

● 当地住宅日照间距系数为 1.2。

● 已建建筑和拟建建筑的耐火等级均为 2 级。

任务要求：

● 绘出多层住宅建筑的最大可建范围（用 ▨ 表示），并标注相关尺寸。

554

● 绘出多层商业建筑的最大可建范围（用 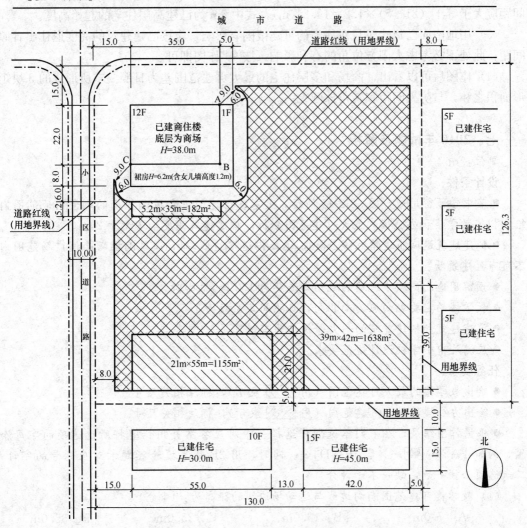 表示），并标注相关尺寸。

● 根据作图结果，在下列单选题中选择一个对应答案并用铅笔将所选选项的字母涂黑，例如〔A〕…〔■〕…〔C〕…〔D〕…。同时，用2B铅笔填涂答题卡对应题号的字母，二者选项必须一致，缺一不予评分。

(1) 多层商业建筑可建范围与用地东侧已建住宅的间距为：（4分）

　　〔A〕6.0m　　　　〔B〕13.0m　　　　〔C〕14.0m　　　　〔D〕18.0m

(2) 商住楼AB段与多层住宅建筑可建范围的间距为：（4分）

　　〔A〕6.0m　　　　〔B〕9.0m　　　　〔C〕11.0m　　　　〔D〕14.0m

(3) 商住楼CB段与多层住宅建筑可建范围的间距为：（4分）

　　〔A〕14.0m　　　　〔B〕18.0m　　　　〔C〕19.2m　　　　〔D〕25.2m

(4) 多层商业建筑可建范围与多层住宅建筑可建范围的面积差约为：（6分）

　　〔A〕2947m²　　　　〔B〕2975m²　　　　〔C〕3112m²　　　　〔D〕3185m²

[参考答案]（图30-2-10）

图 30-2-10　作图参考答案

555

（1）多层商业建筑可建范围与用地东侧已建住宅的间距为：（4分）

    [A] 6.0m   [■] 13.0m   [C] 14.0m   [D] 18.0m

（2）商住楼 AB 段与多层住宅建筑可建范围的间距为：（4分）

    [A] 6.0m   [B] 9.0m   [■] 11.0m   [D] 14.0m

（3）商住楼 CB 段与多层住宅建筑可建范围的间距为：（4分）

    [A] 14.0m   [B] 18.0m   [■] 19.2m   [D] 25.2m

（4）多层商业建筑可建范围与多层住宅建筑可建范围的面积差约为：（6分）

    [A] 2947m²   [■] 2975m²   [C] 3112m²   [D] 3185m²

[解析]

（1）首先画出规划退线后的用地范围。

（2）再考虑用地内已建带底商的高层住宅的影响：①防火间距要求，对裙房退让6m，对高层住宅退让9m（高层主体与非高层外墙的最小防火间距），最大可建范围在已建房屋转角处应抹圆角；②日照要求，商场对高层住宅无影响，多层住宅与已建高层住宅的日照间距应大于等于 $(21-5)×1.2=19.2$ （m），式中5m为已建高层住宅的起始高度。

（3）用地南面已建建筑只对住宅的可建范围有影响，应按已建建筑的高度退让出日照间距；此处不必考虑太阳方位角的有利影响，按90°作图即可。

（4）作图后可以看出，商场和多层住宅的最大可建范围差为日照要求所形成的3块矩形面积之和，与防火间距和转角抹圆无关。

七、2010年试题及解析

单位：m

设计条件：

● 某中学预留用地如图 30-2-11 所示，要求在已建门卫和风雨操场的剩余用地范围内绘出拟建教学楼和办公楼的最大可建范围分析；拟建建筑高度均不大于24m。

● 拟建建筑退城市道路红线≥8m，退校内道路边线≥5m；风雨操场南侧广场范围内不可布置建筑物。

● 预留用地北侧城市道路的机动车流量为170辆/每小时。

● 教学楼的主要朝向应为南北向，日照间距系数为1.5。

● 已建建筑和拟建建筑的耐火等级均为二级。

● 应满足中小学校设计规范要求。

任务要求：

● 绘出教学楼的最大可建范围（用 ▨ 表示），标注相关尺寸。

● 绘出办公楼的最大可建范围（用 ▨ 表示），标注相关尺寸。

● 根据作图结果，在下列单选题中选择一个对应答案并用铅笔将所选选项的字母涂黑，例如 [A]… [■]… [C]… [D]…。同时，用 2B 铅笔填涂答题卡对应题号的字母，二者选项必须一致，缺一不予评分。

（1）教学楼可建范围南向边线与运动场边线的距离为：（4分）

    [A] 7.0m   [B] 12.0m   [C] 25.0m   [D] 35.0m

（2）办公楼可建范围边线与风雨操场的最小间距为：（4分）

　　　[A] 6.0m　　　　　[B] 9.0m　　　　　[C] 13.0m　　　　　[D] 25.0m

（3）教学楼可建范围北向边线与北侧城市道路红线的距离为：（4分）

　　　[A] 8.0m　　　　　[B] 25.0m　　　　　[C] 50.0m　　　　　[D] 80.0m

（4）教学楼可建范围与办公楼可建范围的面积差约为：（6分）

　　　[A] 2100m²　　　　[B] 2254m²　　　　[C] 8112m²　　　　[D] 8350m²

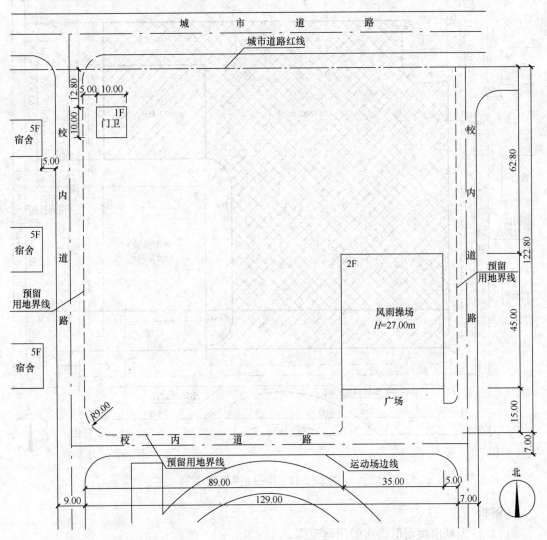

图 30-2-11　总平面图

[参考答案]（图 30-2-12）

（1）教学楼可建范围南向边线与运动场边线的距离为：（4分）

　　　[A] 7.0m　　　　　[B] 12.0m　　　　■ 25.0m　　　　　[D] 35.0m

（2）办公楼可建范围边线与风雨操场的最小间距为：（4分）

　　　[A] 6.0m　　　　　■ 9.0m　　　　　[C] 13.0m　　　　　[D] 25.0m

（3）教学楼可建范围北向边线与北侧城市道路红线的距离为：（4分）

　　　■ 8.0m　　　　　[B] 25.0m　　　　　[C] 50.0m　　　　　[D] 80.0m

（4）教学楼可建范围与办公楼可建范围的面积差约为：（6分）

[A] 2100m²   [B] 2254m²   [C] 8112m²   [D] 8350m²

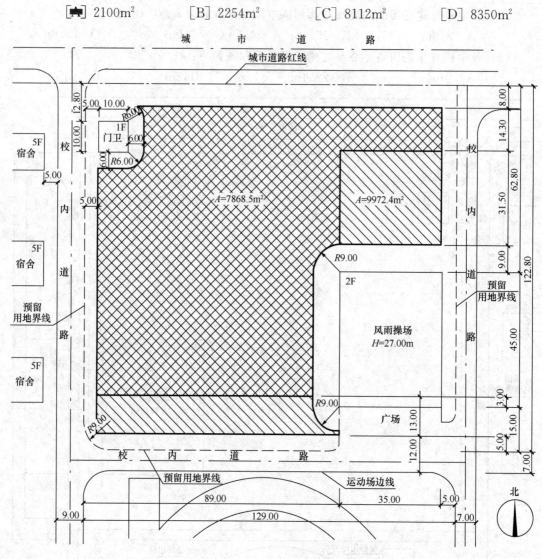

图 30-2-12 作图参考答案

[解析]

（1）首先画出规划退线后的用地范围。

（2）再考虑用地西北角已建门卫的影响：防火间距要求教学楼和办公楼都应退让 6m，最大可建范围在门卫东侧两个墙角处都应抹圆角。

（3）考虑用地东南已建风雨操场的影响：①由于风雨操场是高度超过 24m 的二层建筑，防火间距要求教学楼和办公楼都应退让 9m，最大可建范围在风雨操场西侧两个墙角处都应抹圆角；②教学楼的日照要求，应按已建风雨操场的高度退让出日照间距 1.5×27m＝40.5m。

（4）按现行《中小学校设计规范》GB 50099 考虑环境噪声对教学楼可建范围的影响：南侧边界应从室外运动场边缘后退 25m；北侧城市道路车流量较小，不构成噪声干扰；东侧风雨操场不是室外运动场,对教室也不构成噪声干扰。

(5)试题明确规定风雨操场南侧广场范围内不得布置建筑,应将办公楼可建范围切去东南角的窄条部分。这一小部分异形平面面积计算比较复杂,答题时不必精确计算出来。试题要求估算两种最大可建范围的差值,小块异形面积可以忽略不计,不至于影响正确答案的选择。

八、2011 年试题及解析

单位:m

设计条件:

● 某居住小区建设用地地形平坦,用地内拟建高层住宅,用地范围及现状如图 30-2-13 所示。

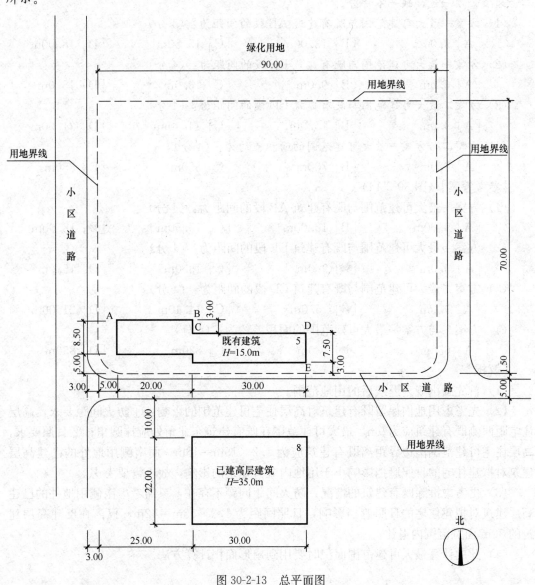

图 30-2-13 总平面图

- 建筑的最大可建范围退用地界线≥5.00m。
- 当地的住宅日照间距系数为1.2。
- 既有建筑和拟建建筑的耐火等级均为二级。

任务要求：

- 进行以下两种方案的最大可建范围分析：

方案一：保留用地范围内的既有建筑；

方案二：拆除用地范围内的既有建筑。

- 画出方案一的最大可建范围（用 ▨ 表示），标注相关尺寸。
- 画出方案二的最大可建范围（用 ▧ 表示），标注相关尺寸。
- 根据作图结果，在下列单选题中选择一个对应答案并用铅笔将所选选项的字母涂黑，例如 [A]… [■]… [C]… [D]…。同时，用2B铅笔填涂答题卡对应题号的字母，二者选项必须一致，缺一不评分。

(1) 方案一最大可建范围与既有建筑 AB 段的间距为：（4分）

    [A] 9.00m   [B] 13.00m   [C] 15.50m   [D] 18.00m

(2) 方案一最大可建范围与既有建筑 DE 段的间距为：（4分）

    [A] 6.0m   [B] 9.0m   [C] 13.0m   [D] 15.0m

(3) 方案二最大可建范围与既有建筑 CD 段的间距为：（4分）

    [A] 9.0m   [B] 15.0m   [C] 14.40m   [D] 21.00m

(4) 方案二与方案一最大可建范围的面积差约为：（4分）

    [A] 630m   [B] 730m   [C] 830m   [D] 850m

[参考答案]（图30-2-14）

(1) 方案一最大可建范围与既有建筑 AB 段的间距为：（4分）

    [A] 9.00m   [B] 13.00m   [C] 15.50m   [■] 18.00m

(2) 方案一最大可建范围与既有建筑 DE 段的间距为：（4分）

    [A] 6.0m   [■] 9.0m   [C] 13.0m   [D] 15.0m

(3) 方案二最大可建范围与既有建筑 CD 段的间距为：（4分）

    [A] 9.0m   [■] 15.0m   [C] 14.40m   [D] 21.00m

(4) 方案二与方案一最大可建范围的面积差约为：（4分）

    [A] 630m   [■] 730m   [C] 830m   [D] 850m

[解析]

(1) 首先画出规划退线后的用地范围。

(2) 先考虑用地内保留既有建筑对高层住宅可建范围的影响：①防火间距要求，高层住宅距西侧既有建筑应为9m，最大可建范围在既有建筑东北角处应抹圆角；②日照要求，高层住宅可建范围南边界距离既有建筑应为1.2×15m=18m；而南侧用地外的已建高层建筑对拟建住宅的日照遮挡影响小于用地内既有建筑的影响，故不需要考虑。

(3) 再考虑拆除既有建筑的情况：防火间距问题不存在，只需考虑南侧用地外的已建高层建筑对拟建住宅的日照遮挡影响，日照间距为1.2×35m=42m，仅需在已建高层建筑的30m面宽范围内退让。

(4) 此题计算最大可建范围面积时要用到扇形面积计算方法。

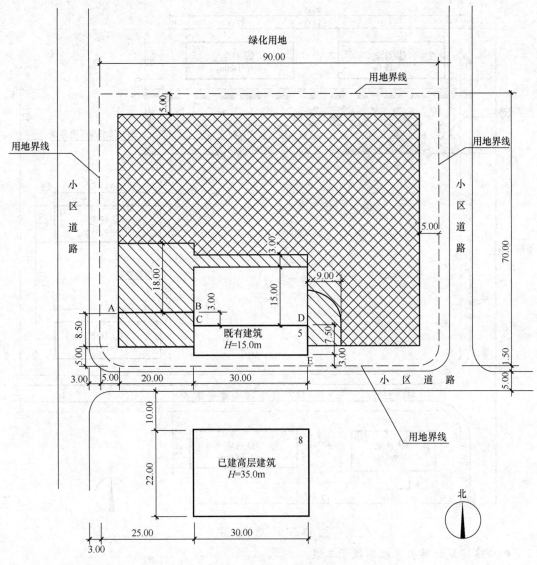

图 30-2-14 作图参考答案

九、2012 年试题及解析

单位：m

设计条件：

● 某建设用地内拟建由住宅和商业裙房组成的商住楼，用地范围如图 30-2-15 所示。

● 用地内有 35kV 架空高压电力线路穿过，其走廊宽度 12m。

● 拟建商住楼的建筑层数 9 层，高度为 30.4m，其中商业裙房的建筑层数为 2 层，高度为 10m。

● 多、高层住宅均应满足日照间距控制要求，当地的住宅日照间距系数为 1.5。

● 规划要求拟建多层建筑后退道路红线和用地界线≥5m，高层建筑后退道路红线和用地界线≥8m。

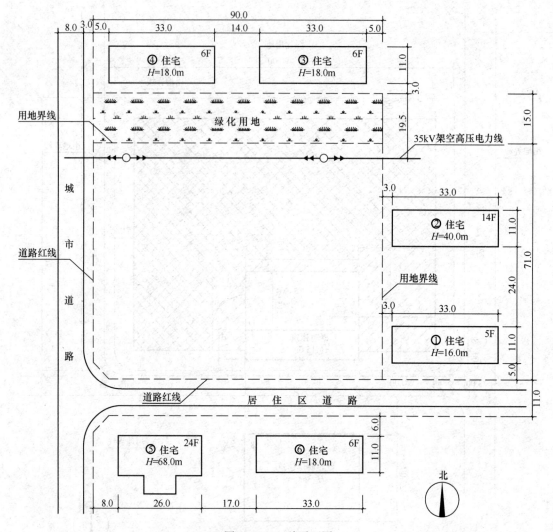

图 30-2-15　总平面图

● 拟建建筑的防火等级不低于二级。

任务要求:

● 绘制住宅与商业裙房用地的最大可建范围分析;

● 绘出拟建住宅的最大可建范围 (用 ▨ 表示),标注相关尺寸;

● 绘出拟建商业裙房的最大可建范围 (用 ▨ 表示),标注相关尺寸;

● 绘出架空高压电力线路走廊,标注相关尺寸;

● 根据作图结果,在下列单选题中选择一个答案并用绘图笔将其填写在括号 (　　)
内,同时用 2B 铅笔填涂答题卡对应题号的答案,二者答案必须一致,缺一不予评分。

(1) 北侧已建④号住宅南面外墙与拟建商业裙房最大可建范围线的间距为:(5分)

　　[A] 18.00m　　[B] 22.50m　　[C] 28.50m　　[D] 34.50m

　　答案:(　　)

(2) 北侧已建③号住宅南面外墙与拟建住宅最大可建范围线的间距为:(4分)

　　[A] 22.80m　　[B] 28.81m　　[C] 34.36m　　[D] 45.60m

答案：(　　)

(3) 东侧已建②号住宅西面外墙与拟建住宅最大可建范围线的间距为：(5分)

　　[A] 6m　　　　[B] 8m　　　　[C] 9m　　　　[D] 13m

答案：(　　)

(4) 南侧已建⑥号住宅北面外墙与拟建住宅最大可建范围线的间距为：(4分)

　　[A] 22m　　　[B] 25m　　　[C] 27m　　　[D] 30m

答案：(　　)

[参考答案]（图30-2-16）

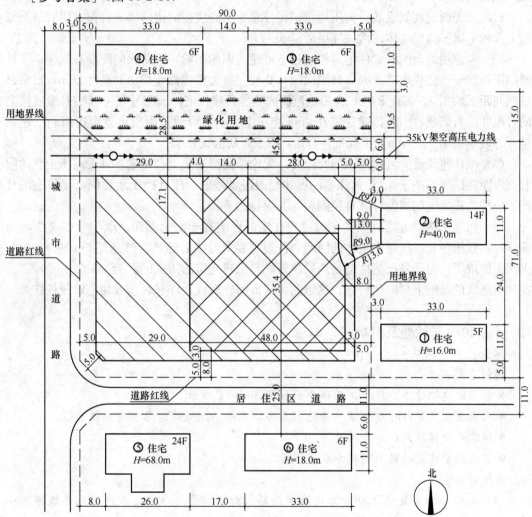

图30-2-16　作图参考答案

(1) 北侧已建④号住宅南面外墙与拟建商业裙房最大可建范围线的间距为：(5分)

　　[A] 18.00m　[B] 22.50m　　[C] 28.50m　　[D] 34.50m

答案：(C)

(2) 北侧已建③号住宅南面外墙与拟建住宅最大可建范围线的间距为：(4分)

　　[A] 22.80m　[B] 28.81m　　[C] 34.36m　　[D] 45.60m

答案：（ D ）

(3) 东侧已建②号住宅西面外墙与拟建住宅最大可建范围线的间距为：(5分)

    [A] 6m   [B] 8m   [C] 9m   [D] 13m

答案：（ D ）

(4) 南侧已建⑥号住宅北面外墙与拟建住宅最大可建范围线的间距为：(4分)

    [A] 22m   [B] 25m   [C] 27m   [D] 30m

答案：（ B ）

[解析]

(1) 首先画出规划退线后的用地范围，注意9层商住楼的裙房部分可按多层后退5m；而上部住宅属于高层主体，需按高层后退8m。

(2) 考虑用地南侧已建住宅对拟建住宅可建范围的影响：①防火间距没有问题；②日照间距：⑤号已建住宅高68m，日照间距计算要先减去拟建商业裙房的高度10m，再乘以日照间距系数1.5，需要87m，在用地范围内不能再建住宅；而⑥号住宅其实对拟建住宅的日照并没有影响，因为拟建住宅在10m裙房上面，其可建范围南边界距离南侧已建住宅北外墙应为1.5×(18m−10m)＝12m，小于规划退线要求。

(3) 拟建建筑最大可建范围的北边界，无论是裙房还是上部住宅，都受高压走廊的限制，应距高压线不小于6m；而住宅的可建范围还要考虑不能遮挡用地北侧已建住宅的日照，应按拟建住宅的高度计算日照间距，并保持之。

(4) 用地东侧的可建范围受东边已建住宅的影响在于防火间距。就①号多层住宅而言，与拟建裙房和高层住宅主体的间距，按规划要求退线后已经能够满足6m和9m的防火间距要求了；而②号已建住宅是高层建筑，与拟建建筑的防火间距为9m和13m，需要在规划退线的基础上再向西后退；这里的可建范围轮廓线要注意在②号住宅转角处抹圆。

十、2013年试题及解析

单位：m

设计条件：

● 某用地内拟建办公建筑，用地平面如图30-2-17所示。

● 用地东北角界线外建有城市绿地水泵房，用地南侧城市道路下有地铁通道。

● 拟建办公建筑的控制高度为30m。

● 当地住宅建筑的日照间距系数为1.5。

● 规划要求：

(1) 拟建办公建筑地上部分后退城市道路红线不应小于10m，后退用地界线不应小于5m。

(2) 拟建办公建筑地下部分后退城市道路红线，用地界线不应小于3m，后退地铁通道控制线不应小于16m。

● 拟建办公建筑和用地界线外建筑的耐火等级均为二级。

任务要求：

● 绘出拟建办公建筑地上部分最大可建范围（用 ▨ 表示）。

● 绘出拟建办公建筑地下部分最大可建范围（用 ▧ 表示），标注相关尺寸。

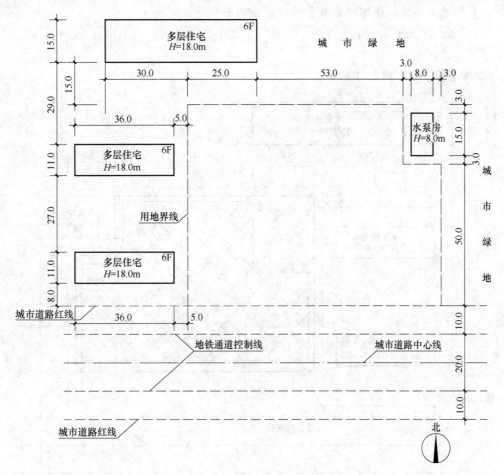

图 30-2-17　总平面图

● 下列单选题每题只有一个最符合题意的选项。从各题中选择一个与作图结果对应的选项，用黑色绘图笔将选项对应的字母填写在括号中；同时，用 2B 铅笔将答题卡对应题号选项信息点涂黑；二者必须一致，缺项不予评分。

(1) 拟建办公建筑地下部分最大可建范围南边线与城市道路北侧红线的间距为：(3 分)

　　[A] 6.00m　　　[B] 10.00m　　　[C] 16.00m　　　[D] 20.00m

　　答案：(　　　)

(2) 拟建地下部分最大可建范围西边线与西侧住宅的间距为：(3 分)

　　[A] 5.00m　　　[B] 8.00m　　　[C] 10.00m　　　[D] 13.00m

　　答案：(　　　)

(3) 拟建办公建筑地上部分最大可建范围线与城市绿地水泵房的间距为：(4 分)

　　[A] 3.00m　　　[B] 6.00m　　　[C] 9.00m　　　[D] 13.00m

　　答案：(　　　)

(4) 拟建办公建筑地上部分最大可建范围线与北侧住宅的间距为：(4 分)

　　[A] 15.00m　　　[B] 18.00m　　　[C] 25.00m　　　[D] 45.00m

　　答案：(　　　)

（5）拟建办公建筑地下部分最大可建范围的面积是：（4分）

[A] 3779m²   [B] 4279m²   [C] 5040m²   [D] 5298m²

答案：（   ）

[参考答案]（图 30-2-18）

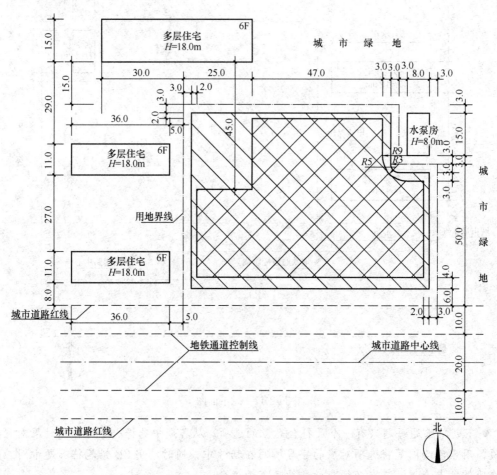

图 30-2-18   作图参考答案

（1）拟建办公建筑地下部分最大可建范围南边线与城市道路北侧红线的间距为：（3分）

[A] 6.00m   [B] 10.00m   [C] 16.00m   [D] 20.00m

答案：（ A ）

（2）拟建地下部分最大可建范围西边线与西侧住宅的间距为：（3分）

[A] 5.00m   [B] 8.00m   [C] 10.00m   [D] 13.00m

答案：（ B ）

（3）拟建办公建筑地上部分最大可建范围线与城市绿地水泵房的间距为：（4分）

[A] 3.00m   [B] 6.00m   [C] 9.00m   [D] 13.00m

答案：（ C ）

（4）拟建办公建筑地上部分最大可建范围线与北侧住宅的间距为：（4分）

[A] 15.00m   [B] 18.00m   [C] 25.00m   [D] 45.00m

（5）拟建办公建筑地下部分最大可建范围的面积是：（4分）

[A] 3779m² 　　[B] 4279m² 　　　[C] 5040m² 　　　[D] 5298m²

答案：（ C ）

[解析]

应该说，与往年场地分析题相比，这道题难度并不大。特别之处在于增加了地下部分的可建范围确定，相应地出现了可建范围与地铁通道控制线间距的考虑。此外用地附近的城市绿地水泵房影响也是新问题。其实这些新问题我认为并没有什么悬疑之处。无论地上、地下，按规划要求退界即可。用地形状因水泵房影响而不规则，出现一个阴角，应当如何退界需要讨论。地上高层建筑与水泵房的防火间距可按9m确定，城市绿地水泵房不是工业厂房，民用建筑里也是有的。

关于最大可建范围从相邻用地边界后退，也就是规划要求的"退界"做法，此题的解答有争议。争议的焦点在于邻近水泵房的用地转角处，最大可建范围的轮廓是否应当像防火间距那样抹圆。我认为，一般退界都是作用地边界的平行线，退界结果，转角处自然呈直角状。此题要求作出用地阴角处退界后的最大可建范围，是不常见的问题。按原理，转角处作圆弧才符合面积最大的题目要求。计算可建范围面积时，考虑了那块圆弧部分，结果与出题人预设的正确答案完全一致。阳角处就没有这个问题了。图30-2-19是用地阴角处最大可建范围的精确结果。请注意，地下最大可建范围在阴角处是一个3m半径的1/4圆弧；而地上最大可建范围在阴角处是在9m防火间距圆弧的基础上，再用5m退界圆弧修正的结果。

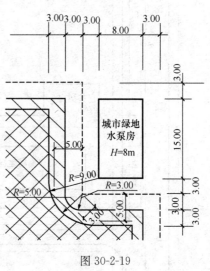

图 30-2-19

十一、2014年试题及解析

单位：m

设计条件：

● 某建设用地内拟建高层住宅和多层商业建筑，建设用地地势平坦，用地范围现状如图 30-2-20 所示。

● 规划要求：

（1）拟建建筑后退用地界线不小于5.00m。

（2）拟建建筑后退河道边线不小于20.00m。

（3）拟建建筑后退道路红线：多层不小于5.00m，高层不小于10.00m。

● 该地区的住宅建筑的日照间距系数为1.5。

● 已建建筑和拟建建筑的耐火等级均为二级。

任务要求：

● 绘出拟建高层住宅的最大可建范围（用 表示），标注相关尺寸。

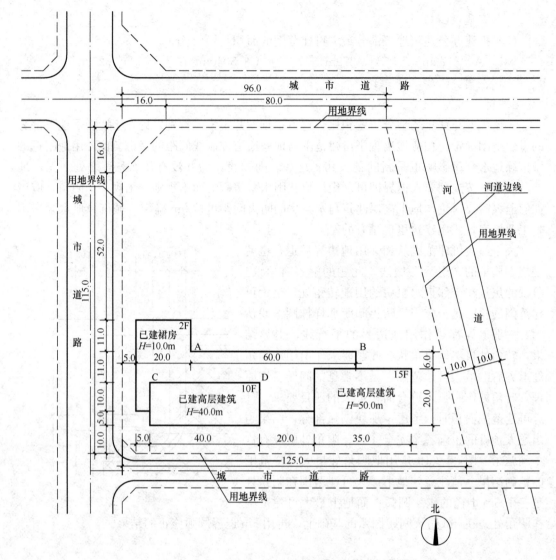

图 30-2-20　总平面图

● 绘出拟建多层商业建筑的最大可建范围（用 ▨ 表示），标注相关尺寸。

● 下列单选题每题只有一个最符合题意的选项。从各题中选择一个与作图结果对应的选项，用黑色墨水笔将选项对应的字母填写在括号中；同时用 2B 铅笔将答题卡对应题号选项信息点涂黑；二者必须一致，缺项不予评分。

（1）拟建高层住宅最大可建范围与已建裙房 AB 段的间距为：（4 分）

　　[A] 9.00m　　　[B] 13.00m　　　[C] 15.00m　　　[D] 49.00m

　　答案：（　　）

（2）拟建多层商业建筑最大可建范围与已建高层建筑 CD 段的间距为：（4 分）

　　[A] 9.00m　　　[B] 12.00m　　　[C] 13.00m　　　[D] 17.00m

　　答案：（　　）

（3）拟建多层商业建筑最大可建范围线与东侧用地界线的间距为：（4 分）

[A] 5.00m　　　[B] 9.40m　　　[C] 10.00m　　　[D] 15.00m
答案：（　　）

(4) 拟建高层住宅最大可建范围的面积约为：（6分）

[A] 1560m²　　　[B] 1830m²　　　[C] 2240m²　　　[D] 3110m²

答案：（　　）

[参考答案]（图30-2-21）

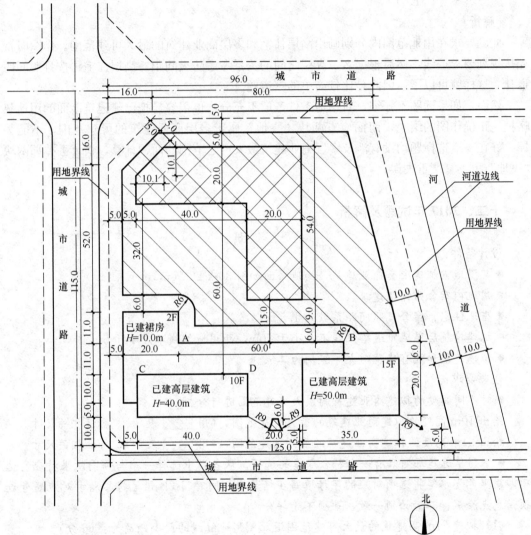

图 30-2-21　作图参考答案

(1) 拟建高层住宅最大可建范围与已建裙房 AB 段的间距为：（4分）

[A] 9.00m　　　[B] 13.00m　　　[C] 15.00m　　　[D] 49.00m

答案：（　C　）

(2) 拟建多层商业建筑最大可建范围与已建高层建筑 CD 段的间距为：（4分）

[A] 9.00m　　　[B] 12.00m　　　[C] 13.00m　　　[D] 17.00m

答案：（ D ）

（3）拟建多层商业建筑最大可建范围线与东侧用地界线的间距为：（4分）

[A] 5.00m   [B] 9.40m   [C] 10.00m   [D] 15.00m

答案：（ C ）

（4）拟建高层住宅最大可建范围的面积约为：（6分）

[A] 1560m²   [B] 1830m²   [C] 2240m²   [D] 3110m²

答案：（ B ）

[解析]

此题要求在用地范围内分别画出高层住宅和多层商业建筑的最大可建范围。作图时首先按规划要求退线，然后根据多、高层之间的关系考虑防火间距，高层住宅再按日照间距退让，这样就可以了。因此是比较简单的一道题。

然而，如果读题不仔细，对用地条件考虑不充分，也很容易把已建建筑南面的用地忽略掉。正确作图的结果，南面应有两块"飞地"属于多层商业建筑的可建范围，不能丢掉。好在4道选择题均没有涉及多层商业建筑最大可建范围的面积计算，估计丢掉那两块"飞地"也不算严重失误。

十二、2017 年试题及解析

单位：m

设计条件：

● 某用地内拟建配套商业建筑，场地平面如图 30-2-22 所示。

● 用地内宿舍为保留建筑。

● 当地住宅、宿舍日照间距系数为 1.5。

● 拟建建筑后退城市道路红线不应小于 10m，距用地红线不应小于 5m。

● 拟建建筑和既有建筑耐火等级均为二级。

任务要求：

● 对不同高度的拟建商业建筑的最大可建范围进行分析；

绘出 10m 高度的拟建商业建筑的最大可建范围，（用 ▨ 表示），标注相关尺寸。

绘出 21m 高度的拟建商业建筑的最大可建范围，（用 ▧ 表示），标注相关尺寸。

● 下列单选题每题只有一个符合题意的选项。从各题中选择一个与作图结果对应的选项，用黑色墨水笔将选项对应的字母填写在括号中；同时用 2B 铅笔将答题卡对应题号选项信息点涂黑；二者必须一致，缺项不予评分。

（1）拟建 21m 高建筑的最大可建范围退北侧用地红线的最小距离为：（6分）

[A] 5.00m   [B] 11.5m   [C] 16.5m   [D] 33.00m

答案：（　　）

（2）拟建 10m 高建筑的最大可建范围线与东侧 1 号住宅山墙的间距为：（4分）

[A] 5.00m   [B] 6.00m   [C] 11.00m   [D] 13.00m

答案：（　　）

（3）拟建 21m 高建筑的最大可建范围线与用地内宿舍（保留建筑）西山墙的间距为：

（4分）

[A] 5.00m　　　[B] 6.00m　　　　　[C] 9.00m　　　　　[D] 13.00m

答案：（　　）

(4) 拟建10m高建筑最大可建范围与拟建21m高建筑最大可建范围的面积差为：(4分)

[A] 1095m² 　　　[B] 1152m² 　　　[C] 1470m² 　　　[D] 1477m²

答案：（　　）

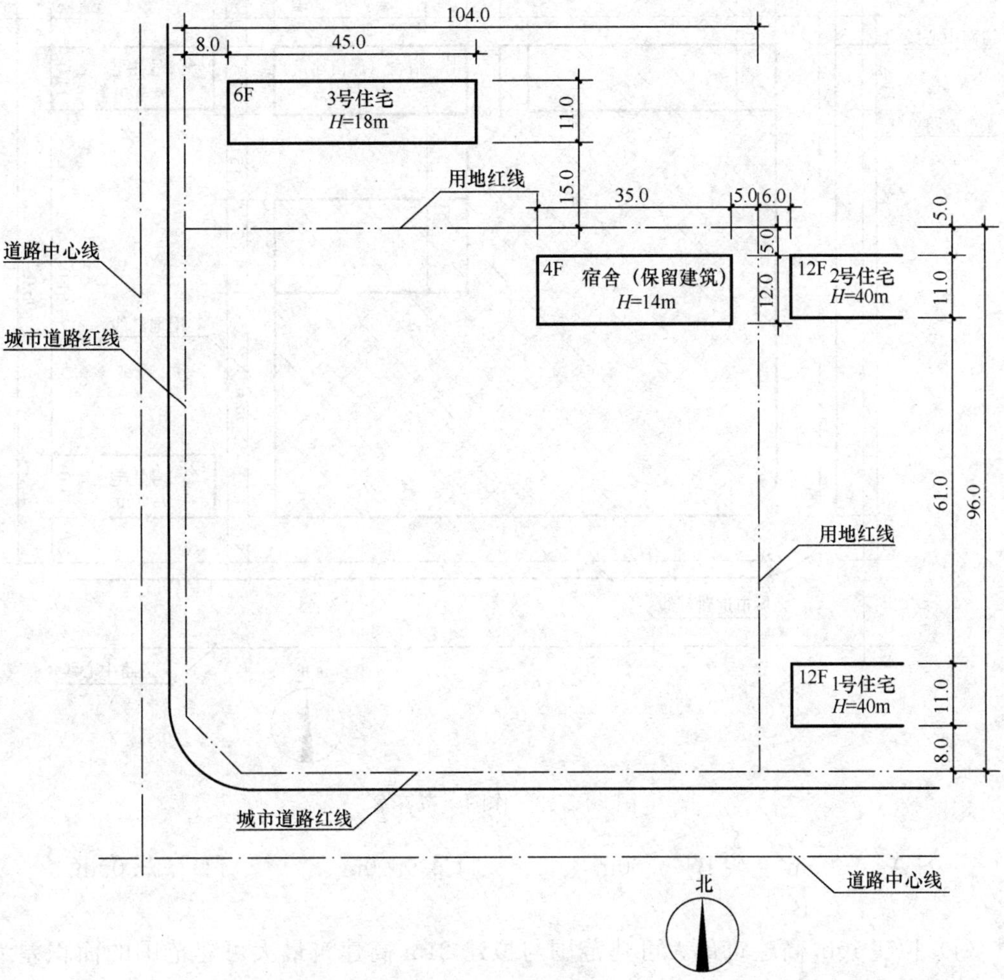

图 30-2-22　总平面图

[参考答案]（图30-2-23）

(1) 拟建21m高建筑的最大可建范围退北侧用地红线的最小距离为：(6分)

[A] 5.00m　　　[B] 11.5m　　　　　[C] 16.5m　　　　　[D] 33.00m

答案：（ C ）

(2) 拟建10m高建筑的最大可建范围线与东侧1号住宅山墙的间距为：(4分)

[A] 5.00m　　　[B] 6.00m　　　　　[C] 11.00m　　　　　[D] 13.00m

答案：（ C ）

(3) 拟建21m高建筑的最大可建范围线与用地内宿舍（保留建筑）西山墙的间距为：

(4分)

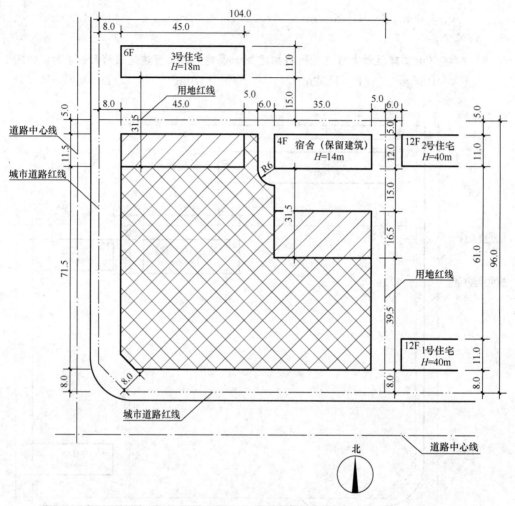

图 30-2-23　作图参考答案

[A] 5.00m　　[B] 6.00m　　　[C] 9.00m　　　[D] 13.00m

答案：（ B ）

(4) 拟建 10m 高建筑最大可建范围与拟建 21m 高建筑最大可建范围的面积差为：（4分）

[A] 1095m²　　[B] 1152m²　　　[C] 1470m²　　　[D] 1477m²

答案：（ A ）

[解析]

此题最大可建范围按规划退线要求执行，并对用地内、外保留及原有住宅建筑按日照与防火间距的要求退让即可，并无任何悬念。

十三、2018 年试题及解析

单位：m

设计条件：

● 某用地内拟建高层住宅建筑，场地平面如图 30-2-24 所示。

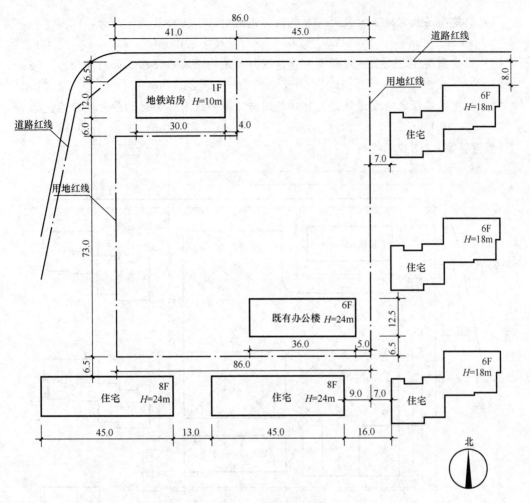

图 30-2-24 总平面图

- 用地内既有办公楼用于物业管理用房，用地北面为城市道路和商业用地。
- 当地住宅建筑的日照间距系数为1.2。
- 拟建地上建筑、地下室后退城市道路红线不应小于8m，退用地红线不应小于5m。
- 拟建建筑地下室退相邻建筑不应小于6m。
- 拟建建筑耐火等级为一级，既有建筑的耐火等级均为二级。
- 应符合国家现行有关规范的规定。

任务要求：

- 对拟建高层住宅地上建筑、地下室的最大可建范围进行分析。

绘出拟建高层住宅地上建筑的最大可建范围（用 ▨ 表示），标注相关尺寸。

绘出拟建高层住宅地下室的最大可建范围（用 ▩ 表示），标注相关尺寸。

- 下列单选题每题只有一个最符合题意的选项，从各题中选择一个与作图结果对应的选项，用2B铅笔将答题卡对应题号选项信息点涂黑。

(1) 拟建高层住宅地上建筑最大可建范围与地铁站房南面的间距为：（4分）

　　　[A] 5.00m　　　　　[B] 9.00m　　　　　[C] 11.00m　　　　　[D] 13.00m

（2）拟建高层住宅地下室最大可建范围与用地内既有办公楼的间距为：（6分）

    [A] 5.00m   [B] 6.00m   [C] 8.00m   [D] 10.00m

（3）拟建高层住宅地上建筑最大可建范围与用地内既有办公楼北面的间距为：（5分）

    [A] 6.00m   [B] 9.00m   [C] 28.80m   [D] 32.44m

（4）拟建高层住宅地上建筑最大可建范围与用地内既有办公楼的防火间距为：（5分）

    [A] 6.00m   [B] 9.00m   [C] 13.00m   [D] 18.00m

[**参考答案**]（图 30-2-25）

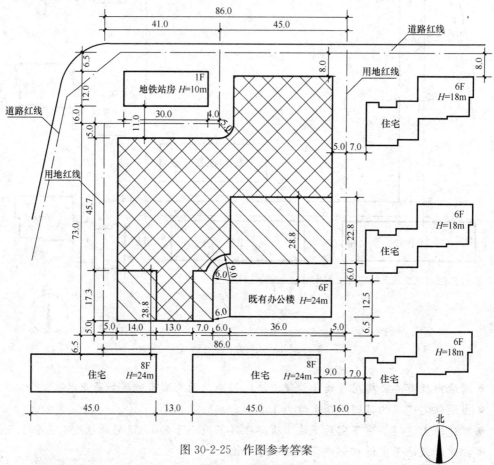

图 30-2-25 作图参考答案

（1）拟建高层住宅地上建筑最大可建范围与地铁站房南面的间距为：（4分）

    [A] 5.00m   [B] 9.00m   ■ 11.00m   [D] 13.00m

（2）拟建高层住宅地下室最大可建范围与用地内既有办公楼的间距为：（6分）

    [A] 5.00m   ■ 6.00m   [C] 8.00m   [D] 10.00m

（3）拟建高层住宅地上建筑最大可建范围与用地内既有办公楼北面的间距为：（5分）

    [A] 6.00m   [B] 9.00m   ■ 28.80m   [D] 32.44m

（4）拟建高层住宅地上建筑最大可建范围与用地内既有办公楼的防火间距为：（5分）

    [A] 6.00m   ■ 9.00m   [C] 13.00m   [D] 18.00m

    注：2018 年场地作图考试不要求在试卷上用墨线笔标注选择题答案选项，只需用 2B 铅笔填涂机读卡选项信息。

[解析]

（1）此题的新颖之处在于要求绘出地下部分的最大可建范围，只需按规划管理规定执行即可。

（2）地上高层住宅建筑的最大可建范围按日照与防火间距要求退让，注意既有办公楼高度为24m，属于非高层建筑，与高层住宅地上部分的最小防火间距应为9m，而不是13m。

十四、2019 年试题及解析

单位：m

设计条件：

● 某用地内拟建建筑高度为 30.00m 的住宅建筑，用地平面如图 30-2-26 所示。

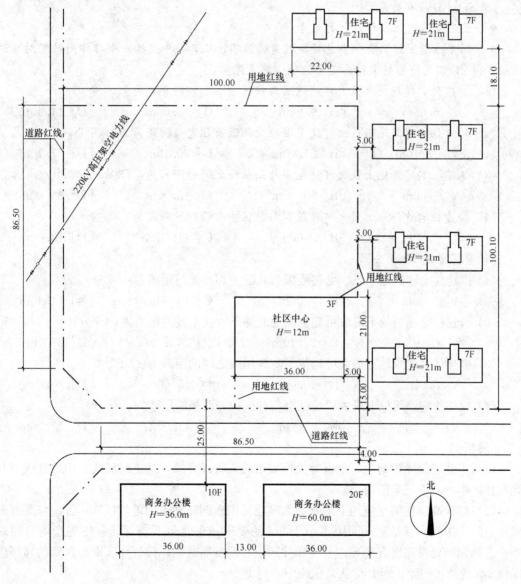

图 30-2-26　总平面图

● 用地西北角有一条高压架空电力线穿过，高压线走廊宽度为 30.00m。

● 拟建建筑地上、地下后退道路红线不应小于 8.00m，后退用地红线不应小于 5.00m。

● 拟建建筑后退既有社区中心不应小于 5.00m。

● 当地住宅的日照间距系数为 1.20。

● 拟建建筑及既有建筑的耐火等级均为二级。

● 应满足国家现行规范要求。

任务要求：

● 对拟建住宅地上、地下的最大可建范围进行分析；绘出拟建住宅建筑地上的最大可建范围（用 ▨ 表示），标注相关尺寸。绘出拟建住宅建筑地下的最大可建范围（用 ▨ 表示），标注相关尺寸。

● 绘出高压线走廊，标注相关尺寸。

● 下列单选题每题只有一个最符合题意的选项，从各题中选择一个与作图结果对应的选项。用 2B 铅笔将答题卡对应题号选项信息点涂黑。

(1) 拟建住宅建筑地上最大可建范围与社区中心北侧的距离为：（6 分）

　　[A] 6.00m　　　　[B] 9.00m　　　　[C] 13.00m　　　　[D] 14.40m

(2) 拟建住宅建筑地下最大可建范围与北侧既有住宅楼的距离为：（6 分）

　　[A] 23.10m　　　[B] 24.10m　　　[C] 26.10m　　　[D] 27.10m

(3) 拟建住宅建筑地上最大可建范围与高压线之间的距离为：（3 分）

　　[A] 5.00m　　　　[B] 10.00m　　　[C] 15.00m　　　[D] 30.00m

(4) 拟建住宅建筑地上最大可建范围与社区中心西侧的距离为：（5 分）

　　[A] 6.00m　　　　[B] 9.00m　　　　[C] 11.00m　　　[D] 13.00m

[参考答案]（图 30-2-27）

(1) 拟建住宅建筑地上最大可建范围与社区中心北侧的距离为：（6 分）

　　[A] 6.00m　　　　[B] 9.00m　　　　[C] 13.00m　　　■ 14.40m

(2) 拟建住宅建筑地下最大可建范围与北侧既有住宅楼的距离为：（6 分）

　　■ 23.10m　　　[B] 24.10m　　　[C] 26.10m　　　[D] 27.10m

(3) 拟建住宅建筑地上最大可建范围与高压线之间的距离为：（3 分）

　　[A] 5.00m　　　　[B] 10.00m　　　■ 15.00m　　　[D] 30.00m

(4) 拟建住宅建筑地上最大可建范围与社区中心西侧的距离为：（5 分）

　　[A] 6.00m　　　　■ 9.00m　　　　[C] 11.00m　　　[D] 13.00m

[解析]

(1) 拟建建筑无论地上、地下首先按城市规划管理要求，从道路红线、用地红线以及既有社区中心后退规定距离。

(2) 拟建高层住宅建筑地上部分最大可建范围东侧轮廓退用地红线 5m 后，与既有多层住宅间距 10m，满足防火间距不小于 9m 的要求；东北角不能对既有住宅产生日照遮挡；南侧轮廓要考虑既有商务办公楼和社区中心的日照遮挡；接近社区中心西侧的局部应保持 9m 的防火间距；西北角从高压线中心后退 15m。

(3) 拟建高层住宅地下部分最大可建范围只需满足规划退线要求，而不必考虑日照、

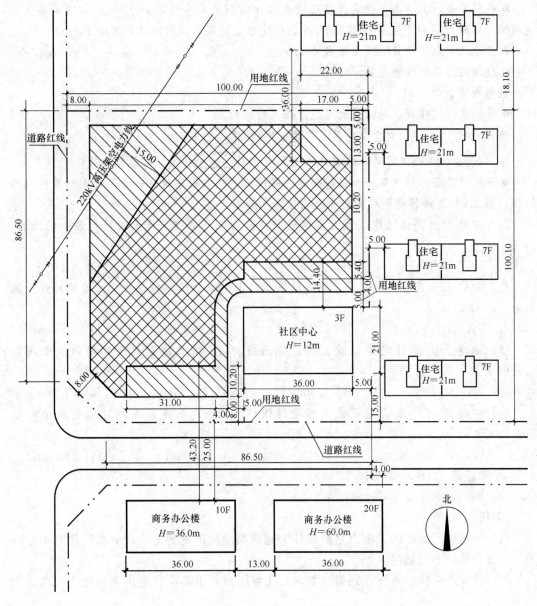

图 30-2-27　作图参考答案

防火及架空高压线的影响。

（4）高压走廊对拟建建筑物最大可建范围的限制仅限于地面以上部分，地下部分不受影响。

十五、2020 年试题及解析

单位：m

设计条件：

● 某建设用地内拟建建筑高度为 33m 和 21m 的住宅建筑，用地平面及既有建筑如图 30-2-28 所示。

● 规划要求：拟建高层住宅建筑后退道路红线和用地界线不小于8m，拟建多层住宅建筑后退道路红线和用地界线不小于3m，拟建住宅建筑后退河道蓝线不小于6m。

● 当地住宅建筑的日照间距系数为1.5。

● 应满足国家现行规范要求。

任务要求：

● 对拟建住宅建筑用地的最大可建范围进行分析。

绘出拟建33m高住宅建筑的最大可建范围（用![斜线矩形]表示）标注相关尺寸。

绘出拟建21m高住宅建筑的最大可建范围（用![斜线矩形]表示）标注相关尺寸。

● 下列单选题每题只有一个最符合题意的选项，从各题中选择一个与作图结果对应的选项，用2B铅笔将答题卡对应题号选项信息点涂黑。

（1）拟建21m高住宅建筑最大可建范围线与北侧住宅建筑南面外墙的最小间距为：（5分）

      [A] 27.00m   [B] 28.00m   [C] 31.50m   [D] 45.00m

（2）拟建33m高住宅建筑最大可建范围线与老年人日间照料设施北面外墙的最小间距为：（5分）

      [A] 6.00m   [B] 7.50m   [C] 9.00m   [D] 11.00m

（3）拟建33m高住宅建筑最大可建范围线与1F商业建筑北面外墙的最小间距为：（5分）

      [A] 6.00m   [B] 9.00m   [C] 11.00m   [D] 13.00m

（4）拟建21m高住宅建筑最大可见范围线与5F商业建筑东侧外墙的最小间距为：（5分）

      [A] 6.00m   [B] 7.00m   [C] 9.00m   [D] 13.00m

[参考答案]（图30-2-29）

（1）B；（2）C；（3）C；（4）A。

[解析]

（1）正确解答此题的关键点是高层住宅建筑高度标准的界定：21m高的住宅不是高层，33m高的住宅是高层。

（2）首先严格执行各种规划退线要求，注意题目要求高层住宅退道路红线距离加大到8m。

（3）注意防火间距要执行6m和9m两个标准，即两座非高层建筑之间的最小防火间距为6m，高层与非高层建筑之间的最小防火间距为9m。

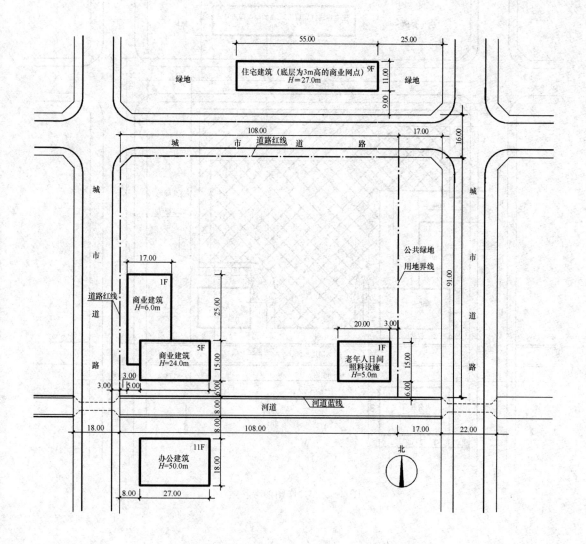

图 30-2-28 总平面图

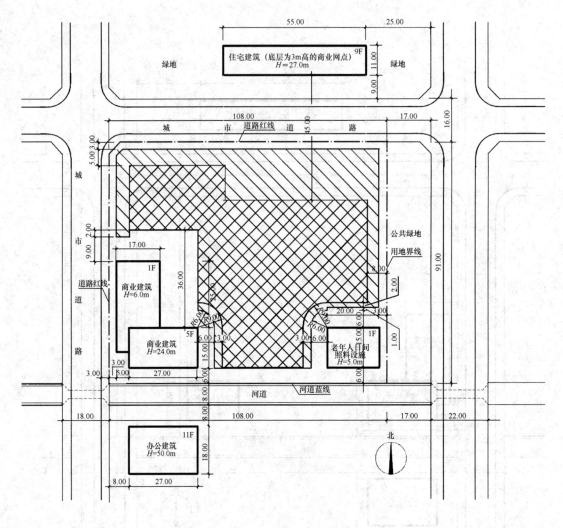

图 30-2-29　作图参考答案

十六、2021 年试题及解析

单位：m

设计条件：

- 某中学预留用地内拟建教学楼，用地界线及周边环境如图 30-2-30 所示。
- 规划要求：拟建教学楼为南北向布置，建筑高度为 24m，建筑退用地界线不小于 5m。
- 当地教学楼与宿舍建筑的日照间距系数均为 1.5。
- 已建建筑和拟建建筑的耐火等级均为二级。
- 应满足国家有关规范规定。

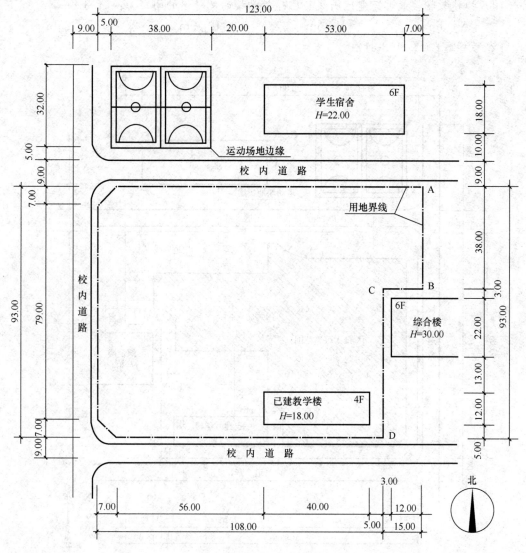

图 30-2-30　总平面图

任务要求:

● 对拟建教学楼的最大可建范围进行分析，绘出拟建教学楼的最大可建范围（用 ▨ 表示），标注相关尺寸。

● 下列单选题每题只有一个最符合题意的选项，从各题中选择一个与作图结果对应的选项，用 2B 铅笔将答题卡对应题号选项信息点涂黑。

(1) 拟建教学楼最大可建围线与北侧学生宿舍南面外墙的间距为:（6分）

　　[A] 24m　　　　　[B] 25m　　　　　[C] 33m　　　　　[D] 36m

(2) 拟建教学楼最大可建范围线与 AB 段用地界线的间距为:（6分）

　　[A] 5m　　　　　[B] 7m　　　　　[C] 12m　　　　　[D] 15m

(3) 拟建教学楼最大可建范围线与已建教学楼北面外墙的间距为:（2分）

　　[A] 6m　　　　　[B] 18m　　　　　[C] 25m　　　　　[D] 27m

（4）拟建教学楼最大可建范围线与已建教学楼西侧外墙的间距为：（4 分）

　　［A］5m　　　　　　　［B］6m　　　　　　　［C］9m　　　　　　　［D］25m

［参考答案］（图 30-2-31）

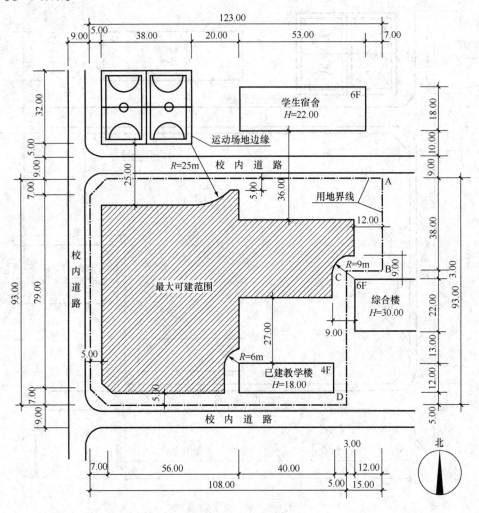

图 30-2-31　总平面图

（1）D；（2）C；（3）D；（4）B。

［解析］

（1）拟建教学楼最大可建范围线与北侧学生宿舍南面外墙的间距按当地日照间距系数 1.5 的规定控制，即应为 24m×1.5＝36m。

（2）拟建教学楼最大可建范围线与 AB 段用地界线的间距受已建高层综合楼日照阴影限制，应为 12m。

（3）拟建教学楼最大可建范围线与已建教学楼北面外墙的间距，按噪声防护距离要求，应不小于 25m；而按日照间距要求，则应为 18m×1.5＝27m，故应按 27m 执行。

（4）拟建教学楼最大可建范围线与已建教学楼西侧外墙的间距，按两座二级耐火等级的非高层建筑间最小防火间距 6m 执行。这里需提醒考生注意的是，高度为 24m 的拟建建筑属于非高层建筑,用地东侧 30m 高的综合楼属于高层建筑,两者间的最小防火间距应为 9m。

（5）绘制拟建教学楼的最大可建范围线时,还有两处细节需注意:其一是建筑转角处防火间距边界线应抹成以防火间距尺寸为半径的圆角;其二是教学楼主要采光面与室外运动场边缘的防噪声距离应大于或等于 25m,故北侧可建范围的边界线在靠近球场东南转角处也应抹成半径为 25m 的圆弧。

第三节 场 地 剖 面

一、"场地剖面"考点归纳及应试要领

1. 考点归纳

（1）在场地剖面上画出高层及非高层建筑的最大可建范围并标注重要的定位尺寸。剖面可建范围的边界,在建筑外墙处一律作垂直线;顶部轮廓与"场地分析"类似,一般不考虑实际建造的可行性,只需用直线绘出。

（2）在场地剖面上布置建筑物,有时要求在满足防火和日照要求的前提下,对布置方案作出优选。

（3）试题中常见的规范问题主要是防火和日照间距规定,要求考生做到概念清楚、数据准确。决定防火间距时,必须搞清楚高层建筑的界定标准。公共建筑高度超过 24m 的才属于高层,小于等于 24m 的不属于高层建筑。此外,单层公共建筑超过 24m 也不属于高层。住宅建筑过去规定 10 层及以上属于高层,新规范改为高度超过 27m 的属于高层,小于等于 27m 的住宅不是高层。同时,要注意把底部附设商业服务网点的住宅和商住楼明确区分开来。住宅底部商业空间面积超过 $300m^2$,或层数超过两层时就算商住楼,属于公共建筑范畴。

（4）与"场地分析"试题一样,如果题目没有特别提出,最大可建范围分析一般不考虑相邻建筑的视线、噪声干扰和自然采光间距问题。

2. 应试要领

（1）场地剖面问题实际上是在剖面关系上对场地的空间条件进行分析。场地剖面试题一般有两种题型,一种是要求在剖面上画出最大可建范围,这与场地的平面分析类似;另一类是要求在剖面上进行场地布置,需要考虑建、构筑物的合理间距以及前后次序,常常要求得出用地最省的布置方案。有的试题还结合地形处理,要求考虑土方量和护坡、挡土墙的设置。剖面上的最大可建范围和建筑布置问题同样要满足规划退线要求,并以考虑日照和防火为主。也可能有卫生防护和文物保护问题,有时甚至还有景观视线问题。

（2）剖面上的最大可建范围问题,一般假定新、老建筑都是南北朝向且相互平行的通长板式建筑。可建范围的边界线在高度上应作垂直线,不可考虑外墙向南倾斜,因为南面外墙向南斜出虽然可以增加剖面面积,却遮挡了本身的建筑日照,不符合日照间距的计算原则。在顶部常常因日照或视线关系形成斜线。作图时一般不考虑建筑楼层关系而作台阶状处理,因为与平面上的最大可建范围一样,这只是一个理论上的范围,和实际建造的可行性无关。由于试题有可能要求计算可建范围的面积,边界形状对计算结果的影响是很明

显的,这一点也应当注意。2012年的场地剖面题规定了拟建建筑的层高,并明确要求做成平屋面,还要计算楼层剖面面积。这时剖面可建范围的顶部边界就要画成符合规定层高的阶梯状了。

(3)在剖面上布置建、构筑物,考虑它们的间距时,要求符合规范规定。而规范数据一般在题目中不给提示,往往也正是考点所在。所以正确解题就需要对《民用建筑设计通则》《城市居住区规划设计标准》和有关建筑设计防火规范规定中的常用数据有比较清楚的了解。

二、2005年试题及解析

单位:m

设计条件:

● 某场地断面如图30-3-1所示,南侧为已建10层住宅楼,北侧为已建4层办公楼。拟在两已建建筑间建一栋建筑物。拟建建筑物的剖面如图30-3-2所示。

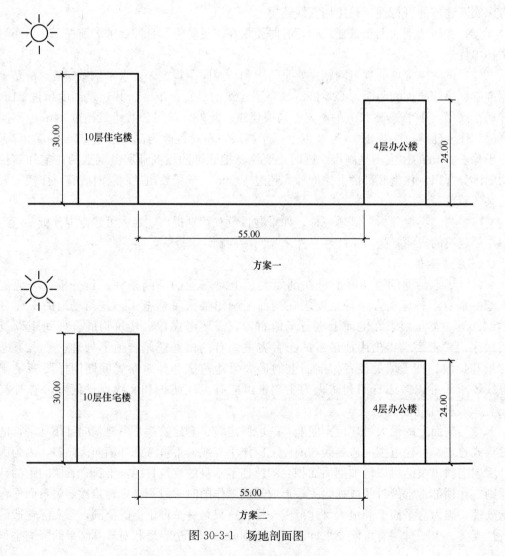

图 30-3-1　场地剖面图

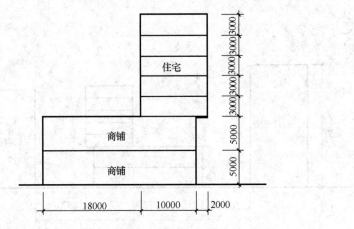

图 30-3-2　拟建建筑物剖面示意图

- 已建及拟建建筑均为等长的条形建筑物，其方位均为正南正北，耐火等级为二级。
- 拟建建筑一至二层为商场，三至七层为住宅。
- 当地的日照间距系数为 1.5。
- 要求在满足日照和防火的条件下，在场地断面上布置拟建建筑物。

任务要求：

- 在场地断面上分别绘出两种布置方案：
  方案一为拟建建筑距南侧住宅最近的方案；
  方案二为拟建建筑距南侧住宅最远的方案。
- 标出拟建建筑物与已建建筑之间的相关间距。
- 根据作图，在下列单选题中选择一个正确答案，并将其字母涂黑，（例如 ■ ×× ×），同时在答题卡"选择题"内将对应题号的对应字母用 2B 铅笔涂黑，二者必须一致。

（1）方案一中拟建建筑物的商场与南侧 10 层住宅楼的间距为：（6 分）

　　[A] 6.0m　　　　[B] 9.0m　　　　[C] 12.0m　　　　[D] 13.0m

（2）方案二中拟建建筑物的商场与南侧 10 层住宅楼的间距为：（6 分）

　　[A] 13.0m　　　[B] 16.0m　　　　[C] 18.0m　　　　[D] 25.0m

[参考答案]（图 30-3-3）

（1）方案一中拟建建筑物的商场与南侧 10 层住宅楼的间距为：（6 分）

　　[A] 6.0m　　　　[B] 9.0m　　　　■ 12.0m　　　　[D] 13.0m

（2）方案二中拟建建筑物的商场与南侧 10 层住宅楼的间距为：（6 分）

　　[A] 13.0m　　　■ 16.0m　　　　[C] 18.0m　　　　[D] 25.0m

[解析]

（1）方案一：拟建建筑距南侧 10 层住宅最近位置应由两座建筑住宅部分的日照间距决定，为：（30m−10m）×1.5＝30m；即两座建筑的最近距离为 30m−18m＝12m。

（2）方案二：拟建建筑距南侧 10 层住宅最远位置应由拟建建筑与北侧 4 层办公楼可能的最近距离决定。拟建建筑高 25m，属于高层建筑。其悬挑的住宅部分外墙面距离 4 层办公楼外墙应满足 9m 防火间距的要求。此时，拟建建筑与南侧住宅楼的距离最远，为：55m−9m−30m＝16m。

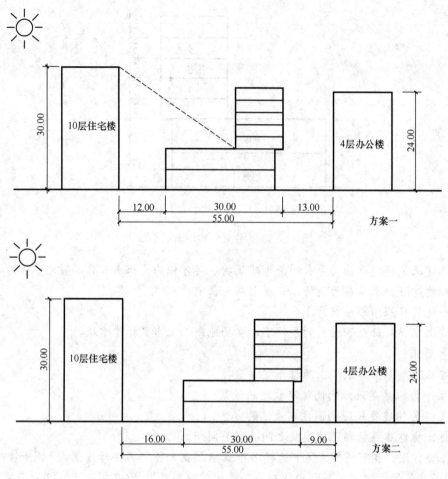

图 30-3-3　作图参考答案

三、2006 年试题及解析

单位：m

设计条件：

● 某场地断面如图 30-3-4 所示，南侧为一 24m 高的建筑，北侧为一 20 层住宅楼。

● 拟在两座已建建筑之间建一座带底层商店的商住楼。

● 已建及拟建建筑均为等长的条形建筑物，其方位均为正南正北；耐火等级为二级。建筑相对的外墙均按开窗考虑。

● 拟建建筑底层商店高 4m，上部住宅 8 层高 24m，共 9 层，总高度 28m。

● 当地住宅的日照间距系数为 1.2。

任务要求：

● 满足日照和防火间距要求而不考虑住宅间的视线干扰，在场地剖面图上画出最大可建范围断面，住宅用 ▨ 表示，商店用 ▤ 表示。

● 按设计条件注出相关尺寸。

● 根据作图，在下列单选题中选择一个正确答案，并将其字母涂黑（例如 [■] × ×

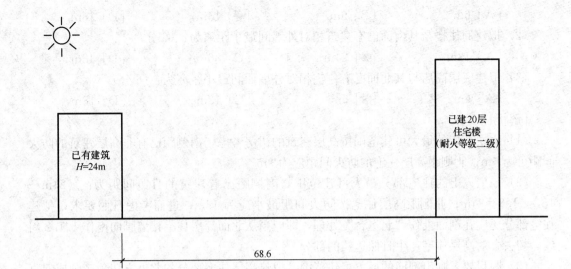

图 30-3-4　场地剖面图

×），同时在答题卡"选择题"内将对应题号的对应字母用 2B 铅笔涂黑，二者必须一致。

(1) 拟建商住楼与其北面已有住宅相对外墙面间最小距离为：（6分）

　　　[A] 6m　　　　　[B] 9m　　　　　[C] 13m　　　　　[D] 18m

(2) 拟建商住楼与其南面已有建筑相对外墙间最小距离为：（6分）

　　　[A] 18m　　　　[B] 24m　　　　[C] 36m　　　　[D] 48m

(3) 拟建底层商店与其北面已有住宅相对外墙面间最小距离为：（6分）

　　　[A] 6m　　　　　[B] 9m　　　　　[C] 13m　　　　　[D] 18m

[参考答案]（图 30-3-5）

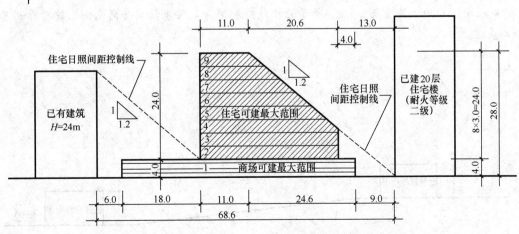

图 30-3-5　作图参考答案

(1) 拟建商住楼与其北面已有住宅相对外墙面间最小距离为：（6分）

| [A] 6m | [B] 9m | [■] 13m | [D] 18m |

（2）拟建商住楼与其南面已有建筑相对外墙间最小距离为：（6分）

| [A] 18m | [■] 24m | [C] 36m | [D] 48m |

（3）拟建底层商店与其北面已有住宅相对外墙面间最小距离为：（6分）

| [A] 6m | [■] 9m | [C] 13m | [D] 18m |

[解析]

（1）底层商店的最大可建范围按高层建筑的裙房考虑，南侧距已有非高层建筑的防火间距可为 6m；北侧距高层住宅的防火间距应为 9m。

（2）二层以上的住宅部分最大可建范围，南侧距已有建筑的日照间距为：（24m－4m）×1.2＝24m；北侧距高层住宅按防火间距最小应为 13m；进而考虑日照要求，拟建住宅部分还应在剖面上作"北退台"处理，即应当从北面高层住宅楼墙脚向南作 1/1.2 斜线，切去会对高层住宅产生日照遮挡的部分。

（3）题目要求画出剖面的最大可建范围，拟建高层住宅部分的北上方切角应画成斜直线，而不必按楼层做成阶梯状。

（4）按现行《民用建筑设计通则》要求，布置住宅建筑时除应考虑防火和日照外，还有视线干扰问题也要考虑。但考试中为简化答案，常对此不作要求。

（5）此题南侧已有建筑高 24m，可按非高层建筑考虑防火间距；超过 24m 时才按高层考虑。

四、2007 年试题及解析

单位：m

设计条件：

● 某疗养院场地剖面如图 30-3-6 所示，场地南高北低，南北两侧均为已建疗养用房。

● 将场地整理成图 30-3-7 所示的三级水平台地（地面排水坡度忽略不计），要求土方平衡且土方工程量最小。

● 在中间台地上布置图 30-3-8 所示的拟建疗养用房，要求该用房离南侧已建疗养用房距离最近。

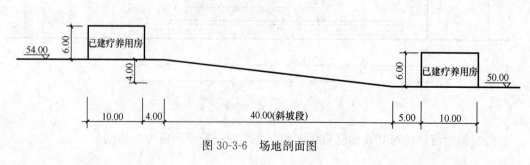

图 30-3-6 场地剖面图

● 已建及拟建疗养用房均为等长的条形建筑，其方位均为正南北，耐火等级为二级。
● 当地规划要求疗养用房的日照间距系数为2.0。
● 要求满足日照及防火要求。

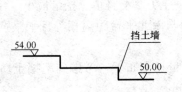

图 30-3-7 水平台地剖面图   图 30-3-8 拟建建筑剖面示意图

任务要求：
● 按照设计条件绘制场地剖面图。
● 标注相关尺寸及台地的标高。
● 根据作图，在下列单选题中选择一个正确答案并将其字母涂黑（例如 ×××），
同时在答题卡"选择题"内将对应题号的对应字母用2B铅笔涂黑，二者选项必须一致。

（1）中间台地的标高为：（6分）
　　[A] 51.00　　　　[B] 52.00　　　　[C] 53.00　　　　[D] 53.50
（2）拟建疗养用房与南侧已建疗养用房的最小间距为：（6分）
　　[A] 16.00m　　　[B] 17.00m　　　[C] 18.00m　　　[D] 23.00m
（3）北侧已建疗养用房与中间台地挡土墙的间距为：（6分）
　　[A] 5.00m　　　　[B] 10.00m　　　[C] 15.00m　　　[D] 20.00m

[参考答案]（图 30-3-9）

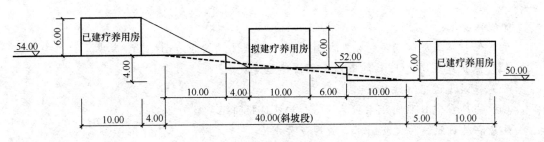

图 30-3-9 作图参考答案

（1）中间台地的标高为：（6分）
　　[A] 51.00　　　　[B] 52.00　　　　[C] 53.00　　　　[D] 53.50
（2）拟建疗养用房与南侧已建疗养用房的最小间距为：（6分）
　　[A] 16.00m　　　[B] 17.00m　　　[C] 18.00m　　　[D] 23.00m

589

（3）北侧已建疗养用房与中间台地挡土墙的间距为：（6分）

    [A] 5.00m　　　　[B] 10.00m　　　[■] 15.00m　　　[D] 20.00m

[解析]

（1）首先确定拟平整台地的位置和标高。为使土方平衡且填、挖量最小，台地的标高应为原有场地标高的平均值，即 52.00m；平整段与南北平台距离相等且平整宽度为原有斜坡段宽度的一半。

（2）拟建疗养用房定位：题目要求拟建房尽量靠南布置，考虑到南挡土墙的日照遮挡，拟建房应从挡土墙向北退 2.00m×2.0=4.00m。

五、2008 年试题及解析

单位：m

设计条件：

● 某场地断面如图 30-3-10 所示，建筑用地南侧为保护建筑群，北侧为城市道路，城市道路北侧为学校教学楼。

图 30-3-10　场地剖面图

● 拟建建筑一层为商店，层高为 5.6m；二层及二层以上为住宅。

● 已建及拟建建筑均为等长的条形建筑物，其方位均为正南北向，耐火等级均为二级。

● 规划要求：

（1）保护建筑庭院内不得看见拟建建筑（视线高度按距地面 1.6m 考虑）。

（2）保护建筑周边 12m 范围内，不得建造建筑。

（3）建筑退道路红线 8m。

（4）当地住宅日照间距系数为 1.5；学校日照间距系数为 2。

● 应满足日照、防火及国家有关规范要求。

任务要求：

● 根据上述条件在场地剖面上绘出拟建建筑剖面的最大可建范围。

● 标注拟建建筑与已建建筑之间的相关尺寸。

● 根据作图，在下列单选题中选择一个正确答案并将其字母涂黑（例如■×××），同时在答题卡"选择题"内将对应题号的对应字母用 2B 铅笔涂黑，二者选项必须一致。

（1）拟建建筑和保护建筑最近的距离为：（4分）

　　　　[A] 12m　　　　　　[B] 13m　　　　　　[C] 15m　　　　　　[D] 18m

（2）拟建住宅部分和保护建筑最近的距离为：（5分）

　　　　[A] 13m　　　　　　[B] 16m　　　　　　[C] 18m　　　　　　[D] 26.4m

（3）离保护建筑18m处，建筑可建的最大高度为：（4分）

　　　　[A] 24m　　　　　　[B] 28.6m　　　　　　[C] 31.6m　　　　　　[D] 51.6m

（4）拟建建筑最北端的最大高度为：（5分）

　　　　[A] 22m　　　　　　[B] 24m　　　　　　[C] 40m　　　　　　[D] 44m

[参考答案]（图30-3-11）

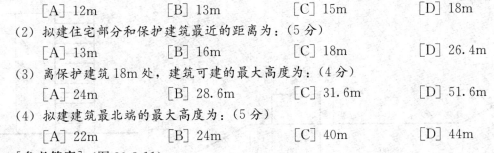

图30-3-11　作图参考答案

（1）拟建建筑和保护建筑最近的距离为：（4分）

　　　　[■] 12m　　　　　　[B] 13m　　　　　　[C] 15m　　　　　　[D] 18m

（2）拟建住宅部分和保护建筑最近的距离为：（5分）

　　　　[A] 13m　　　　　　[B] 16m　　　　　　[■] 18m　　　　　　[D] 26.4m

（3）离保护建筑18m处，建筑可建的最大高度为：（4分）

　　　　[A] 24m　　　　　　[B] 28.6m　　　　　　[■] 31.6m　　　　　　[D] 51.6m

（4）拟建建筑最北端的最大高度为：（5分）

　　　　[A] 22m　　　　　　[B] 24m　　　　　　[C] 40m　　　　　　[■] 44m

[解析]

（1）商住楼裙房距南侧保护建筑按题目要求为12m，但其上部住宅与保护建筑的距离应按住宅的日照间距计算，为：（17.6m−5.6m）×1.5＝18m。

（2）商住楼北墙的最大允许高度应按教学楼的日照间距计算，为：88m×0.5＝44m。

（3）商住楼剖面最大可建范围的上部应为尖顶状。尖顶的南坡控制在保护建筑院内1.6m高视点不可见的范围内，所以其坡度应≤1/2；尖顶的北坡按教学楼日照要求，坡度也应≤1/2。

六、2009年试题及解析

单位：m

设计条件：

● 某小区局部场地剖面如图30-3-12所示，在原商业建筑北侧由南向北依次拟建1栋住宅楼、消防车道和围墙。住宅楼剖面见图30-3-13，消防车道距住宅楼5m，围墙高3m、厚0.3m。

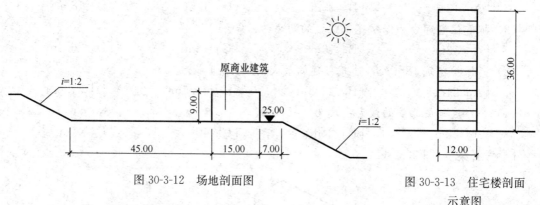

图 30-3-12　场地剖面图

图 30-3-13　住宅楼剖面示意图

● 原商业建筑南侧高程为 25.00m 的平台宽度由原来的 7m 扩至 14m；平台扩展后，建坡度为 1：1 的护坡与原斜坡相接。

● 当地住宅建筑的日照间距系数为 2，原有及拟建建筑的耐火等级均为二级。

● 要求拟建项目用地最小。

● 满足国家消防及居住区规划设计规范的有关要求。

任务要求：

● 根据上述条件绘出拟建住宅楼、消防车道、围墙、扩展平台和 1：1 护坡。

● 标注相关的尺寸。

● 根据作图结果，在下列单选题中选择一个对应答案，并用铅笔将所选选项的字母涂黑（例如 ［A］… ■… ［C］… ［D］…），同时用 2B 铅笔填涂答题卡对应题号的字母，二者选项必须一致，缺一不予评分。

（1）拟建住宅楼和原商业建筑的最小间距为：（6 分）

　　［A］6m　　　　　　［B］9m　　　　　　［C］13m　　　　　　［D］18m

（2）拟建住宅楼北侧和围墙的最小水平距离为：（6 分）

　　［A］9.00m　　　　　［B］9.50m　　　　　［C］10.00m　　　　　［D］10.50m

（3）平台 1：1 护坡段的水平投影长度为：（6 分）

　　［A］6.00m　　　　　［B］7.00m　　　　　［C］9.00m　　　　　［D］14.00m

［**参考答案**］（图 30-3-14）

（1）拟建住宅楼和原商业建筑的最小间距为：（6 分）

　　［A］6m　　　　　　［B］9m　　　　　　［C］13m　　　　　■ 18m

（2）拟建住宅楼北侧和围墙的最小水平距离为：（6 分）

　　［A］9.00m　　　　　［B］9.50m　　　　　［C］10.00m　　　　　■ 10.50m

（3）平台 1：1 护坡段的水平投影长度为：（6 分）

　　［A］6.00m　　　　　■ 7.00m　　　　　［C］9.00m　　　　　［D］14.00m

［**解析**］

（1）按《城市居住区规划设计规范》规定，消防车道边缘至围墙面不小于 1.5m，至高层住宅为 5m，所以高层住宅至围墙面为 10.50m。

（2）《建筑设计防火规范》规定消防车道宽度不小于 4m。

（3）商业楼距高层住宅按日照间距计算，应为 9m×2.0＝18.0m。

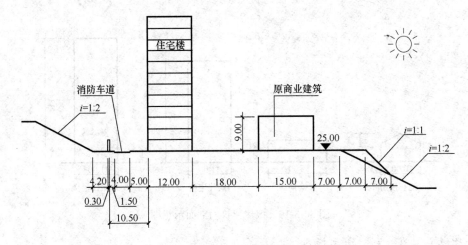

图 30-3-14　作图参考答案

（4）商业楼南面用地向南扩展后做 1∶1 的护坡，与原有地形 1∶2 的坡面相接；作图可知新建护坡的水平投影长度为 7m。

七、2010 年试题及解析

单位：m

设计条件：

● 场地剖面如图 30-3-15 所示。

● 拟在保护建筑与古树之间建一配套用房，要求配套用房与保护建筑的间距最小；拟在古树与城市道路之间建会所、9 层住宅楼、11 层住宅楼各一栋，要求建筑布局紧凑，使拟建建筑物与古树及与城市道路的距离尽可能大。

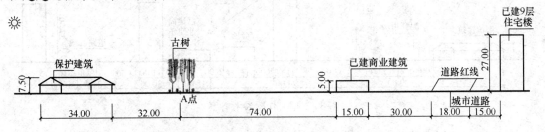

图 30-3-15　场地剖面图

● 建筑物均为条形建筑，正南向布局。拟建建筑物的剖面及尺寸示意见图 30-3-16。

● 保护建筑的耐火等级为三级，其他已建、拟建建筑均为二级。

● 当地居住建筑的日照间距系数为 1.5。

● 应满足国家有关规范的要求。

任务要求：

● 根据设计条件在场地剖面图上绘出拟建建筑物。

● 标注各建筑物之间及建筑物与 A 点、城市道路红线之间的距离。

● 根据作图结果，在下列单选题中选择一个对应答案并用铅笔将所选选项的字母涂黑，例如 [A]… [■]… [C]… [D]…。同时，用 2B 铅笔填涂答题卡对应题号的字母，

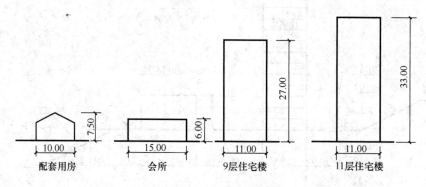

图 30-3-16 拟建建筑物剖面示意图

二者选项必须一致，缺一不予评分。

(1) 配套用房与保护建筑的间距为：(4分)

    [A] 6m　　　　　[B] 7m　　　　　[C] 8m　　　　　[D] 9m

(2) 已建商业建筑与拟建会所的间距为：(4分)

    [A] 6m　　　　　[B] 9m　　　　　[C] 10m　　　　　[D] 13m

(3) 沿城市道路拟建建筑物与道路红线的距离为：(5分)

    [A] 6m　　　　　[B] 7.5m　　　　　[C] 10m　　　　　[D] 11.5m

(4) A点与北向的最近拟建建筑物的距离为：(5分)

    [A] 33m　　　　　[B] 36m　　　　　[C] 38m　　　　　[D] 40m

[参考答案]（图 30-3-17）

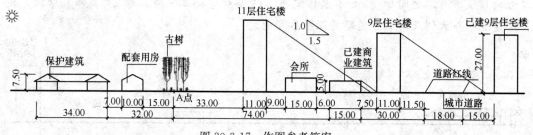

图 30-3-17　作图参考答案

(1) 配套用房与保护建筑的间距为：(4分)

    [A] 6m　　　　　[■] 7m　　　　　[C] 8m　　　　　[D] 9m

(2) 已建商业建筑与拟建会所的间距为：(4分)

    [■] 6m　　　　　[B] 9m　　　　　[C] 10m　　　　　[D] 13m

(3) 沿城市道路拟建建筑物与道路红线的距离为：(5分)

    [A] 6m　　　　　[B] 7.5m　　　　　[C] 10m　　　　　[■] 11.5m

(4) A点与北向的最近拟建建筑物的距离为：(5分)

    [■] 33m　　　　　[B] 36m　　　　　[C] 38m　　　　　[D] 40m

[解析]

(1) 新建配套建筑与保护建筑之间的防火间距，按二级耐火建筑与三级耐火建筑的最小距离 7m 控制。

（2）在古树与城市道路之间布置建筑，为了布局尽量紧凑，首先考虑将较高的住宅放在已建商业建筑北部。但是这样做，在保证其与商业建筑的日照间距后，又会造成对路北已建住宅的日照遮挡，故不可行；只好把它换成较低一栋住宅。较低住宅与已建商业建筑的间距按日照间距控制，为 1.5×5m＝7.5m；既可以满足题目"与城市道路尽量远"的要求，又不会对路北住宅造成日照遮挡。

（3）剩下的两栋建筑放在已建商业建筑的南面；首先，决定较高住宅楼的定位，以不遮挡较低住宅楼的日照为准，二者间距应不小于 1.5×33m＝49.5m；然后，把没有日照要求的会馆放在较高住宅楼的阴影里；这就是最紧凑的布置方案。不过还要进一步考虑会馆建筑与两旁建筑的防火间距。底层会馆和商业之间的间距 6m，与高层住宅之间应不小于 9m。

八、2011 年试题及解析

单位：m

设计条件：

● 沿正南北走向的场地剖面如图 30-3-18 所示。

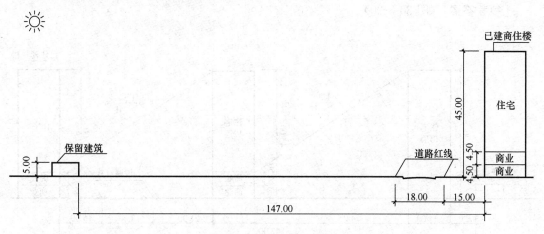

图 30-3-18　场地剖面图

● 在保留建筑与已建商住楼之间的场地上拟建住宅楼、商住楼各一栋，其剖面及局部尺寸示意见图 30-3-19。

● 商住楼一、二层商业层高为 4.50m；住宅层高均为 3.00m。

● 规划要求该地段建筑限高为 45.00m，拟建建筑后退道路红线不小于 15.00m。

● 保留、已建、拟建建筑均为条形建筑，且南北向布置；耐火等级多层为二级，高层为一级。

● 当地住宅建筑的日照间距系数为 1.5。

● 应满足国家有关规范要求。

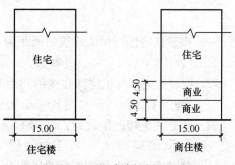

图 30-3-19　拟建建筑剖面示意图

任务要求:

● 根据设计条件在场地剖面图上绘出拟建建筑物,要求拟建建筑的建设规模最大。

● 标注各建筑物之间及建筑物与道路之间的距离,标注建筑层数及高度。

● 根据作图结果,在下列单选题中选择一个对应答案并用铅笔将所选选项的字母涂黑(例如 [A]… [B]… [C]… [D]…),同时用 2B 铅笔填涂答题卡对应题号的字母。二者选项必须一致,缺一不评分。

(1) 拟建住宅楼与保留建筑的间距为:(4分)

    [A] 6.00m   [B] 9.00m   [C] 13.00m   [D] 15.00m

(2) 拟建住宅楼与拟建商住楼的间距为:(4分)

    [A] 54.00m   [B] 58.00m   [C] 60.00m   [D] 67.50m

(3) 拟建住宅楼的层数为:(5分)

    [A] 12层   [B] 13层   [C] 14层   [D] 15层

(4) 拟建商住楼中住宅部分的层数为:(5分)

    [A] 7层   [B] 10层   [C] 12层   [D] 14层

[参考答案](图 30-3-20)

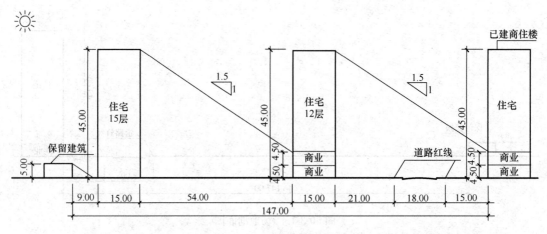

图 30-3-20　作图参考答案

(1) 拟建住宅楼与保留建筑的间距为:(4分)

    [A] 6.00m   ■ 9.00m   [C] 13.00m   [D] 15.00m

(2) 拟建住宅楼与拟建商住楼的间距为:(4分)

    ■ 54.00m   [B] 58.00m   [C] 60.00m   [D] 67.50m

(3) 拟建住宅楼的层数为:(5分)

    [A] 12层   [B] 13层   [C] 14层   ■ 15层

(4) 拟建商住楼中住宅部分的层数为:(5分)

    [A] 7层   [B] 10层   ■ 12层   [D] 14层

[解析]

(1) 此题布置方案只有两种:商住楼在南或在北,需要考虑哪种方案的住宅层数可以安排得最多。两种布置方案拟建建筑与南北已建建筑的间距要求都一样。南面由防火间距控制，高层建筑与低层保留建筑间距不小于 9m；北面由日照间距控制，都不能小于拟建建筑高度的 1.5 倍。

（2）商住楼在南还是普通住宅楼在南，布置起来何者更为有利？普通住宅在南的话，它和商住楼之间的日照间距用地显然比较小，因为用于计算日照间距的房屋高度可减去两层底商的高度 9m。在用地既定的条件下，这样布置所盖住宅就多一些；反过来，如果商住楼在南，两座拟建建筑的日照间距计算高度就不能减少 9m，因此布置的住宅就少一些。

九、2012 年试题及解析

单位：m

设计条件：

● 某场地沿正南北向的剖面如图 30-3-21 所示。

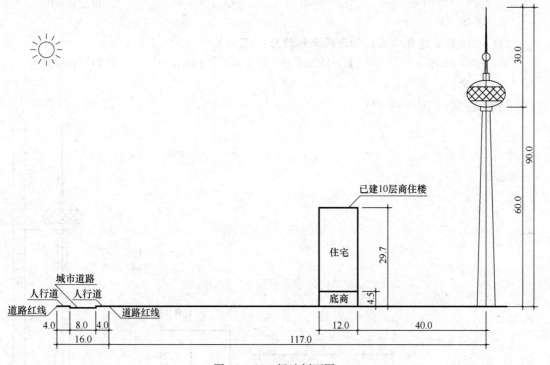

图 30-3-21　场地剖面图

● 在城市道路与已建 10 层商住楼之间拟建一幢各层层高均为 4.5m、平屋面（室内外高差及女儿墙高度不计）的商业建筑。

● 拟建商业建筑与已建 10 层商住楼均为条形建筑，正南北向布置，耐火等级均为二级。

● 规划要求拟建商业建筑后退道路红线不小于 15m，在人行道视点高度 1.5m 处可看到观光塔上部不少于塔高的 1/3（以塔身中心线为准）。

● 当地住宅建筑日照间距系数为 1.5。

● 应满足国家有关规范要求。

任务要求：

● 根据设计条件在场地剖面图上绘出拟建商业建筑的剖面最大可建范围（用 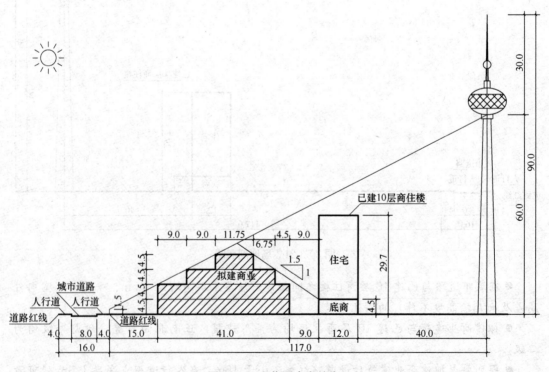 表示），标注拟建商业建筑与已建10层商住楼的间距。

● 根据作图结果，在下列单选题中选择一个答案并用绘图笔将其填写在括号（）内，同时用2B铅笔填涂答题卡对应题号的答案；二者答案必须一致，缺一不予评分。

(1) 拟建商业建筑与已建10层商住楼的间距为：（4分）

     [A] 6m   [B] 9m   [C] 10m   [D] 13m

     答案：（   ）

(2) 拟建商业建筑的层数为：（4分）

     [A] 2层   [B] 3层   [C] 4层   [D] 5层

     答案：（   ）

(3) 拟建商业建筑一层剖切面的面积约为：（5分）

     [A] 167m²   [B] 185m²   [C] 195m²   [D] 198m²

     答案：（   ）

(4) 拟建商业建筑二层剖切面的面积约为：（5分）

     [A] 167m²   [B] 185m²   [C] 195m²   [D] 198m²

     答案：（   ）

[**参考答案**]（图 30-3-22）

图 30-3-22 作图参考答案

(1) 拟建商业建筑与已建10层商住楼的间距为：（4分）

[A] 6m　　　　　　[■] 9m　　　　　　[C] 10m　　　　　　[D] 13m

（2）拟建商业建筑的层数为：（4分）

[A] 2层　　　　　　[B] 3层　　　　　　[■] 4层　　　　　　[D] 5层

（3）拟建商业建筑一层剖切面的面积为：（5分）

[A] 167m²　　　　　[■] 185m²　　　　　[C] 195m²　　　　　[D] 198m²

（4）拟建商业建筑二层剖切面的面积为：（5分）

[A] 167m²　　　　　[■] 185m²　　　　　[C] 195m²　　　　　[D] 198m²

[解析]

（1）考虑从用地南侧城市道路的人行道上至少能看到观光塔60m以上的塔顶部分，可以从人行道北边缘1.5m高的视点连线到观光塔60m高点。此连线就是拟建商业楼剖面最大可建范围的边缘线。

（2）再考虑拟建商业楼对北侧已建商住楼的日照遮挡问题。从已建商住楼南侧外墙4.5m高处，即住宅部分的高度起始点向南作1∶1.5斜线，这也是一条拟建商业楼剖面最大可建范围的边缘线。

（3）城市规划要求拟建建筑后退道路红线15m，拟建商业楼与北侧已建高层商住楼的防火间距不小于9m；这两项条件决定了拟建商业楼剖面最大可建范围的南、北边界。

（4）按题目要求，依据4.5m层高、平屋面的条件，画出拟建商业楼剖面最大可建范围的楼层数。从作图结果可知，最大可建4层，1、2层剖面宽度相同。

十、2013年试题及解析

单位：m

设计条件：

● 某丘陵地区养老院的场地剖面如图30-3-23所示。场地两侧为已建11层老年公寓楼，其中一、二层为活动用房；场地北侧为已建5层老年公寓楼，其中一层为停车库。

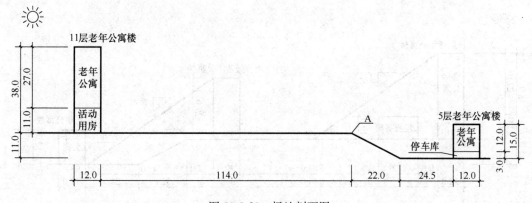

图30-3-23　场地剖面图

● 在上述两栋建筑中拟建2层服务楼、9层老年公寓楼各一幢（图30-3-24），并在同一台地上设置一块室外集中场地。

● 规划要求建筑物退场地变坡点A不小于12m，当地老年公寓日照间距系数为1.5。

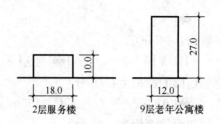

图 30-3-24　拟建建筑剖面示意图

● 已建及拟建建筑均为正南北方向布置；耐火等级均为二级。

● 应满足国家有关规范要求。

任务要求：

● 在场地剖面上绘出拟建建筑，使室外集中场地最大且日照条件最优。

● 标注拟建建筑与已建建筑之间的相关尺寸。

● 下列单选题每题只有一个最符合题意的选项，从各题中选择一个与作图结果对应的选项，用黑色绘图笔将选项对应的字母填写在括号中；同时用 2B 铅笔将答题卡对应题号选项信息点涂黑。二者答案必须一致，缺一不予评分。

(1) 拟建建筑与已建 11 层老年公寓之间的最近距离为：(6 分)

    [A] 6m   [B] 9m   [C] 57m   [D] 63m

    答案：(　　)

(2) 室外集中场地的进深为：(6 分)

    [A] 45m   [B] 57m   [C] 63m   [D] 67.5m

    答案：(　　)

(3) 拟建建筑与 5 层老年公寓楼之间的最近水平距离为：(6 分)

    [A] 36m   [B] 54m   [C] 58.5m   [D] 91.5m

    答案：(　　)

[**参考答案**] (图 30-3-25)

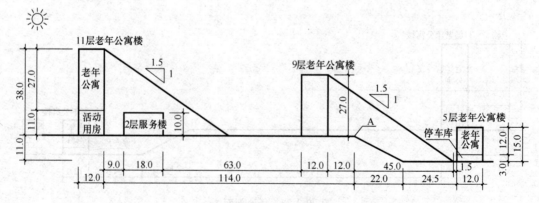

图 30-3-25　作图参考答案

(1) 拟建建筑与已建 11 层老年公寓之间的最近距离为：(6 分)

    [A] 6m   [B] 9m   [C] 57m   [D] 63m

答案：（ B ）

(2) 室外集中场地的进深为：(6分)

　　[A] 45m　　　　　[B] 57m　　　　　[C] 63m　　　　　[D] 67.5m

答案：（ C ）

(3) 拟建建筑与5层老年公寓楼之间的最近水平距离为：(6分)

　　[A] 36m　　　　　[B] 54m　　　　　[C] 58.5m　　　　　[D] 91.5m

答案：（ C ）

[解析]

(1) 和历年场地剖面试题一样，本题的主要考点仍然是日照和防火间距。题目要求在两栋已有建筑之间建9层公寓楼和2层服务楼各一栋，并在同一台地上设置一块室外集中场地，"使室外场地最大且日照条件最优"。题目的这句话有点令人费解，但却是正确解题的关键。在用地总进深114m的台地上布置两栋建筑，可以有两种摆法。公寓楼在南，服务楼在北，且二者尽量往北靠，新、老公寓楼之间可以留出66m的室外场地；减去11层公寓的阴影长度57m，其中不受日照遮挡的部分只有9m。参考答案采用另一种方案，公寓楼在北，服务楼在南，两栋新建筑间的最大间距可做到63m，虽然比前一方案少3m，但其中不受日照遮挡的部分有33m。符合"日照条件最优"的要求，所以是正确答案。

(2) 已建11层公寓楼与2层服务楼最小间距按多层与高层之间防火间距9m控制。9层公寓楼的定位有两个限制条件：一是规划退线，距A点12m；二是不能遮挡北面已建公寓楼的日照。分析结果，满足12m的退线要求，日照即不成问题。按前一种方案布置，2层服务楼与9层公寓楼的防火间距按多层与多层考虑，6m即可，所以室外场地稍大，但日照条件不是最优。

十一、2014年试题及解析

单位：m

设计条件：

● 某医院用地内有一栋保留建筑，用地北侧有一栋三层老年公寓，场地剖面如图30-3-26所示。

图 30-3-26　场地剖面图

● 拟在医院用地内AB点之间进行改建、扩建。保留建筑改建为门、急诊楼，拟建一

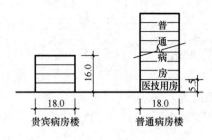

图 30-3-27 拟建建筑剖面示意图

栋贵宾病房楼，一栋普通病房楼（底层作为医技用房，二层及以上作为普通病房）。

● 贵宾病房楼为 4 层，建筑层高均为 4m，总高度 16m；普通病房楼底层层高 5.5m，二层及以上建筑层高均为 4m，层数通过作图决定（拟建建筑剖面见图 30-3-27）。

● 拟建建筑高度计算均不考虑女儿墙高度及室内外高差，建筑顶部不设置退台。

● 建筑物退界，多层建筑退场地变坡点 A 不小于 5m，高层建筑退场地变坡点 A 不小于 8m。

● 病房建筑、老年公寓建筑的日照间距系数为 2.0，保留建筑及拟建建筑均为条形建筑且正南北向布置，耐火等级均为二级。

● 应满足国家有关规范要求。

任务要求：

● 在场地剖面上绘出贵宾病房楼及普通病房楼的位置，使两栋病房楼间距最大且普通病房楼层数最多。

● 标注拟建建筑与已建建筑之间的相关尺寸。

● 下列单选题每题只有一个最符合题意的选项，从各题中选择一个与作图结果对应的选项，用黑色绘图笔将选项对应的字母填写在括号中；同时用 2B 铅笔将答题卡对应题号选项信息点涂黑。二者必须一致，缺项不予评分。

（1）拟建建筑与 A 点的间距为：（6 分）

　　[A] 5m　　　　　[B] 6m　　　　　[C] 7m　　　　　[D] 8m

　　答案：（　　　）

（2）贵宾病房楼与普通病房楼的间距为：（6 分）

　　[A] 20m　　　　[B] 23m　　　　[C] 25m　　　　[D] 29m

　　答案：（　　　）

（3）普通病房楼的高度为：（6 分）

　　[A] 42.5m　　　[B] 45.5m　　　[C] 49.5m　　　[D] 53.5m

　　答案：（　　　）

[参考答案]（图 30-3-28）

（1）拟建建筑与 A 点的间距为：（6 分）

　　[A] 5m　　　　　[B] 6m　　　　　[C] 7m　　　　　[D] 8m

　　答案：（ A ）

（2）贵宾病房楼与普通病房楼的间距为：（6 分）

　　[A] 20m　　　　[B] 23m　　　　[C] 25m　　　　[D] 29m

　　答案：（ C ）

（3）普通病房楼的高度为：（6 分）

　　[A] 42.5m　　　[B] 45.5m　　　[C] 49.5m　　　[D] 53.5m

　　答案：（ B ）

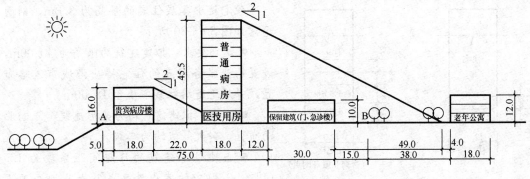

图 30-3-28　作图参考答案

[解析]

(1) 本题主要考点仍然是日照和防火间距。首先正确确定两栋病房楼在剖面上的布置。为了用地紧凑合理，应将日照阴影较短的 4 层贵宾病房楼尽量靠南，距 A 点 5m 即可；普通病房楼当属高层建筑，与保留建筑改建的门、急诊楼的距离按 9m 防火间距控制；再经确认贵宾病房楼对普通病房没有产生日照遮挡，就可定位。

(2) 最后考虑普通病房楼的层数和高度，以不遮挡北面老年公寓的日照为准，最高可建 11 层、45.5m。

(3) 据网传消息，此题评分时认定两栋病房楼的间距 22m 是正确答案。其理由是《综合医院建筑设计规范》规定病房楼间距不宜小于 12m。试题出得不严谨，因而以上解答是有争议的。

十二、2017 年试题及解析

单位：m

设计条件：

● 某建设用地沿正南北方向的场地剖面如图 30-3-29 所示。

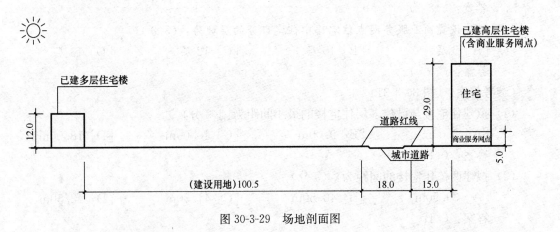

图 30-3-29　场地剖面图

● 在建设用地上拟建住宅楼两栋，其中一栋住宅楼的一、二层设置商业服务网点（商业服务网点的层高为 4.5m）。

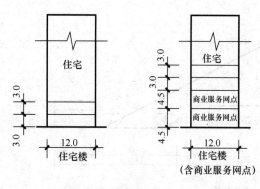

图 30-3-30　拟建住宅楼剖面示意图

住宅楼中各层住宅的层高为 3.0m，剖面示意如图 30-3-30 所示。

● 规划要求：拟建建筑的限高为 40.00m，设置商业服务网点的住宅楼应沿城市道路布置，并后退道路红线不小于 18.00m。

● 已建、拟建建筑均为条形建筑，正南北向布置，耐火等级均为二级。

● 当地住宅建筑的日照间距系数为 1.5（图 30-3-29 中的室内外高差及女儿墙高度不计）。

● 应满足国家有关规范的要求。

任务要求：

● 根据设计条件在场地剖面上绘出拟建建筑物，使各拟建建筑的建设规模（面积）最大。

● 标注各建筑物之间及建筑物与道路红线的距离，标注建筑层数及高度。

● 下列单选题每题只有一个符合题意的选项。从各题中选择一个与作图结果对应的选项，用黑色墨水笔将选项对应的字母填写在括号中；同时用 2B 铅笔将答题卡对应题号选项信息点涂黑。二者必须一致，缺项不予评分。

(1) 拟建住宅楼与已建多层住宅楼的最小间距为：（3 分）

　　[A] 6.00m　　　　[B] 9.00m　　　　[C] 10.00m　　　　[D] 18.00m

　　答案：（　　　）

(2) 拟建两栋住宅楼的间距为：（5 分）

　　[A] 39.50m　　　　[B] 40.50m　　　　[C] 41.50m　　　　[D] 42.50m

　　答案：（　　　）

(3) 拟建非设置商业服务网点住宅楼的层数为：（5 分）

　　[A] 11 层　　　　[B] 12 层　　　　[C] 13 层　　　　[D] 14 层

　　答案：（　　　）

(4) 拟建设置商业服务网点住宅楼中住宅部分的层数为：（5 分）

　　[A] 9 层　　　　[B] 10 层　　　　[C] 12 层　　　　[D] 13 层

　　答案：（　　　）

[参考答案]（图 30-3-31）

(1) 拟建住宅楼与已建多层住宅楼的最小间距为：（3 分）

　　[A] 6.00m　　　　[B] 9.00m　　　　[C] 10.00m　　　　[D] 18.00m

　　答案：（　D　）

(2) 拟建两栋住宅楼的间距为：（5 分）

　　[A] 39.50m　　　　[B] 40.50m　　　　[C] 41.50m　　　　[D] 42.50m

　　答案：（　B　）

(3) 拟建非设置商业服务网点住宅楼的层数为：（5 分）

　　[A] 11 层　　　　[B] 12 层　　　　[C] 13 层　　　　[D] 14 层

　　答案：（　B　）

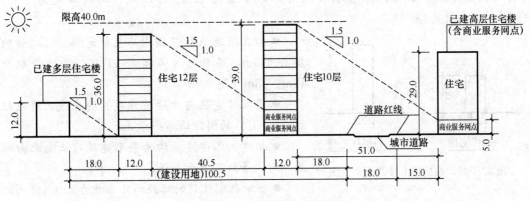

图 30-3-31　作图参考答案

（4）拟建设置商业服务网点住宅楼中住宅部分的层数为：（5分）

　　　［A］9层　　　　　　　［B］10层　　　　　　　［C］12层　　　　　　　［D］13层

　　　答案：（　B　）

［解析］

　　正确决定两栋住宅楼的南、北定位关系是解题关键。底部带两层商业服务网点的住宅放在北边，由于其下部9m不需要日照，因而可以减少日照间距用地，使剖面布置更紧凑。再检查此栋住宅与北侧道路红线的距离及对路北已有住宅的日照间距，均满足规划要求即为正确答案。

十三、2018年试题及解析

单位：m

设计条件：

● 场地剖面 A-B-C-D 如图 30-3-32 所示。

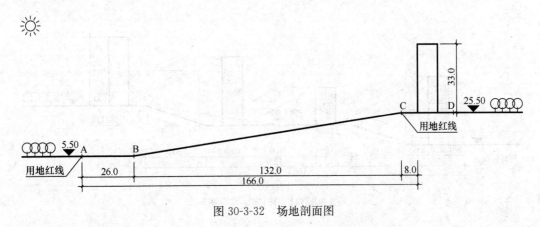

图 30-3-32　场地剖面图

● 已知场地 A-B 段地面标高为 5.50m，C-D 段地坪标高为 25.50m；其中 C-D 之间有已建住宅楼一栋。

● 拟在场地 B-C 之间平整出一段台地，台地与 A-B、C-D 地坪均用坡度为 1∶3（）的斜坡连接。

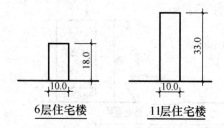

6层住宅楼　　　11层住宅楼

图 30-3-33　拟建住宅楼剖面示意图

● 拟在场地 A-C 范围内布置住宅楼，住宅楼的层高为 3m，层数可为 6 层或 11 层，高度分别为 18m、33m（图 30-3-33）。

● 要求住宅楼与台地坡顶线、坡底线、用地红线（A、C）的间距均不小于 8m。

● 拟建、已建建筑均为条形建筑，正南北向布置，耐火等级不低于二级。

● 当地住宅建筑的日照间距系数为 2.0（作图时建筑室内外高差及女儿墙高度不计）。

● 应符合国家有关规范要求。

任务要求：

● 绘制平整后的场地剖面图，要求土方平衡，并标注台地标高。

● 在平整后的场地剖面上绘制拟建住宅楼，要求建筑面积最大，并标注住宅楼的层数、高度及楼间距等相关尺寸。

● 下列单选题每题只有一个最符合题意的选项，从各题中选择一个与作图结果对应的选项，用 2B 铅笔将答题卡对应题号选项信息点涂黑。

(1) 场地平整后中间台地的标高为：(5分)

　　[A] 10.00m　　　　[B] 10.50m　　　　[C] 15.50m　　　　[D] 36.00m

(2) 平整场地需要挖方的截面面积为：(5分)

　　[A] 120m²　　　　[B] 180m²　　　　[C] 330m²　　　　[D] 10m²

(3) 场地剖面中拟建住宅楼的层数之和为：(10分)

　　[A] 18层　　　　　[B] 23层　　　　　[C] 28层　　　　　[D] 33层

[参考答案]（图 30-3-34）

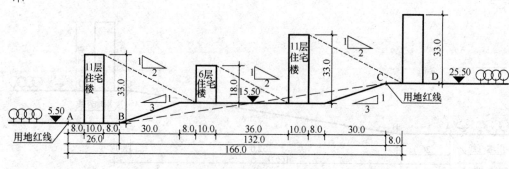

图 30-3-34　作图参考答案

(1) 场地平整后中间台地的标高为：(5分)

　　[A] 10.00m　　　　[B] 10.50m　　　　[■] 15.50m　　　　[D] 36.00m

(2) 平整场地需要挖方的截面面积为：(5分)

| | [A] 120m² | [B] 180m² | [■] 330m² | [D] 10m² |

(3) 场地剖面中拟建住宅楼的层数之和为：（10分）

| | [A] 18 层 | [B] 23 层 | [■] 28 层 | [D] 33 层 |

[解析]

（1）解题第一步是正确决定需要平整出的台地位置。依据 1：3 的放坡要求，结果可以简单做出来，土方工程量也可相应算出。

（2）在平整后的场地上可以布置 3 栋住宅，为使住宅总面积最大，显然宜放进 2 栋 11 层和 1 栋 6 层；按照住宅距台地边缘 8m 的限定，再让出新、旧住宅间的日照间距，问题便可圆满解决。

十四、2019 年试题及解析

单位：m

设计条件：

● 场地剖面 A-B-C-D-E 如图 30-3-35 所示。

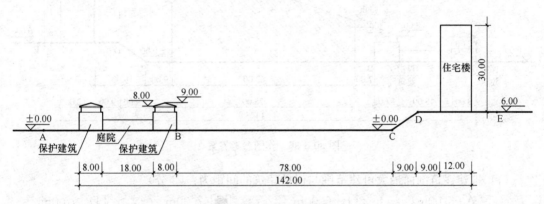

图 30-3-35　场地剖面图

● 场地 A-B 段内有一组保护建筑，耐火等级为三级，地坪标高为±0.00m。

● 场地 D-E 段内有一栋既有住宅楼，耐火等级为二级，地坪标高为 6.00m。

● 在 B-C 段内拟建多层公共建筑，耐火等级为二级。

● 规划要求在保护建筑庭院内，距地面 2.00m 高范围内不应看到拟建建筑；拟建建筑与保护建筑间距不应小于 5.00m，距 C 点不应小于 9.00m。

● 当地住宅建筑的日照间距系数为 2.0。

● 应满足国家现行规范要求。

任务要求：

● 绘制拟建建筑的剖面最大可建范围（用斜线表示▨▨▨）。

● 标注拟建建筑剖面最大可建范围各顶点标高及相关尺寸。

● 标注拟建建筑剖面最大可建范围与周边建筑的间距。

● 下列单选题每题只有一个最符合题意的选项，从各题中选择一个与作图结果对应的选项，用 2B 铅笔将答题卡对应题号选项信息点涂黑。

(1) 拟建建筑剖面最大可建范围与保护建筑的间距为：(3 分)

[A] 5.00m　　　　[B] 6.00m　　　　[C] 7.00m　　　　[D] 9.00m

(2) 拟建建筑剖面最大可建范围距保护建筑最近的顶点标高为：(4 分)

[A] 12.67　　　　[B] 13.00　　　　[C] 13.67　　　　[D] 15.00

(3) 拟建建筑剖面最大可建范围最高的顶点标高为：(6 分)

[A] 23.99　　　　[B] 24.00　　　　[C] 26.99　　　　[D] 27.00

(4) 拟建建筑剖面最大可建范围距既有住宅楼最近的顶点标高为：(7 分)

[A] 13.50　　　　[B] 15.00　　　　[C] 19.50　　　　[D] 24.00

[参考答案]（图 30-3-36）

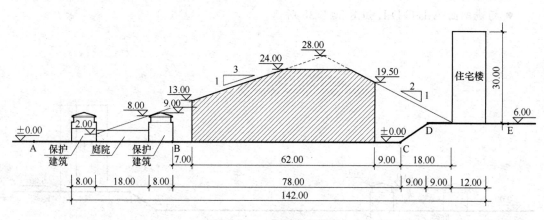

图 30-3-36　作图参考答案

(1) 拟建建筑剖面最大可建范围与保护建筑的间距为：(3 分)

[A] 5.00m　　　　[B] 6.00m　　　　[■] 7.00m　　　　[D] 9.00m

(2) 拟建建筑剖面最大可建范围距保护建筑最近的顶点标高为：(4 分)

[A] 12.67　　　　[■] 13.00　　　　[C] 13.67　　　　[D] 15.00

(3) 拟建建筑剖面最大可建范围最高的顶点标高为：(6 分)

[A] 23.99　　　　[■] 24.00　　　　[C] 26.99　　　　[D] 27.00

(4) 拟建建筑剖面最大可建范围距既有住宅楼最近的顶点标高为：(7 分)

[A] 13.50　　　　[B] 15.00　　　　[■] 19.50　　　　[D] 24.00

[解析]

(1) 拟建建筑剖面最大可建范围的南边缘与三级耐火等级的保护建筑北墙应保持 7.0m 最小防火间距；北边缘按题目要求退 C 点 9.00m。

(2) 以保护建筑庭院的北墙根向上 2.00m 处为视点，向北越过保护建筑檐口作视觉控制线，构成拟建建筑最大可建范围的南部高度边界。

(3) 为保证既有住宅的日照条件，需从住宅南墙根按当地日照间距系数作日照控制线，以限制拟建建筑剖面最大可建范围北部的高度。

（4）以上作图步骤构成的图形范围原则上即为拟建建筑的剖面最大可建范围，但考虑到此图形的最高点已超过非高层建筑的临界高度，而拟建公共建筑最大可建范围的南边界与保护建筑的防火间距是按非高层建筑标准确定的，再对照作图选择题（3）关于可建范围顶点高度的4个选项，似乎只有24.00m是正确答案。

然而此题的命题与解答在这一点上存在争议。按现行防火规范规定，建筑屋面为坡屋面时，建筑高度应为建筑室外设计地面至其檐口与屋脊的平均高度。此题正确作图最大可建范围的顶点处标高为28.00m，北边缘高为19.50m，平均值为23.75m，并未超出非高层公共建筑的高度限值。因此，正确答案的图形尖顶部分无须切去，拟建建筑剖面最大可建范围最高的顶点标高为28.00m才应是正确答案。然而4个备选答案中没有此数。估计出题人没有考虑周全。

十五、2020年试题及解析

单位：m

设计条件：

● 场地剖面如图30-3-37所示。

● 场地内有两栋既有建筑，一栋为会所，另一栋为住宅楼。

● 在用地A-B段内拟建建筑高度为24.00m或27.00m的住宅楼，其中沿城市道路的住宅楼设置两层商业网点。住宅及商业网点的层高均为3.00m，见图30-3-38。

● 规划要求拟建建筑后退用地界线和道路红线均不小于10.00m。

● 当地住宅建筑的日照间距系数为2.0。

● 拟建建筑与既有建筑耐火等级均为二级。

● 应满足国家现行规范要求。

任务要求：

● 在用地A-B段内布置拟建建筑，要求其总层数最多，且设置商业网点的住宅楼与会所的间距最小。

● 标注拟建建筑的高度及相关尺寸。

● 下列单选题每题只有一个最符合题意的选项，从各题中选择一个与作图结果对应的选项，用2B铅笔将答题卡对应题号选项信息点涂黑。

（1）拟建建筑的总层数为：（4分）

　　[A] 18层　　　　[B] 24层　　　　[C] 25层　　　　[D] 27层

（2）会所与其南侧最近拟建建筑的距离为：（4分）

　　[A] 6.00m　　　[B] 9.00m　　　[C] 10.00m　　　[D] 13.00m

（3）会所北侧拟建建筑为：（6分）

　　[A] 住宅楼1　　[B] 住宅楼2　　[C] 住宅楼3　　[D] 住宅楼4

（4）会所与其北侧建筑的最小距离为：（6分）

　　[A] 6.00m　　　[B] 7.00m　　　[C] 9.00m　　　[D] 10.00m

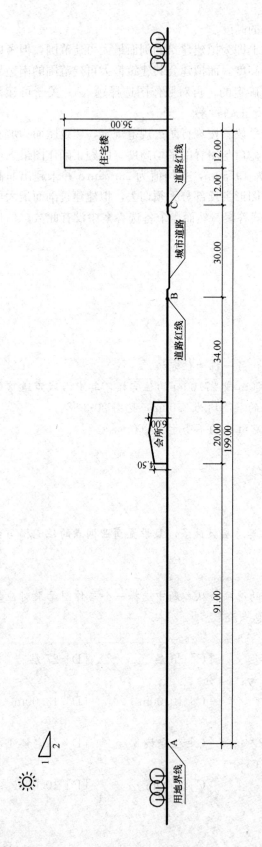

图 30-3-37 场地剖面图

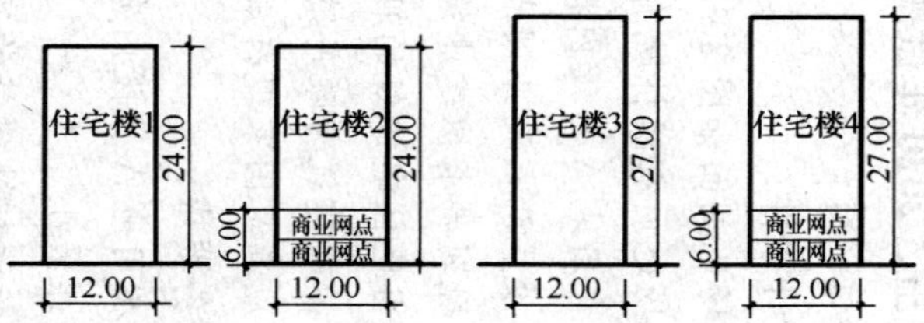

图 30-3-38 拟建建筑剖面示意图

（1）C；（2）B；（3）D；（4）B。

[解析]

（1）此题正确解答需要搞清楚的一个关键概念是：高度等于 27m 的住宅是否算高层建筑。如按现行防火规范规定，住宅高度大于 27m 才是高层，等于 27m 则为非高层。

（2）本题场地剖面布置中的建筑间距由防火和日照间距控制。用地内拟建建筑均为非高层，故防火间距一律为 6m；日照间距分别为 54m 和 48m。

（3）按用地南北宽度，考虑日照只能放下 3 栋住宅。为了尽量多建层数，可将一栋 27m 带底商住宅放在用地北侧，按其与会所间距最小的规划要求，如按防火间距控制则 6m 即可，但南边两栋住宅日照间距将不够，需增加到 7m 才行。其与路北的既有住宅之间无日照遮挡问题，此外其底部两层商业无日照遮挡问题，可减少南面拟建住宅的日照间距。

（4）用地南部余下的住宅用地可建范围为满足日照间距要求，只能放下两栋 24m 高住宅，均不带底商。

十六、2021 年试题及解析

单位：m

设计条件：

● 已知场地剖面及标高如图 30-3-40 所示，拟在场地 B-C 之间平整一台地，并在台地上拟建一栋游客中心。

● 平整后的台地与 B、C 点采用坡度相同的斜坡连接，要求土方平衡且台地面积最大。

● 拟建游客中心为高度不低于 12.00m 的多层建筑，后退台地边界不应小于 15.00m。

● 拟建游客中心和台地均不应遮挡景观点 E 至景观步道 B 点的视线。

任务要求：

● 绘制平整后的场地剖面图，并标注台地的标高及连接斜坡的坡度比。

● 在平整后的场地剖面上绘制拟建游客中心（用 ▨ 表示），并注明其相关尺寸。

● 下列单选题每题只有一个最符合题意的选项，从各题中选择一个与作图结果对应的选项，用 2B 铅笔将答题卡对应题号选项信息点涂黑。

（1）拟建台地的标高是多少：（4 分）

　　[A] 5.00m　　　[B] 10.00m　　　[C] 15.00m　　　[D] 25.00m

（2）拟建台地连接 B 点、C 点的坡度比为：（5 分）

　　[A] 1：1　　　[B] 1：2　　　[C] 1：3　　　[D] 1：4

（3）拟建游客中心最大可建范围的最大高度为：（4 分）

　　[A] 12.00m　　　[B] 24.00m　　　[C] 27.00m　　　[D] 35.00m

（4）拟建游客中心与 B 点的水平间距为：（5 分）

　　[A] 15.00m　　　[B] 24.00m　　　[C] 35.00m　　　[D] 44.00m

[参考答案] （图 30-3-41）

（1）C；（2）B；（3）B；（4）D。

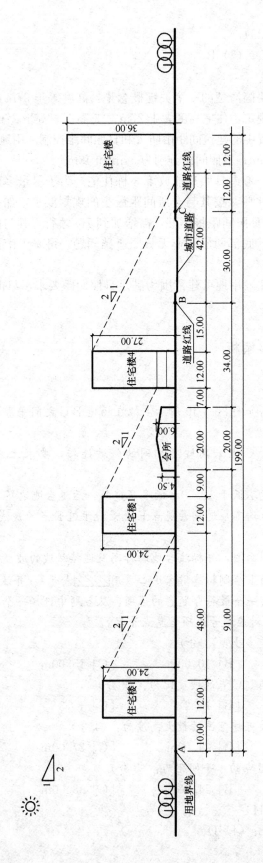

图 30-3-39　作图参考答案

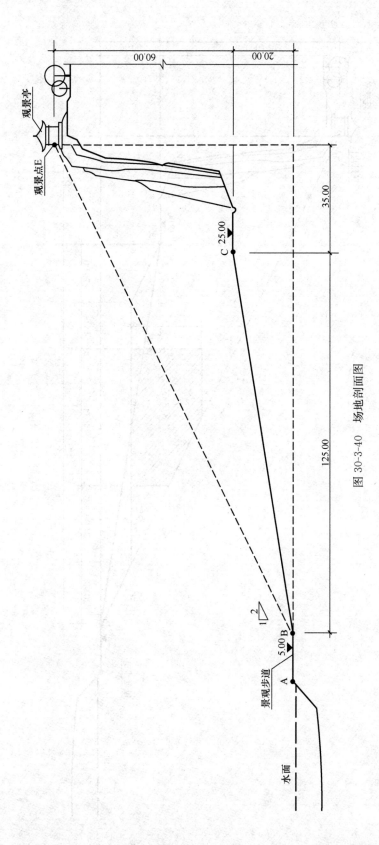

图 30-3-40 场地剖面图

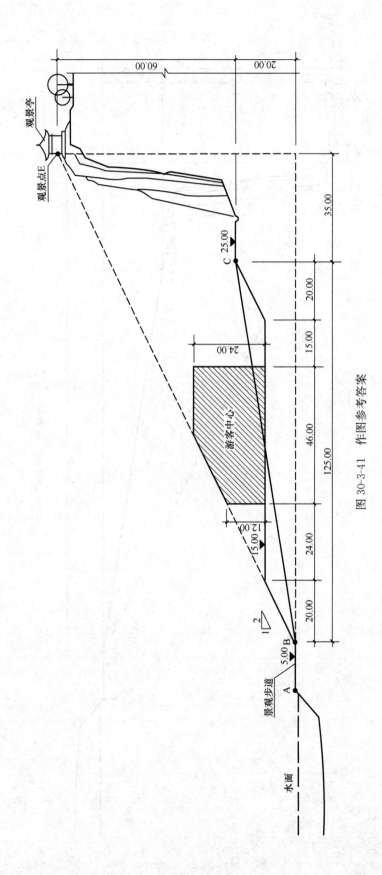

图 30-3-41 作图参考答案

[解析]

（1）在 B-C 段坡地上平整出一块台地，要求土方就地平衡且台地面积最大，正确做法是将台地标高定在上下两点的平均高度上，即 15.00m 处。

（2）台地前部填方受观景视线控制，应按 1：2 坡度放坡；为使挖填方平衡，这两部分的剖面形状及面积必须全等，因而平台右侧的边缘点可以据此确定，进而拟建游客中心最大可建范围的右侧边缘位置可以确定。

（3）拟建游客中心最大可建范围的左侧边缘位置可按观景控制线和建筑高度不小于 12m 这两个限制条件考虑确定；而建筑最大高度则应按非高层建筑的极限高度为 24m 来确定。

第四节 场 地 地 形

一、"场地地形"考点归纳及应试要领

1. 考点归纳

（1）场地地形作图是在平面图上进行包含竖向概念的三维表达。竖向概念一般用等高线和标高表示。

（2）场地地形作图试题通常要求按照既定的地形处理设计，并在场地地形图上进行表达，即用等高线及标高表示设计的场地地形调整，同时设置挡土墙、护坡或自然放坡，并采用雨水排除、集水、挡水等工程措施。

（3）地形处理和等高线的表达是考试中的难点。用二维图示抽象地表达三维地形，是地形作图最为复杂的地方，用得着画法几何的一些基本概念。在一级注册建筑师场地作图考试的 6 类单项作图题中，这是一般应试者感觉最难的一类。在考试实战中，如果应试者能力所限或感觉时间不够用，也可考虑将此题留到最后作答，而着力于其他题目的完满解答。

2. 应试要领

（1）场地地形作图试题要求用二维的平面图示来思考和表达三维立体的场地地形处理问题，解答通常需要进行数学计算。要正确解答此类问题，先要看懂地形图，最好能在头脑中建立起具体地形的立体概念，并熟悉用等高线表示地形的方法。

（2）场地地形试题的考核内容主要有 3 方面：一是在复杂的山地地形上区别可建设用地的范围，并在其上合理布置建筑物。二是在坡地上平整出一块可建设用地，具体工程措施包括挖方、填方、设置截水沟和排水沟、做护坡或设置挡土墙、平整场地等。处理后的场地地形要和原有地形相衔接，最后用等高线表示之。三是用等高线方法表示设计的场地、道路、广场的竖向关系。

（3）用截距法在山地地形图上确定坡度小于等于 10% 的可建设用地范围，考试作图时可用简单的办法，即以 10 倍于等高距长度的模板找出地形图上每两条等高线距离等于模板长度的位置，在此位置画出垂直于等高线坡度方向的线段，这些线段和等高线共同构成的界线就是可建设用地和不可建设用地的分界线。试题有时要求算出可建设用地的平面面积，在地形复杂的情况下，只能采用简单估算的办法。如果没有搞错的话，用估算的面积数对照供选择的 4 个答案，最接近的就是正确答案。

（4）用等高线在平面图上表达设计场地的竖向概念是场地地形试题中常见的考核点。试题一般给出场地的设计坡度、坡向和等高距，要求画出等高线。此类试题中的设计场地地面，无论广场、停车场还是道路，大多是只有排水坡度的平整表面。根据雨水排除的需要，地面常由两个以上的斜坡面构成，理论上会形成沟和脊，也就是这些斜面之间的交线，位于等高线转折点的连线上，作图时一般不需要画出。试题常要求在作图的基础上推算指定点的标高。只要作图正确，推算就很简单。但要提醒应试者的是，一定要先作图，再根据作图结果推算。否则仅凭主观感觉推算，很可能得出错误结果。道路路面有横坡还有纵坡，推算某一具体点的标高时可以通过该点分别作纵、横两个辅助剖面图，竖向关系就清楚了。画等高线时要注意，同一斜面上的等高线是一组平行线，等高线间距用等高距除以坡度算出。

二、2005 年试题及解析

单位：m

设计条件：

● 某广场道路平面如图 30-4-1 所示。

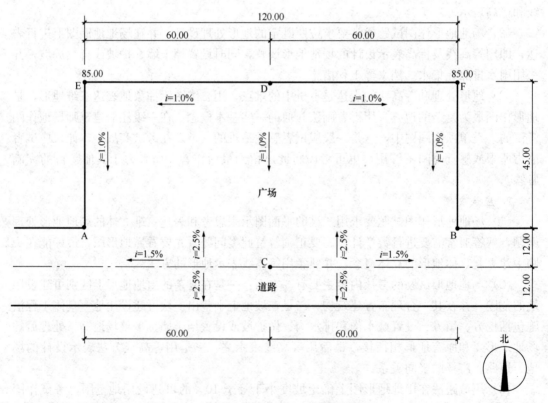

图 30-4-1　场地地形平面图

● 广场南北向及东西向坡度均为 1‰，E、F 点的标高均为 85.00。

● 道路纵坡为 1.5％，横坡为 2.5％。

● 设计要求广场及与广场相接道路路面（道路中心线以北）的排水均排向 A、B 点。

道路纵、横坡度不变，广场面与道路面在广场范围内为无高差连接。

任务要求：

● 根据上述设计条件在场地平面道路中心线以北的场地内完成下列任务：

● 画出等高距为 0.15m 且通过 85.00m 高程的设计等高线（用实线——表示），并注明其与 AE、EF、FB 及与道路中心线交点的标高。

● 标出 C 点与通过 A 点道路等高线和道路中心线交点间的距离。

● 根据作图，在下列单选题中选择一个正确答案，并将其字母涂黑，（例如 [■] ××
×），同时在答题卡"选择题"内将对应题号的对应字母用 2B 铅笔涂黑，二者必须一致。

(1) C 点的标高为：（4 分）

　　[A] 85.20　　　　　[B] 85.45　　　　　[C] 85.75　　　　　[D] 86.50

(2) D 点的标高为：（4 分）

　　[A] 84.00　　　　　[B] 85.25　　　　　[C] 85.40　　　　　[D] 85.60

(3) C 点与通过 A 的道路等高线和道路中心线交点间的距离为：（4 分）

　　[A] 50.00m　　　　[B] 60.00m　　　　[C] 70.00m　　　　[D] 80.00m

(4) D 点附近的等高线为：（2 分）

　　[A] 凸向北面的折线　　　　　　　　　[B] 凸向南面的折线

　　[C] 东西向直线　　　　　　　　　　　[D] 南北向直线

(5) C 点北侧附近的广场等高线为：（2 分）

　　[A] 凸向北面的折线　　　　　　　　　[B] 凸向南面的折线

　　[C] 东西向直线　　　　　　　　　　　[D] 南北向直线

[**参考答案**]（图 30-4-2）

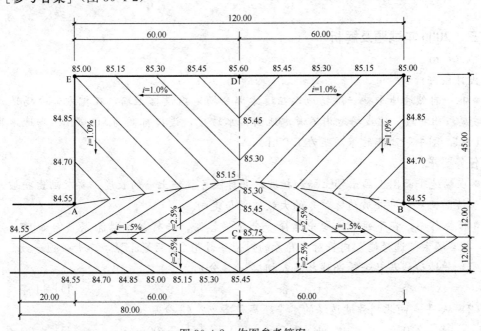

图 30-4-2　作图参考答案

(1) C 点的标高为：（4 分）

　　[A] 85.20　　　　　[B] 85.45　　　　　[■] 85.75　　　　　[D] 86.50

(2) D 点的标高为：(4分)

    [A] 84.00   [B] 85.25   [C] 85.40   ■ 85.60

(3) C 点与通过 A 的道路等高线和道路中心线交点间的距离为：(4分)

    [A] 50.00m   [B] 60.00m   [C] 70.00m   ■ 80.00m

(4) D 点附近的等高线为：(2分)

    [A] 凸向北面的折线   ■ 凸向南面的折线

    [C] 东西向直线   [D] 南北向直线

(5) C 点北侧附近的广场等高线为：(2分)

    ■ 凸向北面的折线   [B] 凸向南面的折线

    [C] 东西向直线   [D] 南北向直线

[解析]

(1) 先画广场的等高线：广场通过 85.00 的等高线应为 45°斜线；AE 边长 45m，按 1‰坡度计算 A 点标高为 84.55，AE 间应有 84.85 和 84.70 两条等高线通过；DE 边长 60m，按 1‰坡度计算 D 点标高为 85.60，DE 间应有 85.15、85.30、85.45 三条等高线通过；广场等高线以 CD 为对称轴左、右对称。

(2) 再画道路的等高线：通过 A 点的道路等高线应为一条斜率为 1.5/2.5 的斜线，并以道路中心线为对称轴两边对称；C 点以东的道路等高线均按通过 A 点的等高线逐一复制，自西向东间距 10m，并以 CD 为对称轴左、右对称。

(3) 同高程的广场与道路等高线在交会点相连接。

(4) 依据正确作图可知，通过 A 点的等高线与道路中心线的交点距离 C 点 80m，其间高差 1.20m，C 点标高即可算出。

三、2006 年试题及解析

单位：m

设计条件：

● 在一自然坡地平整一块场地，在填方部分场地内设挡土墙，在挖方部分场地外按 1/1 坡度放出护坡。假设场地内不考虑地面排水坡度，设计标高为 50.00m。场地地形见图 30-4-3，图中等高线的等高距为 1.00m。

任务要求：

● 在场地平面图上画出挡土墙和护坡，并标注各段挡土墙的长度。要求画出护坡与自然地形坡面交线（即护坡边缘线）的大致位置与走向。

● 根据作图，在下列单选题中选择一个正确答案，并将其字母涂黑（例如 ■ ×××），在答题卡"选择题"内将对应题号的对应字母用 2B 铅笔涂黑，二者必须一致。

(1) 护坡边线与几条等高线相交或相接？(3分)

    [A] 5条   [B] 7条   [C] 9条   [D] 11条

(2) 从 A 点向北到放坡边缘的水平距离是多少？(3分)

    [A] 2.00m   [B] 4.00m   [C] 6.00m   [D] 8.00m

(3) AD 边上的挡土墙长度为：(5分)

    [A] 2.00m   [B] 3.50m   [C] 6.25m   [D] 8.00m

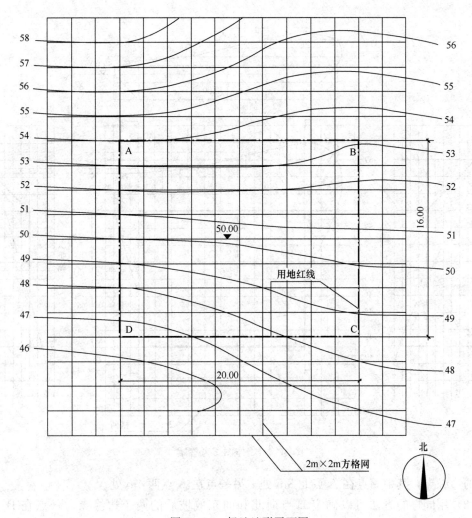

图 30-4-3　场地地形平面图

(4) BC 边上的挡土墙长度为：（5 分）

　　[A] 6.00m　　　　[B] 7.50m　　　　[C] 3.50m　　　　[D] 8.50m

[参考答案]（图 30-4-4）

(1) 护坡边线与几条等高线相交或相接？（3 分）

　　[A] 5 条　　　　[B] 7 条　　　　[■] 9 条　　　　[D] 11 条

(2) 从 A 点向北到放坡边缘的水平距离是多少？（3 分）

　　[A] 2.00m　　　　[B] 4.00m　　　　[C] 6.00m　　　　[■] 8.00m

(3) AD 边上的挡土墙长度为：（5 分）

　　[A] 2.00m　　　　[B] 3.50m　　　　[C] 6.25m　　　　[■] 8.00m

(4) BC 边上的挡土墙长度为：（5 分）

　　[■] 6.00m　　　　[B] 7.50m　　　　[C] 3.50m　　　　[D] 8.50m

[解析]

(1) 作通过 A 点南北向和东西向两个辅助剖面，可以得到两个方向从 A 点按 1/1 放

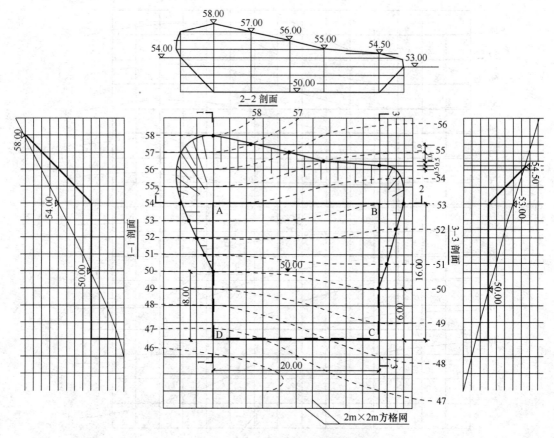

图 30-4-4　作图参考答案

坡后的边缘点，其中一点在 A 点北 8m 处，另一点在 A 点西 4m 处。

（2）用同样的方法可以确定 B 点向北和向东放坡后的两个边缘点，一点在 B 点北 4.5m 处，另一点在 B 点东 3m 处。

（3）场地东、西两边与 50.00 等高线的交点应当是护坡线和挡土墙的起止点或转换点。

（4）从护坡线起点逐一连接 A 点和 B 点放坡后的 4 个边缘点最后到护坡线终点，可画出护坡边缘线的大致形状。护坡边缘线转角处应为弧线。

四、2007 年试题及解析

单位：m

设计条件：

● 场地平面见图 30-4-5。

● 场地平整要求：

（1）场地周边设计标高均为 10.05，不得变动。

（2）场地地面排水坡度均为 2.5%，雨水排向周边。

任务要求：

● 根据设计条件，从 10.05 标高开始绘制等高距为 0.05m 的设计等高线平面图，并标

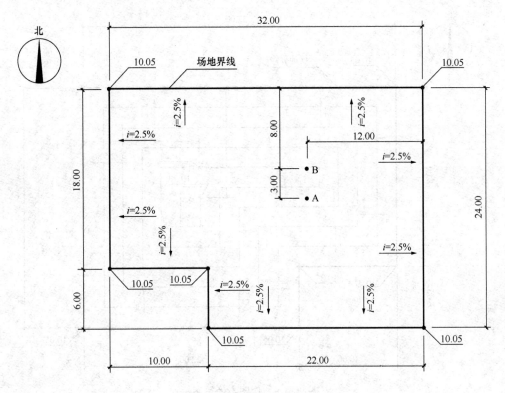

图 30-4-5　场地地形平面图

注等高线标高。

● 标注 A、B 两点的标高。

● 根据作图，在下列单选题中选择一个正确答案并将其字母涂黑（例如■×××），同时在答题卡"选择题"内将对应题号的对应字母用 2B 铅笔涂黑，二者选项必须一致。

（1）相邻等高线间距为：（10 分）

[A] 1.50m [B] 2.00m [C] 2.25m [D] 2.50m

（2）A 点的标高为：（4 分）

[A] 10.20 [B] 10.25 [C] 10.30 [D] 10.35

（3）B 点的标高为：（4 分）

[A] 10.15 [B] 10.20 [C] 10.25 [D] 10.35

[参考答案]（图 30-4-6）

（1）相邻等高线间距为：（10 分）

[A] 1.50m [■] 2.00m [C] 2.25m [D] 2.50m

（2）A 点的标高为：（4 分）

[A] 10.20 [B] 10.25 [■] 10.30 [D] 10.35

（3）B 点的标高为：（4 分）

[A] 10.15 [B] 10.20 [■] 10.25 [D] 10.35

[解析]

（1）2.5%坡度下，地面每 2.00m 升高 0.05m，故等高距为 0.05m 的等高线距离为 2.00m。

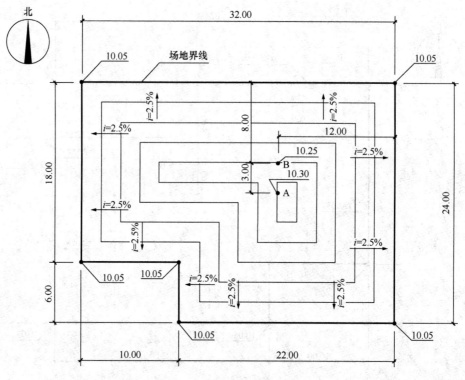

图 30-4-6　作图参考答案

(2) 从场地周边向内作间距为 2.00m 的一系列平行线并按相同标高闭合，即可作出场地等高线。

(3) 场地排水坡完成后，理论上的"脊"和"沟"在作图时不必画出。

五、2008 年试题及解析

单位：m

设计条件：

● 某建设用地场地平面如图 30-4-7 所示。

● 在用地红线范围内布置三幢相同的宿舍楼，宿舍楼平面尺寸及高度见图 30-4-8。

● 设计要求如下：

(1) 宿舍楼布置在坡度＜10％的坡地上，正南北向布置。

(2) 自南向北第一幢宿舍楼距南侧用地红线 40m。

(3) 依据土方量最小的原则确定建筑室外场地高程。

(4) 宿舍楼的间距应满足日照要求（日照间距系数为 1.5）并选用最小值。

任务要求：

● 画出用地红线内坡度≥10％的坡地范围，用 ▨ 表示，并估算其面积。

● 根据设计要求，绘出三幢宿舍楼的位置，并标注其间距。

● 根据作图，在下列单选题中选择一个正确答案并将其字母涂黑（例如 ▆ ×××），同时在答题卡"选择题"内将对应题号的对应字母用 2B 铅笔涂黑，二者选项必须一致。

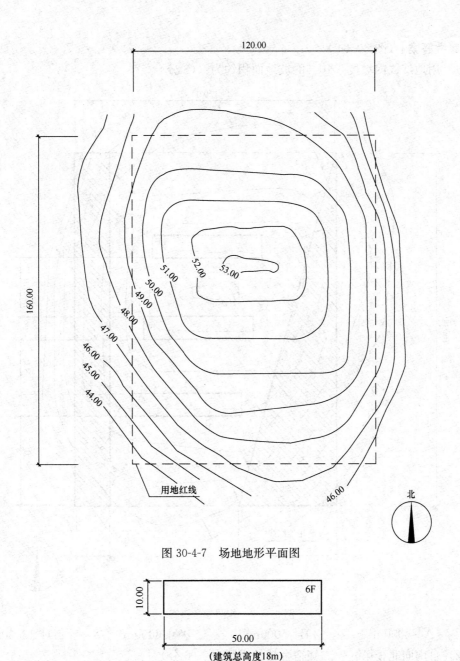

图 30-4-7 场地地形平面图

（建筑总高度18m）

图 30-4-8 宿舍楼示意图

（1）用地红线内坡度≥10％的坡地面积约为：（8 分）

　　[A] 4000m² 　　　[B] 5000m² 　　　[C] 6000m² 　　　[D] 13000m²

（2）自南向北，第一、二幢宿舍楼的间距为：（6 分）

　　[A] 20.00m 　　　[B] 24.00m 　　　[C] 27.00m 　　　[D] 30.00m

（3）自南向北，第二、三幢宿舍楼的间距为：（4 分）

　　[A] 20.00m 　　　[B] 24.00m 　　　[C] 27.00m 　　　[D] 30.00m

[参考答案]（图 30-4-9）

(1) 用地红线内坡度≥10％的坡地面积约为：（8 分）

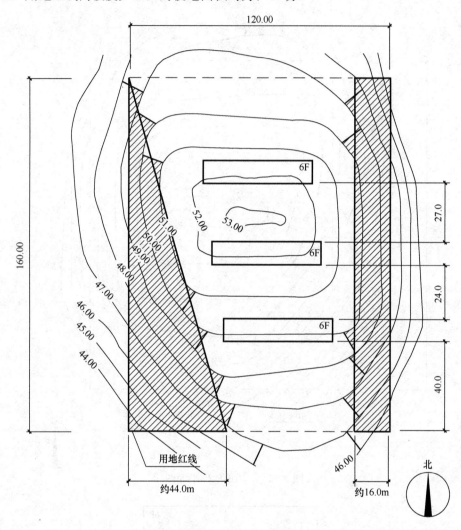

图 30-4-9 作图参考答案

　[A] 4000m² 　　[B] 5000m² 　　[■] 6000m² 　　[D] 13000m²

(2) 自南向北，第一、二幢宿舍楼的间距为：（6 分）

　[A] 20.00m 　　[■] 24.00m 　　[C] 27.00m 　　[D] 30.00m

(3) 自南向北，第二、三幢宿舍楼的间距为：（4 分）

　[A] 20.00m 　　[B] 24.00m 　　[■] 27.00m 　　[D] 30.00m

[解析]

(1) 首先确定坡度小于 10％的可建设用地范围。可以用一个 10m 长的线段模板找出用地范围内各等高线距离等于 10m 的位置，这些线段界定出等高线距离小于 10m 的部分，坡度大于 10％，为不可建设用地。根据作图结果可以看出，用地东西两侧的地段不可用，其面积可以大致按 1 个直角三角形和 1 个矩形估算，约为 6000m²。

(2) 3 栋住宅南北向布置，第一栋距南边界 40m，正好位于 50m 等高线上。

（3）第二栋住宅按日照要求，应与第一栋住宅距离27m；但由于地面上升，间距可以减少。根据作图可知，第二栋住宅将随地面升高2m，日照间距可减为24m，正好位于52m等高线上。

（4）第三栋住宅按日照要求，与第二栋住宅间距27m，同样位于52m等高线上，日照间距不需要增减。

六、2009年试题及解析

单位：m

设计条件：

● 场地内有一顶面高程为98.50m的雕塑平台，雕塑平台四周场地的坡度、坡向及各坡面的交线如图30-4-10所示。

● 已知A、B点的高程为100.00m。

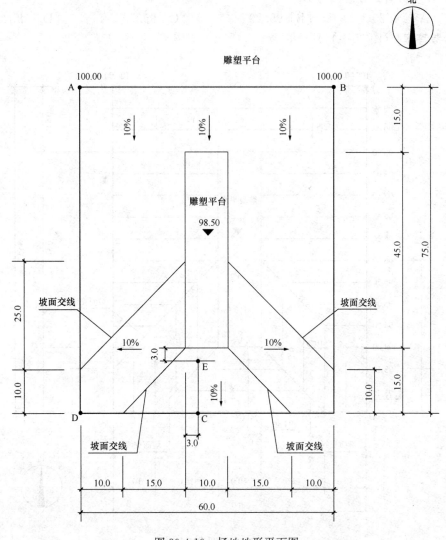

图 30-4-10　场地地形平面图

任务要求：

● 根据上述条件，绘制场地从高程 100.00m 起等高距为 0.50m 的等高线，并标注各等高线及 C、D、E 点的高程。

● 根据作图结果，在下列单选题中选择一个对应答案，并用铅笔将所选选项的字母涂黑（例如▅···〔B〕···〔C〕···〔D〕···），同时用 2B 铅笔填涂答题卡对应题号的字母，二者必须一致，缺一不予评分。

(1) 等高线的水平间距为：（6 分）

〔A〕5.00m   〔B〕10.00m   〔C〕15.00m   〔D〕20.00m

(2) C 点的高程为：（4 分）

〔A〕93.50   〔B〕94.00   〔C〕94.50   〔D〕95.00

(3) D 点的高程为：（4 分）

〔A〕93.50   〔B〕94.00   〔C〕94.50   〔D〕95.00

(4) E 点的高程为：（4 分）

〔A〕94.20   〔B〕95.20   〔C〕95.70   〔D〕98.20

[参考答案]（图 30-4-11）

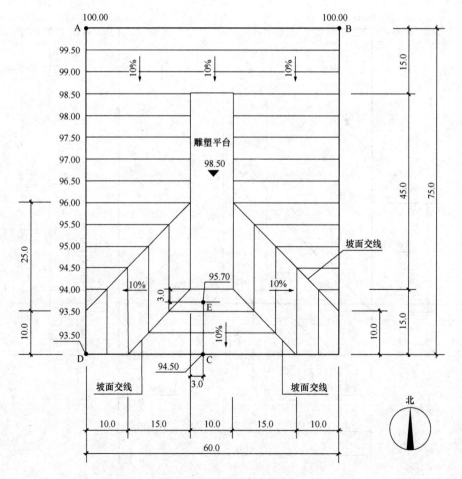

图 30-4-11 作图参考答案

(1) 等高线的水平间距为：(6分)

    [■] 5.00m   [B] 10.00m

    [C] 15.00m   [D] 20.00m

(2) C 点的高程为：(4分)

    [A] 93.50   [B] 94.00

    [■] 94.50   [D] 95.00

(3) D 点的高程为：(4分)

    [■] 93.50   [B] 94.00

    [C] 94.50   [D] 95.00

(4) E 点的高程为：(4分)

    [A] 94.20   [B] 95.20

    [■] 95.70   [D] 98.20

[解析]

(1) 由于 96m 以上的平台挡土墙采用垂直式，96m 以下才做 10％斜坡，所以只需要处理 96m 以下的等高线。

(2) 等高距 0.5m，坡度 10％的坡地等高线应是一组距离为 5m 的平行线。

(3) 96m 以上平台以外的地面只有南北一个方向上的坡度，96m 以下平台以外的地面增加东、西两个方向的坡度（图 30-4-12）。

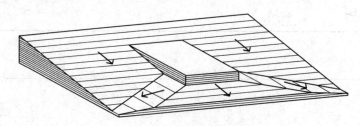

图 30-4-12　地面坡度示意图

(4) 正确作图后，C、D、E 3 点的标高便可推算出来。

七、2010 年试题及解析

单位：m

设计条件：

● 湖滨路南侧 A、B 土丘之间拟建广场，场地地形如图 30-4-13 所示。

● 要求广场紧靠道路红线布置，平面为正方形，面积最大，标高为 5.00m；广场与场地之间的高差采用挡土墙处理，挡土墙高度不应大于 3m。

任务要求：

● 在场地内绘制广场平面并标注尺寸、标高，绘制广场东、南、西侧挡土墙。

● 在广场范围内绘出 5m 方格网，并表示填方区范围（用 ▨ 表示）。

● 根据作图结果，在下列单选题中选择一个对应答案并用铅笔将所选选项的字母涂黑，例如 [A]… [■]… [C]… [D]…。同时，用 2B 铅笔填涂答题卡对应题号的字母，

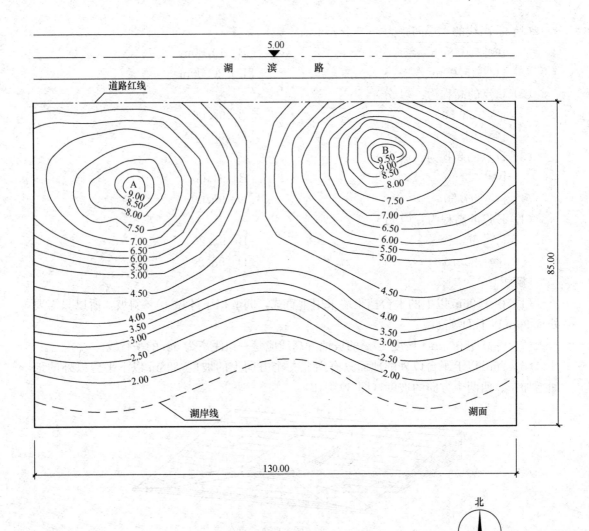

图 30-4-13 场地地形平面图

二者选项必须一致，缺一不予评分。

(1) 广场平面尺寸为：（5 分）

    [A] 30m×30m   [B] 40m×40m

    [C] 50m×50m   [D] 60m×60m

(2) 广场与 A 土丘间挖方区范围挡土墙长度约为：（4 分）

    [A] 45m   [B] 50m   [C] 55m   [D] 60m

(3) 广场南侧挡土墙的最大高度为：（4 分）

    [A] 1.0m   [B] 2.0m   [C] 2.5m   [D] 3.0m

(4) 广场填方区面积约为：（5 分）

    [A] 650～750m²   [B] 1100～1200m²   [C] 1800～1900m²   [D] 2300～2400m²

[参考答案]（图 30-4-14）

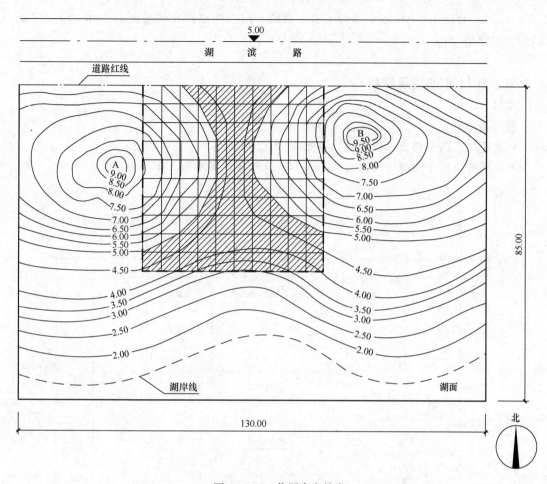

图 30-4-14　作图参考答案

(1) 广场平面尺寸为：(5分)

　　[A] 30m×30m　　　[B] 40m×40m　　　[■] 50m×50m　　　[D] 60m×60m

(2) 广场与 A 土丘间挖方区范围挡土墙长度约为：(4分)

　　[■] 45m　　　　　[B] 50m　　　　　[C] 55m　　　　　[D] 60m

(3) 广场南侧挡土墙的最大高度为：(4分)

　　[A] 1.0m　　　　　[■] 2.0m　　　　　[C] 2.5m　　　　　[D] 3.0m

(4) 广场填方区面积约为：(5分)

　　[A] 650～750m²　　　　　　　　　　　[■] 1100～1200m²

　　[C] 1800～1900m²　　　　　　　　　　[D] 2300～2400m²

[解析]

(1) 在 A、B 两个小山头中间开辟一块紧邻道路、高程为 5m 的正方形广场，就需要切掉两侧一部分山体，将土石方填入山谷中；广场宽度越大，土石方工程量越大，两侧开挖后需要做的挡土墙也就越高。题目规定挡土墙高度不超过 3m，故最多开发到两侧山头自然等高线 8m 处为止。广场两侧开挖后所做的挡土墙高度随山地地形变化，最高处和 8m 等高线相接，高度为 3m。

（2）A、B 两山头的 8m 等高线平行于道路方向的距离按比例量得为 50m，所以广场的最大宽度是 50m。

八、2011 年试题及解析

单位：m

设计条件：

● 某坡地上已平整出三块台地，如图 30-4-15 所示。

● 每块台地高于相邻坡地，台地与相邻坡地的最小高差为 0.15m。

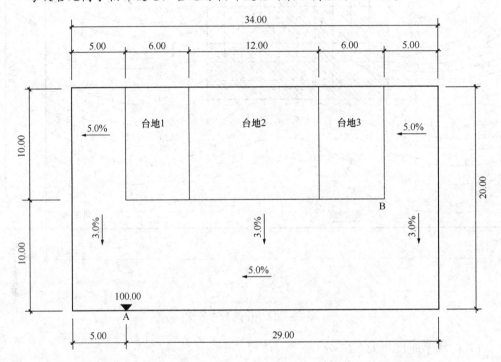

图 30-4-15　场地地形平面图

任务要求：

● 画出等高距为 0.15m，并通过 A 点的坡地等高线，标注各等高线高程。

● 标注三块台地及坡地上 B 点的标高。

● 根据作图结果，在下列单选题中选择一个对应答案并用铅笔将所选选项的字母涂黑，例如 [A]…〖B〗…[C]…[D]…。同时，用 2B 铅笔填涂答题卡对应题号的字母，二者选项必须一致，缺一不予评分。

（1）坡地上 B 点的标高为：（4 分）

　　　[A] 101.20m　　　　[B] 101.50m　　　　[C] 101.65m　　　　[D] 101.95m

(2) 台地 1 与台地 2 的高差：(4 分)

    [A] 0.15m   [B] 0.45m   [C] 0.60m   [D] 0.90m

(3) 台地 2 与相邻坡地的最大高差为：(4 分)

    [A] 0.15m   [B] 0.75m   [C] 0.90m   [D] 1.05m

(4) 台地 3 的标高为：(4 分)

    [A] 101.50m   [B] 101.65m   [C] 101.80m   [D] 101.95m

[**参考答案**]（图 30-4-16）

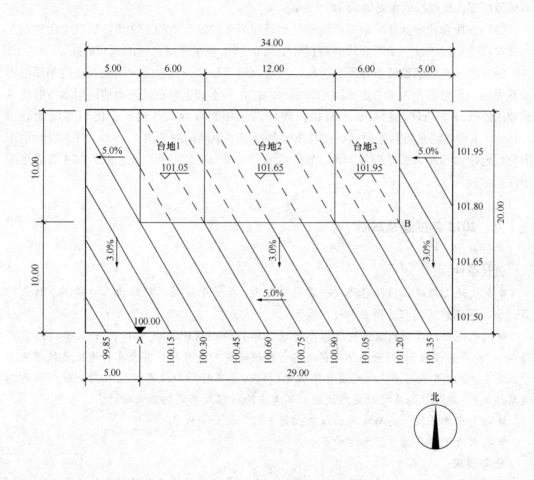

图 30-4-16　作图参考答案

(1) 坡地上 B 点的标高为：(4 分)

    [A] 101.20m   [**B**] 101.50m   [C] 101.65m   [D] 101.95m

(2) 台地 1 与台地 2 的高差：(4 分)

    [A] 0.15m   [B] 0.45m   [**C**] 0.60m   [D] 0.90m

(3) 台地 2 与相邻坡地的最大高差为：(4 分)

    [A] 0.15m   [B] 0.75m   [C] 0.90m   [**D**] 1.05m

(4) 台地 3 的标高为：(4 分)

[A] 101.50m   [B] 101.65m   [C] 101.80m   [■] 101.95m

[解析]

(1) 过 A 点向上作斜率为 3/5 的斜线就得到一条场地等高线。以 A 为原点，在场地南边线上量出相距 3m 的各点，这些点的地面高差为 3m×5‰＝0.15m，这是题目规定的等高距。通过这些点作平行于过 A 点等高线的平行线，场地东北部的等高线可用等间距继续画出，最后完成场地全部等高线绘制。

(2) 如果作图正确，台地 4 个角点均有等高线通过，从而可以推算出台地 4 个角点处的场地标高，B 点场地标高即为 101.50m。

(3) 三块台地地面和坡地地面高差最小处应当在每块台地的东北角，这三个台地角点均有等高线通过，这三条等高线的高程分别加 0.15m 就是三块台地的地面标高。

(4) 由于此题的设计条件不够明确，三块台地紧贴用地北边缘，用地以北的相邻地形没有表述，导致不少人不考虑北面相邻用地的存在，不知道那正是坡地地面雨水可能侵入台地的外部环境条件。题目要求每块台地均高于相邻坡地，台地至少比相邻坡地高出 0.15m，正确做法是将台地面标高比其东北角点坡地地面标高高出 0.15m。有人以台地东南角坡地地面标高为准提高 0.15m，显然定低了 0.30m，故不能防止东北方向相邻坡地的地面雨水侵入。

九、2012 年试题及解析

单位：m

设计条件：

● 某坡地上拟建三栋住宅楼及一层地下车库，其平面布局，场地出入口处 A、B 点标高，场地等高线及高程如图 30-4-17 所示。

● 用地范围内建筑周边设置环形车行道，车行道距用地界线不小于 5m，车行道宽度为 4m，转弯半径为 8m。除南侧车行道不考虑道路纵向坡度外，其余车行道纵坡坡度不大于 5.0%。南侧车行道外 3m 处设置挡土墙，挡土墙顶标高与该车行道标高一致（不考虑道路横坡），建筑外场地均做自然放坡。不考虑除道路外场地的竖向设计。

● 地下车库底板标高与车库出入口相邻车行道标高一致。

● 要求地下车库填方区土方量最小。

任务要求：

● 绘制环形车行道，并标注车行道各控制点标高、道路坡度、坡向及相关尺寸。

● 绘制挡土墙并标注挡土墙顶标高。

● 用 [斜线填充] 绘出地下车库填方区范围，并标注地下车库出入口位置。

● 根据作图结果，在下列单题中选择一个答案并用绘图笔将其填写在括号内，同时用 2B 铅笔填涂答题卡对应题号的答案；二者答案必须一致，缺一不予评分。

(1) 地下车库出入口位置及标高分别为：(5 分)

　　[A] 南侧，92.00m　　　　　　　[B] 南侧，92.50m

　　[C] 东、西侧，93.00m　　　　　[D] 东、西侧，93.50m

　　答案：(　　　)

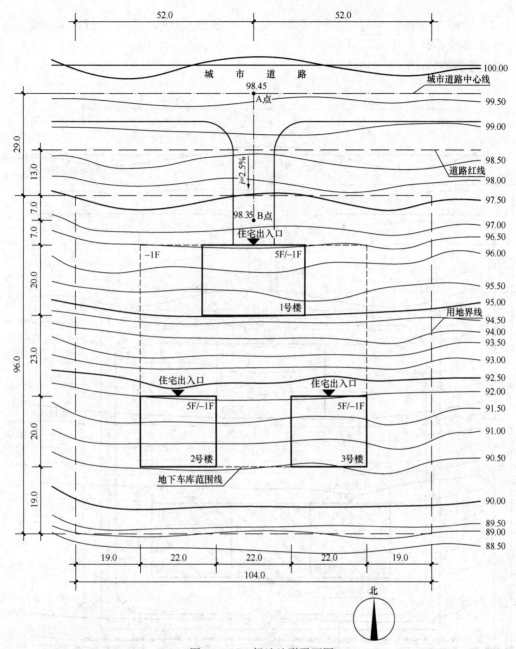

图 30-4-17　场地地形平面图

（2）地下车库范围填方区面积大约为：（5 分）

    [A] 500m²　　　　[B] 1300m²　　　　[C] 1600m²　　　　[D] 4100m²

    答案：（　　　）

（3）南侧挡土墙高度为：（4 分）

    [A] 1.5m　　　　[B] 2.0m　　　　[C] 2.5m　　　　[D] 3.0m

    答案：（　　　）

（4）地下车库开挖最大深度为：（4 分）

[A] 3.00m　　　　[B] 3.50m　　　　[C] 4.00m　　　　[D] 4.50m

答案：（　　）

[参考答案]（图 30-4-18）

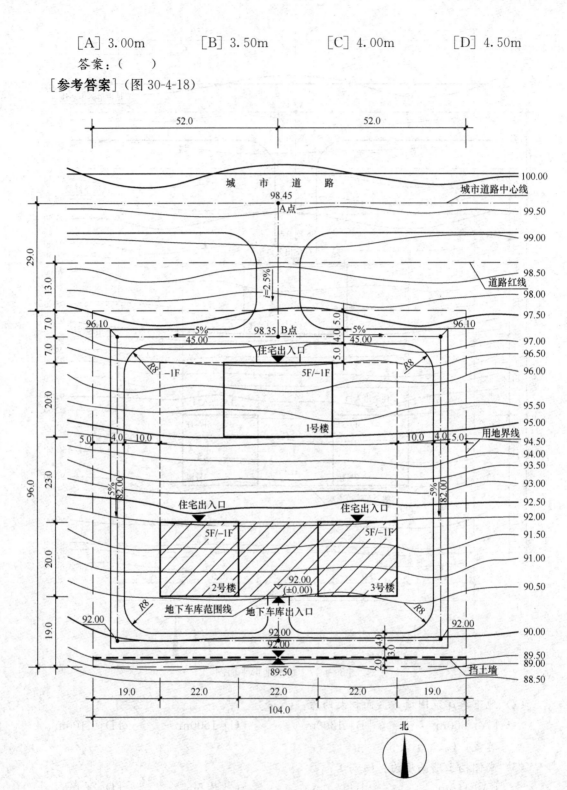

图 30-4-18　作图参考答案

(1) 地下车库出入口位置及标高分别为：（5分）

　　[A] 南侧，92.00m 　　　　　　　　[B] 南侧，92.50m

　　[C] 东、西侧，93.00m 　　　　　　[D] 东、西侧，93.50m

　　答案：（ A ）

(2) 地下车库范围填方区面积大约为：（5分）

　　[A] 500m² 　　　[B] 1300m² 　　　[C] 1600m² 　　　[D] 4100m²

　　答案：（ B ）

(3) 南侧挡土墙高度为：（4分）

　　[A] 1.5m 　　　[B] 2.0m 　　　[C] 2.5m 　　　[D] 3.0m

　　答案：（ C ）

(4) 地下车库开挖最大深度为：（4分）

　　[A] 3.00m 　　　[B] 3.50m 　　　[C] 4.00m 　　　[D] 4.50m

　　答案：（ D ）

[解析]

本题在历年地形试题里可能是难度最大的。正确解题的前提是搞清用地竖向条件的基本概念。这是一块北高南低，地面坡度接近10%的场地。在这样的大坡度场地上建房、修路，肯定需要大量填方。设计考虑为3栋住宅统一做地下车库，可以用房屋基地部分的挖方来与室外场地的填方取得一定的平衡。而室外道路纵坡限制在5%以内，在10%场地坡度上只能以填方来解决问题。题目主要要求作道路的平面布置和竖向设计，然后依据道路设计，确定场地内地下车库的入口方位和入口前场地及地下车库底板标高，进而估算出地下室最大挖方高度，填方区范围、面积大小以及南侧挡土墙高度。

(1) 首先按题目要求，沿着用地周边布置环形车道。在道路竖向布置上，为了减少填方量，应在规定的5%纵坡限制下，尽量提高路面高程。因此，从B点开始按5%纵坡，先向东、西，再转向南，使路面标高逐渐降低，一直降到南侧路面转角处截止。由于场地东西方向基本没有坡度，即使题目不提示，从理论上讲，也可以明确南面道路不需设纵坡。

(2) 如果作图正确，矩形平面环路4个转角的控制点高程可以计算得出，南侧两个转角点标高应为92.00m。这就是场地地形处理后的理论最低点，因而地下车库入口放在南侧是合理的。按题目规定，92.00m是地下车库结构底板的标高，也是南侧挡土墙顶的标高。

(3) 根据自然地形数据可知，92.00m以上的房屋地基均需开挖，最大开挖深度就是地下室北侧轮廓线所在的原始地面等高线高程96.50m-92m=4.5m。而从自然地形92.00m等高线起，向南到地下室南边缘的地下室范围是填方区。92.00m也是南侧室外地面和挡土墙顶的标高。根据挡土墙在场地平面位置的原始地形等高线高程，就可算出挡土墙高度。

十、2013年试题及解析

单位：m

设计条件：

● 某城市广场及其紧邻的城市道路如图30-4-19所示。

● 广场南北向及东西向排水坡度均为1.0%，A、B两点高程为101.60。

● 人行道纵向坡度为 1.0% （无横坡），人行道路面与广场面之间为无高差连接。

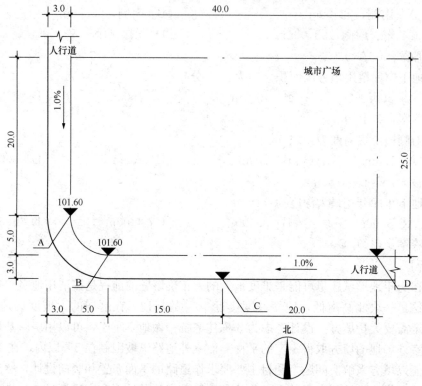

图 30-4-19　场地地形平面图

任务要求：

● 绘出经过 A、B 两点，等高距为 0.05m 的人行道及城市广场的等高线。

● 标注 C 点、D 点及城市广场最高点的高程。

● 绘出城市广场的坡向并标注坡度。

● 下列单选题每题只有一个最符合题意的选项，从各题中选择一个与作图结果对应的选项，用黑色绘图笔将选项对应的字母填写在括号中；同时用 2B 铅笔将答题卡对应题号的选项信息点涂黑。二者必须一致，缺项不予评分。

(1) C 点的场地高程为：(5 分)

　　[A] 101.60m　　　[B] 101.70m　　　[C] 101.75m　　　[D] 101.80m

　　答案：(　　)

(2) D 点的场地高程为：(5 分)

　　[A] 101.90m　　　[B] 101.95m　　　[C] 102.00m　　　[D] 102.05m

　　答案：(　　)

(3) 城市广场的坡度为：(4 分)

　　[A] 0　　　　　　[B] 1.0%　　　　　[C] 1.4%　　　　　[D] 2.0%

　　答案：(　　)

(4) 城市广场最高点的高程为：(4 分)

　　[A] 101.80m　　　[B] 101.95m　　　[C] 102.15m　　　[D] 102.20m

　　答案：(　　)

[参考答案]（图 30-4-20）

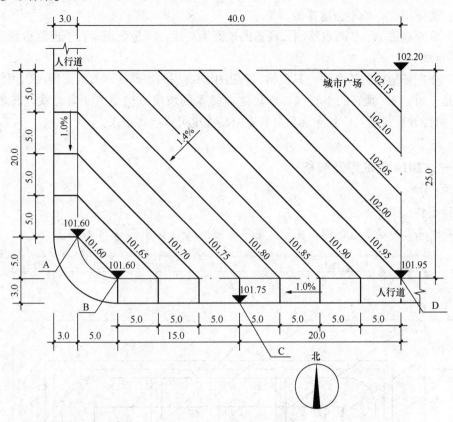

图 30-4-20　作图参考答案

(1) C 点的场地高程为：（5 分）

[A] 101.60m　　　[B] 101.70m　　　[C] 101.75m　　　[D] 101.80m

答案：（ C ）

(2) D 点的场地高程为：（5 分）

[A] 101.90m　　　[B] 101.95m　　　[C] 102.00m　　　[D] 102.05m

答案：（ B ）

(3) 城市广场的坡度为：（4 分）

[A] 0　　　[B] 1.0%　　　[C] 1.4%　　　[D] 2.0%

答案：（ C ）

(4) 城市广场最高点的高程为：（4 分）

[A] 101.80m　　　[B] 101.95m　　　[C] 102.15m　　　[D] 102.20m

答案：（ D ）

[解析]

本题解题的关键在于看清题目对场地地面排水竖向概念的表述并能正确理解。题目仅仅标注了纵、横两个方向的人行道纵坡为 1%，并说广场与人行道之间"无高差连接"。按照总图竖向的常规表示方法，应理解为广场地面在南北与东西两个方向上都有 1%的排水坡度，因而广场地面最高点在东北角，最低点在西南角，地面雨水的排水方向呈 45°斜向，坡度应为 1.4%。而广场外侧的人行道只设 1%的纵坡，没有横坡。这当然是出题人的假设，实际工程一般不会这样做。

（1）分别通过 A、B 两点绘制人行道的地面等高线；应是两组垂直于道路边缘、间距 5m 的平行线。

（2）作广场地面的等高线。只需将人行道相同高程的等高线连接起来即可。由作图可知，这是一组呈 45°倾斜的平行线。广场地面排水的坡度方向垂直于等高线，其坡度为 1.4%，可经计算得出；广场东北角最高点的高程也可以推算出来。

十一、2014 年试题及解析

单位：m

设计条件：

● 某坡地上拟建多层住宅，建筑、道路及场地地形如图 30-4-21 所示。

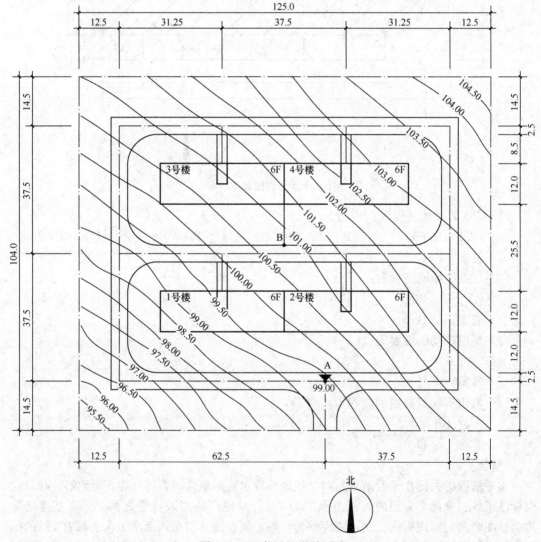

图 30-4-21　场地地形平面图

● 住宅均为 6 层，高度均为 18.00m；当地日照间距系数为 1.5。

● 每个住宅单元均建在各自高程的场地平台上，单元场地平台之间高差需采用挡土墙处理，场地平台、住宅单元入口引路与道路交叉点取相同标高，建筑室内外高差为 0.30m。

● 车行道坡度为 4.0%，本题不考虑场地与道路的排水关系。

● 场地竖向设计应顺应自然地形。

任务要求：

● 依据 A 点标注道路控制点标高及控制点间道路的坡向、坡度、坡长。

$$\left[图例： \frac{i\ (坡度)}{l\ (坡长)} \longrightarrow (坡向) \right]$$

● 标注每个住宅单元建筑地面首层地坪标高（±0.00）的绝对标高。

● 绘制 3 号楼、4 号楼住宅单元室外场地平台周边的挡土墙，并标注室外场地平台的绝对标高。

● 下列单选题每题只有一个最符合题意的选项，从各题中选择一个与作图结果对应的选项，用黑色墨水笔将选项对应的字母填写在括号中；同时用 2B 铅笔将答题卡对应题号的选项信息点涂黑。二者必须一致，缺项不予评分。

（1）场地内车行道最高点的绝对标高为：（3 分）

　　[A] 103.00　　　　[B] 103.50　　　　[C] 104.00　　　　[D] 104.50

　　答案：（　　）

（2）场地内车行道最低点的绝对标高为：（3 分）

　　[A] 96.00　　　　[B] 96.50　　　　[C] 97.00　　　　[D] 97.50

　　答案：（　　）

（3）4 号楼住宅单元建筑地面首层地坪标高（±0.00）的绝对标高为：（6 分）

　　[A] 101.50　　　　[B] 102.00　　　　[C] 102.50　　　　[D] 102.55

　　答案：（　　）

（4）B 点挡土墙的最大高度为：（4 分）

　　[A] 1.50m　　　　[B] 2.25m　　　　[C] 3.00m　　　　[D] 4.50m

　　答案：（　　）

[参考答案]（图 30-4-22）

（1）场地内车行道最高点的绝对标高为：（3 分）

　　[A] 103.00　　　　[B] 103.50　　　　[C] 104.00　　　　[D] 104.50

　　答案：（ B ）

（2）场地内车行道最低点的绝对标高为：（3 分）

　　[A] 96.00　　　　[B] 96.50　　　　[C] 97.00　　　　[D] 97.50

　　答案：（ B ）

（3）4 号楼住宅单元建筑地面首层地坪标高（±0.00）的绝对标高为：（6 分）

　　[A] 101.50　　　　[B] 102.00　　　　[C] 102.50　　　　[D] 102.55

　　答案：（ D ）

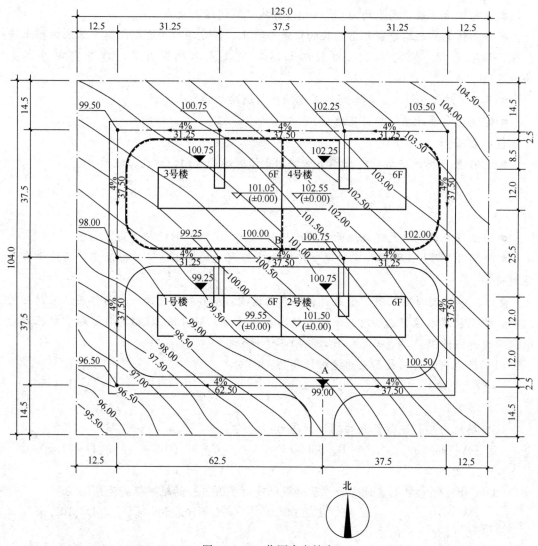

图 30-4-22　作图参考答案

（4）B点挡土墙的最大高度为：（4分）

　　[A] 1.50m　　　　　[B] 2.25m　　　　　[C] 3.00m　　　　　[D] 4.50m

　　答案：（ B ）

[解析]

　　本题的前提条件是，在一块东北高、西南低的自然坡地上已顺势修出了道路系统以及道路所围合成的4块供建造住宅单元的平台。已知道路坡度均为4%，要求依据给定点A的高程，计算并标注道路各控制点的标高。再根据每个住宅单元不同的宅前引路引入点的道路标高，确定台地标高及住宅室内地坪标高。此外，题目明确单元场地平台之间以及台地和道路之间设挡土墙，要求绘制3号楼、4号楼住宅单元室外场地平台周边的挡土墙，并算出指定位置B点挡土墙的最大高度。

　　（1）看清场地东北高、西南低的整体竖向关系，道路路面坡向就是明确的。道路各控制点标高可按坡长和坡度简单算出，然后据以推算各台地高程及住宅室内地坪的绝对标高。

(2) 台地周边挡土墙的绘制稍显复杂。首先要明确，由于路面与台地不同高，每块台地周边均需设置挡土墙。在路面低于台地的区段，挡土墙应砌筑于台地范围内，挡土墙墙顶标高即为台地地面标高，挡土墙墙底标高即为路面标高；在路面高于台地的区段，挡土墙砌筑于道路边缘，挡土墙墙顶标高则为路面标高，挡土墙墙底标高则为台地地面标高。挡土墙的正确画法是，以细实线定位，并在挡土墙与土壤接触的一侧画粗虚线。因此，每块台地周边的挡土墙都有画在台地内和画在台地外两部分，其起止点就在路面与台地标高相同的点上。3 号楼、4 号楼台地相邻接处的挡土墙应当画在较高的 4 号楼台地一侧。

十二、2017 年试题及解析

单位：m

设计条件：

● 湖岸山坡场地地形如图 30-4-23 所示。

● 拟在该场地范围内选择一块坡度不大于 10%，面积不小于 1000m² 的集中建设用地。

● 当地常年洪水位标高为 110.50，建设用地最低标高应高于常年洪水位标高 0.5m。

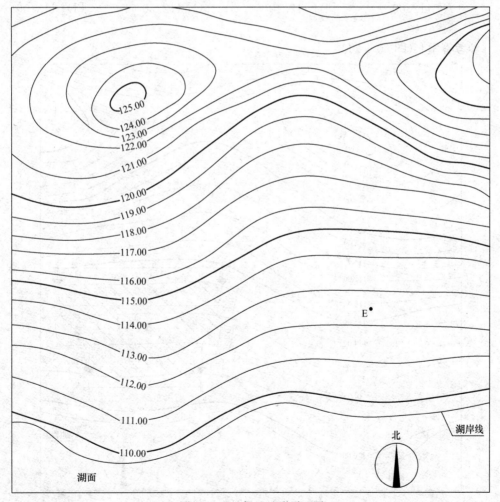

图 30-4-23　场地地形平面图

任务要求：

● 绘制出所选择建设用地的最大范围，用 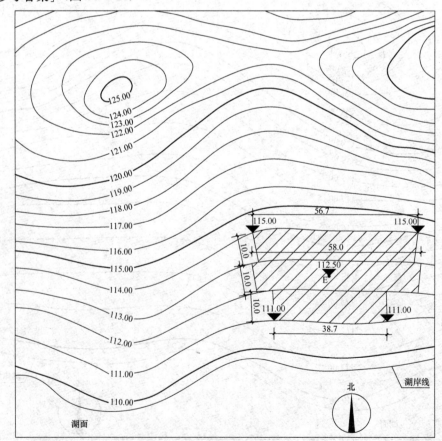表示。

● 标注所选择建设用地的最高和最低处标高。

● 标注山坡场地中 E 点的标高。

● 下列单选题每题只有一个符合题意的选项。从各题中选择一个与作图结果对应的选项，用黑色墨水笔将选项对应的字母填写在括号中；同时用 2B 铅笔将答题卡对应题号的选项信息点涂黑。二者必须一致，缺项不予评分。

(1) 建设用地的面积为：(8分)

    [A] 1000～1400m²   [B] 1400～1800m²

    [C] 1800～2200m²   [D] 2200～2600m²

    答案：（   ）

(2) 建设用地的最大高度为：(6分)

    [A] 2.0m   [B] 3.0m   [C] 4.0m   [D] 5.0m

    答案：（   ）

(3) 图中 E 点的标高为：(4分)

    [A] 112.00   [B] 112.10   [C] 112.50   [D] 113.00

    答案：（   ）

[参考答案]（图 30-4-24）

图 30-4-24 作图参考答案

(1) 建设用地的面积为：(8分)

　　[A] 1000～1400m² 　　　　　　　　　　[B] 1400～1800m²

　　[C] 1800～2200m² 　　　　　　　　　　[D] 2200～2600m²

　　答案：（ B ）

(2) 建设用地的最大高度为：(6分)

　　[A] 2.0m 　　　　[B] 3.0m 　　　　[C] 4.0m 　　　　[D] 5.0m

　　答案：（ B ）

(3) 图中 E 点的标高为：(4分)

　　[A] 112.00 　　　　[B] 112.10 　　　　[C] 112.50 　　　　[D] 113.00

　　答案：（ C ）

[解析]

(1) 首先，用"截距法"找出每两条相邻等高线的水平距离，正好等于10m的位置，这些位置就是地面坡度小于等于10%地段的东西两侧边缘。

(2) 再根据题目所给洪水位标高，确定近水边缘在111.00m等高线位置。

(3) E点其实就是提示选择场地的中央位置。

十三、2018 年试题及解析

单位：m

设计条件：

● 某广场排水坡度、标高及北侧城市道路如图 30-4-25 所示。

● 城市道路下有市政雨水管，雨水管 C 点管内底标高为 97.30m。

● 在广场东、西、北侧设排水沟（有盖板）排水。排水沟终点设置一处跌水井，用连接管就近接入市政雨水管 C 点。连接管坡度不大于 5%。广场跌水井底与连接管连接处管底的标高一致。

任务要求：

● 绘制通过 A 点，等高距为 0.2m 的广场设计等高线（用细实线——表示）。

● 标注广场用地四角及 B 点标高。

● 绘制广场排水沟，要求土方量最小。排水沟沟深不小于 0.5m，排水坡度不小于 0.5%。

● 标注各段排水沟坡度、坡长及起点、终点沟底标高。

● 绘制跌水井及连接管，并标注跌水井井底标高及连接管坡度（跌水井用 ○ 表示）。

● 下列单选题每题只有一个最符合题意的选项，从各题中选择一个与作图结果对应的选项，用 2B 铅笔将答题卡对应题号的选项信息点涂黑。

(1) 广场上 B 点标高为：(5分)

　　[A] 100.40 　　　　[B] 100.80 　　　　[C] 101.00 　　　　[D] 101.40

(2) 广场西侧排水沟坡度为：(5分)

　　[A] 0.5% 　　　　[B] 1% 　　　　[C] 2% 　　　　[D] 2.7%

(3) 广场北侧排水沟最低点沟底标高为：(5分)

　　[A] 97.30 　　　　[B] 97.40 　　　　[C] 97.80 　　　　[D] 99.00

(4) 跌水井井底标高为：(5 分)

    [A] 97.40   [B] 97.80   [C] 98.50   [D] 99.50

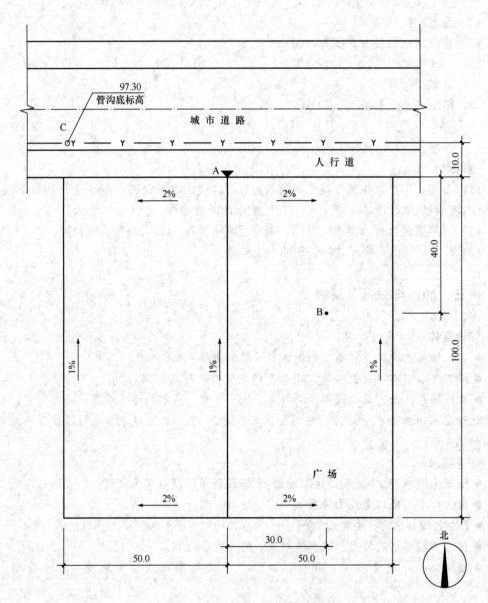

图 30-4-25　场地地形平面图

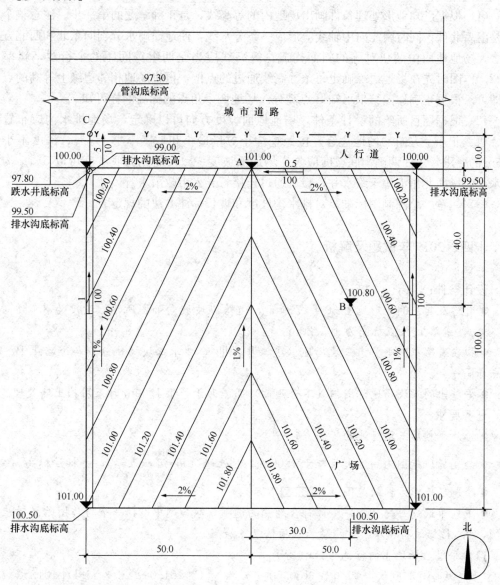

图 30-4-26　作图参考答案

(1) 广场上 B 点标高为:（5 分）

　　[A] 100.40　　　[■] 100.80　　　[C] 101.00　　　[D] 101.40

(2) 广场西侧排水沟坡度为:（5 分）

　　[A] 0.5%　　　　[■] 1%　　　　　[C] 2%　　　　　[D] 2.7%

(3) 广场北侧排水沟最低点沟底标高为:（5 分）

　　[A] 97.30　　　[B] 97.40　　　　[C] 97.80　　　[■] 99.00

(4) 跌水井井底标高为:（5 分）

　　[A] 97.40　　　[■] 97.80　　　　[C] 98.50　　　[D] 99.50

[解析]

(1) 根据已知地形处理条件画出场地内的等高线,是正确解题的第一步。注意整个场地是南高北低,同时南北向中轴线应形成一条分水线,使地面雨水分别向东北和西北方向流去。场地地面由两块对称的斜面构成,等高线应当是两组等间距的平行线,斜率是1:2。作图时先在场地边缘确定每条等高线通过的点位,再将场地相邻边缘上等高的点连接即可。根据正确作图结果可知B点高程。场地四个角点的标高同样可知。

(2) 根据题目所给的设计条件,场地地面坡度方向可以确定,场地排水沟应布置在东、西、北3个方向的场地边缘。按照挖沟土方量最小和坡度不小于5%、深度不小于0.5m的要求,东西两侧沟底坡度应与广场地面坡度一致,北侧沟底坡度可取5%。沟内雨水在广场西北角汇集于跌水井,最后通过连接管导入市政雨水管。

(3) 注意《总图制图标准》对排水沟坡度和坡长标注方法的规定。

十四、2019年试题及解析

单位:m

设计条件:

● 道路及其东侧地形见图30-4-27所示,道路纵坡坡向如图所示,坡度为3.0%(横坡不计),道路上A点标高为101.20m。

● 拟在道路东侧平整出三块场地(Ⅰ、Ⅱ、Ⅲ),要求三块场地分别与道路上B、C、D点标高一致。

● 平整出的三块场地范围内(不含西侧)高差大于等于1.00m时采用挡土墙处理。

任务要求:

● 标注平整后三块场地的标高。

● 绘制场地范围内高度大于等于1.00m的挡土墙(用 —✖— 墙顶标高/墙底标高 表示),并标注标高。

● 绘制场地填方区的范围(用 ▨ 表示)。

● 下列单选题每题只有一个最符合题意的选项,从各题中选择一个与作图结果对应的选项,用2B铅笔将答题卡对应号选项信息点涂黑。

(1) 平整后场地Ⅰ的标高为:(4分)

　　[A] 100.00　　　[B] 100.50　　　[C] 101.00　　　[D] 101.50

(2) 平整后场地Ⅱ与场地Ⅲ之间的高差为:(4分)

　　[A] 0.50m　　　[B] 1.00m　　　[C] 1.50m　　　[D] 2.00m

(3) 平整后填方区挡土墙的最大高度为:(6分)

　　[A] 1.00m　　　[B] 1.50m　　　[C] 2.00m　　　[D] 2.50m

(4) 平整后挖方区挡土墙的最大高度为:(6分)

　　[A] 0.50m　　　[B] 1.00m　　　[C] 1.50m　　　[D] 2.00m

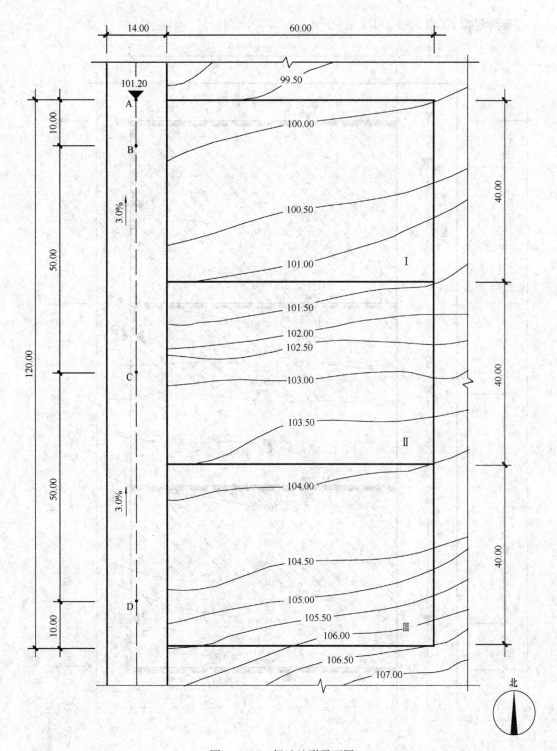

图 30-4-27　场地地形平面图

[**参考答案**]（图 30-4-28）

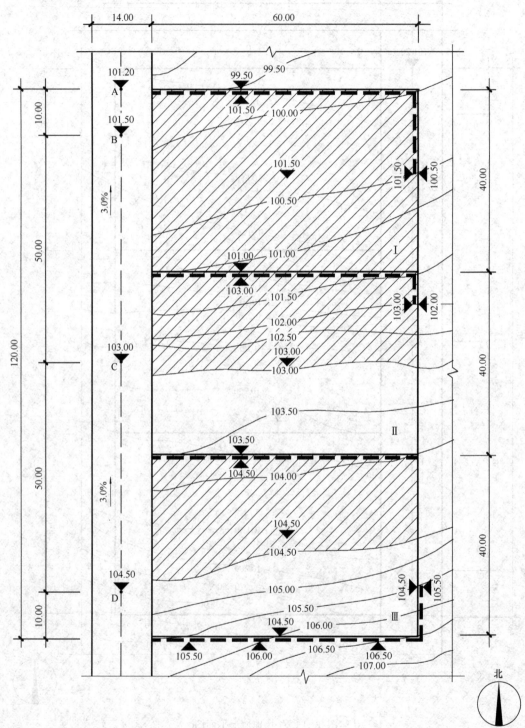

图 30-4-28 作图参考答案

(1) 平整后场地Ⅰ的标高为：（4分）

  [A] 100.00   [B] 100.50   [C] 101.00   [■] 101.50

(2) 平整后场地Ⅱ与场地Ⅲ之间的高差为：（4分）

  [A] 0.50m   [B] 1.00m   [■] 1.50m   [D] 2.00m

(3) 平整后填方区挡土墙的最大高度为：（6分）

  [A] 1.00m   [B] 1.50m   [■] 2.00m   [D] 2.50m

(4) 平整后挖方区挡土墙的最大高度为：（6分）

  [A] 0.50m   [B] 1.00m   [C] 1.50m   [■] 2.00m

[解析]

(1) 三个平台的位置和标高是题目给定的，对照每块平台所处位置的原始地形等高线关系便可以判断挖、填方范围。

(2) 根据平台面与周边原始地形的标高关系，可以找出每块平台周边高度大于1m的挡土墙的区段位置。

(3) 标注挡土墙位置时，注意将粗虚线画在与土壤相接触的一面。

十五、2020年试题及解析

单位：m

设计条件：

● 场地平面如图30-4-29所示，其中内部道路A、B、D点的标高为已知。

● 建筑北面设有车库出入口，车库出入口与道路GF段无高差连接。

● 内部道路纵坡不应大于5.0%，其中GF段道路不设坡度。

● 消防车登高操作场地坡度不应大于3.0%。

● 应满足国家现行规范要求。

任务要求：

● 布置消防车登高操作场地（用 ▨ 表示），并标注相关尺寸。

● 标注内部道路各变坡点、转折点的设计标高及道路坡度、坡向。

● 标注内部道路C点的设计标高。

● 标注车库出入口处的场地设计标高。

● 下列单选题每题只有一个最符合题意的选项，从各题中选择一个与作图结果对应的选项，用2B铅笔将答题卡对应号选项信息点涂黑。

(1) C点的设计标高为：（4分）

  [A] 97.60   [B] 98.10   [C] 98.50   [D] 99.10

(2) 车库出入口处的场地设计标高为：（4分）

  [A] 92.80   [B] 93.34   [C] 93.54   [D] 93.70

(3) 消防车登高操作场地的长度为：（8分）

  [A] 15.00m   [B] 30.00m   [C] 45.00m   [D] 60.00m

(4) E点的设计标高为：（4分）

  [A] 95.80   [B] 96.90   [C] 97.80   [D] 98.30

[参考答案]（图 30-4-30）

（1）C；（2）D；（3）D；（4）B。

[解析]

（1）场地内道路最高点在东南角，最低点在西北角，可依此判断路面排水方向。

（2）DE 段采用最大允许坡度 5%，坡降 3.5m，故 E 点标高可知。

（3）再看 DB 段，两点高差 3.8m，先将中间 60m 路段按 3% 坡度下降 1.8m，其余前后两路段各下降 1.0m，坡度仍为 5%。

（4）高层建筑消防车登高操作场地按规范要求，应至少沿建筑的一条长边布置，且宽度不小于 10m。

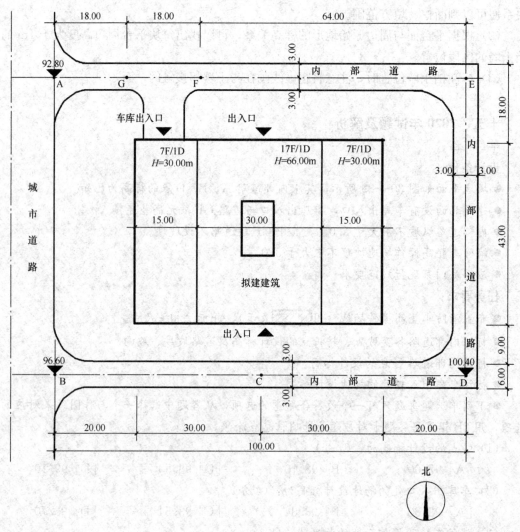

图 30-4-29　场地地形图

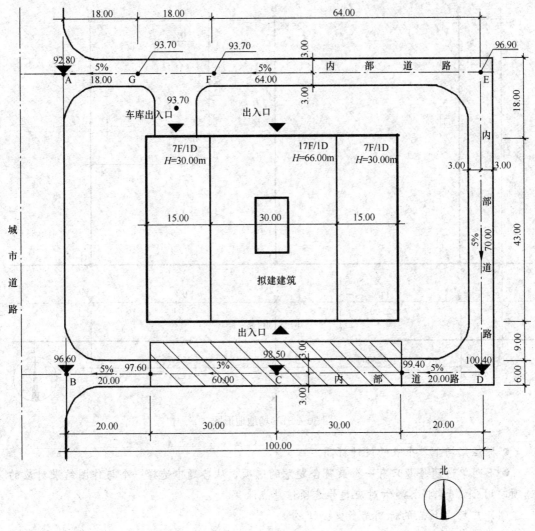

图 30-4-30　作图参考答案

十六、2021 年试题及解析

单位：m

设计条件：

● 某广场与小区道路平面如图 30-4-31 所示，BF 为广场脊线。

● 广场南北向坡度为 2.0%，东西向坡度为 1.0%。

● 道路纵、横坡均为 1.0%。

● 设计要求广场与道路相接的道路路面（道路中心线以北）的排水均排向 E、G 点。

道路的纵横坡不变，广场面与道路面无高差连接。

任务要求：

根据以上要求，在场地内完成下列任务：

● 画出等高距为 0.1m 且通过 F 点的广场及道路设计等高线（用实线表示）。

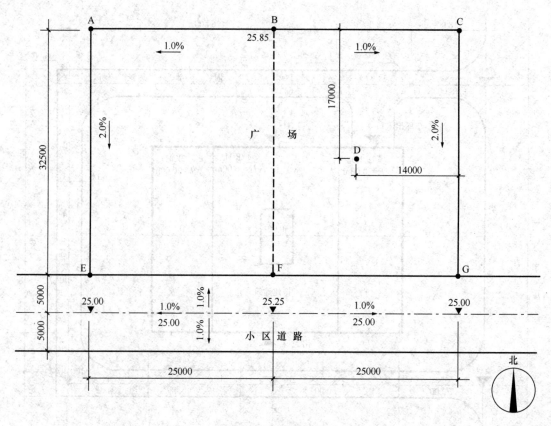

图 30-4-31　场地地形图

● 标注广场上各个点的设计标高。

● 下列单选题每题只有一个最符合题意的选项，从各题中选择一个与作图结果对应的选项，用 2B 铅笔将答题卡对应题号选项信息点涂黑。

（1）广场上 F 点的标高是多少：（6分）

　　[A] 25.10　　　　　　　　　　　[B] 25.15

　　[C] 25.20　　　　　　　　　　　[D] 25.25

（2）广场上 A 点的标高是多少：（6分）

　　[A] 25.40　　　　　　　　　　　[B] 25.50

　　[C] 25.60　　　　　　　　　　　[D] 25.70

（3）广场上 D 点的标高是多少：（4分）

　　[A] 25.30　　　　　　　　　　　[B] 25.40

　　[C] 25.50　　　　　　　　　　　[D] 25.60

[参考答案]（图 30-4-32）

（1）C；（2）C；（3）B。

[解析]

（1）用等高线正确表示场地地形是建筑师应当掌握的基本技能，此处不必讨论。

（2）根据题目给出的 B 点标高，按照地面坡度关系便可推算出广场其他各点的地面标高。

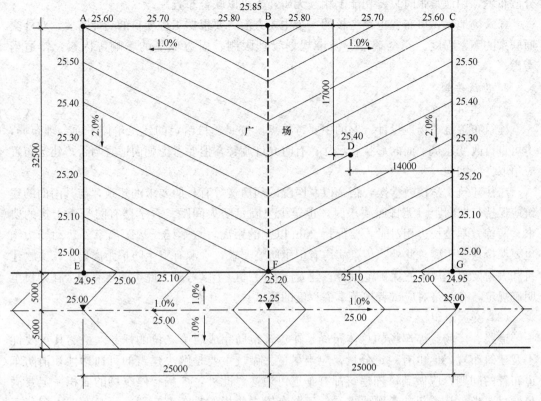

图 30-4-32　作图参考答案

第五节　场　地　设　计

一、"场地设计"考点归纳及应试要领

1. 考点归纳

（1）场地设计作图是在用地总平面图上进行已设定的建筑物和道路、广场、绿地的综合总体布置，也就是通常所说的"总图布置"。

（2）场地设计的主要考核内容包括：功能分区、建筑布置、交通组织（出入口、道路、广场、停车场布置），其中以建筑布置为主。考核的重点在于功能问题的合理解决，多数试题只要求考虑平面布置。偶尔也会涉及地形和竖向问题，以及环境空间的景观效果。

（3）场地设计一般都要求首先考虑功能分区，即按照建筑不同的功能性质，进行分区布置；功能性质相同或接近的相对集中，不同或差异大的分开布置，甚至需要相互隔离。常用的分区方法有主从分区、内外分区、动静分区、洁污分区、工作与生活分区等。各分区之间还应按使用功能的流程先后进行布局和衔接。

（4）建筑场地设计除按功能不同分区布置外，每座建筑的总图定位首先要满足城市规划的退线要求，再进一步考虑建筑形态与环境空间的协调、日照与朝向、自然通风、防火安全、卫生防护、噪声隔离等重要的功能问题。解题时一般可将题目给出的各栋建筑平面分散布置，用地紧张时只要功能上相互无碍，也可以联合布置。

（5）场地出入口布置也是考核的一个主要方面。要根据工程项目的功能需要、对外交通联系的频繁程度、安全疏散、城市规划管理限制、周边环境的影响等因素，作适当考虑。

2. 应试要领

（1）建筑布置

建筑布置是"场地设计"题的主要考核点。按照题目给定的建筑单体平面合理布局，不可自行改变建筑平面的形状和尺寸；有时允许旋转，但要考虑朝向适宜与否；建筑布置应争取良好朝向。

居住建筑、学校教学楼、宿舍以及医院的病房楼等有日照要求的建筑，与其南面的建筑应保持日照间距。无日照要求时，也至少要满足防火间距。教学楼有防噪声干扰的要求；两栋教学楼长边相对时，要保持 25m 以上的距离，教学楼长边距离室外运动场边缘也要保持这个距离。此外，传染病房有卫生防疫要求；水源有卫生防护距离要求；文物建筑和大树要退让规定的保护范围等，建筑布置时都应予以考虑。此类问题有些会在题目里明确规定，有些是对应试者规范掌握程度的测试。

（2）交通组织

道路、广场、停车场的总体布局是在建筑布局完成后第二位的任务。虽然其重要性不及建筑布置，但也有一定分量，应当尽量去做。主要是解决建筑的可通达性和消防车道布置的问题；应做到每栋建筑都有车道可通达。此外，广场、停车场的面积一定要满足题目要求。从近年的考题要求看，道路布置主要指的是车道布置，不必考虑人车分流问题。

（3）景观视线

有些题目在空间布局和景观视线方面设置了考核点。例如城市干道景观、标志性建筑的重点布置，视觉走廊、轴线、对位关系等。但这些不会成为考核重点，毕竟注册考试是以实用、安全为合格标准设定的。

（4）注意：总图方位、建筑朝向问题不可忽视。题目如果在指北针旁画有主导风向箭头，就一定有防污染、防寒或通风问题需要在布置建筑物时考虑。一般民用建筑的总图设计都要求将唯一的污染源（食堂厨房）布置在最下风向的位置。

（5）从原则上讲，场地设计题属于主观题，应该允许有多种合格答案，不应设置唯一正确的所谓"标答"。只要正确解决了主要考核点的问题，就应该获得通过。所以应试时不必花时间捉摸出题人的"标准答案"。不过从近几年"标准化试题"的出题趋势看，出题人似乎有尽量通过设置各种限制条件，把答案搞成唯一解的趋势，解题时也要注意。这里有一个答题技巧，就是解题时结合选择题所给的 4 个选项，4 个选项里没有的方案，肯定是不对的。

（6）解题策略

前面说到，单项作图题中如遇到难题，可以暂时避开，不要耽误时间；而场地设计题则应尽量去做，因为它分值高，失去这一题就不大可能及格了。只要大体上进行了布置，或多或少都能得些分。所以答题时不要按题目顺序答题，应绕过前面的难题，多留时间给最后一道场地设计题，才是明智之举。

在绘图时，应尽量把题目明确要求的和重点考核的（特别是选择题里问到的）定位尺寸与面积标注清楚。

二、2005 年试题及解析

单位：m

设计条件：

● 某城市拟建一体育运动中心，其用地及周边环境如图 30-5-1 所示，建设内容包括：

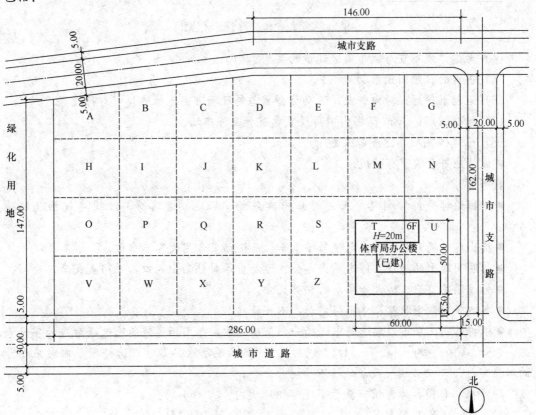

图 30-5-1

(1) 建筑物：①5000 座体育馆一座；②训练馆一座；③运动员公寓二栋；④运动员餐厅一栋。各建筑平面形状及尺寸见图 30-5-2。

(2) 场地：①体育馆主入口前广场面积 4000m²；②集中停车场面积 4000m²；③4.5m×11m 电视转播车停车位 4 个；④自行车停车面积 1200m²；⑤贵宾停车面积 800m²；⑥4m×13m 运动员专用大客车停车位 5 个。

● 规划及设计要求：

(1) 建筑物退南侧用地红线≥20m，退其他方向用地红线≥15m。

(2) 体育馆主入口应面对主要道路设置。

(3) 训练馆与体育馆、训练馆与运动员公寓之间应有便捷的联系。

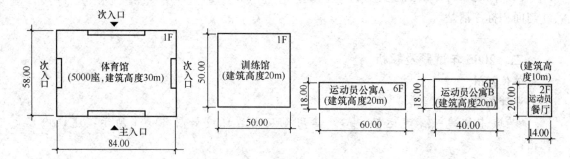

图 30-5-2 拟建建筑物平面示意图

(4) 考虑建筑布置与城市周边环境的关系。

(5) 当地的日照间距系数为 1.2。

(6) 运动员餐厅仅对内营业，运动员公寓与餐厅间可用连廊连接（自行设置）。

(7) 体育馆周边 18m 范围内不得设置建筑物及停车场。

(8) 已建体育局办公楼需保留。

● 设计应符合国家有关规范。

任务要求：

● 根据设计条件绘制总平面图。画出建筑物、场地、道路等，注明建筑物及场地名称。

● 标出停车场面积。画出电视转播车车位及运动员专用大客车车位。

● 标明用地上的观众、停车场、办公、运动员等对外的出入口，并用▲表示。

● 标注满足日照、防火等要求的相关尺寸。

● 各建筑物的形状及尺寸不得变动，不可旋转。

● 根据作图，在下列单选题中选择一个正确答案，并用铅笔将所选选项对应的字母涂黑，例如 [A]… [██]… [C]… [D]。同时，用 2B 铅笔填涂答题卡"选择题"内对应题号的对应字母。二者必须一致，缺一不予评分。

(1) 根据作图，体育馆布置于下述哪组地块内？[4 分]

　　[A] J-K-L-Q-R-S 　　　　　　　　[B] H-I-J-O-P-Q

　　[C] I-J-K-P-Q-R 　　　　　　　　[D] C-D-E-J-K-L

(2) 根据作图，训练馆布置于下述哪组地块内？[3 分]

　　[A] A-B-C-H-I-J 　　　　　　　　[B] H-I-O-P-V-W

　　[C] E-F-G-L-M-N 　　　　　　　　[D] D-E-K-L-R-S

(3) 根据作图，运动员公寓布置于下述哪组地块内？[3 分]

　　[A] A-B-C-H-I-J 　　　　　　　　[B] K-L-R-S-Y-Z

　　[C] E-F-G-L-M-N 　　　　　　　　[D] H-I-O-P-V-W

[**参考答案**]（图 30-5-3）

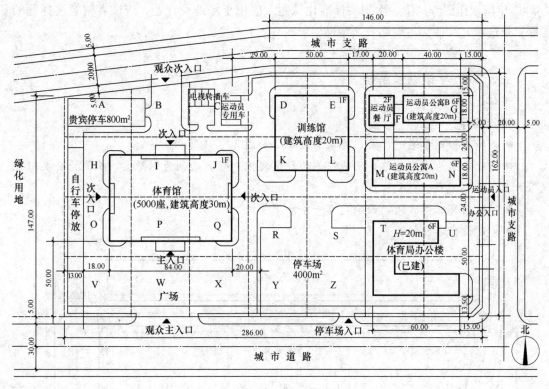

图 30-5-3　作图参考答案

(1) 根据作图，体育馆布置于下述哪组地块内？〔4 分〕

　　[A] J-K-L-Q-R-S　　　　　　　　[■] H-I-J-O-P-Q

　　[C] I-J-K-P-Q-R　　　　　　　　[D] C-D-E-J-K-L

(2) 根据作图，训练馆布置于下述哪组地块内？〔3 分〕

　　[A] A-B-C-H-I-J　　　　　　　　[B] H-I-O-P-V-W

　　[C] E-F-G-L-M-N　　　　　　　　[■] D-E-K-L-R-S

(3) 根据作图，运动员公寓布置于下述哪组地块内？〔3 分〕

　　[A] A-B-C-H-I-J　　　　　　　　[B] K-L-R-S-Y-Z

　　[■] E-F-G-L-M-N　　　　　　　　[D] H-I-O-P-V-W

〔解析〕

(1) 建筑布置：体育馆在西，生活区在东北角，训练馆在中间。生活区在东北角，既可充分利用小面积地块，又可与办公楼共同构成内部活动区，功能分区明确。训练馆在体育馆和生活区之间，符合功能流线要求。

(2) 出入口布置：观众主入口向南，开向城市主路，次入口向北，紧急疏散用；内部生活、办公入口向东，内外有别；观众车流入口向南专用，可实现人车分流；贵宾车可由北面次入口进入。

(3) 观众停车场放在南侧，紧邻城市主路，方便使用，避免车流过多穿行；仅从使用功能关系看，训练馆和观众停车场的位置可以对换，但从选择题（2）训练馆可能的 4 个

657

地块选项中可知，[D] 是唯一正确的选项。出题人的意思就是训练馆在北，停车场在南。2005 年场地作图考试第一次把"标准化试题"应用于场地设计题，应试者留意选择题的题目及选项，往往会对解题有所帮助。

三、2006 年试题及解析

单位：m

设计条件：

● 某城市拟建养老院，其用地及周边环境如图 30-5-4 所示。

● 用地四周为城市道路，用地东侧为社区文化中心，西侧为别墅区，南侧为公共绿化带，北侧为住宅区。

● 用地内有三棵古树，西南角有一条地下管线。

● 拟建设内容包括：

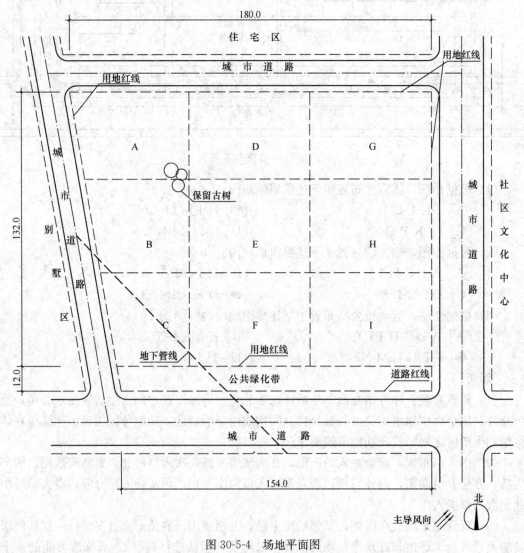

图 30-5-4　场地平面图

（1）建筑物：①住宅型 3 栋；②介助型 1 栋；③介护型 1 栋；④自理型 1 栋；⑤餐饮娱乐综合楼 1 栋；⑥行政接待保健综合楼 1 栋；并要求将介助、介护等与行政接待保健综合楼等用 2 层连廊连接；餐饮娱乐与社区文化中心的功能互补。

（2）场地：①设置主入口广场，面积不小于 1800m²；②设置机动车停车场，面积不小于 600m²。

各建筑、场地平面形状及尺寸见图 30-5-5。

● 规划及设计要求：

（1）建筑物应后退各侧用地红线≥12m。

（2）用地西南角有一条地下管线通过，距管线中心线 10m 范围内不能布置建筑物，可以布置绿化、活动场地或停车场。

（3）用地南侧为公共绿化带，要求后退绿化带 17m。

（4）场地内有三棵古树需保留。

（5）当地老年人居住建筑的日照间距系数为 2.5。

● 设计应符合国家有关规范的要求。

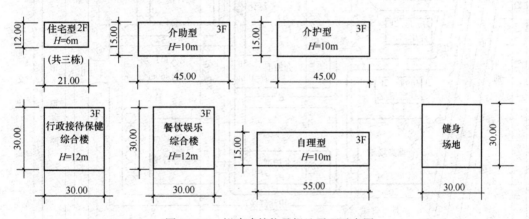

图 30-5-5　拟建建筑物及场地平面示意图

任务要求：

（1）根据设计条件绘制总平面图。画出建筑物、场地、道路，注明各建筑物及场地名称、面积。

（2）标明用地上的对外出入口，并用▲表示。

（3）标注满足日照、防火、退界等要求的相关尺寸。

（4）各建筑物的形状及尺寸不得变动，但可旋转。

根据作图，在下列单选题中选择一个正确答案，并用铅笔将所选选项对应的字母涂黑，例如[■]···[B]···[C]···[D]···。同时，用 2B 铅笔填涂答题卡"选择题"内对应题号的对应字母。二者必须一致，缺一不可评分。

（1）根据作图，三栋老人住宅布置于下述哪组地块内？［4 分］

　　[A] B-C-E-F　　　　　　　　　　　[B] E-F-H-I

　　[C] F-G-H-I　　　　　　　　　　　[D] A-B-D-E

（2）根据作图，两栋综合楼布置于下述哪组地块内？［3 分］

[A] B-C-E-F   [B] F-G-H-I

[C] E-G-H-I   [D] A-D-G-H

（3）根据作图，三栋老年公寓布置于下述哪组地块内？［3分］

[A] C-E-F-I   [B] E-G-H-I

[C] D-E-F-H   [D] A-B-C-E

［参考答案］（图 30-5-6）

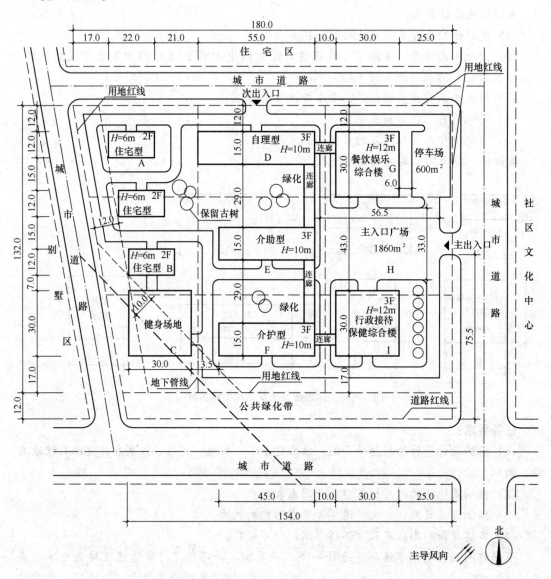

图 30-5-6　作图参考答案

（1）根据作图，三栋老人住宅布置于下述哪组地块内？［4分］

[A] B-C-E-F   [B] E-F-H-I

[C] F-G-H-I   [D] A-B-D-E

（2）根据作图，两栋综合楼布置于下述哪组地块内？［3分］

　　［A］B-C-E-F　　　　　　　　　　　　［B］F-G-H-I

　　［C］E-G-H-I　　　　　　　　　　　　［D］A-D-G-H

（3）根据作图，三栋老年公寓布置于下述哪组结块内？［3分］

　　［A］C-E-F-I　　　　　　　　　　　　［B］E-G-H-I

　　［C］D-E-F-H　　　　　　　　　　　　［D］A-B-C-E

［解析］

（1）功能分区：根据对外联系的密切程度和私密性要求的不同，可分为管理服务、公寓和住宅3个区，并分别布置于场地的东部、中部和西部。

（2）建筑布置：东区为公共活动兼对外商业服务区，沿街布置两座3层综合楼，餐饮放在东北角，位于下风向可减少对基地内的环境污染；中区3座老人公寓南北向均匀布置，并控制日照间距；西区3座住宅围绕保留古树布置。

（3）室外场地布置：场地西南角有地下管线，其上不可布置建筑物，正好布置室外健身场地；机动车停车场可利用建筑退线范围，并宜靠近出入口，避免车辆在场地内过多穿行。

（4）此题选择题的所有选项均包括4个地块，然而实际作图往往3块地就够了，这可能是增加答案宽容度的意思（也可能是出题人设置的迷惑性信息）。但第二题的［B］、［C］两个选项其实是均可的，题目出得不严谨。

四、2007年试题及解析

单位：m

设计条件：

● 拟在一平坦用地上建一300床综合医院，其用地及周边环境见图30-5-7，建设内容如下：

（1）建筑物：①门诊楼一栋；②医技楼一栋；③办公科研楼一栋；④病房综合楼一栋（包括病房、营养厨房）；⑤手术综合楼一栋（包括手术及中心供应）；⑥传染病房楼一栋。建筑物平面形状、尺寸、层数、高度见图30-5-8。

（2）场地：①门诊楼及病房楼设出入口广场；②机动车停车场面积≥1500m²，可分散设置；③花园平面尺寸为50m×40m（图30-5-8）。

● 规划及设计要求：

（1）医院出入口距道路红线交叉点≥40m。

（2）建筑退用地红线≥5m。

（3）传染病房楼与其他建筑的间距≥30m且不得临城市干道布置。

（4）花园必须设于病房楼的南面，供住院病人使用。

（5）建筑物全部正南北向布置。

（6）按需设置连廊，连廊宽5m。

（7）必须保留用地中原有古树。

（8）建筑物及花园的平面尺寸、形状不得变动。

● 设计需符合国家有关规范。

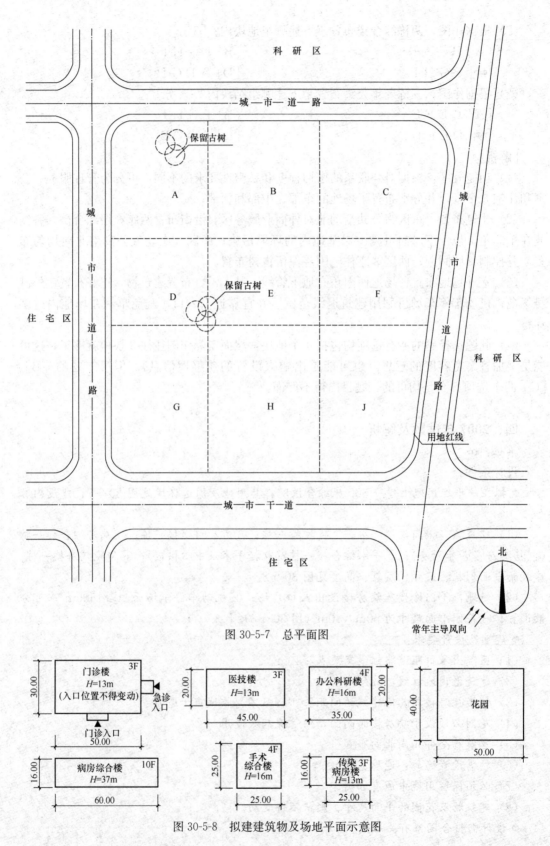

图 30-5-7 总平面图

图 30-5-8 拟建建筑物及场地平面示意图

任务要求:

● 根据设计条件绘制总平面图，画出建筑物、场地、道路、绿地及花园；注明各建筑物名称；停车场画出范围并用 Ⓟ 表示。

● 标注医院的门诊及传染病房楼出入口在城市道路处的位置，并用▲表示。

● 标注相关尺寸。

● 根据作图，在下列单选题中选择一个正确答案并将其字母涂黑（例如 [■■] ×××），同时在答题卡"选择题"内将对应题号的对应字母用 2B 铅笔涂黑，二者选项必须一致。

(1) 传染病房楼位于：（10分）

　　[A] A-B 地块　　　[B] C 地块　　　[C] G 地块　　　[D] J 地块

(2) 手术综合楼位于：（6分）

　　[A] A-D 地块　　　[B] B 地块　　　[C] E 地块　　　[D] G-H 地块

(3) 门诊楼位于：（6分）

　　[A] A-B 地块　　　[B] B-C 地块　　　[C] E-F 地块　　　[D] G-H-J 地块

(4) 医院的门诊出入口位于用地：（6分）

　　[A] 南面　　　　　[B] 北面　　　　　[C] 东面　　　　　[D] 西面

[参考答案]（图 30-5-9）

(1) 传染病房楼位于：（10分）

　　[A] A-B 地块　　[■■] C 地块　　　[C] G 地块　　　[D] J 地块

(2) 手术综合楼位于：（6分）

　　[A] A-D 地块　　[■■] B 地块　　　[C] E 地块　　　[D] G-H 地块

(3) 门诊楼位于：（6分）

　　[A] A-B 地块　　[B] B-C 地块　　[C] E-F 地块　　[■■] G-H-J 地块

(4) 医院的门诊出入口位于用地：（6分）

　　[■■] 南面　　　　[B] 北面　　　　[C] 东面　　　　[D] 西面

[解析]

(1) 功能分区：门诊和急诊在南部，靠近城市干道，交通方便，有利于人流集散；住院部在北部，与南面大量的人、车流适当隔离，以取得相对安静的环境；内部办公、科研和后勤可在偏西的位置。

(2) 出入口：门诊人流口开向南侧干道，车流口应避开干道开向东侧道路，与急救入口合用；住院部开口可向北侧道路，传染病房可在东北角另外开口以利隔离；办公及后勤向西开设内部出入口；污物及尸体应设专用口，可开在西北角。

(3) 建筑布置：门、急诊综合楼靠近南侧城市干道，楼前留出集散场地和停车场；传染病房应在下风向的东北角，以便于隔离；高层病房楼宜向北靠，空出南侧绿地，避开前后古树并与手术楼贴邻，以方便住院外科病人手术；医技楼要兼顾门、急诊和住院，故宜布置在二者之间。

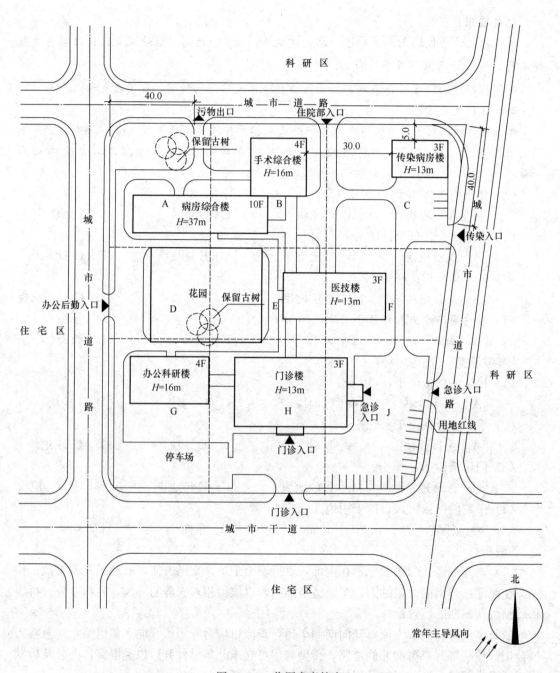

图 30-5-9 作图参考答案

五、2008 年试题及解析

单位：m

设计条件：

● 某居住用地及周边环境见图 30-5-10 所示，用地面积 1.8hm²。

● 用地内拟布置住宅若干幢及会所一幢，住宅应在 A、B、C、D 型中选用。各建筑平面形状、尺寸、高度、面积见图 30-5-11。

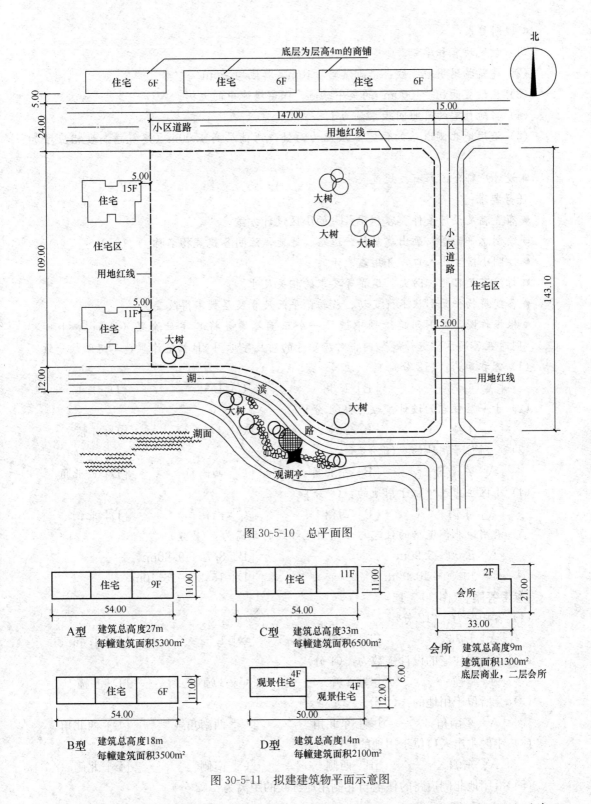

图 30-5-10　总平面图

图 30-5-11　拟建建筑物平面示意图

● 建筑物应正南北向布置，D型住宅不得少于两幢并应临湖滨路，会所应临街并靠近小区主出入口。

● 规划要求：

(1) 该地块容积率≤2.0。

(2) 建筑物退用地红线：沿湖滨路≥10m，其他均≥5m。

(3) 应设置面积≥1000m² 的集中绿地，保留场地中的大树。

(4) 当地住宅的日照间距系数为1.3。

(5) 沿用地北侧道路的住宅底层应为商铺，商铺层高4.00m（建筑总高度相应增加1m）。

● 设计应符合国家有关规范要求。

任务要求：

● 布置满足设计条件、容积率最大的小区设计方案。

● 绘制总平面图，画出建筑物、道路、绿地，注明各建筑物名称。

● 注明小区主出入口，并用▲表示。

● 标注满足日照、防火、退界等要求的相关尺寸。

● 各建筑物平面形状不得变动、旋转，平面尺寸及层数不得改变。

● 根据作图，在下列单选题中选择一个正确答案并将其字母涂黑（例如 [━] ×××），同时在答题卡"选择题"内将对应题号的对应字母用2B铅笔涂黑，二者必须一致。

(1) 容积率为：(12分)

    [A] 1.73   [B] 1.68   [C] 1.52   [D] 1.45

(2) 十一层住宅的设计幢数为：(4分)

    [A] 1幢   [B] 2幢   [C] 3幢   [D] 4幢

(3) 会所位于用地的：(6分)

    [A] 东南角   [B] 东北角   [C] 西南角   [D] 西北角

(4) 小区主出入口位于用地的：(4分)

    [A] 东侧   [B] 西侧   [C] 南侧   [D] 北侧

(5) 沿用地北侧道路的住宅与北侧用地红线的距离为：(2分)

    [A] 5.00～5.90m   [B] 8.70～9.60m

    [C] 10.00～10.90m   [D] 15.20～16.10m

[参考答案] (图30-5-12)

(1) 容积率为：(12分)

    [A] 1.73   [B] 1.68   [■] 1.52   [D] 1.45

(2) 十一层住宅的设计幢数为：(4分)

    [A] 1幢   [■] 2幢   [C] 3幢   [D] 4幢

(3) 会所位于用地的：(6分)

    [A] 东南角   [■] 东北角   [C] 西南角   [D] 西北角

(4) 小区主出入口位于用地的：(4分)

    [A] 东侧   [B] 西侧   [C] 南侧   [■] 北侧

(5) 沿用地北侧道路的住宅与北侧用地红线的距离为：(2分)

    [A] 5.00～5.90m   [B] 8.70～9.60m

    [■] 10.00～10.90m   [D] 15.20～16.10m

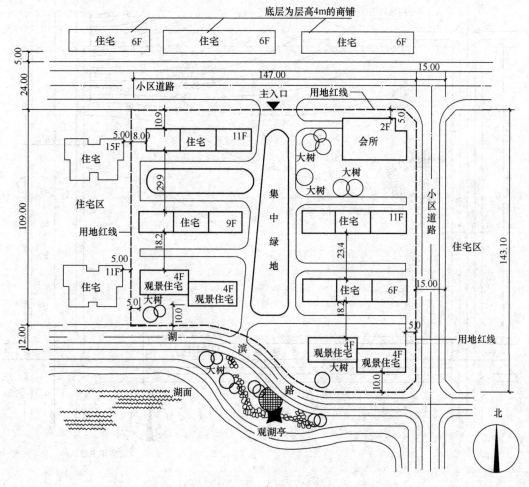

图 30-5-12 作图参考答案

[解析]

(1) 住宅按南低北高原则布置，11 层住宅尽量靠北布置两栋，可获得最大容积率。注意西北角一栋 11 层住宅前后日照间距的计算：与北面已建住宅的间距，由于二者都有 4m 高的底层商店，间距应按 10 层 30m 高计算，应为 39m；与南面 9 层住宅的间距，南面住宅的计算高度应减去 4m，即按 23m 计，应为 29.9m。

(2) 观景住宅 2 幢按题目提示，沿南边界布置。

(3) 会所放在东北角，其形态和红线切角相协调，并且与北入口靠近，位置得体。

(4) 建筑分为东、西两列靠边布置，让出中心集中绿地。

(5) 小区主入口在北，与小区主要道路相接；次入口在南，与湖滨路连通。

六、2009 年试题及解析

单位：m

设计条件：

● 某居住区拟配建 24 班中学一所，其用地及周边环境如图 30-5-13 所示。东侧城市道

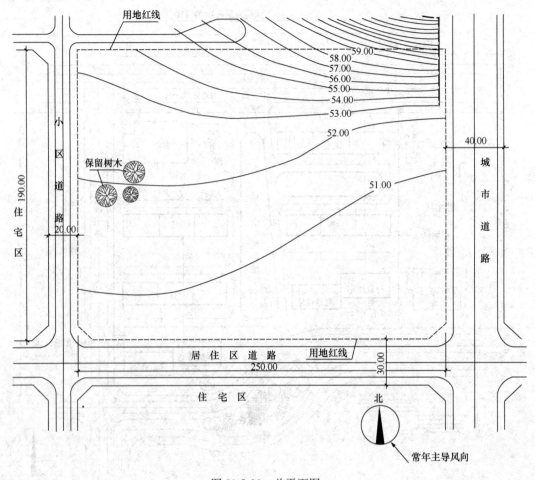

图 30-5-13　总平面图

路机动车流量为 300 辆/h，建设内容包括：

（1）建筑物：①教学楼 2 栋；②实验楼 1 栋；③办公图书综合楼 1 栋；④阶梯教室 1 栋；⑤风雨操场 1 栋；⑥宿舍楼 2 栋；⑦学生食堂 1 栋。建筑物形状、尺寸及高度见图 30-5-14。

（2）场地：①主入口广场，面积≥2000m²；②70m×137m 田径场 1 个；③自行车停车场，面积 500m²；④蓝（排）球场按规范要求设置。

● 规划及设计要求：

（1）建筑物退用地红线≥10m。

（2）在用地内坡度小于 10％的区域布置建筑物和场地。

（3）当地居住建筑日照间距系数为 1.3，教学楼日照间距系数为 1.5。

（4）保留树木的树冠范围不得布置建筑物及场地。

（5）教学区建筑物间需布置连廊，连廊宽度 5m。

（6）各建筑物正南北向布置。

（7）应考虑周边环境，符合国家有关规范要求。

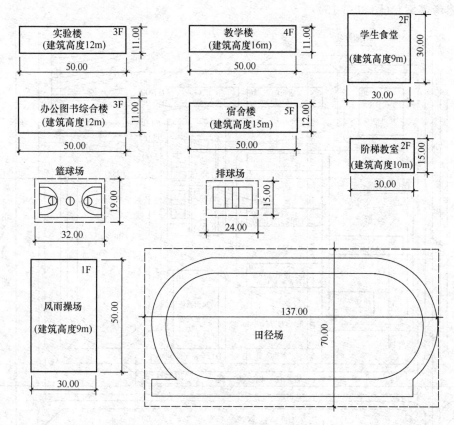

图 30-5-14　拟建建筑物及场地平面示意图

任务要求：

● 根据设计条件绘制总平面图，画出建筑物、场地并注明其名称，画出道路及绿化。

● 注明学校主、次出入口位置，并用▲表示。

● 标注满足规划、规范要求的相关尺寸，标注主入口广场面积及自行车停车场面积。

● 建筑物形状及尺寸不得变动。

● 根据作图结果，在下列单选题中选择一个对应答案，并用铅笔将所选选项的字母涂黑，例如[A]… ▇ … [C]… [D]…。同时，用 2B 铅笔填涂答题卡对应题号的字母，二者必须一致，缺一不予评分。

(1) 教学区布置在用地的：(13 分)

　　[A] 东南部　　　　[B] 东北部　　　　[C] 西南部　　　　[D] 西北部

(2) 学生生活区布置在用地的：(5 分)

　　[A] 东南部　　　　[B] 东北部　　　　[C] 西南部　　　　[D] 西北部

(3) 田径场布置在用地的：(5 分)

　　[A] 东南部　　　　[B] 东北部　　　　[C] 西南部　　　　[D] 西北部

(4) 学校主入口由何处进入？(5 分)

　　[A] 北侧尽端路　　　　　　　　　　[B] 西侧小区道路

　　[C] 南侧居住区道路　　　　　　　　[D] 东侧城市道路

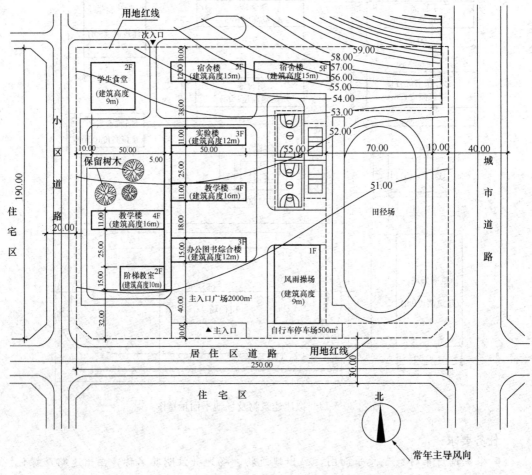

图 30-5-15　作图参考答案

(1) 教学区布置在用地的：(13 分)

　　[A] 东南部　　　　[B] 东北部　　　　[⬛] 西南部　　　　[D] 西北部

(2) 学生生活区布置在用地的：(5 分)

　　[A] 东南部　　　　[B] 东北部　　　　[C] 西南部　　　　[⬛] 西北部

(3) 田径场布置在用地的：(5 分)

　　[⬛] 东南部　　　　[B] 东北部　　　　[C] 西南部　　　　[D] 西北部

(4) 学校主入口由何处进入？(5 分)

　　[A] 北侧尽端路　　　　　　　　　　　[B] 西侧小区道路

　　[⬛] 南侧居住区道路　　　　　　　　　[D] 东侧城市道路

[解析]

(1) 注意室外运动场长轴应取南北向，故室外运动场应旋转 90°；建筑物除风雨操场外，要争取好朝向而不应旋转。篮、排球场数量按《中小学校设计规范》要求，平均每 6 班设一个，至少设 4 个。

(2) 南北朝向的可布置宽度 230m，适宜作成 4 个 50m 左右的纵列。24 班学校篮、排球场地不应少于 4 个。

（3）主入口宜避开城市干道，布置在南侧居住区道路上；将运动场布置在东侧，可以降低城市交通噪声对教学区的干扰，满足规范对中小学教学设施距离城市干道边不小于 80m 的要求。

（4）考虑到厨房的油烟污染，食堂应放在下风向的西北角；生活区当然就放在校园的西北部了。

（5）教学楼的长边距离相邻教学楼或室外运动场边不小于 25m，以控制噪声；此值大于教学楼的日照间距。宿舍楼与其南面的建筑距离应按日照间距取值。

七、2010 年试题及解析

单位：m

设计条件：

● 在某风景区内拟建一座疗养院，其用地及周围环境如图 30-5-16 所示。建设内容如下：

（1）建筑物：①普通疗养楼三栋；②别墅型疗养楼三栋（自设厨房餐厅）；③餐饮娱乐楼一栋；④综合楼一栋（包含接待、办公、医技、理疗等功能）。建筑物平面尺寸、层数、高度及形状见图 30-5-17。

（2）场地：①主入口广场，面积≥1000m²；②机动车停车场，面积≥600m²；③活动场地 30m×30m。

● 规划及设计要求：

（1）建筑物退用地红线≥10m。

（2）应考虑用地周边环境；应保留场地中原有水系及古树，建筑物距古树树冠及水系岸边均不得小于 2m。

（3）各建筑物及活动场地的形状、尺寸不得变动并一律按正南北方向布置。

（4）疗养楼日照间距系数为 2.0。

（5）普通疗养楼、综合楼、餐饮娱乐楼之间需设一层通廊（或廊桥）连接，通廊宽度为 4m，高度为 3m。

（6）设计需符合国家有关规范。

任务要求：

● 根据设计条件绘制总平面图，画出建筑物、场地、道路、绿化，注明各建筑物及场地名称。

● 标注主入口广场和机动车停车场的面积。

● 标注疗养院的出入口，并用▲表示。

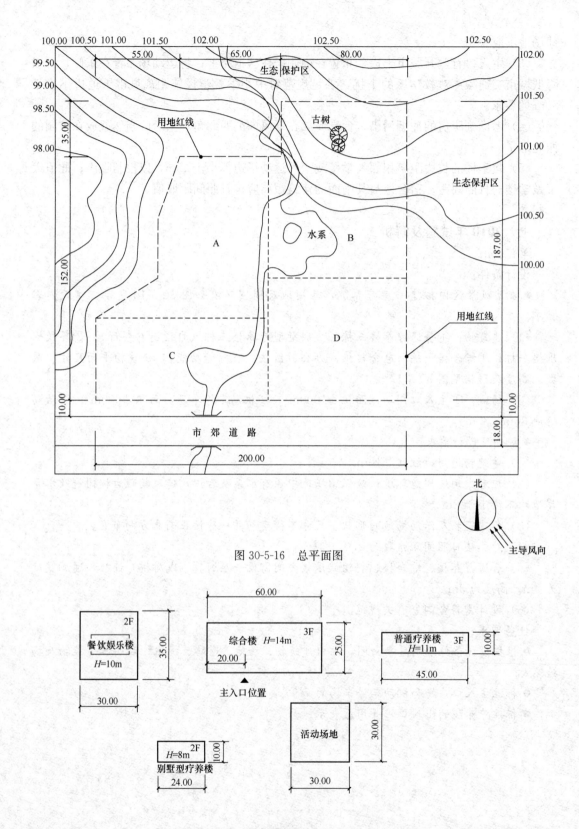

图 30-5-16　总平面图

图 30-5-17　拟建建筑物及场地平面示意图

● 标注相关尺寸。

● 根据作图结果，在下列单选题中选择一个对应答案并用铅笔将所选选项的字母涂黑，例如[A]… ▣… [C]… [D]…。同时，用2B铅笔填涂答题卡对应题号的字母。二者选项必须一致，缺一不予评分。

(1) 别墅型疗养楼主要位于场地何地块？（8分）

　　　[A] A　　　　　　[B] B　　　　　[C] C　　　　　[D] D

(2) 普通疗养楼主要位于场地何地块？（8分）

　　　[A] A　　　　　　[B] B　　　　　[C] C　　　　　[D] D

(3) 综合楼位于场地何地块？（6分）

　　　[A] A　　　　　　[B] B　　　　　[C] C　　　　　[D] D

(4) 餐饮娱乐楼位于场地何地块？（6分）

　　　[A] A　　　　　　[B] B　　　　　[C] C　　　　　[D] D

[参考答案]（图 30-5-18）

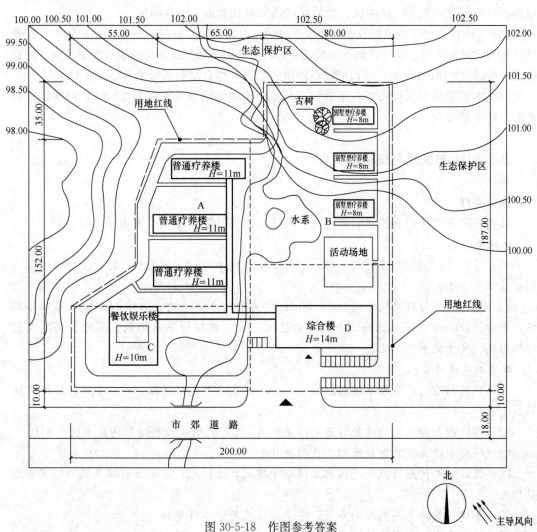

图 30-5-18　作图参考答案

(1) 别墅型疗养楼主要位于场地何地块？（8分）

[A] A　　　　　 [■] B　　　　　 [C] C　　　　　 [D] D

(2) 普通疗养楼主要位于场地何地块？（8分）

[■] A　　　　　 [B] B　　　　　 [C] C　　　　　 [D] D

(3) 综合楼位于场地何地块？（6分）

[A] A　　　　　 [B] B　　　　　 [C] C　　　　　 [■] D

(4) 餐饮娱乐楼位于场地何地块？（6分）

[A] A　　　　　 [B] B　　　　　 [■] C　　　　　 [D] D

[解析]

(1) 本题主要考查在用地地形条件比较复杂的情况下，总图布置的合理功能分区问题。从题目所提的4个选择题可以看出4个考核点是疗养院4组不同功能的建筑在总平面4个区域如何合理安排的问题。

(2) 首先将对外接待、公共活动部分与生活居住部分分开。公共部分应靠近公路和基地出入口，放在南面C、D两区；生活居住部分退到北面A、B两区。

(3) 3栋普通疗养楼体形较大，布置不灵活，可先就位，放在A区较合适；别墅型疗养楼放在B区坡地上没有问题，周围环境还更好；餐饮服务楼的厨房应尽量放在下风向（注意指北针旁的主导风向提示），所以应放在西面的C区；综合楼和场地出入口就在D区了。

(4) 本答案将车行道布置在用地周边，让出中间大部分场地作为步行区，以保障疗养者的户外活动安全。

八、2011年试题及解析

单位：m

设计条件：

某企业拟在厂区西侧扩建科研办公生活区，用地及周边环境如图30-5-19所示。

● 拟建内容包括：

(1) 建筑物：①行政办公楼一栋；②科研实验楼三栋；③宿舍楼三栋；④会议中心一栋；⑤食堂一栋。

(2) 场地：①行政广场，面积5000m²；②为行政办公楼及会议中心配建机动车停车场，面积≥1800m²；③篮球场三个及食堂后院一处。建筑物平面形状、尺寸、高度及篮球场形状、尺寸见图30-5-20。

● 规划及设计要求：

(1) 建筑物后退城市干道道路红线≥20m，后退城市支路道路红线≥15m，后退用地界线10m。

(2) 当地宿舍和住宅的建筑日照间距系数为1.5，科研实验楼建筑间距系数为1.0。

(3) 科研实验楼在首层设连廊，连廊宽6m。

(4) 保留树木树冠的投影范围内不得布置建筑物及场地；沿城市道路交叉口位置宜设置绿化。

(5) 各建筑物均为正南北向布置，平面形状及尺寸不得变动。

(6) 防火要求：①厂房的火灾危险性分类为甲类、耐火等级为二级；②拟建高层建筑

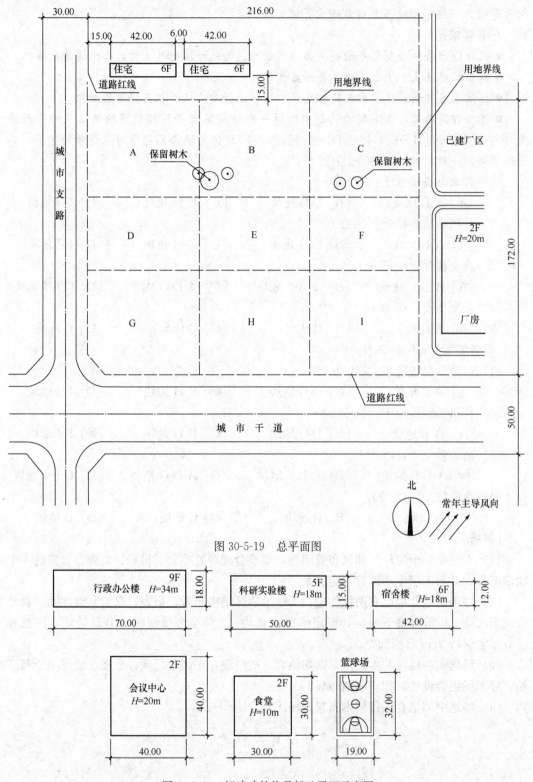

图 30-5-19 总平面图

图 30-5-20 拟建建筑物及场地平面示意图

耐火等级为一级，拟建多层建筑耐火等级为二级。

任务要求：

● 根据设计条件绘制总平面图，画出建筑物、场地并注明其名称，画出道路及绿化。

● 标出扩建区主、次出入口，并用▲表示。

● 标注满足规划、规范要求的相关尺寸，标注行政广场面积及停车场面积。

● 根据作图结果，在下列单选题中选择一个对应答案并用铅笔将所选选项的字母涂黑，例如■…[B]…[C]…[D]…。同时，用2B铅笔填涂答题卡对应题号的字母，二者选项必须一致，缺一不评分。

(1) 行政办公楼位于：(10分)

    [A] A-B 地块   [B] D-G 地块   [C] E-H 地块   [D] F-I 地块

(2) 科研实验楼位于：(8分)

    [A] A-B 地块   [B] D-G 地块   [C] E-H 地块   [D] F-I 地块

(3) 宿舍楼位于：(5分)

    [A] A-B-D 地块   [B] A-B-C 地块   [C] A-D-G 地块   [D] C-F-I 地块

(4) 食堂位于：(5分)

    [A] A 地块   [B] B 地块   [C] C 地块   [D] D 地块

[参考答案] (图 30-5-21)

(1) 行政办公楼位于：(10分)

    [A] A-B 地块   [B] D-G 地块   ■ E-H 地块   [D] F-I 地块

(2) 科研实验楼位于：(8分)

    [A] A-B 地块   [B] D-G 地块   [C] E-H 地块   ■ F-I 地块

(3) 宿舍楼位于：(5分)

    ■ A-B-D 地块   [B] A-B-C 地块   [C] A-D-G 地块   [D] C-F-I 地块

(4) 食堂位于：(5分)

    [A] A 地块   [B] B 地块   ■ C 地块   [D] D 地块

[解析]

(1) 本题是一个工厂厂前区布置问题，要求合理布置办公、科研、宿舍、食堂这4个功能部分，并与工厂生产区有一定关系。

(2) 鉴于用地北面已有两栋住宅，考虑生活区集中布置，宿舍、食堂宜放北面。食堂有油烟污染，应放在最下风向，可定位于C地块；3栋宿舍楼便在A-B-D地块，注意和已有住宅保持27m日照间距。

(3) 科研实验楼应与生产厂房密切结合，故应放在东边；行政办公楼、会议中心与广场、停车场组合设置，相应靠西布局。

(4) 场地中部结合保留树木布置球场比较合适。

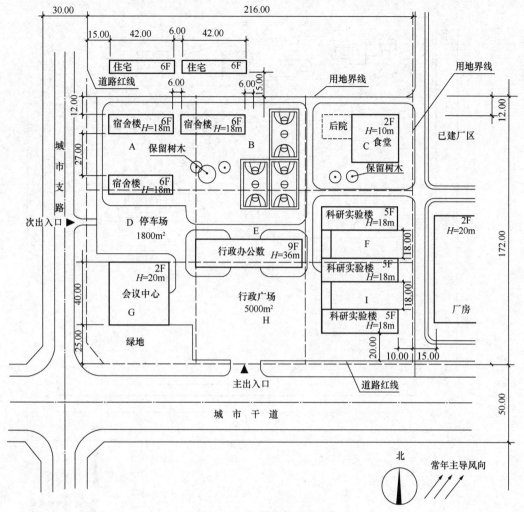

图 30-5-21　作图参考答案

九、2012 年试题及解析

单位：m

设计条件：

某新区拟建行政中心，用地及周边环境如图 30-5-22 所示。

● 拟建内容包括：

（1）建筑物：①管委会行政办公楼一栋；②研究中心一栋；③会议中心一栋；④档案楼一栋；⑤职工食堂一栋；⑥市民办事大厅一栋；⑦规划展览馆一栋。建筑物平面形状及尺寸见图 30-5-23。

（2）场地：①市民广场，面积≥6000m²；②机动车停车场，面积≥1000m²；③规划展览馆室外展场，面积≥800m²。

● 规划及设计要求：

（1）建筑物后退城市道路红线≥20m；后退用地界线≥15m。

（2）当地住宅建筑日照间距系数为 1.5。

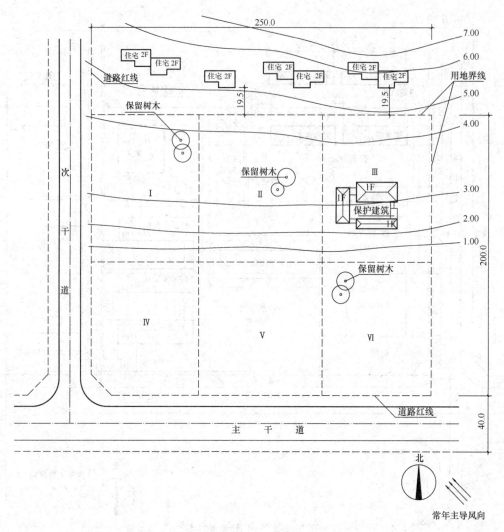

图 30-5-22 总平面图

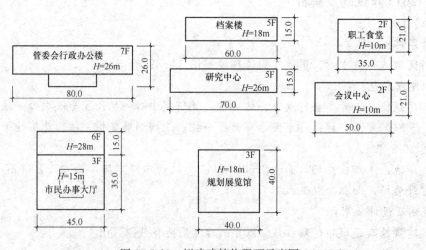

图 30-5-23 拟建建筑物平面示意图

(3) 管委会行政办公楼、研究中心、档案楼需在首层设连廊连接，连廊宽 6m。

(4) 新建建筑距保护建筑不小于 15m；距保留树木树冠的投影不小于 5m。

(5) 各建筑物均为正南北向布置，平面形状及尺寸不得变动、旋转。

(6) 防火要求：拟建高层建筑、多层建筑的耐火等级均为一级，保护建筑耐火等级为三级。

任务要求：

● 根据设计条件绘制总平面图，画出建筑物、场地并注明其名称，画出道路及绿化。

● 标注场地主、次出入口位置，并用▲表示。

● 标注满足规划、规范要求的相关尺寸，标注市民广场及机动车停车场面积。

● 根据作图结果，在下列单选题中选择一个答案并用绘图笔将其填写在括号（　　　）
内，同时用 2B 铅笔填涂答题卡对应题号的答案。二者答案必须一致，缺一不予评分。

(1) 基地内建筑与北侧住宅最小间距为：(6分)

　　[A] 37.50m　　　　[B] 38.00m　　　　[C] 38.50m　　　　[D] 39.00m

　　答案：（　　　）

(2) 管委会行政办公楼位于：(6分)

　　[A] Ⅱ 地块　　　　[B] Ⅴ 地块　　　　[C] Ⅳ-Ⅴ 地块　　　　[D] Ⅴ-Ⅵ 地块

　　答案：（　　　）

(3) 档案楼位于：(6分)

　　[A] Ⅰ 地块　　　　[B] Ⅱ 地块　　　　[C] Ⅲ 地块　　　　[D] Ⅳ 地块

　　答案：（　　　）

(4) 职工食堂位于：(4分)

　　[A] Ⅰ 地块　　　　[B] Ⅱ 地块　　　　[C] Ⅲ 地块　　　　[D] Ⅳ 地块

　　答案：（　　　）

(5) 规划展览馆位于：(6分)

　　[A] Ⅰ 地块　　　　[B] Ⅳ 地块　　　　[C] Ⅴ 地块　　　　[D] Ⅵ 地块

　　答案：（　　　）

[参考答案] (图 30-5-24)

(1) 基地内建筑与北侧住宅的最小间距为：(6分)

　　[A] 37.50m　　　　[B] 38.00m　　　　[C] 38.50m　　　　[D] 39.00m

　　答案：（ A ）

(2) 管委会行政办公楼位于：(6分)

　　[A] Ⅱ 地块　　　　[B] Ⅴ 地块　　　　[C] Ⅳ-Ⅴ 地块　　　　[D] Ⅴ-Ⅳ 地块

　　答案：（ A ）

(3) 档案楼位于：(6分)

　　[A] Ⅰ 地块　　　　[B] Ⅱ 地块　　　　[C] Ⅲ 地块　　　　[D] Ⅳ 地块

　　答案：（ C ）

(4) 职工食堂位于：(4分)

　　[A] Ⅰ 地块　　　　[B] Ⅱ 地块　　　　[C] Ⅲ 地块　　　　[D] Ⅳ 地块

　　答案：（ A ）

(5) 规划展览馆位于：(6分)

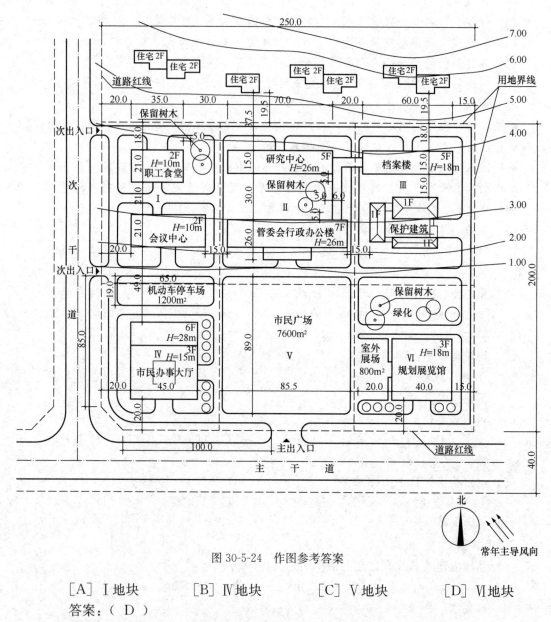

图 30-5-24　作图参考答案

[A] Ⅰ地块　　　　　[B] Ⅳ地块　　　　　[C] Ⅴ地块　　　　　[D] Ⅵ地块

答案：（ D ）

[解析]

（1）本题是一个城市的市民中心布置问题。要求在满足规划退线、保护一处文物建筑、保留3组大树的前提下，合理布置为市民服务的市民办事大厅、规划展览馆以及管委会办公大楼、会议中心、研究中心、档案楼、职工食堂等7栋建筑。其中，市民办事大厅、管委会行政办公楼和研究中心高度超过24m，是3栋高层建筑。

（2）用地周边影响建筑布置的设计条件有：南面是城市主干道，西面是次干道，北面有一排已建住宅。因此，场地主要出入口也就是市民公共出入口宜开向南侧主干道，且以步行为主；次干道上可开次要出入口，以供内部使用。车流量较大的停车场出入口也宜开向城市次干道。此外，在用地北部布置建筑物时要避免对已建住宅产生日照遮挡。

（3）用地南部地势平坦，北部为缓坡地，均适于布置建筑。稍加留意就可以发现，在这样一块方整用地上布置7栋新建筑，加上一组保留建筑和一大片市民广场，总共9项工程，采用九宫格式的总体布局比较适宜。市民广场利用平坦的地形，放在南部中央，面向公共主要出入口，没有疑问。同时，考虑内外功能分区，对外服务的市民办事大厅和规划展览馆也无可争议地应一左一右放在市民广场两侧。这样一来，有一定对外功能的管委会大楼就理所应当地位居场地中央了。至于市民办事大厅和规划展览馆的左右关系原本就不是什么原则性问题，但题目一定要在Ⅳ、Ⅵ两块地里选择一块。似乎选在Ⅵ地块，与保护建筑靠近为宜。

（4）场地北部3个地块是内部区。职工食堂应在主导风向的下风向位置，可定位于西北角；档案楼放在东北角最为隐蔽；研究中心就在管委会行政办公楼后面。这样布置，管、研、档相对集中，便于用连廊串联在一起。最后剩下会议中心放在管委会大楼西侧，结合停车场，向西通往城市次干道，出入方便。由于停车场在西侧，市民办事大厅放在西侧也就比较合理了。

（5）建筑物具体定位，先满足规划退线要求。新建建筑对北侧既有住宅的日照影响，以26m高的研究中心为最大，但要注意这段地形南北高差约有1m，计算时南面研究中心高度应减去1m。日照间距计算：（26-1）m×1.5=37.5m。按一般建筑布置的习惯做法，北侧3栋建筑的北外墙宜互相对位。管委会行政办公楼在南北方向上的定位宜尽量往北靠，以便留出较大的市民广场；同时，要注意与它北面保留大树的树冠留出5m的保护距离。此题用地比较宽松，在满足其他条件后，建筑防火间距仍然不成问题；办公建筑之间的日照间距也都能满足要求。

十、2013年试题及解析

单位：m

设计条件：

某地原有卫生院拟扩建为300床综合医院，建设用地及周边环境如图30-5-25所示。

● 建设内容如下：

（1）用地中保留建筑物拟改建为急诊楼和发热门诊见图30-5-25。

（2）拟新建：门诊楼、医技楼（含手术楼）、科研办公楼、营养厨房、1号病房楼、2号病房楼各一栋。各建筑物平面形状、尺寸、层数及高度见示意图（图30-5-26）。

（3）门诊楼、急诊楼设出入口广场；机动车停车场面积≥1500m²，病房楼住院患者室外活动场地≥3000m²。

● 规划及设计要求：

（1）医院出入口中心线距道路中心线交叉点的距离≥60m，建筑后退红线≥10m。

（2）新建建筑物均正南北向布置，病房楼的日照间距系数为2.0。

（3）医技楼应与门诊楼、急诊楼、科研办公楼、病房楼之间设置连廊，连廊宽6m。

（4）新建建筑物与保留树木树冠的间距≥5m。

（5）建筑物的平面形状、尺寸不得变动，建筑耐火等级均为二级。

任务要求：

● 根据设计条件绘制总平面图，画出建筑物、场地并标注其名称，画出道路及绿化。

● 标注门诊住院出入口、急诊出入口、后勤污物出入口的位置，并用▲表示。

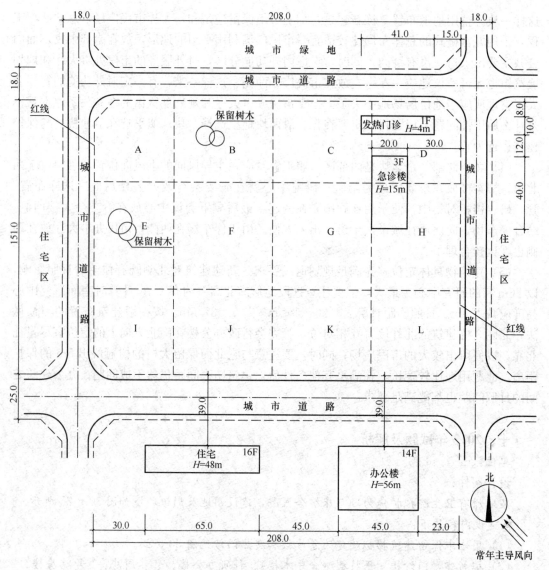

图 30-5-25 总平面图

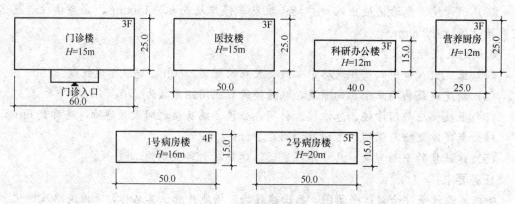

图 30-5-26 拟建建筑平面示意图

● 标注满足规划、规范要求的相关尺寸，标注停车场、室外活动场地面积。

● 下列单选题每题只有一个最符合题意的选项，从各题中选择一个与作图对应的选项，用黑色绘图笔将选项对应的字母填写在括号中；同时用 2B 铅笔将答题卡对应题号选项信息点涂黑。二者答案必须一致，缺项不予评分。

(1) 医技楼位于：(6 分)

　　[A] F-G 地块　　　　[B] C-G 地块　　　　[C] G-K 地铁　　　　[D] E-F 地块

　　答案：(　　)

(2) 1 号病房楼位于：(6 分)

　　[A] E-F 地块　　　　[B] F 地块　　　　　[C] G 地铁　　　　　[D] I-J 地块

　　答案：(　　)

(3) 后勤污物出入口位于场地：(6 分)

　　[A] 东侧　　　　　　[B] 南侧　　　　　　[C] 西侧　　　　　　[D] 北侧

　　答案：(　　)

(4) 门诊楼位于：(4 分)

　　[A] E-F 地块　　　　[B] I-J 地块　　　　[C] G-H 地铁　　　　[D] K-L 地块

　　答案：(　　)

(5) 营养厨房位于：(6 分)

　　[A] A-E 地块　　　　[B] B-C 地块　　　　[C] B-F 地铁　　　　[D] I-J 地块

　　答案：(　　)

[参考答案] (图 30-5-27)

(1) 医技楼位于：(6 分)

　　[A] F-G 地块　　　　[B] C-G 地块　　　　[C] G-K 地铁　　　　[D] E-F 地块

　　答案：(B)

(2) 1 号病房楼位于：(6 分)

　　[A] E-F 地块　　　　[B] F 地块　　　　　[C] G 地铁　　　　　[D] I-J 地块

　　答案：(B)

(3) 后勤污物出入口位于场地：(6 分)

　　[A] 东侧　　　　　　[B] 南侧　　　　　　[C] 西侧　　　　　　[D] 北侧

　　答案：(D)

(4) 门诊楼位于：(4 分)

　　[A] E-F 地块　　　　[B] I-J 地块　　　　[C] G-H 地铁　　　　[D] K-L 地块

　　答案：(C)

(5) 营养厨房位于：(6 分)

　　[A] A-E 地块　　　　[B] B-C 地块　　　　[C] B-F 地铁　　　　[D] I-J 地块

　　答案：(A)

[解析]

(1) 通过对本题总图用地的场地分析，我们大致可得出以下概念：

1) 基地主入口，即题目明确要求标注的门诊住院出入口宜朝向南面主要道路，以便利用城市交通组织人流，并以步行为主；门诊及住院楼宜靠近主入口布置；题目另一个明

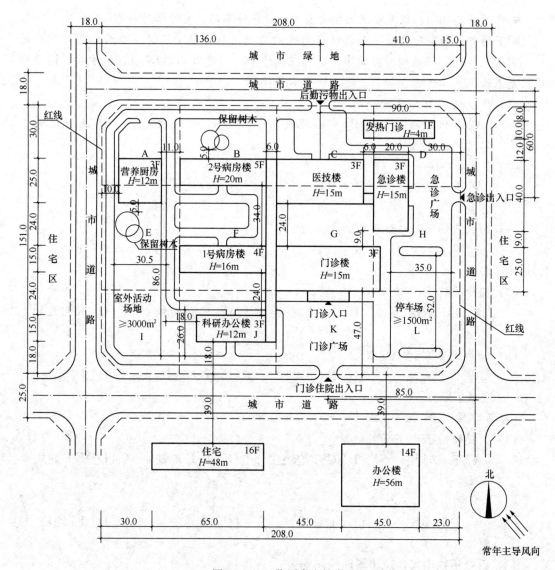

图 30-5-27　作图参考答案

确要求标注的急诊出入口则应迁就急诊楼的既定位置，开向东侧道路，以车流为主。题目要求的后勤污物出口宜面对北侧城市绿地。

2）病房楼应避开南面已有建筑的日照遮挡。用地东南角基地外的已建高层办公楼的阴影区深度为 112m，故用地东部不可能布置病房楼，如果用地中部布置门诊部，两栋病房楼只能一南一北放在用地西部。

（2）题目要求医技楼要与其他各楼采用连廊联系，这就决定了其布局的核心地位；营养厨房按考试惯例，应放在下风向的用地西北角，接近后勤出入口；科研办公楼的布置不是主要考核点，可以灵活安排。

（3）两座病房楼一前一后按日照间距布置。

（4）主要建筑物的具体定位，宜参照选择题的所给选项，排除不可能的布局方案，按最合理的地块确定。

（5）主要道路系统作外环布置，尽量保证场地中部步行空间环境的安静、安全。

（6）病房楼西侧宽敞的绿地供住院病人户外活动；停车场在东侧靠近汽车出入口。

十一、2014 年试题及解析

单位：m

设计条件：

● 某陶瓷厂拟建艺术陶瓷展示中心，用地及周边环境如图 30-5-28。

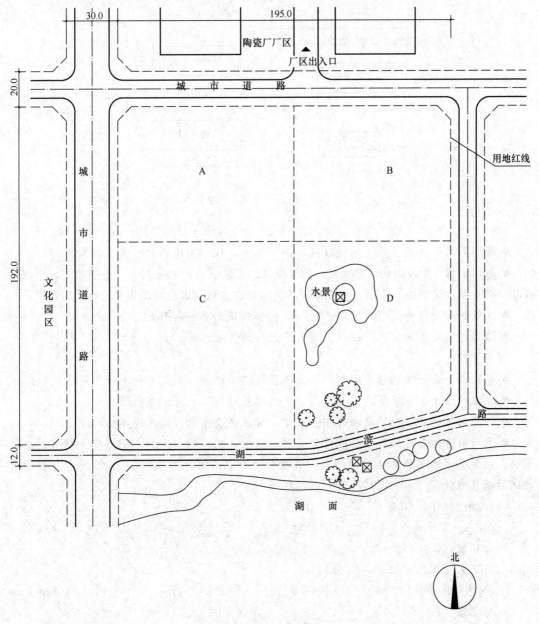

图 30-5-28　总平面图

● 建设内容如下：

(1) 建筑物：展厅、观众服务楼、毛坯制作工坊、手绘雕刻工坊、烧制工坊、成品库房一栋；工艺师工作室三栋；各建筑物平面形状、尺寸及层数见图 30-5-29。

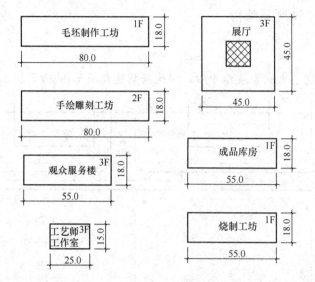

图 30-5-29　拟建建筑物平面示意图

(2) 场地：观众集散广场（面积≥1000m²），停车场（面积≥1000m²）各一处。

● 规划要求：建筑物后退用地红线不小于 10m，保留用地内的水系及树木。

● 毛坯制作用材料由陶瓷厂供应；陶瓷制作工艺流程为：毛坯制作—手绘雕刻—烧制—成品；观众参观流程为：展厅—手绘雕刻工坊—烧制工坊—工艺师工作室—观众服务楼。

● 建筑物平面尺寸及形状不得变动，且均应按正南北朝向布置。

● 拟建建筑均按民用建筑设计，耐火等级均为二级。

任务要求：

● 根据设计条件绘制总平面图，画出建筑物、场地并注明其名称，布置道路及绿化。

● 标注观众出入口及货运出入口在城市道路处的位置，并用▲表示。

● 标注满足规划、规范要求的相关尺寸，标注观众集散广场及停车场面积。

● 下列单选题每题只有一个最符合题意的选项，从各题中选择一个与作图结果对应的选项，用黑色墨水笔将选项对应的字母填写在括号中；同时用 2B 铅笔将答题卡对应题号的选项信息点涂黑。二者必须一致，缺项不予评分。

(1) 展厅位于：（8 分）

　　[A] A 地块　　　　[B] B 地块　　　　[C] C 地块　　　　[D] D 地块

　　答案：（　　　）

(2) 工艺师工作室位于：（8 分）

　　[A] A 地块　　　　[B] B 地块　　　　[C] C 地块　　　　[D] D 地块

　　答案：（　　　）

(3) 货运出入口位于建设用地的：（6 分）

　　[A] 南侧　　　　　[B] 东侧　　　　　[C] 西侧　　　　　[D] 北侧

答案：（　　）

(4) 观众服务楼位于：(6分)

    [A] A 地块   [B] B 地块   [C] C 地块   [D] D 地块

答案：（　　）

[参考答案]（图 30-5-30）

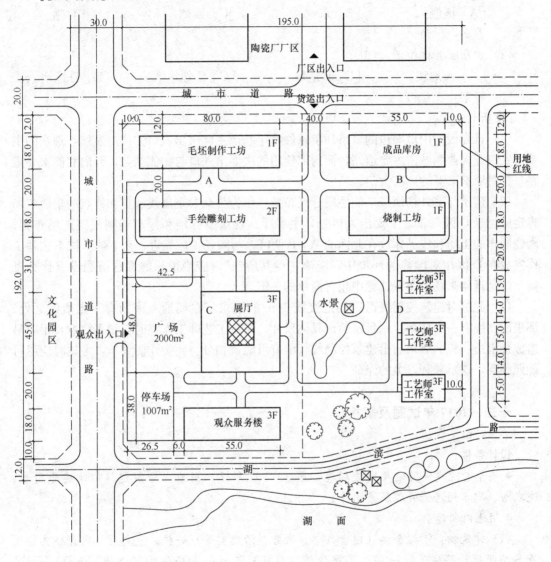

图 30-5-30　作图参考答案

(1) 展厅位于：(8分)

    [A] A 地块   [B] B 地块   [C] C 地块   [D] D 地块

答案：（ C ）

（2）工艺师工作室位于：（8分）

[A] A 地块　　　　[B] B 地块　　　　[C] C 地块　　　　[D] D 地块

答案：（ D ）

（3）货运出入口位于建设用地的：（6分）

[A] 南侧　　　　[B] 东侧　　　　[C] 西侧　　　　[D] 北侧

答案：（ D ）

（4）观众服务楼位于：（6分）

[A] A 地块　　　　[B] B 地块　　　　[C] C 地块　　　　[D] D 地块

答案：（ C ）

[解析]

（1）首先根据用地周边的城市环境条件确定基地主、次出入口方位。显然，观众的主要出入口开向西侧城市主要道路，而内部使用的次要出入口与物流结合，开向北侧次要道路，正对原料来源的厂区大门。

（2）建筑与室外场地按功能性质分区布置：作为公众参观流线起点和终点的集散广场肯定应位于 C 区，靠近主要出入口处，主展厅、观众服务楼和停车场则围绕广场布置；陶瓷制作的工坊和成品库放在北面的 A、B 两区，与陶瓷工厂靠近；余下的 3 栋工艺师工作室放在 D 区相对幽静的环境中，应属"得其所哉"。应当说，解答这道题没有什么悬疑，这是近年来场地布置试题中相对简单的一道。

（3）此题对建筑控制线退后用地红线 10m 的要求，在场地东南角有一点微妙之处。那里的红线有一个抹角，题目没给出具体尺寸；布置工艺师工作室时，稍不注意，很容易造成最南边一栋的墙角超出建筑控制线，就有可能被扣分。此类作图细节，考试时应尽可能照顾到，这是顺利过关的保证。

十二、2017 年试题及解析

单位：m

设计条件：

● 某养老院建筑用地及周边环境如图 30-5-31 所示。用地内保留建筑拟改建为厨房、洗衣房、职工用房等管理服务用房。

● 用地内新建：

（1）建筑物：①综合楼（内含办公、医疗、活动室等）一栋；②餐厅（内含公共餐厅兼多功能厅、茶室等）一栋；③居住楼（自理）二栋；④居住楼（介助、介护）一栋；⑤连廊（宽度 4m，按需设置）。各建筑物平面尺寸、形状、高度及层数见图 30-5-32。

（2）场地：①主入口广场＞1000m²；②种植园一个＞3000m²；③活动场地一个＞1100m²；④门球场一个（尺寸如图 30-5-32 所示）；⑤停车场一处（＞40 辆，车位 3m×6m）。

● 规划要求：

（1）建筑物后退用地红线不应小于 15m。

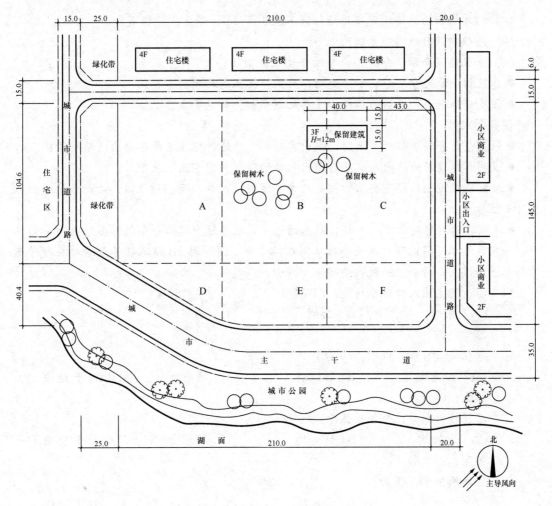

图 30-5-31　总平面图

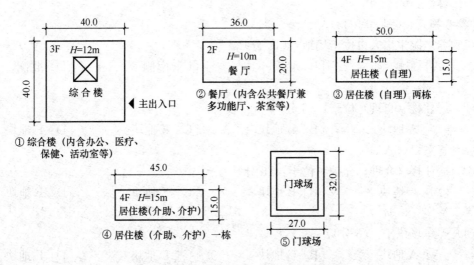

图 30-5-32　拟建建筑物及场地平面示意图

（2）门球场和活动场地距离用地红线不应小于5m，距离建筑物不应小于18m。

（3）居住建筑日照间距系数为2.0。

（4）居住楼（介助、介护）应与综合楼联系密切。

● 建筑物平面尺寸及形状不得变动，且均应按正南北朝向布置。

● 各建筑物耐火等级均为二级，应满足国家相关规范要求。

任务要求：

● 依据设计条件绘制总平面图，画出建筑物、场地并标注名称，画出道路及绿化。

● 注明各建筑场地的出入口及后勤出入口的位置并用"▲"表示。

● 标注满足规划、规范要求的相关尺寸，注明主入口广场、种植园、活动场地的面积及停车位数量。

● 下列单选题每题只有一个符合题意的选项，从各题中选择一个与作图结果对应的选项，用黑色墨水笔将选项对应的字母填写在括号中；同时用2B铅笔将答题卡对应题号选项信息点涂黑。二者必须一致，缺项不予评分。

（1）养老院主出入口位于场地：（10分）

　　[A] 东侧　　　　　[B] 西侧　　　　　[C] 南侧　　　　　[D] 北侧

　　答案：（　　　）

（2）居住楼（自理）位于：（6分）

　　[A] A地块　　　　[B] B地块　　　　[C] E地块　　　　[D] F地块

　　答案：（　　　）

（3）居住楼（介助、介护）位于：（6分）

　　[A] A地块　　　　[B] B地块　　　　[C] E地块　　　　[D] F地块

　　答案：（　　　）

（4）停车场位于：（6分）

　　[A] A地块　　　　[B] C地块　　　　[C] D地块　　　　[D] F地块

　　答案：（　　　）

[**参考答案**]（图30-5-33）

（1）养老院主出入口位于场地：（10分）

　　[A] 东侧　　　　　[B] 西侧　　　　　[C] 南侧　　　　　[D] 北侧

　　答案：（　A　）

（2）居住楼（自理）位于：（6分）

　　[A] A地块　　　　[B] B地块　　　　[C] E地块　　　　[D] F地块

　　答案：（　A　）

（3）居住楼（介助、介护）位于：（6分）

　　[A] A地块　　　　[B] B地块　　　　[C] E地块　　　　[D] F地块

　　答案：（　B　）

（4）停车场位于：（6分）

　　[A] A地块　　　　[B] C地块　　　　[C] D地块　　　　[D] F地块

　　答案：（　B　）

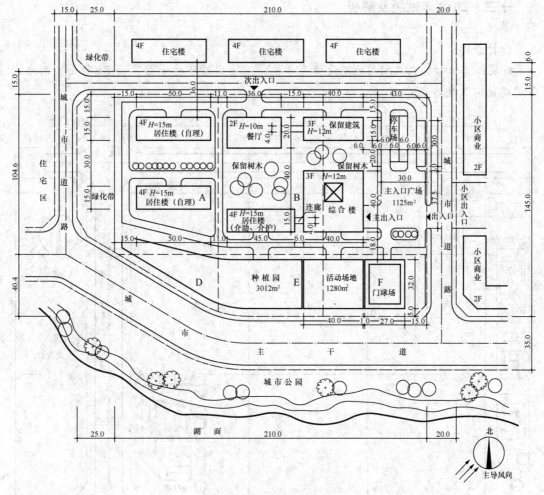

图 30-5-33　作图参考答案

[解析]

（1）首先确定场地主、次出入口的方位。为保证行动不便的老人的出行安全，养老院主出入口不宜开在城市主干道上。东侧城市道路路东有居住小区入口及小区商业，显然提示养老院主出入口宜向东开；次出入口开向北侧，主要供内部后勤管理使用。

（2）主出入口确定后，综合楼及主入口广场、停车场在场地东部靠近主入口布置即可。

（3）居住楼靠西布置便成定局。其中介助、介护老人的居住楼应靠近综合楼，以方便联系。

（4）餐厅靠北布置，以便于保留建筑中的厨房为其供餐。

（5）车行道沿建筑群外侧周边环形布置，可为老人在场地中部提供良好的步行环境。

（6）用地西南角地形不规整，用于种植园比较合适。

十三、2018 年试题及解析

单位：m

设计条件：

● 某体育中心拟在二期用地建设体育学校，用地周边环境如图 30-5-34 所示。用地内保留建筑拟改建为食堂。

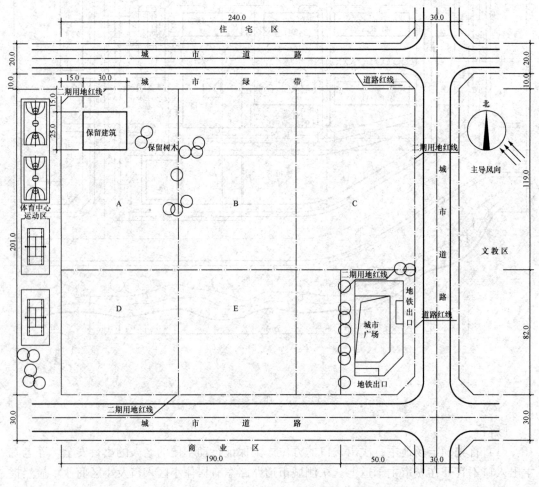

图 30-5-34　总平面图

● 用地内拟建：

（1）建筑物：①体育馆（应兼顾对社会开放）；②训练馆（应兼顾对社会开放）；③图书馆综合楼；④实验楼；⑤教学楼（二栋）；⑥行政楼；⑦宿舍楼（二栋）；⑧连廊（宽 6m，用于连接图书馆综合楼、教学楼、实验楼）。各建筑平面尺寸、形状、高度及层数见图 30-5-35。

（2）场地：①学校主入口广场≥2000m²；②体育馆主广场≥2000m²；③停车场≥1500m²（兼顾体育馆对社会开放时停车）。

● 规划要求：

（1）体育馆和训练馆后退用地红线不应小于 20m，其他建筑后退用地红线不应小

692

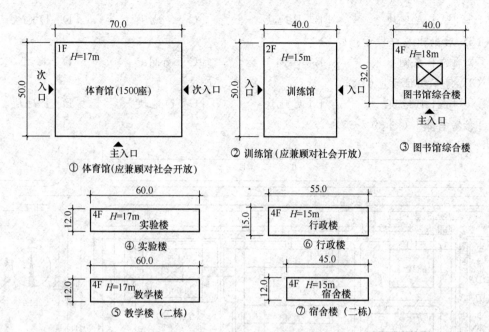

図 30-5-35 拟建建筑物平面示意图

于 15m。

(2) 停车场退用地红线不应小于 5m。

(3) 当地教学楼日照间距系数为 1.4，宿舍楼日照间距系数为 1.3。

(4) 保留用地中的树木。

● 建筑物平面尺寸及形状不得变动且不得旋转，均应按正南北朝向布置。

● 各建筑物耐火等级均为二级，应满足国家现行有关规范的要求。

任务要求：

● 根据设计条件绘制总平面图，画出建筑物、场地并标注名称，画出主要道路及绿化。

● 注明体育馆主广场出入口、学校出入口及后勤出入口在城市道路处的位置并用"▲"表示。

● 标注满足规划、规范要求的相关尺寸，标注学校主入口广场、体育馆主广场、停车场的面积。

● 下列单选题每题只有一个最符合题意的选项，从各题中选择一个与作图结果对应的选项，用 2B 铅笔将答题卡对应题号选项信息点涂黑。

(1) 学校主出入口位于场地：(8 分)

　　[A] 东侧　　　　　　[B] 西侧　　　　　　[C] 南侧　　　　　　[D] 北侧

(2) 体育馆位于：(8 分)

　　[A] A-B 地块　　　　[B] B-C 地块　　　　[C] D-E 地块　　　　[D] A-D 地块

(3) 教学楼位于：(8 分)

　　[A] A 地块　　　　　[B] B 地块　　　　　[C] C 地块　　　　　[D] E 地块

(4) 宿舍楼位于场地：(8 分)

[A] A地块　　　　　[B] B地块　　　　　[C] C地块　　　　　[D] D地块

（5）后勤出入口位于：（4分）

　　　[A] 东侧　　　　　　[B] 西侧　　　　　　[C] 南侧　　　　　　[D] 北侧

（6）停车场位于：（4分）

　　　[A] B地块　　　　　[B] C地块　　　　　[C] D地块　　　　　[D] E地块

[参考答案]（图30-5-36）

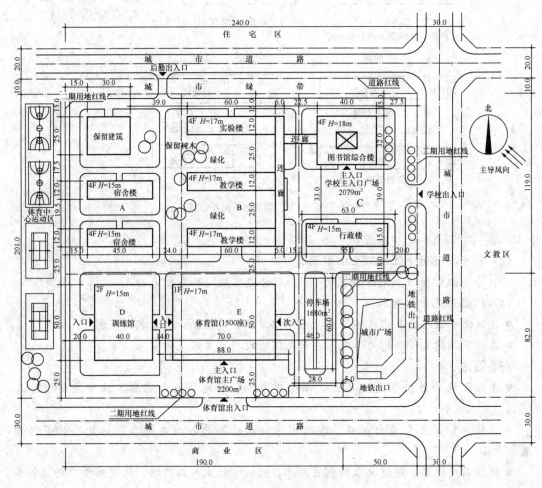

图30-5-36　作图参考答案

（1）学校主出入口位于场地：（8分）

　　　[■] 东侧　　　　　　[B] 西侧　　　　　　[C] 南侧　　　　　　[D] 北侧

（2）体育馆位于：（8分）

　　　[A] A-B地块　　　　[B] B-C地块　　　　[■] D-E地块　　　　[D] A-D地块

（3）教学楼位于：（8分）

　　　[A] A地块　　　　　[■] B地块　　　　　[C] C地块　　　　　[D] E地块

（4）宿舍楼位于场地：（8分）

　　　[■] A地块　　　　　[B] B地块　　　　　[C] C地块　　　　　[D] D地块

694

（5）后勤出入口位于：（4分）

    [A] 东侧   [B] 西侧   [C] 南侧   [■] 北侧

（6）停车场位于：（4分）

    [A] B 地块   [B] C 地块   [C] D 地块   [■] E 地块

[解析]

（1）从 6 道选择题可知，此题考核重点是场地出入口方位和建筑布置的合理分区。

（2）对于中等学校主出入口与城市道路的关系，现行《中小学校设计规范》并无明确限定，即使开向城市主干道也是允许的。考虑到还应为对社会公众开放的体育馆另设一个公众入口，这两个主要出入口当然应该分别开向两条主要的城市道路。学校出入口向东，面向城市文教区，体育馆出入口开向南面的商业区，应当是正确选择。

（3）学校主要出入口开向东侧道路，就决定了入口广场和行政办公楼与图书馆的正确定位是在 C 地块；体育馆出入口向南开，体育馆和训练馆当然应放在 D-E 地块。

（4）作为保留建筑的餐厅的位置决定了宿舍宜布置在场地西边，处于训练馆与食堂之间最为合理。

（5）教学楼和实验楼只能放在 B 区。

（6）在中小学校总图布置中，日照和防噪声问题是重要考核点。在布置两栋教学楼时，这两方面问题都要考虑到；而防噪声间距 25m 比日照间距更大，是决定性因素。宿舍楼按日照间距控制不成问题。

十四、2019 年试题及解析

单位：m

设计条件：

● 某城市公园北侧拟建一陶艺文化园，其功能包括陶艺的展示、制作体验（制坯—彩绘—烧制）及商业服务等内容。文化园的用地及周边环境如图 30-5-37 所示。

● 用地内的陶土窑旧址为近代工业遗产，其保护范围内不得布置建筑和道路；既有建筑拟改造为制坯工坊。

● 用地内拟建建筑物：

① 陶艺展厅一；② 陶艺展厅二；③ 彩绘工坊（2 栋）；④ 烧制工坊；⑤ 商业服务用房（便于独立对外营业及服务城市公园）；⑥ 茶室；⑦ 连廊（宽 6m，展厅之间需加连廊，工坊之间需加连廊）。

各建筑平面尺寸、形状、高度及层数见图 30-5-38 所示。

● 场地要求：

① 主入口广场≥1500m²；② 停车场（1 处）≥1000m²。

● 规划要求：

（1）建筑物后退用地红线不应小于 15.0m。

（2）停车场后退用地红线不应小于 5.0m。

（3）场地出入口不得穿越城市绿带。

（4）保留用地中的水系。

● 建筑物均应按正南北朝向布置，平面尺寸及形状不得变动及旋转。

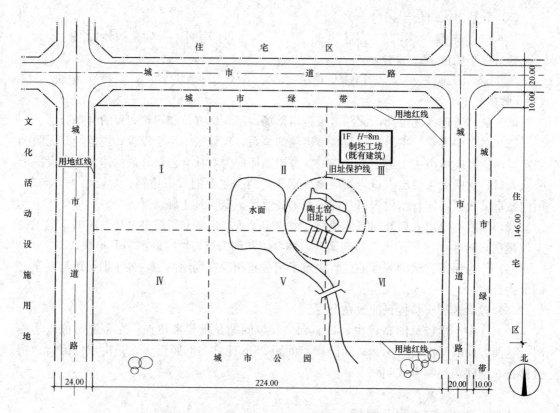

图 30-5-37　总平面图

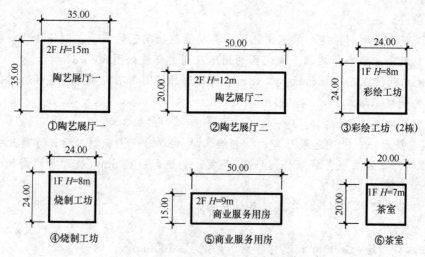

图 30-5-38　拟建建筑物平面示意图

● 各建筑物耐火等级均为二级。

● 应满足国家现行规范要求。

任务要求：

● 根据设计条件绘制总平面图，画出建筑物、场地、道路及绿地并标注名称。

● 注明场地主、次出入口在城市道路处的位置并用"▲"表示。

● 标注满足规划、规范要求的相关尺寸；标注主入口广场、停车场的面积。

● 下列单选题每题只有一个最符合题意的选项，从各题中选一个与作图结果对应的选项，用 2B 铅笔将答题卡对应题号选项信息点涂黑。

(1) 陶瓷文化园主出入口位于场地的：(8分)

    [A] 东侧   [B] 西侧   [C] 南侧   [D] 北侧

(2) 烧制工坊位于：(7分)

    [A] Ⅰ地块   [B] Ⅱ地块   [C] Ⅴ地块   [D] Ⅵ地块

(3) 陶艺展厅一位于：(7分)

    [A] Ⅰ地块   [B] Ⅳ地块   [C] Ⅴ地块   [D] Ⅵ地块

(4) 商业服务用房位于：(7分)

    [A] Ⅰ地块   [B] Ⅱ地块   [C] Ⅳ地块   [D] Ⅴ地块

(5) 次出入口位于场地的：(6分)

    [A] 东侧   [B] 西侧   [C] 南侧   [D] 北侧

(6) 停车场位于：(5分)

    [A] Ⅰ地块   [B] Ⅲ地块   [C] Ⅳ地块   [D] Ⅵ地块

[参考答案]（图 30-5-39）

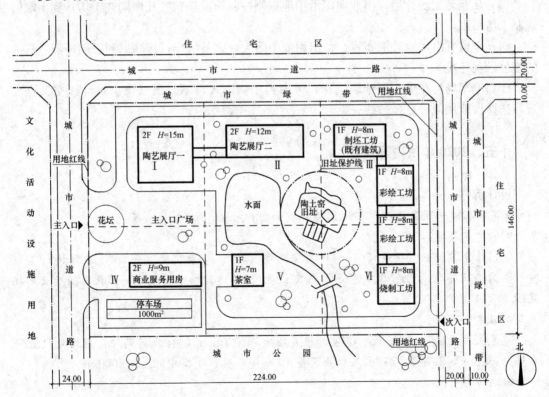

图 30-5-39 作图参考答案

(1) 陶瓷文化园主出入口位于场地的：(8分)

    [A] 东侧   [■] 西侧   [C] 南侧   [D] 北侧

(2) 烧制工坊位于：(7分)

    [A] Ⅰ地块   [B] Ⅱ地块   [C] Ⅴ地块   [■] Ⅵ地块

(3) 陶艺展厅一位于：(7分)

    [■] Ⅰ地块   [B] Ⅳ地块   [C] Ⅴ地块   [D] Ⅵ地块

(4) 商业服务用房位于：(7分)

    [A] Ⅰ地块   [B] Ⅱ地块   [■] Ⅳ地块   [D] Ⅴ地块

(5) 次出入口位于场地的：(6分)

    [■] 东侧   [B] 西侧   [C] 南侧   [D] 北侧

(6) 停车场位于：(5分)

    [A] Ⅰ地块   [B] Ⅲ地块   [■] Ⅳ地块   [D] Ⅵ地块

[解析]

(1) 总图场地主入口设于西侧，面向文化活动设施用地为妥。主入口广场相应置于用地西部居中，与陶土窑旧址隔湖正对。北面城市绿带规定不得穿越，故次入口只能向东开。

(2) 主入口广场南北两侧宜分别布置商业服务用房和陶艺展厅一。展厅二在用地北侧顺势向东延伸，与既有制坯工坊衔接，以形成进一步的展览流线。

(3) 从制坯工坊开始，由北向南沿用地东侧按制作流程布置几座陶艺工坊，到南端的烧制工坊结束。

(4) 车道宜沿用地外围布置，留出用地中间大片完整的步行区，以利于创造舒适宜人的室外景观环境。

(5) 停车场可在Ⅰ、Ⅳ地块选择，考虑到车辆出入口不宜离城市道路红线交叉点太近，选择Ⅳ地块似乎更合适些。

十五、2020年试题及解析

单位：m

设计条件：

● 某市拟建一康复医院，用地周边环境如图30-5-40所示。

● 拟建建筑物：

①门诊医技楼；②住院楼（一）；③住院楼（二）；④康复楼（一）；⑤康复楼（二）；⑥营养厨房及餐厅；⑦连廊（宽6m，按需设置）。各建筑物平面尺寸、形状、高度及层数见图30-5-41。

● 拟建场地：

①主入口广场≥13000m²；②室外康复场地≥1000m²；③停车场两处：门诊处设置停车场≥1300m²，住院及后勤出入口处设置10个停车位；④集中绿地≥3000m²。

● 规划要求：

(1) 拟建建筑物后退用地红线不应小于15m。

(2) 停车场退用地红线不应小于5m。

(3) 保留用地中的树木。

(4) 康复楼、住院楼建筑日照间距系数为2.0。

● 建筑物均应按正南北朝向布置，平面尺寸及形状不得变动且不得旋转。

● 各建筑物耐火等级均为二级。

● 应满足国家现行规范要求。

任务要求：

● 根据设计条件绘制总平面图，画出建筑物、场地并标注名称，画出道路及绿化。

● 注明康复医院主出入口、住院及后勤出入口，并在城市道路处用"▲"表示。

● 标注满足规划、规范要求的相关尺寸，标明主入口广场、室外康复场地、停车场及集中绿地的面积。

● 下列单选题每题只有一个最符合题意的选项，从各题中选择一个与作图结果对应的选项，用 2B 铅笔将答题卡对应题号选项信息点涂黑。

（1）康复医院主出入口位于场地的：（8分）

　　[A] 东侧　　　　　[B] 西侧　　　　　[C] 南侧　　　　　[D] 北侧

（2）康复楼（一）位于：（8分）

　　[A] Ⅰ-Ⅱ地块　　　[B] Ⅲ地块　　　　[C] Ⅴ地块　　　　[D] Ⅵ地块

（3）住院楼（一）位于：（6分）

　　[A] Ⅰ-Ⅱ地块　　　[B] Ⅲ地块　　　　[C] Ⅳ-Ⅴ地块　　　[D] Ⅵ地块

（4）门诊医技楼位于：（6分）

　　[A] Ⅲ地块　　　　[B] Ⅳ-Ⅴ地块　　　[C] Ⅴ-Ⅵ地块　　　[D] Ⅵ地块

（5）住院及后勤出入口位于场地的：（6分）

　　[A] 东侧　　　　　[B] 西侧　　　　　[C] 南侧　　　　　[D] 北侧

（6）室外康复场地位于：（6分）

　　[A] Ⅲ地块　　　　[B] Ⅳ地块　　　　[C] Ⅴ地块　　　　[D] Ⅵ地块

[参考答案]（图 30-5-42）

（1）C；（2）C；（3）B；（4）D；（5）D；（6）B。

[解析]

（1）6 道作图选择题显然是本题考核的重点所在；即场地主次入口的方位，门诊楼、病房楼、康复楼的合理定位，以及室外康复场地的位置等，是本题的主要考核点。

（2）医院主要出入口宜面向城市主要道路，以方便人流集散。

（3）注意总平面图右下角指北针旁的风向标识，厨房应放在位于常年主导风向下风向的场地西北角。住院部与后勤出入口应布置在病房与厨房所在方位，故应放在场地北侧。

（4）场地西南角保留的树木提示那里布置集中绿地最为合适，室外康复场地与绿地结合布置则较为合理。

（5）各主要医疗建筑用连廊串联成梳齿状布局是现代医院的常用模式。

（6）注意病房楼与康复楼的日照间距必须保证。

（7）场地内的 7m 宽车道应尽量沿用地周边布置。在确保通达各建筑物与场地的同时，保证大部分室外步行区的安宁。

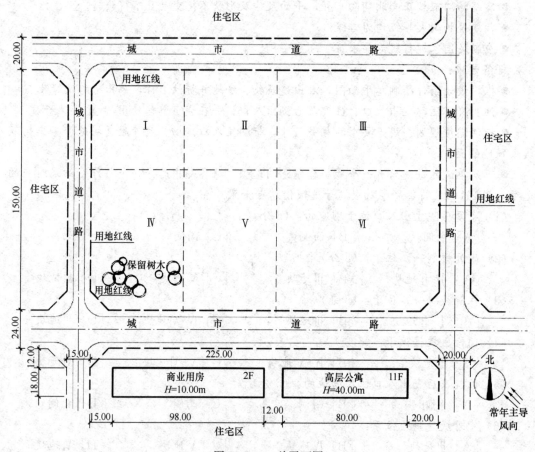

图 30-5-40 总平面图

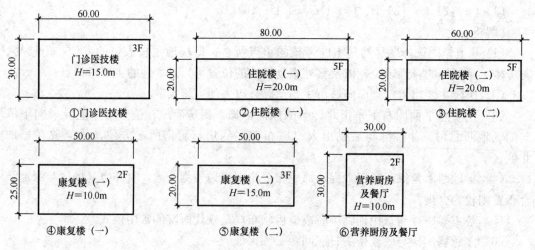

图 30-5-41 拟建建筑物平面示意图

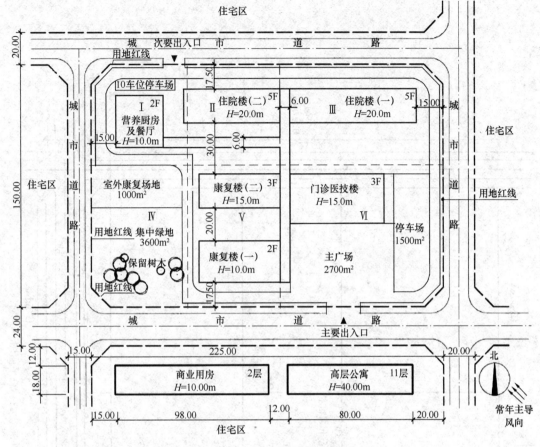

图 30-5-42　作图参考答案

十六、2021 年试题及解析

单位：m

设计条件：

● 某市拟建一所中学，用地周边环境如图 30-5-43 所示。

● 拟建建筑物：①行政、图书综合楼；②教学楼（3 栋）；③实验楼；④宿舍楼（2 栋）；⑤合班教室；⑥体育馆（应兼顾对社会开放）；⑦食堂；⑧连廊（宽 6m，按需设置）。建筑平面尺寸、形状、高度及层数见图 30-5-44。

● 场地要求：①主入口广场≥2500m²；②篮排球场地 1 处；③田径场（含足球场）1 个。篮排球场地及田径场的形状及平面尺寸见图 30-5-44。

● 规划要求：

（1）拟建建筑物后退用地红线不应小于 15m，退热力管线不小于 10m。

（2）运动场退用地红线不应小于 5m。

（3）保留用地中的树木。

（4）教学楼建筑日照间距系数为 2.0，宿舍楼建筑日照间距系数为 1.5。

● 建筑物应按正南北朝向布置，建筑物平面尺寸及形状不得变动且不得旋转。

● 各建筑物耐火等级均为二级。

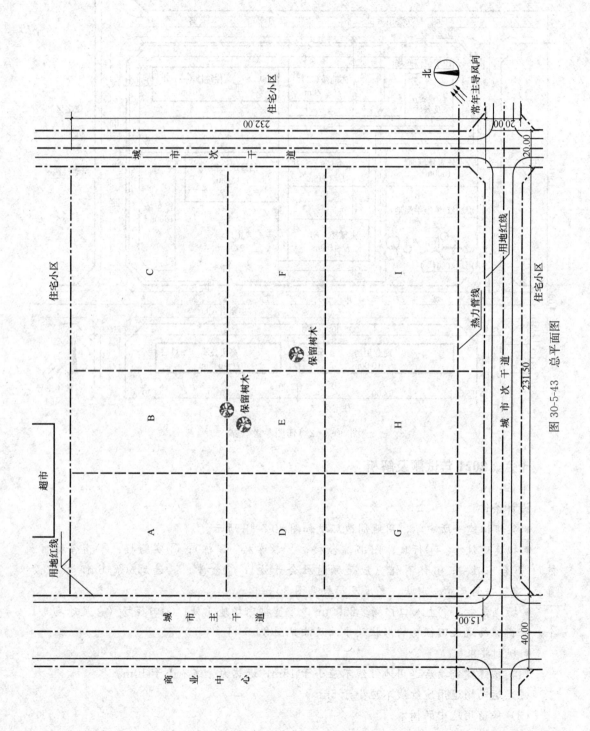

图 30-5-43 总平面图

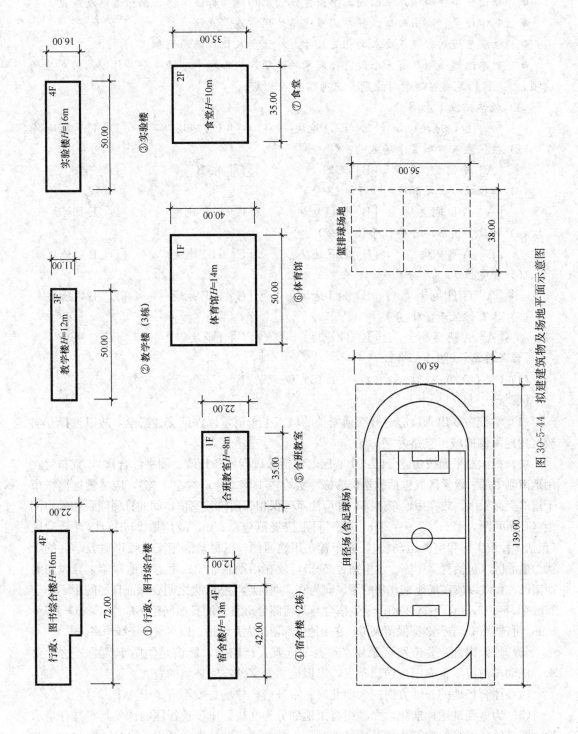

图 30-5-44 拟建建筑物及场地平面示意图

● 应满足国家现行规范要求。

任务要求：

● 根据设计条件绘制总平面图，画出建筑物、场地并标注名称，画出道路及绿化。

● 注明学校主、次出入口，并在城市道路处用"▲"表示。

● 标注满足规划、规范要求的相关尺寸，标注主入口广场的面积。

● 下列单选题每题只有一个最符合题意的选项，从各题中选择一个与作图结果对应的选项，用 2B 铅笔将答题卡对应题号选项信息点涂黑。

(1) 教学楼位于：(8 分)

　　[A] D-G 地块　　　[B] E-H 地块　　　[C] F-I 地块　　　[D] C-F 地块

(2) 校区主入口布置于场地的：(8 分)

　　[A] 南侧　　　　　[B] 北侧　　　　　[C] 东侧　　　　　[D] 西侧

(3) 田径场（含足球场）位于：(8 分)

　　[A] A-D 地块　　　[B] D-G 地块　　　[C] C-F 地块　　　[D] F-I 地块

(4) 行政、图书综合楼位于：(8 分)

　　[A] A-B 地块　　　[B] E-F 地块　　　[C] H-I 地块　　　[D] B-C 地块

(5) 食堂位于：(8 分)

　　[A] G-H 地块　　　[B] H-I 地块　　　[C] E-F 地块　　　[D] B-C 地块

(6) 体育馆位于：(6 分)

　　[A] A 地块　　　　[B] G 地块　　　　[C] I 地块　　　　[D] C 地块

[参考答案]（图 30-5-45）

(1) C；(2) A；(3) A；(4) C；(5) D；(6) B

[解析]

(1) 学校主要出入口应避开交通繁忙的城市主干道，以保证交通安全，故以选择开向校区用地南侧的城市支路为宜。

(2) 校园总平面按功能分区：中心区（包括入口广场和行政、图书综合楼），宜布置在用地南侧中部。教学区（包括教学楼 3 栋、实验楼 1 栋、合班教室 1 栋），应尽量远离城市干道的交通噪声，放在用地东南部；并应注意确保相邻两栋教室窗口间的日照间距和噪声间距（日照间距为 $12m \times 2.0 = 24m$，噪声间距按规范应 $\geqslant 25m$，故应取 25m）。体育活动区（包括体育馆 1 栋和室外运动场），可布置在用地西侧，以尽量隔绝交通噪声对教学区的干扰。生活区（包括食堂 1 栋、学生宿舍 2 栋），放在用地东北角；考虑当地常年主导风向为西南风，食堂以放在场地东北角的下风向为宜；两栋学生宿舍楼之间要保证日照间距不小于 $13m \times 1.5 = 19.5m$，可选 20m；学生宿舍与其南侧合班教室的日照间距不应小于 $8m \times 1.5 = 12m$，可选 19m。结合 3 棵保留大树，在用地中部留出大片绿地，以尽量保证绿地率。

(3) 校园内部主要道路可采用 7m 宽车行兼人行路面，需满足消防车辆的通达性要求。机动车道应尽量靠用地边缘布置，以保证主要室外空间环境的宜人。

(4) 体育场地的长轴方向应为南北向。室外篮排球场总数不应少于 4 个。

(5) 为做到试题标准化，命题组将用地划分为 9 块。单项选择题的选项其实具有暗示性，即具体布置某栋建筑物或某块场地时，应结合选择题的选项考虑；尽量理解题意，至少要避免放到 4 个选项以外的地块中。

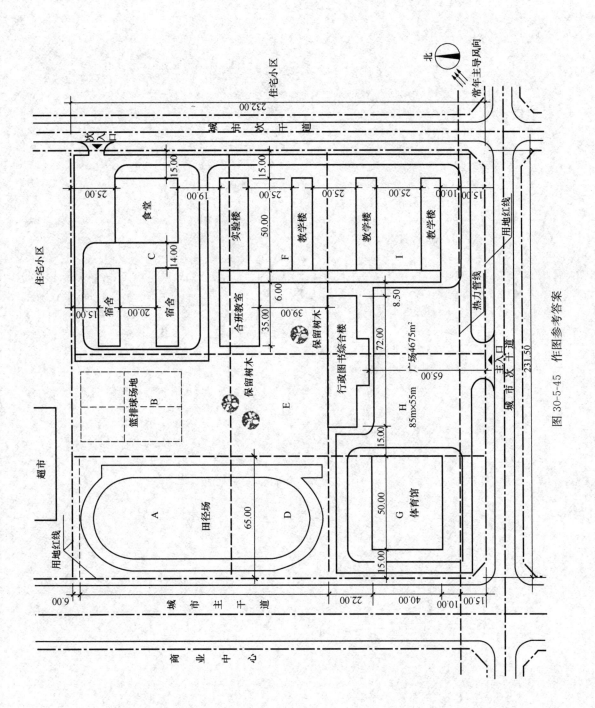

图 30-5-45 作图参考答案

责任编辑：张　建
封面设计：肖晶晶

2022
注册建筑师考试丛书

一级注册建筑师考试教材（第十七版）

1 设计前期 场地与建筑设计（知识）

2 建筑结构

3 建筑物理与建筑设备

4 建筑材料与构造

5 建筑经济 施工与设计业务管理

6 建筑方案 技术与场地设计（作图）

一级注册建筑师考试历年真题与解析（第十四版）

1 设计前期 场地与建筑设计（知识）

2 建筑结构

3 建筑物理与建筑设备

4 建筑材料与构造

5 建筑经济 施工与设计业务管理

一级注册建筑师考试场地设计（作图）应试指南（第十三版）
一级注册建筑师考试建筑方案设计（作图）应试指南（第九版）
一级注册建筑师考试建筑方案设计（作图）通关必刷题（第二版）

二级注册建筑师考试教材（第十六版）

1 场地与建筑设计 建筑构造与详图（作图）

2 建筑结构与设备

3 法律 法规 经济与施工

二级注册建筑师考试历年真题与解析（第三版）

1 建筑结构与设备

2 法律 法规 经济与施工

建工出版社微信　建筑与规划中心

经销单位：各地新华书店、建筑书店

网络销售：本社网址 http://www.cabp.com.cn

中国建筑出版在线 http://www.cabplink.com

中国建筑书店 http://www.china-building.com.cn

本社淘宝天猫商城 http://zgjzgycbs.tmall.com

博库书城 http://www.bookuu.com

图书销售分类：执业资格考试用书（R）

注册建筑师备考指南及
相关资料

ISBN 978-7-112-26818-4

9 787112 268184 >

（38482）定价：**128.00** 元